第二十七届全国水动力学研讨会文集

Proceedings of the 27th National Conference on Hydrodynamics

（上册）

吴有生　唐洪武　王　超　主编

主办单位
《水动力学研究与进展》编委会
中国力学学会
中国造船工程学会
河海大学

海洋出版社

2015 年 · 北京

图书在版编目(CIP)数据

第二十七届全国水动力学研讨会文集/吴有生,唐洪武,王超主编 . —北京:海洋出版社,
2015. 10
ISBN 978 – 7 – 5027 – 9245 – 9

Ⅰ. ①第… Ⅱ. ①吴… ②唐… ③王… Ⅲ. ①水动力学 – 学术会议 – 文集
Ⅳ. ①TV131. 2 – 53

中国版本图书馆 CIP 数据核字(2015)第 225821 号

责任编辑:方 菁
责任印制:赵麟苏

海洋出版社 出版发行

http://www. oceanpress. com. cn

北京市海淀区大慧寺路 8 号 邮编:100081
上海出版印刷有限公司印刷 新华书店北京发行所经销
2015 年 10 月第 1 版 2015 年 10 月第 1 次印刷
开本:787 mm×1092 mm 1/16 印张:87.5
字数:2100 千字 定价:220. 00 元(上下册)
发行部:62132549 邮购部:68038093 总编室:62114335
海洋版图书印、装错误可随时退换

第二十七届全国水动力学研讨会

承 办 单 位

河海大学　水利水电学院

　　环境工程学院

上海《水动力学研究与进展》杂志社

上海市船舶与海洋工程学会船舶流体力学专业委员会

水动力学重点实验室

第二十七届全国水动力学研讨会

编辑委员会

目　　录

大会报告

水动力学基础

计算流体力学

工业流体力学

船舶与海洋工程水动力学

海岸环境与地球物体流体力学

水利水电和河流动力学

平原河网水动力学及防洪技术研究进展

唐洪武 [1,2]，严忠民 [2]，王船海 [1]，王玲玲 [1,2]，肖洋 [1,2]，胡孜军 [2]，袁赛瑜 [2]

（1. 河海大学水文水资源与水利工程科学国家重点实验室，南京，210098； 2.河海大学水利水电学院，南京，210098. E-mail: hwtang@hhu.edu.cn）

摘要：我国东部平原河网地区因其地理和气候特点极易发生洪涝灾害，尤其是近年来人类活动对河网系统的影响加剧及全球气候的变化，使平原河网防洪面临更加严峻的考验。本文总结了河海大学近年来对平原河网水动力系统有重要影响的河道分汇流、含植被水流、平原闸站枢纽水力学以及河网水动力关联系统数值模拟、河道防冲减淤技术等问题的研究成果，指出了平原河网水动力系统研究的发展方向，以期通过更深入的科学研究，为保障我国东部河网地区的水安全和社会、经济可持续发展提供科学技术保障。

关键词：平原河网，水动力系统，植被水流，交汇流，防洪技术，河网数值模拟，闸站枢纽水力学

1 引言

我国东部平原河网区地处各大江河流域中下游，经济发达、人口密集，发达的河网水系为经济蓬勃发展和人民生活水平提高提供了有力的水资源保障。然而，这些地区受地势低洼、水动力不足、上游客水多、下游受潮位顶托等影响，行洪流量大、行洪通道不畅，加之长期以来的人水争地导致的行洪空间严重不足，使得平原河网地区洪涝灾害频繁；同时，受闸站等工程大量建设、气候条件变异、人类活动的不断影响，使得河网行洪边界及其连通性变得更加复杂，区域水文、水动力过程发生了显著变化，区域防洪、水环境、水生态等用水安全问题已成为区域社会经济可持续发展的重要制约因素。因此，深入研究平原河网水动力过程及其模拟技术，探寻保障防洪安全的理论与方法，成为支撑平原地区经济社会可持续发展的关键课题。

2 平原河网水动力系统特征及其研究现状

梳理平原河网水动力系统的影响因素及模拟预侧中的技术难题，可将河网水动力系统

分解为分汊与交汇流、植被流、河网产汇流、湖泊风生流、闸泵工程水力学等系列问题，上述问题具有差异极大的时间与空间尺度，河海大学针对上述问题分别开展基础理论与方法研究，最终集成适用于平原河网地区水动力模拟的成套方法，用于指导防洪工程的建设与管理。经过数十年的不懈努力，已取得了较为丰硕的成果。

2.1 河网分汇流

河网分汇流包括河网中河流的分汊和交汇流现象。平原河网中河道纵横交错，大量单一河道通过这两种连接方式形成复杂的河网系统，而分汇流节点所产生的分汇流量比、流动形态、水头损失等，对于河网输泄水能力、船舶通航安全、污染物的掺混、扩散和输运、泥沙的局部淤积、堤岸的冲刷破坏等水动力特性有极为重要的影响。

目前针对明渠交汇流的研究大多基于二、三维数学模型研究特定分（汇）流比和床面粗糙度对流动特性的影响，物理模型和野外实测等手段多用于研究平均流态、剪切层位置以及回流区尺寸，成果多局限于时间平均层面，不同分汊角的工程效应、实际工程中的研究成果还极为有限。

结合水槽试验研究不同主支流流量比、系列分汊角条件下的分汇流流态特征，提出等宽主支渠回流区大小的影响因素，证明在偏转角为 53° 时，交汇点下游主渠的收缩系数最小，回流区最大，同时支流的下泄流量最大，分流效果最好，该角度可视为等宽明渠的最佳分流角度。

研究还得出了交汇流剪切层位置与流量比之间的经验关系：$\dfrac{y}{B} = M_r^{1.31}$，其中 y 是偏转距离（定义见图 2 所示），B 是下游河道宽度，M_r 为汇流比，即直渠流量与总流量之比，据此，可预测交汇流条件下剪切层的位置。

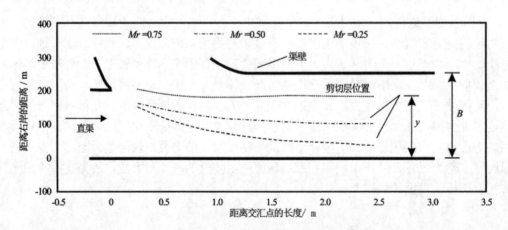

图 1 不同汇流比条件下的剪切层位置预测

将水力射流理论与分汇流理论相结合，形成了独特的、有限空间下都市防洪渠道设计新理论，成功应用于香港元朗行洪道设计中。香港元朗行洪道设计中包含三条河流（新墟明渠，深涌河和元朗明渠），使来自元朗镇的洪水最终进入锦田河。在 200 年一遇设计洪水条件下，该行洪道需下泄约 278m³/s 的洪量。然而在现实中，来自新墟明渠侧向急流汇入干渠缓流时，常使上游干渠水流受到顶托，引起上游干渠水位自然升高 1 米多，使两岸居民遭受洪水袭击。为缓解干流行洪压力，同时不侵占宝贵的土地资源，基于射流理论和方法，创造性地提出在河道汇合处主干渠上修建导堤和鱼嘴，将急流和缓流相合并，利用急流下泄至主干渠时形成高速水流来卷吸周围水体，解决了非常有限空间范围内，侧向急流汇入干渠缓流形成的自然阻隔上游水流下泄的城市防洪水力难题[1]，使上游水位自然降落1m 多（图 2）。该行洪水道已于 2006 年 4 月建成并成功运用至今，有效地保护了元朗郊区34.1 万人口免受洪水侵袭[2]。

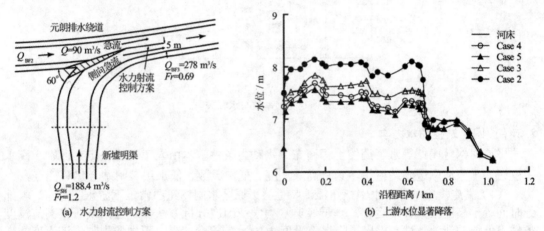

图 2　香港元朗行洪道设计

2.2 植被条件下平原河流水动力学特征

植被是平原河流的重要特征[3]，目前工程设计中多采用传统的经验公式方法估算植被对行洪的影响。运用水槽实验对植被流场进行精确测量，基于水流阻力等效原理，建立包含床面、边壁、植被共同作用下河道糙率的曼宁系数公式；基于受力分析和实验结果，建立植被阻力系数计算方法及公式，为植被条件下河流防洪计算提供了依据。

通过将植被阻力均布于床面，提出等效过水断面的概念，其等效床面由原床面材料和"植被颗粒"组成，据此通过理论分析，成功推求得出等效综合曼宁系数计算公式：$n_e = \left(Ba^{5/2} / (2a + B/H) \right)^{2/3} J^{1/2} / U_m$，揭示了等效综合曼宁系数 n_e 随水深等因素的变化规律[4-5]。图 3 示出了 n_e 与水深 H 的关系（图中，A 系列为无植被工况，B、C、D 为非淹没工况，E、F、G 为淹没工况）。

基于植被与水流相互作用的受力分析，推求得出植被阻力系数的理论计算方法，结合大量实验数据，建立了实用的经验公式[5]。研究表明，当阻力系数充分反映植被群体叠加效应及对水流局部阻挡作用时，能够更好地实现对植被紊流流场的预测[5]。成果为含植被河道防洪规划及工程设计提供了直接的计算参数。

植被使泥沙颗粒的沉速有不同程度的减小，通过在泥沙沉降阻力系数中增加植被作用项，建立了考虑植被因素的泥沙沉速公式：$\omega = \sqrt{(17.07v/dC_d')^2 + 4\Delta gd/C_d'} - 17.07v/dC_d'$。当水流中含有植被时，植被区的水流紊动作用将显著增强，而抗拒悬浮的重力作用并没有变化，导致泥沙浓度在垂线上的分布规律将会发生显著变化[6-7]。

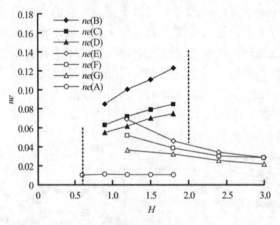

图 3 等效曼宁系数与水深关系

2.3 平原闸、站枢纽水力学

平原河网区闸站等水工调控工程密布，水动力条件基本由人工调控决定。区别于高水头枢纽，平原河网区闸站枢纽多具有高淹没度、低佛氏数、低水头、闸站合建等特点。

（1）高淹没度条件下水闸枢纽泄流特性。平原区水闸枢纽通常上下游水头差小，大部分时间处于高淹没条件下运行。基于经典水力学及因次分析方法，通过系统研究高淹没度条件下低堰的泄流特性，提出了临界淹没度$(h_s/H_0)_k$的概念；得出不同堰型临界淹没度的变化规律以及临界淹没度、淹没度、下游堰高等因素对低堰泄流能力的影响规律，建立了高淹没度条件下低堰淹没系数的经验公式：$\sigma_s = -0.8728 + 5.955h_s/H_0 - 4.7683(h_s/H_0)^2$[8]。

（2）低佛氏数枢纽消能机理。平原水工建筑物多具有低佛氏数的特点，消能是枢纽的关键问题。基于水动力理论、数值和实体模拟方法，提出在超低佛氏数条件下，由于消力池内主流位于表面，传统的辅助消能设施无法显著提高消能率并消除护坦二次急流，因此，可在消力池后护坦上设置"墩群消能工"，研究并进一步揭示了墩群消能工的消能机理[9]。

（3）闸站合建枢纽的布置型式。总结出平原河网区闸站合建枢纽的三种主要布置型式，即平面对称、平面不对称和立面分层布置，在各类整流措施中，提出闸站结合部加设导流墙和泵站前池加设潜墩，可有效改善由于主流偏斜所诱发的回流、螺旋流等不良流态[10]。

2.4 平原河网水动力关联系统数值模拟技术

对平原河网水动力关联系统高精度的模拟，必须以区域水文模型、工程调度模型、河网水动力模型等耦合模拟技术为基础。常规的流域洪水演进常用马斯京根等方法，因无法考虑下游的扰动对上游水流的影响、不能正确模拟出行蓄洪区内的水流运动、参数的外延性不好，限制了该方法在平原河网区的应用[11]。

通过将平原河网不同尺度的水流运动进行不同维度的概化：湖泊和蓄洪区的零维、河道水流的一维、行洪区水流的二维；对水闸、泵站等工程水流，运用试验成果结合自研的多维嵌套与疏密嵌套技术模拟工程近区流域特性[12]；对少资料地区采用智能模拟[13-14]、奇异矩阵分解等方法[15]，提出了全流域基于节点水位的耦合求解算法，以及河网水闸智能调度辅助决策模型[16-17]；针对流域尺度、多汊口的大型河网，局部二维迭代计算极难收敛，研究并提出了全流域河网二维特征单元的概念，将河网概化为"树状"、"环状"、"十字型"等二维河网计算特征单元[18]，在分汊河口处采用全隐式离散格式与矩阵追赶法，构建了通用的河网二维模拟模式，实现了全流域河网水动力关联系统的耦合模拟，显著提高了平原河网计算的精度和效率[19]。

经过十多年的努力，形成了具有自主知识产权的系列技术成果，为太湖、淮河等流域的洪水防御、实时调度方案确定提供了重要技术支撑。

3 平原河网防洪安全新技术

3.1 闸下防淤技术

我国 300 多座挡潮闸中，70%发生了严重淤积，常规的水力冲淤、机械清淤等方式投入的人力物力较大，且清淤后回淤量大，防淤效果短暂。针对以上问题，提出了适用于闸下防淤的"悬浮式旋翼水力自动防淤清淤装置"和适用于卧倒式闸门的"射流清淤装置"[20]。悬浮式旋翼根据明渠水流速度垂线分布和泥沙含沙量沿垂线分布的特性设计，利用潮汐动力或调度挡潮闸闸上水体产生动力，有效减缓闸下河道的泥沙淤积。对于卧倒式闸门淤积问题，通过在卧倒门闸下布设多个一定角度的射流管，利用射流扰动闸下水流，带动泥沙悬浮，并结合水力冲淤将闸下泥沙带到下游，减轻闸下淤积（图4）[21]。

3.2 冲刷防护新技术

涉河工程冲刷防护材料主要有块石、铰链排、混凝土模袋等，这些均为实体防护，在防护带周围会产生二次冲刷，引起防护体的破坏。针对这一问题，提出采用四面体透水框架群减速促淤强特点，发明了防洪护岸及桥墩防护新技术（图5）[22]，并不断完善形成了一整套设计施工布设方法，给出了相对流速、相对水深、泥沙粒径、杆件体积率、相对放置位置等对墩柱周围局部冲刷坑深度的定量影响关系[23]。

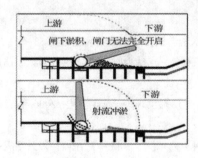 

图 4 闸下冲淤装置示意图　　图 5 有、无四面体透水框架群防护时桥墩冲刷坑形态对比

4 展望

针对平原河网水动力学和防洪技术已开展了大量研究，取得了丰硕成果，梳理研究现状及存在问题，未来尚需在以下三方面开展更系统深入的研究。

（1）平原河网区的社会经济发展对河网水动力系统具有多方面需求，如防洪、排涝、供水、通航、生态环境等，上述需求具有时、空差异性，相互影响也可能相互矛盾，它们之间的关系是非线性和动态变化的，如何利用平原河网区密集的水工调控工程，建立科学合理的运行策略，实现对平原河网的多目标水力调控，是今后一个重要的研究方向。

（2）平原河网区社会、经济和环境的复杂性，以及洪水和水污染灾害的突发性、不确定性、严重性，决定了水利工程群调控难度大、时效性强、风险度高。平原河网区工程群的调控需要系统化、信息化和可视化的河网管理决策支持信息系统。

（3）涉河工程群对平原河网区防洪影响的累积效应也将成为未来重要的研究课题。

参考文献

[1]Arega F, Lee, J.H.W., Tang H W. Hydraulic jet control for river junction design of Yuen Long Bypass Floodway, Hong Kong [J]. Journal of Hydraulic Engineering, ASCE, 2008，134(1): 23-33.

[2]唐洪武,袁赛瑜,等. 河道交汇区急缓流平稳过渡导流系统. 中国发明专利，2013.

[3]唐洪武, 闫静, 吕升奇. 河流管理中含植被水流问题研究进展[J]. 水科学进展, 2007, 18(5):149-156.

[4]唐洪武, 闫静, 肖洋,等. 含植被河道曼宁系数的研究[J].水利学报,2007,38(11):1347-1353.

[5]Hongwu Tang, Zhijun Tian, Jing Yan ,et al. Determining drag coefficients and their application in modelling of turbulent flow with submerged vegetation [J]. Advances in Water Resources, 2014, 69: 134-145.

[6]吕升奇, 唐洪武, 闫静. 有无植被条件明渠水流紊动特性对比[J].水利水电科技进展, 2007, 27(6):64-68.

[7]唐洪武, 吕升奇, 龙涧川. 刚性植被条件下静水中粗颗粒泥沙沉速影响试验研究[J].水利学报, 2007(10):1214-1220.

[8]童海鸿, 严忠民,等. 高淹没度下低堰泄流能力初步研究[J]. 人民长江, 2003, 34(7):59-61.

[9]王海阳, 傅宗甫. 超低弗劳德数闸下消能试验[J]. 水利水电科技进展, 2007, 27(6):73-76.

[10]严忠民, 周春天. 平原水闸泵站枢纽布置与整流措施研究[J]. 河海大学学报(自然科学版), 2000, 28(2):50-53.

[11]王船海, 李光炽. 流域洪水模拟[J]. 水利学报, 1996, (3):44-50.

[12]胡孜军, 王玲玲等. 三河闸泄流流态与进流纠偏数值研究[J], 水利学报, 2011, 42(11): 1349-1353.

[13]雷燕, 唐洪武, 周宜林等. 遗传算法在河网糙率参数反演中的应用[J]. 水动力学研究进展, 2008, 23(6): 612-617.

[14]顾正华, 唐洪武, 段子冰. 一种联合定理和神经网络的试验数据挖掘模式[J]. 海洋工程, 2006, 24(3): 85-94.

[15]王玲玲、钟娜、成高峰, 基于奇异矩阵分解法的河道糙率反演计算方法[J]. 河海大学学报(自然科学版), 2010, 38(4):359-363.

[16]顾正华, 唐洪武, 李云, 肖洋. 水信息学与智能水力学[J]. 河海大学学报(自然科学版), 2003, 31(5): 518-521.

[17]顾正华, 唐洪武, 高柱,等. 基于神经网络的空间流场智能模拟[J]. 系统仿真学报, 2004, 16(7): 1372-1375.

[18]李菁.淮河流域中游多工程对防洪的叠加影响分析[D]. 南京:河海大学, 2015.

[19]王船海, 向小华. 通用河网二维水流模拟模式研究[J]. 水科学进展. 2007, 18 (4):516-522.

[20]唐洪武, 孙洪滨, 周和平,等. 悬浮式旋翼水力自动防淤清淤装置[P]. 中国专利. 2008.10.

[21]唐洪武, 卢永金, 肖洋,等. 液压水下卧倒门闸的闸下清淤用射流管及其应用方法[P]. 中国专利, 2010.10.

[22]房世龙, 唐洪武, 周宜林,等. 桥墩附近四面体透水框架抛投防冲效果试验研究[J]. 水科学进展, 2006, 17(3):354-358.

[23]唐洪武, 李福田, 肖洋,等. 四面体透水框架群护岸形式防冲促淤效果试验研究[J]. 水运工程, 2002, 34(9):25-28.

Hydrodynamics and flood control techniques in plain river networks: A reivew

TANG Hong-wu[1,2], YAN Zhong-min[2], WANG Chuan-hai[1], WANG Ling-ling[1,2], XIAO Yang[1,2], HU Zi-jun[2], YUAN Sai-yu[2]

(1. State Key Laboratory of Hydrology-Water Resources and Hydraulic Engineering, Hohai University, Nanjing, China, 210098; 2. College of Water Conservancy and Hydropower Engineering, Hohai University, Nanjing, China, 210098. E-mail: hwtang@hhu.edu.cn)

Abstract: Flood disaster is extremely easy to occur in plain river network areas of eastern China because of the geographical and climate characteristics. Especially, the great impacts of human activities on river networks and global climate change in recent years make the situation of flood control in these areas very serious. This paper reviews researches of Hohai University in recent years which have the important influence on hydrodynamic system of plain river networks, such as river confluence, vegetation flow, sluice hydraulics, numerical modeling of hydrodynamics of river networks, and techniques of erosion control and sediment reduction. The paper gave an outlook to the research on hydrodynamic system in plain river network. More in-depth scientific studies are expected to provide scientific and technical supports for the water security and social and economic sustainable development in plain river network areas in eastern China.

Key words: Plain river networks; hydrodynamic system; vegetation flow; river confluence; technique of flood control; numerical modeling of river networks; sluice hydraulics

不同水动力条件影响下污染物多介质转化机制与生态效应

王沛芳，王超，侯俊，钱进，耿楠，刘佳佳

（河海大学浅水湖泊综合治理与资源开发教育部重点实验室，环境学院，210098. Email:
pfwang2005@hhu.edu.cn）

摘要： 为了解重金属在河湖不同水动力条件下的多介质转化机制与生态效应以及水生植物净污效果与水流影响的耦合效应，本研究利用室内水槽试验和野外现场观测的方法，针对在动水条件下，重金属在沉积物-间隙水-上覆水-底栖生物-沉水植物多介质中的迁移规律以及水生植物对水动力的影响和对水体污染物净化的影响进行研究。研究结果表明：不同的扰动风速可以改变水流结构，随着风扰动增强，水体重金属总量增大，悬浮物成为影响重金属行为的关键因子。水动力作用对底栖生物组织吸附重金属有较明显的促进作用，吸附重金属的比例明显增加而对组织内吸收重金属的作用不明显。水生植物能够有效地减小水流流速，并且减少上覆水中的悬浮颗粒物，缓解沉积物中营养盐和重金属的释放；水动力条件能够促进水生植物叶、根组织中对重金属的富集和对营养盐的吸收作用。

关键词： 水动力；重金属；多介质；富集；水生植物；营养盐

1 前言

进入河湖中的重金属大部分沉降储存于沉积物中，当环境条件改变时，沉积物中的重金属会发生再悬浮与多介质迁移，特别当出现大风或者暴雨的情况下水动力更加强烈，沉积物更容易受到其影响而发生再悬浮等一系列变化，其中的重金属会向上覆水体和水生生物体中迁移，造成水质恶化和生态污染[1]。高等水生植物生态修复技术是近年来改善河湖水体自净能力的重要技术，水生植物在其生长过程中需要吸收大量的营养物质，可以降低水体的富营养化水平，去除重金属和有机物等污染物，但水生植物对河道水流的阻滞作用已成为植物修复技术的重要障碍[2]。课题组多年来利用环形水槽、生态水动力水槽试验装置开展了系列研究，对水环境治理具有重要的现实意义。

自然环境中导致沉积物中重金属的释放试验的因素有很多，主要包括水环境中氧化还原点位改变、pH变化、微生物和底栖动物的活动，同时，水动力作用是其中一个重要的因素[3]。水动力作用可以促进碳酸盐、有机质以及硫化物结合的重金属的分解释放，增加重金属的生物有效性，造成生态毒性[4]。水生植物对污染水体修复作用一方面包括水生植物对各种营养盐的吸收、对重金属的富集、对有机污染物的吸附、以及对藻类的抑制作用等；另一方面是水生植物能降低水体水动力的影响，包括对水流流速、雷诺应力、紊动强度、糙率系数等的影响[5]。研究发现，水生植物可以通过富集、吸收污染物和阻止污染物从泥地释放两个方面来去除污染物，并对污染物有明显的去除效果[6]。水生植物的形状、适应性、高度、密度和生长位置对水流结构有明显影响。

近年来，国内外已有的湖泊沉积物重金属研究工作主要偏重于重金属的时空分布研究，对于风扰动下沉积物重金属在水环境不同介质中迁移的研究还不够系统，并且沉积物重金属释放研究多用烧杯或者玻璃缸静态试验装置，不能较好地模拟出自然环境中水动力条件，得出的结论不能应于实际水环境中。在重金属的生态效应研究方面，生物体富集重金属的研究也大多没有考虑水动力的影响，生物组织富集重金属的机制没有完善的解释。而在水生植物对水体水动力影响研究的问题上，国内外大量研究大多数研究针对的是静态水体，并且采用模型植物进行研究，缺乏真实性，与野外采样结果有所偏差，基于此作出的经验公式和参数需要验证和修订。

课题组在系统总结前人研究成果的基础上开展研究，主要内容如下：①通过室内水槽试验，研究了在不同水动力条件下，重金属在沉积物-间隙水-上覆水-底栖生物-沉水植物多介质中的迁移规律；②通过室内水槽试验，研究了在不同水动力条件下，沉水植物和挺水植物对水流条件、水质参数的影响以及对不同污染物的迁移转化的影响；③通过野外试验，研究了在自然条件下，水生植物对水平流速和河床糙率系数等水动力条件的影响和对污染物的去除效果。

2　试验方法

（1）室内环形风动水槽（图1a）：测定6种不同风速扰动下不同深度的水流流速，分层采样测定水和沉积物中重金属含量；并在种植挺水植物黄菖蒲和沉水植物苦草的情况下，测定重金属在沉积物-间隙水-上覆水溶解态及颗粒态-挺水植物中的含量。

（2）室内直流循环水槽（图1b）：测定4种不同风速扰动下重金属在沉积物-上覆水-河蚬-苦草中的含量；监测水体理化性质并取样（上覆水、河蚬、苦草组织和沉积物），测定重金属含量。

（3）室内大型循环水箱模拟试验：在静态有无植物水箱和动态有无植物水箱中测定流速、雷诺应力和紊动强度以及 TN，NH_4^+-N 和 TP 的浓度。取植物样本计算初始和最终生物量。

（4）野外断面观测试验：测定实验河道断面流速，并采集断面水样测定 TN，NH_4^+-N 和 TP 的浓度。

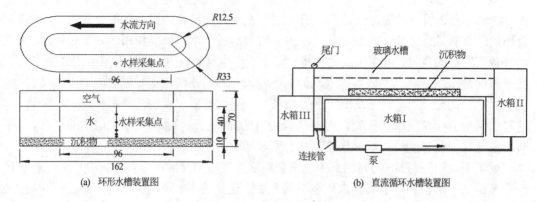

(a) 环形水槽装置图   (b) 直流循环水槽装置图

图1 室内试验水槽装置图

3 结果与讨论

（1）沉积物中 AVS 和有机质能够和重金属结合，减少重金属的活性，但是水动力条件增加了沉积物中氧化还原条件，促进重金属结合物的氧化和重金属释放（图2）。当水流的剪切力大于沉积物的黏附力时，沉积物颗粒会携带重金属发生再悬浮，增加重金属的活性和生物可利用性。当扰动风速增大时，水体中重金属总量浓度增加，溶解态浓度无明显变化，颗粒态浓度先增加后减小（图3）。

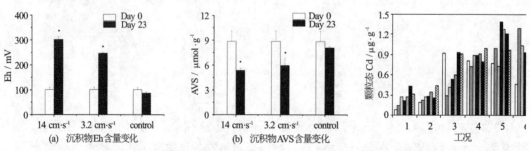

(a) 沉积物Eh含量变化   (b) 沉积物AVS含量变化

图2 表层沉积物 Eh，AVS 含量变化   图3 上覆水中 Cd 的颗粒态浓度变化

（2）沉积物中重金属向河蚬组织内发生迁移。河蚬组织中重金属的含量在试验期内均有所增加，但是各个组织对不同重金属的富集能力不同，内脏团对 Cu 的富集系数达到1.42~2.30，鳃对 Zn 的富集系数达到 1.05~1.25，斧足对 Cr 的富集系数达到 0.10~0.22，外套膜对 Cd 和 Pb 的富集系数分别达到 7.96~9.17 和 0.13~0.19。水动力作用对河蚬组织吸附重金属有较明显的促进作用，吸附重金属的比例明显增加而对组织内吸收重金属的作用不明显。

（3）在不同风速条件下，无植物对照组水流结构服从指数分布，呈"J"型，有植物实验组水流结构改变，分层现象明显，呈"S"型分布。水生植物有效地减小水流流速，特别是上层流速，并且减少了水流的紊动作用（图 4）。苦草和黄菖蒲能够减少水动力作用下上覆水中的悬浮颗粒物，缓解沉积物中重金属的释放；水动力条件能够促进苦草和黄菖蒲叶、根组织对重金属的富集，增加组织对沉积物重金属的富集系数（图 5）。

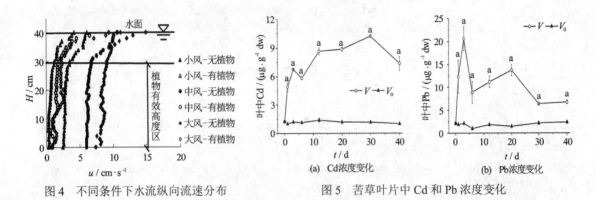

图 4　不同条件下水流纵向流速分布　　　　图 5　苦草叶片中 Cd 和 Pb 浓度变化

（4）动水条件影响了水生植物的同化吸收作用、底泥沉积物的吸附作用以及微生物生化作用的发挥。水动力促进沉积物中营养盐的释放，苦草可以减少水动力扰动表层沉积物，吸收和吸附沉积物和上覆水中的营养盐，特别是颗粒态营养盐（图 6）。

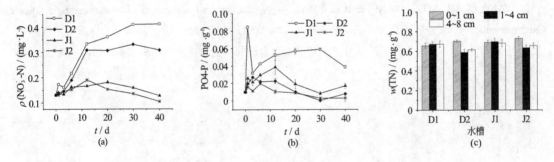

图 6　静动水条件下上覆水和沉积物中营养盐含量变化

（5）在野外自然条件下，沉水植物同样改变水平流速在垂向上的分布规律，从而影响河流流态。但是由于自然条件下水深和沉水植物有效高度比 H/hv 较大，沉水植物对河道过流能力影响较室内试验相比并不明显。

4. 结论

随着风扰动增强，水体和表层沉积物中的理化性质发生变化，上覆水中悬浮颗粒和溶解氧增加，这些条件的改变均促进重金属释放。当扰动风速增大时，重金属总量增加，溶解态重金属浓度无明显变化，颗粒态重金属浓度先增加后减小。水动力作用对底栖生物组织吸附重金属有较明显的促进作用，吸附重金属的比例明显增加而对组织内吸收重金属的作用不明显。水生植物一方面可以有效的控制水流流速，降低水流紊动，减缓了沉积物的再悬浮作用；另一方面水生植物的叶片可以截留和吸附悬浮颗粒物，对改善水质去除污染物产生了积极的作用，有助于水生态修复。

参 考 文 献

[1] Roberts DA. Causes and ecological effects of resuspended contaminated sediments (RCS) in marine environments [J]. Environment International. 2012, 40, 230-43.

[2] WANG C, ZHENG S, WANG P, et al. Interactions between vegetation, water flow and sediment transport: A review [J]. Journal of Hydrodynamics. 2015, 27 (1): 24-37.

[3] Eggleton J, Thomas KV. A review of factors affecting the release and bioavailability of contaminants during sediment disturbance events [J]. Environment International. 2004, 30(7), 973-80.

[4] Zhang C, Yu Z, Zeng G et al. Effects of sediment geochemical properties on heavy metal bioavailability [J]. Environment International. 2014, 73: 270–281.

[5] WANG C, ZHENG S, WANG P, et al. Effects of vegetations on the removal of contaminants in aquatic environments: A review, Journal of Hydrodynamics. 2014, 26 (4): 497-511.

[6] 潘义宏，王宏镔，谷兆萍，等. 大型水生植物对重金属的富集与转移. 生态学报，2010，30(23): 6430 6441.

Multi-phase conversion mechanism and ecological effects of pollutants under different hydrodynamic conditions

WANG Pei-fang, WANG Chao, HOU Jun, QIAN Jin, GENG Nan, LIU Jia-jia

(Key Laboratory of Integrated Regulation and Resource Department on Shallow Lakes Ministry of Education, College of Environment, Hohai University, Nanjing, 210098. Email: pfwang2005@hhu.edu.cn)

Abstract： The aim of this study was to investigate the mechanism of multi-phase transformation and ecological effect of the heavy metals in the rivers under different hydrodynamic conditions, and the coupling effect of aquatic plants on contaminant removing and flow structure. The migration of heavy metals in multi-phase (sediment- interstitial water - overlying water - benthic - submerged plant), and the effect of aquatic plants on hydrodynamic conditions and the purification of water pollution under the condition of flowing water were studied with the indoor flume experiments and field observation experiment. The research results show that the different disturbance of wind speed can change the flow structure, the amount of heavy metals will increase with the stronger wind disturbance in the water, and suspended solids become the key factor which affects the behavior of heavy metals. Hydrodynamic effect has significant effect on promoting heavy metal adsorption by benthic animals and the proportion of the adsorbed heavy metal increased, but the absorbed heavy metal in the organization showed changed little under hydrodynamic conditions. Aquatic plant can effectively reduce the flow velocity and the suspended particulate matter in the overlying water, and diminish the release of nutrient and heavy metal in sediments. The accumulation of heavy metal and nutrient by the leaves and roots of aquatic plant was promoted under hydrodynamic conditions.

Key words：Hydrodynamic; Heavy metal; Multi-phase; Enrichment; Aquatic plants; Nutrient.

Some studies on the hydrodynamics of fishlike swimming

LU Xi-yun, YIN Xie-zhen, TONG Bing-gang

(Department of Modern Mechanics, University of Science and Technology of China,
Hefei，Anhui, 230026, Email: xlu@ustc.edu.cn)

Abstract： In this talk, I will attempt to provide an overview on the hydrodynamics of fishlike swimming based on our recent work. Some typical aspects are presented which are briefly described as biomechanical properties for some fish species, self-locomotion of flapping flexible body, hydrodynamic interaction of multibodies, vorticity dynamics of flapping locomotion, and the relevant biomimetic technology.

Key words： Fishlike swimming; self-locomotion; hydrodynamics; animal propulsion; vortex dynamics

1　Biomechanical properties for some fish species

The integrated biomechanical study on fish locomotion has become an important field by considering a fish as a living machine. Controlled by the nervous system and inspired by the motor nerve, there exist both active contraction and passive deformation for muscles. The stress and deformation are transferred from muscle to the executive organs, such as fins and skins, and to obtain the movement pattern of the body for fish. Meanwhile, the sense organs capture the environment information and reflect them back to the nervous system for facilitating the completion of the motion procedure. Essentially some work has been performed for fish morphology, kinematics and passive mechanical property of biomaterials. However, reliable and systematic experimental measurement on for some typical species is scarcely done.

We have experimentally investigated the mechanical properties and the constitutive relationship of the skin, muscle and body trunk, and morphological parameters of crucian carp (*carassius auratus*) and briefly describe some typical results as follows[1]. The electromyography signals from three lateral superficial red muscles of crucian carp for the C-start movement. The Young's modulus and the reduced relaxation function of skin and muscle of crucian carp were determined by failure test and relaxation test, respectively. Viscoelastic models were adopted to deduce the constitutive relationship. The mechanical properties and the angular stiffness of different sites on the body trunk were obtained by dynamic bending experiment. The distribution of geometric and weight parameters for a single individual and multiple individuals of crucian carp were analyzed. A preliminary biomechanical "digital fish" database for crucian carp was established, which can be used to build up reliable experimental and computational models for fish swimming.

2　Self-locomotion of flapping flexible body

Flapping plates are often used to mimic the motions of fish fins and insect wings for locomotion through fluids. Real fins and wings of animals are flexible and can get deformed during flapping motion. The deformations of the fins or wings are generated by dynamic forces, elastic forces, and inertial forces due to accelerations. The deformations also affect many aspects of the locomotion. On the other hand, for animals in a steady state of free swimming or flight, the mean thrust generated balances the resistance experienced by the surrounding fluid. We should mention that the fluid dynamics of a flow past a stationary object is different from a free moving object in a stationary fluid. Thus, it is necessary to study the self-propulsive behaviors due to the fluid-structure interaction.

We have studied the self-locomotion of a flapping flexible plate and elucidated the mechanisms underlying the dynamics of the plate[2-10]. To investigate the locomotion of a passively flapping flat plate, a flexible plate is modeled by a rigid plate with a torsion spring acting about the pivot at the leading-edge of the plate which is called a lumped-torsional-flexibility model. We have studied various aspects of the mechanics behind the behavior of the flapping plate, including the periodic- and non-periodic-flow states, the spontaneous motion of the plate, vortical structure and how they compare to similar propulsion systems in animals[2]. Further, the locomotion of a flapping flexible plate has been investigated[3]. When the leading-edge of the flexible plate is forced to heave, the entire plate starts to move freely as a result of the fluid-structure interaction. Three distinct states of the plate motion are identified and can be described as forward, backward, and irregular. Which state to occur depends mainly on the heaving amplitude and the bending rigidity of the plate. In the forward motion regime, analysis of the dynamic behaviors of the flapping flexible plate indicates that a suitable degree of flexibility can improve the propulsive performance. The forward motion is compared with the flapping-based locomotion of swimming and flying animals. The results obtained in the present study are found to be consistent with the relevant observations and measurements. Furthermore, some other work relevant to the flapping locomotion has been carried out. Recently, self-propulsion of a three-dimensional flapping flexible plate in ground effect has been studied[4].

Propulsive performance of a traveling wavy foil with a passively flapping flat plate and a foil with a traveling-wave surface has been analyzed[5-7]. Furthermore, the dynamics of viscous fluid flow over a circular flexible plate and an inverted flexible plate has been investigated for the understanding of the mechanisms on the fluid-plate system[11-12].

3   Hydrodynamic interaction of multibodies

The hydrodynamic interaction of multibodies immersed in a fluid is common in daily life. Recently, the interaction of flexible bodies and the relevant mechanisms have become an attractive subject. Given the drastic difference between the rigid-rigid and flexible-flexible systems, it would also be interesting to examine the situation where the system consists of both rigid and flexible bodies and the bodies are within the distance of hydrodynamic interaction. The examples of such an interaction in real life include fish swimming in the downstream or bow wake of solid structures and dolphins riding in the bow wake of ships. On the other hand, for a swimming fish, although it typically undulates its body through muscular activity for propulsion, its fins may deform passively during flapping. Thus, as a simple and yet useful model for understanding the role of the fluid-structure interaction, flexible filaments immersed in a flow and their induced vibration have attracted significant attention.

We have investigated viscous flow past three filaments in side-by-side arrangement and traveling wavy foils in a side-by-side arrangement[13-15]. For the three filaments in side-by-side arrangement, the flapping modes of the filaments, characteristics of the flow-structure interaction, and vortex structures in the wake are analyzed for a range of separation distances between the filaments[13,14]. For the traveling wavy foils in a side-by-side arrangement, it is revealed that the lateral interference is of benefit to saving the swimming power in the in-phase case and enhancing the forces in the anti-phase case[15]. Furthermore, for the system consists of both rigid and flexible bodies, we have also studied the interference characteristics for a flexible filament and a downstream rigid body[16], a flexible filament in the wake of cylinder[17], two-wing interaction[18,19], and insect normal hovering flight in ground effect[20].

4   Vorticity dynamics of flapping locomotion

The vortical structure in the wake is related to the propulsive properties of a flapping locomotion. Some studies have revealed that the wake relevant to animal locomotion demonstrates obvious ring-like vortical structures, such as separate rings in insects and birds flying slowly or hovering and fish swimming, and connected rings in birds and bats flying relatively fast. Although there have been a variety of vorticity dynamic theories that have shed light on some aspects of vortex dynamics, it should be noted that existing studies have only dealt with the force; however, the power, which is related to the energy and further to the efficiency, has been relatively less studied.

We have proposed some unconventional force expressions based on derivative-moment transformations[21-22]. These transformations can be used to replace the original integrand by the moments of its spatial derivatives, which, if necessary, can be represented by other terms in the differential motion equations to explicitly reveal the effect of various local dynamic processes and structures on the integrated performance. Further, the force and power of flapping plates are investigated by vortex dynamic analysis[23] and the behaviors of vortex ring evolution are also analyzed by experimental measurement[24]. Based on the dynamic analysis of the numerical results of viscous flow past flapping plates, it is found that the force and power are strongly dominated by the vortical structures close to the body. Further, the dynamics of the flapping plate is investigated in terms of viscous vortex-ring model. It is revealed that the model can reasonably reflect the essential properties of the ring-like vertical structure in the wake, and the energy of the plate transferred to the flow for the formation of each vortical structure possesses a certain relation. Moreover, simplified formulae for the thrust and efficiency are proposed and verified to be reliable by the numerical solutions and experimental measurements of animal locomotion. The results obtained in this study provide physical insight into the understanding of the dynamic mechanisms relevant to flapping locomotion.

References

1   Zhou Meng, Yin Xiezhen, Tong Binggang. An experimental investigation on electromyography, constitutive relationship and morphology of crucian carp for biomechanical "digital fish". Science in China–Physics, Mechanics & Astronomy, 2011, 54: 966-977.

2   Zhang Jie, Liu Nansheng, Lu Xiyun. Locomotion of a passively flapping flat plate. J. Fluid Mech., 2010, 659: 43-68.

3   Hua Runan, Zhu Luoding, Lu Xiyun. Locomotion of flapping flexible plates. Phys. Fluids, 2013, 25: 121901.

4   Tang Chao, Lu Xiyun. Self-propulsion of a flapping flexible plate in ground effect. J. Fluid Mech. (to appear), 2015.

5   Liu Nansheng, Peng Yan, Lu Xiyun. Length effects of a built-in flapping flat plate on the flow over a traveling wavy foil. Phys. Rev. E, 2014, 89: 063019.

6   Liu Nansheng, Peng Yan, Liang Youwen, et al. Study of flow over a traveling wavy foil with a passively

flapping flat plate. Phys. Rev. E, 2012, 85: 056316.

7   Tian Fangbao, Lu Xiyun, Luo Haoxiang. Propulsive performance of a body with a traveling-wave surface. Phys. Rev. E, 2012, 86: 016304.

8   Tian Fangbao, Luo Haoxiang, Song Jialei, et al. Force production and asymmetric deformation of a flexible flapping wing in forward flight. J. Fluids Struct., 2013, 36: 149-161.

9   Li Gaojin, Zhu Luoding, Lu Xiyun. Numerical studies on locomotion performance of fishlike tail fins. Journal of Hydrodynamics Ser. B, 2012, 24(4): 488-495.

10   Lu Xiyun, Liao Qing. Dynamic responses of a two-dimensional flapping foil motion. Phys. Fluids, 2006, 18: 098104.

11   Hua Runan, Zhu Luoding, Lu Xiyun. Dynamics of fluid flow over a circular flexible plate. J. Fluid Mech., 2014, 759: 56-72.

12   Tang Chao, Liu Nansheng, Lu Xiyun. Dynamics of an inverted flexible plate in a uniform flow. Phys. Fluids, 2015, 27: 073601.

13   Tian Fangbao, Luo Haoxiang, Zhu Luoding, et al. Coupling modes of three filaments in side-by-side arrangement. Phys. Fluids, 2011, 23: 111903.

14   Tian Fangbao, Luo Haoxiang, Zhu Luoding, et al. An efficient immersed boundary-lattice Boltzmann method for the hydrodynamic interaction of elastic filaments. J. Comput. Phys., 2011, 230: 7266-7283.

15   Dong Genjin, Lu Xiyun. Characteristics of flow over traveling-wavy foils in a side-by-side arrangement. Phys. Fluids, 2007, 19: 057107.

16   Tian Fangbao, Luo Haoxiang, Zhu Luoding, et al. Interaction between a flexible filament and a downstream rigid body. Phys. Rev. E, 2010, 82: 026301.

17   Hua Runan, Zhu Luoding, Lu Xiyun. Numerical investigation of the dynamics of a flexible filament in the wake of cylinder. Adv. Appl. Math. Mech., 2014, 6: 478-493.

18   Zhang Jie, Lu Xiyun. Aerodynamic performance due to forewing and hindwing interaction in gliding dragonfly flight. Phys. Rev. E, 2009, 80: 017302.

19   Liu Yanjun, Liu Nansheng, Lu Xiyun. Numerical study of two-winged insect hovering flight. Adv. Appl. Math. Mech., 2009, 1: 481-509.

20   Gao Tong, Lu Xiyun. Insect normal hovering flight in ground effect. Phys. Fluids, 2008, 20: 087101.

21   Wu Jiezhi, Pan Zeliang, Lu Xiyun. Unsteady fluid-dynamic force solely in terms of control-surface integral. Phys. Fluids, 2005, 17: 098102.

22   Wu Jiezhi, Lu Xiyun, Zhuang Lixian. Integral force acting on a body due to local flow structures. J. Fluid Mech., 2007, 576: 265-286.

23   Li Gaojin, Lu Xiyun. Force and power of flapping plates in a fluid. J. Fluid Mech., 2012, 712: 598-613.

24   Yang Anlong, Jia Laibin, Yin Xiezhen. The formation process of the vortex ring formed by an impulsive started circular disk. J. Fluid Mech., 2012, 713: 61-85.

集中载荷生成的水弹性波动[*]

卢东强

(上海大学 上海市应用数学和力学研究所，上海，200072，Email: dqlu@shu.edu.cn)

(天津大学 水利工程仿真与安全国家重点实验室，天津，300072)

摘要： 考虑存在侧向应力的漂浮弹性板受集中载荷作用下的水弹性波动，包括瞬态冲动、周期脉动、稳恒移动、突然启动、瞬间制动的表面载荷引起的结构动力学响应。平板和流体之间动力学边界条件反映了流体水动力、板的弹性力、压缩力与惯性力和外加载荷的之间平衡。在线性势流理论框架内，借助积分变换法、驻相法和围道积分法，解析地研究了板的水弹性动力学响应，重点考察了板的侧向力、载荷非定常性对水弹性波动、波阻的动力学作用。由于侧向力的存在，挠曲重力波的最小波速降低。当移动速度小于最小波速时，无挠曲重力波动和波阻产生；当移动速度小于最小波速时，波阻随着移动速度先增加至一峰值后递减。特别地，在临界侧向应力状态，挠曲重力波波速可等于零，此时，任何大小移动速度都将产生挠曲波动和波阻。此外，惯性表面上的毛细重力波在数学上可作为本文模型的一个特例。

关键词： 水弹性波动，波阻，移动载荷，积分变换，渐近分析

1 引言

无黏流体漂浮弹性薄板这一理论模型广泛应用于厢式海洋超大型浮式结构物（Very Large Floating Structure，简称 VLFS）和极地冰层的动力学特性研究。国际学术界研究漂浮弹性板的动力学响应时，主要考虑两大类载荷：一是板周边波浪和流动对板的作用；二是板面上载荷的冲击和滑行。前者主要考虑 VLFS 周边海洋环境的作用；后者主要模拟 VLFS 上承载器（如漂浮机场的飞机起降与滑行、冰层上的汽车运输等）的作用。载荷作用下漂浮弹性板振动的传播，通常称为水弹性波（hydroelastic waves）或挠曲重力波（flexural–gravity waves）。

关于 VLFS 的研究背景、意义和现状，目前已有不少的综述文献[1-7]。对于波浪与弹性

---

[*]国家自然科学基金（11472166）、天津大学水利工程仿真与安全国家重点实验室开放基金（HESS-1506）

的相互作用问题，在线性势流的框架下，我们去年在全国水动力学研讨会上做了比较详细的介绍[7]。在物理模型上，我们重点考虑了海洋密度强分层效应和多模态波动的耦合；在研究方法上，主要阐述本征函数展开法和新引入适合于两层流体系统的内积定义式的有效性[7]。

本文主要考虑另一个热点问题，即弹性薄板上集中载荷生成的水弹性波。这一模型以超大型冰层上或浮式机场上运载器的滑行为应用背景[8-12]。在以往的研究中，漂浮柔性结构物通常模拟成 Euler–Bernoulli 板，其中考虑了板的弹性和惯性。在某些薄板下，惯性也可忽略。最近，一些学者开始将弹性板的侧向应力引入数学模型中[13-14]。这里简要介绍我们近期在考虑侧向应力存在时弹性板受集中载荷作用下水弹性响应的一些研究进展[15-20]。从研究方法上，主要应用 Laplace–Fourier 积分变换得到水弹性波动的积分表达式，而后借助渐近分析中的驻相法和复变函数的留数定理，求得远场波动的代数表达式。特别地，当流体深度无限大时，我们可以得到波长的精确解。

2 数学模型与积分表达

考虑不可压、无黏、均匀流体表面漂浮着无限的弹性薄板。选择直角坐标系 $oxyz$ 使得 z 轴垂直向上且未受扰动的流体薄板交界面位于 $z = 0$。时间变量记为 t。假设运动无旋，则存在一个速度势函数 $\phi(x, y, z, t)$ 满足质量守恒律，即有 Laplace 方程 $\nabla^2\phi = 0$。对于有限深度的情形，平坦的底部流体运动无穿透条件 $(\partial\phi/\partial z)|_{z=-H} = 0$，其中 H 为流体深度。

记 $\zeta(x, y, t)$ 为受外加载荷 $-P_{\text{ext}}(x, y, t)$ 作用下薄板的挠度。假设变形较小即波陡是个小量，在 $z = 0$ 处我们采用线性化的边界条件。$z = 0$ 处运动学边界条件为 $\partial\zeta/\partial t = \partial\phi/\partial z$，动力学边界条件为

$$D\nabla^4\zeta + Q\nabla^2\zeta + M\frac{\partial^2\zeta}{\partial t^2} = -\rho\left(\frac{\partial\phi}{\partial t} + g\zeta\right) - P_{\text{ext}}, \tag{1}$$

其中 $D = Ed^3/12(1-\nu^2)$，E 为 Young 模量，ν 为 Poisson 比，d 为板厚度，Q 与板的侧向应力关联（$Q > 0$ 表压缩；$Q < 0$ 表拉伸）；$M = \rho_e d$，ρ_e 和 ρ 分别为板和流体的密度，g 是重力加速度。显然，式 (1) 表示板的弹性力、侧向力、惯性力和流体水动力与外加载荷之间的平衡。特别地，当 $D = 0$ 且 $Q = -T$，式 (1) 表示惯性表面（$M \neq 0$）或自由面（$M = 0$）上的毛细重力波，其中 $T > 0$ 是表面张力系数。

对于上述的线性偏微分方程的定解问题，我们引入 Fourier 积分变换

$$\{\widetilde{\phi}(\alpha, \beta, z, t), \widetilde{\zeta}(\alpha, \beta, t), \widetilde{P}_{\text{ext}}(\alpha, \beta, t)\} = \int_{-\infty}^{\infty}\int_{-\infty}^{\infty} \mathrm{d}x\mathrm{d}y$$
$$\times \{\phi(x, y, t)\cosh[k(z+H)], \zeta(x, y, t), P_{\text{ext}}(x, y, t)\}\exp(-\mathrm{i}\alpha x - \mathrm{i}\beta y). \tag{2}$$

在 $z = 0$ 界面上,我们可得

$$\frac{\partial^2 \widetilde{\zeta}}{\partial t^2} + \omega^2 \widetilde{\zeta} = -\frac{\widetilde{P}_{\text{ext}} k}{\rho[\coth(kH) + \sigma k]},\tag{3}$$

其中

$$\omega^2 = \frac{gk(\Gamma k^4 - \Lambda k^2 + 1)}{\coth(kH) + \sigma k},\tag{4}$$

$$\Gamma = D/\rho g, \quad \Lambda = Q/\rho g, \quad \sigma = M/\rho,\tag{5}$$

$k = \sqrt{\alpha^2 + \beta^2}$ 是波数。式 (4) 是单层流体中水弹性波的色散关系,即频率 $\omega(k)$ 和波数 k 的时空关系,其中包含了三个参数:Γ,Λ,σ 分别表征了板的抗弯刚度、侧向应力和惯性。对于惯性表面($M \neq 0$)或者自由面($M = 0$)上的毛细重力波,对应的色散关系形式如式 (4),但其中 $\Gamma = 0$ 且 $\Lambda = -T/\rho g < 0$。

求解式 (4) 需要给定初试条件。对于瞬态冲动、周期脉动、突然启动等情形,我们采用零初试条件(即 $\widetilde{\zeta}|_{t=0} = 0$,$(\partial \widetilde{\zeta}/\partial t)|_{t=0} = 0$)。对于稳恒移动情形,我们忽略初始效应,直接寻求稳态特解。对于瞬间制动的情形,则以稳态解作为初始条件。

进一步我们还可以考虑海洋的分层效应和海洋内部的来流。相关的数学方程和色散关系的精确解析表达式可参考文献 [15]。

3 几类典型问题

3.1 瞬态冲动

考虑静止流体中一个瞬态冲动的载荷,即 $P_{\text{ext}}(x, y, t) = \delta(x - x_0)\delta(y - y_0)\delta(t)$,其中 $\delta(\cdot)$ 是 Dirac delta 函数,$(x_0, y_0, 0)$ 是集中载荷的位置即源点。研究结果表明,无论对于线源、点源、环源,集中载荷生成的水弹波都可以用一个单重 Fourier 积分表达[16]。运用驻相法,根据观测者速度与波动最小群速度的不同关系,采用相函数的两种可匹配的渐近展开式,可导出了波动显式表达。对于 $\Lambda = 0$,我们细致地分析了最小群速度附近的动力学行为,并发现了瞬态波动包含了弹性短波和重力长波的两大波系、短的挠曲波在传播过程中"骑在"长的重力波这一有趣的现象[16]。此外,还给出了惯性毛细波存在时的最小流体深度值[16]。当时间趋向无限大,瞬态波动呈代数衰减。对于 $\Lambda \neq 0$,采用文献 [16] 中的方法可平行地导出结果。最近,我们还将单层流体的情形拓展到两层流体的波动[17]。

3.2 周期脉动

考虑静止流体中周期脉动的载荷,即 $P_{\text{ext}}(x, y, t) = \delta(x - x_0)\delta(y - y_0)\exp(\mathrm{i}\Omega t)$,其中 Ω 外载荷的脉动频率。系统的响应包括两部分:瞬态响应和稳态响应。两者分别采用驻相法、围道积分的留数定理法求得[16]。当时间趋向无限大,瞬态波动呈代数衰减,系统响应频率与外频率一致。当外频率等于水体弹性波固有频率时（即 $\Omega = \omega$），稳态响应将趋向无限大，因而线性理论失效。

3.3 稳恒移动

考虑静止流体中周期脉动的载荷，即 $P_{\text{ext}}(x,y,t) = \delta(x-x_0)\delta(y-y_0)$ 且 $x_0 = -Ut$，U 为常值。对于二维情形且忽略侧向力（即 $\Lambda = 0$），我们给出了水弹性波形和波阻的解析表达[18]。当载荷移动速度小于水弹性波动的最小相速度时，结构将无波动的传播，因而也不存在波阻。随着载荷移动速度的增加，波阻首先增加至一个峰值，而后递减[18]。考虑侧向力时（即 $\Lambda \neq 0$），Λ 取临界值时，水弹性波动的最小相速度等于零。因而，载荷任何大小的移动速度都将产生波动的传播，并承受波阻[19]。

3.4 突然启动、瞬间制动

考虑静止流体中突然启动的载荷，即 $P_{\text{ext}}(x,y,t) = \delta(x-x_0)\delta(y-y_0)\text{H}(t)$ 且 $x_0 = -Ut$，其中 $\text{H}(t)$ 是 Heaviside 阶跃函数。系统响应包括两部分：瞬态响应和稳态响应。瞬态波系依赖于载荷移动速度 U 与水弹性波动最小群速度之间的大小关系，而稳态波系依赖于 U 与水弹性波动最小相速度之间的大小关系。瞬态和稳态波系仍分别采用驻相法、围道积分的留数定理法求得[19]。

对于 $\Lambda = 0$ 的情形，我们考虑突然启动的均匀来流中固定载荷引起的水弹性波动[20]。结果表明，系统响应包括两部分：瞬态响应和稳态响应，其中稳态解和静止流体中突然启动载荷的稳态解是一致的。而瞬态解不尽相同，这主要是因为两类问题初始条件的提法并不等价。

考虑一个匀速运动的载荷突然制动，即 $t \leq 0$ 为稳态解；$t > 0$ 时，$P_{\text{ext}}(x,y,t) = 0$。则系统响应仅存在瞬态部分[19]，该瞬态解与突然启动的瞬态解之间存在的相位差为 π。

4 结语

为了在理论上定性地研究海洋超大型浮式结构物表面运载器滑动生成的响应，本文考虑了一个最简化的模型：将浮式结构物简化一个忽略吃水厚度的弹性薄板，将表面运载器模拟为一个集中载荷。在线性势流的框架下，借助积分变换、驻相法、留数定理等数学方法，求得了水弹性波动响应的近似解析解，为进一步研究复杂的结构和载荷提供了理论基础。

参 考 文 献

[1] 缪国平, 刘应中. 征服海洋之梦—超大型浮式海洋结构物. 自然杂志, 1996, 18(1): 26–30.

[2] 崔维成, 吴有生, 李润培. 超大型海洋浮式开发过程中需要解决的关键技术问题. 海洋工程, 2000, 18(3): 1–8.

[3] 崔维成. 超大型海洋浮式结构物水弹性响应预报的研究现状和发展方向. 船舶力学, 2002, 6(1): 73–90.

[4] Watanabe E, Wang C M, Utsunomiya T. et al. Very large floating structures: Applications, analysis and design. National University of Singapore CORE Report No. 2004-02, 2004.

[5] Squire V A. Synergies between VLFS hydroelasticity and sea ice research. International Journal of Offshore and Polar Engineering, 2008, 18(4): 241–253.

[6] Wang C M, Tay Z Y. Very large floating structures: Applications, research and development. Procedia Engineering, 2011, 14: 62–72.

[7] 卢东强. 两层流体中线性波和超大型浮式结构物的水弹性作用. 第十三届全国水动力学学术会议暨第二十六届全国水动力学研讨会文集. 北京:海洋出版社.

[8] Kashiwagi M. Transient responses of a VLFS during landing and take-off of an airplane. Journal of Marine Science and Technology, 2004, 9: 14–23.

[9] Kakinuma T, Yamashita K, Nakayama K. Surface and internal waves due to a moving load on a very large floating structure. Journal of Applied Mathematics, 2012, 830530.

[10] Savin A A, Savin A S. Waves generated on an ice cover by a source pulsating in fluid. Fluid Dynamics, 2013, 48(3): 303–309.

[11] 胡明勇, 张志宏, 刘巨斌. 三角脉冲载荷作用下黏弹性浮冰的瞬态响应. 华中科技大学学报, 自然科学版, 2014, 42: 53–57.

[12] Pogorelova A V, Kozin V M. Motion of a load over a floating sheet in a variable depth pool. Journal of Applied Mechanics and Technical Physics, 2014, 55: 335–344.

[13] Sturova I V. Unsteady three-dimensional sources in deep water with an elastic cover and their applications. Journal of Fluid Mechanics, 2013, 730: 392–418.

[14] Mohanty S, Mondal R, Sahoo T. Time dependent flexural gravity waves in the presence of current. Journal of Fluids and Structures, 2014, 45: 28–49.

[15] Lu D Q. Effect of compressive stress on the dispersion relation of the flexural-gravity waves in a two-layer fluid with a uniform current. Journal of Hydrodynamics, 2014, 26(2): 339–341.

[16] Lu D Q, Dai S Q. Flexural– and capillary–gravity waves due to fundamental singularities in an inviscid fluid of finite depth. International Journal of Engineering Science, 2008, 46(11): 1183–1193.

[17] Lu D Q, Sun C Z. Transient flexural– and capillary–gravity waves due to disturbances in two-layer density-stratified fluid. Journal of Hydrodynamics, 2013, 25(3): 339–347.

[18] Lu D Q, Zhang H. Flexural–gravity wave resistances due to a surface-moving line source on a fluid covered by a thin elastic plate. Theoretical & Applied Mechanics Letters, 2013, 3: 022002.

[19] Lu D Q. Hydroelastic response of a floating thin plate due to a surface-piercing load. Proceedings of the 30th International Workshop on Water Waves and Floating Bodies (Edited by Porter R, Zang J), 2015: 129–132.

[20] Lu D Q, Yeung R W. Hydroelastic waves generated by point loads in a current. International Journal of Offshore and Polar Engineering, 2015, 25(1): 8–12.

Hydroelastic waves generated by concentrated loads

LU Dong-qiang

(Shanghai Institute of Applied Mathematics and Mechanics, Shanghai University,
Shanghai 200072, Email: dqlu@shu.edu.cn)

(State Key Laboratory of Hydraulic Engineering Simulation and Safety, Tianjin University, Tianjin 300072)

Abstract: Taking the effect of the lateral stress of the plate into account, the dynamical responses of a floating elastic plate due to moving loads are analytically studied. We consider transient, periodically oscillating, steadily moving, impulsively starting, and suddenly stopping concentrated loads. The dynamic condition on the fluid–plate interface represents the balance among the hydrodynamic pressure of the fluid, the elastic, compressive, inertial forces of the plate, and the downward external load. Hydroelastic responses of the plate due to a singularity are analytically investigated within the linear potential theory. The wave elevation and the wave resistance are studied with the emphasis on the effects of compressive stress in the plate and of the unsteadiness in motion. In addition, the capillary–gravity waves on an inertial surface can be seen as a special case of the present formulation in a mathematical viewpoint.

Key words: Hydroelastic waves; Wave resistance; Moving loads; Integral transform; Asymptotic analysis.

南海海啸预警方法研究

刘 桦，任智源，赵曦，王本龙

(上海交通大学水动力学教育部重点实验室，上海，200240，Email: hliu@sjtu.edu.cn)

摘要： 针对南海马尼拉海沟断裂带单元板块发生单位滑动所引发的海啸进行数值模拟，构建了相应的海啸源数据库；发展了基于多个浮标监测数据和最小二乘法的南海马尼拉海沟潜在震源的海啸反问题预警方法，并与这个问题的计算结果进行了比较，验证了方法的有效性；提出了南海海啸预警浮标的优先布置方案建议；首先给出了南海马尼拉海沟潜在震源激发海啸的一种快速预警方法。

关键词： 南海；马尼拉海沟；海啸；预警方法；反演

1 引言

近十年来，2004 年印度洋苏门答腊地震海啸和 2011 年日本东部地震海啸使得相关海洋国家持续关注海啸研究。研究海啸生成、传播和淹没过程的动力学特征，建立全球——区域——国家（局部） 范围的海啸预警系统已不仅是美国、日本等国家实现防灾减灾的重要任务，而且也已引起联合国框架下欧洲、亚洲、南美洲等相关涉海国家的高度关注。针对潜在海啸地震断裂带风险的研究结果表明，南海东侧的马尼拉海沟属高风险区域，一旦在这里触发海底地震引起海啸，无疑将威胁我国华南沿海，以及南海周边国家和地区。[1-2]

基于数值模拟建立断裂带各单元地震激发海啸波高和到达时间的数据库，依据地震海啸早期监测结果反演海啸基本参数，是发展海啸预警系统的一项关键技术，也是世界上普遍采用的海啸反演预警方法。同时，这种技术也被应用于震源的精细化模拟和研究。针对海啸预警研究，可通过格林函数反问题并结合多浮标反演方法计算断层的滑动量，建立海啸预警数据库。[3]采用基于最小二乘法的反问题预报模式，该方法被应用于分析 Alaska-Aleutian 潜在震源对夏威夷的影响分析[4]，以及采用浮标和卫星数据模拟了 2004 年印度洋海啸[5]。Liu 等[6]率先将南海马尼拉断层划分为 39 个单元板块，采用 COMCOT 海啸模型建立起海啸预警系统；该方法还被用于基于单浮标反演的南海海啸预警方法研究，并比较线性结果与非线性结果的差异。[7]

目前针对南海海啸预警方法主要采用单浮标反演，该方法对于八级左右的单一板块地震可以较好预测，但如果发生更高级别的大地震，断裂带范围较大，单浮标反演很难准确的预测。本研究将对南海马尼拉海沟潜在震源区 39 个单元板块发生单位滑动所引发的海啸进行数值模拟，并构建相应的海啸源数据库；发展基于多个浮标监测数据和最小二乘法的南海马尼拉海沟潜在震源的海啸反问题预警方法；首次给出了南海马尼拉海沟特大地震海啸的影响范围和特征和一种快速预警方法。

2   基于多浮标反演的海啸预警方法

南海海啸数据库的构建过程主要是将潜在的马尼拉海沟地震源划分成若干单元板块，将每个单元板块的单位滑动作为一个独立的震源进行海啸的数值模拟，并记录浮标位置和主要监测点的海啸波波高的时间序列，将其组成海啸数据库。如果发生地震，利用浮标监测的数据进行快速反演并发布海啸预警。

选取的计算范围为 99°-130°E，1°S-33°N。地形数据采用精度为 1 弧分的 ETOPO1 数据，约 1.75km。采取自适应网格，分四层计算，第四层网格精度约为 0.94 弧分，使用加密判断条件为 1mm，计算时间为 5h，并记录了三亚、香港、垦丁（台湾）、归仁（越南）、文莱等地区附近海域的海啸波高变化。[8]

对于南海海啸预警系统，浮标布置的位置非常重要。在实际情况下，既要考虑成本，浮标的数量有一定限制，同时要保证浮标所记录到数据可以用来反演海啸源，并有足够的时间进行海啸的预警。浮标所处位置的地形应尽避免较大的起伏，同时距离近岸有一定距离以避免陆地边界反射对结果的影响。Liu 等[6]建议了三个浮标位置，分别是 B1（119.4E，20.1N），B2（118.15E，18.4N），B3（117.6E，13.5N）。本研究首先采用这三个虚拟浮标，进行数据库的构建(图 1)。

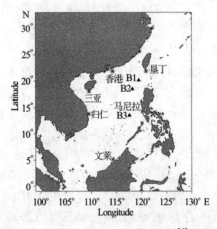

图 1 计算域和浮标、测点位置[6]

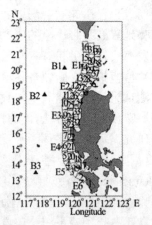

图 2 马尼拉海沟的单元板块分布[6]

将南海马尼拉海沟划分为 39 个单元板块，各单元板块详细的参数信息参见 Liu 等[6]。每个单元板块的大小为 70km×35km，分布情况见图 2。利用 GeoClaw 海啸模型分别对每一块单元板块进行海啸模拟，并记录在浮标位置和主要监测位置的海啸波波高的时间序列作为数据库。如果发生地震，直接调用数据库进行反演计算就可以快速进行海啸预测。所有单元板块在浮标处产生的波动可以用矩阵 A 表示：

$$A = \begin{bmatrix} G_1(x,y,t_1) & \cdots & G_i(x,y,t_1) & \cdots & G_{39}(x,y,t_1) \\ \vdots & & \vdots & & \vdots \\ G_1(x,y,t_k) & \cdots & G_i(x,y,t_k) & \cdots & G_{39}(x,y,t_k) \\ \vdots & & \vdots & & \vdots \\ G_1(x,y,t_N) & \cdots & G_i(x,y,t_N) & \cdots & G_{39}(x,y,t_N) \end{bmatrix} \tag{1}$$

其中 $G_i(x,y,t_k)$ 表示 t_k 时刻第 i 个单元板块在 (x,y) 位置处的波高。

这里将浮标所记录的海啸波看做是海啸源处若干单元板块在该点产生海啸波的线性叠加，利用最小二乘法反演计算相关单元板块的滑动分布，并预测近岸处的海啸波高。令 $Z^n(x_n,y_n,t_k)$ 表示第 t_k 时刻，第 n 个浮标 (x_n,y_n) 处的实测海啸波高。多个浮标的波高时间序列用向量 b 表示

$$\begin{aligned} b = \Big[&\left\{ Z^1(x_1,y_1,t_1) \cdots Z^1(x_1,y_1,t_k) \cdots Z^1(x_1,y_1,t_{Nt}) \right\} \\ &\cdots \left\{ Z^n(x_n,y_n,t_1) \cdots Z^n(x_n,y_n,t_k) \cdots Z^n(x_n,y_n,t_{Nt}) \right\} \\ &\cdots \left\{ Z^m(x_m,y_m,t_1) \cdots Z^m(x_m,y_m,t_k) \cdots Z^m(x_m,y_m,t_{Nt}) \right\} \Big]^T \end{aligned} \tag{2}$$

其中 Nt 表示浮标采集的数据个数。而 $\left[Z^1(x_1,y_1,t_1) \cdots Z^1(x_1,y_1,t_k) \cdots Z^1(x_1,y_1,t_{Nt}) \right]^T$ 表示第一个浮标监测到从 t_1 到 t_{Nt} 时刻的波高值。

浮标处的海啸波高可以看作震源区若干单元板块由于单位滑动在各个浮标处产生的海啸波的线性叠加，即

$$A_0 \cdot c = b \tag{3}$$

其中：

$$A_0 = \begin{bmatrix} A^1 \\ \vdots \\ A^n \\ \vdots \\ A^m \end{bmatrix}, c = \begin{bmatrix} c_1 \\ \vdots \\ c_i \\ \vdots \\ c_{Ns} \end{bmatrix} \tag{4}$$

$$A^n = \begin{Bmatrix} G_1^n(x_n, y_n, t_1) & \cdots & G_i^n(x_n, y_n, t_1) & \cdots & G_{Ns}^n(x_n, y_n, t_1) \\ \vdots & & \vdots & & \vdots \\ G_1^n(x_n, y_n, t_k) & \cdots & G_i^n(x_n, y_n, t_k) & \cdots & G_{Ns}^n(x_n, y_n, t_k) \\ \vdots & & \vdots & & \vdots \\ G_1^n(x_n, y_n, t_{Nt}) & \cdots & G_i^n(x_n, y_n, t_{Nt}) & \cdots & G_{Ns}^n(x_n, y_n, t_{Nt}) \end{Bmatrix} \tag{5}$$

其中，A^n 表示参与反演计算的单元板块在第 n 个浮标产生的海啸波序列，$G_i^n(x_n, y_n, t_k)$ 表示 t_k 时刻第 i 个单元板块滑动在第 n 个浮标处产生的海啸波高，可从海啸数据库 A 中调出，Ns 表示参与反演计算的板块个数，c_i 为第 i 个单元板块的滑动量，可以通过非负的最小二乘法求解 $\min\|\mathbf{A_0\,c\text{-}b}\|$ 计算得到。在选取参与反演计算的单元板块时，并不是越多越好。

依据经验公式确定地震板块相应长度：

$$L = 10^{-3.01-6.07 M_w} \tag{6}$$

再结合震中位置，选取相应的单元板块参与反演计算。

每个板块产生的动量矩进行叠加后，可由下列公式反推地震的震级：

$$M_0 = \mu \sum_{j=1}^m \alpha_j c_j \tag{7}$$

$$M_w = \frac{2}{3} \log M_0 - 6.07 \tag{8}$$

其中 α_j 表示单元板块的面积，m 表示发生断裂的板块个数，$\mu = 3 \times 10^{10}$ N/m^2。

将预测点的海啸波高同样看成震源区若干单元板块滑动产生的海啸波的线性叠加，则 t 时刻预测点(x,y)处的预测海啸波高 $Z_f(x,y,t)$为：

$$Z_f(x,y,t) = \sum_{i=1}^{Ns} c_i G_i(x,y,t) \tag{9}$$

其中，$G_i(x,y,t)$ 为数据库中第 t 时刻由第 i 个单元板块滑动在预测点 (x,y) 处产生的的海啸波高。

一旦震源区发生地震，浮标采集到数据后，结合数据库快速进行反演计算，得到震源区的单元板块滑动分布，并对监测点的海啸波高进行快速预警。海啸数据库构建和数值预警的过程可以参见图 3

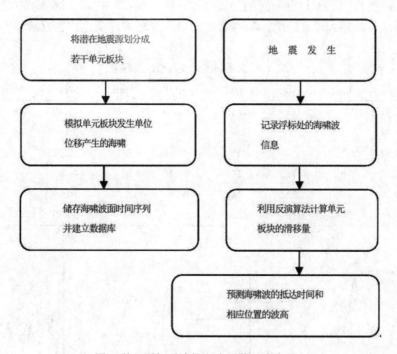

图 3 基于浮标反演的海啸预警方法流程

3 反演算例验证与浮标位置优化

利用建立的海啸数据库和浮标反演方法对南海马尼拉海沟的潜在海啸进行预警。断裂带的宽度需要根据经验公式和历史上的地震来确定[9-10]。滑移量可以根据式(7)和式(8)计算得到。我们进行了大量的验证计算，包括单一板块发生矩阵级为 Mw=8.0 和 Mw=8.5 的地震海啸、有多块板块发生矩阵级为 Mw=8.8 的地震海啸、矩阵级为 Mw=9.35 的特大地震海啸[11]。在反演计算中，正问题模拟的结果被看做是浮标监测的结果，与反演计算得到的结果进行比较验证。

对于南海马尼拉海沟可能发生的特大海啸，选取矩阵级为 9.35 级的震源参数[11]。根据 B1、B2 和 B3 浮标 1h 的监测到的波面时间序列直接进行反演。表 1 给出了反演得到的单元板块的滑移量。反演得到的矩阵级为 9.28 接近假想的地震震级。图 4 给出了测点位置反演得到的海啸波波面时间序列和正问题计算结果的比较。基本上，基于多浮标反演的海啸预警方法可以给出合理的海啸预警信息，包括海啸波首波的波高和抵达时间，特别是对于三亚、香港、归仁和文莱这样的远场地区。在马尼拉，预报结果与正问题之间存在一定的相位差。但是在垦丁附近，尽管利用三个浮标同时反演，但结果依然远大于正问题模拟的结果。图 5 给出了正问题计算得到的海底变形和浮标反演得到的海底变形。比较来看，反演得到的海底变形的范围与正问题的结果基本一致，但在一些局部区域有较大差异。主要是由于对于这样的特大地震海啸，断裂带的影响范围较大，变化比较复杂。

表 1 反演得到的单元板块的滑移量　　　　　　　　　　　　　　　　　　m

Unit	Slip	Unit	Slip	Unit	Slip	Unit	Slip	Unit	Slip
5	26.41	12	23.95	23	32.64	30	17.49	38	74.92
6	51.44	13	11.93	24	29.40	32	96.06	39	124.59
8	24.92	17	251.18	25	19.10	33	52.78		
9	94.34	18	38.52	27	27.15	34	46.82		
10	19.19	19	60.97	28	4.26	35	70.98		
11	6.66	20	33.73	29	56.91	36	57.75		

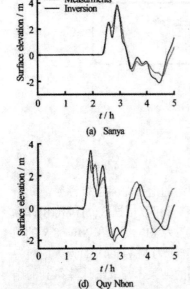
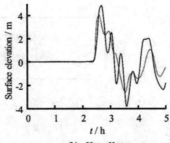
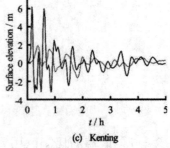
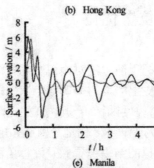
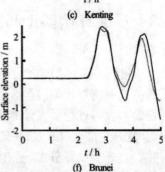

图 5 近岸测点波面时间序列比较

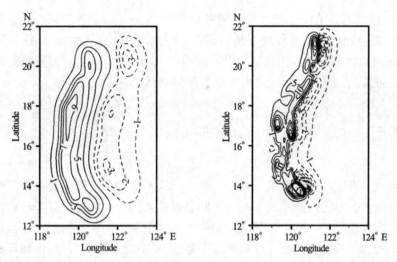

图 6 海底地形演变等值线图（左图为正问题模拟结果，右图为浮标反演结果）

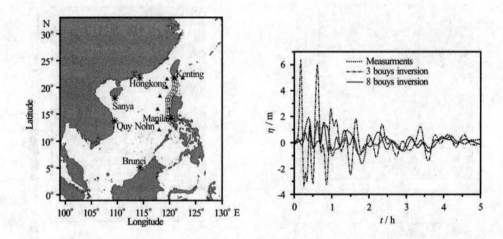

图 7 八个浮标的反演结果（左图为浮标位置，右图为浮标反演结果）

为了进一步提高对位于台湾南部的垦丁的预报精度，在三个虚拟浮标的基础上增加了五个浮标(图 7)。根据八个虚拟浮标重新构建的数据库，利用这八个浮标的监测数据同时对垦丁进行反演，结果如图 7。结果表明，对于南海特大海啸，八个浮标基本可以准确反演垦丁附近的海啸波信息。

事实上，由于浮标的成本较高，投放和维护的成本也比较高。因此在南海布置八个监测浮标是不现实的。通过数值模拟的手段分析了应该优先投放的浮标或优先布置浮标的区域。结果表明，依据马尼拉海沟六个断裂带分别发生海啸产生的走时图计算结果，在 0.5h 内，B1 浮标可以监测到 E1、E2 和 E3 板块引起的海啸；B2 浮标可以监测到 E1、E2、E3 和 E4 板块引起的海啸；而 B3 浮标可以监测到 E3、E4、E5 和 E6 板块引起的海啸。在 1h

内，B1 浮标可以监测到 E1-E5 板块引起的海啸；B2 浮标可以监测到所有断裂带引起的海啸；B3 浮标可以监测到 E2-E6 板块引起的海啸。因此，可建议优先投放 B2 浮标，其次是 B1 浮标。考虑到台湾南部受马尼拉海沟潜在海啸的威胁较大，可以在马尼拉海沟的北部和台湾南部直接布置一个浮标，以应对可能受到的海啸威胁。

3　一种适用于南海马尼拉海沟的海啸快速预警方法

根据马尼拉海沟潜在震源的基本特征，建立一种不需要通过海啸数据库而可以对突发海啸进行快速预警的方法。此方法主要基于断裂带参数的快速判定、并行计算以及可视化技术对海啸进行快速预警。其中，最为重要的是断裂带参数的快速判定，包括走向角、倾角、滑移角、断裂带长度和宽度，以及平均滑移量。如果地震发生，震中和震级是可以首先得到。有关参数估算方法参见[8]。

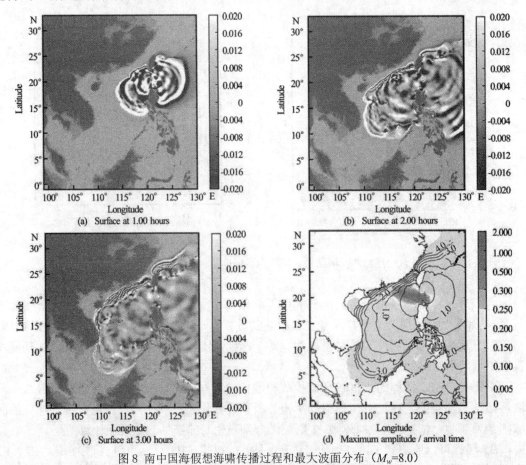

图 8　南中国海假想海啸传播过程和最大波面分布（M_w=8.0）

这里考察此方法的实用性。首先假设发生矩阵级为 Mw=8.0 级地震，震中为 120.6ºE，19.9ºN。根据上述方法，估算得到走向角为 10º，滑移角为 90º，倾角为 20º，断裂带长度为 200km，断裂带宽度为 35km，平均滑移量为 5.25m，震源深度为 15km。利用 Okada 模型[12] 根据断裂带参数得到海底变形，再结合浅水波模型进行计算。采用 16 个核进行并行计算，模拟海啸传播 6h，计算所需时间约为 4min。计算结果包括主要位置的波面时间序列、海啸波传播过程，以及海啸波最大波面分布。图 8 给出了海啸波的传播过程，最大波高分布和走时图。

5 结论

基于多浮标测量波面时间序列和基于浅水方程的海啸传播数值模型，发展了南海马尼拉海沟潜在震源的海啸反问题预警方法，包括构建了南海马尼拉海沟潜在震源区 39 个单元板块发生单位滑动所引发的海啸源数据库、基于多个浮标监测数据和最小二乘法的反演算法。经与正文问题的数值模拟结果比较，表明本反演算法是效性的。提出了可有效反演台湾南部海啸过程的多浮标方案，并讨论了浮标布置的优化建议。基于现有的南海马尼拉海沟潜震源参数估算公式，首先提出了一种适合于南海海域的海啸快速预警方法。

参 考 文 献

1 刘桦, 赵曦, 王本龙. 海啸预警与海岸带减灾研究进展. 第二十一届全国水动力学研讨会暨第八届全国水动力学学术会议论文集. 北京: 海洋出版社, 2008, 41-47.

2 Zhao X, Liu H, Wang B. Scenarios of local tsunamis in the China Seas by Boussinesq model. China Ocean Engineering, 2014, 28: 303-316.

3 Satake K. Inversion of tsunami waveforms for the estimation of a fault heterogeneity: method and numerical experiments. Journal of Physics of the Earth, 1987, 35:241-254.

4 Wei Y, Cheung K F, Curtis G D, et al. Inverse Algorithm for tsunami forecasts. Journal of Waterway, Port, Coastal, and Ocean Engineering, 2003, 129(2): 60-69.

5 Fujii Y, Satake K. Tsunami Source of the 2004 Sumatra-Andaman Earthquake Inferred from Tide Gauge and Satellite Data. Bulletin of the Seismological Society of America, 2007, 97(1A): S192-S207.

6 Liu P L F, Wang X M, Salisbury A J. Tsunami hazard and early warning system in South China Sea. Journal of Asian Earth Sciences, 2009, 36(1): 2-12.

7 李林燕, 毛献忠. 南海海啸反问题预报模式. 水动力研究与进展, A辑, 2012, 27(1): 62-67.

8 任智源. 南海海啸数值模拟研究.上海: 上海交通大学, 2015.

9 Wells D L, Coppersmith K J. New empirical relationships among magnitude, rupture length, rupture width,

rupture area, and surface displacement. Bulletin of the Seismological Society of America, 1994, 84(4): 974-1002.

10   Furumoto A S, Tatehata H, Morioka C. Japanese tsunami warning system. Science of Tsunami Hazards, 1999, 17(2): 85-105.

11   Wu T R, Huang H C. Modeling tsunami hazars from Manila trench to Taiwan. Journal of Asian Earth Science, 2009, 36(1): 21-28.

12   Okada Y. Surface deformation due to shear and tensile faults in a half-space, Bulletin of the Seismological Society of America, 1985, 75(4): 1135-1154.

Studies on tsunami warning methods for South China Sea Region

LIU Hua, RAN Zhi-yuan, ZHAO Xi, WANG Ben-long

(MOE Key Laboratory of Hydrodynamics, Shanghai Jiao Tong University, Shanghai 200240.
Email: hliu@sjtu.edu.cn)

Abstract：For the potential earthquake source in Manila Trench, the numerical model is used to simulate the elementary wave fields triggered by unit sources of potential tsunami source with unit slip. Using the elementary wave fields as the tsunami database, an inversion method for determining the plate slip based on multi-buoy measurements and the least squares method is adopted to compute the time series of surface elevation at the given locations around the coasts in South China Sea. Comparisons with direct computation results are used to validate the inversion method. Because of the expensive cost of deploying a buoy in ocean, the priority buoy is given. Based on characteristics of fault distribution in Manila Trench, a fast early warning method for potential tsunami in Manila Trench is proposed at first.

Key words：South China Sea; Manila Trench; Tsunami; Warning method; Inversion.

Blow-up of Compressible Navier-Stokes-Korteweg Equations

TANG Tong

(Department of Mathematics, College of Sciences, Hohai University, Nanjing, 210098.
Email: tt0507010156@126.com)

Abstract：We show that the blow-up phenomenon of smooth solutions to the symmetric compressible Barotropic Navier-Stokes-Korteweg (N-S-K) equations in $\mathbb{R}^{N}$, under the assumption that the initial density has compact support. Based on some useful physical quantities, we obtain that any classical solutions of the N-S-K equations will blow up in finite time. In particular, our result is valid for both isentropic and isothermal case.

Key words：Blow-up, Compressible Navier-Stokes-Korteweg equations.

This paper is concerned with the blow-up phenomena of smooth solutions to the Cauchy problem for the following Navier-Stokes-Korteweg (N-S-K) system

$$\begin{cases} \partial_t \rho + \operatorname{div}(\rho u) = 0, \\ \partial_t(\rho u) + \operatorname{div}(\rho u \otimes u) + \nabla P(\rho) = \operatorname{div} T + \operatorname{div} K, \quad (x,t) \in \mathbb{R}^N \times \mathbb{R}_+ \end{cases} \tag{1}$$

with initial data

$$\rho|_{t=0} = \rho_0(x), \quad u|_{t=0} = u_0(x). \tag{2}$$

The unknown functions $\rho(x,t)$, $u(x,t)$ and P denote the density, velocity and pressure respectively. Generally speaking, the pressure P depends on the density and temperature of fluid. However, there are physically relevant situations that we assume the fluid flow is barotropic, i.e., the pressure depends only on the density. This is the case when either the temperature or the entropy is supposed to be constant. The typical expression is $P(\rho) = \rho^\gamma$ $(\gamma \geq 1)$, where $\gamma = 1$ stands for the isothermal case, and $\gamma > 1$ represents the adiabatic constant in the isentropic regime. The viscous stress tensor T and Korteweg stress tensor K are defined by

$$\begin{cases} T_{ij} = 2\mu D_{ij}(u) + (\lambda \operatorname{div} u)\delta_{ij}, \\ K_{ij} = \dfrac{\kappa}{2}(\Delta\rho^2 - |\nabla\rho|^2)\delta_{ij} - \kappa\partial_i\rho\partial_j\rho, \end{cases} \tag{3}$$

where $D_{ij}(u) = \frac{1}{2}\left(\partial_i u_j + \partial_j u_i\right)$ is the strain tensor. The coefficients μ, λ and κ denote shear coefficient viscosity of the fluid, the second viscosity coefficient and the capillary coefficient respectively. As the fluid is assumed to be Newtonian, the two viscosity coefficients satisfy $\mu > 0,\ 2\mu + N\lambda > 0$.

It was Van der Waals and Korteweg who first considered the compressible fluids model endowed with internal capillarity. The model is later developed by Dunn and Serrin [3], which could describe the variation of density at the interfaces between two phases, generally a liquid-vapor mixture. The N-S-K model includes many classical models, such as the compressible Euler equations if $\mu = \lambda = \kappa = 0$; the compressible Navier-Stokes equations if

$\mu > 0,\ 2\mu + N\lambda \geq 0$ and $\kappa = 0$. In general, we call the N-S-K as the Korteweg type

compressible fluid if $\kappa \neq 0$. In the literatures, there have been a lot of studies on the N-S-K by physicists and mathematicians because of its physical importance and mathematical challenges.

The blow-up of smooth solutions to the evolutionary equations arising in the mathematical fluid mechanics has been the subject of many theoretical studies. More precisely, we suggest reader can refer to [1,2,4,5]. As to the N-S-K equations, as far as we know, there are few blow-up results, such as [6].

In some senses, we simplify and improve the corresponding previous result [6], which proved the isothermal compressible Navier-Stokes equations for two-dimensional case. For simplicity of presentation, we introduce the useful physical quantities as follows:

$$m(t) = \int_{\mathbb{R}^N} \rho(x,t)dx \qquad (4),$$

$$M(t) = \int_{\mathbb{R}^N} \rho(x,t)\,|\,x\,|^2\,dx, \qquad (5)$$

$$F(t) = \int_{\mathbb{R}^N} \rho(x,t)u(x,t)\cdot x dx \qquad (6)$$

which represent the total mass, second moment and radial component of momentum respectively. Throughout this paper, we always assume $m(0) > 0$ and $F(0) > 0$. Moreover, we assume that the initial density ρ has compact support, i.e., there exists a positive constant R such that

$$\mathrm{supp}\rho_0 \subset B_R, \qquad (7)$$

where B_R denotes the ball in $\mathbb{R}^N$ centered at origin with radius R.

Our main result can be summarized as follows.

Theorem 1

Let $\kappa > 0$ and $(\rho, u) \in C^1([0,T], H^m(\mathbb{R}^N))$ $(m > [\frac{N}{2}] + 2)$ is a spherically symmetric solution to the compressible N-S-K system of (1). The initial density $\rho_0(x)$ has compact support, and the initial data are radially symmetric, i.e.

$$\rho = \rho(|x|, t), u = \frac{x}{|x|} \bar{u}(|x|, t).$$

Suppose that one of the following conditions holds:

$(i) 1 \le N \le 2$;

$(ii) N \ge 3$, and moreover $u \in C^1([0,T], W^{l,1}(\mathbb{R}^N))$ $(l > 2)$.

Then, the lifespan of the solution is finite.

Before the proof of Theorem 1, we give the following key lemma which plays an important role in the proof.

Lemma:2

Assume $\kappa > 0$ and $(\rho, u) \in C^1(0, T, H^m(\mathbb{R}^N))$ is a spherically symmetric solution to the compressible N-S-K system. Then $u(x,t) \equiv 0, \quad x \in B_R^c$. Moreover, the support of solution will not change in time.

Proof: The proof can be seen in [6].

By virtue of Lemma 2, we are in a position to prove Theorem 1 in the following.

First, from the continuity equation, we obtain

$$\frac{d}{dt} m(t) = \frac{d}{dt} \int_{\mathbb{R}^N} \rho dx = 0,$$

which implies

$$\int_{\mathbb{R}^N} \rho dx = \int_{\mathbb{R}^N} \rho_0 dx = m(0). \qquad (8)$$

Multiplying the momentum equation by x and integrating over $\mathbb{R}^N$, we have

$$\frac{d}{dt}F(t) = \frac{d}{dt}\int_{\mathbb{R}^N}\rho u \cdot x dx = \int_{\mathbb{R}^N}(\rho u)_t \cdot x dx$$

$$= -\int_{\mathbb{R}^N}div(\rho u \otimes u)\cdot x dx - \int_{\mathbb{R}^N}\nabla\rho^\gamma \cdot x dx + \int_{\mathbb{R}^N}divT \cdot x dx + \int_{\mathbb{R}^N}divK \cdot x dx = \sum_{k=1}^4 I_k.$$

We calculate the integrals I_k one by one. Starting with I_1 and utilizing mass equation $(1)_1$, we get

$$I_1 = \int_{\mathbb{R}^N}\rho |u|^2 \, dx. \tag{9}$$

Similarly, we have

$$I_2 = N\int_{\mathbb{R}^N}\rho^\gamma dx. \tag{10}$$

Using Lemma 2 and definition of the viscous stress tensor T, we can easily obtain

$$I_3 = 0. \tag{11}$$

It remains to calculate $I_4(t)$. By the definition of the Kotreweg stress tensor, we get

$$I_4 = \int_{\mathbb{R}^N}divK \, x dx = \frac{(N+2)\kappa}{2}\int_{\mathbb{R}^N}\left|\nabla\rho\right|^2 dx \tag{12}$$

Gathering all the identities (9)-(12), we obtain

$$\frac{d}{dt}F(t) = \int_{\mathbb{R}^N}\rho |u|^2 \, dx + N\int_{\mathbb{R}^N}\rho^\gamma dx + \frac{(N+2)\kappa}{2}\int_{\mathbb{R}^N}|\nabla\rho|^2 \, dx. \tag{13}$$

Directly integrating (13) with respect to t, we get

$$F(t) = F(0) + \int_0^t\int_{\mathbb{R}^N}\rho |u|^2 \, dxdt + N\int_0^t\int_{\mathbb{R}^N}\rho^\gamma dxdt + \frac{(N+2)\kappa}{2}\int_0^t\int_{\mathbb{R}^N}|\nabla\rho|^2 \, dxdt,$$

which implies

$$F(t) \geq F(0). \tag{14}$$

By virtue of the continuity equation and integrating by parts formula, we obtain

$$\frac{d}{dt}M(t) = \frac{d}{dt}\int_{\mathbb{R}^2}\rho |x|^2 \, dx = 2F(t). \tag{15}$$

Integrating (15) with respect to t, we get

$$M(t) = M(0) + 2\int_0^t F(s)ds. \qquad (16)$$

From (14) and (16), we deduce

$$M(t) \geq M(0) + 2F(0)t. \qquad (17)$$

Obviously, the right-hand side of (17) grows linearly in t. We will show that the left hand side is bounded. On the one hand, from the mass equation, we can estimate

$$\frac{d}{dt}m(t) = \frac{d}{dt}\int_{\mathbb{R}^N} \rho dx = 0,$$

which implies

$$\int_{\mathbb{R}^N} \rho dx = \int_{\mathbb{R}^N} \rho_0 dx = m(0).$$

Thus, from (7) and mass conservation, we have

$$M(t) = \int_{\mathbb{R}^N} \rho \, |\, x\,|^2 \, dx = \int_{B_R} \rho \,|\, x\,|^2 \, dx \leq R^2 \int_{B_R} \rho dx = R^2 m(0). \quad (18)$$

Putting (17) and (18) together, we conclude that

$$R^2 m(0) \geq M(0) + 2F(0)t.$$

Hence, the lifespan of the classical solutions of N-S-K equations is finite and we finish the proof of Theorem 1.

References

1. Du DP, L JKi and Zhang KJ, Blow-up of smooth solution to the Navier-Stokes equations for compressible isothermal fluids, Commun. Math. Sci, 2011,11: 541-546.

2. Duan B, Luo Z and Zheng YZ, Local existence of classical solutions to shallow water equations with Cauchy data containing vacuum, SIAM J. Math. Anal., 2012,44: 541-567.

3 Dunn JE and Serrin J, On the thermomechanics of interstitial working, Arch. Rational Mech. Anal., 1985,88:95-133.

4. Sideris TC, Formation of singularities in three-dimensional compressible fluids, Comm. Math. Phys., 1985, 101:475-485.

5. Xin ZP, Blow-up of smooth solution to the compressible Navier-Stokes equations with compact density, Comm. Pure Appl. Math.,1998, 51 :229-240.

6. Zhang YY and Tan Z, Blow-up of smooth solutions to the compressible fluid models of Korteweg type, Acta Math. Sin. (Engl. Ser.), 2012, 28:645-652.

湍流边界层反向涡结构的数值分析研究

刘璐璐　张军　姚志崇 刘登成

(中国船舶科学研究中心，江苏 无锡 214082，Email: ll300100@aliyun.com)

摘要：壁湍流中存在着大量的发卡涡，与此同时也有学者在湍流边界层 PIV 试验结果中发现，在流向-法向平面中存在着与发卡涡头（展向涡）旋转方向相反的旋涡-反向涡，并对反向涡的的空间结构及其与发卡涡头关联进行了推测。本文开展了平板湍流边界层大涡模拟（LES）研究（雷诺数 $Re_\theta =462$），获得湍流边界层三维涡结构及其演化，分析提取了发卡涡（包）在流向-法向平面及流向-展向平面内的显著特征，同时也证实了在流向-法向平面中反向涡的存在。本文进一步分析了反向涡的三维空间结构，研究表明，湍流边界层流向-法向平面内的反向涡从空间结构上看只是 Ω 形发卡涡或者涡环结构的剖面，或者对应一个拐杖形单腿发卡涡的剖面，而并非独立于发卡涡存在的另一种涡，从数值模拟的角度印证了 PIV 试验分析中的推测。

关键词：湍流边界层；大涡模拟；发卡涡；反向涡

1 引言

研究者通过平面 PIV 实验发现，在平板/槽道湍流边界层流动存在着大量发卡涡。在流向-法向平面内发卡涡头（展向涡）以一定的迁移速度沿流向运动，涡量为负。与此同时，实验研究表明湍流边界层还存在着涡量为正的反向涡，其迁移速度与涡量为负的正向涡并无差异，有学者称之为"反向发卡涡"。

Falco(1977)通过流动显示和涡结构示意图展示了典型涡在流向-法向切面呈现为正向涡和反向涡同时存在，且认为正向涡一般处于反向涡的第一象限。Hutchins&Marusic（2006）通过立体 PIV 对平板湍流边界层进行了研究，并对于给定的反向涡进行了条件平均，发现正向涡处于反向涡的下游和上方，即处于第一象限。他们推断这可能是涡环结构或者 型涡的截面。Wu&Christensen（2006）通过 PIV 对不同雷诺数下槽道流及平板湍流边界层内反向涡与正向涡的相对位置关系，及反向涡出现的比率进行了研究，得到了与 Falco 一致的结论。

总的来说，限于平面 PIV 测试技术不能一次性获得三维空间速度场，我们无法简单的根据瞬时速度场的二维剖面对反向涡对应的空间结构作出推断。因此流向-法向平面内的反向涡对应的空间结构是否是对发卡涡理论模型提出挑战的反发卡涡，这是反向涡研究需要回答的关键问题。本文对平板湍流边界层流动进行了大涡模拟研究，并利用大涡模拟结果分析了反向涡与正向涡的空间结构及其内在关系。

2 湍流边界层大涡模拟

2.1 大涡模拟方法

本文利用大涡模拟对平板湍流边界层流动进行了数值计算研究。计算模型如图 1 所示。计算域为 620mm×30mm×15mm（流向×展向×法向）。其中平板长 500mm，进流段 20mm，去流段 100mm。计算域采用结构化网格，且沿流向和展向网格均匀分布，网格分辨率为 0.33mm，沿法向 4mm 范围内网格均匀分布，网格分辨率为 0.2mm。总网格数 945 万。

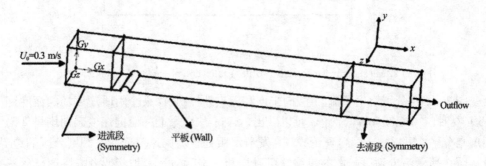

图 1 计算模型

Fig.1 The computational domain

本文亚格子应力模型采用 WMLES 模型，动量方程的离散采用有限体积法，压力速度耦合算法采用 SIMPLE 算法，时间项的离散采用二阶隐式差分格式，而空间项的离散采用二阶精度的限界中心差分格式。计算时间步长为 0.0001s。

边界条件设置如下：

入口：速度入口边界条件，设定自由来流速度为 0.3m/s（Re_θ=462）；出口：自由出流条件；侧面：壁面滑移条件；上表面：壁面滑移条件；下表面：平板采用壁面无滑移条件，$u=v=w=0$，进流段和去流段采用对称边界条件。

2.2 大涡模拟结果分析

图 2 给出了大涡模拟获得的湍流边界层无量纲平均速度剖面曲线。可以看出本文所得无量纲速度剖面与 Spalding 的壁面定律基本吻合。此外，本文大涡模拟和 Spalart 的直接数值模拟（1988）获得的湍流边界层对数律区分别延伸至 y+=110 和 y+=155，之后无量纲平均速度剖面曲线开始偏离 Spalding 的壁面定律，换言之，雷诺数的影响在边界层外区开始显现。

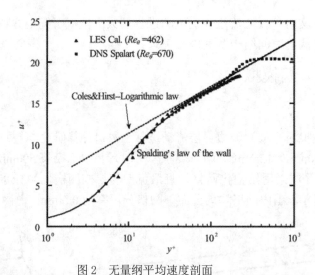

图2　无量纲平均速度剖面
Fig.2　Mean streamwise velocity profiles scaled and plotted with inner variable

　　图3、图4分别给出了流向-法向平面和流向-展向平面某个瞬时速度场的流向速度云图（x+=0对应x=0.385m）。从图3可以看出，流向-法向平面的流向速度云图均呈现沿法向的不规则分区。根据发卡涡包理论模型，发卡涡头处于流向速度云图不规则分区的边界线上。故从图3所示流向速度云图的包络线可以推断发卡涡包呈斜坡状或者帐篷形。从图4可以看到高低速条带相间分布。相比于PIV实验拍摄视场的局限性，数值模拟结果可以呈现更大范围的边界层流场。可以看出低速条带的长度接近于8δ（δ是湍流边界层厚度），由此可以推断长低速条带是湍流边界层中的大尺度结构，是由发卡涡包内发卡涡诱导的低速流体相连接形成的比较长的低速区域。

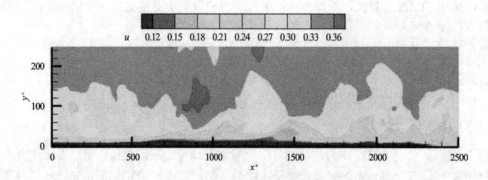

图3　流向-法向平面瞬时流向速度云图，Re_θ=462
Fig.3　Contours of　instantaneous streamwise velocity in the streamwise-wall-normal plane, Re_θ=462

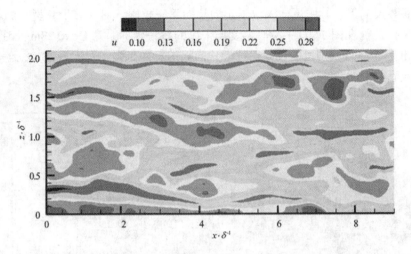

图 4　流向−展向平面瞬时流向速度云图，Re_θ=462，y+=17

Fig.4　Contours of　instantaneous streamwise velocity in the streamwise-spanwise plane, Re_θ=462，y+=17

3　反向涡结构分析

图 5 给出了 Wu&Christensen（2006）对槽道湍流边界层的二维 PIV 测试获得的流向-法向平面瞬时速度场，速度场参考坐标系为 Uc=0.8U∞。可以看出正向涡和反向涡同时存在，并分别用蓝色和红色圆圈突出显示。

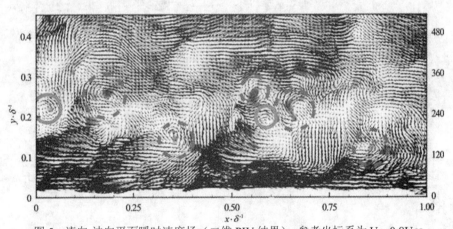

图 5　流向-法向平面瞬时速度场（二维 PIV 结果），参考坐标系为 Uc=0.8U∞

Fig.5　Instantaneous velocity vectors in the streamwise-wall-normal plane viewed in a convecting frame of reference Uc=0.8U∞ (two-dimensional PIV results)

针对在二维 PIV 测试结果中发现的反向涡，为了进一步探究反向涡对应的三维空间涡结构，本文对大涡模拟所得到的边界层涡结构进行了分析。沿着涡 A 和涡 B 的某个流向-法向平面切开，如图 6(a)和 7(a)所示，得到图 6(b)和 7(b)所示的瞬时速度场。在图 6（b）中瞬时速度场采用的参考坐标系为 Uc=0.3m/s，通过 Galilean 分解和 Q 准则相结合识别出一组正向涡和反向涡，其中反向涡位于正向涡的第三象限，对应介于Ω型和涡环结构之间的涡 A 的剖面。而在图7（b）中瞬时速度场采用的参考坐标系为 Uc=0.32m/s，通过 Galilean 分解和 Q 准则相结合识别出的反向涡位于正向涡的第四象限，对应涡 B 以及涡 B 下方的拐杖形发卡涡的剖面。

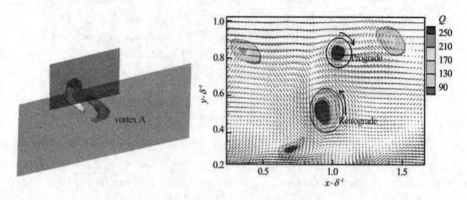

图 6（a）发卡涡 A；（b）将发卡涡 A 沿着某流向-法向剖面切开所得到的速度场
Fig.6 (a)Hairpin vortex A;(b)Velocity field cut through the streamwise-wall-normal plane of hairpin vortex A

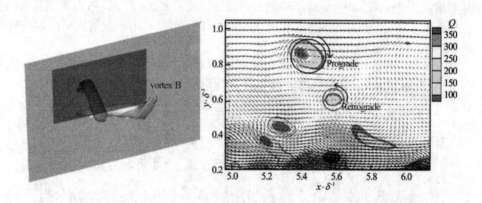

图 7 （a）发卡涡 B；（b）将发卡涡 B 沿着某流向-法向剖面切开所得到的速度场
Fig.7 (a)Hairpin vortex B; (b)Velocity field cut through the streamwise-wall-normal plane of hairpin vortex B

4 结论

本文通过对平板湍流边界层进行大涡模拟，获得了与经典壁面定律吻合较好的无量纲平均速度剖面及发卡涡（包）在流向-法向平面和流向-展向平面的显著流动特征，并探索了反向涡的空间结构。本文数值研究表明，在流向-法向平面所得到的反向涡只是Ω形发卡涡或者涡环结构的剖面，或者对应一个拐杖形单腿发卡涡的剖面，并不是一种新的涡结构，反向涡的存在并不构成对发卡涡理论模型的挑战。

参 考 文 献

1　Wu Y, Christensen K T. Population trends of spanwise vortices in wall turbulence[J]. Journal of Fluid Mechanics, 2006, 568: 55-76.

2　Natrajan V K, Wu Y, Christensen K T. Spatial signatures of retrograde spanwise vortices in wall turbulence[J]. Journal of Fluid Mechanics, 2007, 574: 155-167.

3　Adrian R J, Meinhart C D, Tomkins C D. Vortex organization in the outer region of the turbulent boundary layer[J]. Journal of Fluid Mechanics, 2000, 422(1): 1-54.

4　连祺祥. 湍流边界层拟序结构的实验研究[J]. 力学进展, 2006，03：373-388.

5　Falco R E. Coherent motions in the outer region of turbulent boundary layers[J]. Physics of Fluids (1958-1988), 1977, 20(10): S124-S132.

6　Moin P, Leonard A, Kim J. Evolution of a curved vortex filament into a vortex ring[J]. Physics of Fluids (1958-1988), 1986, 29(4): 955-963.

7　Hutchins N, Marusic I. Evidence of very long meandering features in the logarithmic region of turbulent boundary layers[J]. Journal of Fluid Mechanics, 2007, 579: 1-28.

8　Meinhart C D, Adrian R J. On the existence of uniform momentum zones in a turbulent boundary layer[J]. Physics of Fluids (1994-present), 1995, 7(4): 694-696.

9　Spalding D B. A single formula for the "law of the wall"[J]. Journal of Applied Mechanics, 1961, 28(3): 455-458.

10　The law of the wake in the turbulent boundary layer[J]. Journal of Fluid Mechanics, 1956, 1(02): 191-226.

Numerical analysis of retrograde spanwise vortices in turbulent boundary layer

LIU Lu-lu, ZHANG Jun, YAO Zhi-chong, LIU Deng-cheng

(China Ship Scientific Research Center, WUXI, 214082, Email：ll300100@aliyun.com)

Abstract：Many studies support the existence of hairpin-like structures in wall-bounded turbulent flows. When sliced in the streamwise-wall-normal plane, retrograde spanwise vortices, which have the opposite direction of rotation compared to hairpin vortex head , have been observed to occur in PIVexperimental results. Researchers have made some inference about the origin of retrograde spanwise vortices and their association with hairpin vortex head. The large eddy simulation of a flat plate turbulent boundary layer is undertaken in this paper at Reθ=462 .Then the signatures of hairpin-like structures in both streamwise-wall-normal and streamwise-spanwise plane are identified, and the existence of retrograde spanwise vortices in streamwise-wall-normal plane is alse verified. Besides, three-dimensional vortex structures are extracted, which makes it possible to shed some light on the origin of retrograde spanwise vortices. Research shows that the retrograde vortex is the imprint of a slice through a large-scale vortex ring or omega-shaped vortex loop, or it corresponds to the crossection of the one-sided cane-type vortices, which helps confirm the speculation about the origin of retrograde spanwise vortices.

Key words: turbulent boundary layer; large eddy simulation; hairpin vortex; retrograde spanwise vortices

多孔介质中 Rivlin-Ericksen 流的稳定性研究

董利君，兰万里，许兰喜

(北京化工大学理学院数学系，北京，100029，Email: xulx@mail.hust.edu.cn)

摘要： 研究了带浓度扩散的 Rivlin-Ericksen 流体中静止状态的热不稳定性，该流体位于多孔介质中。通过对静止状态的线性稳定性分析，分别给出了 3 种边值条件（双自由面；双固壁；混合边界）下静止状态线性不稳定的 Rayleigh 数的临界值 R_c，结果表明浓度扩散对热对流有稳定的作用。

关键词： Rayleigh 数；Rivlin-Ericksen 流体；多孔介质；浓度扩散

1 引言

考虑一不可压缩位于多孔介质中的 Rivlin-Ericksen 流体层。该流体层从底部加热，且从底部注入高溶质浓度的液体，当其边界是双自由面时，Sharma 和 Pal[1] 已经利用线性稳定性的方法研究了这个系统的静止状态的线性稳定性，并证明了溶质浓度对静止状态有稳定的作用。Xu[2] 用推广的能量方法对该问题的非线性进行了研究，通过定义一个能量泛函，给出当参数 $\tau = E'Sc/EPr \leq 1$ 时静止状态非线性稳定的充分条件。

此前文献大多研究的是双自由面的边值条件，对于边值条件为双固壁和混合边界（一个边界是自由面，另一个边界是固壁），由于其复杂性，其稳定性研究的人较少。与双自由面相比，后两种边值条件下不可能求出解析解，这时线性稳定的临界值 R_c 及对应的不稳定曲线必须用数值方法求解，当 $R < R_c$ 时，基态是线性稳定的。不稳定曲线是控制参数（热 Rayleigh 数 R）关于波数的函数曲线，在此曲线上方，基态是线性不稳定的。为了便于进行比较，我们同时对 3 种边值条件和 3 个不同浓度 Rayleigh 数 R' 计算出不稳定时的热 Rayleigh 数的临界值 R_c 并给出不稳定曲线。

2 数学模型

考虑一水平无限长的不可压缩的 Rivlin-Ericksen 流体夹层 $\mathbb{R}^2 \times (0, d)$，该流体夹层位于一笛卡儿坐标系 $Oxyz$ 中，z 轴上的单位向量 $\boldsymbol{k} = (0, 0, 1)$ 垂直于夹层，且与重力方向相反。从该夹层底部加热且从底部注入高浓度的液体，使该夹层保持一致的温度梯度（β）与浓度梯度（β'），该系统受到重力 $\boldsymbol{g} = -g\boldsymbol{k}$ 作用。进一步，我们假设夹层中充满一多孔性为 φ，介质渗透性为 k_1 的各向同性和均匀的多孔介质。该系统的静止状态（又称基态）为

$$\boldsymbol{u} = 0, T = -\beta z + T_0, C = -\beta' z + C_0 \tag{1}$$

这里 T_0 和 C_0 分别是在 $z = 0$ 时的温度和浓度。

令 $\boldsymbol{u} = (u, v, w)$，$\theta$，$\gamma$ 和 p 分别表示速度场，温度场，溶质浓度场与压力场在基态所对应的扰动，则基于达西定律的 Rivlin-Ericksen 流体的无量纲扰动方程为[1]

$$\varphi^{-1} \partial_t \boldsymbol{u} = -P^{-1}(1 + F\partial_t)\boldsymbol{u} + (R\theta - R'\gamma)\boldsymbol{k} - \nabla p - \varphi^{-2}(\boldsymbol{u} \cdot \nabla \boldsymbol{u}) \tag{2}$$

$$\nabla \cdot \boldsymbol{u} = 0 \tag{3}$$

$$EPr\partial_t \theta = -(-\Delta)\theta + Rw - EPr\boldsymbol{u} \cdot \nabla \theta \tag{4}$$

$$E'Sc\partial_t \gamma = -(-\Delta)\gamma + R'w - E'Sc\boldsymbol{u} \cdot \nabla \gamma \tag{5}$$

此时求解区域变为 $\mathbb{R}^2 \times (0, d)$，这里 $R^2 = (\alpha\beta g d^4)/(\kappa\nu)$（热 Rayleigh 数），$R'^2 = (\alpha'\beta' g d^4)/(\kappa'\nu)$（浓度 Rayleigh 数），$Pr = \nu/\kappa$（Prandtl 数），$Sc = \nu/\kappa'$（Schmidt 数），$P = k_1/d^2$，$F = \nu'/d^2$。$\alpha$，$\alpha'$，$\nu$，$\nu'$，$\kappa$ 和 κ' 分别代表热膨胀系数，溶剂膨胀系数，运动学黏弹性系数，黏弹性系数，热扩散系数和溶质扩散系数。E 和 E' 是对应于热和溶质的两个常数，Δ 是 Laplace 算子，边值条件是：

（1）双自由面：$\partial_z u|_{z=0,1} = \partial_z v|_{z=0,1} = w|_{z=0,1} = \theta|_{z=0,1} = \gamma|_{z=0,1} = 0;$ （6）

（2）双固壁：$\boldsymbol{u}|_{z=0,1} = \theta|_{z=0,1} = \gamma|_{z=0,1} = 0;$ （7）

（3）混合边界：边值条件在 $z = 0$ 是固壁的，在 $z = 1$ 是自由面。 （8）

3 模型的化简

利用线性稳定理论和正交模分析方法[4]对方程（2）至方程（5）分析基态的线性不稳定性，略去方程中的高阶项 $\boldsymbol{u} \cdot \nabla \boldsymbol{u}$ 和 $\boldsymbol{u} \cdot \nabla \theta$，并假定扰动 $\boldsymbol{u}$，θ，γ 和 p 在 x 方向和 y 方向以

$P = (-\pi/\alpha, \pi/\alpha) \times (-\pi/\beta, \pi/\beta)$ 为周期，其中 α，β 分别称为 x，y 方向的波数。为了在方程（2）中消去压力项 ∇p，我们用算子 "$\nabla \times \cdot$" 同时作用对方程（2）两边，令 $\omega = \boldsymbol{k} \cdot \nabla \times \boldsymbol{u}$，则在不考虑非线性项的情况下有

$$(\varphi^{-1} + P^{-1}F)\partial_t \omega = -P^{-1}\omega \tag{9}$$

同理，再对方程（2）两边同时用 "$\nabla \times \nabla \times \cdot$" 作用，则得第三个分量为方程

$$(\varphi^{-1} + P^{-1}F)\partial_t \Delta w = -P^{-1}\Delta w + R\Delta_2\theta - R'\Delta_2\gamma \tag{10}$$

在以下讨论中，我们用分离变量的方法，假设 ω，w，θ 和 γ 有下列形式：

$$\omega = \overline{\omega}(z)e^{[i(\alpha\kappa_1 x + \beta\kappa_2 y)+\sigma t]} \qquad w = \overline{w}(z)e^{[i(\alpha\kappa_1 x + \beta\kappa_2 y)+\sigma t]}$$

$$\theta = \overline{\theta}(z)e^{[i(\alpha\kappa_1 x + \beta\kappa_2 y)+\sigma t]} \qquad \gamma = \overline{\gamma}(z)e^{[i(\alpha\kappa_1 x + \beta\kappa_2 y)+\sigma t]}$$

其中 κ_1, κ_2 为整数，σ 为常数，可以为复数。把这些表达式分别代入方程（4，5，9，10）得

$$\begin{cases} (\varphi^{-1} + P^{-1}F)\sigma\overline{\omega} = -P^{-1}\overline{\omega} \\ [(\varphi^{-1} + P^{-1}F)\sigma + P^{-1}](D_z^2 - r^2)\overline{w} = r^2 R'\overline{\gamma} - r^2 R\overline{\theta} \\ E\Pr\sigma\overline{\theta} = R\overline{w} + (D_z^2 - r^2)\overline{\theta} \\ E'Sc\sigma\overline{\gamma} = R'\overline{w} + (D_z^2 - r^2)\overline{\gamma} \end{cases} \tag{11}$$

其中 $r^2 = \alpha^2\kappa_1^2 + \beta^2\kappa_2^2$，$D_z^2 = d^2/dz^2$，$r$ 为波数。显然，方程组（11）的第一个方程与其它方程独立，对热 Rayleigh 数的临界值没影响。因而我们只需要讨论以下方程组

$$\begin{cases} [(\varphi^{-1} + P^{-1}F)\sigma + P^{-1}](D_z^2 - r^2)\overline{w} = r^2 R'\overline{\gamma} - r^2 R\overline{\theta} \\ E\Pr\sigma\overline{\theta} = R\overline{w} + (D_z^2 - r^2)\overline{\theta} \\ E'Sc\sigma\overline{\gamma} = R'\overline{w} + (D_z^2 - r^2)\overline{\gamma} \end{cases} \tag{12}$$

和边值条件（6）—（8）构成的本征值问题，其中 σ 为本征值问题的参数。

4 一个本征值问题

现在引入一个本征值问题的结论，它是我们以下线性稳定性分析的基础。定义 $\boldsymbol{m}, \boldsymbol{n}$ 和 $\overline{\boldsymbol{n}}$ 为如下集合：

$$\boldsymbol{m} = \{m_1, \ldots m_n\}, 1 \le m_1 < m_2 < \ldots < m_n \le 2n;$$

$$n = \{n_1, ... n_n\}, 1 \le n_1 < n_2 ... < n_n \le 2n;$$

$$\overline{n} = \{1, 2, ..., 2n\} - n, 1 \le \overline{n}_1 < \overline{n}_2 ... < \overline{n}_n \le 2n;$$

其中 $n \in \mathbf{N}$，$\mathbf{N}$ 为自然数集。下面考虑 $z \in [0,1]$ 区间的 $2n \times 2n$ 的线性微分方程组组成的混合定解问题：

$$\frac{dx}{dz} = A(\xi)x \ , \quad x_i(0) = 0 \, (i \in n), \quad x_i(1) = 0 \, (i \in m) \tag{13}$$

其中 $x = [x_1, x_{2,} ... x_{2n}]^{\mathrm{T}}, A(\xi) = A(\xi_1, \xi_2, ... \xi_k)$ 是有 k 个 ξ_i 为参数的 $2n \times 2n$ 的矩阵

定理 定解问题（13）存在非零解的充分必要条件是 $\det(L(\xi)) = 0$，其中 $L(\xi) = [\exp(A(\xi))][m, \overline{n}]$（表示从矩阵 $\exp(A(\xi))$ 中取 m 为行下标，$\overline{n}$ 为列下标的子矩阵）。并且，线性独立解的个数等于 L 零空间的维数[3]。

5 线性不稳定性

假设静止状态失稳后首先呈现定常对流，此时临界 Rayleigh 数值在 $\sigma = 0$ 取得，从而基本方程组（12）化为：

$$\begin{cases} P^{-1}(D_z^2 - r^2)\overline{w} = r^2 R' \overline{\gamma} - r^2 R \overline{\theta} \\ (D_z^2 - r^2)\overline{\theta} = -R\overline{w} \\ (D_z^2 - r^2)\overline{\gamma} = -R'\overline{w} \end{cases} \tag{14}$$

求解方程（14）可得线性稳定的临界雷诺数，该临界值可能会大于由线性稳定性理论得到的临界值，因失稳后可能出现震荡，即所谓的"超稳定性"，对应 σ 为纯虚数的情形。然而我们可能由此得到不稳定的充分条件。在方程（16）中消去 $\overline{\theta}$ 和 $\overline{\gamma}$ 得

$$(D_z^2 - r^2)^2 \overline{w} = Pr^2(R^2 - R'^2)\overline{w} \tag{15}$$

设 $x(z)$ 是 z 的一个实的四维向量函数，令 $x_1(z) = \overline{w}(z)$，则方程（14）等价于一阶线性微分方程组

$$x_i' = x_{i+1} \, (i = 1, 2, 3) \ , \quad x_4' = Pr^2(R^2 - R'^2 - r^2)x_1 + 2r^2 x_3 \tag{16}$$

这里 $x_i' = \mathrm{d}x_i / \mathrm{d}z$。由边值条件方程（6）至方程（8）和方程（14）可得：

（A）双自由面： $\quad w = D^2 w = 0 \quad$ 即 $\quad x_1 = x_3 = 0, \quad z = 0, 1$

（B）双固壁： $\qquad w = Dw = 0$ 即 $\qquad x_1 = x_2 = 0$， $\qquad z = 0,1$

（C）混合边界： $w = D^2 w = 0$ 即 $x_1 = x_3 = 0$， $z = 1$， $w = Dw = 0$ 即 $x_1 = x_2 = 0$，
$z = 0$。

上述边界对应于定理中的集 $\boldsymbol{m}$ 与 $\boldsymbol{n}$ 分别为

$$\boldsymbol{m} = \boldsymbol{n} = \{1,3\}, \quad \boldsymbol{m} = \boldsymbol{n} = \{1,2\} \text{ 和 } \boldsymbol{m} = \{1,3\}, \quad \boldsymbol{n} = \{1,2\}$$

在这种情形下临界 Rayleigh 数 R_c 应满足 $f(r,R) = \det(L(r,R)) = 0$。该方程定义一个

函数 $R = R(r)$，在临界 Rayleigh 数 R_c 处满足 $\dfrac{dR}{dr} = 0$，由此得 $\dfrac{\partial f}{\partial r} = 0$。从而我们只需求解

$$f(r,R) = \det(L(r,R)) = 0, \quad g(r,R) = \frac{f(r+\Delta r,R) - f(r-\Delta r,R)}{2\Delta r} = 0，\text{其中 } \Delta r = 10^{-10}。$$

图 1 至图 3 为用 Mathematica 画出 3 个 R' 值的不稳定曲线，它表示使基态失稳的扰动与波数
r 的关系，其中曲线的最低点为 R_c。

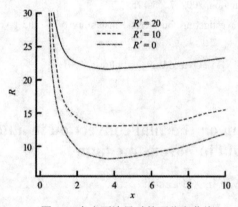
图 1 双自由面边界时的不稳定曲线

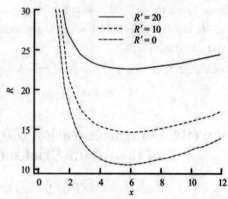
图 2 双固壁边界时的不稳定曲线

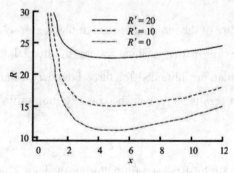
图 3 混合边界时的不稳定曲

6 结论

研究了位于多孔介质中，带浓度扩散的 Rivlin-Ericksen 流体夹层的静止状态的线性不稳定性，夹层从底部加热，且从底部注入高浓度的液体。文中分别对三种不同的边值条件和不同浓度 Rayleigh 数计算出系统控制参数（热 Rayleigh 数）的临界值 R_c。当 $R < R_c$ 时，静止状态是线性稳定的，结果表明 R_c 随浓度 Rayleigh 数 R' 的增加而增大，表明浓度扩散对对流有抑制的作用。

参考文献

1 Sharma R C, Pal S M. Thermosolutal convection in Rivlin-Ericksen rotating fluid in porous medium in hydromagnetics[J]. Indian J Pure Appl Math, 2001,32(1):143-56.

2 Xu L X. Energy criterion of nonlinear stability of a flow of the Rinlin-Ericksen fluid in porous medium[J]. communications in Nonlinear Science and Numerical Simulation, 2002, 7: 65-175.

3 Li N, Murphy J O, Steiner J M. A new approach for investigating the thermal instability of a fluid layer[J]. ZAMM ,1995, 75(1):3-19.

4 Chandrasekhar S. Hydrodynamic and hydromagnetic stability[M]. Oxford University Press, 1961.

On the effect of concentration diffusion on thermal convection in a flow of the Rivlin-Ericksen fluid in porous medium

DONG Li-jun, LAN Wan-li, XU Lan-xi

(Faculty of Science, Beijing University of Chemical Technology, Beijing, 100029. Email: xulx@mail.hust.edu.cn)

Abstract: The thermal instability of the motionless state of the thermosolutal Rivlin-Ericksen fluid in porous medium is studied in this paper, Critical values of thermal Rayleigh number for linear instability of the motionless state are obtained for three boundary conditions: free-free, rigid-rigid and free-rigid. The calculation results show that the concentration diffusion has inhibiting effect on the convection.

Key words: Rayleigh number, Rivlin-Ericksen fluid, Porous medium, Concentration diffusion

线性分层环境中异重流沿斜坡的演变特性

赵亮，林挺，林颖典，贺治国*

(* 浙江大学海洋学院，杭州，310058，Email: hezhiguo@zju.edu.cn)

摘要： 在线性分层水环境中，对突然释放型异重流在不同角度斜坡上的发展和演变特性展开了实验研究。异重流在分层水体中的发展可以分为加速、减速和分离阶段三个过程。对异重流头部位置和头部速度进行了分析，阐明了不同因素的影响机理。采用粒子图像测速技术（PIV）得到线性分层环境中突然释放型异重流的速度场，结果表明异重流与环境流体的交界面上呈现出了典型的开尔文－亥姆霍兹不稳定性（Kelvin-Helmholtz Instability）现象。对涡度场的分析表明，异重流不同位置的涡度方向存在差异，上边界的正向开尔文－亥姆霍兹涡是产生卷吸的主要原因，下边界的负向涡度则由边界层引起。

关键词： 异重流；线性分层；PIV；流场；涡度场

1 前言

异重流是指因密度差异而在两种或以上不同流体之间产生的相对运动[1]。在自然界或实际工程中常见的异重流例子很多，如：海底的浊流，水库底部形成的泥沙异重流等。由于在获取实测资料上的困难[2-3]，室内水槽实验通常是研究异重流的重要手段，但此前的大部分实验主要针对的是均匀环境水体中的平坡异重流[4-6]。在自然界中，分层水体环境下形成的异重流也很常见，如温度分层湖泊中的冷水注入、河口的盐水楔等[1]。环境水体为两层时，前人的实验结果表明[7-9]，若异重流的密度比底层水体小，异重流会沿着两层流体的交界面入侵和发展；反之，异重流将分裂为两部分，一部分沿交界面发展；另一部分潜入底部。按产生异重流方式的不同，异重流实验可分为连续入流型和突然释放型[10]。Baines[11-12]采用连续入流的方式开展了一系列实验，对线性分层水体下盐水异重流的演变特性进行了系统的研究，结果表明异重流的发展形态和动力特性受斜坡角度影响很大。但是，对于线性分层环境下的突然释放型异重流沿斜坡的演变机理，目前还缺乏较为系统的研究。异重流在沿斜坡运动过程中，由于始终存在与环境流体的动量交换，其流场和漩涡结构非常复杂，现有实验对其形态、形成机理和演变过程的揭示远远不够。

因此，本研究开展了一系列实验，对线性分层环境下突然释放型异重流沿斜坡的演变特性进行了分析，讨论了不同参数对异重流形态发展的影响，并利用粒子图像测速技术（PIV）得到突然释放型异重流的速度场和涡度场,揭示了其流场变化过程及漩涡内部结构。

2 实验装置及工况

2.1 实验装置

实验所用水槽如图 1 所示，水槽长度为 2.8m，宽度为 0.15m，高度为 0.46m。首先利用一种改进的"双缸法"设备，在水槽中产生线性分层盐水。在此过程中，始终保持闸门 2 关闭，闸门 1 开度为 4cm。水槽中水位上升到 34cm 时，停止注水，测量所需的盐度值。然后在闸门 2 内注入盐度为定值的盐水，并使水位与水槽中水位等高。然后将闸门 2 完全拉开，由于闸门内和水槽内液体的密度差，在水槽中会产生异重流，并沿斜坡向下发展。实验中用帧率为 200fps 的高速相机记录异重流的发展过程。

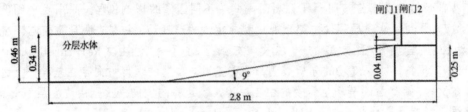

图 1 实验水槽示意图

2.2 特征参数与工况

流体之间的密度差异是产生异重流的根本原因[14]，Baines[11]在进行连续入流型异重流的实验研究时，定义了有效重力加速度 $g_0' = g \cdot \dfrac{\Delta\rho}{\rho}$，用以描述二者之间的差异。而在分层环境下，水体的层结情况会影响异重流的形态及发展过程，Ungarish[13]在研究异重流沿平坡在线性分层水体中的演变时，用相对层结度 S 来描述环境水体的相对分层情况。分层环境下的其他重要参数还有浮力频率[11]和理查森数[11, 15]，浮力频率 N 用以描述分层环境下重力和浮力共同作用下由于惯性产生振荡的频率,理查森数 Ri_0 可用来描述密度梯度与速度剪切之间的相对作用。此外，描述流体特性的参数还应包括雷诺数 Re 和弗汝德数 Fr。以上各参数的定义如下：

$$S = \frac{\rho_B - \rho_{h0}}{\rho_{c0} - \rho_{h0}} \tag{1}$$

$$N = \sqrt{-\frac{g}{\rho_0}\frac{d\rho_0(z)}{dz}} \tag{2}$$

$$Ri_0 = g_0' \cdot \frac{d}{U^2} \cos\theta \tag{3}$$

$$Re = \frac{\sqrt{g_0' \cdot h_l} \cdot h_l}{\nu} \tag{4}$$

$$Fr = \frac{U}{\sqrt{g_0' d}} \tag{5}$$

其中 $\Delta\rho = \rho_{c0} - \rho_{h0}$，表示出口处异重流和环境水体的密度差异，$\overline{\rho}$ 为二者平均值，ρ_B 表示水槽底部水体密度，ρ_{h0} 为异重流出口处即斜坡顶端水体密度，ρ_{c0} 为初始时刻闸门 2 中的异重流密度，d 为异重流平均厚度，U 为异重流从斜坡顶端至开始分离这段距离内的平均运动速度，h_l 为闸门 1 的开口高度，实验中控制开口高度均为 4cm。

各组实验工况见表 1。

表 1 实验工况及相应参数

实验编号	θ	g_0' /(kg/m³)	S	Hs /cm	d /cm	N /(1/s)	U /(cm/s)	Re	Fr	Ri_0
1	9	0.16	0.694	N.A.	5.31	0.667	5.23	2663	0.49	4.1
2	9	0.079	1.357	25.11	4.53	0.705	2.1	1873	0.35	8.05
3	9	0.041	2.691	18.2	3.13	0.686	1.75	1351	0.49	4.18

当相对层结度 $S>1$ 时，异重流会发生水平入侵，Hs 定义为斜坡顶端至分离点的高度。当 $S<1$ 时，异重流不从斜坡上分离，此时不存在 Hs。

3　实验结果分析

3.1　分层水体中异重流运动过程

当相对层结度 $S>1$ 时，异重流会在斜坡某位置与斜坡分离，并水平入侵到环境水体中。如图 2 所示，此过程可以分为三个阶段：① 加速阶段：异重流从斜坡顶端开始，头部速度不断变大，直至达到最大速度；② 减速阶段：异重流头部速度达到最大值后，而后速度会缓慢减小，直至沿斜坡方向的速度减小到 0；③ 分离阶段：异重流开始沿水平方向入侵均匀水体，在此过程中，斜坡上的异重流会沿斜坡方向上下缓慢振动，水平分离点上部的异重流内，也会出现较小的水平入侵体，呈"手指状"[16]。在加速和减速阶段内，随着异重流头部不断远离斜坡顶端，其厚度会逐渐增大。在分离阶段中，由于与环境水体的不断掺混和入侵，异重流尺寸会进一步沿水平方向变大。

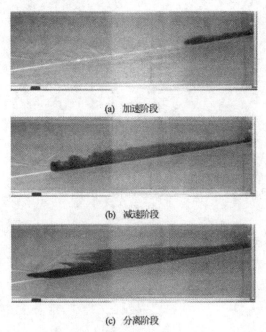

(a) 加速阶段

(b) 减速阶段

(c) 分离阶段

图 2 异重流三个阶段的发展演变

3.2 分层水体中异重流运动速度

实验所得的异重流头部位置和头部速度变化如图 3 所示，图 3 中忽略了初始阶段由于水槽中内波引起的异重流上下震荡的影响。结果表明，当斜坡角度不变时，S 越小，异重流沿斜坡运动距离越远，异重流头部速度越大。当 S 减小时，异重流的重力的作用就显得相对突出，即驱动力也表现的更加突出。环境水体分层时，速度的变化明显呈先加速后减速的趋势。随着异重流沿斜坡不断向下运动，一方面环境水体密度逐渐增大，有效重力加速度不断减小，驱动力不断减小；另一方面，随着环境水体与异重流头部的不断掺混，也会使头部密度不断减小，与环境水体的掺混也同时会产生浮力损失。当驱动力小于底床摩擦和掺混作用所造成的阻力时，头部速度便开始减小。

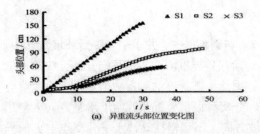

(a) 异重流头部位置变化图

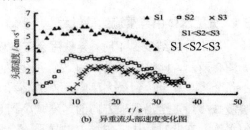

(b) 异重流头部速度变化图

图 3 不同分层情况下异重流头部位置和速度速度变化

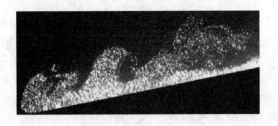

图 4 分层水体中异重流运动的掺混现象

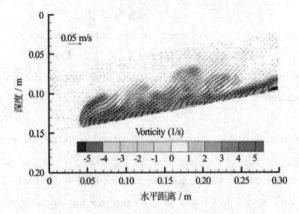

图 5 0.2s 内的异重流平均速度场和涡度场

实验中采用粒子图像测速技术（PIV）来分析线性分层环境下突然释放型异重流运动的速度场。如图 4 的 PIV 实验显示，异重流与环境流体的交界面上表现出了典型的开尔文-亥姆霍兹不稳定性（Kelvin–Helmholtz instability）现象。图 5 给出了异重流在斜坡某位置处 0.2s 内的平均速度场和涡度场，图中涡度值以逆时针方向为正，仅显示了涡度绝对值大于 0.5 的等值线。由图可知，异重流在运动过程中会与周围分层水槽发生掺混而形成多个涡漩，其中异重流与环境流体交界面上涡度为正值，这是由于开尔文-亥姆霍兹涡和斜压涡度的共同产生的；而底部边界的负向涡度，则是由于斜坡上无滑移边界条件形成边界层，在边界层内粘性力的作用下造成的。

4　结论

通过在线性分层水体中进行的一系列实验，对突然释放型异重流沿斜坡的发展和演变特性进行了初步研究，主要结论如下：

相对层结度 $S<1$ 时，异重流无明显沿斜坡水平分离的现象；相对层结度 $S>1$ 时，异重流会与斜坡分离，并水平入侵到环境水体中，同时有多个"手指状"的入侵体。异重流运动过程中，其头部速度的变化呈明显的先加速后减速的趋势。斜坡角度不变时，S 越小，异重流头部速度越大。异重流与层结环境水体的交界面上会出现明显的开尔文-亥姆霍兹不稳定性现象，加大了异重流与环境水体的掺混。上边界的正向涡度是开尔文-亥姆霍兹涡和斜压涡度共同作用的结果；下边界的负向涡度是边界层内黏滞力作用的结果。

参 考 文 献

1　范家骅. 异重流与泥沙工程实验与设计. 北京，中国水利水电出版社, 2011.

2　Tokyay T E, García M H. Effect of initial excess density and discharge on constant flux gravity currents propagating on a slope. Environmental Fluid Mechanics, 2014, 14(2): 409-429

3　Dorrell R M, Darby S E, Peakall J, et al. The critical role of stratification in submarine channels: Implications for channelization and long runout of flows. Journal of Geophysical Research: Oceans, 2014, 119(4): 2620-2641

4　Simpson J E. Gravity currents: In the environment and the laboratory[M]. Cambridge: Cambridge University Press, 1999.

5　Benjamin T B. Gravity currents and related phenomena. Journal of Fluid Mechanics, 1968, 31(02): 209-248

6　Simpson J E, Britter R E. A laboratory model of an atmospheric mesofront. Quarterly Journal of the Royal Meteorological Society, 1980, 106(449): 485-500

7　Wells M G, Wettlaufer J S. The long-term circulation driven by density currents in a two-layer stratified basin. Journal of Fluid Mechanics, 2007, 572: 37-58

8　Cortés A, Rueda F J, Wells M G. Experimental observations of the splitting of a gravity current at a density step in a stratified water body. Journal of Geophysical Research: Oceans, 2014, 119(2): 1038-1053

9　Fischer H B. Mixing in inland and coastal waters[M]. New York: Academic press, 1979.

10　Dai A. Experiments on gravity currents propagating on different bottom slopes. Journal of Fluid Mechanics, 2013, 731: 117-141

11　Baines P G. Mixing in flows down gentle slopes into stratified environments. Journal of Fluid Mechanics, 2001, 443: 237-270

12　Baines P G. Mixing regimes for the flow of dense fluid down slopes into stratified environments. Journal of Fluid Mechanics, 2005, 538: 245-267

13　Ungarish M. On gravity currents in a linearly stratified ambient: a generalization of Benjamin's steady-state propagation results. Journal of Fluid Mechanics, 2006, 548: 49-68

14　张瑞瑾. 河流泥沙动力学. 第二版. 北京，中国水利水电出版社, 2008.

15　Samothrakis P, Cotel A J. Propagation of a gravity current in a two-layer stratified environment. Journal of Geophysical Research: Oceans, 2006, 111(C1): C1012

16　Snow K, Sutherland B R. Particle-laden flow down a slope in uniform stratification. Journal of Fluid Mechanics, 2014, 755: 251-273.

Experiments on downslope gravity currents in linearly stratified environments

ZHAO Liang, LIN Ting, LIN Ying-dian, HE Zhi-guo*

(* Ocean College, Zhejiang University, Hangzhou, 310058, Email:hezhiguo@zju.edu.cn)

Abstract: A series of experiments were conducted to investigate lock-release gravity currents down a ramp into linearly stratified environments generated by a two-tank setup. The developmental process of gravity currents can be divided into three stages, which were acceleration stage, deceleration stage and separation stage. By analyzing the front location and the front velocity under different influence factors, this paper explained their influence mechanism separately. A particle image velocimetry (PIV) technique was applied to investigate the flow field of gravity currents down a ramp in the linear stratification. The result showed that typical Kelvin–Helmholtz (K-H) instability was generated in the interface between gravity currents and environmental fluids. The counterclockwise vortexes appeared in the upper boundary were mainly due to the K–H instability and the clockwise vortexes in the lower boundary arose from the viscous forces in boundary layer. The experimental results can be applied in real geophysical situations such as salinity intrusion of estuary, submarine turbidity currents, etc.

Key words: Gravity current, Linear stratification, PIV, Flow field, Vorticity.

初始漩涡流场中气泡演化计算研究

郑巢生

（船舶振动噪声重点实验室，江苏省绿色船舶重点实验室，中国船舶科学研究中心，江苏无锡 214082）

摘要：本文基于 VOF 方法建立了气泡演化的数值模拟方法，针对初始漩涡流场中单泡和多泡的演化过程进行了数值模拟，并分析了初始漩涡流场、气泡个数、涡强和气泡空间位置对气泡演化过程中气泡体积和形态的影响。

关键词：VOF，漩涡，气泡

1 引言

云空化流动是在空间上极其不均匀和时间上强非定常的流动，且云空化内包含大量的微汽泡，微气泡在云空化流动中是强非线性的，气液界面变形剧烈，为了研究云空化流动精细结构，需要实现微汽泡群演化过程的数值模拟，其中汽泡界面的精确捕捉十分关键。

目前界面捕捉的数值方法主要有：边界积分法[1-2]，VOF 法[3-4]，Level Set 法[5]，Lattice－Boltzmann 法[6]，Front Tracking 法[7]。对于气泡的数值模拟目前主要集中于静水中气泡上升[8-9]、近壁面气泡溃灭[10-11]等情况，而对于漩涡流场中气泡的演化规律研究较少，本文基于 VOF 方法开展初始漩涡流场中气泡的演化数值计算研究。

2 气泡演化数值模拟方法

2.1 控制方程

泡的溃灭作为云空化的一个关键过程，其溃灭阶段的结构破坏和流场的剧烈变化紧密相关，因此需要针对泡的溃灭行为进行模拟研究，目前主要采用数值计算方法求解球形空泡的溃灭过程。其泡流动的控制方程为：

$$\frac{\partial \rho}{\partial t} + \nabla \cdot (\rho \vec{U}) = 0 \tag{1a}$$

$$\frac{\partial (\rho \vec{U})}{\partial t} + \nabla \cdot (\rho \vec{U} \vec{U}) = -\nabla p + \nabla \cdot (\mu \nabla \vec{U}) + \sigma \kappa \vec{n} \tag{1b}$$

其中 ρ 和 μ 分别表示两相流的密度和黏度，σ 为表面张力系数，κ 为表面曲率。

VOF 方法通过描述各相体积分数的输运方程来实现界面的捕捉：

$$\frac{D\alpha}{Dt} = \frac{\partial \alpha}{\partial t} + (\vec{U} \cdot \nabla)\alpha = 0 \tag{2}$$

其中α为液体的体积分数，值为 0 表示在气泡内，值为 1 表示在液体中，值为$0<\alpha<1$表示在界面上。VOF 中根据体积分数值来构造界面的插值方案有很多，本文选取精度较高的几何重构法，这样可以精确地追踪水气两相的界面。

密度和粘度的计算公式为：

$$\rho = \alpha_l \rho_l + \alpha_g \rho_g \qquad (3a)$$

$$\mu = \alpha_l \mu_l + \alpha_g \mu_g \qquad (3b)$$

下标l和g分别表示液相和气相。

考虑气体的可压缩性，在模型中加入理想气体的状态方程：

$$p = \rho RT \qquad (4)$$

其中R为气体常数，T为温度。根据方程（4），理想可压缩气体和不可压缩液体的密度分别为：

$$\rho_l = \rho_{l0}, \rho_g = \rho_{g0} + \frac{p}{RT} \qquad (5)$$

下标 0 表示初始状态的取值。

采用有限体积 RANS 方法离散求解上述方程，并考虑气泡内密度变化引起的可压缩性，其中速度、压力耦合采用 SIMPLE 算法。

2.2 网格与边界条件设置

选取如图 1 所示的纯气泡置于一个边长为 100mm 的立方体计算域中心，气泡的半径为 2.5mm。泡内的初始压力取饱和蒸汽压$2.35 \times 10^3 \text{Pa}$；计算域边界条件设为压力出口，值为$1.01 \times 10^5 \text{Pa}$，整个计算域的初始速度为 0。

计算域流体中主相为理想气体，次相为液态水。其中，气泡区域通过 Region 选项指定，泡内初始压力和体积分数通过 FLUENT 中 Patch 功能设定。在计算气泡溃灭过程中引入的基本假设条件为：1) 忽略泡内气体与流场之间的物质交换；2) 在计算中不考虑重力的影响；3) 忽略表面张力的作用。

为了准确捕捉气泡形态的变化，在距离泡中心 10mm 的区域内进行了网格加密，网格尺寸$\Delta x = 0.1 \text{mm}$，如图 2 所示的气泡直径范围内约 50 个网格单元，已能较好地表达球形气泡的几何外形。

整个计算域的网格采用正交网格，如图 3 所示，网格总数为 410 万。

根据上述相关设置进行非定常计算，得到初始静止流场中单个气泡在泡内外压差作用下的演化过程。

3 漩涡流场中气泡演化数值模拟

在真实云空化流场中存在复杂的漩涡流动，为了研究气泡在有漩涡存在的流场中演化规律，同时为了将问题简化，本文通过在静止流场中施加一个初始化漩涡速度场，计算研究单泡和多泡在此流场中的演化过程。

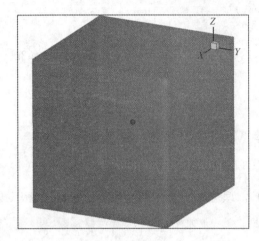

图1 计算域

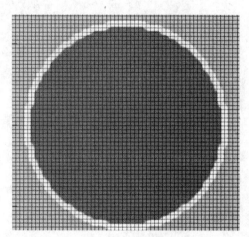

图2 气泡内网格

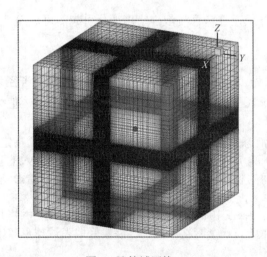

图3 计算域网格

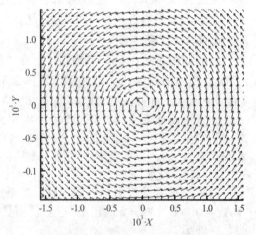

图4 初始化速度场矢量图

3.1 初始化漩涡速度场

采用简单的线涡速度场来进行流场初始化，其速度公式如下：

$$u = \frac{\Gamma}{2\pi r} \quad r = \sqrt{x^2 + y^2} \tag{6}$$

其中，线涡强度 $\Gamma = 0.0314$ 。

初始化得到的速度场如图 4 所示，方向为逆时针。

3.2 单泡计算

为了考察初始化漩涡速度场对单泡演化过程的影响，由于涡心位于计算域中心（0 0 0），因此将单泡布置在偏离涡心位置，其具体参数见表 1。

表 1　漩涡流场单泡计算相关参数

泡心位置	泡直径(mm)	涡强 Γ
$(-3 \quad -\sqrt{3} \quad 0)$	2.5	0.0314

3.2.1 气泡体积变化

为了便于比较，文中将气泡体积和时间进行无量纲化：

$$V' = \frac{V}{V_0} = \frac{V}{N\frac{4}{3}\pi R_0^3} \tag{7}$$

$$t' = \frac{t}{t_c} \tag{8}$$

其中 V 为泡的瞬时体积，R_0 为泡的初始半径，N 为泡的个数，单泡 $N=1$，t_c 为根据 Rayleigh 方程推导出的球形泡体积减少至零的特征溃灭时间，根据文献[12]，解析公式如下：

$$t_c = 0.915 R_0 \sqrt{\frac{\rho_l}{p_\infty - p_0}} \tag{9}$$

计算得到的初始化漩涡速度场中单泡演化过程中气泡体积随时间变化如图 5 所示，并与静止流场中的气泡体积变化相比较，可以看到，两条曲线基本吻合，说明漩涡速度场的存在对于气泡溃灭的速度和程度影响较小。

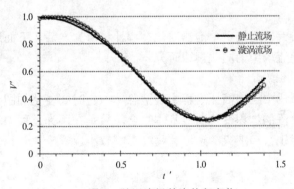

图 5　漩涡流场单泡体积变化

3.2.2 气泡形态变化

漩涡流场中单泡在不同时刻的气泡形态如表 2 所示,其中坐标系位于(0 0 0),Z 轴为漩涡方向。

可以看到,气泡在内外压力差作用下开始溃灭,并在 $t' = 1.03$ 时刻气泡体积达到最小,同时,由于初始漩涡速度场的作用,气泡边缘被拉伸,其拉伸方向与漩涡速度场方向一致;在 $t' = 1.54$ 时刻,气泡体积已经发生明显的回弹,同时被拉伸的更严重,已经不能继续维持球状形态;在 $t' = 3.92$ 时刻,整个气泡已经严重扭曲变形,并伴有破碎,同时可以明显看到气泡聚集在 Z 轴即漩涡方向,并沿涡线方向拉伸,形成管状。

表 2   漩涡流场中不同时刻空泡形态

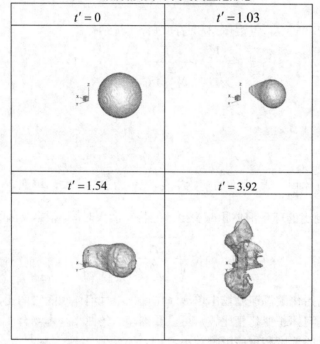

$t' = 0$	$t' = 1.03$
$t' = 1.54$	$t' = 3.92$

3.3 三泡计算

在完成了初始化漩涡速度场中单泡的演化过程计算研究之后,下面选取三泡作为研究对象,开始多泡在漩涡流场中的演化规律研究。

3.3.1 初始化漩涡速度场影响

计算得到的漩涡流场中三泡演化过程中气泡总体积随时间变化如图 6 所示,与静止流场中相比,气泡溃灭阶段的体积变化曲线基本吻合,只是在回弹过程中略有差别,同样说明漩涡速度场的存在对于气泡溃灭的速度和程度影响较小。

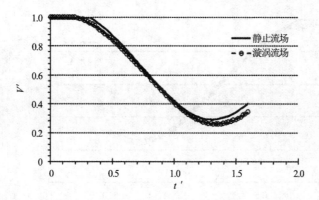

图 6　漩涡流场三泡体积变化

3.3.2 气泡个数影响

比较漩涡流场中三泡与单泡计算得到的体积变化曲线如图 7 所示。

可以明显看出，气泡个数的增加能较明显地抑制气泡的溃灭速度。

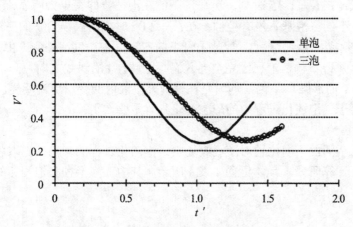

图 7　不同气泡个数体积变化

3.3.3 涡强影响

为了分析初始化漩涡涡强对气泡演化过程的影响，进行了不同初始化涡强下的三泡演化计算。其涡强值如表 3 所示。

表 3　不同初始化涡强 Γ 计算

涡强 Γ_1	涡强 Γ_2
0.0314	0.00314

计算得到的不同初始化涡强下三泡体积随时间变化如图 8 所示，两条曲线基本完全重合，说明初始化涡强的大小对于整个流场中气泡体积变化即气泡溃灭基本无影响。

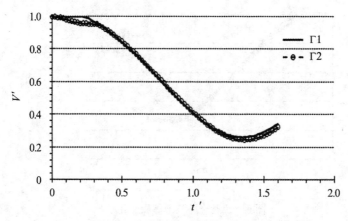

图 8　不同初始化涡强下三泡体积变化

　　相比于对气泡体积变化的可忽略的影响，不同涡强大小对气泡形态的影响十分明显，如表 4 所示。在 $t' = 0.67$ 时刻，涡强 Γ_1 下的三泡已发生较为明显的拉伸，而涡强 Γ_2 下的三泡基本仍保持为球状；在 $t' = 1.35$ 时刻，涡强 Γ_1 下的三泡被拉伸得更为明显，并开始卷入涡心区域，而涡强 Γ_2 下的三泡基本没有拉伸；在 $t' = 2.02$ 时刻，涡强 Γ_1 下的三泡已经严重扭曲变形，并开始整体卷入涡心区域，而涡强 Γ_2 下的三泡只是在气泡外侧产生内凹变形；在 $t' = 3.75$ 时刻，涡强 Γ_1 下的三泡已经完全卷入涡心区域，并沿涡线方向拉升，形成管状，同时伴随有气泡破碎，而涡强 Γ_2 下的三泡只是在气泡外侧的内凹变形更为明显。由此可知，初始化涡强的大小对于气泡演化过程中的形态变化具有重要作用。

3.3.4 气泡空间位置影响

　　为了考察气泡在空间的不同位置对漩涡流场中气泡演化过程的影响，选取相对于涡线不同位置的三泡进行计算研究，具体位置如表 4 所示，其中三泡半径和泡间相对位置保持相同。

表 4 不同初始化涡强三泡不同时刻形态

t'	Γ_1	Γ_2
0	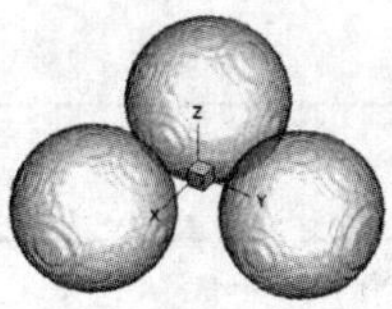	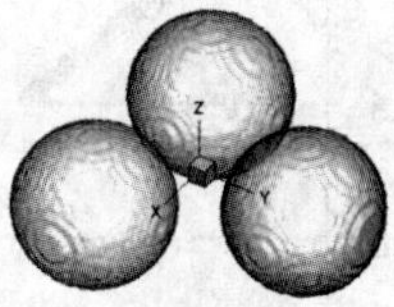
0.67	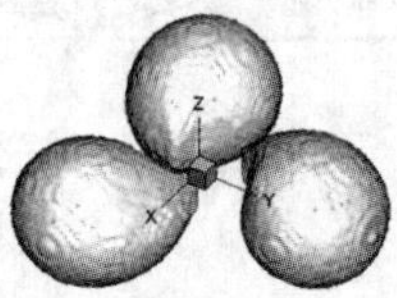	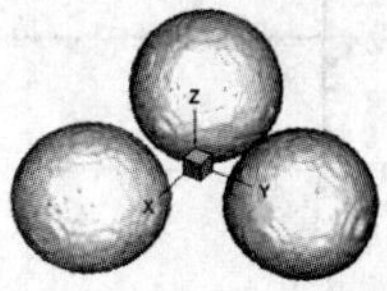
1.35	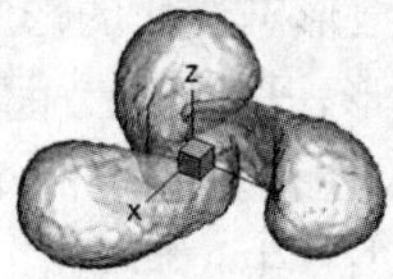	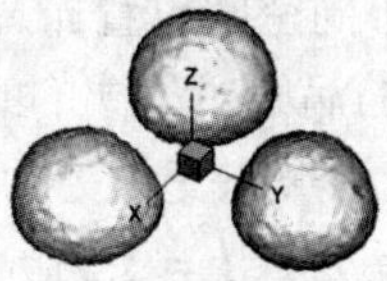
2.02		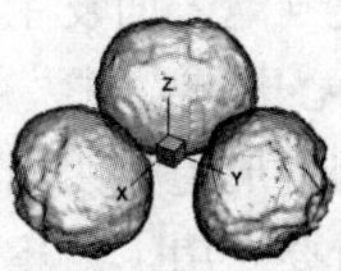
3.75		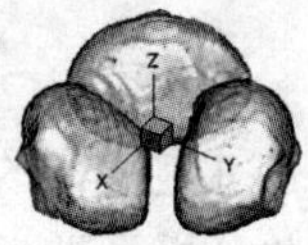

表 5 三泡不同空间位置

三泡所在平面	平行于 XY 面	平行于 YZ 面
与平行面距离（mm）	0	3.5

计算得到的不同空间位置布局的三泡在漩涡流场中体积变化曲线如图 9 所示，可以看

到，两条曲线吻合地较好，说明气泡不同的空间位置布局对于整个流场中气泡体积变化即气泡溃灭影响也很小。

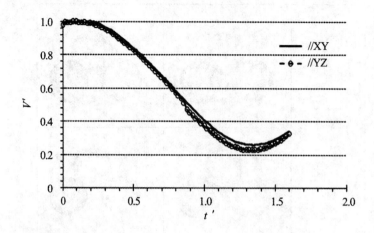

图9   不同空间位置三泡体积变化

同样，比较不同空间位置布局对气泡形态变化的影响如表5所示。相对于平行于XY面布局下三泡呈现的涡心对称式的螺旋变形，平行于YZ面布局下的三泡由于相对于涡线空间位置不对称， 气泡形态变化更为复杂：在$t' = 0.67$时刻，三泡中位于下方的泡(定义为泡A)由于距离涡线更近（$l = 3.5\,\text{mm}$），首先发生拉伸变形，上方的两泡(定义为泡B和泡C)由于距离涡线较远（$l = 4.6\,\text{mm}$），基本维持球状；在$t' = 1.35$时刻，泡A拉伸变形更为明显，而泡B和泡C拉伸变形相对较小；在$t' = 2.02$时刻，泡A整个气泡开始卷入涡心区域，而泡B和泡C只是气泡表面发生变形，而没有明显的旋转拉伸变形；在$t' = 3.75$时刻，泡A已经完全卷入涡心区域，并发生破碎，同时沿涡线方向拉升，形成管状，而泡B和泡C在气泡外侧的内凹变形更为明显。由此可知，气泡不同空间位置布局对于气泡演化过程中的形态变化具有重要作用，尤其是气泡相对于涡心的位置，距离涡心越近，越容易被卷入，这可能是由于越靠近涡心区域，速度梯度越大，压力变化越明显。

4   结论

本文首先建立了气泡演化的数值模拟方法，然后针对初始漩涡流场进行了单泡和多泡演化的数值模拟，并分析了漩涡流场、气泡个数、涡强和气泡空间位置对气泡演化过程中气泡体积和形态的影响，得到以下结论：

1）气泡个数对流场中气泡溃灭即体积变化影响较大；

2)初始化漩涡速度场和涡强大小基本不影响气泡体积变化，但严重影响气泡演化形态；

3）气泡空间分布位置同样基本不影响气泡体积变化，但同样严重影响气泡演化形态。

参 考 文 献

1 Lorstad D, Francois M, Shyy W. Assessment of volume of fluid and immersed boundary methods for drop-let calcu-lations. International Journal for Number, Methods in Fluids,2004,46(2):109～125

2 Tryggvason G, Bunner B, Esmaeeli A. A front-tracking method for the computations of multiphase flow. Journal of Computational Physics,2001,169:708～759

3 Lorstad D. Numerical modeling of deforming bubble trans port related to cavitating bydraulic turbines. [Thesis]. Department of Heat and Power Engineering, Lund Univers-ity, Sweden,2003

4 端木玉，朱仁庆. 流体体积方程的求解方法.江苏科技大学学报自然科学版，2007，21（2）：10～15

5 Osher S, Fedkiw R P. Level set methods: an overview and some recent results. Journal of Computional Physics, 2001,169:463～502

6 Watanabe T, Ebihara K. Numerical simulation of coales-cence and breakup of rising droplets. Computational Fluids,2003,32:823～834

7 陈斌, Kawamura T, Kodama Y. 静止水中单个上升气泡的直接数值模拟. 工程热物理学报，2005，26（6）：980～982

8 朱仁庆，李晏丞，倪永燕. 气泡在水中上升过程的数值模拟. 江苏科技大学学报自然科学版，2010，24（5）：417～422

9 张淑君，吴锤结，王慧民. 单个三维气泡运动的直接数值模拟. 河海大学学报自然科学版，2005，33（5）：534～537

10 李疆，陈皓生.Fluent环境中近壁面微空泡溃灭的仿真计算. 摩擦学学报，2008，28（4）：311～315

11 张阿漫，姚熊亮，李佳. 不同边界附近气泡的三维数值模拟与实验值对比研究. 中国科学G辑，2008,38（7）：896～907

12 Brennen C E. Cavitation and Bubble Dynamics. Oxford University Press, 1995

The numerical study of bubbles evolution in initial vortex field

ZHENG Chao-sheng

（China Ship Scientific Research Center national key laboratory on ship vibration & noise，Wuxi 214082, Email:zcszcs2005@163.com）

Abstract： The numerical simulation method of the bubbles evolution is set up firstly in the paper based on VOF method, then the evolution of one bubble and multi-bubbles in the initial vortex flow field is simulated, and the effect for the bubble volume and shape of the intial vortex, the bubble numbers, the vortex intensity and the bubble spatial position is analyzed as well.

Key words： VOF, vortex, bubbles

海豚摆尾运动的数值模拟研究

袁野，吴哲，毕小波，张志国 ，冯大奎

(华中科技大学船舶与海洋工程学院，武汉，430074，Email:yuanye@hust.edu.cn)

摘要： 长期以来，海豚一直被认为是有极高推进效率和极小阻力的高速游泳健将，在其自主游动的过程中海豚摆尾运动给海豚的游动提供了足够大的推力。科学家经过长期的研究发现，鱼类的摆尾运动与斯图诺哈尔数（St）有着密切的关系，并且在一个小范围的斯图诺哈尔数内可以进行高效游动，同时 St 还对其身后尾涡的形成有重要的影响。本文由海豚的摆尾游动作为分析基础，运用 FLUENT 求解器和 UDF 动网格技术，重点分析了海豚摆尾运动过程中运动和水动力性能特点。在此基础上，详细分析了海豚摆尾产生的尾涡以及推力，并讨论了斯图诺哈尔数对海豚尾涡的影响，以及推力的生成，涡的形成与 St 之间的关系。

关键字： 海豚摆尾，数值仿真，动网格，斯图诺哈尔数，尾涡

1 引言

海洋动物的运动能力被科学家认为强于任何航海科技工程的产物。据记录，其中海豚的最大巡游速度可达 11m/s，转弯时可达到 450°/s，并且转弯半径低至身长的 11%-17%[1]。海豚被看做是有着极低阻力和极高推力的高速游泳者，因而成为科学家及工程师们的重点研究对象，他们研究了海豚的水动力特性[2]，海豚的运动特性以及海豚外型、表皮减阻特性等等。比如早在 20 世纪 80 年代，Kramer 对海豚的柔性皮肤进行了研究，指出海豚的高速游动与它特殊的表皮特征有关。除此之外，更令人关注的是海豚在水下所做摆尾运动，不论是匀速运动还是突然的加速运动，摆尾运动都可为海豚的游动提供足够的推力。海豚以及大多数鱼类是通过在身后造出曲线波来产生推力的，由于不同进化的优先选择，鱼和海豚的推进效率要远远大于人类[3]。海豚与金枪鱼都作为高速游泳者的代表，两者具有相同的摆尾方式，MIT 的科学家研究了金枪鱼的摆尾动作，结果发现金枪鱼游泳时身体的波动，也就是摆尾运动可减少它所受到 61%的阻力[4]。为此，海豚的这种摆尾运动开始日益受到科学家的关注。

据观测，海豚及鱼类有着一种基于涡场控制的机制，其中包括从尾部或尾鳍拍打所产生的涡中提取能量，也由于这种对涡场的控制，使海豚及鱼类能够高效率的游动[5]。此外，海豚或鱼类在扩大摆尾时创建的涡环与推力的产生有关，从海豚身体或者其他附体脱落的

涡，被用作推进、操纵控制时的动力[6]。斯图诺哈尔数（St）是描述摆尾运动的重要指标，当 St 处于 0.2~0.4 的范围内时，摆尾脱落下的涡最完整，推进效率最高。大自然总是给动物最高的推进效率，海洋生物在水中游泳时的 St 处于这一高效率区间内。同时，对于鱼类摆尾时的减阻也与 St 有关，观测到阻力减小明显的摆尾运动，St 也都处于 0.2~0.4 之间[7]。

本研究主要对宽吻海豚模型进行摆尾研究，对不同斯图诺哈尔数（St）情况下的推力进行了定量分析，总结了海豚的受力状态与 St 之间的关系。此外，通过对海豚尾流场的定性研究总结了不同 St 下其尾流场涡街分布的情况。还讨论了斯图诺哈尔数对海豚尾涡的影响，以及推力的生成，涡的形成与 St 之间的关系。

2 计算模型

为了建立海豚的模型，Oossanen 对在佛罗里达群岛墨西哥海湾捕获的一只成年雌性宽吻海豚进行了精确测量，并得到了海豚的型线图。此后，我们根据该型线图建立了海豚的三维模型，如图1，1：1 海豚模型总长 2.32m，总体积 100.7L，最大横向宽度 0.372m，没有胸鳍的总湿表面积为 1.76m2。海豚模型如图 1 所示，网格划分如图 2 所示。

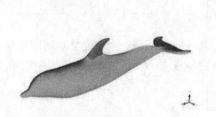 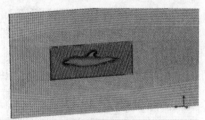

图 1　海豚模型　　　　　　　　图 2　网格模型

3 海豚模型摆尾运动函数

海豚总体长约为 2.32m，大摆幅（摆幅A约为海豚体长的15%），从水平方向距头部1.41m处开始沿垂向做主动变形运动，而小摆幅（摆幅A约为海豚体长的10%）则从水平方向距头部1.6m处沿垂向做自主变形运动，如以下公式：

$$dz=(ax2+bx)\sin(wt);$$

其中，a=0.1487，b=0.0758；t为运动时间；w=2πf，与摆动频率f有关。摆尾随时间变化如图3所示。

图3　摆尾随时间变化，a 为大摆幅，b 为小摆幅

选取以下六种工况以保证其有不同的斯图诺哈尔数来作对比。海豚的数值模拟计算的主要工况如表 1 所示。

表1　数值模拟工况

Case	A/m	F/Hz	U/(m/s)	St
L1	0.232	1	0.75	0.309
L2	0.232	1	1.5	0.155
L3	0.232	2	0.75	0.619
H1	0.3712	1	0.75	0.495
H2	0.3712	1	1.5	0.247
H3	0.3712	2	0.75	0.990

本次计算运用 FLUENT 求解器，采用 RNG k-ε 湍流模型；选用双精度求解器，以提高计算精度；利用编写好的 UDF 程序控制海豚尾部的摆动；压力和速度的求解方法采用 SIMPLEC 算法。

4　数值模拟结果与分析

4.1　流动特性分析

如图 4 所示，当海豚做摆尾运动时身后会产生反卡门涡街。海豚摆尾时，从平衡位置依次到最高点、最低点，再回到平衡位置为一个周期。海豚在一个周期内会脱落两个涡，当摆尾到最高点和最低点时，会各脱落一个涡，当涡完全脱落后会形成一个涡环。图 4 为海豚摆尾到最低点时脱落的涡。

图4 St=0.309，t=3.75s 时，海豚的三维尾涡结构

4.2 推力特性分析

由于海豚摆尾时产生的周期性震荡，产生的推力也呈周期性正弦变化，其中负值为推力。如图5大频率的摆尾会产生更大的推力；在同样频率下，速度低的摆尾运动会有更大的推力，主要是因为在低速时阻力有减小值。一个动物游泳运动的特征可以通过斯图诺哈尔数来描述，St=Af/u∞，f为摆动的频率，A为摆尾时的峰-峰幅值（从摆尾运动达到的最高点到摆尾运动达到的最低点的距离），u∞为水的来流速度。St过小时不能产生足够的推力；St在0.2~0.4范围内时，产生的推力与阻力基本平衡；St继续增大时，会产生更大的推力。当来流速度大而摆频达不到与之匹配的值时，则不能产生推力。以上六种工况分别有不同的St，分析推力曲线可以发现，当海豚尾部的摆频与速度相匹配时，即游动时的St处于0.2~0.4的区间内时，海豚摆尾所产生的推力正好可抵消所受到的阻力。

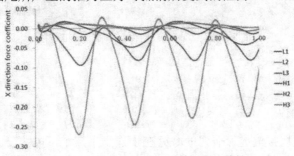

图5 六种工况的推力随时间变化特性

为了验证St在0.2~0.4的区间内推力阻力能相互抵消，我们按照图6另外选取4种雷诺数不相同而St相同且均等于0.309的工况进行计算，频率与速度呈线性变化。得到的推力结果如图7所示，此时所有合力系数均在0附近作周期性正弦变化。这说明不管雷诺数的变化如何，只要所取得的速度与摆频匹配，即St在0.2~0.4范围内，则摆尾所产生的推力可抵消海

豚所受到的阻力。

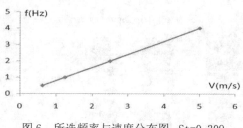

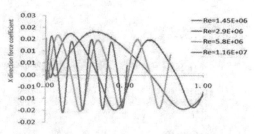

图 6　所选频率与速度分布图，St=0.309　　　图 7　雷诺数不同，St=0.309 时的合力系数随时间变化

4.3 St 对尾涡特性影响分析

　　海豚的整个流域中纵剖面的瞬时速度分布图如图8所示。海豚尾部这种上下拍打的摆尾运动产生了交替变化的涡旋，图8突出了不同St时涡场之间的区别。当St在0.2~0.4范围内可产生规律的涡街，而如果St不在0.2~0.4的范围内则会使尾涡脱落不彻底，杂糅在一起，从而影响推进效率。可以看出当St在0.2~0.4范围内时，涡与涡之间的黏连较少，涡环越完整，说明脱落得越彻底，涡跟涡之间的作用力越小，则推进效率越高。包括海豚和鱼类在内的许多动物都用这种特定方式游泳，以达到较高的效率。一般来说，海豚摆尾的摆幅A是由自身形态决定的，在运动中基本不变；当要加速时主要靠增大摆频来实现。海豚产生大的推力时需要有大的St，则在某一瞬间加速时就需要有大的St，就要牺牲推进效率来获得更大的推力。

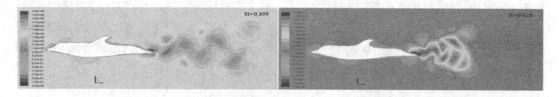

图 8　摆尾到最低点时中纵剖面速度云图

5　结论

　　用CFD对海豚摆尾推进进行研究的好处在于建立了一个可控的研究环境，摆脱了野生环境的难掌控性，还提供了研究环境的详细信息。对于计算有变形的海洋生物来说，UDF动网格技术已经显示出极大的优势。对高速海洋生物的研究，大多以海豚为例，其尾部的摆动几乎产生所有的推力。本研究显示，当海豚的尾部作震荡运动时会产生交替出现的涡。推力会随着海豚摆尾运动频率的增加而增加。St在0.2~0.4区间内，尾涡脱落完整且推力与阻力基本平衡。

参 考 文 献

1 Fish F E,Rohr J J.Review of Dolphin Hydrodynamics and Swimming   Performance.M.92152-5001.San Diego,California: TECHNICAL REPORT 1801,1999.

2 吴哲,张志国,李宝仁,等.海豚水动力特性分析关键技术研究和展望.C.仿生水动力学技术研讨会.2013.

3 Raymond C.Z. Cohen , Paul W. Cleary , Bruce R. Mason. Simulations of dolphin   kick   swimming   using smoothed particle hydrodynamics.J. Human Movement Science 31 (2012) 604－619.

4 David Barrett Mark Grosenbaugh Michael Triantafyllou. The Optimal Control of a Flexible   Hull   Robotic Undersea Vehicle Propelled by an Oscillating Foil.C.IEEE.1996.

5 Frank E. Fish,   Laurens E. Howle and Mark M. Murray. Hydrodynamic flow control in   marine mammals.J.Integrative and Comparative Biology, vol48(6) pp. 788－800.

6 L.Schouveiler,F. S. Hover and M. S. Triantafyllou. Performance of flapping foil   propulsion.J.Fluids   and Structures,vol.20,pp.949-959,2005.

7 R.C.Z. Cohen and P.W. Cleary.Computational studies of the locomotion of dolphins and sharks using Smoothed Particle Hydrodynamics.C.6th World Congress of Biomechanics.August,2010.Singapore.

Numerical simulation of dolphin kick kinematics

YUAN Ye，WU Zhe，BI Xiao-bo，ZHANG Zhi-guo，FENG Da-kui

（Shool of Naval Architecture and Ocean Engineering,Huazhong University ofScience and Technology,Wuhan,430074.Email:yuanye@hust.edu.cn）

Abstract: For a long time,dolphin has always been considered as a swimmer with extremely high thrust efficiency and minimum resistance,the kick kinematics during the process of its own swimming can provides itself enough thrust.After a long period of research scientists found that kick kinematics of fish has a close relationship with Strouhal number(St),and it can effectively swim in a small range of St.Also,St has an important effect on the formation of tail vortex of fish.In this paper, on the basis of dolphin kick analyzed the movement and hydrodynamic characteristics in the progress of dolphin kick,using the FLUENT software solver and UDF dynamic grid technique.What's more,we analyzes the tailing vortex and thrust of dolphin, and discussed the influence of St on the tailing votex.In the mean time,we find the relationship among the generationg of thrust, formation of vortex and St.

Key words: Dolphin kick kinematics;Numerical simulation;Dynamic grid;Strouhal number ;Tailing vortex

机翼辐射噪声数值模拟研究

翟树成，熊紫英

（1. 中国船舶科学研究中心 船舶振动噪声重点实验室，无锡 214082；2. 江苏省绿色船舶技术重点实验室，无锡 214082，zsc_cssrc@163.com）

摘要： 本研究采用大涡模拟和声学类比方程相结合的方法对二维翼型的辐射噪声问题进行了模拟。首先研究了网格对翼型辐射噪声的影响，分析了不同网格数量时辐射噪声的幅值以及频率的变化规律，给出了模拟机翼辐射噪声问题的网格划分参数。机翼辐射噪声的主要噪声源为表面湍流脉动压力，因此本研究还分析了翼表面湍流脉动压力与辐射噪声的相关关系，分析表明机翼表面的大尺度流动结构引发的湍流脉动压力和辐射噪声相关性较高，而小尺度流动结构引发的湍流脉动压力和辐射噪声的相关性稍低。

关键词： 二维翼型；数值计算；随边噪声

1 引言

低辐射噪声的翼型剖面在许多工程应用中有着重要的意义，比如风力发电叶片、潜艇螺旋桨和大型飞机，研究二维机翼的噪声可以为研究这些复杂流动噪声提供基础[1]。

目前国际上有许多学者采用 LES 方法进行声源模拟，再采用声学类比方法计算噪声问题[2-3]。Wang Meng[4]采用 LES 方法对非对称翼开展了数值研究，建立了随边空气动力噪声的数值预报方法，并对噪声源的产生机理提供了一些数值计算基础。Chuichi Arakawa[5]采用 Large-eddy simulation 结合 FW-H 方法研究了风力发电机叶片叶稍的辐射噪声，比较了不同翼稍形状辐射声的大小，研究表明在高频部分圆形翼稍声压级更小。国内中国船舶科学研究中心的张楠[6]采用 LES 方法结合 Ffowcs Williams and Hawkings 声学类比方程研究了不同长深比的三维孔腔模型声辐射，计算结果与试验结果比较表明，总声级的计算结果与试验结果的误差绝对值约为 1～7dB。天津大学的耿冬寒等[7]采用大涡模拟、Lighthill 等效声源的方法对孔腔水动力噪声进行了预数值计算，考察了孔腔算例频域内噪声的辐射特性，基频值的预测结果与文献基本一致。翟树成等[8]采用大涡模拟方法和 FW-H 方程相结合的方法研究了二维翼型不同雷诺数时的辐射噪声，并比较了不同攻角时的翼型噪声辐射规律。

本研究采用大涡模拟的方法结合声学类比方程对二维机翼的空气动力辐射噪声进行了数值模拟，获得机翼的不同工作参数下的噪声辐射结果，并与试验结果进行对比验证，表明本研究的数值计算方法在研究噪声辐射方面的可行性，为进一步研究噪声辐射机理提供基础。

2 数值方法

2.1 大涡模拟方法

本研究采用大涡模拟方法来进行声源模拟，大涡模拟方程如下：

$$\frac{\partial p}{\partial t} + \frac{\partial}{\partial x_i}\left(\rho \overline{u_i}\right) = 0 \tag{1}$$

$$\frac{\partial}{\partial t}\left(\rho \overline{u_i}\right) + \frac{\partial}{\partial x_j}\left(\rho \overline{u_i u_j}\right) = \frac{\partial}{\partial x_j}\left(\mu \frac{\partial \overline{\sigma_{ij}}}{\partial x_j}\right) - \frac{\partial \overline{p}}{\partial x_i} - \frac{\partial \tau_{ij}}{\partial x_j} \tag{2}$$

式中，σ_{ij} 为分子黏性引起的应力张量；τ_{ij} 为亚格子应力。

采用Smagorinsky提出的亚格子应力模型来模拟机翼周围流场，获得湍流流动噪声源用于机翼辐射噪声计算。

2.2 声学类比方法

在本研究中，采用描述空气动力学噪声的产生和传播的基本方程 Lighthill[9]声学类比方程作为控制方程，描述如下：

$$\nabla^2 p - \frac{1}{c^2}\frac{\partial^2 p}{\partial t^2} = -\frac{\partial^2 \rho v_i v_j}{\partial y_i \partial y_j} \tag{3}$$

式中，ρ 是流体密度，(v_1, v_2, v_3) 是速度矢量，c 是静流体中的声速；p 是流体中的等方向性压力。

Ffowcs-Williams 和 Hall 导出了此方程关于刚性及无限薄半平面浸没在无界流体中的解。通过运用半平面 Green 函数，Ffowcs-Williams 和 Hall 导出了频域上的远场压力脉动的表达式。并通过假设源场的展向长度是声紧致的（展向长度远小于波长，$z_0 << \lambda_a$），简化噪声计算得到声压脉动表达式：

$$\hat{p}_a(\vec{x}, \omega) \approx \frac{\exp[i(k|\vec{x}| - \pi/4)]}{2^{\frac{5}{2}}\pi^{\frac{3}{2}}|\vec{x}|}(k\sin\varphi)^{\frac{1}{2}}\sin\frac{\theta}{2}\hat{S}(\omega) \tag{4}$$

$$S(t) = \int_V \frac{\rho_\infty}{r_0^{\frac{3}{2}}}\left\{(u_\theta^2 - u_r^2)\sin\frac{\theta_0}{2} - 2u_r u_\theta \cos\frac{\theta_0}{2}\right\}d^3\vec{y} \tag{5}$$

式（4）需处理一个单个的紧致声源项 S(t)，而这一项很容易从 LES 获得的源场结果中获得。

为了计算公式（4）和（5）中的声源项，在整个计算网格上的速度分量 u_θ 和 u_r 必须通过 LES 数值计算获得。

3 结果分析

3.1 脉动压力分析

本文模拟的对象为二维 NACA0012 翼型，脉动压力监测点，1#点位于最大厚度处。2#点和3#点位于 0.56 倍的弦长和 0.85 倍弦长。坐标原点位于翼鼻端（图1）。

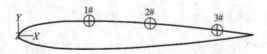

图 1 Naca0012 翼

首先验证了翼型阻力计算结果，将 CFD 计算结果与经验公式结果进行了比较，如表1，随着网格数的增加，计算结果趋近于经验公式结果。阻力系数：$Cd = F/0.5\rho V^2 L$，其中 L 为翼型弦长，304.8mm，V 为来流速度，39.6m/s，ρ 为空气密度，1.25kg/m³。

表 1 阻力系数计算值与经验值比较

阻力系数	经验公式	0.03M	0.12M	0.44M	1.5M
Cd×10³	1.59	1.788	1.725	1.697	1.667

采用 5 套网格来分析脉动压力信号及噪声信号随网格数的变化规律，网格呈 4 倍关系递增，网格数如表2所示，图2展示了随边网格增倍示意图。

表 2 不同网格数

No.1	No.2	No.3	No.4	No.5
0.03M	0.12M	0.44M	1.5M	6.0M

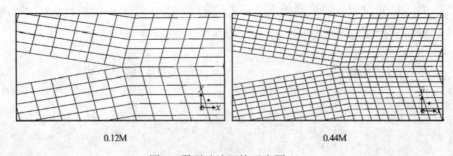

0.12M   0.44M

图 2 翼型随边网格示意图

比较了不同网格数时不同位置的脉动压力随时间的变化。不同位置的脉动压力幅值随着网格数的增加差异较大，如 1#位置 0.03M 网格的脉动压力幅值约为 16Pa，而 0.44M 时脉动压力幅值约为34Pa，相差约一倍。分析原因可能是不同网格数所能分辨的空间尺度不一样，所能识别的空间相干结构的尺度也各不相同，不同相干结构所能激发的脉动压力幅值以及代表的频率段也不一样，因此造成脉动压力结果的差异性。随着网格数目的逐渐增加，不同尺度湍流相干结构均能够模拟获得，此时脉动压力信号才会趋于稳定。比较 1.5M 和 6M 网格时不同监测点的脉动压力信号可以发现，两者的信号特征已经比较接近。

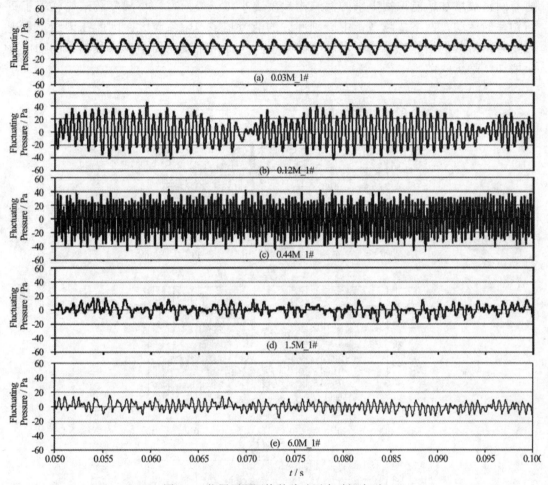

图 3   1#位置不同网格数脉动压力时间序列

本研究采用脉动压力级来处理脉动压力信号，脉动压力级定义为：

$$La(f) = 20\log 10\left(\frac{p(f)}{p_{ref}}\right) \tag{6}$$

式中：$La(f)$ 为脉动压力级，dB；$p(f)$ 为频率 f 时的脉动压力，Pa；p_{ref} 为脉动压力参考值，等于 2×10^{-5} Pa。

图 4 为不同位置脉动压力信号随网格数变化频谱图,从图 4 可以看到在 1#点位置，仅 0.03M 结果与其他结果差异较大，在其他网格数量下，谱线 1kHz 以上结果谱线较接

近。2#位置处，网格数达到 1.5M 时，1kHz 以上结果的谱线逐渐收敛，1.5M 结果与 0.44M 以及 0.12M 相比，在 1kHz 以上均有 10dB 以上的差别。3#位置处，随着网格数的增加，谱线在中高频部分逐渐收敛。在 2#位置处 1.5M 和 6.0M 结果有明显的主峰和次峰出现，表明在翼型尾缘边界层中产生了明显的涡结构。在 3#点位置，边界层已经充分发展，随着网格数增加所能识别出来的涡结构尺度更小，一般而言，小尺度涡结构代表了更高频率的运动，网格数越多，中高频部分的能量越多，幅值越大。因此在谱线上表现为随着网格数的增加，中低频段部分的幅值几乎保持不变，而中高频段部分的幅值不断增加，趋于收敛。

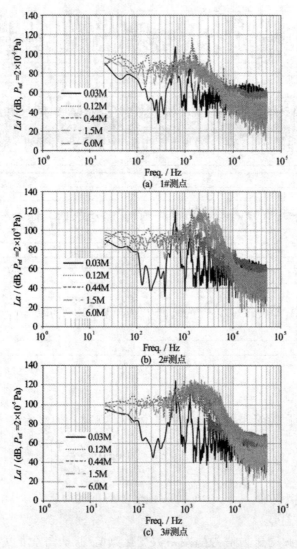

图6　1#、2#、3#位置脉动压力随网格数变化谱线

3.2 噪声辐射

本文采用 FW-H 声学类比方程预报了翼型的辐射噪声，噪声接收点如图 7 所示，在翼型尾缘垂直上方 1.22m 处设置一声接收点，监测翼型噪声水平。

图 7 为不同网格数时翼型辐射噪声的比较。不同网格数计算获得的噪声峰值较为接近大约在 1kHz 处，与试验结果相比峰值频率稍高[9]。随着网格数的增加，翼型辐射噪声在 1kHz 以下频段变化幅值较小，而在 1kHz 以上频段内，噪声幅值不断增加。通过与试验比较可知，计算结果比试验结果幅值稍低。根据湍流能谱的统计认识，一般认为小尺度流动结构与中高频率相关。因此当网格数增加时，所能识别的小尺度流动结构更多，中高频噪声贡献量也越大，因此在翼型辐射噪声中高频段幅值有所增加，符合一般规律。通过谱线可以观察到，当网格数增加 4 倍时所能识别的流动结构的尺度缩小一倍，1.5M 时 3kHz 计算值与试验结果相差约 4dB；当网格增加至 6.0M 时，3kHz 计算值与试验值相差约 1dB。而高频段部分增加较小，如在 5kHz 时 1.5M 网格时噪声幅值与试验值相差约 12dB；当网格增加至 6.0M 时与试验相差约 7dB，相差依然较大。可以看到当网格数加倍时，计算值与试验值趋于接近，但计算耗时也成倍增加，因此若需要准确预报中高频段辐射噪声，则需要较高的计算代价。

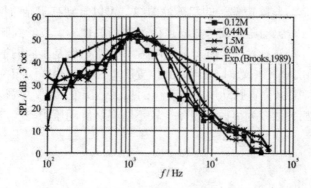

图 7 不同网格数时翼型辐射噪声比较

3.3 噪声与脉动压力的相关性分析

翼型噪声源主要为固壁表面脉动压力，若能识别固壁表面脉动压力对辐射噪声的贡献量，则可以通过有选择的控制壁面脉动压力来控制辐射噪声。因此分析了 1#、2#、3#位置脉动压力信号与噪声的关系。声压信号与脉动压力信号的相关性采用相关系数表达：

$$R(\tau)=\frac{\overline{p'_{pressure}(x,t)\times p_{acoustic}(x,t+\tau)}}{p'_{pressure}(x,t)\times p'_{pressure}(x,t)^{1/2}\times p_{acoustic}(x,t+\tau)\times p_{acoustic}(x,t+\tau)^{1/2}} \quad (7)$$

其中：$R(\tau)$ 为相关系数；τ 为时间延迟；$p'_{pressure}(x,t)$ 为脉动压力信号，$p_{acoustic}(x,t+\tau)$ 为声压信号。

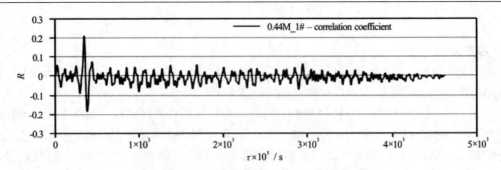

图 8　脉动压力信号与接收点噪声信号的相关性

表 3　脉动压力信号和辐射噪声最大相关系数

maxR　位置　网格数	1#	2#	3#
0.03M	**0.74**	**0.57**	**0.58**
0.12M	0.20	0.20	**0.32**
0.44M	0.21	**0.36**	0.26
1.5M	**0.67**	0.13	0.18
6M	**0.76**	0.17	**0.48**

　　图 8 为脉动压力信号与噪声信号的相关性曲线，可以看到有明显的相关峰出现。表 3 为不同位置不同网格数时脉动压力信号与噪声信号的相关性。可以看到脉动压力与噪声之间存在一定的相关性，相关系数大于 0.3 以上的占了 57%，但是不同网格数时不同位置的相关性有所差异，如 6.0M 网格数时，1#和 3#位置脉动压力与噪声的相关性较高，2#位置相关性稍低，而 1.5M 时，3#位置脉动压力与噪声的相关性降低。本文中翼表面监测点较少，通过表 1 可以看到，相关性较为离散，规律性较不明显，脉动压力与噪声的相关性还需要进一步研究。

4　结论

　　采用大涡模拟方法获得了 NACA0012 翼型流场信息，对脉动压力信号开展了网格收敛性分析。基于大涡模拟方法获得的脉动压力声源信息，并通过声学类比方法 FW-H 方程获得翼型的噪声信息，并且比较了噪声信号与脉动压力信号的相关性，通过本研究获得了以下几点结论：①对翼型表面的脉动压力进行了网格收敛性分析，分析表明网格数增加时所能识别的网格尺度越小，中高频段的脉动压力幅值增加，并逐渐收敛。②采用声学类比方法计算获得的翼型的辐射噪声，翼型辐射噪声谱线峰值频率约为 1kHz，稍高于试验值。随着网格数的增加，中高频噪声幅值逐渐增加，并接近试验值。③本文分析了脉动压力与辐射噪声的相关性，研究表明脉动压力与辐射噪声之间存在一定的相关性，但不同位置的脉动压力与噪声之间的相关性的规律性还需要进一步研究。

参 考 文 献

1   Morse P, Ingard K. Theoretical acoustics[M], Princeton University Press, 1968, 3-21.

2   Sandberg R. D., Jones L. E. and Sandham N. D. Direct numerical simulations of noise generated by turbulent flow over airfoils[C]. 14th AIAA/CEAS Aeroacoustics Conference (29th AIAA Aeroacoustics Conference) Vancouver, British Columbia Canada, May, 2008, 5-7.

3   Wang M. and Moin P. Computation of trailing-edge flow and noise using Large-Eddy Simulation [J]. AIAA Journal, 2000, Vol. 38, No. 12, 100-121.

4   Meng Wang. Computation of trailing-edge noise at low Mach number using LES and acoustic analogy[J]. Center for turbulence research annual research briefs, 1998,91-106.

5   Chui Arakawa, Oliver Fleig, Makoto Iida and Masakazu Shimooka. Numerical approach for noise reduction of wind turbine blade tip with earth simulator[J]. Journal of the earth simulator, Volume2, March 2005,11-33.

6   张楠. 孔腔流动和流激噪声机理及耦合计算方法研究[C]. 中国船舶科学研究中心学位论文，2010, 101-113.

7   耿冬寒，刘正先. 大涡模拟Lighthill 等效声源法的空腔水动噪声预测[J]，哈尔滨工程大学学报，2010, Vol.31, No.2, 20-27.

8   翟树成,刘登成,刘竹青. 翼型参数变化对其辐射噪声影响的数值分析研究[C]. 第二十五届全国水动力学研讨会, 2013.

9   Lighthill, M. J. sound generated aerodynamically. Part I. General Theory[C]. Proc. R.Soc. London Ser. A, 1952. 564-587.

10 Brooks T F. and Schlinker R H. Progress in Rotor Broadband Noise Research[M]. Vertica, vol. 7, No. 4, 1983, 287-307.

The numerical simulation of foil acoustic radiation

ZHAI Shu-cheng, XIONG Zi-ying

(1. China Ship Scientific Research Center, National Key Laboratory on Ship Vibration & Noise, Wuxi 214082, China; 2. Jiangsu Key Laboratory of Green Ship Technology, Wuxi 214082, China, zsc_cssrc@163.com)

Abstract: In this paper, the large eddy simulation combined with FW-H noise analogy function was used to analysis the foil acoustic. First, the mesh number influence was made and the change rules of radiation acoustic amplitude and frequency were analyzed by different cells. The main acoustic source was the foil surface fluctuate pressure and the relationship between fluctuate pressure and the radiation acoustic was also investigated. The result shown that the fluctuate pressure induced by large scale flow structure was higher related with radiation acoustic than small flow structure.

Key words: two dimensional foil, acoustic simulation, trailing edge acoustic

翼型体湍流脉动压力及其波数-频率谱的大涡模拟计算分析研究

张晓龙，张楠，吴宝山

(中国船舶科学研究中心，无锡，214082，Email: xlz_zhang@163.com)

摘要： 壁面湍流脉动压力是重要的流噪声声源，对壁面湍流脉动压力及其波数—频率谱进行数值计算是流声耦合领域的重要课题。本研究在已有工作的基础上，采用大涡模拟方法（LES）结合动态亚格子涡模型（DSL）与千万量级的精细网格，对翼型体壁面湍流脉动压力及其波数—频率谱进行了数值计算与分析。首先，介绍了大涡模拟基本方法，包括：大涡模拟的物理内涵、基本方程以及所采用亚格子涡模型的表达式。其次，介绍了湍流脉动压力波数—频率谱及其计算与分析方法。再次，对翼型体的湍流脉动压力及其波数—频率谱进行了计算，并将计算结果进行了详细分析，深入讨论了纵向逆压梯度对湍流脉动压力及其波数—频率谱的影响。为壁面湍流脉动压力及其波数-频率谱进一步的研究工作打下了基础。

关键词： 翼型体；湍流脉动压力；波数-频率谱；纵向逆压梯度；大涡模拟

1 引言

壁面湍流脉动压力是湍流非定常特性的重要表征，同时也是流激噪声的重要来源，因此，其在流体诱发振动与噪声的许多工程应用问题中都备受关注。

目前，湍流脉动压力及其波数-频率谱的研究主要还是基于试验测量，通过对湍流脉动压力测量数据进行处理和分析，达到对脉动压力定性与定量分析的目的。其研究关注重点是脉动压力的谱型、幅值及变化规律，特别是关注湍流脉动压力波数—频率谱的特性。人们研究湍流脉动压力及其波数—频率谱的目的主要在于了解湍流结构的时空关联特性以及为流激结构振动声辐射提供输入。

就湍流脉动压力的分析方法而言，自 20 世纪中叶 Corcos[1-2]基于 Fourier 变换得到最早的波数—频率谱模型以来，湍流脉动压力主要分析手段一直都是基于 Fourier 变换。Fourier 变换物理概念清晰，简便易行，便于理解，仍是研究湍流脉动压力的主要分析手段。

简言之，目前对于湍流脉动压力，尤其是其波数—频率谱的大量研究主要是以试验测量和 Fourier 分析为主要手段。

Abraham 和 Keith [3]在消音水洞中，通过在流向等间距布置 48 个传感器，测得了壁面湍流脉动压力流向的波数-频率谱，其使用的传感器阵列具有较高的分辨率，从而保证了波数—频率谱"迁移脊"和部分低波数区域的测量准确度。

Cipolla 和 Keith[4]在前人工作的基础上，研究了逆压梯度和顺压梯度对湍流脉动压力自功率谱及波数-频率谱的影响。之后，Cipolla 和 Keith [5]又在庞多雷湖（Lake Pend Oreille）中进行圆柱表面拖曳阵上的湍流脉动压力测试，并得到了相应的波数-频率谱、自功率谱和迁移速度等。Bonness]等[6 基于湍流脉动压力激发的圆柱管道振动数据，对低波数区域充分发展的管道湍流边界层脉动压力进行了测量，并基于试验测量结果对几种常用波数—频率谱模型进行了比较分析。结果表明，Corcos 模型预报结果偏大，波数-频率谱测量值介于 Smol'yakov 模型和 Chase 模型之间。

此外，随着数值模拟方法的逐渐成熟和计算水平的提高，人们也开始对湍流脉动压力进行数值模拟计算研究。

Manoha [7]等采用大涡模拟方法，对厚平板钝后缘的非稳态流场的脉动压力进行了计算，并对尾缘壁面脉动压力进行了分析，其幅值、频率以及流向的演化均与钝后缘翼型的测量结果吻合很好。

Meng Wang[8-10]等应用 LES 方法对有拱度薄板机翼低速情况下的脉动压力及辐射噪声进行了计算。计算得到机翼表面导边区域压力场的频谱和展向相关性均与试验吻合较好，但低频域附近较差。其引入的有限弦长修正虽然比较小，但能进一步提高准确度。

Jean-François 和 Klaus [11]用 DES 对后台阶流动的脉动压力进行了计算，计算得到的脉动压力主频率与试验吻合很好，功率谱与经验模型一致。

张 楠等 [12-16]通过 LES 结合 FW-H 声学类比方法，计算了两类孔穴的流激噪声问题以及五种不同尺寸的方形孔腔在水中的流动特征及流激噪声。还基于 LES 和 Kirchhoff 积分，对孔腔流动的发声机理进行了分析。另外，利用大涡模拟计算了 SUBOFF 主、附体的表面压力分布，并对平板及水下航行体几个离散点的脉动压力进行了计算，计算结果与试验结果十分吻合，具有较高精度。

张晓龙等[17]采用大涡模拟方法（LES）结合四种亚格子涡模型与四套网格，对平壁面湍流脉动压力进行了数值计算，分析了涡旋结构与近壁面流速分布，研究了亚格子涡模型与网格数量对湍流脉动压力计算结果的影响，并与试验结果进行了定量与定性的比较分析，详细讨论了平壁面湍流脉动压力频谱计算值与试验值之间的差异。同时，验证了数值计算方法的可靠性。

其后，张晓龙等 [18]在已有工作[17]的基础上，采用大涡模拟方法（LES）结合动态亚格子涡模型（DSL）及千万量级的精细网格，对平板壁面湍流脉动压力及其波数-频率谱进行了数值计算，并与 Abraham 试验结果进行了定量与定性的对比验证分析。结果表明，计算结果与试验结果吻合良好，计算方法合理。这从湍流脉动压力尤其是湍流脉动压力波数-频率谱的角度进一步验证了数值计算方法的可靠性，为今后复杂几何模型壁面湍流脉动压力及其波数-频率谱的计算研究工作奠定了基础。同时需要指出，上述工作主要还是局限于在传感器阵列沿流向布置时，对平板湍流脉动压力波数-频率谱进行计算分析研究。对于更复杂流动条件影响下(如：传感器阵列处于逆压梯度区时或自由来流方向与传感器阵列呈一定角度时)的湍流脉动压力及其波数—频率谱特性，有待于开展进一步的研究分析。

总的来看，一方面，湍流脉动压力及其波数—-频率谱的研究主要还是以试验测试为主，并且限于采用沿流向布置的传感器线阵，对平板湍流脉动压力及其波数-频率谱进行测量。考虑逆压梯度情况下湍流脉动压力及其波数—频率谱的测量以及基于传感器面阵对湍流脉动压力及其波数—频率谱进行测量的试验研究均属罕见；另一方面，随数值计算方法的日趋成熟和计算能力的提高，有学者开展单点湍流脉动压力的数值计算研究。尤其是近来，也有学者开始开展基于监测点阵列的、多点湍流脉动压力及其波数-频率谱的计算与验证分析研究。但是，如前所述，多点湍流脉动压力及其波数-频率谱的计算研究主要还是局限于平板湍流脉动压力等简单流动情况，对传感器阵列处于逆压梯度区时或自由来流方向与传感器阵列呈一定角度时等复杂流动情况，有待于开展进一步的研究。鉴于此，本文将在已有工作的基础上[17-18]，基于大涡模拟方法，对翼型体尾部纵向逆压梯度影响下的壁面湍流脉动压力及其波数-频率谱展开数值计算分析研究。

2 计算方法

2.1 大涡模拟方法

大涡模拟（LES）的主要思想是：将湍流分解为可解尺度湍流运动（包含大尺度脉动）和不可解尺度湍流运动（包含所有小尺度脉动），并且认为，大尺度运动几乎包含所有的能量，而小尺度运动主要起能量耗散作用，几乎不受流场边界形状或平均运动的影响，近似认为是各向同性的。然后，小尺度运动对大尺度运动的作用通过建立模型（即亚格子涡模型）来实现，从而使运动方程封闭。对可解尺度运动则直接进行数值求解。

物理空间的滤波过程可表示如下：

$$\overline{\phi}(x) = \int_D \phi(\xi)G(x,\xi)\mathrm{d}\xi \tag{1}$$

式中，$\overline{\phi}(x)$ 为滤波后的函数；D 为滤波空间；$G(x)$ 为滤波函数（也可称作滤波器）；上述滤波过程可以选用不同的滤波函数（滤波器），本研究采用网格体积滤波。

滤波后的控制方程（连续方程和 N-S 方程）为：

$$\frac{\partial \rho}{\partial t} + \frac{\partial \rho \overline{u}_i}{\partial x_i} = 0$$

$$\frac{\partial \rho \overline{u}_i}{\partial t} + \frac{\partial \rho \overline{u}_i \overline{u}_j}{\partial x_j} = \frac{\partial}{\partial x_j}(\mu \frac{\partial \sigma_{ij}}{\partial x_j}) - \frac{\partial \overline{p}}{\partial x_i} - \frac{\partial \tau_{ij}}{\partial x_j} \qquad (2)$$

式中，σ_{ij} 为分子黏性引起的应力张量，τ_{ij} 为亚格子应力张量，$\tau_{ij} = \rho \overline{u_i u_j} - \rho \overline{u}_i \overline{u}_j$，需要用亚格子涡模型进行模拟。本文采用 DSL 亚格子涡模型进行计算，该模型由 Germano[19] 提出，后来，Lilly[20]应用最小二乘法又对其作了改进。它通过局部计算涡黏性系数来尽可能地反映实际流动情况，通过对最小可解尺度的信息进行采样，然后利用这些信息来模拟亚格子尺度应力。

2.2 湍流脉动压力波数-频率谱及其计算分析方法

目前湍流脉动压力的分析主要还是采用傅里叶分析来实现时间-空间和波数-频率域之间的转换，进而能够在波数-频率域内研究湍流脉动信号的统计特性。湍流脉动压力波数-频率谱定义为湍流脉动压力时-空信号的相关函数在时间和空间内的傅里叶变换，数学表达式为：

$$\Phi(\vec{k}, \omega) = \int_{-\infty}^{+\infty} R(\vec{\xi}, \tau) e^{-i(\vec{k} \cdot \vec{\xi} + \omega \tau)} d\vec{\xi} d\tau \qquad (3)$$

在实际中，通常通过对湍流脉动压力离散时空信号进行快速傅里叶变换（FFT），然后对其幅值的平方进行系综平均得到湍流脉动压力的波数-频率谱[3]。此时，湍流脉动压力波数-频率谱表达式如下：

$$\Phi_m(k_x, \omega) = \frac{\left\langle \left| \sum_{n=1}^{N} \sum_{m=1}^{M} W(x_m, t_n) p_m(x_m, t_n) e^{-i(k_x x_m + \omega t_n)} \Delta x \Delta t \right|^2 \right\rangle}{(2\pi)^2 NMC_w} \qquad (4)$$

式中，符号 $\langle \rangle$ 代表期望值；p_m 表示第 m 个传感器测得的脉动压力；N 为时间结点数，M 为传感器个数，Δx 为传感器间距，Δt 为时间步长，

$$x_m = (m-1)\Delta x, \; t_n = (n-1)\Delta t, \; W(x_m, t_n) = W_x(x_m)W_t(t_n) \qquad (5)$$

$W_t(t_n)$ 和 $W_x(x_m)$ 均为窗函数，本研究采用汉宁窗（Hanning window），

$$C_w = \frac{\sum_{n=1}^{N} \sum_{m=1}^{M} W^2(x_m, t_n)}{NM} \qquad (6)$$

则为窗常数。

2.3 计算模型、网格及数值方法

计算模型如图 1 所示，计算采用 NACA0015 翼型，翼型体尺度与 Abraham 湍流脉动压力测量试验中的试验段尺度相当，弦长取为 L_c=2.10m，翼展 a=0.3048m，监测点阵列由 48 个等间距布置的监测点组成，监测点阵列起始点距导边距离 x_0=1.63m。根据以往研究可知，传感器位置会存在逆压梯度影响，但不会有明显的流动分离[21]。三个工况下自由来流速度分别为 U_0=3.1m/s，4.6m/s 和 6.1m/s，与 Abraham 脉动压力测量试验一致，翼型体攻角为 0°，起始监测点处对应的局部雷诺数分别为 Re=4.47×10^6，6.70×10^6 和 1.02×10^7。

本节采用三维模型计算，计算区域为翼型板导边向前三倍弦长 $3L_c$，随边向后五倍弦长 $5L_c$，外边界距翼型板表面约三倍弦长 $3L_c$；计算域采用结构化网格，网格剖分形式采用 C-H 型，网格数量 1000 万，计算区域网格如图 2 所示。

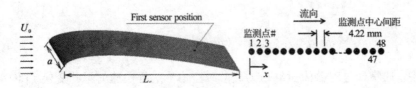

图 1 翼型体及监测点阵列布置示意图

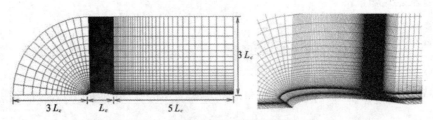

图 2 翼型体计算区域网格划分

边界条件设为速度入口、压力出口以及无滑移壁面边界条件；时间项采用二阶隐式格式离散，动量方程采用限界中心差分格式离散，压力速度耦合采用 SIMPLE 算法。计算时间步长 $\Delta t = 10^{-4} s$，壁面 y+$\approx$1。

3 计算结果与分析

3.1 翼型体脉动压力计算结果与分析

图 3 给出了测点 1 在不同速度下翼型体和平板的自功率谱计算结果，以便于进行比较分析（图中字母 Foil Cal 表示翼型体计算结果，下同）。

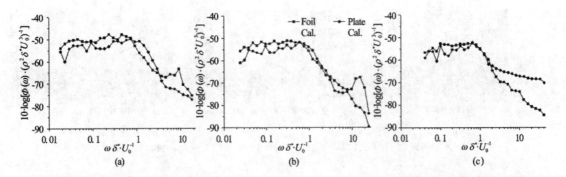

图 3 翼型体与平板自功率谱计算结果的比较: (a) U_0=6.1m/s, (b) U_0=4.6m/s, (c) U_0=3.1m/s

从图 3 中可以看出，翼型体和平板计算得到的功率谱均表现出湍流脉动压力频谱的典型特性（在低频段，谱级随频率基本不变，近似呈一水平线；在高频段，谱级则以一定的斜率随频率下降）[16]。但与平板相比，翼型体计算得到的湍流脉动压力频谱谱级在低频区域（$\omega\delta^*/U_0<1$）有所增加，U_0=6.1m/s、4.6m/s 和 3.1m/s 时，增加值最大分别为 7.1dB、5.4dB 和 5.2dB；高频区域（$\omega\delta^*/U_0<1$）则有所降低，减小值最低分别为-5.1dB、-4.3dB 和-11.1dB（负号表示低于平板计算结果），这表明脉动压力频谱的高频段能量减小，低频段能量增加，能量从小涡向大涡中转移汇聚。另外，翼型体对应频谱的衰减频率也有所提前，U_0=6.1m/s、4.6m/s 和 3.1m/s 时，衰减频率分别为 $\omega\delta^*/U_0$=0.6、$\omega\delta^*/U_0$=0.8 和 $\omega\delta^*/U_0$=0.9（平板则是在 $\omega\delta^*/U_0$=2 附近）。概括来说，纵向逆压梯度的影响会使频谱低频谱级增加，而高频谱级有所降低；且与平板计算结果相比，频谱衰减频率提前。

综合上述结果并与国际上已有的研究进行对比分析，可以看出，计算结果不论从定性还是定量的角度来说，均与国际上的试验研究一致[4, 21]，充分说明计算结果的可靠性。

3.2 翼型体波数-频率谱计算结果与分析

图 4 给出了计算得到的三个速度下翼型体波数—频率谱三维视图，图 5 和图 6 给出了平板和翼型体波数—频率谱计算结果对比。表 1 给出了详细对比数据。

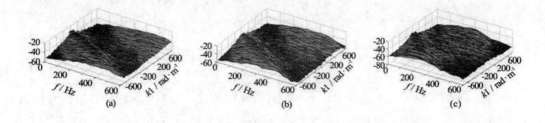

图 4 计算得到的翼型体湍流脉动压力波数-频率谱三维视图: (a) U_0=6.1m/s, (b) U_0=4.6m/s, (c) U_0=3.1m/s

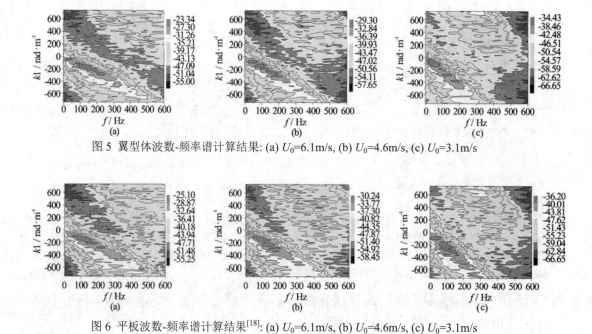

图 5 翼型体波数-频率谱计算结果: (a) U_0=6.1m/s, (b) U_0=4.6m/s, (c) U_0=3.1m/s

图 6 平板波数-频率谱计算结果[18]: (a) U_0=6.1m/s, (b) U_0=4.6m/s, (c) U_0=3.1m/s

表 1 翼型体与平板波数−频率谱计算结果对比

分类	U_0=3.1m/s		U_0=4.6m/s		U_0=6.1m/s	
	翼型体	平板	翼型体	平板	翼型体	平板
谱级峰值/dB	-34.4	-36.2	-29.3	-30.2	-23.3	-25.1
迁移脊频域分布范围/Hz	(0,230)	(0,270)	(0,275)	(0,320)	(0,320)	(0,400)
迁移脊波数域分布范围/（rad/m）	(-500,0)	(-650,0)	(-475,0)	(-550,0)	(-475,0)	(-500,0)
迁移速度/（m/s）	2.11	2.28	2.99	3.18	4.02	4.24
无量纲迁移速度/(u/U_0)	0.68	0.71	0.65	0.69	0.66	0.69

首先，从图 4 至图 6 可以看出，与平板计算结果相比，翼型体湍流边界层内含能涡主要分布规律，即迁移脊在频率—波数域内的分布范围、宽度以及迁移脊形态均有明显变化。一方面，翼型体迁移脊在频率—波数域内的分布范围明显减小；另一方面，翼型体迁移脊变窄（相对于平板），且频率越高宽度变化越明显，从而导致随频率增加，翼型体迁移脊宽

度在高频区域急剧减小，这与平板高频高波数区域的能量分布规律不同，详细对比数据见表1。

其次，就波数-频率谱谱级而言，当 U_0=6.1m/s、4.6m/s 和 3.1m/s 时，计算得到的翼型体湍流脉动压力波数-频率谱谱级峰值分别为-23.3dB、-29.3dB 和-34.4dB，与平板相比，谱级峰值分别增加 1.8dB、0.9dB 和 1.8dB，说明纵向逆压梯度的影响使波数-频率谱谱级峰值增大。此外，随来流速度减小，波数-频率谱谱级降低，波数-频率谱谱级随速度的定性变化规律与平板计算结果一致。

再次，就涡旋结构的迁移速度而言，在 U_0=6.1m/s、4.6m/s 和 3.1m/s 时，计算得到的迁移速度 U_c=dω/dk 分别为 4.02m/s、2.99m/s 和 2.11m/s，相应的无量纲化迁移速度 U_c/U_0 分别为 0.66、0.65 和 0.68，与平板计算结果相比分别减小 4.3%、5.8%和 4.2%，说明纵向逆压梯度对湍流边界层内涡旋结构的影响使涡旋结构的迁移速度减小，迁移速度减小的主要原因在于：一方面，逆压梯度对流动有阻碍作用，它对边界层中的涡旋结构做负功，使得处在该区域的流动结构总能量减小，即涡旋结构整体平均速度减小，也即迁移速度 U_c=dω/dk 减小。另一方面，纵向逆压梯度作用下，小涡之间相互作用、碰撞、融合以生成大涡的过程以及小涡与大涡相互作用并与大涡融合的过程都会产生能量损失，从而会使涡旋结构的总能量减小，进而使迁移速度减小。

另外，从上述波数-频率谱能量分布以及迁移速度的变化可以看出：与平板相比，一方面，波数—频率谱低频低波数区域能量增大，即大尺度涡能量增大；而另一方面，整个边界层中涡旋结构的平均迁移速度减小，即涡旋结构总能量是减小的。如此，则翼型体波数-频率谱低频低波数区域增加的能量势必来自于高频高波数区域，且高频能量减小量要大于低频能量增加量。

综合以上分析可以看出，与平板相比，计算得到的翼型体湍流脉动压力波数—频率谱主要参数（包括：含能涡分布范围、能量在频率-波数域内的分布规律、谱级以及迁移速度等）均有变化，说明纵向逆压梯度对湍流脉动压力尤其是其波数—频率谱的影响不可忽略。

4 结论与展望

在已有工作的基础上，用大涡模拟方法，结合动态 DSL 亚格子涡模型及千万量级精细网格对翼型体壁面湍流脉动压力及其波数—频率谱进行了计算，深入探讨了纵向逆压梯度的影响，得到的主要结论如下：①波数-频率谱与来流速度直接相关，谱级随速度的增加而增大。②与平板相比，纵向逆压梯度的影响使翼型体湍流脉动压力自功率谱低频段谱级增加，高频段谱级减小；且频谱的衰减频率比平板提前。③纵向逆压梯度的影响会使湍流能量从高频高波数区域向低频低波数区域迁移，进而使得湍流能量聚集在更小、更窄的低频率-低波数域范围内，从而使湍流能量的分布更加集中，湍流边界层内的流动结构趋于单一、紧致、有序。

参 考 文 献

1 Corcos G M. The Structure of the Turbulent Pressure Field in Boundary Layer Flows[J]. Journal of Fluid Mechanics, 18(3), 353-378, 1964.

2 Corcos G M. The resolution of turbulent pressure at the wall of a boundary layer[J]. Journal Sound and Vibration, 6(1):59-70, 1967.

3 B.M. Abraham, W.L. Keith. Direct measurements of turbulent boundary layer wall pressure wavenumber-frequency spectra, Journal of Fluids Engineering, 1998, 120(3):29-39.

4 Cipolla K.M., Keith W.L. Effects of Pressure Gradients on Turbulent Boundary Layer Wavenumber Frequency Spectra[J]. AIAA journal, 2000, 38(10):1832-1836.

5 K.M. Cipolla, W.L. Keith. Measurements of the wall pressure spectra on a full-scale experimental towed array, Ocean Engineering, 2008, 35(3):1052-1059.

6 W.K. Bonness, D.E. Capone, S.A. Hambric. Low wavenumber turbulent boundary layer wall pressure measurments from vibration data on a cylinder in pipe flow, Journal of Sound and Vibration, 2010, 329:4166-4180.

7 Eric Manoha, Bruno Troff, Pierre Sagaut. Trailing-edge noise prediction using large-eddy simulation and acoustic analogy. AIAA Journal, 2000, 38 (4): 575–583.

8 Meng Wang. Computation of trailing-edge flow and noise at low Mach number using LES and acoustic analogy.Annual Research Briefs,Center for Turbulence Research, Stanford University, 1998.

9 Meng Wang, Parviz Moin, Computation of trailing-edge flow and noise using large-eddy simulation, AIAA Journal, 2000, 38(12):2201-2209.

10 Meng Wang, Stephane Moreau, Gianluca Iaccarinoand, et al. LES prediction of wall-pressure fluctuations and noise of a low-speed airfoil, International Journal of Aeroacoustics, 2009, 8(3):177-198.

11 Jean-François Dietiker, Klaus A. Hoffmann. Predicting wall pressure fluctuation over a backward-facing step using detached eddy simulation, Journal of Aircraft, 2009, 46(6):2115-2020.

12 张 楠，沈泓萃，姚惠之，等. 孔穴流激噪声的计算与验证研究.船舶力学, 2008,

12(5):799-805.

13 张楠，沈泓萃，姚惠之，等. 水下航行体壁面脉动压力的大涡模拟研究.水动力学研究与进展, 2010, 25(1):106-112.

14 张 楠，沈泓萃，朱锡清，等. 三维孔腔流激噪声的大涡模拟与声学类比预报与验证研究. 船舶力学, 2010, 14(1-2):181-190.

15 张 楠，沈泓萃，朱锡清，等. 基于大涡模拟和 Kirchhoff 积分方法的孔腔流动发声机理分析.船舶力学, 2011, 15(4):427-434.

16 张楠. 孔腔流动和流激噪声机理及耦合计算方法研究. 中国船舶科学研究中心博士学位论文, 2010.

17 张晓龙,张 楠,吴宝山. 壁面涡旋结构与湍流脉动压力的大涡模拟研究.船舶力学, 2014, 18(8):871-881.

18 张晓龙,张 楠,吴宝山. 平板壁面湍流脉动压力及其波数-频率谱的大涡模拟计算分析研究.船舶力学 2014, 18(10):1151-1164.

19 Germano M., Piomelli U, Cabot W.H. A Dynamic Subgrid-Scale Eddy Viscosity Model. Phys. Fluids,1991, A3(7):1760-1765.

20 Lilly D.K. A Proposed Modification of the Germano Subgrid Scale Closure Method, 1992, Phys. Fluids A4(3):633-635.

21 Scholoemer H.H. Effects of Pressure Gradients on Turbulent Boundary Layer Wall Pressure Fluctuations[J]. Journal of the Acoustical Society of America, 42(1):93-113, 1967.

Computation of airfoil wall pressure fluctuations and their wavenumber-frequency spectra using large eddy simulation

ZHANG Xiao-long, ZHANG Nan, WU Bao-shan

(China Ship Scientific Research Center, Wuxi, 214082.

Email: xlz_zhang@163.com)

Abstract：Turbulent wall pressure fluctuations beneath turbulent boundary layers are important source of flow-induced noise. The computation of wall pressure fluctuations and their wavenumber-frequency spectra is a hot topic in the field of flow-acoustic coupling, and it's necessary to carry out corresponding research. In this paper, turbulent wall pressure fluctuations and their wavenumber-frequency spectra of an airfoil is computed using large eddy simulation(LES), based on previous work. Firstly, fundamentals of the numerical simulation are presented, including the philosophy of LES, formulations of sub-grid scale models, discretization methods and boundary conditions. Secondly, computation and analysis approaches of the wavenumber-frequency spectra were presented. Finally, the computed wall pressure frequency spectra and wavenumber-frequency spectra of the airfoil were analyzed in detail, qualitatively and quantitatively, in order to investigate the effects of pressure gradients on turbulent wall pressure fluctuations and their wavenumber-frequency spectra. Groundwork is made for further research in turbulent wall pressure fluctuations and their wavenumber-frequency spectra.

Key words：Airfoil; Turbulent wall pressure fluctuations; Wavenumber-frequency spectra; Pressure gradients; LES

两并排圆柱绕流的近壁效应数值模拟[*]

姜晓坤，李廷秋

(武汉理工大学交通学院，武汉，430063, Email:xiaokun.jiang@hotmail.com)

摘要：近海床的圆柱绕流数值模拟在海洋工程领域具有一定的实际意义。本文基于 Fluent 软件，在雷诺数 Re=6300 下对两并排且平行于壁面的圆柱体的近壁绕流问题进行数值模拟。近壁面采用增强壁面函数，应用标准 k-ε 模型，讨论双圆柱体在距离比 L^*（1.5-6），近壁比 G^*（0.15-2）的前后圆柱受力情况，包括圆柱之间和圆柱尾流两个区域的涡结构形式。与最新发表的实验数据进行对比分析，结果相当吻合。

关键词：圆柱绕流；近壁效应；升阻力系数；增强壁面函数

1 引言

双圆柱绕流之间的相互作用以及圆柱的近壁效应均具有一定的科研价值与工程应用背景。在双圆柱体绕流研究方面，Zdravkovich[1]指出两并排圆柱体绕流根据其圆柱中心之间的距离比 L*区分为三种基本流动状态（regime）：①小距离比下（1< L*<1.2~1.8）单钝体状态，即只有后方圆柱体尾流呈周期性旋涡脱落，两圆柱绕流状态类似于钝体绕流；② 中等距离比下（1.2~1.8< L*<3.4~3.8）临附状态，即从前圆柱发出的剪切层吸附到后圆柱体上；③ 大距离比下（L*>3.4~3.8）冲击状态，即前圆柱的卡门泻涡周期性地冲击后方圆柱。当圆柱体靠近海床时，其圆柱绕流现象将发生以下变化：① 旋涡脱落将在近壁比 G*<0.3 时受到抑制；② 圆柱表面边界层分离点将向更靠后（相对于来流方向）移动；③ 相对于两边自由流域的圆柱绕流，邻壁效应下的圆柱体所受到的阻尼更小[2]。

在数值模拟方面，Bhattacharyya 与 Dhinakaran[3]对低雷诺数下二维两并排方柱的近壁效应进行了数值计算，他们发现不均匀流导致了柱体上下剪切层的差异性，同时，当雷诺数为 125 时流场将随 L*变化作稳定流动。Harichandan 与 Roy[4]在雷诺数为 100 和 200 时分别对两近壁圆柱与方柱进行了数值模拟，得出对于给定的雷诺数，Strouhal 数不随圆柱之间与壁面的相对位置变化而变化，升阻力系数则会发生较大的变动。在对双圆柱体的近壁效应的数值计算中现有的文献只有上述两篇，且均只分析了雷诺数较低的情况。本文结合工

[*]基金项目: 高等学校博士学科点专项科研基金（项目编号：20130143110014）

程实际，对较大雷诺数下（Re=6300）的两并排圆柱体进行了数值计算。对单圆柱体的近壁效应计算结果与实验值进行比较分析，验证边界条件与网格的有效性。随后对不同相对位置下的圆柱绕流现象进行了模拟分析，得出了其受力系数历程曲线与尾部涡量等值分布云图等绕流特性。

2 数值计算方法

2.1 控制方程与湍流模型

不可压缩流体域的控制方程由连续性方程与 NS 方程组成：

$$\frac{\partial u_i}{\partial x_i} = 0 \tag{1}$$

无因次 NS 方程可以写为：

$$\frac{\partial u_i}{\partial t} + u_j \frac{\partial u_i}{\partial x_j} + \frac{\partial p}{\partial x_i} - \frac{1}{\mathrm{Re}} \frac{\partial^2 u_i}{\partial x_j^2} = 0 \tag{2}$$

式（1）和式（2）中，$(x_1,x_2,x_3)=(x,y,z)$ 为笛卡尔坐标，u_i 为流体在 x_i 方向上的速度，p 为压力。

本文采用标准 k-ε 湍流模型（参见 Launder，Spalding[5]与 Rodi[6]）。k 与 ε 的方程如下：

$$\frac{\partial k}{\partial t} + u_j \frac{\partial k}{\partial x_j} = \frac{\partial}{\partial x_j}\left(\frac{v_T}{\sigma_k}\frac{\partial k}{\partial x_j}\right) + v_T\left(\frac{\partial u_i}{\partial x_j} + \frac{\partial u_j}{\partial x_i}\right)\frac{\partial u_i}{\partial x_j} - \varepsilon \tag{3}$$

$$\frac{\partial \varepsilon}{\partial t} + u_j \frac{\partial \varepsilon}{\partial x_j} = \frac{\partial}{\partial x_j}\left(\frac{v_T}{\sigma_k}\frac{\partial \varepsilon}{\partial x_j}\right) + C_1\frac{\varepsilon}{k}v_T\left(\frac{\partial u_i}{\partial x_j} + \frac{\partial u_j}{\partial x_i}\right)\frac{\partial u_i}{\partial x_j} - C_2\frac{\varepsilon}{k} \tag{4}$$

其中，k 为湍流动能，ε 为湍流耗散率，$v_T = C_\mu k^2/\varepsilon$。标准 k-ε 湍流模型的参数可以取为：C_1=1.44，C_2=0.09，σ_k=1.0，σ_ε=1.3。

2.2 计算域与边界条件

计算域示意图如图 1 所示，与 Wang 等[7]实验相一致。圆柱直径 D=15mm，计算域长 30D，高 15D，最大来流速度 U=0.42m/s（Re=6300），双圆柱距离比 L^*=1.5~7，圆柱的近壁比 G^*=0.15~2。

二维速度入口处的湍流条件由 k 与 ε 确定，其计算式如下

$$k = \frac{3}{2}\left(u_{avg}I\right)^2 \tag{5}$$

$$\varepsilon = C_\mu^{3/2} \frac{k^{3/2}}{l} \qquad (6)$$

式中，I 为湍流强度，取 Wang 等[7]的实验值 2%；u_{avg} 为平均速度，l 为湍流尺度，C_μ 为 k-ε 模型经验常数，默认值为 0.09。

近壁面处网格划分如图 1 所示，非壁面处采用非结构网格，壁面处使用膨胀控制网格层高，使用增强壁面处理使得在网格较密时（y+≈1）获得高质量壁面边界层计算结果。

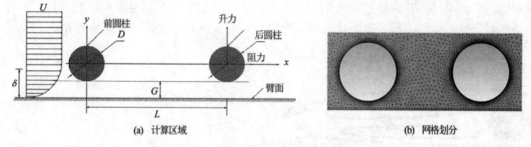

(a) 计算区域   (b) 网格划分

图 1 计算区域与网格划分示意图

3 计算结果与分析

3.1 单近壁圆柱计算结果与分析

单近壁圆柱数值模拟采用二维结构化网格进行计算，不同近壁比下单圆柱数值计算结果如图 2 所示，图中将平均升阻力系数与 Roshko 等和 Wang 等的实验值进行对比。

图 2 不同 G*下平均升力系数（左）与平均阻力系数（右）的数值计算结果与实验值对比

在 $G^*<0.75$ 时，平均 C_D 值随着 G^* 的增大而增大；在 $0.75<G^*<1$ 时，平均 C_D 值有所下

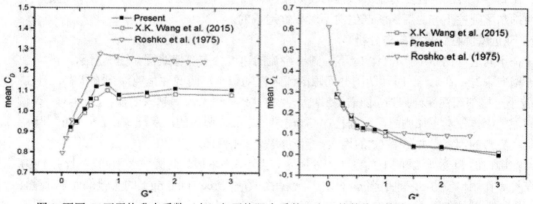

图 2 不同 G*下平均升力系数（左）与平均阻力系数（右）的数值计算结果与实验值对比

降；当 $G^*>1$ 时，壁面对圆柱所受阻力的影响可忽略不计。在 $G^*<1.5$ 时，平均 C_L 值随 G^* 的值增大而减小。上述现象可通过图 3 所示的示意图解释：当 $G^*<G^*_{cr}$ 时，流经圆柱与壁面之

间间隙的流体依附于壁面之上，并没有从圆柱体上脱落，圆柱上部的剪切层呈延长 Kelvin-Helmholtz 型回旋（不稳定对流）；当 $G^*>G^*_{cr}$ 时，间隙处的流动足够从圆柱面产生旋涡脱落，且圆柱上剪切层的涡量明显大于下剪切层的涡量。正是这种上下不对称性导致了平均 C_L 值在靠近壁面处为较大的正值。值得注意的是，由于边界层厚度 δ 与雷诺数 Re 等初始条件的不同，其临界近壁比 G^*_{cr}，平均升阻力系数等结果也会呈一定的差异。经过图 2 的对比可以知道，单近壁圆柱数值计算结果与实验值吻合良好，可信度较高。

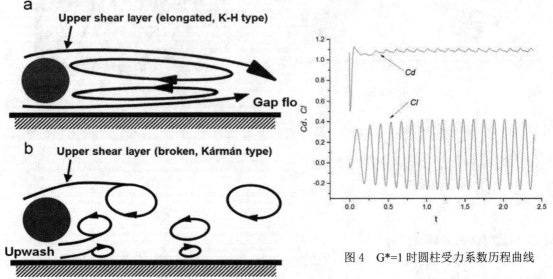

图 3 不同近壁比下流动状态示意图[7]

图 4 $G^*=1$ 时圆柱受力系数历程曲线

在 $G^*=1$ 时的圆柱受力系数历程曲线如图 4 所示，呈明显的"频拍"特征。这是因为壁面抑制了圆柱下方的泻涡所产生的不对称性造成的。

3.2 双近壁圆柱计算结果与分析

在不同近壁比 G^* 与距离比 L^* 下，圆柱绕流的速度分布等值线图如图 5 所示。可以由图 5 横向来看：在 $L^*=2$ 时，两圆柱间隙的流体流动较小，两圆柱呈钝体绕流状态，且在 G^* 较小时尾部泻涡受到抑制，随着 G^* 增大，"类钝体"尾部泻涡越来明显；$L^*=3$ 时，两圆柱间隙的流体流动更加剧烈，前圆柱在 G^* 较大时尾部有明显的泻涡现象；$L^*=5$ 时，圆柱间隙有完整的泻涡，并随着 G^* 的增大，流动状态更加稳定。

前圆柱的 St 数与 L^* 的 1 关系如图 6 所示，当 $1<L^*<6$ 时，两圆柱之间间隙对泻涡频率存在抑制作用，使得 St 有所降低。相比于无壁面效应（free-standing）的实验值而言，壁面亦抑制了前圆柱的泻涡。$L^*=3$ 时后圆柱随 G^* 变化的升力系数曲线如图 7 所示，结合图 5

速度分布等值线图，可以得知在 G*较小时，上洗流（upwash，图 3）泻涡频率比无壁面效应（free-standing）泻涡频率大。从图 5 纵向和图 7 可以总结到，在 G*处于一定值时，流动状态并不稳定，即 Kármán 形式。

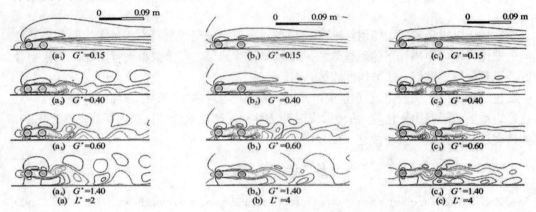

图 5 不同 L*与 G*下两并列圆柱绕流速度分布云图

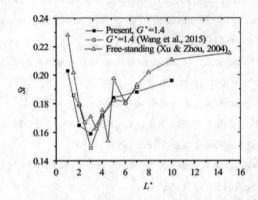

图 6 前圆柱 St 数随 L*的计算结果与实验对比图

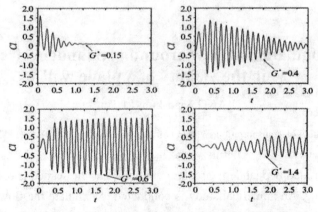

图 7 L*=3 时后圆柱随 G*变化升力系数历程曲线

4 结论

本文基于高雷诺数下，使用标准 $k\text{-}\varepsilon$ 模型，近壁面采用增强壁面函数求解两并列圆柱不同近壁比，不同距离比下的近壁效应。将数值计算结果与实验数据进行对比，结果吻合较好，说明使用该数值方法可信度较好。

数值结果表明，在一定近壁比下由于上下泻涡的不对称性可导致流场的不稳定性，且圆柱升力系数对近壁比变化较为敏感。同时两圆柱的距离比对前圆柱的泻涡频率存在影响，具体体现还应结合涡激振动做进一步分析。

参 考 文 献

1 M M Zdravkovich. The effects of interference between circular cylinders in cross flow. J. Fluids Struct., 1987, 1: 239-261.

2 Sumer B M, Fredsøe J. Hydrodynamics around Cylindrical Structures. London, World Scientific, 1997.

3 Bhattacharyya S, Dhinakaran S. Vortex shedding in shear flow past tandem square cylinders in the vicinity of a plane wall. J. Fluids and Struct., 2008, 24: 400-417.

4 A B Harichandan, A Roy. Numerical investigation of flow past single and tandem cylindrical bodies in the vicinity of a plane wall. J. Fluids and Struct., 2012, 33: 19-43.

5 Launder B E, Spalding D B. Mathematical Models of Turbulence. London, Academic Press, 1972.

6 Rodi W. Turbulence models and their application in hydraulics. A state-of-the-art review. IAHR Monograph Series. Netherlands, A A Balkema Rotterdam, 3rd Ed, 1993.

7 Wang X K, Zhang J X, Hao Z, Zhou B, Tan S K. Influence of wall proximity on flow around two tandem circular cylinders. Ocean Eng, 2015, 94: 36-50.

8 Xu G, Zhou Y. Strouhal numbers in the wake of two inline cylinder. Exp. Fluids, 2004, 37: 248-256.

Numerical simulation of flow around two tandem circular cylinders in the vicinity of a plane wall

JIANG Xiao-kun, LI Ting-qiu

(School of Transportation, Wuhan University of Technology, Wuhan, 430063.

Email: xiaokun.jiang@hotmail.com)

Abstract：Flow around two tandem circular cylinders near the seabed is of practical importance in ocean engineering. An numerical study is conducted to simulate the flow around two tandem cylinders placed near and parallel to a plane wall by using Fluent software. The Reynolds number based on the cylinder diameter (D) is 6300. The numerical simulations are performed with standard k-ε model and enhanced wall function in the vicinity of the wall, which cylinder center-to-center spacing ratio L^* is varied from 1.5 to 6, and the gap-height-to-cylinder-diameter ratio G^* from 0.15 to 2. Variations of dynamic drag and lift coefficients are presented to characterize the different flow regimes in the wall plane, included shedding vortex in the wake of cylinders. The simulation results are in good agreement with the latest experimental published data.

Key words: Flow around circular cylinder; Wall proximity; Drag and lift coefficients; Enhanced wall function

超稠原油的流变学特性

张健，许晶禹*，张栋，王淑京

(中国科学院力学研究所，北京 100190)

通讯作者 E-mail: xujingyu@imech.ac.cn

摘要： 超稠原油具有高黏度、高密度比和非牛顿流体等特性，给开采和输运等生产环节的设备和工艺流程带来较大的挑战。本研究中，为提高超稠原油的生产效率，将针对超稠原油的触变性、屈服应力和线性黏弹性等流变特性开展系统的实验测试和理论分析。实验中，采用 HAKKE RS6000 旋转流变仪对三种来自不同油田或油井的超稠原油进行测试，分别考虑温度、剪切速率和剪切历史等因素的影响。经研究得出，由于各种原油中蜡质、沥青质等含量的不同，对其流变学特性具有较大的影响。同时，随测试温度的增加，超稠原油的黏度、触变性和屈服应力均呈现出指数衰减的趋势；超稠原油表现出明显的黏弹性性质，且随作用频率的增加，其均从黏性主导转变成弹性主导。研究结果对深入了解超稠原油的流动型、提高其开采和输运的效率提供可靠的数据基础和理论依据。

关键词： 超稠原油；触变性；屈服应力；黏弹性

1 引言

原油总体上可以分为流动性较好的轻质原油和流动性较差的高黏原油。高黏原油又包含蜡原油、稠油和超稠原油等，其普遍具有密度大、黏度高等物理特性，在开采、生产和管道输运等环节中均带来较大的难度。另外，超稠原油在不同的温度下表现出复杂的剪切变稀、触变性、屈服应力和黏弹性等非牛顿流体的性质。从文献中可以看出，原油流变学特性对其开采和生产效率，以及相关系统的设计和建造均具有重要的影响，能够有效节约生产成本，降低能耗。

针对原油流变学特性的研究，国内外学者开展了一系列的研究工作。张劲军等在《第十一届全国流变学学术会议文集》中针对原油流变学的研究进展进行较系统的总结，重点给出含蜡原油宏观流变性与原油组份及微观结构关系、胶凝原油结构特性等研究方面的进展。原油触变性研究中，赵宗昌和王栋对常用来描述触变性 R-G 模型中的各参数随温度的变化规律进行了测试分析，得到相应的变化趋势，为描述原油触变性提供一定的依据；贾邦龙和张劲军对已有触变性的测试方法进行系统的对比分析，主要包括恒剪切率、剪切率阶跃、控制剪切率滞回环和控制剪应力滞回环等；张足斌和张国忠结合原油输运中条件，采用管道流动模拟测试的方法，对含蜡原油的触变性进行测试分析，并对原有的触变性模式进行改进，研究结果更接近于工业生产。原油屈服应力特征研究中，国内外学者主要针对屈服应力的测试方法、主观存在性和描述方法等开展相应的工作，侯磊和张劲军通过多种测试方案，得出胶凝原油屈服应力对测量条件具有依赖性，但屈服应变不受测量条件的影响。原油黏弹性研究中，李传宪和李琦瑰采用流变仪对多种原油的黏弹性进行测试，结果表明胶凝原油具有典型的黏弹性固体特性，如蠕变回复、复数模量大、损切角小等；侯磊和张劲军对含蜡原油黏弹性的研究现状和趋势进行系统的总结，给出了在含蜡原油低温黏弹性研究中存在的问题，并建议在相关机理方面开展相应的工作。

本研究中，针对目前原油流变学研究的进展和发展趋势，采用模块化高级旋转流变仪同时对不同来源超稠原油的触变性、屈服应力和黏弹性进行系统的测试和分析，分别考虑测试温度、剪切速率、剪切频率等参数的影响，给出系统的变化规律，为超稠原油开采和生产系统的设计提供精确的物性参数基础和理论依据。

2 实验装置和方法

研究中，主要通过实验的方法对三种不同的原油样品进行直接测量，得到相应的触变性、屈服应力和黏弹性等流变学特性。流变学特性测试仪器设别为赛默飞生产的 Haake RS6000 同轴旋转式流变仪，其配有包括同轴圆筒、平板、锥板和叶片等一系列的测试转子，且具有控制剪切速率（CR）和控制剪切应力（CS）两种测量模式，扭矩范围为 0.05μNm-200mNm，温度控制通过配套的水浴循环来实现，变化范围为 0℃-100℃。

超稠原油触变性测试中，采用同轴圆筒光滑转子，圆筒和转子之间的径向间隙为 2.5mm，底部间隙为 8mm，测试样品容量为 30.8mL，具体测试中，采用控制剪切应变率的模式对样品进行循环测量，首先将剪切应变率由 0 连续增加至 $300s^{-1}$，然后再降至 0，实现触变滞回环的测试，测试时间为 10min。超稠原油的屈服应力测试中，采用同轴四叶片转子，控制启动速率进行，分别考虑剪切速率和温度对原油屈服应力影响。超稠原油黏弹性特征测试中，采用同轴圆筒光滑转子，分别进行应力扫描和频率扫描，应力加载的频率为 0.1-100Hz。上述实验测试中温度的变化范围为 20~70℃。

本实验中，采用的原油分别来自绥中海上终端处理厂（Crude oil A）、渤海油田锦州区域 V104（Crude oil B）和 V102（Crude oil C）原油生产井，三种原油的密度和零剪切黏度如表 1 中所述。

表 1 实验原油的物性参数（T=30℃，P=0.1MPa）

原油	密度 /(kg/m³)	黏度 /(mPas)
Crude oil A	955	5239
Crude oil B	916	241
Crude oil C	933	334

3 实验结果分析

3.1 原油的触变性

流变学中，滞回环常用来描述非牛顿流体的触变性，其能够直观的表现出流体的触变特征和程度。本研究中，针对三种不同的原油，分别测量得到相应的滞回环特征，并同时考虑温度的影响。

图 1 给出了原油样品 A 的触变性测试结果，测试的温度为 30~80℃，剪切速率的变化设置范围为 0~300s⁻¹。从图中可以看出，原油样品 A 表现出较明显的触变性，即测试得到的上升应力-应变率曲线均在下降测试得到结果的上部，且从图中可以看出，随着温度的增加，原油的触变性逐渐降低。图 2 给出上述测试得到的滞回环面积随温度的变化规律，其对原油触变性随温度的变化规律具有清晰的表达，即在相同的测试条件下，三种原油的触变性程度随温度的增加均呈现出近似指数衰减的规律。另外，从图 2 中可以看出，原油样品 A 的滞回环面积明显高于样品 B 和 C，表明原油的成分对其触变性具有重要的影响。

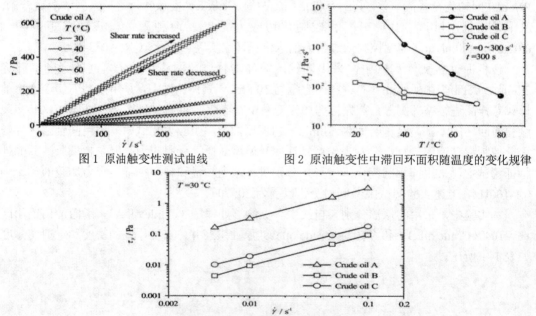

图 1 原油触变性测试曲线　　　图 2 原油触变性中滞回环面积随温度的变化规律

图 3 原油屈服应力随剪切速率的变化规律

3.2 原油的屈服应力特征

原油集输过程中，常存在停输后再启动的问题，而启动力与原油的屈服应力特性具有直接的关系，且高于常规流动中压降。本文研究中，分别考虑管道输运再启动中对应的启动速率和温度对原油屈服应力的影响。

图 3 为三种不同原油，在同一温度等测试条件下，屈服应力随剪切速率的变化规律。从图中可以看出，随着剪切速率，即启动速率的增加，三种原油的屈服应力均呈现出线性增加的趋势，且原油样品 A 的屈服应力远高于原油样品 B 和 C。图 4 给出了屈服应力随温度的变化规律，可以看出，原油屈服应力随温度的变化规律与上述触变性特征类似，表现为指数衰减的规律。

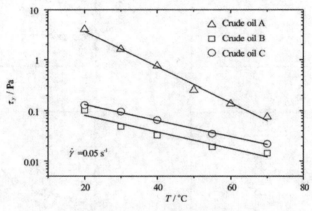

图 4 温度对原油屈服应力的影响

3.3 原油的黏弹性特征

针对原油黏弹性特征的研究，首先采用动态应力扫描，得出各个样品的线性黏弹性区域，及对应的储能模量（G'）和损耗模量（G"）对应的数值，然后应用动态频率扫描，得到储能模量、损耗模量和损切角（δ）的变化规律。

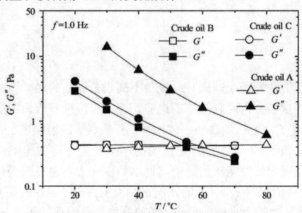

图 5 线性黏弹性区域 G' 和 G" 随温度的变化情况

图 5 给出了三种原油样品，线性黏弹性区域内，储能模量和损耗模量随温度的变化情

况，可以看出，伴随温度的增加，损耗模量呈现为指数衰减的趋势，而储能模量基本保持不变，同样，原油样品 A 对应的损耗模量的数值远大于原油样品 B 和 C，即原油的成份对其黏弹性特征有较大的影响。图 6 为原油样品 A 动态频率扫描测试的结果，可以得出，随剪切力作用频率的增加，原油均从黏性主导转变为弹性主导，且随温度的增加，转变点对应的频率值逐渐降低。

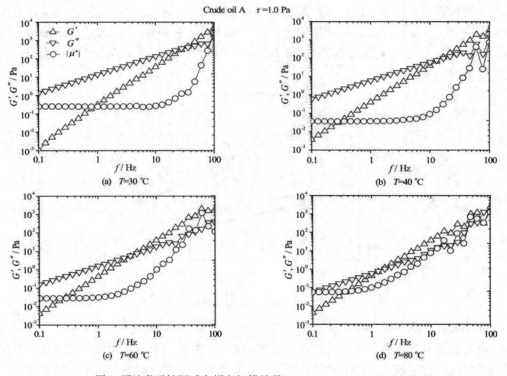

图 6 原油黏弹性测试中频率扫描结果（T=30，40，60，80℃）

4 结论

采用模块化高级旋转流变仪，同时对三种不同成分原油的触变性、屈服应力和黏弹性等流变学特征进行测试和分析，且分别考虑剪切速率、温度等因素的影响，经系统的研究得出：① 原油在一定的温度下均表现出较明显的触变性，随着温度的增加，原油的触变性逐渐降低，可以通过滞回环的面积进行定量的描述；② 随着剪切速率，即启动速率的增加，原油的屈服应力均呈现出线性增加的趋势，原油屈服应力随温度的变化与上述触变性特征类似，表现为指数衰减的规律；③ 原油在测试频率范围内，表现为黏弹性特征，伴随温度的增加，损耗模量呈现为指数衰减的趋势，而储能模量基本保持不变，随剪切频率的增加，原油均从黏性主导转变为弹性主导，且随温度的增加，转变点对应的频率值逐渐降低。

参 考 文 献

[1] 张劲军, 王小龙. 原油流变学研究及应用的若干进展. 第十一届全国流变学学术会议文集, 2012.

[2] Kane M, Djabourov M, Volle JL. Rheology and structure of waxy crude oils in quiescent and under shearing conditions. Fuel 2004; 83: 1591-1605.

[3] Chhabra RP, Richardson JF. Non-Newtonian flow and applied rheology: Engineering applications (second edition). IChemE 2008.

[4] 张足斌, 张国忠. 含蜡原油管道流动的触变性研究. 石油大学学报(自然科学版), 2001, 25(4): 72-74.

[5] 赵宗昌, 王栋. 含蜡原油在凝点下的触变性研究. 大连理工大学学报, 2006, 46(1): 20-24.

[6] 贾邦龙, 张劲军. 含蜡原油触变性测试方法. 油气储运, 2012, 31(4): 254-259.

[7] 侯磊, 张劲军. 含蜡原油屈服特性的试验研究. 石油天然气学报(江汉石油学院学报), 2007, 29(6): 99-103.

[8] 李传宪, 李琦瑰. 胶凝原油黏弹性的实验研究. 力学与实践, 2000, 22(3): 48-50.

[9] 侯磊, 张劲军. 含蜡原油低温黏弹性研究的现状与分析. 石油大学学报(自然科学版), 2004, 28(6): 140-144.

Investigation on the rheological characteristics of heavy crude oils

ZHANG Jian, XU Jing-yu*, ZHANG Dong,WANG Shu-jing

Institute of Mechanics, CAS, Beijing, 100190

*Corresponding author, E-mail: xujingyu@imech.ac.cn

Abstract: Heavy crude oil defined as high viscosity and greater density ratio oils, which always perform the characteristic of non-Newtonian fluid and brings a series of difficult on the petroleum industry such as exploiting and transportation. The rheological characteristics included thixotropy, yield stress and viscoelastic were investigated in order to improve the petroleum production efficiency by through experiment. In this work, HAKKE RS6000 rheometer was used to measure the corresponded behaviors, and the effect of temperature and shear rate was considered systematically. Following the research, it has a great influence on the rheological characteristics due to the different components of crude oils. As the increasing temperature, the values of viscosity, thixotropy and yield stress are kept in decreasing with exponent rule. Heavy crude oil performs the viscoelastic characteristic in the measuring condition, and it is always changed from viscosity led to elastic as the increasing frequency.

Key words: Heavy crude oil; Thixotropy; Yield stress, Visco-elastic

乳化剂对气液垂直管流中压降影响的研究

高梦忱，许晶禹*，吴应湘

(中国科学院力学研究所，北京 100190)

通讯作者 E-mail: xujingyu@imech.ac.cn

摘要： 在石油行业真实管路流动中，几乎都伴有乳化剂的添加。然而由于气液两相流动的复杂特性，考虑乳化剂对气液两相垂直管流压降影响规律的研究工作，仍十分有限。本研究通过理论分析与实验研究相结合的手段，对伴有乳化剂添加的气液垂直管流流动特性和压降特征进行探讨。研究发现，乳化剂的添加可以促进流动更加趋于稳定。其结果有助于为今后研究工作提供参考。

关键词： 乳化剂；气液两相流；垂直管路；流动特征；压降

1 引言

气液两相流动是一种十分复杂的流动现象，其表现之一就是气液两相在各种流量组合下表现出不同的流动形态，每一种流型具有其特定的相分布特质以及气液界面形状。当一种流型向另一种流型转化时，气液界面也会随之发生巨大改变，这对于两相流动机理的认识造成了巨大的挑战。尤其是针对目前石油工业领域广泛应用的油气混输系统中的两相流动，人们至今仍没有完全认知。针对两相流系统而言，其最重要的特征之一就是两相流动压降特性。因为它不仅表征着能量损耗情况，并且可对流动过程进行如实反映[1]。在诸多影响因素中，压降特性与初始状态下的各相物理力学参数、及流动过程中的控制参量、甚至是与输送管道的几何形状、加工尺寸、安装位置等诸多因素密切相关。本研究工作仅限于立管系统垂直管路中的气液两相压降特性，并考虑现场实际情况，在气液两相流动过程中添加乳化剂。采用理论分析与实验研究相结合的手段，针对乳化剂对垂直管路气液两相流动过程及压降特性的影响，进行探讨。

2 理论分析

首先，对于在液体中的气体运动速度，可由漂移流模型给出：

$$V_g = C_0 V_m + V_{B\infty} \cdot f(\alpha) \tag{1}$$

其中，C_0 为与流型相关的分散系数，$V_{B\infty}$ 为气泡在有界区域内的上升速度，$f(\alpha)$ 表征相邻气泡在该气泡上升过程中的影响。

对于竖直上升管中的气液流动而言，当流型为泡状流时 C_0 可取值 1.2[2]，而对段塞流动而言取值 1.29[3]。对于泡状流，有学者建议采用下式来计算气泡上升速度[4]：

$$V_{B\infty} = 1.53 \left[g(\rho_l - \rho_g)\sigma / \rho_l^2 \right]^{1/4} \tag{2}$$

类似地，考虑在段塞流动中，也将段塞单元中的气相近似为一个拉长的泰勒泡，那么气泡的上升速度可以表示为：

$$V_{S\infty} = C_1 \sqrt{g(\rho_l - \rho_g)\sigma / \rho_l^2} \tag{3}$$

这里的系数 C_1 通常取值在 0.328 到 0.35 之间[5]。

而在段塞流动实际过程中，我们从实验的角度观察到确实存在气泡追赶聚并的现象。为了描述这一现象，对以上公式进行改写，得到：

$$V_{Tb} = (C_0 V_m + V_{S\infty})\left(1 + Be^{-\beta(L_{ls,f}/L_{ls})}\right) \tag{4}$$

其中，L_{ls} 为稳定流动中最小段塞长度，$L_{ls,f}$ 为气泡前的段塞长度。系数 B 和 β 可分别取值 5.5 和 0.6[6]。

因此，若我们将气液两相流动简化为一维模型并应用均相流假设，通过结合速度关系，可以得到气液两相流动中的摩擦压降表达式：

$$\Delta P_f = 2f\rho_m V^2 / D \tag{5}$$

其中，f 为两相摩擦因子，可以通过经验公式选取。D 为管路直径，ρ_m 为气液两相混合密度。此外，重力压降可表示为：

$$\Delta P_g = \rho_m g L \tag{6}$$

其中 g 为当地重力加速，L 为测试段竖直管路长度。若在充分发展段塞流动中，忽略加速压降效应，可以得到总压降关系式为：

$$\Delta P = \Delta P_f + \Delta P_g \tag{7}$$

3 实验研究

为了考察乳化剂对流体介质的影响，静态实验部分针对乳化剂溶液与固体壁面接触角进行研究。实验过程采用德国 Dataphysics 表面张力仪进行，乳化剂选用十二烷基苯磺酸钠，并完成了不同溶液浓度样本的比较分析。其结果如表 1 所示。从表 1 中可以看出，添加乳化剂对于气液两相的影响，主要体现在有效降低气液两相间的界面张力上，其外在表现为液相与管路壁面的接触角不断减小。并且当添加很少量的乳化剂时，即浓度仅为 200mg/L 时，即可达到接触角度减小约 75%，而继续添加乳化剂，仅会主要表现在动态接触角的减小上。

表 1 乳化剂浓度对流体介质的影响

序号	浓度/(mg/L)	接触角/(°)		方差/(°)	
1	纯净水	91.67	91.60	3.29	2.35
2	自来水	89.17	88.70	1.92	1.40
3	200	60.68	59.67	3.40	4.31
4	400	60.37	60.08	5.44	4.98
5	600	52.68	51.28	4.10	4.06
6	800	57.03	56.95	5.73	6.94
7	1000	48.72	48.63	6.53	6.21
8	5000	27.27	26.48	10.81	7.31

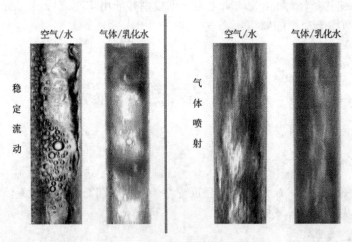

图 1 气液两相管路流动

从图 1 中可以看出，在相同工况条件及操作环境下，乳化剂的添加对于气液流动结构具有显著影响。同一气相表观流速下，液相表观流速越大，流动越趋于稳定。而在同一液相流速下，由于气相流速的不断增加，使得在管路中心处形成的气柱越来越趋于稳定，并使气液界面更加清晰。在气相流速较低的工况下，由于很难维持长时间的均匀气体喷射，因此使得气液混合物在立管中产生上下震荡。而随着气相速度的增大，气液界面由波状向清晰稳定的平滑状过渡。然而，乳化剂对流型转化的影响并不明显。

从图 2 中可以看出，段塞流动的压降曲线呈现出明显的波峰波谷交替出现的规律，并可据此对段塞流动解阶段进行划分。当添加乳化剂后，这种特征仍未消失：证明乳化剂很难从本质上引起流型转捺。而对于添加乳化剂后的气液流动，其流动阶段发生明显改变，如液体回流时间明显缩短。造成这一现象的主要原因也与气液界面的表面张力有关。

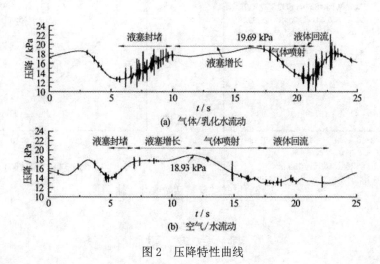

图 2   压降特性曲线

对于压降而言，仅通过理论推导很难得到其精确解。我们在这里通过实验研究，结合量纲分析，以求对压降特性有一半定量化了解。影响压降特性的因素，按照来源可主要分为操作参数、结构参数、以及物性参数等：

$$\Delta P = f\left(V_{\text{sl}}, V_{\text{sg}}, p_{\text{in}}, p_{\text{out}}, g, \rho_1, \rho_{\text{g}}, \mu_1, \mu_{\text{g}}, \sigma, d, L_{\text{in}}, L_{\text{out}}, \theta\right) \tag{8}$$

在相同工况条件下，混合流速为液相表观流速与气相表观流速之和：

$$V_{\text{m}} = V_{\text{sl}} + V_{\text{sg}} \tag{9}$$

因此对上述关系式进行无量纲化，可以得到：

$$Eu = f\left(Re_{\text{m}}\right) \tag{10}$$

其中：$Eu = \Delta P / \rho_{\text{m}} V^2$，$Re_{\text{m}} = \rho_{\text{m}} V^2 D / \mu$。因此，在保证其他参数为常数的条件下，在

对数坐标系下做出无量纲参数间的变化关系，如图 3 所示。对于其表现出的极强的线性关系，因此 Eu 与 Re_m 之间存在如下指数表达式：

$$Eu = cRe_m^b \tag{11}$$

当添加乳化剂后，对于欧拉数的变化趋势并未产生明显影响，然而使其拟合系数更加趋于 1，这说明真实流动更加趋于稳定，且更符合理论模型所做出的预测。究其原因，我们分析可能与乳化剂形成泡沫基层有关[9]。这一流动结构的形成可能造成在不同气液比条件下摩擦压降的变化，并且使压降的拟合规律表现出更强的线性相关性。

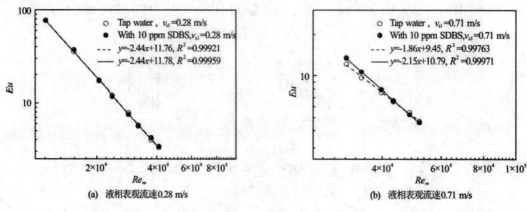

图 3 欧拉数随雷诺数变化规律

参 考 文 献

1 Xu J Y, Gao M C, Zhang J. Pressure drop models for gas/non-Newtonian power-law fluids flow in horizontal pipes. Chem. Eng. Tec, 2014, 37: 717–722.

2 Wallis G B. One dimensional two-phase flow. J. McGraw, New York, 1969.

3 Fernandes S R., Dukler A E. Hydrodynamic model for gas-liquid slug flow in vertical tuves. AIChE J., 1983, 29: 981-989.

4 Harmathy T. Velocity of large drops and bubbles in media of infinite and of restricted extent. AIChE J., 1960, 6(2): 281-288.

5 Nicklin D J, Wilkes J O. Two-phase flow in vertical tubes. Trans. Inst. Chem. Engrs., 1962, 40: 61-68.

6 Moissis R, Griffith P. Entrance effects in a two-phase slug flow. J. Heat Transfer, 1962, 84: 29-39.

7 Xia G D, Chai L. Influence of surfactant on two-phase flow regime and pressure drop in upward inclined pipes. J. Hydrodyn. 2012, 24: 39-49.

8 Rozenblit R, Gurevich M, Lengel Y, et al. Flow patterns and heat transfer in vertical upward air–water flow

with surfactant. Int. J. Multiphase Flow, 2006, 36: 889-901.

9 van Nimwegen A T, Portela L M, Henkes R A W M. The effect of surfactants on air–water annular and churn flow in vertical pipes. Part 1: Morphology of the air–water interface. Int. J. Multiphase Flow, 2015, 71: 133-145.

Influences of emulsifier additive on pressure drops of gas-liquid flows in the vertical pipe

GAO Meng-chen, XU Jing-yu, WU Ying-xiang

(Institute of Mechanics, Chinese Academy of Sciences, Beijing, 100190. Email:xujingyu@imech.ac.cn)

Abstract：Almost every real flow case in the oil industry is with the addition of emulsifier. However, the research on the influence of emulsifier on pressure drops of vertical flow is limited, since the gas-liquid flow processing is very complex. In this paper, flow characteristics and pressure drops of gas-liquid vertical flows with emulsifier additive have all been discussed in the view of theoretical analysis and experimental measurement. It can be seen from the result, the flow tends to be more uniform with emulsifier additive, which must be as a reference for the future work.

Key words：Emulsifier; Gas-liquid flows; Vertical pipe; Flow characteristics; Pressure drops

几种稠油黏度预测模型的对比分析

陈小平，许晶禹[*]，郭军，张军

(中国科学院力学研究所，北京 100190)

通讯作者 E-mail: xujingyu@imech.ac.cn

摘要： 在稠油的开采、管输等过程中，动力黏度都是一个重要的参数，目前对稠油黏度的估计往往采用稠油黏度预测公式进行。然而，由于现有的黏度预测大多是基于区域性稠油数据的经验公式，因此，这些公式只对特定区域特定组分的稠油才有很高的预测精度。本文采用 Hakke RS6000 旋转流变仪对中海油采油技术服务公司和渤海油田绥中陆地处理终端的共计 3 种稠油的动力黏度进行了测量。稠油的黏度范围为：241~5239 MPa（30℃），测量温度范围为：20~70℃，测量压强为 0.1MPa。Beal1946、Glaso1980、Hossain2005 等五种黏度计算模型与本文实验数据进行了对比分析。研究表明，API 度和温度均对稠油的黏度有重要的影响。在所研究的五种模型中，Hossain 模型具有最高的预测精度，而 Alomair 模型的预测精度最差。

关键词： 稠油；动力黏度；计算模型；预测精度；API

1 引言

随着稠油、超稠油资源的不断开发，稠油高黏度所引起的开采和输送问题急需解决，常用的方法是稠油降黏。不论采用何种方式对稠油进行降黏减阻，稠油黏度的确定都是保证开采和输送合理设计的前提[1]。实际生产中，对于 API 度很低的稠油，其黏度的准确测量是很难实现的，而且黏度测量也不可能覆盖所有的温度和 API 度范围。因此，借助黏度预测公式对稠油的黏度进行预测是常用的方法。

由于稠油的组分复杂，要想实现稠油黏度的高精度预测，其微观性质是必须考虑的因素。然而，将稠油组分或者是由组分决定的倾点、反常点等因素考虑在内的模型是不方便的，因为这首先涉及到稠油微观组分的确定。基于温度和 API 度的稠油黏度预测方法则简单的多。

目前为止，已有很多的学者对不同工况条件下的稠油黏度进行了研究，比如：Beal1946[2]、Glaso1980[3]、Hossain2005[4]、Alomair2011[5]、Elsharkawy and Alikhan1999[6]等。总的来说，几乎以上所有研究都声称获得了很高的预测精度，然而其用于预测其他区域稠油的准确性却不得而知。

本文采用哈克流变仪测量了国内 3 种不同区域稠油不同温度下的黏度,并分别与上述模型进行了对比分析。研究表明,上述几种模型在对本文稠油黏度的预测方面均表现出一定的误差,其中 Alomair2011 模型几乎完全失去作用。在所有的模型中,Hossain2005 具有最高的精度,可以进一步考虑将其用于国内稠油的黏度预测。

2 流变测量实验

本文所用稠油分别取自中海油采油技术服务公司和渤海油田绥中陆地处理终端。在室内采用 Hakke RS6000 旋转流变仪分别对稠油的黏度进行测量。流变仪自带的水浴温度控制系统用于控制稠油的温度。在测量开始前,设定好水浴温度,保持稠油水浴达 3min 以上以确保稠油的温度达到恒定。对于一种稠油,温度从低到高依次重复上述操作。

图 1 至图 3 分别为稠油 A～C 的黏度曲线,从图中可以看出,3 种稠油均表现出轻微的剪切稀释性,在本文的研究中,忽略这种作用认为稠油在所测量温度范围内均为牛顿流体。从图中还可以看出,对于同一种稠油,温度越高,黏度越低。比较 3 种稠油可以发现,同一温度下,A、B、C3 种稠油的黏度依次降低。

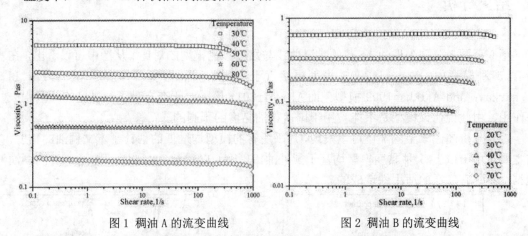

图 1 稠油 A 的流变曲线   图 2 稠油 B 的流变曲线

与此同时,我们采用称重法分别测量了三种稠油不同温度下的密度,如图 4 所示。从图 4 中可以看出,3 种稠油的密度均随着温度的升高而降低,这不难理解,因为随着温度的升高,稠油的体积膨胀。还可以看出稠油的黏度越高,相应的密度也越大。这主要是因为稠油的黏度越高,其内部高碳组分的含量相应的也越多,这必然导致稠油密度变大。

从上文的分析可知,温度不是影响稠油黏度的唯一变量,因为同一温度下 3 种稠油的黏度各不相同。在此我们引入 API 度作为稠油黏度的另一个参量。本文采用多项式拟合了密度随温度的变化曲线,在此基础上求出 15.6℃时稠油的密度,进而根据 API 度的定义(公式(1))计算了各稠油的 API 度,计算得到 A～C3 种稠油的 API 分别为 13.3、18.4、20.8。

在下文的研究中，我们忽略稠油其他的物性参数，将 API 度作为度量稠油种类的唯一参量。

$$API = \frac{141.5}{\rho_o / \rho_w} - 131.5 \tag{1}$$

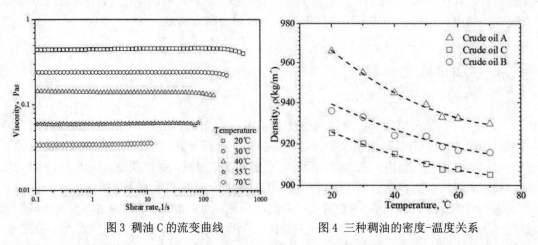

图 3 稠油 C 的流变曲线　　　　　　图 4 三种稠油的密度-温度关系

3 结果分析

图 5 至图 7 分别为稠油 A～C 的黏温曲线与黏度预测模型的对比。从图中可以看出，在所有 5 种模型中，Hossain2005 模型更接近于实测的稠油黏度，其次是 Beal1946 和 Elsharkawy and Alikhan1999 模型，而 Alomair2011 模型对所有 3 种稠油黏度的预测均失去作用，由此说明该模型是不能被用于国内稠油黏度的预测的。

综合分析图图 5 至图 7 还可以发现，几乎所有的模型均过低的估计了本文稠油的黏度，这主要是由于以上 5 种黏度模型均基于国外油田（US、Kuwait、Middle East 等）的稠油数据，不具有广泛的适用性造成的。

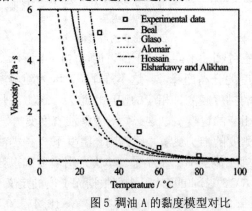

图 5 稠油 A 的黏度模型对比　　　　　图 6 稠油 B 的黏度模型对比

$$\%AAD=\frac{1}{n}\sum_{i=1}^{n}\frac{\left|\mu_{cal}-\mu_{exp}\right|}{\mu_{exp}}*100 \tag{2}$$

在以上定性分析的基础上，我们定义了%AAD用于定量的描述各模型的预测精度，如公式（2）所示。图1-8给出了各模型预测精度的大小。从图中可以看出，Hossain2005模型具有最高的预测精度，在API=18.4时，预测精度到16%；而Alomair2011模型对三种稠油均达到90%以上的预测误差。除Alomair2011外的其他4种模型的预测误差均在API=18.4处达到最小值，且此处误差范围为16%~49%。

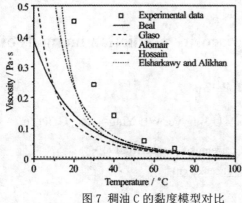

图7 稠油C的黏度模型对比

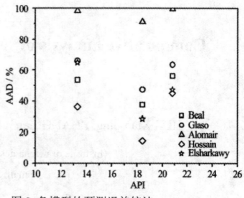

图8 各模型的预测误差统计

4 结论

本文采用哈克流变仪测量了国内3种不同稠油不同温度下的黏度，并分别与文献中常用的5种模型进行了对比分析。研究表明，稠油动力黏度和密度都随着温度的升高而降低，而且黏度越高的稠油对应的密度也越大。API度和温度是稠油黏度预测的两个重要参量。在所有的模型中，Hossain2005具有最高的精度，在API=18.4时预测误差仅为16%，而Alomair2011模型则几乎失去作用。

参 考 文 献

1 Martínez-Palou R., Mosqueira M., Zapata-Rendón B., et al. Transportation of heavy and extra-heavy crude oil by pipeline: A review[J]. Journal of Petroleum Science and Engineering, 2011,75(3–4): 274-282.

2 Beal C. Viscosity of air, water, natural gas, crude oil and its associated gases atoil field temperature and pressures. Trans AIME 1946;165:114–27.

3 Glaso O. Generalized pressure–volume–temperature correlation for crude oil system. J Pet Technol

1980;2:785–95.

4   Hossain MS, Sarica C, Zhang HQ. Assessment and development of heavy-oil viscosity correlations. In: SPE International Thermal Operations and Heavy Oil Symposium, Kalgary, 1–3 November 2005. p. 1–9.

5   Alomair O, Elsharkawy A, Alkandari H. Viscosity predictions of Kuwaiti heavy crudes at elevated temperatures. In: SPE Heavy Oil Conference and Exhibition, Kuwait, 12–14 December 2011. p. 1–18.

6   A.M. Elsharkawy, A.A. Alikhan, Models for predicting the viscosity of Middle East crude oils, Fuel, Volume 78, Issue 8, June 1999, Pages 891-903.

Comparative analysis of several viscosity prediction methods of heavy oil

CHEN Xiao-ping, ZHANG Jian, LIU Shuo, XU Jing-yu, WU Ying-xiang, GUO Jun

(Institute of mechanics, Chinese academy of sciences,100190,

Email: xujingyu@imech.ac.cn)

Abstract: Dynamic viscosity is an important parameter both in exploitation and pipeline transportation process of heavy oil. Current estimating of viscosity of heavy oil is often by using viscosity prediction formulas. However, because most of the existing formulas are empirical equations based on regional data, they are of high prediction precision only for heavy oil with specific components in a particular area. In this paper, viscosities of three heavy oil from suizhong oil field or China National Offshore Oil Corporation were measured using Hakke RS6000 rotational rheometer. The dynamic viscosity range at 30 ℃ was: 241~5239 mPa*s, the temperature range was: 20~70 ℃ and the pressure was 0.1 MPa. Five kinds of viscosity calculation models including Beal1946, Glaso1980 and Hossain2005 were analyzed comparing with the experimental data. Studies had shown that both the API and temperature have great influence on the viscosity of heavy oil. In all of the five models, the prediction accuracy of Hossain model was the highest, and Alomair model the worst.

Key words: heavy oil; dynamic viscosity; calculation model; prediction accuracy; API

理想条件下影响海山后尾迹涡生成因素的数值研究

王淋淋，毛献忠

(清华大学深圳研究生院海洋科学与技术学部，深圳，518055，Email: maoxz@sz.tsinghua.edu.cn)

摘要： 采用 Regional Ocean Modeling System（ROMS）海洋模式，对矩形 channel 中的理想海山模型，研究了均匀分层流作用下，不同的伯格数和来流条件对海山诱导的尾迹涡及垂向混合的影响。结果表明，其他条件一定时，伯格数越大，越有利于海山后尾迹涡的产生，涡脱落频率越快。当来流速度较低（0.05m/s）及较高（0.8m/s）时，均不利于在海山后形成稳定的垂向输运。随流速的增加，尾迹涡的强度增大，涡脱落频率加快，而流速较大（0.8m/s）时，虽有利于水平涡的产生，但会抑制垂向输运。

关键词： ROMS；海山；尾迹涡；垂向混合

1 引言

20 世纪 60 年代以来，由卫星观测发现低层大气云团在穿越高山后会产生类似卡门涡街的涡旋状运动[1-2]，并由此引发对大气中所产生涡旋现象的研究。一些研究对涡旋脱落的条件展开了实验分析，发现涡旋脱落与弗劳德数 F_h 有关，并得出只有当 F_h 小于特定值 0.15~0.4 时，才会在模拟的孤立山后出现涡旋脱落[3-4]。除此之外，相关研究发现过流率 H_s/h（其中 H_s 为流线分离点，位于地面和 H_s 之间的流体将从两侧绕过障碍物，超过 H_s 的流体将越过障碍物，h 为障碍物高度）也是形成涡旋脱落的一个重要条件。实验室的研究表明，淹没平台后的尾迹流的形态受过流率的影响。在不同的实验条件下，得出当 H_s/h 在 0.8-0.85 之间时，流体通过障碍物后，可形成涡旋脱落[5,6]。

对影响山岳后尾迹涡结构及性质的因素展开分析后，Heinz 等[7]对大气对流边界层中形成的涡，增加地表热通量后，会导致涡较快的衰减，使得涡的半径减小。对孤立山尾迹流中出现的一对垂向涡展开研究，Thorpe 等[8]为地表的摩擦力是产生该垂向涡的重要原因。Schar 等[9]基于伯努利原理的分析，认为损耗是产生垂向涡的原因。目前，对导致山岳后涡变异的因素及机理的研究尚无统一的结论，仍需展开进一步的探索研究。

对深海中的海山，在洋流作用下能否会产生类似大气中山岳后的涡旋现象，由于缺少有效地观测媒介，目前还没有较成熟的研究。针对该问题，当前的研究多以数值模拟的方式展开，Beckmann 等[10]较早的对数值模式研究海山周边流时存在的问题及结果的准确性展开了研究。Ezer 等[11]对比了 the Princeton ocean model (POM) 和 Regional Ocean Modeling System（ROMS）两种海洋模式在研究理想 channel 中海山问题时存在的问题及各自优缺点。本文基于大气中山岳后产生尾迹涡的相关研究，借助 ROMS 海洋模式，在理想条件下，研究海洋中影响孤立海山后尾迹涡生成的因素。

2 研究方法

建立周期性的 f-plane channel，channel 为 500 km × 450 km × 4500 m 的矩形水道，内有周期性的海流，channel 中心为高斯函数构造的海山，海山模型的公式为：

$$h(x, y) = H_0 - He^{[-(x^2+y^2)/L^2]} \tag{1}$$

其中，H_0=4500 m，L=25 km，H=4050 m，channel 的 wall 壁面边界与海山的距离超过 10 倍海山半径，因此可以消除壁面对海山附近流动的影响。对模拟的海山模型，设置初始密度场为水平等密度分层，密度采用线性分层，其对应的公式为：

$$\rho = 1028 - \Delta_{z\rho} e^{(z/1000)} \tag{2}$$

其中，$\Delta_{z\rho}$ 是海表与最大水深之间的密度差异，$\Delta_{z\rho}$ 代表不同背景密度分层的强度，进而可由 $\Delta_{z\rho}$ 得到不同的伯格数，伯格数 S 的表达式为：

$$S = N_0 H_0 / f_0 L \tag{3}$$

其中，N_0=$(gH_0\Delta_{z\rho}/\rho_0)^{0.5}$ 为 Brunt-Vaisala frequency，在海洋中，上层混合层和深层的 N_0 最小，其数量级约为 10^{-3}~10^{-4} s^{-1}，在密度跃层中的 N_0 最大，其数量级约为 10^{-2} s^{-1}。对海洋中存在的准水平的大尺度运动和密度场，一般 N_0 为 10^{-3} s^{-1}，H_0 的数量级约为 10^3 m，L 约为 10^3 m，f_0 约为 10^{-2} s^{-1}（中纬度海区），从而得到 Burger 数的数量级为 1。在研究中设置 S 的范围为 1、2、3、4 等四种情形展开研究。

对不同的来流条件展开研究，分析其对海山后尾迹涡及垂向混合的影响，在海洋中黑潮产生的最大流速接近 1m/s，对流速的最大值选择小于 1 m/s。由此选择三种不同强度的流速条件 v=0.05 m/s、0.2 m/s 和 0.8 m/s 展开研究。

ROMS 建立的海山模型，x 和 y 方向的网格点 $I×J$ 为 84×75，垂向分层 40 层，科氏参数 f 设为定值 10^{-4} s^{-1}，最大的地形倾斜 $r = 0.3$，时间步长为 360s。采用 Biharmonic viscosity 控制动量方程的黏性项，对 4 阶的黏性系数设为 v=5×10^9 m^4/s。选择相对涡度 ξ 和垂向 Ω 速度两个指标来分析海山后尾迹涡和垂向的输运特征，其对应的公式如下：

$$\xi = \frac{\partial v}{\partial x} - \frac{\partial u}{\partial y} \tag{4}$$

$$\Omega(x,y,\delta,t) = \frac{1}{h}[(1-\delta)u\frac{\partial h}{\partial x} + (1-\delta)v\frac{\partial h}{\partial y} + 2w]\qquad(5)$$

其中(u,v,Ω)为速度在(x, y, δ)方向上的分量，w为真实的垂向速度，在δ-coordinate 坐标系下，$\delta=2(z/H)+1$，h为流体的深度$h=h(x, y)$。

3 结果分析

为验证模型参数设置的可信性，选择伯格数 $S=4$，初始流速 $v=0.2\text{m/s}$ 进行模拟，将得到的结果与文献[12]的结果进行对比。二者在参数设置上基本一致，主要区别为本文采用的是线性的状态方程，而文献中为非线性的状态方程。同时本文 channel 的尺寸为 500km×450km 比文献中的 380km×288km 更大。

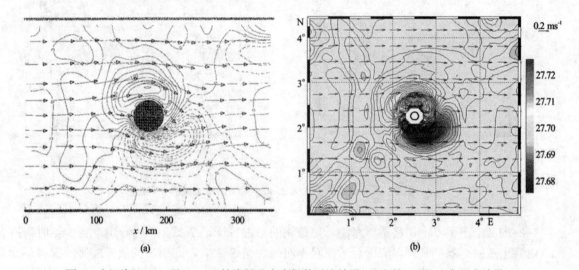

图 1　水深为-2000m 处，2day 的流场及密度场的对比结果: (a)文献[12]和(b)本研究结果

图 1 给出了二者的对比结果，本研究选择了与文献中相同的-2000m 水深处，2d 的流场及密度场进行对比。结果表明，二者流场接近一致，在流动过程中只在海山周围出现了绕山的弯曲流动。对密度场，本文得到的海山周围高、低密度分布区也与文献[12]接近一致。对远离海山的密度分布也与文献中较一致。通过与文献中类似结果的对比，证明本文在参数设置上的可信性，以便展开进一步的研究。

对给定的验证模型，研究了 3d、5d、10d、15d、20d 和 25d 时，在水深 0m、-450m、-2000m 和-4000m 处的流场、水平涡度以及垂向混合情况。得出在模拟的第 20 天时 channel 中的流场趋于稳定，海山周围所产生的垂向输运也趋于稳定，海山后开始出现稳定的涡脱落演化。因此，在接下来的研究中均以流场稳定的 25d，水深-2000m 为代表进行结果分析。

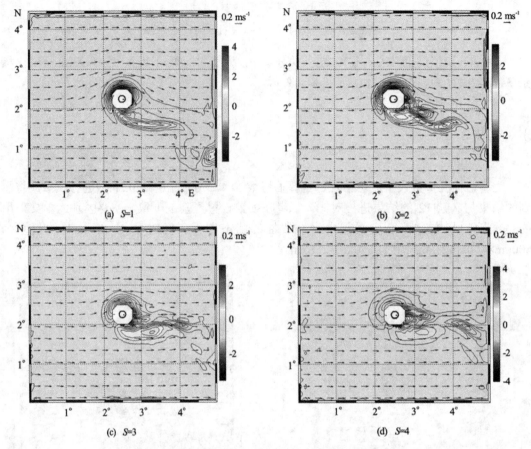

图 2   不同伯格数下水深 2000m 处海山后尾迹涡的形态特征

图 2 给出了不同伯格数下海山后尾迹涡的形态特征，从图 2 可以看出，当 $S=1$ 时，海山后出现的正涡被拉伸，海山后的负涡不明显。当 $S=2$ 时，海山后的涡向右侧的偏移，此时出现了正涡的脱落，并产生较为明显的负涡。当 $S=3$ 时，涡的发展较充分，均出现了正、负涡的脱落，并不断向下游移动。当 $S=4$ 时，海山后的涡由海山一侧产生逐渐变为在山后诱导产生，产生的涡不断脱落并向下游移动。基于海山后涡的形态随伯格数的变动特征，可以看出，伯格数越大，即海洋的层结越稳定，越有利于涡在海山后的生成，出现涡旋脱落所需的时间越短，且涡的脱落频率加快。

在伯格数 $S=4$ 的条件下，进一步对不同来流影响海山后尾迹涡及垂向混合的情况展开研究。图 3 给出了 3 种流速作用下海山后的相对涡度及垂向 Ω 速度的分布情况。表 1 给出了不同流速下的最大相对涡度及最大垂向 Ω 速度。

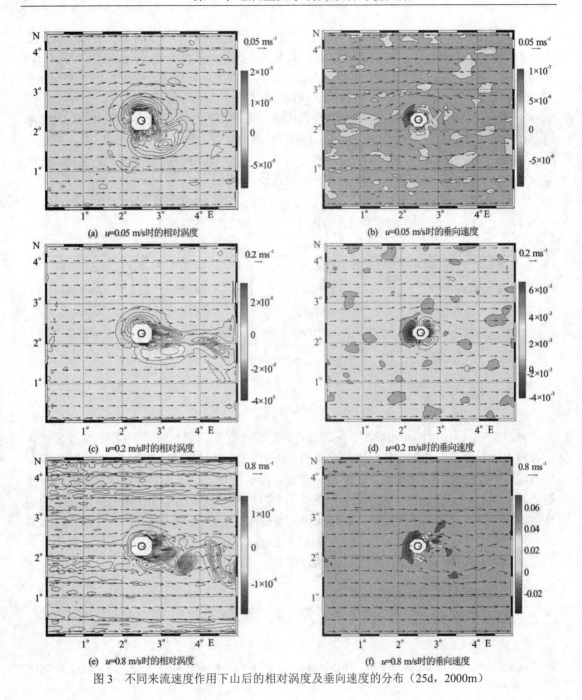

图 3　不同来流速度作用下山后的相对涡度及垂向速度的分布（25d，2000m）

　　结合图 3 和表 1 的结果可以看出，当不同的流速作用相同的时间（25d）时，随着流速的增加，海山后涡的强度逐渐增加，其数量级由 10^{-6} 增加到 10^{-4}。海山后出现正涡和负涡的数量也相应增加，说明涡脱落的频率随流速的增加在不断加快。对海山诱导的垂向 Ω 速度，可以看出，在不同的流速作用下，海山迎流的一侧均可产生向下的垂向输运，随流速的增加，所产生的向下垂向输运的强度也在增大。而在海山背流一侧，在低流速 v=0.05 m/s 和高流速 v=0.8m/s 时，产生的垂向输运均较弱，且垂向输运作用的范围远小于 v 为 0.2m/s 时。这可能是因为流速较低时，难以引起较强的垂向输运。而当流速较大时，由于海洋处于一个较稳定的密度层结，在流动的惯性作用下，海流更趋向于产生水平方向的运动，进而会在一定程度上抑制海水的垂向输运。在图 3 中也可以看出，当 v=0.8m/s 时，在整个 channel 中分布的较多数量的涡，而仅在海山附近才产生明显垂向的 Ω 速度，也说明较强的流速会在很大程度上诱导出水平的涡而会限制垂向上的运动。

表 1   不同流速下的最大相对涡度及最大垂向 Ω 速度

Case	0.05 m/s	0.2 m/s	0.8 m/s
最大正涡度值/s^{-1}	1.01E-05	3.28E-05	1.64E-05
最大负涡度值/s^{-1}	-8.98E-06	-4.06E-05	-1.83E-04
最大正垂向 Ω 速度/（m/s）	2.02E-03	6.42E-03	0.0695
最大负垂向 Ω 速度/（m/s）	-1.22E-03	-4.91E-03	-0.0359

4   结论

对理想 channel 中的海山模型，在均匀的分层流作用下，研究了不同伯格数以及来流条件对海山诱导尾迹涡的形态特征以及垂向混合影响，得到如下结论：①当其他条件不变时，伯格数越大，海洋层结越稳定，在海山后形成稳定的流场以及出现涡旋脱落所需的时间越短，越有利于海山后涡的产生。②其他条件不变时，随着流速的增加，海山后出现涡的强度逐渐增大，同时涡脱落的频率也不断加快。当来流速度较低（0.05m/s）及较大（0.8m/s）时，均不利于在海山后形成稳定的垂向输运，且当流速较大（0.8m/s）时，虽有利于诱导出水平方向的涡，但会限制垂向上的流动过程。

参 考 文 献

1   Zimmerman L I. Atmospheric Wake Phenomena Near the Canary Islands. J. Appl. Meteorol., 1969, 8: 896-907.

2   Young G S, Zawislak J. An observational Study of Vertex Spacing in Island Wake Vortex Streets . Mon. Weather Rev., 2006, 134: 2285-2294.

3   Vosper S B, Castro I P, Snyder W H. Experimental studies of strongly stratified flow past three-dimensional orography . J. Atmos. Sci., 1999, 46: 1154-1164.

4   Vosper S B. Three-dimensional numerical simulations of strongly stratified flow past conical orography . J. Atmos. Sci., 2000, 57: 3716-3739.

5   Boyer D L, Davies P A. Stratified rotating flow over and around isolated three dimensional topography . Philos. Trans. Roy. Soc. London, 1987, 332A: 213-241.

6   Brighton P W M. Strongly stratified flow past three-dimensional obstacles . Quart. J. R. Met. Soc., 1978, 104: 289-301.

7   Heinze R, Raasch S, Etling D. The structure of Karman vortex streets in the atmospheric boundary layer derived from large eddy simulation . Meteorol. Z., 2012, 21(3): 221-237.

8   Thorpe A J, Volkert H. Potential vorticity of flow along the alps, J. Atmos. Sci., 1993, 50: 1573-1590.

9   Schar C, Durran D R. Vortex formation and vortex shedding in continuously stratified flow past isolated topography . J. Atmos. Sci., 1997, 54: 534-554.

10   Beckman A, Haidvogel D. Numerical simulation of flow around a tall isolated seamount. Part I: problem formulation and model accuracy . J. Phys. Oceanogr., 1993, 23: 1736-1753.

11   Ezer T, Arango H, Shchepetkin A F. Developments in terrain-following ocean models: inter comparisons of numerical aspects . Ocean Model., 2002, 4: 249-267.

12   Mellor G L, Oey L Y, Ezer T. Sigma coordinate pressure gradient errors and the seamount problem . J.Atmos Ocean. Tech., 1998, 15: 1122-1131.

Numerical research of the factors affecting the wake vortex behind the seamount under ideal conditions

WANG Lin-lin, MAO Xian-zhong

(Division of Ocean Science and Technology, Graduate School at Shenzhen, Tsinghua University, Shenzhen, 518055. Email: maoxz@sz.tsinghua.edu.cn)

Abstract：The influence of burger number and flow condition on the wake vortex and vertical mixing induced by an ideal seamount model in the rectangle channel were investigated using the Regional Ocean Modeling System (ROMS). Results indicated that it could promote the wake vortex formation and accelerate its shedding under the larger burger number. It was unfavorable for the steady vertical mixing when the flow was too small (0.05m/s) or too large (0.8 m/s). With the increase of the flow, the strength of the wake vortex became large and the vortex shedding frequency speeded up. The large flow velocity (0.8m/s) was benefit for the vortex formation, while it inhibited the vertical mixing.

Key words：ROMS; Seamount; Wake vortex; Vertical mixing.

对称翼型力学模型的建立及水动力特性分析

赵道利，寇林，孙维鹏，罗兴锜，田鹏飞

(西安理工大学，西安，710048, Email: zhaodaoli@126.com)

摘要：对称翼型是流体机械叶片的基础翼型之一，复杂的叶片翼型可以理解为对称翼型等基础翼型的变形或叠加。对称翼型在不同攻角、不同密度流体、不同流速来流下的表面应力、升力、阻力的变化规律与该翼型的效率、空化性能、寿命等密切相关。因此，研究其水动力特性具有重要意义。本文提出一个对称翼型的力学模型，在力学模型中，将来流分为无环量部分和环量部分，分别计算这两部分所受到的法向力、升力以及阻力。将环量部分和无环量两部分的升力、阻力计算结果分别叠加，并结合叶片前缘吸力部分，得到叶片总的升力、阻力表达式，表达式主要包括来流的攻角、速度以及对称翼型的主要翼型参数等。在计算过程中，采用儒可夫斯基保角变换法将对称翼型上的位移、速度等转换为极坐标表示形式，并以极坐标形式计算导叶受力，降低了计算难度，简化了计算分析过程。将所得到的受力结果与试验结果进行对比，验证了力学模型及计算方法的准确性。通过本文的研究为理论研究复杂翼型的水动力性能奠定了基础，并为理论研究复杂翼型的受力提供一种新的方法。

关键词：对称翼型；力学模型；儒可夫斯基保角变换；水动力特性

1 引言

对称翼型不仅应用于风力机叶片、飞机机翼，同样也应用于诸如水力发电机组导叶等水力机械，很多复杂的翼型可以理解为对称翼型等基础翼型的变形或叠加[1]。以往对对称翼型的研究主要集中在空气动力学领域，而水动力特性方面研究较少。对水力机械而言，水动力特性直接关系到机械的寿命及水力效率，一些水力机械叶片需要设计厚度较大的翼型以满足使用强度等要求[2]，对称翼型的研究主要集中在厚度对水力特性的影响。因此，研究对称翼型水动力特性具有重要意义。

目前研究动力特性的主要方法有数学模型计算、数值模拟及试验测试。在数学模型计算中，首先建立力学模型，并将翼型做适当简化，其次附加动静载荷是目前应用比较多的一种研究方法。将力学模型直接应用于研究水动力特性，目前仍未有过多研究。鉴于此，本文将力学模型应用于预测对称翼型的水动力特性预估上，建立一种全新的研究水动力特性的方法。

力学模型研究水动力特性具有明显的优势，可以针对影响水力特性的主要参数进行特定分析。因此，研究水动力特性的主要影响因素，具有实际意义。

针对对称翼型特点，首先建立力学模型，其次加载水动力载荷，并通过计算得到其受力，最后将得到的结果与试验结果进行对比，验证了模型的准确性。弥补了研究水动力特性的不足，并为后续研究水动力特性提供一种新方法。

2 对称翼型力学模型

2.1 力学模型

建立如图 1 所示的力学模型，以对称翼型为研究对象。建立如图所示两个坐标系：①惯性坐标系(O-XZ)；②局部坐标系 (o-xz)；两个坐标系在同一平面。翼型和坐标系(o-xz)在坐标系(O-XZ)内绕定点 A 以角速度 $\dot{\alpha}$ 顺时针旋转，依据叶轮叶片受到的流体冲击特点，假设(O-XZ)坐标系中曲梁受到 OX 方向速度 U、OZ 方向速度 V 的冲击。翼型距旋转中心最近点为 B，两个坐标系原点 o 和 O 点到旋转中心距离为 λa，λ 为系数且 $\lambda > 1$。局部坐标系 x 轴过 A 和 B 两点，为翼型在 x 轴上的投影中点，z 轴过 o 点。翼型的弦长为 $2b$，翼型最大厚度为 m。惯性坐标系保持静止，局部坐标只有旋转运动。

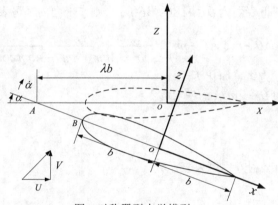

图 1 对称翼型力学模型

在局部坐标系中，水流速度可以表示为：

$$q = (U\cos\alpha - V\sin\alpha + u')i + (U\sin\alpha + V\cos\alpha + w')j \tag{1}$$

式中 q 是局部坐标系中相对流体速度；u' 和 w' 分别是在局部坐标系中 x 和 z 方向的扰动速度。依据参考文献[3]对称翼型方程可写为：

$$\frac{y}{m} = \pm\frac{2\sqrt{3}}{9}(1-\frac{x}{b})\sqrt{1-(\frac{x}{b})^2} \tag{2}$$

因此，翼型的运动方程可表示为：

$$F(x,y,t) = \pm\frac{2\sqrt{3}}{9}(1-\frac{x}{b})\sqrt{1-(\frac{x}{b})^2} - \frac{y}{m} \tag{3}$$

为了分析计算过程中的载荷力，选择式（4）所示儒科夫斯基保角变换，将 ξ 平面的翼型转换到 η 平面的圆：

$$\xi = \eta + b^2/4\eta \tag{4}$$

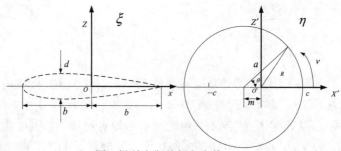

图 2 儒科夫斯基保角变换

式中：$\xi = x + iz$，$\eta = x' + iz'$，$m = \sqrt{3}d / 9$。

η 平面内的圆，圆心为 $(-d, 0)$，应用极坐标形式表示圆，翼型上表面范围为：$\theta \in (0°, 180°)$，翼型下表面为 $\theta \in (180°, 360°)$，则 ξ 平面内 x 可表示为：

$$x = \left(\frac{b}{2}\cos\theta + m\cos\theta - m \right)[1 + \frac{b^2}{b^2 + 4bm + 8m^2 - 4bm\cos\theta - 2m^2\cos\theta}] \quad (5)$$

假设：$m \ll b$，则 x 可简化为：

$$x = b\cos\theta + 2m\cos\theta - 2m \quad (6)$$

2.2 边界条件

无穷远处势流伯努利方程可以表示为：

$$\frac{\partial \phi}{\partial t} + \frac{|q|^2}{2} + \frac{p}{\rho} = C(t) \quad (7)$$

式中：p 是压力；ρ 是流体密度；ϕ 是速度势；$C(t)$ 是时间常数，在无限空间可以表示为：$C(t) = \frac{\partial((U\cos\alpha - V\sin\alpha)x + (U\sin\alpha + V\cos\alpha)y)}{\partial t} + \frac{(U\cos\alpha - V\sin\alpha)^2 + (U\sin\alpha + V\cos\alpha)^2}{2} + \frac{p_\infty}{\rho}$。

根据式（1），速度势可以表示为：

$$\phi = (U\cos\alpha - V\sin\alpha)x + (U\sin\alpha + V\cos\alpha)z + \phi' \quad (8)$$

式中，$\phi' = u'x + w'z$ 是扰动速度势，可以根据下面的表达式计算：$\frac{\partial \phi'}{\partial x} = u'$；$\frac{\partial \phi'}{\partial z} = w'$。依据 $C(t)$ 和式（6），势流伯努利方程可以简化为：

$$p = p_\infty - \rho\left[\frac{\partial \phi'}{\partial t} + (U\cos\alpha - V\sin\alpha)u' + (U\sin\alpha + V\cos\alpha)w' + \frac{1}{2}(u'^2 + w'^2) \right] \quad (9)$$

结合上式，翼型上下表面压力差 $P = P_U - P_L$。

3 受力计算

为了计算方便，将来流分为环量部分和无环量部分，分别计算其受力。最终受力为环量部分和无环量两部分叠加。

3.1 无环量受力计算

假设翼型不发生形变，则此翼型满足条件：

$$\frac{DF}{Dt} = \frac{\partial F}{\partial t} + (U\cos\alpha - V\sin\alpha + u'(x,y))\frac{\partial F}{\partial x} + (U\sin\alpha + V\cos\alpha + w'(x,y))\frac{\partial F}{\partial z} = 0 \quad （10）$$

式中：$F(x,y,t) = 0$；$\frac{\partial F}{\partial x} = -\frac{2\sqrt{3}}{9}d(\frac{2x+b}{b^2})\sqrt{\frac{b-x}{b+x}}$；$\frac{\partial F}{\partial z} = -1$；

$\frac{\partial F}{\partial t} = -\frac{2\sqrt{3}}{9}d\frac{2x+b}{b^2}\dot{x}\sqrt{\frac{b-x}{b+x}} - \dot{z} = -\frac{4d^2}{27}\frac{(b-x)^2(b+2x)}{b^4}\dot{\alpha} - (x+ab)\dot{\alpha}$。分别代入式（10）中，并取

$u'=0$ 解得：

$w'(x,z) =$

$$-\frac{4d^2}{27}\frac{(b-x)^2(b+2x)}{b^4}\dot{\alpha} - (x+ab)\dot{\alpha} - (U\cos\alpha - V\sin\alpha)(\frac{6\sqrt{3}}{27}d\frac{2x+b}{b^2}\sqrt{\frac{b-x}{b+x}}) + (U\sin\alpha + V\cos\alpha) \quad （11）$$

据参考文献[4]，在 θ 方向，翼型表面速度可近似表示为：

$q_\theta(a,\theta,t)$

$$= \frac{1}{\pi}\int_0^{2\pi}\frac{w'(x,z,t)\sin^2\phi \mathrm{d}\phi}{\cos\phi - \cos\theta} \quad （12）$$

$$= (\frac{2\sqrt{3}d\dot{\alpha}}{9} - \frac{4d^2\dot{\alpha}}{27b} - ab\dot{\alpha} - U\sin\alpha - V\cos\alpha)\cdot(-\cos\theta) - (b\dot{\alpha} + \frac{2\sqrt{3}d}{9}\dot{\alpha})(\cos 2\theta)$$

则翼型上、下表面在 θ 方向的扰动速度势分别为：

$$\phi_{UN}{}'(a,\theta,t) = r\int_0^\theta q_\theta \mathrm{d}\theta \quad \theta\in(0,\pi)$$

$$\phi_{LN}{}'(a,\theta,t) = -r\int_\pi^\theta q_\theta \mathrm{d}\theta \quad \theta\in(\pi,2\pi) \quad （13）$$

由式（13）得翼型上、下表面扰动速度可表示为：$u'_U = \frac{\partial\phi_{UN}{}'}{\partial x}$、$u'_L = \frac{\partial\phi_{LN}{}'}{\partial x}$，$z$ 方向扰动速度 $w = w'_U = w'_L = 0$，故由式（9）可得翼型所受到的法向力为：

$$N_{NC} = -\int_{-b}^b (P_U - P_L)dx$$

$$= -4\pi r^2\rho[\frac{2\sqrt{3}d\ddot{\alpha}}{9} - \frac{4d^2\ddot{\alpha}}{27b} - ab\ddot{\alpha} - \dot{U}\sin\alpha + \dot{V}\cos\alpha - (U\cos\alpha - V\sin\alpha)\dot{\alpha}] \quad （14）$$

$$-4r^2\rho(U\cos\alpha - V\sin\alpha)(\frac{2\sqrt{3}d\dot{\alpha}}{9} - \frac{4d^2\dot{\alpha}}{27b} - ab\dot{\alpha} - U\sin\alpha - V\cos\alpha)$$

式中：$\dot{\alpha} = \frac{\partial\alpha}{\partial t}$、$\ddot{\alpha} = \frac{\partial\dot{\alpha}}{\partial t}$、$\dot{U} = \frac{\partial U}{\partial t}$、$\dot{V} = \frac{\partial V}{\partial t}$、$r = \frac{b}{2} + \frac{\sqrt{3}d}{9}$。

3.2 环量受力计算

为了方便计算环量部分受力，选取单个涡 Γ_i 为研究对象，并转换到极坐标中，直角坐标中坐标为 (x_i,z_i)，极坐标中涡 Γ_i 的坐标为 (r_i,φ_i)，计算单个涡所引起的速度和受

力。

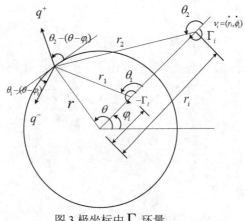

图 3 极坐标中 Γ_i 环量

由几何关系和角变换关系可得，单个涡所引起的翼型上下表面速度为：

$$q_{\theta Ui} = \frac{\Gamma_i}{2\pi r}\left[\frac{r_i^2 - r^2}{r^2 + r_i^2 - 2r_i r \cos(\theta - \varphi_i)}\right] \quad \theta \in (0, \pi)$$

$$q_{\theta Li} = \frac{\Gamma_i}{2\pi r}\left[\frac{r_i^2 - r^2}{r^2 + r_i^2 - 2r_i r \cos(\theta + \varphi_i)}\right] \quad \theta \in (\pi, 2\pi)$$

（15）

式中：r_i 和 φ_i 是极坐标中 Γ_i 的弦长和角度，r 为圆的半径，且 $r = c + \sqrt{3}m/9$，θ 为角坐标参数。翼型上、下表面速度势 $\phi_{Ui}{}'$、$\phi_{Li}{}'$ 可表示为：

$$\phi_{Ui}{}'(\theta, t) = -\int_0^\theta q_{\theta Ui} r \mathrm{d}\theta$$

$$\phi_{Li}{}'(\theta, t) = \int_\pi^\theta q_{\theta Ui} r \mathrm{d}\theta$$

（16）

翼型上下表面扰动速度可分别表示为：$u_{Ui}' = \dfrac{\partial \phi_{Ui}}{\partial x}$、$u_{Li}' = \dfrac{\partial \phi_{Li}}{\partial x}$，$z$ 方向扰动速度 $w_i' = w_{Ui}' = w_{Li}' = 0$，结合式（10）计算单个涡 Γ_i 所引起的法向力为：

$$N_{Ci} = -\int_{-b}^{b} (P_{Ui} - P_{Li})\mathrm{d}x$$

$$= 2r\rho\Gamma_i\left\{\frac{[2r\dot{x}_i\cos\varphi_i + 2rx_i\dot{\varphi}_i\sin\varphi_i]\sin\varphi_i + (x_i^2 - 4r^2\cos^2\varphi_i)(\frac{1}{2}\dot{\varphi}_i)}{(x_i - 2r\cos^2\varphi)\sqrt{x_i^2 - 4r^2\cos^2\varphi_i}} + \frac{[2r\dot{x}_i\cos\varphi_i + 2rx_i\dot{\varphi}_i\sin\varphi_i]\sin\varphi_i - (x_i^2 - 4r^2\cos^2\varphi_i)(\frac{1}{2}\dot{\varphi}_i)}{(x_i + 2r\cos^2\varphi)\sqrt{x_i^2 - 4r^2\cos^2\varphi_i}}\right.$$

$$\left. - \frac{x_i\dot{x}_i + 2r^2\sin 2\varphi_i}{2r\sqrt{x_i^2 - 4r^2\cos^2\varphi_i}} + \frac{\dot{x}_i}{2r}\right\} + \rho(U\cos\alpha - V\sin\alpha)\Gamma_i + \rho\frac{\Gamma_i^2 rr_i^2}{2\sqrt{2}\pi}\frac{sign(\sin\varphi_i)}{(p_1^2 - p_2^2)[r_i^2 - (r)^2]p^2}$$

（17）

式中：$\dot{x}_i = \dfrac{\partial x_i}{\partial t}$、$\dot{\varphi}_i = \dfrac{\partial \varphi_i}{\partial t}$、$p_1 = r_i^2 + (r)^2$、$p_2 = -2r_i r\cos\varphi_i$、$p_3 = 2r_i^2 r^2$、$p_4 = 2(r_i^2 - r^2)r_i r|\sin\varphi_i|$、$p = \sqrt{p_2^2 p_3 + p_1^2(p_3 - p_2^2) + ip_1 p_2 p_4}$。

4 计算结果验证

叶片总的法向力可表示为：

$$N = N_{NC} + \sum_i N_{Ci} \tag{18}$$

法向力分解为升力、阻力：

$$L = N\cos\alpha$$
$$D = N\sin\alpha \tag{19}$$

依据考文献[5]，得到二维翼型受力系数表达式（20），由此计算升力系数 C_L、阻力系数 C_D：

$$C = \frac{F}{\rho U^2 b} \tag{20}$$

式中：F 为升力 L 或阻力 D

为了验证所得力学模型的准确性，并探究模型建立及计算中的不足，编程计算得到模型升、阻力变化曲线，并将模型计算所得到的升、阻力结果与对称翼型水动力特性的试验值进行对比。

目前在翼型动力学研究领域具权威性的是 NASA 的 NACA 系列翼型，为此以NACA0009 及 NACA0015 翼型水动力试验结果进行对比。由文献[6]得到 NACA0009 水动力学试验数据，该翼型厚度为弦长的 9%，文献中水动力特性试验雷诺数 Re=0.6×10^6。图4 为力学模型计算结果与 NACA0009 翼型试验结果升、阻力对比。

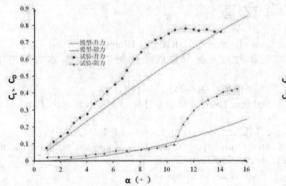
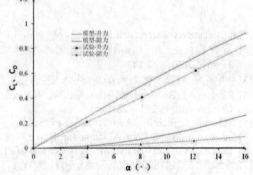

图 4 模型结果与 NACA0009 翼型试验结果对比　　　图 5 模型结果与 NACA0015 翼型试验结果对比

由对比结果可知，模型升力总体上升趋势与试验结果相近。在较小的攻角下 1°~7° 范围内升力与试验结果契合较好，但是在 7°~15° 范围内试验升力明显比模型大。试验升力在 11° 后有一定的下降，趋向于力学模型结果。力学模型阻力系数在 1°~11° 范围内比较接近，阻力计算结果在该范围内所得结果的准确性较高，但是在 11°~12° 后明显上升，上升趋势逐步放缓，模型结果明显小于试验结果。

图 5 为模型升、阻力与 NACA0015 翼型水动力学试验所得的对比分析，NACA0015翼型厚度为弦长的 15%，试验数据取自文献[7]，文献中水动力特性试验雷诺数

$Re=1.82 \times 10^6$。由图可知，模型所得升阻力趋势与试验所得相近，但是模型总体比试验值偏大，尤其是攻角在 16° 时，模型升力比试验值大近 10%，模型阻力比试验阻力大近两倍。总的来说，模型所得结果与试验趋势比较接近，在小攻角下契合的相对较好，但是在大攻角下结果相差比较大，需要对模型进一步修正。

5 结语

通过对比分析可知，模型计算结果与试验值总体趋势比较相近，但是在一定的攻角范围内差距比较明显，尤其是在大攻角下。分析产生差异的主要原因如下：

（1）模型建立和计算时未考虑叶片前缘吸力，水流绕过翼型前缘，迅速加速，形成很大的负压，由此产生向前的受力分量，而模型并未考虑；

（2）计算过程中存在不足之处，由于计算过程牵涉到复杂的数学计算，计算难度比较大，需要做假设及近似替换，计算过程中的假设及近似替换，导致误差比较大；

（3）所选用模型是二维模型，并未考虑翼型本身的长度及受力面积，即纵横比的影响，导致计算结果误差。

本文建立了对称翼型的力学模型，计算得到了叶片所受到的法向力、升力和阻力的表达式。在计算过程中，运用儒可夫斯基保角变换法将圆弧翼型上的位移、速度等转换为极坐标表示形式，简化了计算分析过程。在此基础上，通过给定条件，分析得到了静态升力、阻力变化曲线，为研究更为复杂翼型的水动力特性奠定了基础。后续需对该力学模型进一步修正，考虑假设及计算过程中的不足，并考虑叶片前缘吸力对受力的影响。同时也需对受力的动态效应进行分析，通过设定攻角或速度为时间的函数，对比动态结果，进一步验证模型的准确性。

参 考 文 献

[1] Krishnamurty Karamcheti.Principles of Ideal-Fluid Aerodynamics[D]. Krieger, 1966:495-499.

[2] 罗先武，王 鑫，许洪元，等. 小型潮流水轮机叶片对称翼型的流动特性分析[J].水力发电学报,2012,2(29):239-243.

[3] 张鸣远等.高等工程流体力学[M]. 西安: 西安交通大学出版社,2006(1),126~127.

[4] Raymond L.Bisplinghoff, Holt Ashley, Robert L Halfman. Aeroelasticity [M]. Addison-Wesley Publishing Company, 1996,251—261.

[5] Hermann Schlichtihg. Aerodynamics of the airplane [M]. McGraw Hill International, 1979,267-289.

[6] Gustavo A. Zarruk, Paul A. Brandner, Bryce W. Pearce, et al. Experimental study of the steady fluid–structure interaction of flexible hydrofoils[J]. Journal of Fluids and Structures ,2014(51): 326-343.

[7] 邱磊.船舶操纵相关粘性流及水动力计算[D].武汉:武汉理工大学,2003.

Research on mechanical modeling of symmetrical airfoil and its hydrodynamic characteristic

ZHAO Dao-li, KOU lin, SUN Wei-peng, LUO Xing-qi, TIAN Peng-fei

(Xi'an University of Technology, Xi'an,710048, Email: zhaodaoli@126.com)

Abstract: Symmetrical airfoil is one of fundamental airfoils of fluid machinery blade, complex blade airfoil can be interpreted as deformation or stack of symmetric airfoils and other based airfoils. Symmetrical airfoil at different angle of attack, different density of the fluid and the velocity to the variation law to the surface of the flow stress, lift force, drag force are closely related to the efficiency of the airfoil, the cavitation performance and life. Therefore, it is of great significance to study the hydrodynamic characteristics. This paper presents a mechanical model of symmetrical airfoil, the inflow is divided into non-circulation and circulation forces in the mechanical model, the two parts are calculated respectively by the normal force, lift and drag force. Superposing lift force and drag force of circulation and non-circulation parts, and combining inlet edge suction of blade, then get the expression of total lift force and drag force, expression mainly includes flow angle of attack, velocity and main profile parameters of symmetric airfoils, etc. In the process of calculation, Joukowski conformal mapping was used to convert the displacement and velocity of symmetric airfoil in rectangular coordinate into parameters in polar coordinate, which simplified the calculation greatly. Put the force of the result compared with the experiment results, and the accuracy of the mechanical model and calculation method was verified. Through this article, the study of the theory of hydrodynamic performance laid a solid foundation for complex airfoils, and provide a theory to study the stress of the complex airfoils with a new method.

Key words: Symmetrical airfoil, Mechanical model; Joukowski Conformal Mapping; Hydrodynamic characteristic

非线性湍流模型在梢涡空化流场
模拟上的应用

刘志辉[1]，王本龙[1,2]

(1.上海交通大学工程力学系，上海 200240；2.水动力学教育部重点实验室，上海 200240， Email: benlongwang@sjtu.edu.cn)

摘要：基于 OpenFOAM 平台，比较了线性与非线性湍流模型对螺旋桨梢涡空化的数值模拟能力。通过与实验结果的比较分析，发现非线性 $k-\varepsilon$ 模型能够更加准确地捕捉到梢涡空化现象。并通过对比梢涡区的 Q 等值线及梢涡流场的涡量分布等信息，对非线性湍流模型在预报梢涡及梢涡空化上的适用性进行了进一步的说明。

关键词：螺旋桨；梢涡；梢涡空化；非线性湍流模型；OpenFOAM

1 引言

早期对螺旋桨全湿流场及空化流场的数值预报主要是应用基于势流理论的面元法 (BEM)[1-3]。面元法能较好地预报螺旋桨的敞水性能及附着空泡的大致形状，但由于未考虑流体黏性而无法给出流场的精细结构，而且也未见面元法应用于梢涡空化的预测。而今对 Navier-Stokes 进行雷诺平均得到的 RANS 方程是目前预报螺旋桨梢涡空化流的主要途径。刘登成等[4]基于 RANS 求解器采用非结构网格对螺旋桨敞水性能和空泡性能进行了数值模拟，并准确的预报了螺旋桨的片空泡。Zhu 等[5]使用基于 Boussinesq 涡黏性假定的湍流模型对螺旋桨空化流场进行了数值模拟，如 RNGk-ε 湍流模式。杨琼方等[6]的研究表明，通过修正切应力输运湍流模型，可以较准确地预报出片空化出现的位置和范围以及相应的推力和扭矩，但在梢涡模拟的问题上都遇到了困难。韩宝玉等[7]的研究表明，经过旋转和曲率修正的 EARSM 湍流模型改进了对椭圆翼梢涡空化消失空泡数的预报。而针对不同的湍流模型，Churchfield 等[8]发现现有的湍流模型，过高预报了涡核处的湍流黏性耗散，导致涡强沿流向迅速减小。由于梢涡涡核做近似刚体旋转运动[9]从而导致轴向湍流黏性耗散降低，而 Spalart 等[10]发现经过旋转和曲率修正的湍流模型能效抑制涡核处的黏性耗散，提高了计算精度。虽然对旋转和曲率的修正可在一定程度上提高 RANS 模拟空泡脱落和梢涡空化等非定常空化的能力，但在对旋转和曲率修正的形式以及修正量的确定上缺乏坚实的物理依据。

由于基于 Boussinesq 涡黏性假定的湍流模型难以对梢涡流场进行准确模拟，本文提出把基于非线性涡黏性假定的非线性湍流模型应用于梢涡流场的模拟。本文模拟了典型模型桨的空化流场，通过对比两种湍流模型的计算结果，验证了本文所用非线性湍流模型对复杂梢涡空化流场的模拟能力。

2 数学模型和数值方法

工程应用主要关心湍流流动中的平均流场变化，因此求解时均化的 Navier-Stokes 方程是主要途径。本文使用由 Launfer et al. [11]提出的标准 $k-\varepsilon$ 模型，及基于 Shihn 等[12]提出的非线性涡黏假定的非线性 $k-\varepsilon$ 模型。空化模型使用由 Schnerr & Sauer[13]提出的 Sauer 空化模型。 Sauer 空化模型是基于泡动力学发展而来，其相变源项包含了泡径参数，而且其汽相体积分数可以用汽泡体积来表示

初始和边界条件的设定对计算结果的影响很大，为了计算空化流动，首先要以无空化的自然流场作为初值。本研究中流动入口给定速度值，压力梯度为 0，出口给定压力值，速度梯度为 0，流动区域上下边界为自由滑移壁面条件，翼型表面为无滑移固壁条件。本文使用了两种湍流模型：标准 $k-\varepsilon$ 模型及非线性 $k-\varepsilon$ 模型。入口给定湍动能及湍动耗散率值，出口及翼型表面给定湍动能及湍动耗散率的梯度为 0。

基于 OpenFOAM 开源软件，空间离散通过有限体积法实现。压力速度耦合采用 PIMPLE 方法，时间项离散采用 Euler 格式，对流项离散采用二阶迎风差分格式，扩散项离散采用二阶中心差分格式，体积分数项采用 QUICK 格式。

本文的计算模型为 INSEAN E779A。计算工况为：来流速度为 $U = 5.808\text{m/s}$，进速系数 $J = 0.71$，转速 $N = 36$ rps，空泡数为 1.763。为了研究梢涡空化对梢涡流场的影响，本文首先对该工况下的全湿流场进行了模拟（即将空化模型系数设为 0）。初始网格数为 110万，对螺旋桨梢部附近区域网格进行局部加密（八叉树法）后网格数为 450 万，整个计算网格为结构化网格，近壁面 y+值为 60，满足壁面函数要求。计算域、局部加密区及网格见图 1。

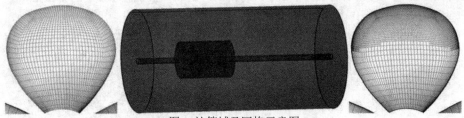

图1 计算域及网格示意图

3 计算结果与分析

为了对比两种湍流模型对螺旋桨空化流的适用性，本文在图 1 中给出了汽相体积分数为 0.1 的等值面图，并与 Salvatore 等[14]的实验结果进行对比。

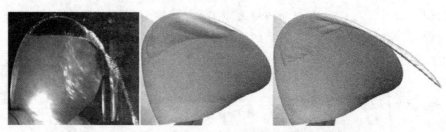

实验结果   标准 $k-\varepsilon$ 非线性 $k-\varepsilon$

图 2 汽相体积分数为 0.1 的等值面图: 左 1 为实验值[14], 右侧为计算值

由图 2 可以看出, 应用标准 $k-\varepsilon$ 及非线性 $k-\varepsilon$ 模型都能准确预测片空泡形态, 但却无法预测出梢涡空泡形态, 而非线性 $k-\varepsilon$ 则能预测出明显的梢涡空泡。要对其原因进行分析, 我们首先的对空泡流下的梢涡形态进行了解。为了直观的表示螺旋桨梢涡形态, 我们给出了两种湍流模型下的标准量 Q 等值面对比图, 见图 3。

标准 $k-\varepsilon$ 非线性 $k-\varepsilon$

图 3 $Q=10^4$ 的等值面图

为了进一步了解螺旋桨梢涡的形成及发展过程, 本文沿周向截取了多个截面以分析螺旋桨梢涡的精细结构。本计算模型以桨毂轴线与桨叶母线的交点为原点, 以过原点且垂直于 Y 轴的截面为 $\theta=0^o$ 截面, 按顺时针方向每隔 10° 角取一截面, 共取了四个截面: $\theta=0^o$、 $\theta=10^o$、 $\theta=20^o$ 及 $\theta=30^o$ 位置处截面(见图 4)。

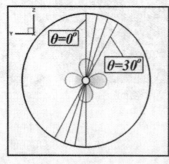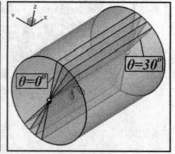

图 4 关于 θ 的截面的示意图

图 5 为各个截面上的无量纲合涡量等值线图, 其中极坐标和涡量以 $2X/D$, $2r/D$ 及 $\omega D/2U$ 做了无量纲化, ω 表示合涡量的值, U 为来流速度, D 为螺旋桨直径。

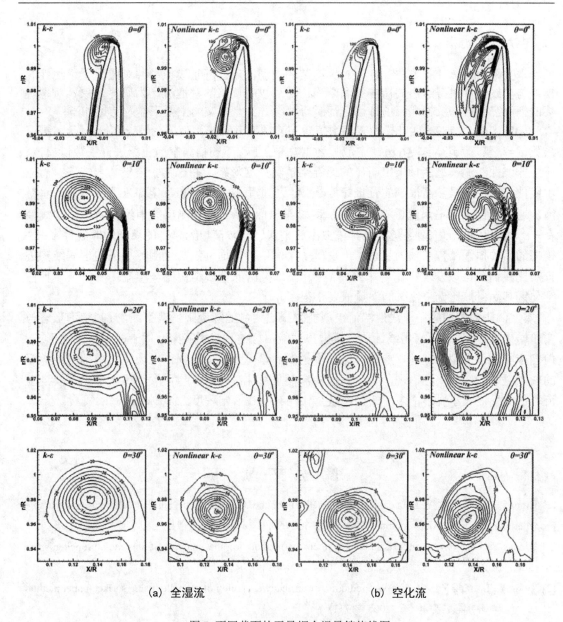

(a) 全湿流　　　　　　　　　　　(b) 空化流

图 5 不同截面的无量纲合涡量等值线图

从图 5 可以看出标准 $k-\varepsilon$ 预测出的梢涡值明显比非线性 $k-\varepsilon$ 模型预测出的值小很多，且其模拟出的梢涡结构较简单为单一的涡结构非线性 $k-\varepsilon$ 模拟的出的梢涡结构则较为复杂，出现了多个涡结构。而同过与全湿流场下的梢涡结构进行对比我们还可以发现空化后非线性 $k-\varepsilon$ 模型拟出的梢涡结构比较复杂。且在空化区其涡量值比全湿流场的涡量值要小很多。而应用标准 $k-\varepsilon$ 模型，由于未模拟出梢涡空化(图 2)，因此在全湿流场后梢涡无论在结构上还是涡量值上都没有显著的变化。

4 结论

本文采用数值计算方法，首先对螺旋桨的全湿流场进行了模拟，并对比分析了线性湍模拟与非线性湍模拟给出的精细梢涡结构；然后以螺旋桨的空泡流场为研究对象，对螺旋桨的梢涡空泡形态及梢涡流场特性进行了研究与分析。本文的主要工作及结论如下：

以 INSEAN E779A 四叶模型桨为数值模拟对象对其在来流速度为 $U = 5.808 \text{m/s}$，进速系数 $J = 0.71$，转速 $N = 36$ rps，空泡数为 1.763 的工况下的梢涡空泡流场进行了数值模拟。应用非线性湍流模型能预报出明显的螺旋桨梢涡空泡形态，并与实验结果吻合较好；而应用线性湍流模型虽然能很好的预报螺旋桨叶面上的附着空泡形态，但却未能预报出梢涡空泡。通过对比分析梢涡涡量等值线图，可以看出标准 $k - \varepsilon$ 预测出的梢涡值明显比非线性 $k - \varepsilon$ 模型预测出的值小很多，且其模拟出的梢涡结构较简单为单一的涡结构非线性 $k - \varepsilon$ 模拟的出的梢涡结构则较为复杂，出现了多个涡结构。而同过与全湿流场下的梢涡结构进行对比我们还可以发现空化后非线性 $k - \varepsilon$ 模型拟出的梢涡结构比全湿流场要复杂，且在空化区其涡量值比无空化时的涡量值要小很多。

本文的研究表明应用非线性湍流模型能预报出明显的螺旋桨梢涡空泡，且其空泡形态与实验结果吻合较好，而应用线性湍流模型虽然能很好的预报螺旋桨叶面上的附着空泡形态，但却未能预报出梢涡空泡。通过对比分析梢涡涡量等值线图，我们发现空化后梢涡结构变的较为复杂，在梢涡区出现了多个涡结构，而且空化区内的涡量值大小比无空化区及全湿流场的涡量值大小要小很多，即梢涡区空化的存在在一定程度上抑制了梢涡的发展。

参 考 文 献

[1] Kinnas S A, Hsin C Y. Boundary element method for the analysis of the unsteady flow around extreme propeller geometries [J]. AIAA journal, 1992, 30(3): 688-696.

[2] Kinnas S, Fine N. A nonlinear boundary element method for the analysis of unsteady propeller sheet cavitation [J]. 1994.

[3] Xiong Y, Jin-ming Y E, De-xun W. Prediction of unsteady cavitation of propeller using surface-panel method [J]. 水动力学研究与进展 B 辑，2005，17(1).

[4] 刘登成，洪方文，张志荣，等. 螺旋桨片状空泡的 CFD 分析[J]. 舰船科学技术, 2009, 31(1): 43-46.

[5] ZHU Z, FANG S. Numerical investigation of cavitation performance of ship propellers [J]. Journal of Hydrodynamics, Ser. B, 2012, 24(3): 347-353.

[6] 杨琼方，王永生，张志宏. 改进空化模型和修正湍流模型在螺旋桨空化模拟中的评估分析[J]. 机械工程学报, 2012, 48(9): 178-185.

[7] 韩宝玉，熊鹰，刘志华. 梢涡空化 CFD 数值方法[J]. 哈尔滨工程大学学报, 2011, 32(6): 702-707.

[8] Churchfield M J, Blaisdell G A. Near field wingtip vortex computation using the WIND code [J]. AIAA Paper, 2006, 633.

[9] Rule J, Bliss D. Prediction of viscous trailing vortex structure from basic loading parameters [J]. AIAA Journal, 1998, 36(2): 208-218.

[10] Spalart P R, Shur M. On the sensitization of turbulence models to rotation and curvature [J]. Aerospace Science and Technology, 1997, 1(5): 297-302.

[11] Launder BE, Spalding, DB. Lectures in Mathematical Models of Turbulence [M]. Academic Press, London 1972

[12] Shih TH, Zhu J, Lumley JL. Calculation of wall-bounded complex flows and free shear flows [J]. Int. J. Numer. Methods Fluids, 1996, 23(11): 1133-1134

[13] Schnerr GH, Sauer J. Physical and numerical modeling of unsteady cavitation dynamics [c].Proceeding of the 4th International Conference on multiphase Flow, New Orleans, La, USA 2001

[14] Salvatore F, Testa C, Greco L. A viscous/inviscid coupled formulation for unsteady sheet cavitation modelling of marine propellers [C].Fifth International Symposium on Cavitation (CAV2003), Osaka, Japan. 2003: 1-16.

The use of nonlinear turbulence model in tip vortex cavitation simulation

LIU Zh-ihui[1], WANG Ben-long[1,2]

(1.Department of Engineering Mechanics, Shanghai Jiaotong University, Shanghai 200240; 2.Ministry of Education Key Laboratory of Hydrodynamics, Shanghai 200240, Email: benlongwang@sjtu.edu.cn)

Abstract：Based on OpenFOAM platform, present work compares the capability of numerical simulation with the nonlinear $k-\varepsilon$ model and $k-\varepsilon$ model on a propeller. By compare with the vortex structures, cavity shapes, and Q isolines, results show that nonlinear $k-\varepsilon$ model can give the more accurate structure of the propeller tip vortex and tip vortex cavity shape than the $k-\varepsilon$ model.

Key words： propeller, tip vortex , tip vortex cavitation, nonlinear turbulence model, OpenFOAM

近岛礁超大型浮体缓坡方程-格林函数耦合模型理论研究

丁军，吴有生，田超，李志伟

(中国船舶科学研究中心，无锡，214082, Email: dingjun@cssrc.com.cn)

摘要： 传统适用于平面海底的有限水深脉动源格林函数并不能较好地描述近岛礁浅水波浪传播特征，但实际分析近岛礁超大型浮体水弹性响应时，Froude-Krylov 力的正确计算对浮体水动力载荷的确定是十分关键的。文中基于可以描述近岸波浪变形的缓坡方程和可以计算平面海底上浮体的运动响应的格林函数法，建立了缓坡方程-格林函数耦合模型，并给出详细的理论推导及计算方法，为下一步理论完善、程序编程和实例验证等提供支撑，同时为后续近岛礁超大型浮式结构物的载荷确定、结构设计与安全性评估奠定了基础。

关键词： 近岛礁；超大型浮体；缓坡方程；格林函数；耦合模型

1 引言

超大型浮式结构物（VLFS）是指那些尺度以千米计的海洋浮式结构物，以区别于目前尺度以百米计的船舶和海洋工程结构物，如普通的海洋勘探和钻井平台等。目前，常规远洋船舶和海洋油气开发平台主要应用于开阔海域、深海或等深浅海，世界上其他国家研究的 VLFS 或用于深海（如美国的 MOB），或用于遮闭的海湾（如日本 Mega Float），对于上述超大型浮式结构物，美、日、中等多国学者已进行了多年的研究[1-6]，而针对我国重要海域实际需求的大型与超大型海上浮式结构物所处环境具有"潟湖内外岛礁旁、波流分布不均匀、海底条件变水深、台风多发风浪大"等四大特点，从而导致 VLFS 的工作环境和结构形式均与常规船舶和海洋平台及国外关注的超大型海上浮体有显著的差别。因此，相对于现有海洋装备，近岛礁超大型浮体将面临三个方面的新挑战：① 有多种尺度要求，大型与超大型浮体的波浪响应不仅需计及其复杂形状与多模块特征，且必须计及与流场耦合的弹性效应（图1左）；② 其所处的海域存在变水深海底条件（图1中）；③ 作业与生存环

基金项目：国家重点基础研究发展计划资助（2013CB036102）；工信部高技术船舶科研项目资助 工信部联装 [2012]533

境存在波流时空演化的不均匀性及台风极端海况（图1右）。因此，研究计及波流不均匀性、变水深海底条件及多模块流固耦合效应的超大型浮体三维水弹性力学理论与分析方法便成为了近岛礁超大型浮体复杂环境响应的关键科学问题，也是结构安全性和可靠性评估的基础。

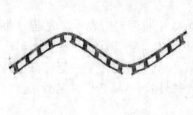

图 1 近岛礁超大型浮体面临的挑战

针对近岛礁超大型浮体面临的 3 个方面挑战，应当突破传统海洋工程结构物的环境载荷分析方法，从流固耦合的观点统一处理复杂的岛礁海洋波浪环境与海洋超大型浮体水弹性响应，目前国内外关于这方面的文献相对较少[7-10]，还未形成一个系统的研究思路。而文献[11]中第一次系统地阐述了近岛礁超大型浮体水弹性研究的具体思路，引入了可以考虑近岛礁波浪传播变形的水波局域模型，提出了两类简化分析方法和一类直接计算方法，为近岛礁环境下超大型浮体的多模块耦合水弹性响应、弹性连接结构载荷和模块结构载荷的预报和分析奠定了基础。

本文将基于可以考虑复杂海底地形对波浪传播变形影响的缓坡方程和可以考虑波浪与浮式结构物相互作用的格林函数法，建立缓坡方程—格林函数耦合模型即文献[11]中提出的第二类简化分析方法，为下一步近岛礁超大型浮体的水弹性力学响应分析提供支撑，在近岛礁超大型浮体三维水弹性理论的发展过程中迈出了重要一步。

2 基本思路

外海波浪由外海传入近岸浅水地区时，受水深、地形、底摩擦、障碍物、水流等因素的影响，会发生变形、折射、绕射、反射和破碎等各种波浪变形现象。超大型浮体布置在岛礁附近时，必将受到浅水变形后复杂波浪环境条件的影响，而目前海洋工程中常用的格林函数法在求解浮式结构物动响应时，通常假定无限水深或海底为平底，并不能考虑复杂海底对波浪演化的影响，因此文献[11]中引入了可以考虑近岛礁波浪传播变形的水波局域模型，从而将水波的浅水变形影响和浮体在有限水深内的动响应分开考虑。基于此思想，建立了缓坡方程—格林函数耦合模型，具体思路如下。

按照线性势流理论，零航速的超大型浮体周围流场速度势可表示为：

$$\phi\left(x,y,z,t\right)=\left[\phi_I\left(x,y,z\right)+\phi_D\left(x,y,z\right)+\sum_{r=1}^{m}p_r\phi_r\left(x,y,z\right)\right]e^{i\omega t} \tag{1}$$

式中，$\phi_I\left(x,y,z\right)$、$\phi_D\left(x,y,z\right)$ 和 $\phi_r\left(x,y,z\right)$ 分别为入射波速度势、绕射波速度势和第 r 阶单位幅值辐射波速度势；p_r 为结构第 r 阶主坐标。

由式（1）可知，常规的格林函数法求解无限水深或有限水深(假定海底为平底)流体中浮体响应时，一般将流场速度势分解为入射势、绕射势和辐射势。但考虑近岛礁复杂海底后，海底地形将对波浪传播变形产生重要的影响。因此有必要利用目前成熟的近岸波浪传播数值模拟模型—缓坡方程模型来对浅水变形现象进行精细描述，并结合格林函数法建立格林函数—缓坡方程耦合模型，该模型将流场速度势进行重新分解，即：辐射势 $\phi_r\left(x,y,z\right)$、地形联合折射绕射速度势(不带浮体)$\phi_C\left(x,y,z\right)$、浮体绕射势 $\phi_D\left(x,y,z\right)$，具体研究思路如图 2 所示。

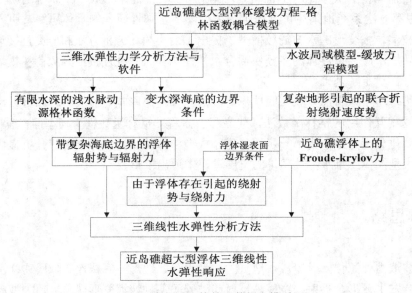

图 2 缓坡方程-格林函数耦合模型

下面将对这三个速度势分量进行分别求解。

3 辐射势

利用有限水深脉动源格林函数，将变水深海底作为边界条件，求解带复杂海底边界的浮体辐射势和辐射力。

有限水深辐射势需满足控制方程及边界条件如下:

[L] $\qquad \nabla^2 \phi_r(x,y,z) = 0 \qquad\qquad$ 在流域内;

[F] $\qquad \dfrac{\partial \phi_r}{\partial z} - v\phi_r = 0 \qquad\qquad$ 在 $z=0$ 上;

[S] $\qquad \left.\dfrac{\partial \phi_r}{\partial n}\right|_{S_0} = i\omega(\vec{u}_r \cdot \vec{n}) \qquad\qquad$ 在物面上; $\qquad\qquad$ (2)

[B] $\qquad \left.\dfrac{\partial \phi_r}{\partial z}\right|_{z=-H} = 0 \qquad\qquad$ 水底;

[R] $\qquad \lim\limits_{R\to\infty} \sqrt{R}\left(\dfrac{\partial \phi_r}{\partial R} - ik\phi_r\right) = 0 \qquad\qquad$ 远方辐射条件;

满足上述控制方程和边界条件的有限水深格林函数积分形式:

$$G(x,y,z,\xi,\eta,\zeta) = \frac{1}{r} + \frac{1}{r_2} + \text{P.V.}\int_0^\infty \frac{2(k+v)e^{-kH}\cosh k(z+H)\cosh k(\zeta+H)}{k\sinh(kH)-v\cosh(kH)}J_0(kR)dk$$

$$+i\frac{2\pi(K+v)e^{-KH}\sinh(KH)\cosh K(z+H)\cosh K(\zeta+H)}{vH+\sinh^2(KH)}J_0(KR) \qquad (3)$$

那么流域内各点速度势为:

$$\phi_r(P) = \frac{1}{4\pi}\iint_{S_0}\sigma(Q)G(P,Q)\mathrm{d}S \qquad (4)$$

其中,$\sigma(Q)$ 为物面上的源强;S_0 为物面;P 和 Q 分别为场点和源点。决定源强的积分表达式为:

$$\frac{1}{2}\sigma(P) + \frac{1}{4\pi}\iint_{S_0}\sigma(Q)\frac{\partial G(P,Q)}{\partial n}\mathrm{d}S = \frac{\partial\phi_r(P)}{\partial n},\quad P\in S_0 \quad \text{物面} \qquad (5)$$

其中,$\dfrac{\partial\phi_r}{\partial n} = i\omega(\vec{u}_r\cdot\vec{n})$ 已知,由物面法向条件提供。对不同的模态 r,有各自的源强分布密度 $\sigma(Q)$。

4 地形联合折射绕射速度势(不带浮体)

文中采用修正的缓坡方程,相对于经典缓坡方程[12],引入了陡变地形、底床摩阻和波浪破碎的影响。

$$(W - 2\omega i)\frac{\partial \phi}{\partial t} = \nabla \cdot \left(cc_g \nabla \phi\right) + k^2 cc_g \nabla \phi + \left(gf_1(kh)(\nabla h)^2 + f_2(kh)\nabla^2 hgk\right)\phi \\ + i\omega W\phi - F\phi \tag{6}$$

式中,W 是计入能量扩散影响项;c 和 c_g 分别为波速和波群速;k 为波数;f_1 和 f_2 是计入陡变地形影响项;F 是考虑非线性色散关系影响项。

上式结构形式相对复杂,为便于进行数值离散,根据 Radder[13]引入新的速度势:

$$\tilde{\phi} = \sqrt{cc_g}\,\phi \tag{7}$$

代入到式(6)中,得

$$\frac{W - 2i\omega}{cc_g}\frac{\partial \tilde{\phi}}{\partial t} = \nabla^2 \tilde{\phi} + k_c^2 \tilde{\phi} \tag{8}$$

$$k_c^2 = k^2 - \frac{\nabla^2 \sqrt{cc_g}}{\sqrt{cc_g}} + \frac{i\omega W - F + gf_1(kh)(\nabla h)^2 + f_2(kh)\nabla^2 hgk}{cc_g} \tag{9}$$

方程的数值离散采用 ADI 方法,将时间步长分两步,分别对 x, y 方向进行迭代求解。

$$f_{i,j}\frac{\tilde{\phi}_{i,j}^{n+1/2} - \tilde{\phi}_{i,j}^{n}}{\frac{1}{2}\Delta t} = \delta_x^2 \tilde{\phi}_{i,j}^{n+1/2} + \frac{1}{2}\left(k_c^2\right)_{i,j}\tilde{\phi}_{i,j}^{n+1/2} + \delta_y^2 \tilde{\phi}_{i,j}^{n} + \frac{1}{2}\left(k_c^2\right)_{i,j}\tilde{\phi}_{i,j}^{n} \tag{10}$$

$$f_{i,j}\frac{\tilde{\phi}_{i,j}^{n+1} - \tilde{\phi}_{i,j}^{n+1/2}}{\frac{1}{2}\Delta t} = \delta_x^2 \tilde{\phi}_{i,j}^{n+1/2} + \frac{1}{2}\left(k_c^2\right)_{i,j}\tilde{\phi}_{i,j}^{n+1/2} + \delta_y^2 \tilde{\phi}_{i,j}^{n+1} + \frac{1}{2}\left(k_c^2\right)_{i,j}\tilde{\phi}_{i,j}^{n+1} \tag{11}$$

$$f_{i,j} = \frac{W - 2i\omega}{\left(cc_g\right)_{i,j}} \tag{12}$$

$$\delta_x^2 \tilde{\phi}_{i,j}^{n} = \frac{\tilde{\phi}_{i-1,j}^{n} - 2\tilde{\phi}_{i,j}^{n} + \tilde{\phi}_{i+1,j}^{n}}{\Delta x^2} \tag{13}$$

$$\delta_y^2 \tilde{\phi}_{i,j}^{n} = \frac{\tilde{\phi}_{i,j-1}^{n} - 2\tilde{\phi}_{i,j}^{n} + \tilde{\phi}_{i,j+1}^{n}}{\Delta y^2} \tag{14}$$

5 浮体绕射势

通过前面计算，可以分别得到辐射势 $\phi_r(x,y,z)$、地形联合折射绕射速度势(不带浮体) $\phi_C(x,y,z)$ 的结果。同辐射势类似，绕射势 $\phi_D(x,y,z,t)$ 也要满足控制方程及边界条件：

$$[L] \qquad \nabla^2\phi_D(x,y,z)=0 \qquad\qquad 在流域内；$$

$$[F] \qquad \frac{\partial\phi_D}{\partial z}-v\phi_D=0 \qquad\qquad 在 z=0 上；$$

$$[S] \qquad \left.\frac{\partial\phi_D}{\partial n}\right|_{S_0}=-\left.\frac{\partial\phi_C}{\partial n}\right|_{S_0} \qquad\qquad 在物面上； \tag{15}$$

$$[B] \qquad \left.\frac{\partial\phi_D}{\partial z}\right|_{z=-H}=0 \qquad\qquad 水底；$$

$$[R] \qquad \lim_{R\to\infty}\sqrt{R}\left(\frac{\partial\phi_D}{\partial R}-ik\phi_D\right)=0 \qquad 远方辐射条件；$$

物面上的速度势导数 $-\left.\dfrac{\partial\phi_C}{\partial n}\right|_{S_0}$ 可以通过只考虑地形的联合折射绕射速度势的结果求

得，根据 Haskind[14]的推导，绕射势与辐射势之间存在如下关系：

$$\iint_{S_0}\phi_D n_r \mathrm{d}S=\iint_{S_0}\phi_D\frac{\partial\phi_r}{\partial n}\mathrm{d}S=\iint_{S_0}\phi_r\frac{\partial\phi_D}{\partial n}\mathrm{d}S=-\iint_{S_0}\phi_r\frac{\partial\phi_C}{\partial n}\mathrm{d}S \tag{16}$$

则绕射势的计算公式为：

$$\phi_D=-\frac{\phi_r}{n_r}\frac{\partial\phi_C}{\partial n} \tag{17}$$

通过上式可知，绕射势的计算可由辐射势和地形联合折射绕射速度势联合求得。

那么波浪干扰力为：

$$F_{\mathrm{wr}}(t)=Re\left\{f_{\mathrm{wr}}e^{i\omega t}\right\} \tag{18}$$

其中

$$f_{wr} = \rho i\omega \iint\limits_{S_0} (\phi_C + \phi_D) n_r \mathrm{d}S = \rho i\omega \iint\limits_{S_0} \phi_C \frac{\partial \phi_r}{\partial n} - \phi_r \frac{\partial \phi_C}{\partial n} \mathrm{d}S \qquad (19)$$

6　超大型浮体水弹性响应

通过缓坡方程-格林函数耦合模型，可以解决复杂海底地形上浮体的动响应问题，得到了流场各点速度势。下一步将利用超大型浮体的水弹性力学运动方程求解结构节点上的位移、应力和应变等参数。

超大型浮体的线性水弹性力学运动方程[15]为：

$$[a + A]\{\ddot{p}\} + [b + B]\{\dot{p}\} + [c + C]\{p\} = \{\Xi(t)\} \qquad (20)$$

式中，[A]，[B] 和 [C] 分别为广义附加质量矩阵、附加阻尼矩阵、流体恢复力矩阵；[a]，[b] 和 [c] 分别为干结构广义质量、广义阻尼及广义刚度矩阵；$\{\Xi(t)\}$ 广义波浪激励力列阵。

由缓坡方程-格林函数耦合模型求得各系数值代入到上式中即可得到浮体各阶模态的主坐标响应，进一步可得到浮体结构的动态位移、应变和应力等数值。

结构系统各节点上的动态位移、应变和应力[16]可表示为：

$$\begin{cases} \bar{u}(t) = \sum_{r=1}^{m} \bar{u}_r p_r(t) \\ \varepsilon_{ij}(t) = \sum_{r=7}^{m} \varepsilon_{ijr} p_r(t) \\ \sigma_{ij}(t) = \sum_{r=7}^{m} \sigma_{ijr} p_r(t) \end{cases} \qquad (21)$$

式中 p_r 为结构第 r 阶主坐标，$\bar{u}$、ε_{ij}、σ_{ij} 分别为该点上对应于第 r 阶振型时的位移矢量、应变和应力张量模态，即根据各模态下的主坐标，由模态叠加法，可以得到结构的总位移、应变和应力随时间变化的曲线。

7　结论

近岛礁超大型浮体除了要考虑大尺度带来的水弹性效应，还需计及近岛礁复杂地形对波浪场演化的影响。常规的格林函数法通常是基于无限水深或有限水深平底情况，无法考虑海底地形的影响，而可以考虑海底地形对波浪传播变形影响的缓坡方程又不能考虑浮体的绕射效应。这给近岛礁超大型浮体的水弹性力学分析带来了一定的挑战。

　　本文基于可以考虑近岛礁波浪传播变形的缓坡方程和可以计算海洋浮式结构物动响应的格林函数，建立了缓坡方程-格林函数耦合模型，将近岛礁超大型浮体周围流场速度势进行了重新分解，即辐射势 $\phi_r(x,y,z)$ 、地形联合折射绕射速度势(不带浮体) $\phi_C(x,y,z)$ 和由于浮体存在导致的绕射势 $\phi_D(x,y,z)$ ，并给出了这三种速度势分量的求解步骤。进一步利用水弹性力学运动方程得到了超大型浮体结构各点的动态位移、应变和应力等参数的表达式。本文的研究工作属于文献[11]中归纳的近岛礁超大型浮体水弹性力学响应方法的第二类简化分析方法，文中给出的理论推导及计算方法将为进一步近岛礁超大型浮体三维水弹性力学的理论完善、程序编程和实例验证等提供支撑，同时为后续近岛礁超大型浮式结构物的载荷确定、结构设计与安全性评估奠定了基础。

参 考 文 献

[1] Y.S. Wu, D.Y. Wu, H.R. Riggs, et al. Composite singularity distribution method with application to hydroelasticity. Marine Structures, 1993,6(2&3):143-63.

[2] 吴有生, 杜双兴. 极大型海洋浮体结构的流固耦合分析[J]. 舰船科学技术, 1995.1.

[3] H.R. Rigggs, R.C. Ertekin, Mills TRJ. A comparative study of RMFC and FEA models for the wave-induced response of a MOB. Marine Structures, 2000,13:217-232.

[4] Weicheng Cui, Jianmin Yang,et al. Theory of Hydroelasticity and Its Application to Very Large Floating Structures[M]. Shanghai: Shanghai Jiao Tong University, 2007.

[5] H Suzuki. Overview of Mega float: Concept, design criteria, analysis, and design. Marine Structures, 2005, 18:111-132.

[6] Ohmatsu S. Overview: Research on wave loading and responses of VLFS. Marine Structures, 2005, 18:149-168.

[7] J. H. K young, S.Y. Hong, B. W. Kim, et al . Hydroelastic response of a very large floating structure over variable bottom topography. Ocean Engineering, 2005,32: 2040–2052.

[8] K.A. Belibassakis, M.A. Athanassoulis. A coupled-mode model for the hydroelastic analysis of large floating bodies over variable bathymetry regions. Journal of Fluid Mechanics, 2005,531:221-249.

[9] M.A. Athanassoulis, K.A. Belibassakis. A novel coupled-mode theory with application to hydroelastic analysis of thick, non-uniform floating bodies over general bathymetry. Proceedings of the Institution of Mechanical Engineers, Part M: Journal of Engineering for the Maritime Environment, 2009,223: 419-438.

[10] C. Tian, X.Y. Ni. Hydroelastic analysis of floating body near islands and reefs. Proceedings of the 11th International Conference on Hydrodynamics (ICHD 2014), Singapore ,October 19 – 24, 2014.

[11] 吴有生,等. 海洋超大型浮体复杂环境响应与结构安全性项目中期总结报告[R]. 中国船舶科学研究中心，2014.

[12] J. C. W. Berkhoff. Computation of combined d refraction-diffraction. Proceeding of 13th international of conference on Coastal Engineering, Vancouver, ASCE, 1972.

[13] A.C. Radder. On the parabolic equation method for water wave propagation. J. Fluid Mechanics, 1979,95:159-176.

[14] M. D. Haskind. The Exciting forces on a moving body in waves[J]. Journal of Ship Research, 1965,9(3).

[15] Yousheng Wu. Hydroelasticity of Floating Bodies. Ph.D thesis, Brunel University, 1984.

[16] R.E.D.Biship, W.G. Price and Yousheng Wu, A General Linear Hydroelasticity Theory of Floating Structures Moving in a Seaway[R]. Landon: Mathematical Physical & Engineering Sciences, 1986,375-346.

Theoretical investigation on the coupling model of mild-Slope equation and green function of VLFS near islands and reefs

DING Jun, WU You-sheng, TIAN Chao, LI Zhi-wei

(China Ship Scientific Research Center, Wuxi, 214082. Email: dingjun@cssrc.com.cn)

Abstract：The traditional pulsating source Green's function which is suitable for limited depth and flat seabed cannot better describe the characteristics of wave propagation in shallow water near islands and reefs, but the F-K force is very important in calculating the hydroelastic responses of VLFS near islands and reefs. Based on the Mild-Slope Equation and Green Function, a coupling model of Mild-Slope Equation and Green Function had been built in the paper At the same time, the detailed theoretical derivation and numerical method of this coupling model were also introduced. The work in the paper will provide supports for next plans such as theory developing, procedural programming and instance validating. The coupling model of Mild-Slope Equation and Green Function will be used to simulate the hydroelastic responses in the design stage and safety assessment of VLFS near islands and reefs.

Key words：near islands and reefs; very large floating structures; Mild-Slope Equation; Green Function; coupling model

多孔介质中纳米颗粒吸附减阻法的水流滑移模型[*]

顾春元[1,2]，狄勤丰[1,2]，蒋帆[1,2]，庞东山[1,2]，李国建，张景楠

(1. 上海大学, 上海市应用数学和力学研究所, 上海, 200072;

2. 上海大学, 上海市力学在能源工程中的应用重点实验室, 上海, 200072, Email: wein1989@163.com)

摘要： 针对注水开发油田中的"高压欠注"难题研发的纳米颗粒吸附法减阻技术是一项有效的前沿技术，其减阻机理的核心理论是水流滑移效应，现有的多孔介质水流滑移模型未考虑纳米颗粒吸附引起的孔径变化与不同状态时渗透率的差异，尚不能合理地解释纳米吸附法的减阻机理。考虑纳米颗粒吸附边界层对管径大小与边界润湿性能的影响，以及不同流体状态时的岩心渗透率的差异，采用均质等效多管束物理模型建立了基于纳米颗粒吸附的多孔介质水流滑移数学模型Ⅱ。模型Ⅱ给出了滑移长度与吸附层厚度、孔隙度、以及不同流态时渗透率的关系，将传统的岩心流动实验与速度滑移理论结合起来，为多孔介质中滑移长度的表征提供了一种方法，很好地解释了纳米颗粒吸附造成多孔介质孔道管径减小而注水量增加的矛盾，为阐述纳米减阻机理提供了理论依据。同时，该模型也适用于由各种表面活性剂吸附引起的水流滑移效应。通过岩心流动实验，测试了不同纳米增注剂的减阻效果，渗透率的增幅在，减阻效果显著。利用模型Ⅱ和模型Ⅰ计算了岩心中纳米增注剂引起的水流滑移长度，结果显示，两者的差异较大，不是单一的孰大孰小的关系，与不同流态时的渗透率有关。

关键词： 纳米颗粒吸附法；边界层；减阻机理；滑移长度；数学模型

1 引言

石油储层渗流力学在传统研究上是基于宏观上的渗流 N-S 方程与达西定律，其边界条件之一是无滑移边界。2000 年，由于纳米吸附法减阻技术的出现[1-2]，人们发现当纳米颗粒注入地层并吸附在孔壁上会减少了孔道的物理边界，理应使注水压力升高，而实际上恰恰相反，注水压力反而降低了，这种矛盾难以采用无滑移边界来解释，当时没能将纳米减阻

[*]基金项目：国家自然科学基金（No. 51274136 ）、上海领军人才基金项目和上海市科学技术委员会优秀学术带头人项目（12XD1402500）和上海市部分地方院校能力建设项目（12160500200）.

机理阐释清楚[3-4]。实际上，由于大量微尺度管道的存在，多孔介质中也具备了滑移现象存在的条件，尤其是表面润湿性由亲水转变为疏水性。经过多年的研究，2007 年，笔者研究组提出了纳米边界的水流滑移机理[5]，合理地解释了那对矛盾。文献给出了多孔介质的水流滑移模型（简称 MODEL I）[6]，该模型首次将滑移长度与渗透率的变化结合起来，给出了多孔介质中的等效滑移长度公式，有效的解决了多孔介质中滑移长度的计算问题。然而，模型 I（K-Ls I）未考虑吸附层厚度，因此，该模型适合于不引起边界厚度明显变化的表面活性剂及小分子疏水剂吸附引起的水流滑移。在纳米颗粒吸附引起边界明显增厚的情况下，必须考虑颗粒吸附造成的孔径减少。

同时，模型 I 忽视了不同流态时渗透率的差别。在 Kozeny_Carman 模型中[7]，其渗透率是指岩心的绝对渗透率，一般是单相流测试的渗透率；而岩心中存在油水两相渗流时，根据达西定律计算的渗透率为相渗透率，其中水相的渗透率表示为 K_w。显然，渗透率 K 与 K_w 之间存在一定的差异。残余油越少，两者的差异越少。

针对多孔介质中速度滑移效应，综合考虑上述因素，重新建立了多孔介质中疏水颗粒吸附引起的水流滑移数学模型 II（K-Ls II）。

2 纳米颗粒吸附的水流滑移数学模型

2.1 纳米颗粒吸附的物理模型

根据纳米颗粒吸附法的减阻机理[5,8]，纳米颗粒注入到岩心孔道后，顶替了孔壁的水化层，吸附到孔壁上，在壁面形成了纳米颗粒吸附层。孔道发生明显的变化，一是纳米颗粒吸附层使流道变小；二是流道表面具有了微纳米结构层；三是表面润湿性由强亲水变成了强疏水或超疏水。由于疏水纳米颗粒注入后，形成了超强疏水的吸附边界层，使流过的水分子发生了速度滑移，减少了流动阻力，增大了流量。

基于这个减阻机理，我们确定的物理模型如下：多孔介质采用多管束模型，水流在单管中满足 N-S 方程，在不同润湿性条件下满足非滑移或滑移条件，纳米颗粒吸附层厚度为 d_p，孔道直径减少 $2d_p$。

2.2 纳米颗粒吸附的单管滑移模型

在推导多孔介质中水流滑移模型前，我们首先取多管束模型中的一根单管来分析研究其流动滑移特征。建立单管吸附的物理滑移模型（图 1）。

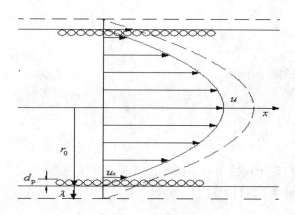

图 1 单管水流滑移示意图

由图 1 所示，单管半径为 r_0，在纳米颗粒吸附后，管壁内壁形成了纳米颗粒吸附层，其厚度为 d_p。则此时管半径变成了 $r_{0\lambda} = r_0 - d_p$。若发生水流速度滑移，滑移长度为 λ。

根据单管 Hagen 流动，有

$$\mu\left(\frac{d^2 u}{dr^2} + \frac{1}{r}\frac{du}{dr}\right) = \nabla p \tag{1}$$

纳米颗粒吸附前，采用无滑移边界，有

$$u = -\frac{\nabla p}{4\mu}\left(r_0^2 - r^2\right) \tag{2}$$

$$q = -\frac{\pi r_0^4}{8\mu}\nabla p \tag{3}$$

纳米颗粒吸附后，发生水流滑移，采用滑移边界：

$$\begin{cases} u = u_0 & r = r_{0\lambda} \\ \dfrac{du}{dr} = 0 & r = 0 \end{cases} \tag{4}$$

可得：

$$u = -\frac{\nabla p}{4\mu}\left(r_{0\lambda}^2 - r^2\right) + u_0 \tag{5}$$

$$q = \int_A u \mathrm{d}A = -\frac{\nabla p}{4\mu} \int_0^{r_{0\lambda}} \left(r_{0\lambda}^2 - r^2 \right) \cdot 2\pi r \mathrm{d}r + \int_0^{r_{0\lambda}} u_0 \cdot 2\pi r \mathrm{d}r$$

$$= -\frac{\pi r_{0\lambda}^4}{8\mu} \nabla p + \pi r_{0\lambda}^2 u_0 \tag{6}$$

$$u_0 = \frac{q}{\pi r_{0\lambda}^2} + \frac{r_{0\lambda}^2}{8\mu} \nabla p \tag{7}$$

根据图 1，吸附后发生水流滑移的微管也可看作是等效半径为 r_λ 的无滑移微管，其中 $r_\lambda = r_{0\lambda} + \lambda = r_0 - d_{\mathrm{p}} + \lambda$。这样，对于这个等效管径为 r_λ 的微管道可采用无滑移流速公式，可得到另一个表达式：

$$u_0 = -\frac{\nabla p}{4\mu} \left[r_\lambda^2 - r_{0\lambda}^2 \right] = -\frac{\nabla p}{4\mu} \left(2r_{0\lambda}\lambda + \lambda^2 \right) \tag{8}$$

由式（7）和（8），可得

$$\lambda = \sqrt{\frac{r_{0\lambda}^2}{2} - \frac{4\mu q}{\pi r_{0\lambda}^2 \nabla p}} - r_{0\lambda} = \sqrt{\frac{(r_0 - d_{\mathrm{p}})^2}{2} - \frac{4\mu q}{\pi (r_0 - d_{\mathrm{p}})^2 \nabla p}} - r_0 + d_{\mathrm{p}} \tag{9}$$

$$u = -\frac{\nabla p}{4\mu} \left[(r_0 + \lambda - d_{\mathrm{p}})^2 - r^2 \right] \tag{10}$$

根据滑移速度公式（10），若滑移长度超过吸附层的厚度，则流速加快；反之，则流速降低。

2.3 纳米颗粒吸附的多孔介质滑移模型

多孔介质采用了多管束的物理模型，其包含有 n 个等径的毛细管，在管内吸附了纳米颗粒，吸附层厚度均为 d_{p}，每个毛细管的半径减小到 $r_{0\lambda} = r_0 - d_{\mathrm{p}}$。若发生水流滑移后，对应的等效管半径为 $r_\lambda = r_{0\lambda} + \lambda = r_0 - d_{\mathrm{p}} + \lambda$。

单管流量增量：

$$\Delta q = q_2 - q_1 = -\frac{\nabla p \pi r_{0\lambda}^2}{8\mu} \left[2r_\lambda^2 - r_{0\lambda}^2 \right] + \frac{\nabla p \pi r_0^4}{8\mu} \tag{11}$$

n 根微管的流量总增量：

$$\Delta Q = n\Delta q = -\frac{n\pi}{8\mu} \left[2r_{0\lambda}^2 r_\lambda^2 - r_{0\lambda}^4 - r_0^4 \right] \nabla p \tag{12}$$

根据达西渗流定律，流量也可表示为

$$Q = -\frac{kA}{\mu\phi} \nabla p \tag{13}$$

根据实验方法，在形成残余油后，用水测试岩心的渗透率，是在油水两相的条件下进行的测试，因此，达西公式中，渗透率取水相渗透率 k_{w}。纳米颗粒吸附前的流量为

$$Q = -\frac{k_w A}{\mu \phi} \nabla p = -\frac{k_w n A_0}{\mu \phi} \nabla p = -\frac{k_w n \pi r_0^2}{\mu \phi} \nabla p \qquad (14)$$

式（14）中，k_w 为岩心的水相渗透率，m2；V_f 为整个岩心体积，m³；L 为岩心长度，m；A_h 为吸附了纳米颗粒后的单管截面积，m²；ϕ_h 为吸附纳米颗粒后的孔隙度。

纳米颗粒吸附后，岩心的水相渗透率发生了变化，用 k_{wh} 表示处理后的水相渗透率，其对应的流量为

$$Q_h = -\frac{k_{wh} n A_h}{\mu \phi_h} \nabla P = -\frac{k_{wh} n \pi r_0^2}{\mu \phi} \nabla p \qquad (15)$$

由于

$$\frac{A_0}{\phi} = \frac{\pi r_0^2}{n \pi r_0^2 L / V_f} = \frac{V_f}{nL}, \quad \frac{A_h}{\phi_h} = \frac{\pi r_0^2}{n \pi r_{0\lambda}^2 L / V_f} = \frac{V_f}{nL} \qquad (16)$$

因此

$$\frac{A_h}{\phi_h} = \frac{A_0}{\phi} \qquad (17)$$

纳米吸附前后，引起的流量增量为

$$\Delta Q = Q_h - Q = -\frac{(k_{wh} - k_w) n \pi r_0^2}{\mu \phi} \nabla p \qquad (18)$$

由式（2.62）与式（2.67）相等可得

$$k_{wh} = \frac{\phi(2 r_{0\lambda}^2 r_\lambda^2 - r_{0\lambda}^4 - r_0^4)}{8 r_0^2} + k_w \qquad (19)$$

将 $r_\lambda = r_{0\lambda} + \lambda$ 代入式（2.68），得到

$$2\lambda^2 + 4 r_{0\lambda} \lambda + (r_{0\lambda}^2 - \frac{r_0^4}{r_{0\lambda}^2} - \frac{8(k_{wh} - k_w) r_0^2}{\phi r_{0\lambda}^2}) = 0 \qquad (20)$$

令 $C_\lambda = r_{0\lambda}^2 - \frac{r_0^4}{r_{0\lambda}^2} - \frac{8(k_{wh} - k_w) r_0^2}{\phi r_{0\lambda}^2}$，则滑移长度可表示为

$$\lambda = \sqrt{r_{0\lambda}^2 + 0.5 C_\lambda} - r_{0\lambda} \qquad (21)$$

根据 Carman-Kozeny 方法，并考虑流体在多孔介质流道中的曲折性，引入参数迂曲度 τ，因此，均质多孔介质（岩心）的渗透率与孔径存在如下关系[116]：

$$k = \frac{\phi r_0^2}{8\tau} \qquad (22)$$

其中迂曲度 τ 的有较多的计算方法，采用电阻率测试法是其中之一，计算公式为

$$\tau = \frac{L_w^2}{L^2} = \frac{R_o}{R_w} \phi = F\phi \qquad (23)$$

式中：L_w 为岩心地层水流道的等效长度，m；L 为岩石的实际长度，m；R_o 表示岩心

饱含地层水时的电阻率，R_w 表示地层水电阻率，$\Omega \cdot m$；F 为地层因数，无量纲。

不同岩心的迂曲度 τ 不同，可直接通过实验测试并计算得到，其值一般为 1.5~2.5。

通过 Carman-Kozeny 方法计算得到的渗透率 k 是指岩心的绝对渗透率，代表岩心的本征特性，与其中的流体无关，一般通过气体测试，再回归得到，或者用单相液体测量得到。岩心的绝对渗透率与水相渗透率存在如下关系：

$$k_{rw} = \frac{k_w}{k}$$

（24）

将相关参数代入，可得

$$k_{wh} = \frac{\phi}{8}\left[2\left(1-\sqrt{\frac{\phi d_p^2}{8\tau k}}\right)^2\left(\sqrt{\frac{8\tau k}{\phi}}-d_p+\lambda\right)^2-\left(1-\sqrt{\frac{\phi d_p^2}{8\tau k}}\right)^2\left(\sqrt{\frac{8\tau k}{\phi}}-d_p\right)^2-\frac{8\tau k}{\phi}\right]+k_w \quad (2.5)$$

展开后得

$$\lambda = \sqrt{\frac{1}{2}\left(\sqrt{\frac{8\tau k}{\phi}}-d_p\right)^2+\frac{4\tau k+4(k_{wh}-k_w)}{\phi\left(1-d_p\sqrt{\frac{\phi}{8\tau k}}\right)^2}}+d_p-\sqrt{\frac{8\tau k}{\phi}}$$

（26）

2.4 滑移长度的计算

通过纳米减阻实验[6]，给出了一组实验数据，根据新模型 MII公式（26），重新计算出对应的滑移长度。表 1 给出了利用两种模型计算的纳米减阻实验对应的滑移长度。滑移长度从 32nm～96nm 不等，平均约 55nm。

表 1 两种模型的纳米减阻滑移长度

No.	HNPs	孔隙度 /%	k /$10^{-3}\mu m^2$	K_w / $\times 10^{-3}\mu m^2$		MI 滑移长度 /m	MII 滑移长度 /nm	差异/%
				k_w	k_{wh}			
	ShU1-1	25	20.65	3.49	11.36	120	76	-36.04
2	ShU1-1	26.2	44.96	5.62	8.65	38	34	-9.81
3	ShU1-1	21.6	118.3	9.16	12.98	42	32	-23.05
4	ShU1-1	10.6	24.39	5.07	6.61	33	36	9.21
5	ShU1-1	13.5	9.23	8.84	14.15	74	96	29.19
平均				6.436	10.75	61	55	

由表 1 可见，结果有明显差异，两种模型计算的滑移长度相比，前三组实验，MII计算的滑移长度小于MI的结果。后两组结果相反，可见，不是单一的孰大孰小的关系，其中不同流态的渗透率的影响较大。

3 结论

基于纳米吸附法减阻机理和滑移长度的定义，考虑不同流态时渗透率的差异和颗粒吸附缩小孔径等因素，推导了多孔介质的滑移长度计算模型。该模型适用于由于吸附减小孔道直径但阻力降低的多孔介质减阻模型。该模型与不考虑吸附减少孔径的滑移长度模型 M I 相比，计算结果有明显差异，不是单一的大小关系，其不同流态的渗透率的影响较大。

参 考 文 献

1. Lu Xianliang，Lu Guangzhong，Luan Zhian et al. Application of polesilicon in low permeability field [J]. Petroleum Exploration and Development.2003,30(6):110-122. (in Chinese)

2. Su Xiantao, YanJun, Lu Guangzhong et al. Application of nanometer polysilicon in oil field development [J]. Oil Drilling and Production Technology .2002，24（3）：48-51. (in Chinese)

3. He Chengzu, Hua Mingqi. The thickness of water film in oil and gas reservoirs [J]. Petroleum Exploration and Development.1998，25（2）：75-77. (in Chinese)

4. Zhang Bei, Tang,Jianxin. Field tests of enhancing recovery by surfactant flooding in the Zhoucheng oilfield [J]. Journal of Southwest Petroleum Institute, 2005,27(6):53-56. (in Chinese)

5. 狄勤丰，顾春元，施利毅，等. 疏水性纳米 SiO_2 增注剂的降压作用机理，钻采工艺，2007，30（4）：91-94

6.Gu Chunyuan, Di Qinfeng, Fang Haiping. Slip velocity model of porous walls absorbed by hydrophobic nanoparticles SiO2.Journal of Hydrodynamics SB，2007，19(3)：365-371

7. Carman, P. C. Fluid flow through a granular bed [J]. Transactions of the Institution of Chemical Engineers, 1937,15:150-167

8. 王新亮，狄勤丰，张任良，等. 纳米颗粒水基分散液在岩心微通道中的双重减阻机制及其实验验证[J]. 物理学报，2012, 61(14)：146801

A advanced slip velocity model-ii of porous walls absorbed by hydrophobic nanoparticles

GU Chun-yuan, DI Qin-feng, JIANG Fan, PANG Dong-shan

（1. Shanghai University, Shanghai Institute of Applied Mathematics and Mechanics, Shanghai, 200072, China

2. Shanghai Key Laboratory of Mechanics in Energy and Environment Engineering, Shanghai, 200072, China.

Email: wein1989@163.com）

Abstract：Nano drag reduction is a new technology for solving the problem of high pressure but short injection，which can effectively decrease injection pressure and improve injection to increase oil production in oilfield development. The key theory of the mechanism of nano drag reduction is the flow slip effect in porous media. Previous flow slippage models（called SMPM Ⅰ） don't consider the aperture changes caused by the adsorption of nanoparticles, and can not reasonably explain the drag reduction mechanism. Considering the influence on porous diameter and boundary wetting properties from the adsorption of nanoparticles and the differences of core permeability in different fluid state, Here, a flow slippage mathematical model Ⅱ of porous media （called SMPM Ⅱ） with hydrophobic nanoparticles adsorption is established on the basis of the homogeneous equivalent multi-capillary physical model. The SMPM Ⅱ combines flow velocity slip theory with the traditional core development experiment and gives the relationships of slip length, adsorption layer thickness, porosity and different permeabilities in different states, and provides a new method of characterizing the slip length in porous media. The model can better explain the contradictions between decreasing pore diameter caused by the adsorption of nanoparticles and increasing water injection and provides a theoretical basis for the nano drag reduction mechanism. Also the SMPM II is suitable for flow slip effects caused by adsorbing various kinds of surfacants in porous media.

Key words：Nanoparticles adsorption method；Boundary layer; Drag reduction mechanism; Slip length; Mathematics model.

径向射流空化非定常特性研究*

张凌新**，陈明，邹奥东，邵雪明

(流体动力与机电系统国家重点实验室，力学系，浙江大学，杭州，310027, Email: zhanglingxin@zju.edu.cn)

摘要： 本研究针对径向射流流场，建立了数值计算模型，通过数值方面的研究，为建立空蚀试验台提供技术参考。数值计算了不同工况下的空化流场，研究了空化的发生位置、空化长度以及回射流的特征，结果表明，从空化数 0.8 左右开始出现空化，最初产生的空化并非片状空化，而是集中在分离区尾部的涡空化，随着空化数的减小，出现附着于壁面的片空化，在回射流的作用下，空泡具有强烈的振荡过程。空化区长度随着空化数的降低不断增长，空化长度与空化数近似成线性关系。

关键词： 空化；径向射流；数值计算

1 引言

　　空化一直是国内外的研究热点[1-3]。空化是液体在低压下发生的汽化现象[4]，它通常会导致叶片振荡、空化噪声和空蚀等后果。Franc 等[5-7]设计了一种空蚀测试设备，具有高速高压的特点，以满足空化腐蚀所需要的效果[8]。他们采用的高速空化水洞，如图 1 所示，最大压力可达到 4MPA，最大流速 90m/s，配备 80kW 的离心泵并提供 11L/s 的流量。设备通过加压容器提供压力，来改变空化数。从实验段示意图（图 2）可以观察到，在直径 16mm 喷嘴出口处有气穴的产生，空蚀集中于气穴的闭合区域内，并且由于测试段的轴向特征，其形态表现为环形空化。鉴于该设备对于研究空化以及空蚀实验具有良好的效果，尝试设计相似的实验设备，其中决定实验效果最重要的因素是空化数，所以，先利用数值模拟对不同的工况进行计算，以期得出搭建设备所需的物理条件。

────────────────

*由国家自然科学基金面上项目(NO. 11272284)和国家自然科学基金重点项目 (NO. 11332009)支持。
**通讯作者：张凌新，zhanglingxin@zju.edu.cn

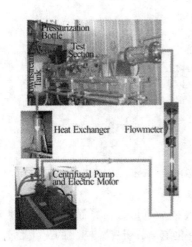

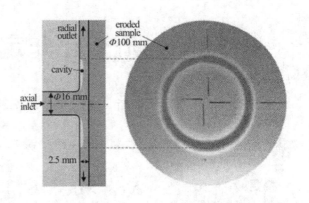

图 1　Franc 采用的高速空化水洞　　　　　　　　图 2　试验段示意图

2 数值模型

2.1 几何模型

空化计算涉及到多相相变流动，三维非定常模拟的计算量较大。在不影响研究目的的条件下，为了减少计算量，对数值模型做了一些必要的简化。基于测试段轴向特性，取周向几何 6°的区域。喷嘴入口段长度取 9mm，计算模型如图 3 所示。实验中主要关注的是空化的发生、空化位置、空化长度，结合 Franc 等人的实验结果，径向长度取 28mm，可以满足计算需要。另外，对于所取区域，在临近轴线位置有尖角部分的存在，对于划分高质量网格造成困难，通过切除尖角部分，对于计算结果没有影响，而可以大大提高网格质量。

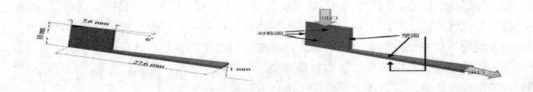

图 3　计算模型及边界条件（右）

2.2 网格划分及边界条件

对于壁面进行加密，Y^+ 均小于 30，总体网格数为 27038，周向一个网格，喷嘴入口处网格最密，沿流向逐渐变疏，整体网格和局部网格如图 4 所示。在实际实验中，一般通过动力设备给定一个速度，所以边界条件采用速度入口，压强出口，几何模型的两侧以及切除尖角后余下的小面采用对称面边界，剩下的均为壁面边界条件。

图 4 全局网格和局部网格（右）

3 计算结果及讨论

对于给定的数值模型，定义空化数：

$$\sigma = \frac{p_{out} - p_v}{\frac{1}{2}\rho U_{in}^2} \tag{1}$$

式中，p_{out} 为出口压力，p_v 为饱和蒸汽压，取值 3540Pa，ρ 为水的密度，U_{in} 为进口速度。表 1 列出了本文涉及到的计算工况。

表 1 不同算例下对应的变量

变量＼工况	工况 1	工况 2	工况 3	工况 4	工况 5	工况 6	工况 7	工况 8	工况 9
进口速度（m/s）	2.4	2.4	2.4	2.4	2.4	2.4	2.4	2.4	2.4
压强/Pa	110000	100000	90000	75000	63540	55000	50000	40000	30000
空化数	0.832	0.754	0.675	0.558	0.469	0.410	0.363	0.285	0.201
空化状态	无	涡空泡	涡空泡	涡空泡	片空泡	片空泡	片空泡	片空泡	片空泡
空泡长度/mm	无	无	无	无	3.68	6.15	8.44	12.60	17.56

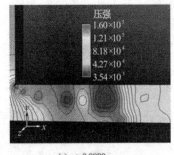 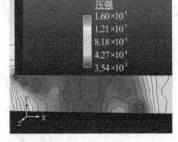 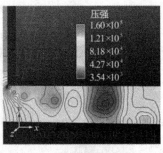

(a) t=0.0800 s   (b) t=0.0801 s   (c) t=0.0802 s

图5 空化数为 0.754，不同时刻的压强分布

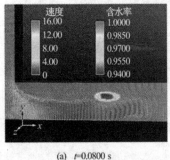 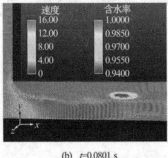 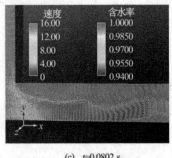

(a) t=0.0800 s   (b) t=0.0801 s   (c) t=0.0802 s

图6 不同时刻矢量分布和空化泡的形态

经计算发现，空化数大约为 0.8 时发生空化现象，此时的空化表现为涡空化的形态。图5 为空化数为 0.754 下的压强分布图，在分离区尾部，存在很大的逆压梯度，正是由于压强梯度的存在，使得漩涡流动不断地产生，在压强较小的区域产生了涡空化。从图6 可以看出，漩涡呈现逆时针旋转，涡心处压强最低。此时的空化数下，涡心位置压强已足够小，产生了涡空化（图6 a）。随着向下游运动，空化泡被拉长（图6 b），由于下游区域压强的增加，使得空化泡很快溃灭（图6 c）。可以看出，整个空化过程很短，从产生到溃灭的时间在毫秒量级。在这一空化数下，空化主要以涡空泡的形式产生并且溃灭，并且无空泡的时间比有空泡的时间长。

空化数进一步减小，空化形态也发生相应的变化。图7 给出了空化数为 0.469 时的结果。在喷嘴的出口附近开始附着片空化，并且呈现周期性的涡脱落现象，此时对应的涡脱落周期为 0.013s。片空化附着于壁面时，由于空泡中心压强较小，空泡尾部压强较大，导致流体向空泡内部流动，形成回射流。回射流向上游运动，切断部分空泡。当空泡脱落后，附着于壁面的空泡再次生长，重复前面的过程。定义空泡长度 L，为一个周期内空泡的最大长度。空化数 0.469 时对应的空泡长度 L=3.68mm。当空化数为 0.201 时，空化泡长度 L=17.65mm，如图8 所示。数值结果表明，空化数持续减小，对应空泡长度呈现近似线性的增长，如图9 所示。一般来讲，在绕流空化中，空泡长度随着空化数的降低会呈现指数增长，但在径向射流的狭缝中，空泡长度表现出一定的特殊性，流道呈辐射状，随着径向距离的增加，流动速度在不断减小，所以空泡长度没有呈现一般绕流空化的特征，而是呈现线性增长。这一结果对于设计径向射流空化的实验装置具有参考价值。

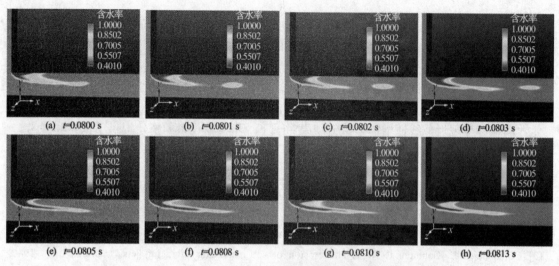

图 7 空化数为 0.469，片空化周期性的涡脱落

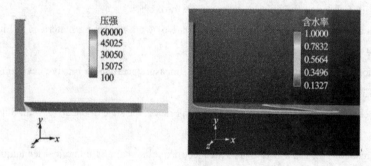

图 8 空化数为 0.201，压强分布和空化形态（右）

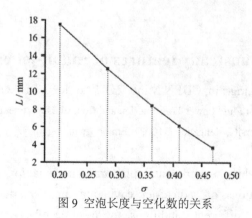

图 9 空泡长度与空化数的关系

4 结论

基于简化的二维流动模型，对径向射流空化进行了数值模拟。通过改变空化数，研究了径向射流的空化形态、空泡长度、回射流的演变过程，数值结果表明：径向射流经历无空化、涡空化、片空化三种流态。在空化数为 0.8 左右，由于在分离区尾部形成强烈的漩涡，当涡心压强小于饱和蒸汽压时，发生了涡空化；当空化数为 0.5 左右，在喷嘴入口附近附着片空化泡，并且由于回射流的作用，使得片空化周期性脱落。片空化泡长度随着空化数的减小呈现近似线性增加。数值结果对于下一步实验设备的搭建提供了依据和参考。

参 考 文 献

[1] 赵伟国, 张凌新, 辛小鹏等. 水平轴海流机空化流动模拟.机械工程学报[J], 2011, 47(20): 171-176.

[2] Arndt R. Cavitation in Fluid machinery and hydraulic structures. Ann. Rev. Fluid Mech., 1981, 13:273-328.

[3] Chahine G L, Coubiere P. Noise and erosion of self-resonating cavitating jets. J. Fluids Eng., 1987, 109(4):429-435.

[4] Chrisopher E B. Cavitation and bubble dynamics. Oxford, 1995.

[5] Franc J P. Incubation time and cavitation erosion rate of work-hardening materials. J. Fluids Eng., 2009, 131(2):021303.

[6] Franc J P, Riondet M, Karimi A, et al. Impact load measurements in an erosive cavitating flow. J. Fluids Eng., 2011, 133(12): 301–308.

[7] Franc J P, Michel J M. Cavitation erosion research in France: the state of the art. J. Mar. Sci. Technol., 1997, 2:233–244.

[8] Kim K H, Chahine G L, Franc J P, et al. Advanced experimental and numerical techniques for cavitation erosion prediction. Springer, 2014.

Study on the unsteady features of radial-jet cavitating flow

ZHANG Ling-xin, CHEN Ming, ZOU Ao-dong, SHAO Xue-ming

(State Key Laboratory of Fluid Power Transmission and Control, Department of Mechanics, Zhejiang University, Hangzhou, 310027. Email: zhanglingxin@zju.edu.cn)

Abstract: For establishing experimental platform on cavitation erosion, the numerical modeling and simulations of radical-jet cavitation are performed. By simulating the cavitation flow field at different conditions, the position of cavitation, cavity length and re-entrant jet are investigated. The results show that the cavitation inception occurs at cavitation number about 0.8. Vortex cavitation, instead of partial cavitation, is observed at the tail part of separation region. Partial cavitation attached on the wall occurs as the cavitation number decreases. It presents intense vibration due to the re-entrant jet. The cavity length becomes larger with the decreasing of cavitation number, showing nearly a linear relationship with the cavitation number.

Key words: cavitation; radical jet; numerical calculation

拓扑优化减晃的数值模拟研究

关晖[1]，薛亦菲[2]，吴锤结[2]

1. 解放军理工大学气象与海洋学院，南京，211101 Email: guanhui70@163.com
2. 大连理工大学工业装备结构分析国家重点实验室，航空航天学院，大连，116024

摘要：晃荡现象是海洋工程、船舶领域和航空航天领域工程常见的流动现象。本文采用计算流体力学数值方法，针对长方体容器内流体晃荡问题进行研究，采用 VOF 方法模拟了流场中间加入隔板的晃荡问题，对流场进行了界面和受力方面的分析对比。然后本文将晃荡的计算程序和拓扑优化程序结合起来，在最优控制理论的基础上对隔板的形状进行了拓扑优化，使流体对容器边壁的冲击压力尽可能减小。本研究独创性地采用拓扑优化方法解决减晃问题，给晃荡研究提供了一个新的思路，也可对其他方面的研究产生启发。

关键词：晃荡；VOF方法；最优控制；拓扑优化

1 引言

液体晃荡[1]是一种常见的流体运动现象，通常发生在部分装满的液箱中，是指两种或两种以上互不相溶的流体在有限空间内的运动，具有高度的随机性和非线性。晃荡不仅是一种常见的物理现象，更是各个研究领域工程师重点考虑的问题之一。

在船舶领域中，液体晃荡问题[2]是船舶设计的关键问题。船舶的内部设有燃油舱、滑油舱、淡水舱、污油水舱等液体舱室，如果这些舱体中液体晃荡太剧烈，则可能导致倾覆[3]。相比之下，液化天然气(LNG)运输船和液化石油气(LPG)运输船储箱中液体的晃荡问题则在行驶安全中占据更大的比重。在航空领域中，液体晃荡主要体现在飞机的油箱中。在飞机的起飞、降落，或是状态改变的时候燃油都会出现晃荡现象，由燃油大幅晃荡所产生的作用力和作用力矩会对飞机飞行姿态产生影响[4]。

晃荡虽然很常见，但是由于晃荡的高度随机性及非线性，针对晃荡的理论还不完善。近几年，人们正积极向流固耦合、结构响应、弹性液箱等方面[5]开展研究，这些成为探索晃荡理论研究方法的重要基础。

相比于晃荡的理论研究的艰难，数值方法则是大部分晃荡研究的突破口。随着计算机技术的飞速发展，数值方法逐渐成为研究晃荡问题的重要手段。解决控制方程的离散方法主要有：有限元法、有限差分法、边界元法、有限体积法、谱法。解决液体晃荡问题的关键在于如何描述自由液面的变化，常见的描述方法就是 MAC 法、VOF 法和 Level-set 法。

本文的研究目的是准确模拟和分析晃荡问题，应用数值方法求解一些特定的晃荡过程，对晃荡过程进行参数化分析。在有了晃荡模拟的基础上，再应用最优控制理论和拓扑优化方法，设计容器隔板形状以减小晃荡对边壁的作用力。

2 控制方程和数值算法

本文应用的控制方程是均质不可压流体的三维非定常 Navier-Stocks 方程

$$\text{div}\, \boldsymbol{v} = 0 \tag{1}$$

$$\rho\left(\frac{\partial \boldsymbol{v}}{\partial t} + (\boldsymbol{v} \cdot \nabla)\boldsymbol{v}\right) = \rho \boldsymbol{F}_b - \text{grad}\, p + \mu \nabla^2 \boldsymbol{v} \tag{2}$$

这里的 $\boldsymbol{v}$，$\boldsymbol{F}_b$，p，μ 分别代表流体的速度矢量,质量力矢量,压力和黏性系数。

利用 VOF 法求解流体运动的基本思想是求解 Navier-Stocks 方程，在求解中应用了有限差分法。界面追踪是 VOF 方法中关键的一步，界面追踪有很多种方法：PLIC 法(界面重构法)、最小方差法、ELVIRA 法等[6]。这些方法都能够较为真实地反映流体的界面运动，本文选择的是 PLIC 法，它是现阶段使用较多，技术较成熟的方法之一。

VOF 方法是由 Hirt 和 Nichols[7-8]在 1975 年提出的。它的基本思想是利用一个函数来表示流体的类型，这个函数称为"体积函数"$\boldsymbol{F}$。$\boldsymbol{F}=0$ 代表该单元内全部为气体；$\boldsymbol{F}=1$ 代表该单元内全部为液体；$\boldsymbol{F}$ 介于 0～1 之间：代表该单元内存在气液交界面。晃荡所研究的自由表面就是上述第三种情况，在找出自由表面的位置后，可以通过 $\boldsymbol{F}$ 的梯度来确定自由表面的法线方向，从而确定自由表面的近似形状。

在计算晃荡的过程中采用动边界的方法，晃荡的激励是由边界产生的，而计算结果则是在边界的动坐标系上观测的。

2.1 界面追踪

本研究应用 PLIC 方法对界面进行追踪，界面追踪的过程可以简化成为三个步骤：估计界面法向量，构造二维表面，界面随流动的传播。自由表面的法线方向可以通过 $\boldsymbol{F}$ 的梯度来确定，加上流体体积分数这一条件，将自由表面以切面的形式表现出来。这个切面会随时间的变化而变化，更新切面需要计算每种流体流入相邻网格中的质量、体积和动量的通量，下一步流动的数值模拟会在一系列计算后得到。界面随流场运动的过程可以采用两种方法进行描述：Lagrangian 方法和 Eulerian 方法，本文采用 Lagrangian 方法进行计算,可以通过某时刻已知点的位置推断接下去某一时刻该点的位置。

2.2 动量方程和表面张力的离散

体积函数的计算采用 VOF/PLIC 方法。速度场的计算步骤：速度场的计算应用的是 Navier-Stocks 方程，先分两步计算一个临时的速度场，再利用 Possion 方程求解各处压强，最后利用压强值更新速度场，得到下一时刻速度场的物理量。

计算程序中所有的空间导数的离散都采用中心差分法进行计算，由于界面所在网格存在物理量的突变，例如密度、压强等，在本文计算中对网格进行了平均，方法如下：

$$\begin{cases} \rho_{i,j,k} = \rho_1 \boldsymbol{F}_{i,j,k} + \rho_2 \left(1 - \boldsymbol{F}_{i,j,k}\right) \\ \mu_{i,j,k} = \mu_1 \boldsymbol{F}_{i,j,k} + \mu_2 \left(1 - \boldsymbol{F}_{i,j,k}\right) \end{cases} \tag{3}$$

但有些变量,例如压力有可能是突变的,所以需要采用特殊的方法,需要根据具体情况而定。

2.3 动边界的计算方法

本文程序所计算的是一个晃动的长方体区域,这个区域内流体的运动是由边界的晃动驱动的,即给 $i=i_{min}, i=i_{max}, j=j_{min}, j=j_{max}, k=k_{min}, k=k_{max}$ 六个面分别加上大小、方向相同的速度,使计算区域的流体晃荡起来。程序的计算结果以箱体内网格的形式存储起来,在后处理阶段以动坐标系(箱体坐标系)完成处理,反映计算区域内的晃荡情况。

本研究所使用程序经过了层流、单一扰动等模拟的检验,证明是行之有效的,因此,本文采用该方法模拟晃荡过程是合理的。

3 液体储箱中间加入隔板后对晃荡过程的影响

工程领域中最简单的最常用的减晃方法[9]就是在流体中某个位置上加入隔板,为了研究这一问题,我们在液体储箱中间加入一个不透水的隔板,并分析加入隔板后流场的变化。

本文所应用的物理量都无量纲,单位均为 1。流体密度为 1.0,运动粘度系数为 0.001,Z 方向加速度为-1.0。晃荡发生在一个较扁的长方体液体储箱中,计算区域 X*Y*Z 方向长度分别为 6.0×4.8×1.5,流体液面高度为 1.0。储箱以 $u=0.7×\cos(50t)$ 的速度产生周期性运动,带动储箱中的流体产生晃荡。在晃荡流体域内加入了内边界条件,即在流场的正中间加入了一个和外边界一起运动的隔板。隔板和计算区域一样宽,在高度上高于流体界面。隔板的作用就是使流经隔板的流体相对速度减为 0,其他参量不作要求。

3.1 隔板阻碍下流动的运动学特性

当隔板将两侧的液体挡住,流体像在两个计算域同时晃荡一样。从图 1 中可以看到,右侧计算域首先产生向下的波浪,左侧计算域在右侧发生晃荡的时候有水面抬高的现象,随后左侧产生向下的波浪,右侧计算域出现向上的速度分量。

这次的模拟和真实的晃荡情况完全不同,理论上晃荡发生时,两侧的晃荡应该是同步而且完全相同的。那为什么会出现左右流体域上下运动方向相反的情况呢?那是因为在本章研究的隔板问题的内边界条件是流经隔板流体的 Y、Z 方向的速度变为 0,X 方向速度等于边界速度,这种边界条件和外边界是不同的。所以,对本研究的问题来说,左右流体域并非完全割裂开,而只是在速度一个问题上做了人为的更改。

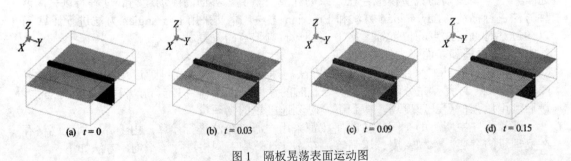

(a) $t = 0$ (b) $t = 0.03$ (c) $t = 0.09$ (d) $t = 0.15$

图 1 隔板晃荡表面运动图

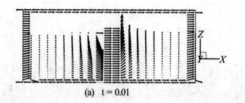 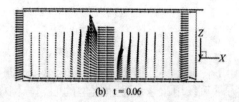

图2　隔板晃荡速度变化

图2突出表现了晃荡过程中速度矢量的变化。展示了第一个周期内的晃荡结果，刚开始晃荡的时候，流体的总趋势是随着晃荡驱动的方向(图中右向，实为X轴正方向)运动，但是在左右四个边界上流体运动方向由于有隔板和固壁的阻挡，产生了较大的速度变化，左侧边界流体大部分向下运动，右侧边界流体大部分向上运动，这可以解释为什么两个区域流体表面一高一低的现象。

3.2　隔板阻碍下流动的动力学特性

虽然我们在流体域的中间加了一层隔板，如图1蓝色部分，但运动的流体仍对边壁有一定的冲击，图3表现了流体对受压边壁的冲击作用。为了更加清晰地展示晃荡流场内压力的变化，我们在图4中画出了沿流动方向竖直截面的压力图($y=0.5y_{max}$)，图上可以看出当晃荡幅度最大的时候，压力区域的变化也最大，如图4(a)和(b)。而且晃荡中压力变化的过程是周期性的，都似图中所示。上半个周期，右侧低压区增大，左侧高压区增大；进入下半个周期左侧低压区增大，右侧高压区增大。

在流场中间存在隔板时的晃荡情况，加入隔板，可以使晃荡分别在两个流体域内发生。同时，隔板改变了晃荡的运动学和动力学特性，从自由表面图上可以明显地看出，波浪由原来只在边壁处产生变成了在边壁和内边界隔板处产生，此外冲击壁面的压力和不加隔板的情况比较，先变大后变小。

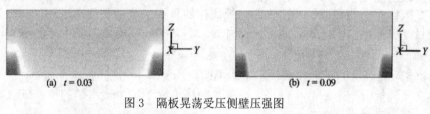

图3　隔板晃荡受压侧壁压强图

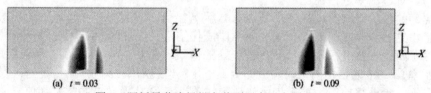

图4　隔板晃荡流场纵向截面压力示意图

4　拓扑优化减晃研究

4.1　非定常智能优化方法与拓扑优化

采用基于求解常微分方程[10-11]的最优化方法，优化问题的目标就是选定目标参数 x_1、x_2、x_3…x_n，使函数 ω 值尽可能小，具体的限定条件如下：

$$\begin{cases} \left| f_i - g_i\left(x_1 \ldots x_n\right)\right| \le \omega, 1 \le i \le m_1 \\ g_i\left(x_1 \ldots x_n\right) \le \omega, m_1 + 1 \le i \le m_2 \\ g_i\left(x_1 \ldots x_n\right) \le 0, m_2 + 1 \le i \le m_3 \end{cases} \tag{4}$$

式中 m_1、m_2、m_3、是满足关系 $0 \le m_1 \le m_2 \le m_3$ 的整数，f_i 是一个实数，g_i 是一个连续方程。这种方法可以用来求解多个类型的问题，例如当 $m_1 = m_2 = m_3$ 时，它可以求解无约束的数值拟合问题；当 $m_1 = 0$，$m_2 = 1$，$m_3 > 1$ 时，可以求解无约束最小化问题；当 $m_1 = m_2 = 0$ 时，它可以用来求解可行性问题。此种优化的方法曾被应用于仿生鱼尾部形状的拓扑优化[11]和翼型优化[12]等研究中，均得到了令人满意的结果。

最优控制问题是随时间而变的动态最优化问题[12,13]，已知受控系统的状态方程以及系统的初始状态：

$$\dot{x}(t) = f(x(t), u(t), t) \tag{5}$$

$$x(t_0) = x_0 \tag{6}$$

规定的目标集为：$M = \left\{ x(t_f) : x(t_f) \in R^n, g_1\left(x(t_f), t_f\right) = 0, g_2\left(x(t_f), t_f\right) \le 0 \right\}$ \tag{7}

求一个容许控制 $u(t) \in \mathrm{U}, t \in [t_0, t_f]$，系统从初始状态出发，使下列性能指标达到最小

$$J[u(\cdot)] = \mathrm{S}(x(t_f), t_f) + \int_{t_0}^{t_f} L(x, u, t)\,\mathrm{d}t \tag{8}$$

以上所说的问题就是最优控制问题，其结果 $u^*(t)$ 则被称为最优控制或是极值控制，而计算所得的性能指标 J^* 则被称为最优性能指标。

4.2 隔板拓扑优化对减晃的作用

本研究采用最优化方法，并结合最优控制理论，应用于晃荡的流体力学分析中，在已有晃荡结果的基础上，对加入隔板的透水作用进行优化，透水作用采用参数透水率(Ω)来表示。把流体对一侧边壁的冲击作为隔板优化的目标函数，如何通过改变隔板处网格的透水率使目标函数最小则是我们的优化的目的。本文的目标函数由以下方法进行计算：

$$A = \left| \sum p(1, j, k) \right| \qquad j = 1, 2, 3, \cdots, j_{\max}, \qquad k = 1, 2, 3, \cdots, k_{\max} \tag{9}$$

式中，p 表示流场内的压力参数，它是由晃荡流场计算中得到的。

本文将隔板分成了 6×6 个网格，在每个网格上赋予一个透水率的值，在限定 Ω 的可行域之后，对透水率进行优化。

晃荡的最优控制的过程是：以 $\Omega = 0.5$ 为初始值，即流体处在半透水的状态下，首先让流体自由晃荡一段时间(t_{start})，待初始激励的作用消失之后($t > t_{start}$)，对每一步时间步进行优化，为了简化优化过程，我们将透水率 Ω 的值限定在 0.3 到 0.7 之间。所以在本章优化中，当透水率 $\Omega = 0.3$ 时，我们认为隔板完全不透水；当透水率 $\Omega = 0.7$ 时，我们认为隔板完全透水。在下一步计算前，用上一步优化得到的透水率 Ω 替换原有的透水率值。一步一优化，直到优化目标结束为止。

图 5 展示的几张隔板形状图是整个优化控制中比较有代表性的形状图。我们特别选择了发生晃荡的第三个周期里的图像，这样能够尽量避免刚发生晃荡造成的不稳定效应。在流体通过隔板冲向侧壁的时候，隔板总是拓扑优化出图(a)的形状，即在大部分面积上让流体自由通过，这样能够尽可能地减小冲击受力。不过在隔板中间和隔板最下端会有两处水平方向的条形阻挡区。图(b)表现的是冲击侧壁后期的最优隔板形状，这时隔板的形状非常

混乱，但是从图像中可以看到它和图(c)有一些相似，大部分区域都是不透水的，在即将变化成图(c)的地方会出现一些半透水区域，图(b)可以认为是两种主要隔板类型的过渡。图(c)反映的是流体离开侧壁时隔板的优化形状，这时，隔板使流体从四个斜置透水区域流出冲击水域，下侧存在一部分竖直的分布空洞。图(d)则是流体从离开隔板到再次冲击隔板过渡阶段的最优隔板形状图，这个图像非常接近图(a)中的结果，它与图(a)的区别在于图(a)中还存在一条近乎水平的挡水区域。

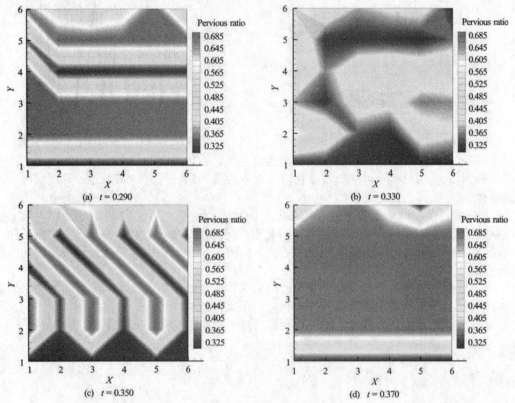

图 5　最优控制隔板形状图

虽然我们只选取了晃荡发生一个周期内的特殊隔板形状，但事实上隔板形状一直以这种方式在循环变化。晃荡是一个周期性的过程，隔板拓扑优化的结果也是呈周期性变化的。

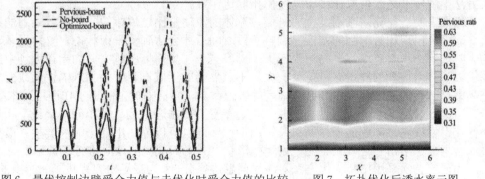

图 6　最优控制边壁受合力值与未优化时受合力值的比较　　图 7　拓扑优化后透水率云图

下面我们就来看一下在这种优化条件下，边壁所受冲击压力产生的合力值有什么变化。从图 6 中可以看出，在对隔板进行优化之后,目标函数的值(冲击合力 A)在大部分时间内都有明显的减小。图 6 证明了隔板拓扑优化是有效的。

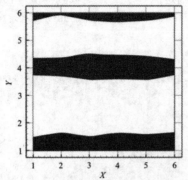 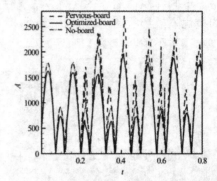

图 8 　拓扑优化处理的平均隔板示意图 　　　图 9 　拓扑优化后合力与未优化对比图

了解了最优控制隔板形状的变化规律之后，我们希望将它的结果应用到实际中，由于实际应用中隔板的形状不可能一直变化，所以我们要找到一种方式将上述计算结果应用到固定隔板减晃的问题上。

本研究将隔板网格上各个点在晃荡发生的第二个周期之后的 Ω 值取平均作为固定的透水率的值赋给隔板,我们将这些数据进行处理，得到图 7 所示的透水率云图。根据云图所示的区域，我们可以大致绘制出隔板的形状，如图 8 所示。图中黑色部分代表隔板的固壁不透水部分，白色部分表示透水。

为了检验这样做是否可以实现减小边壁受流体冲击的作用力，我们采用新的透水率数组再次进行晃荡实验。实验得到的冲击合力与未优化前的冲击合力值对比图如图 9。从图中可以看出优化后冲击合力的值的确有明显的减小，这说明本文采用的优化方法是可行的。

5 结论

本文发展的晃荡问题的计算流体力学方法能够准确、稳定地模拟三维流体域在外界驱动下发生的晃荡过程，结合了 VOF 方法和内置边界法及动边界法等多种处理问题的方法，从方法上解决了晃荡模拟计算和隔板拓扑优化计算。

结果表明：在晃荡刚刚发生的时候，流体的流动是比较规律的，但随着时间的推移，流体表面会出现比较混乱的波浪，调整一段时间后才会达到动平衡状态。晃荡受驱动参数的影响如下：振幅越大，晃荡幅度越大；频率越小，晃荡幅度越大。如果在流场中间加入隔板，流体对边壁的冲击有可能会变大，不过晃荡的形式没有因为加入隔板而改变。本文把晃荡对边壁的冲击合力作为晃荡幅度的数值参数，并把隔板上的透水作用以透水率 Ω 表示，以透水率 Ω 为优化问题的自变量，以边壁受到冲击合力为目标函数对隔板形状进行拓扑优化，发现晃荡问题的优化结果具有周期性，而且可以分离出几个隔板类型。最后，通过综合考虑，给出了可以减晃的平均隔板形状，并对其减晃的效果进行了验证。

本研究首次采用拓扑优化方法对减晃问题进行分析，为减晃研究提供了一个新的思路，更对其他方面的研究产生了启发。

参 考 文 献

[1] 尹立中,王本利,邹经湘.航天器液体晃动与液固耦合动力学研究概述[J].哈尔滨工业大学学报,1999(4):118-122.

[2] Lugni C,Miozzi M & Faltinsen O M.Evolution of the air cavity during a depressurized wave impact[J].Phys. Fluids,2010,22(056101):1-17.

[3] 朱仁庆.液体晃荡及其与结构的相互作用[D].江苏:中国船舶科学研究中心,2001.

[4] 刘富.贮箱内液体晃动动力学分析及结构防晃技术研究[D].南京:南京航空航天大学, 2010.

[5] Zhu R,Wu Y & Atilla I. Numerical simulation of liquid sloshing[J].Ship Building of China,2004,45:14-27.

[6] 沈猛.基于改进 VOF 法的棱形液舱液体晃荡分析及应用[D].上海:上海交通大学,2008.

[7] Hirt C W & Nichols B D.Volume-of-fluid (VOF) method for the dynamics of free boundaries[J].Comput. Phys.,1981,39:201-225.

[8] Hirt C W & Nichols B D.Sola-VOF: a solution algorithm for transient fluid flow with multiple free boundary[R].California:Los Alamos Scientific Laboratory,1980.

[9] 万水.横向环形防晃板对液体晃动特性的影响[J].南京航空航天大学学报, 1996(4):470-475.

[10] Kaufman E K,Leeming D J & Taylor G D.An ODE-based approach to nonlinearly constrained minimax problems[J].Numerical Algorithms,1995,9:25-37.

[11] Xin Z & Wu C J.Topology optmization of the caudal fin of the three-dimensioinal self-propelled swimming fish, Adcances in Applied Mathematics and Mechanics (Accepted, to be appeared).

[12] 王亮.最优控制方法在流体力学中的应用[D].南京:解放军理工大学,2003.

[13] 中国力学学会.全国流体力学青年研讨会论文集[C].西安:[中国力学学会、国家自然科学基金委员会],2003.

Numerical Simulations of Sloshing And Suppressing Sloshing with Optimization Technology

GUAN Hui[1], XUE Yi-fei[2], WU Chui-jie[2]

1. College of Meteorology and Oceanography, PLA University of Science and Technology, Nanjing, 211101, P.R.China

2. State Key Laboratory of Structural Analysis for Industrial Equipment, School of Aeronautics and Astronautics, Dalian University of Technology, Dalian, 116024, P.R.China

Abstract：Sloshing is a common phenomenon, and it is deeply considered in many fields such as marine engineering and aerospace engineering. In this paper, using numerical methods in computational fluid dynamics, according to the question of sloshing in a cuboid container, we use VOF (Volume of Fluid) method simulate the process of sloshing when there is a board setted in the middle of the field, interface and mechanical aspects of the flow field are compared. In order to diminish the pressure on one side wall, which is made by the sloshing fluid. Topology optimization and optimal control are used to design the shape of the board. In suppressing sloshing, topology optimization is used for the first time. It provides a new approach for the research of suppressing sloshing.

Key words：Sloshing；VOF method；Optimal Control；Topology Optimization

侧壁齿坎窄缝消能工的流态及消能

姚莉，杨文利

(南昌工程学院水利与生态工程学院，南昌，330099，Email: yaoli0817@163.com)

摘要：本世纪以来，由于一批高坝和超高坝的建设，泄洪消能问题面临严峻挑战。窄缝消能工已较好地运用于"高水头、大流量、窄峡谷"等特点的水利工程。本文在传统窄缝消能工的基础上，对一种侧壁齿坎窄缝消能工的流态和消能特性进行了研究。研究结果表明：① 壁齿坎收缩式消能工射流水舌存在着 3 种流态："非工作"流态、"临界"流态和"工作"流态；② 能工在"临界"流态时的水流佛氏数 Fr 远比传统窄缝消能工相应的 Fr 低，③ 于侧壁齿坎窄缝消能工的分层作用，其消能效果明显优于传统的窄缝消能工。在本文研究的条件下，其消能率比传统的窄缝消能工增加约 5%。

关键词：流态；消能；流动阻塞；窄缝消能工；侧壁齿坎窄缝消能工

1 引言

近几十年来，我国西南部修建的一批大型水利工程[1]，都具有高水头、大流量、窄峡谷等突出特点，这就使得传统的挑流消能方式受到一定的局限。窄缝消能工[2]，一般布置深峡谷水利枢纽中的高水头泄水建筑的出口末端。体型结构简单，能减轻对下游河床的冲刷，消能效果显著。已相继在各大工程中运用和实施，如东江[3]、南一[4]、水布垭[5]等。

目前，已有一些关于对窄缝消能工的流态、消能效果等的研究成果。

刘士和等[6]通过等宽挑坎与窄缝挑坎挑流水舌断面形态的演化试验将挑流水舌运动分为，紧密段、扩散段与破碎段三部分。吴建华等[7]在其基础上，根据试验结果，将窄缝消能工射流水舌分为"I-型"和"T-型"两种形式。王治祥[8]分别归纳了"典型窄缝式流态"的特点，认为选取适当的体型，挑射水舌能形成典型的窄缝式流态，下游冲刷将大为减轻。国外一些学者[9-10]对水流阻塞现象进行了一系列的研究，认为高速运行的泄槽急流倘若遇到阻扰，水面出现波动，发生流动阻塞现象（Flow choking）。文献[10]认窄缝消能工能量的消散主要分为两部分：① 射流水舌在空中运行过程中的掺气、碰撞等的空中消能；② 射流水舌落入下游河道后的流动的冲击碰撞、旋滚和摩擦等的水垫塘消能。文献[11]则通过数值模拟的方法分析了窄缝消能工的消能效果，其结果与模型试验也基本一致。

吴建华等[12]在前人的工作基础上，创新性地提出了一种侧壁带齿坎的窄缝消能工，即侧壁齿坎窄缝消能工。本文主要通过物理模型试验，对此种消能工的结构形式和相关流态和消能等水力特性进行研究。

2　理论分析

图 1 为侧壁齿坎窄缝消能工的流态示意图，建立如图所示坐标系 (x, y)，相应的水舌流动参数包括：x_m 和 x_n 分别为水舌下缘和上缘与 x 轴的交点。特别地，定义 x_I 为交界层挑距，即为消能工的窄缝层与齿坎层交界点的射流轨迹与 x 轴的交点。对于传统窄缝消能工，也以高度 d 的位置（$d = h_{st}$），定义这样一条射流轨迹线，其与 x 轴的交点也为 x_I。d_0 和 v_0 分别为来流水深和断面平均流速，在本文的研究中，均以模型有压段出口断面参数计算 d_0 和 v_0，则有 $d_0 = d$，$v_0 = Q / A$，其中，Q 为流量，A 为出口面积。$Fr = v_0 / (gd)^{0.5}$，为来流佛氏数，其中，$g = 9.81 \text{ m}^2/\text{s}$，为重力加速度。

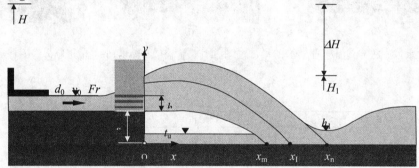

图 1　侧壁齿坎窄缝消能工射流轨迹示意图

图 2 为水舌流态定义图，由图 2 可知，随着来流 Fr 的变化，射流水舌的流态有明显地改变，并且发现流态的变化与交界层挑距 x_I 和上缘挑距 x_n 的位置密切相关。为了对水舌流态进行区分，定义流态系数 $FR_i = x_n / x_I$，其中 i 表示不同的流态。以此，我们把通过消能工的水舌流态分为"非工作"流态、"临界"流态和"工作"流态等三种状态。当 $x_n / x_I < 1$，即，$0 < FR_1 < 1$，x_I 点位于 x_n 的下游，称为"非工作"流态（图 2a；当 $x_n / x_I = 1$，即，$FR_2 = 1$，x_I 点与 x_n 在同一位置，称为"临界"流态（图 2b）；当 $x_n / x_I > 1$，即，$FR_3 > 1$，x_I 点位于 x_n 的上游，称为"工作"流态（图 2c），此时水舌在纵向充分拉开，呈良好的射流形态。同时，考虑侧壁齿坎窄缝消能工流态和消能率的主要影响因素，简化研究，在重力相似的水力模型试验中，忽略流动黏性的影响，可以得到：

$$FR_i, \eta = f(Fr, a_1 / d, n) \tag{1}$$

式中，$\eta = (\triangle E / E_1) \times 100\%$，为消能工的消能率，试验方案依据式（1）制定，研究在以上参数变化的情况下侧壁齿坎窄缝消能工的流态以及消能率的变化。

3 试验装置和方法

本试验在河海大学高速水流实验室进行。按重力相似原理来设计制作物理模型。试验装置整体布置包括水泵、进水管道、平水塔、试验水箱、试验模型、量水堰和回水渠等。

试验模型由有机玻璃制作，包括进口有压段、无压段、出口消能工段组成，全长约 112.50 cm。有压段出口高 $d = 18.75$ cm，在距出口 11.25 cm 处设置侧壁齿坎窄缝消能工。其中最大试验流量 $Q = 400$ L/s，试验流量通过阀门调节来控制，通过下游矩形堰测得模型水位流量特征曲线，经换算得到各试验工况断面平均流速 v_0。试验中最大工作水头为 2.00 m。具体试验方案如表 1 所示。

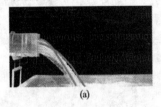 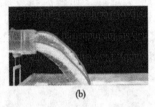 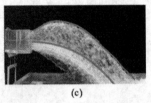

(a)　　　　　　　　　　　(b)　　　　　　　　　　(c)

图 2　侧壁水舌流态定义示意图（M12）：（a）"非工作"流态，$Fr = 1.16$；（b）"临界"流态，$Fr = 1.92$；（c）"工作"流态 $Fr = 2.99$

表 1　试验方案及消能工体型参数

序列	方案	a_1/cm	a_2/cm	c_1/cm	c_2/cm	n
1	M11	0.00	3.50	3.75	3.75	4
2	M12	0.00	3.50	2.68	2.68	6
3	M13	0.00	3.50	2.08	2.08	8
4	M14	0.00	3.50	1.44	1.44	12
5	M21	1.75	3.50	3.75	3.75	4
6	M22	1.75	3.50	2.68	2.68	6
7	M23	1.75	3.50	2.08	2.08	8
8	M24	1.75	3.50	1.44	1.44	12
9	M00	3.50	3.50	/	/	/

4 试验结果及讨论

4.1 流态观察及影响因素

图 2 为侧壁齿坎窄缝消能工（M12）射流水舌的 3 种典型流态演变，即，"非工作"流态、"临界"流态以及"工作"流态，试验中对于表 1 中的 9 个工况，均随来流 Fr 的增加，详细观察其有似的流态演变过程。

在"非工作"流态（如图 2a 所示），由于 Fr 较小，消能工的收缩作用较小，流动在垂向和纵向均未拉开，未达到窄缝消能工应有的流态特征和条件，消能作用较弱，水流基本呈跌落状态。在"工作"流态（如图 2c 所示），由于 Fr 大大增加，消能工对流动的收缩作用和齿坎的分层作用显著，流动在垂向和纵向充分拉开，水舌呈"扇形"状，在水舌的上部，形成明显的收缩后的窄缝流动，同时，在水舌的下部，由于流动的分层作用，层间的紊动和摩擦加剧，掺气大大加大，消能作用大大加强。在"临界"流态（如图 2b 所示），流动介于上述两种流态的过渡状态，呈现一种由"非工作"向"工作"流态过渡的状态。

同时，流态观察也表明：相同坎宽 a_1 的消能工，随着齿坎数 n 的增加，临界佛氏数 Fr 减小；对于相同的齿坎数 n 的消能工，随着坎宽 a_1 的减小，临界佛氏数 Fr 减小；相比于传统的窄缝消能工，齿坎式窄缝消能工的临界佛氏数 Fr 更小，有更好的流动条件。

4.2 流态分区

由于水流流态与水舌射流轨迹密切相关。本研究实施了 9 个模型试验来确定流态转变临界条件。试验中，记录不同工作水头下的水流佛氏数及流态系数 FR_i，根据试验观察确定临界佛氏数。明显地，对图 2 中的流态分区临界点进行分析，可知线性关系式如下：

$$FR_i = x_n / x_I = 1 \qquad (2)$$

如图 3 所示：位于临界线上方的区域为"工作"流态；位于临界线下方的区域为"非工作"流态；临界线即为流态转变的临界状态的"临界"流态。从图中可以得出以下几点：首先，随着佛氏数的增加，流动缓慢进入"工作"流态，当增加至 2 附近时，流动基本进入"工作"流态；其次，流动随着齿坎数 n 增加，有利于在较小的临界佛氏数 Fr，流动进入"工作"流态；再次，在相同的齿坎数条件下，坎宽越小，越容易进入"工作"流态；最后，相比于传统的窄缝消能工，侧壁齿坎的临界佛氏数 Fr 更小，具备更好的流动条件。

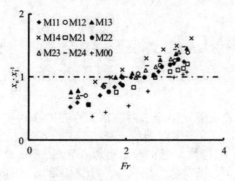

图 3 射流水舌流态分区

4.3 消能率

依据本文中的流态分析可将消能率随佛氏数的变化情况划分为"非工作"流态、"临界"流态和"工作"流态等 3 个区域（如图 4 中红色点划线所示）。

图 4a 为系列 M21 ～M24、系列 M11 ～ M14 的消能率 η 与来流佛氏数 Fr 的关系，从图中可以看到，无论哪种消能工，消能率 η 均随佛氏数 Fr 的增加而单调增加。

如图 4a 红线下部分区域所示，当射流水舌处于"非工作"流态时，大部分能量通过消能工内部剧烈的旋滚、齿坎间分层水流的碰撞和摩擦等来消散，射流水舌并没有较理想的横纵向拉开，因此，消能效果一般，消能率小于 60%。此时佛氏数较小，消能率随着佛氏数的增加而迅速增大。如图 4a 红线及红线上部分区域所示，当射流水舌处于"临界"和"工作"流态时，能量则通过齿坎间分层水流的碰撞和摩擦、射流水舌横纵向拉开后挑射水流在空气充分的扩散、掺气、以及水垫塘等联合作用消散，消能效果较好。此时，消能率随着佛氏数的增加从 60% 左右逐渐增大到 75% 左右。

从图 4a 中同样可以看到，对于模型系列 M21 ～ M24，流态转换的临界佛氏数在 2.00 – 2.60 的范围，而系列 M11 ～M14 的流态转换的临界佛氏数大致在 1.69 – 2.10 的范围。表明坎宽足够小，或者为 0 时，更有利于流态转换为"工作"流态。

与此同时，从系列 M21 ～M24、系列 M11～ M14 均可以看到，齿坎数的增加有利于消能率的增加，对于上述两类方案，齿坎数从 $n = 4$ 增加到 12，消能率大约可以增加 5 %；其次，对比上述两个方案系列，可以看到，坎宽也影响消能工的消能率，当 a_1 从 1.75 cm 减小到 0 cm，时，消能率大约可以提高 2 %；最后，对比无齿坎的传统窄缝消能工（图 4b），可以看到，在传统的窄缝消能工中，设置了齿坎以后，当齿坎数达到 $n = 8$，在试验研究的佛氏数 Fr 范围（3.50 以内），消能率可以提高 5%，这是非常有意义的。

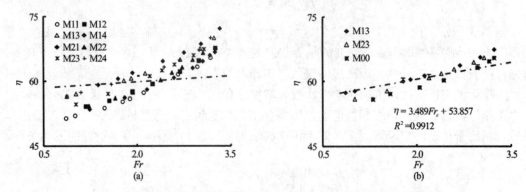

图 4 侧壁齿坎窄缝消能工来流佛氏数、齿宽分别与消能率的关系

5 结论

研究结果表明侧壁齿坎收缩式消能工射流水舌存在着 3 种流态："非工作"流态、"临界"流态和"工作"流态。研究表明，消能工在"临界"流态时水流佛氏数 Fr 远比传统窄缝消能工相应的 Fr 低，侧壁齿坎窄缝消能工可以在较低的 Fr 就可以实现"工作"流态的条件；此外，增加齿坎数 n、以及减小坎宽 a_1，在相同的水力条件下均有利于获得相应的"工作"流态。由于侧壁齿坎窄缝消能工齿和坎对流动的分层作用，通过流动各层间的摩擦、紊动和掺气等，消能效果明显优于传统的窄缝消能工。在本文研究的条件下，在相同的来流佛氏数，其消能率比传统的窄缝消能工增加约 5%。

参 考 文 献

1 彭程. 21世纪中国水电工程[M]. 北京: 中国水利水电出版社, 2006.

2 肖兴斌. 窄缝式消能工在高坝消能中的应用与发展综述[J]. 水电站设计, 2004, 20(3): 76–81.

3 杨首龙. 泄水建筑物及河道水力学研究的新进展[J]. 水利科技, 2001, 1: 31–33.

4 刘亚坤. 冲击波与收缩式消能工若干问题的研究[D]. 大连: 大连理工大学, 2006.

5 马吉明, 张永良, 郑双凌. 水布垭工程差动窄缝挑坎型溢洪道水力特性的试验研究[J]. 水力发电学报, 2007, 26(3): 93–98.

6 刘士和, 曲波. 挑流水舌断面形态的演化[J]. 武汉大学学报(工学版), 2004, 37(5): 1–3.

7 Wu Jian-hua, Ma Fei, Yao Li. Hyaraulic characteristics of slit-type energy dissipaters[J]. Journal of Hydrodynamics, 2012, 24(6): 883–887.

8 王治祥. 窄缝式挑坎强化消能与体型问题研究[J]. 红水河, 1994, (02): 24–31.

9 Steiner R, Heller V, Hager W H, et al. ctor ski jump hydraulics[J]. Journal of Hydraulic Engineering, 2008, 134(5): 562–571.

10 Juon R., Hager W. H. Flip bucket without and with deflectors[J]. Journal of Hydraulic Engineering, 2000, (11): 837–845.

11 Liu Shihe. Simulation of the atomized flow by slit type bucket energy dissipator[J]. Journal of Hydrodynamics, 2005, 17(6): 758–763.

12 Wu Jianhua, Yao Li, Ma Fei, et al. ulics of a multiple slit-type energy dissipater[J]. Journal of Hydrodynamics, 2014, 26(1), 86–93.

Flow regimes and energy dissipation of multiple slit-type energy dissipaters

YAO Li, YANG Wen-li

(School of Water Conservancy and Ecological Engineering, Nanchang Institute of Technology, Nanchang, 330099.Email: yaoli0817@163.com)

Abstract：Flow regimes and energy dissipation are both the serious concerns for the design of hydraulic structures. In the previous work, a kind of multiple slit-type energy dissipaters (M-STED) was developed, and its higher energy dissipation was demonstrated comparing with the traditional slit-type ones (STED). In this study, based on dimensional analysis, classifications of flow regimes by empirical correlations are presented, the critical conditions of the flow regime conversion of the M-STED were experimentally investigated through three sets of those physical models with nine cases, and comparisons were conducted between the results of both the STED and M-STED. Meanwhile, under the present conditions, the results concluded that the M-STED increased the relative energy dissipation ratio by nearly 5% comparing with the STED.

Key words：Flow regimes; Energy dissipation; Flow choking Slit-Type Energy Dissipater (STED); Multiple slit-type energy dissipater (M-STED).

射流间距对两孔射流稀释特性影响研究

肖 洋[1,2]，梁嘉斌[2]，李志伟[1,2]

（1. 水文水资源与水利工程科学国家重点实验室，南京 210098；2. 河海大学水利水电学院，南京 210098
Email: liangjiabin1234@foxmail.com）

摘要： 多孔扩散器是工业污水排江、排海工程的主要排放装置，射流孔间距对多孔扩散器射流掺混特性影响较大，是多孔扩散器设计中需重点考虑的因素。本研究采用计算流体动力学（CFD）商业代码-Fluent 中的 realizable k-ε 模型，研究射流孔间距 S/射流孔直径 D=2，3，5，7，9 条件下两孔射流浓度场和速度场的变化情况，分析了射流紊动能（TKE）的分布情况，揭示射流孔间距对多孔射流掺混特性的影响规律。计算结果表明，随孔间距的增加，第一个射流对后面射流的遮挡作用减小，后面射流的流速和污染物浓度衰减速率增大，射流水体会更好地被环境水体稀释。

关键词： 多孔射流；孔距；射流轨迹；流速；稀释

多孔扩散器是一种常用的污水排放装置，即污水从多个射流管排出，通过增大污水与环境水体的掺混面积和强度以达到快速稀释的目的[1]。为改进多孔扩散器的稀释效果，使其更好地被环境水体掺混、稀释，诸多学者通过实验和数值模拟等手段进行了大量的研究。肖洋等[2]利用激光诱导荧光（Laser Induced Florescence）对横流条件下 1、2 和 4 孔射流的流动特性进行了实验研究，李志伟等[3]运用 realizable k-ε 模型对横流中的单孔和多孔射流（2,3,4）进行了数值计算，Yu[4]通过 PIV 和 LIF 两种手段，研究了横流中多孔射流的速度场和浓度场，并分析了流速比 R 和孔距变化的情况下横流对射流的影响。此外，余常昭[5]，陈永平等[6]也对紊动条件下射流的掺混稀释特性做了细致的研究。但前人研究大多是在孔间距恒定的条件下进行的，对于不同孔距下的射流研究较少，尤其是缺乏对多种孔距下射流特性的细致研究。而由于岸体的地质构造等因素，会使得多孔扩散器的孔距布置有一定的限制，故需要通过孔间距进行系统的分析探究如何优化射流的稀释效果。本研究将在前人研究的基础上，探究孔间距为 S/D=2,3,5,7,9 条件下横流中两孔射流的速度和浓度轨迹线，以及流速和紊动能的分布情况，从而更好地建立孔间距同稀释度的关系，为多孔扩散器的布置提供参考。

1 模型的建立

1.1 控制方程

控制方程采用不可压缩雷诺平均 Navier-Stokes（N-S）方程组，

连续方程：

$$\frac{\partial u_i}{\partial x_i} = 0 \tag{1}$$

动量方程：

$$u_j \frac{\partial u_i}{\partial x_j} = -\frac{1}{\rho}\frac{\partial p}{\partial x_i} + \frac{\partial \tau_{ij}}{\partial x_j} \tag{2}$$

式中：ρ 是密度，u_i 是速度在 x、y、z 方向上的分量，p 为动态压强，τ_{ij} 为引力张量，表示雷诺应力和黏性应力的总和。通过 Boussinesq 假设将雷诺应力和平均速度梯度联系起来。

紊动黏性系数的计算采用 realizable k-ε 模型，与标准 k-ε 模型相比，realizable k-ε 模型的计算公式中加入了有关旋转和曲率的内容，ε 方程发生了很大变化，被有效地应用于各种类型的水流流动模拟，尤其是包含旋转和反向压力梯度的边界层、分离、回流、漩流等复杂现象的流动。

1.2 计算条件和网格剖分

计算主区域宽为 $50D$，高为 $40D$，长度随射流孔距的改变而改变。计算区域的射流管为 4 根直径 $D=0.01\text{m}$、长为 $10D$ 的圆管。横流进口位于迎流方向第一个射流管中心上游 $10D$，出流边界位于最后一根射流管下游 $25D$。共设 5 个计算工况，分别为孔距 $S=2D$、$3D$、$5D$、$7D$、$9D$。以 $S=5D$ 为例，其示意图如图 1 网格用 Fluent 的前处理软件 Gambit 生成，采用六面体非均匀结构化网格离散计算区域。其中，各计算区域采用相同的网格密度，仅因孔距的不同使射流的总网格数有所区别，但各射流入口间的网格密度保持一致。网格采用区域分解法进行剖分，将水槽和射流管划分为不同的网格，从而有效地对关心的射流区域进行加密。采用文献[1]中的 L2J01 作为参考，其射流流速 $U_0=88.3\text{cm/s}$，环境横流流速 $U_a=9.6\text{cm/s}$，流速比 $R=U_0/U_a=9.2$，动量长度尺度 $l_m=M_0^{1/2}/U_a=8.1\text{cm}$（$M_0$ 为射流出口初始动量）。

1.3 边界条件

上游横流进口边界 $U=U_a$，方向沿 x 轴，污染物浓度 $C=0$，紊动强度 $I=0.01$，水力直径 $D_H=0.4$，紊动能 $k=1.5(U_aI)^2$，耗散率 $\varepsilon=0.09^{3/4}k^{3/2}/l$，紊动长度尺度 $l=0.07D_H$。各射流进口流速 $V=V_i$，方向沿 y 轴，$C=C_0$，紊动强度 $I=0.1$，$D_H=0.01\text{m}$，紊动能 $k=1.5(U_aI)^2$，耗散率 $\varepsilon=0.09^{3/4}k^{3/2}/l$，紊动长度尺度 $l=0.07D_H$。出口处采用自由出流（outflow），即

$\dfrac{\partial V}{\partial x}=\dfrac{\partial W}{\partial x}=\dfrac{\partial C}{\partial x}=0$。主槽四周定义为滑移边界条件，即切应力为 0，近壁区采用标准壁面函数。对射流管与水槽的交界面采用交界面边界（interface）来处理，使得其交界面重叠部分产生一个内区。如果其中一个交界面大于另外一个，则超出部分定义为壁面。射流管边界采用无滑动壁面边界条件和标准壁面函数进行模拟。

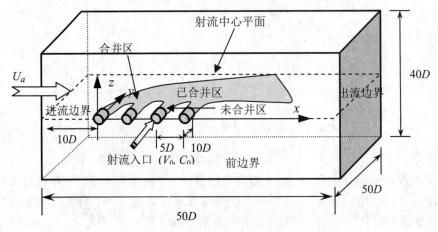

图 1 $S=5D$ 射流区域示意图

1.4 求解方法

利用有限体积法[7]（Finite Volume Method）离散求解三维的 N-S 方程。压力速度耦合基于 SIMPLEC 算法[8]，压力的插值格式采用 PRESTO!格式，动量等其余量的离散格式采用二次迎风插值 QUICK 格式[9]。监测各变量残差，定义残差小于 0.00001 为收敛标准。同时监测一点速度，当速度随迭代次数基本不变时，可认为计算收敛。

2 计算结果分析

2.1 模型的验证

多孔射流的计算结果与文献[1]试验数据对比见图 2，图 2（a）为浓度轨迹线，图 2（b）为射流轨迹线上的稀释度。由图 2（a）可知，射流污染物浓度的轨迹线的计算值与试验值吻合良好，即第一个射流弯曲程度明显大于第二个射流，且逐渐与后面射流合并。从图 2（b）可以看出，稀释度沿轨迹线逐渐减小，且稀释度的下降速度逐渐减慢。

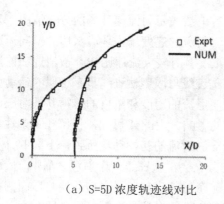
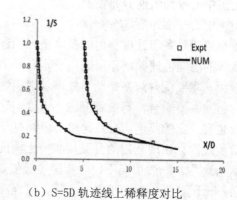

（a）S=5D 浓度轨迹线对比　　　　（b）S=5D 轨迹线上稀释度对比

图2　模拟结果与试验结果对比

2.2 射流轨迹线变化情况

射流浓度轨迹线反应了污染物的输移轨迹，是射流各级浓度等值线最大点的连线。本研究对比了 S/D=2,3,5,7,9 情况下两孔射流的运动轨迹(图3)。由图3可知，射流从射流孔射出后，其浓度轨迹线迅速抬升，随后，射流轨迹线在横流作用下发生偏转，抬升速度减慢，最后射流轨迹线逐渐与横流方向平行。两孔射流第一个射流的弯曲程度远大于第二个射流，这是由于第一个射流的迎风面受到横流较强的作用，而其对后面第二个射流有一定的遮挡作用，使得作用在第二个射流上的有效流速明显减小，同时射流背风面由于第二个射流的卷吸，使得其存在一定的负压。由于第一个射流弯曲程度较大，其会同第二个射流合并，最后形成合并后的单一射流轨迹。随着射流孔距的增大，两孔射流合并的位置沿 Y 方向有所偏移。即射流孔距越小，越容易形成统一的射流轨迹，其单位面积内的浓度越高，越难以被横流所稀释。由于第一个射流对后面射流有较大的遮挡作用，且随孔距的增大，遮挡和卷吸作用均有较为明显的减弱。故在合并前，孔距越大，第二个射流的弯曲程度越大。如图3（a）、（b）所示，当 S=2D 或 3D 时，第二个射流在合并前几乎没有弯曲，轨迹线接近直线。

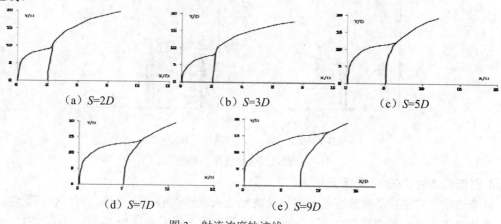

（a）S=2D　　　　（b）S=3D　　　　（c）S=5D

（d）S=7D　　　　（e）S=9D

图3　射流浓度轨迹线

2.3 射流中心平面流速分布情况

射流中心平面速度场分布情况见图 4，其中等值线表示射流速度场的分布情况，射流的速度轨迹线是各级速度等值线最大值点的连线。射流的速度场由环境水体的横向流速和射流水体的法向流速共同作用。由于本文采用的工况具有较大流速比 R，故流速在射流孔附近较大，主要受射流初始动量控制。射流速度轨迹线与浓度轨迹线具有相似的运动变化过程，但其并不重合，弯曲程度也不一致。这说明射流的速度和浓度的传播并不对应，因为横流也有一定的流速，会对速度等值线有一定的影响。由图 4 可知，任何孔距条件下的射流等值线均会出现一定的分叉，其中上面的分支为射流的初始动量所致，下面的分支由流向涡所致[10]。一般情况下，射流速度等值线的分叉会出现在第一个射流之后[3]，后面的射流可不出现分叉。但由于孔距不同，可能在第一个射流出现分叉之前其便与后面的射流合并为一股水流，从而使得合并后的水流出现类似于单孔射流的运动特征，即在合并后出现分叉。由图可知，当孔距较小时（$S=2D$、$S=3D$）分叉出现在两个射流合并后，当孔距增大后（$S=5D$）第一个射流后和两个射流合并后均出现了分叉，但分叉较小。当孔距较大时（$S=7D$、$S=9D$）仅在第一个射流后出现分叉，而在合并后则不出现分叉。

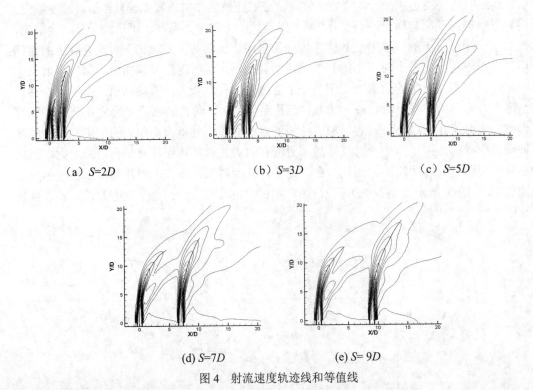

(a) $S=2D$ (b) $S=3D$ (c) $S=5D$

(d) $S=7D$ (e) $S=9D$

图 4　射流速度轨迹线和等值线

2.4 射流紊动能(TKE)分布情况

紊动能（TKE）是射流流场水流运动情况及水流结构的重要指标，可以表明射流区域的紊动剧烈程度。紊动能（TKE）分布等值线图如图 5 所示，选择 $S=2D$、$5D$、$7D$ 加以讨论分析。可知，紊动强度在射流管壁附近较大，而在各射流管中心区域则出现较小。对于孔距较小的情况，两孔射流的紊动能分布出现重合和干扰，使得射流孔的水流结构较为复杂。而在射流孔距较大的情况下，两孔射流的紊动能互不相互干扰，呈现独立分布的状态。

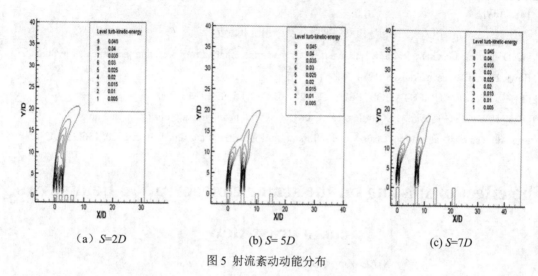

(a) $S=2D$ (b) $S=5D$ (c) $S=7D$

图5 射流紊动动能分布

3 结论

通过对不同孔距两孔射流轨迹线、速度场和紊动能分布情况的分析，得出如下结论：

(1) 射流孔距越小，第一个射流对后面射流的遮挡作用越大，后面射流越不易同环境水体掺混。

(2) 射流孔距越小，两个射流相互间的影响越剧烈，两股水流越易合并，且合并后会表现出单孔射流的流动特性。

(3) 射流孔距越小，其两个射流相互影响越剧烈，而当孔距足够大时，两个射流互不干扰。

参 考 文 献

[1] 肖洋. 横向流动条件下多孔水平动量射流掺混特性研究[D]. 南京：河海大学.

[2] 肖洋，雷鸣，李开杰，刘贵平，闫静.横流多孔射流流动特性试验研究[J]. 水科学进展，2012,23（3）：390-395.

[3] 李志伟，槐文信，钱忠东. 横流中单排多孔射流的流场与浓度特性数值模拟[J]. 中国科学，2012, 42（12）：1395-1406.

[4] Daeyoung Yu, M.S. Ali, Joseph H.W. Lee. Multiple Tandem Jets in Cross-Flow [J]. Journal of Hydraulic

Engineering, 2006, 132(9):971-982.

[5] 余常昭. 紊动射流[M]. 北京：高等教育出版社，1993.

[6] 陈永平，李志伟，张长宽. 不规则波作用下垂向圆管浮射流的试验研究[J]. 水利学报, 2009, 40(12): 1444-1451.

[7] 汪德爝. 计算水动力学理论与应用[M]. 北京：科学出版社，2011.

[8] Van Doormaal, J P, G D Raithby. Enhancement of the simple method for predicting incompressible fluid flows. Numerical Heat Transfer. 1984, 7(2): 147-163.

[9] FLUENT 6.2 DOCUMENTATION, FLUENT 6.2 USER'S GUIDE.HTML, 2005

[10] Fang H W, He G J, Wang L X. Influence of vertical resolution and nonequilibrium model on three-dimensional calculations of flow and sediment transport. J Hydraul Eng-ASCE, 2010, 136(2): 122-128.

The effect of spacing on the scalar concentration field of two jets in cross-flow

XIAO Yang[1,2], LIANG Jia-bin[2], LI Zhi-wei[1]

(1.State Key Laboratory of Hydrology-Water Resources and Hydraulic Engineering, Nanjing 210098.; 2.College of Water Conservancy and Hydropower Engineering, Hohai University, Nanjing ,210098.

Email: liangjiabin1234@foxmail.com)

Abstract：Multiport diffuser is a kind of sewage treatment device, through which the sewage is discharged into rivers or sea. Different space of nozzles may lead to different mixing effects, so is an important consideration of designing the diffuser. The Realizable k-ε model of the Computational Fluid Dynamics（CFD）code Fluent was employed to investigate the mixing and merging characteristics of jets and cross-flow. The difference of concentration and velocity field was also discussed when the space of the two jets is s/d=2, 3, 5, 7, 9. The turbulent kinetic energy distribution was analyzed to reveal the effects of the space of jets. The result shows that with the increasing of the space, the shelter effect of the first jet becomes weaker. So the concentration and velocity decays faster and the twin jets mix more with the cross flow.

Key words：Multiple tandem momentum jets, Space of jets, Jet trajectory, Velocity, Dilution

润湿性微纳米圆管中超纯水的流动特征

宋付权*，田海燕

（浙江海洋大学石化与能源工程学院，舟山，316022，Email: fqsong2000@smmail.cn）

摘要： 在传统的流体力学中，流体在固壁处流速为零，即无滑移边界条件。在微纳米条件下，由于固液界面作用力增大，无滑移边界条件不再适用。首先从微米石英圆管中的流动实验现象出发，给出润湿性边界黏滞层厚度随应力变化的边界模型，在此基础上推导出了层流条件下，微纳米管中的流量公式，并分析了流动微纳米尺度下的流动特征。最后用微米圆管中超纯水的流动实验，对新建的理论模型进行了验证。研究表明：新建立的微纳米尺度下的边界模型和流量公式很好地符合了实验结果；润湿性条件下，边界粘滞层厚度随驱动力的增大而减小；流量较大时，可以有效克服润湿性流体流动时边界黏滞层的影响。

关键词： 微纳米流动；微管；边界条件；边界黏滞层

1 引言

随着微电子机械系统(MEMS)理论的出现，研究者开始对液体在微米管中的流动进行研究[1-2]。近几年，研究者更是利用去离子水在微纳米管中的流动特性进行各种研究。

2002年李战华等[3]研究了去离子水在石英微管中的流动，研究表明当微管直径大于20微米时，水的流量与传统理论相同。之后宋付权、岳湘安[4-5]等研究表明：在石英微管的直径小于10微米时，水的流量小于传统理论的预测值。

2008年管宁等[6]超纯水流过水和光滑微石英管，这些光滑微石英管的内径分别为$25\mu m$和$75\mu m$，采用红外成像仪测量了微管内部由于粘性耗散而导致的温升. 考虑双电层效应对其进行了数值计算. 并建立二维数学模型. 得出直径小于$50\mu m$的微管内的粘性耗散都是不能忽略的. 而且Reynolds数并不是唯一判定粘性耗散的增大或减小的标准，粘性耗散带来的温升是管长、管径、流体粘度以及流速的复杂函数。2009年张丽娟等[7]用去离子水和内径为$14.9\mu m$，$5.03\mu m$，$2.05\mu m$的亲水和憎水微圆管，结合微管实验和岩芯渗流实验，用显微镜观察甲基硅油处理前后去离子水在微圆管内接触角，采用H. P方程计算流量，分析说明去离子水在管径为2.05，$5.03\mu m$的亲水和憎水微管中的流动规律均偏离经典流体力学理论且润湿性对去离子水的微圆管中的流动有显著影响，而在直径为$14.9\mu m$微管中去离子水在不同润湿性下的流动规律均与经典理论相符；说明润湿性对水的微管流动和渗流的影响. 2006-2009年刘中春、宋付权等[8-9]在内径为$75\mu m$、$250\mu m$、$1mm$的几种可视化石英玻璃管中进行去离子水流动实验，研究气-水界面和油-水界面在不同流速下的特征。观察和分析了在不同压力下润湿滞后现象。2011年李洋等[10]设计了高精度微尺度流动实验方法，通过不同半径微管中去离子水的流动实验，研究出低渗油藏低速非线性渗流特征是由于尺度降低导致的。2013年万海艳[11]设计了一种在微管中测量启动压力梯度的方法，研究微管内的去离子水从静态到流动状态整体的压力反应，实验得在油藏工程中，实验室测得的启动压力梯度往往过大，并验证出该方法用于低渗透岩心的启动压力梯度测量实验中，更加准确的获得低渗透油藏的启动压力梯度值。2015年姜桂林等[12]分别对内径 d 为 0.447、0.728 和 0.873mm，长度 L 均为 400mm 的 3 种紫铜微管进行超疏水性处理，并采用去离子水为流动工质，通过对微管两端的压力变化和流量进行测量，获得超疏水处理后 3 种管径相比超疏水处理前的 f 值均出现明显下降。

在宏观的流体力学中，流体的边界条件是：在固壁处流速为零，即无滑移边界条件。种种研究结果表明：在微纳米条件下，流体的流动表现出不同宏观状态下的特征，这是由于固液界面作用力因素增大造成的，其中润湿性强烈影响流体的流动特征。

另外，近年来，随着我国越来越多低渗透油藏的开发，低渗透多孔介质中的微尺度流动特征逐渐为人们所关注[13-17]，黄延章[13]率先提出了边界流体和体相流体的概念，他认为边界流体就是吸附在多孔介质边界上，在压力梯度的作用下，不能运动的流体，从相同的尺度上验证了微尺度效应的存在。

本文研究润湿条件下，润湿性流体在微米尺度下，边界粘滞层影响的流动特征。首先从实验现象出发，建立边界黏滞层厚度模型，然后推导微圆管中液体流动的流速公式和流量公式，最后用超纯水的流动实验给予验证。

2 微米管中流体的流动现象

在润湿性微圆管中，边界附近的流体吸附在固体表面，不参与流动的流体，这部分流体层称为（也称边界粘滞层），边界流体的厚度随驱替压力的增大而减小；体相流体即在驱替压力的作用力下，参与流动的流体。总的来说，边界流体的存在是由固液相互作用力造成的[13]。

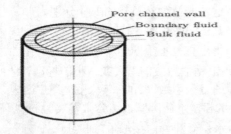 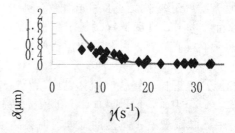

图 1 边界层流体和体相流体示意图　　　　图 2 边界层厚度随剪切率的变化关系（r=5μm）

微管实验表明[15]：对于同一根毛管，压力梯度越大，壁面粘滞层越薄。如图 2 为半径为 5 微米的石英圆管中，去离子水的流动实验得到的边界黏附层厚度，经拟合表现出了很好的指数特征。因此边界粘附层厚度模型为：

$$\delta = r_0 e^{-c|\nabla p|} \tag{1}$$

式中：δ 为边界黏附层厚度，m^2；r_0 为微圆管半径，m；c 为边界黏附层参数，$m \cdot Pa^{-1}$。

同时分子动力学模拟[18]结果表明：在纳米尺度下，由于固液相互作用引起的边界黏附层的厚度，也是随驱替压力的变化而变化，而且呈指数的规律。如图 3 所示：图中纵坐标表示滑移长度，上面一条曲线代表固体边界流体有速度滑移的现象；下面的曲线代表存在边界黏附层，负滑移长度的绝对值可以近似表示边界黏附层的厚度，从流动效果上看，边界黏附层的存在，等效于管道宽度减小了，从而导致在相同驱替压力下，流量减小。

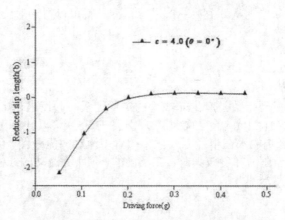

图3 润湿性条件下的负滑移长度与外力的关系

在驱动力趋近于 0 时，整个流体都是黏滞层，所以在微管中，黏滞层的厚度就是微管的半径。

3 牛顿流体在微圆管中的速度及流量公式

根据牛顿流体的应力应变关系，

$$\tau = \mu \dot{\gamma} \tag{2}$$

式中，τ 为流体所受的应力，pa；γ 为流体的应变，s。

对于圆形的管道，方程（8）可以具体表达为

$$\frac{r}{2}|\nabla p| = \mu \frac{dv}{dr} \tag{3}$$

式中，r 为圆管径向坐标，m。

假设边界黏附层的厚度为 δ，相当于有效流动半径减小 δ，对方称（9）从 r 到 $r_0 - \delta$ 进行积分，得到了考虑负滑移时，流体在圆管中的数度分布，

$$\vec{v} = -\left[\frac{(r_0-\delta)^2 - r^2}{4\mu}\right]\nabla p \tag{4}$$

将公式（1）代入公式（4）中得，

$$\vec{v} = -\left[\frac{r_0^2(1-e^{-c|\nabla p|})^2 - r^2}{4\mu}\right]\nabla p \tag{5}$$

再对上进行过流断面上从 0 到 $r_o - \delta$ 进行积分，就可以得到对应的流量公式，

$$q = \frac{\pi\left(1-e^{-c|\nabla p|}\right)^4 r_0^4}{8\mu}|\nabla p| \tag{6}$$

在计算中，我们发现指数是产生非线性的主要因素，假设水在半径为 2.5 微米的微圆管中流动，黏度为 $1\times10^{-3}\,\mathrm{Pa\cdot s}$（20℃下），由公式（6）可以计算出微管中的流量，如图 4 为对应的不同 c 值影响的水在半径 2.5 微米微管中流动的流量图，可以看出：黏滞层的影响主要在小外力下，当压力梯度较大时，在不同的 c 值下，流动的线性特征是相同的。c 值越小，非线性的情况越严重。

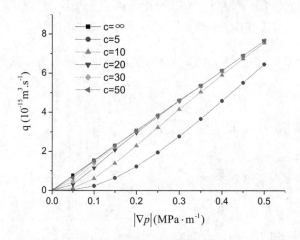

图 4 不同 c 值下微管流量与压力梯度的关系(r=2.5μm)

对于公式（5-6），当压力梯度较大时，流速和流量公式退化为宏观条件下的流速和流量公式：

$$\vec{v} = -\left[\frac{r_0^2 - r^2}{4\mu}\right]\nabla p \tag{7}$$

$$q = \frac{\pi r_0^4}{8\mu}|\nabla p| \tag{8}$$

4 实验验证与分析

实验选用去离子水（超纯水），在室温下进行，石英微管的半径分别为：12.5μm 和 25μm。

图 5 为 12.5 微米微管中超纯水的流量曲线，超纯水的平均黏度为 1.12cp(MPa.s)，驱替压力梯度：0.01-0.02MPa/mm；图 6 为 25 微米微管中超纯水的流量曲线，超纯水的平均黏度为 1.11cp(MPa.s)，驱替压力梯度：0.004-0.009MPa/mm。

图 5 表明：超纯水在半径为 12.5 微米的石英微管中流动时，由于受到水在润湿性微管中的边界粘附层的影响，表现出非线性的流量特征，且驱动力越小，受到的影响越大。而图 6 表明：超纯水在半径为 25 微米的石英微管中流动时，流量的非线性特征表现不明显，这是因为尺度较大的原因。综合图 5 和图 6：在外力较大时，微管中水流量的非线性特征消失。

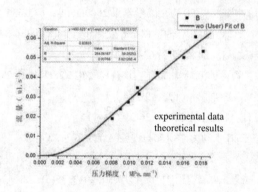 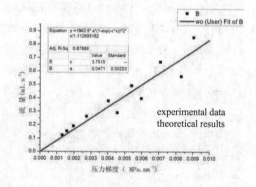

图 5 微管中超纯水的流动特征($r=12.5\mu m$)   图 6 微管中超纯水的流动特征($r=25\mu m$)

5 结论

从微圆管流动中的边界黏滞层的特征出发，推导了一个新的具有边界黏滞层的流体在微圆管中的速度及流量公式，最后通过去超纯水在微管中的流动实验进行了验证，主要结论如下：

（1）得到了微纳米尺度下，润湿性流体流动时的黏滞边界模型和流量公式。

（2）润湿性条件下，边界黏滞层厚度并非常数，而是随驱动力的增大而减小。

（3）在微纳米尺度下（直径小于 25μm），或者流量较小时，研究润湿性流体流动时，要考虑边界黏滞层的影响。

参 考 文 献

1 Gad-el-Hak, The Fluid Mechanics of Microdevices---The Freeman Scholar Lecture,J. of Fluids Engineering, 1999, 121:5-33.

2 刘静编著. 微米/纳米尺度传热学[M]. 科学出版社：北京，2001.

3 李战华，周兴贝，朱善. 非极性小分子有机液体在微管道中的流量特性[J].力学学报,2002, 34(3): 432-437.

4 宋付权，低渗透多孔介质和微管液体流动尺度效应[J]. 自然杂志，2004，26（3）：128-131.

5 徐绍良；岳湘安；侯吉瑞. 去离子水在微圆管中流动特性的实验研究[J].科学通报, 2007, 52(1):120-124.

6 管宁，刘志刚，梁世强. 微管中液态流动的粘性耗散效应研究[J].自然科学进展，
2008，18(11)：1297-1299.

7 王斐,岳湘安,徐绍良等.润湿性对水在微管和岩芯中流动特性的影响[J].科学通报,2009,54(7):972-977.

8 刘中春，侯吉瑞，岳湘安. 微尺度流动界面现象及其流动边界条件分析[J].水动力学研究与进展(A辑)，
2006, 21(3):339-346.

9 宋付权，左加传. 微管中非混溶两种流体运动界面的特征应用[J].应用力学学报,2009,26(4)：633-636.

10 李洋，雷群，刘先贵，萧汉敏. 微尺度下的非线性渗流特征[J].石油勘探与开发，2011,38(8)：336-340.

11 万海艳. 一种微管中启动压力梯度测量方法力学与实践[J].2013,35(3):63-65.

12 姜桂林，张承武，管宁等. 水在不同管径超疏水性微管内的流动特性[J]. 山东科学,2015,28(1)：21-27.

13 黄延章，低渗透油层非线性渗流特征[J].特种油气藏，1997，4（1）：9-14.

14 宋付权. 低渗透多孔介质和微管液体流动尺度效应[J].科技进展 2003；26-3.

15 姜瑞忠. 低渗透油藏非线性渗流理论及数值模拟方法[J].水动力学研究与进展(A 辑), 2011, 26(4):
444-452.

16 黄延章，杨正明，何英，等.低渗透多孔介质中的非线性渗流理论[J].力学与实践, 2013, 35(5):1-8.

17 徐绍良，岳湘安. 低速非线性流动特性的实验研究[J].中国石油大学学报(自然科学版), 2007, 31（5）：
60-63.

18 宋付权；陈晓星. 液体壁面滑移的分子动力学研究[J].水动力学研究与进展 A 辑, 2012，27(01)：80-86.

The characteristics of deionized water flows in hydrophilic micro-tubes

SONG Fu-quan*, TIAN Hai-yan

(School of Petro-Chem. and Energy Eng., Zhejiang Ocean University, Zhoushan, 316022. Email: fqsong2000@smmail.cn)

Abstract： The traditional theory of fluid mechanics shows that the velocity of liquid flow near solid boundary is zero, which is called as no-slip boundary condition. But it cannot be apt to the liquid flow in micro- and nano- structures because of the huge specific surface and the interface force of liquid and solid. First the model of height of liquid boundary adhesion zone changed with external force was given on basis of experiments of liquid flow in micro-tubes. Then the formulae of flow velocity and flow rate were derived for hydrophilic fluid. Finally the new formulae were testified by experiments of deionized water flow in silica micro- tubes. The results show that: the new formulae of flow velocity and flow rate is suitable for water flow experiments in silica micro- tubes, the height of liquid boundary adhesion zone becomes smaller with the external force increasing, and the big flow rate can decrease the height of liquid boundary for liquid flow in hydrophilic micro- tubes.

Key words: Micro- and Nano- flow; Micro- tube; Boundary condition; Boundary adhesion zone.

The numerical and experimental investigations of aerodynamic forces on a modified stay-cable

ZOU Lin, WANG Miao, LU Hong, XU Hanbin

(School of Mechanical and Electronic Engineering, Wuhan University of Technology,Wuhan, China,430070

Email: l.zou@163.com)

Abstract：The present investigations focus attention on flow control and drag reduction by using a modified stay-cable with sinusoidal variations in cross-section area along the spanwise direction. The Reynolds numbers are kept at 100 and 500 for laminar flow and Re =5000 and 22000 for turbulent flow. The detailed near wake vortex structures, velocity fields and force coefficients of such modified stay-cable（MSC） are captured and compared with a straight stay-cable(SSC) in the same flow conditions. The variation of the streamwise velocity field within the shear layers contributed to the widening and prolonging of the near wake by pushing the free shear layers further downstream of the modified stay-cable. As a result, a drag reduction of at least 13.8% and the r.m.s lift coefficients reduction of up to 95% were observed compared with the straight stay-cable at Re=500.

Key words：Modified stay-cable, Vortex structure, Flow control, Drag reduction

1 Introduction

The flow around bluff bodies, such as cylinders, chimneys and stay-cables, is an important technical problems associated with energy conversion and structural design. Many methods have been proposed over the recent years to control the wake vortex dynamics with the aim of weakening the vortex shedding and reducing the amplitude of the fluctuating lift as well as the drag. Both passive and active controls have been investigated in the past. Active methods involving energy input to a flow structure system to bring about desirable changes to the system. Passive schemes require no external energy input, typically changing the geometry of structures or adding fixed mechanical vortex disturbers to influence vortex shedding. Bearman & Owen(1998)[1] observed that the rectangular cross-section bodies with a mild wavy (wave steepness of only 0.06 to 0.09) trailing edge resulted in the complete suppression of vortex shedding and substantial drag reduction of at least 30% at Re=40000. Darekar & Sherwin(2001)[2] suggested that the primary wavelength of the straight square-section cylinder leads to the suppression of the Karman street. Lam and Lin(2009)[3] showed that both the mean drag coefficients and the fluctuating lift coefficients of the wavy circular cylinder were evidently smaller than those of a purely circular cylinder. Aisha et al (2013)[4] worked with additional passive control method to reduce of fluid forces on a square cylinder in a laminar flow. Rashidi et al(2015)[5] controled the wake structure behind a square cylinder by magnetohydrodynamics.

The purpose of this work is to carry out PIV experiment and numerical studies on three-dimensional flow around a modified stay-cable with sinusoidal variations in cross-section area along the spanwise direction over a wide Reynolds number range to investigate their advantages in flow control and drag reduction. It is hoped that such experimental and computational results will also establish a comprehensive database to further our understanding about the physical mechanisms of the three-dimensional flow characteristics for modified stay-cable and will be helpful to comprehend the physical mechanisms on the control of flow induced vibration and drag reduction.

2 PIV set-up and Computational method

The particle image velocimetry (PIV) measurements were conducted using a Dantec standard PIV2100 system. Figure 1 shows the schematic description of the experimental setup. The present measurements were carried out in a low-speed closed-loop water tunnel with a square working section of 0.3m×0.6m and a length of 2.4m. The modified stay-cable (MSC) of width Dm=0.015m and height Dz= Dm + 2acos(2πz/λ) with a length of 0.3m was placed horizontally. Here, Dz denotes the local height of the MSC and varies in the spanwise direction z. The sinusoidal wavelength 'λ', wave amplitude 'a' and the mean diameter of the modified stay-cable 'Dm' of the MSC were fixed at λ/Dm =6 and a/Dm =0.15, respectively (Fig. 1) The axial location of the maximum Dz is called 'node', while the location of the minimum Dz is called 'saddle'. A straight stay-cable (SSC) of diameter Dm=0.015m was also introduced for comparison. The Reynolds number is based on the incoming flow velocity, corresponding to Re= 500 and 5000, respectively.

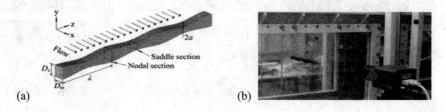

(a)   (b)

Fig. 1. (a) Computational model of the modified square stay-cable; (b) PIV experimental set up

In the present simulations, at the low Reynolds number Re=100 and 500, unsteady three-dimensional laminar flow of a viscous incompressible fluid is considered, and at high Reynolds number regime Re=5000 and 22000, the three-dimensional large eddy simulation (LES) turbulence model is carried out. The finite volume method (FVM) with an unstructured hexahedral grid is employed to solve the unsteady incompressible three-dimensional Navier-Stokes equations. The dimensionless time step $\Delta t U_\infty / D_m = 0.02$ was chosen for the laminar flow. The Computational grid distributions are shown in Fig. 2

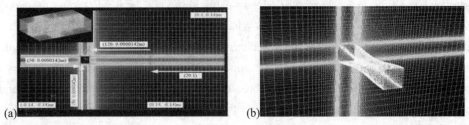

Fig. 2. Computational grid distributions: (a) grid in x –y plane, (b) grid around a modified square stay-cable

3 Results and Discussion

Fig.3 shows normalized mean streamwise velocity behind the modified square stay-cable by PIV. Compared with the straight stay-cable (SSC), the three-dimensional free shear layers are pushed further downstream behind the modified stay-cable (MSC) both at Re=500 and 5000. And the wavy surfaces of the MSC leads to a wake width variation at different positions, the wake is wide behind the nodal position and narrow behind the saddle position. These lead to the development of a well organized three-dimensional free shear layer with periodic repetition along the spanwise direction for the modified stay-cable. It also implies that the mean drag coefficients of the MSC will be less than those of the SSC.

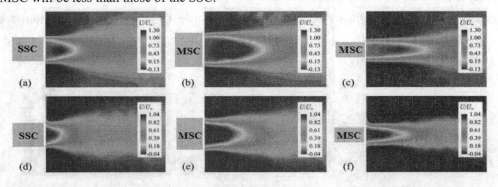

Fig. 3 Normalized mean streamwise velocity behind the modified square stay-cable by PIV. **a-c** *Re*=500, **d-f** *Re*=5000

Fig. 4 shows the time history of forces coefficients for both the straight and modified stay-cables. The drag force component of the modified stay-cable exhibit a clear drag reduction and lift fluctuation suppression compared with that of the straight stay-cable at the same Reynolds numbers. The drag reduction of at least 13.8% and the r.m.s lift coefficients reduction of up to 95% were observed compared with the straight stay-cable at Re=500. With the increasing of Re, the advantageous features of the modified stay-cable gradually decreased but still exist. Fig. 5 shows the instantaneous 3D wake structures of straight and modified square stay-cable. For the modified stay-cable, a 3-D flow structure is generated due to the effect of the wavy surface. The flow separation arising from the wavy leading-edge varies with sinusoidal variations along the spanwise direction. The variation of the streamwise velocity field within the shear layers contributed to the widening and prolonging of the near wake by pushing the free shear layers further downstream of the modified stay-cable. The three-dimensional free shear layers are larger and more stable than those from the straight stay-cable. The free shear layer behind the nodal position extends in both transwise and streamwise direction; while only extends in streamwise direction behind the saddle position. The formation of dislocations in the wake of the modified stay-cable will reduce the mean drag coefficient and the r.m.s. lift coefficient. At the same time, the present simulation results are close to those captured by the present PIV results at the similar Reynolds numbers of 500 and 5000 for both straight and modified stay-cables (see Fig. 3)

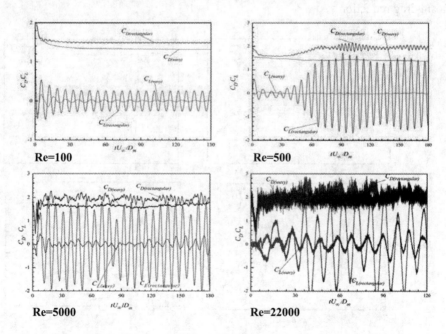

Fig. 4   Time history of force coefficients of straight or modified square stay-cable

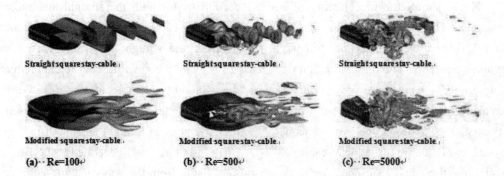

Straight square stay-cable | Straight square stay-cable | Straight square stay-cable

Modified square stay-cable | Modified square stay-cable | Modified square stay-cable

(a) Re=100   (b) Re=500   (c) Re=5000

Fig. 5 Instantaneous 3D wake structures of straight and modified square stay-cable (a) Re= 100, (b) Re=500 and (c) Re = 5000.

Fig. 6 plots variation curves of mean pressure coefficient on the peripheral of the straight and modified square stay-cable, that is, on Faces 12, 23, 34 and 41. The results of M. Chen at Re=5300 was also present for comparison. Our LES calculations are typical and similar to those obtained in previous research. For all of Re, both the straight and modified stay-cables, the profiles of Cp on Face 12 are symmetric with the stagnation point, where the maximum Cp of 1.1 occurs. But the profiles of Cp on Face 23, 34 and 41, the values of the modified stay-cable is higher than that of the straight stay-cable, especially for Re=500 and 5000. It will lead to a significant drag reduction.

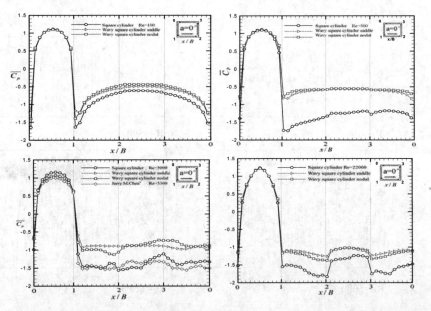

Fig. 6. Variation curves of mean pressure coefficient on the peripheral of straight and modified square stay-cable

4 Conclusions

The present results are presented for the flow past a stationary modified stay-cable at zero incidence for Re=100, 500, 5000 and 22000 by using PIV measurements and 3-D numerical simulations. The flow separation arising from the wavy leading-edge varies with sinusoidal variations along the spanwise direction.The formation of dislocations in the wake of the modified stay-cable will reduce the mean drag coefficient and the r.m.s. lift coefficient with a progressively weakening of vortex shedding frequency. As a result, a drag reduction of at least 13.8% and the r.m.s lift coefficients reduction of up to 95% were observed compared with the straight stay-cable at Re=600. It indicates that such modified stay-cable is capable of minimization of flow induced vibration and force reduction.

Acknowledgement

The authors wish to thank the National Natural Science Foundation of China, for its support through Grant No. 11172220 and No. 51275372

References

[1] Bearman, P.W., Owen, J.C., Reduction of bluff-body drag and suppression of vortex shedding by the introduction of wavy separation lines[J]. Journal of Fluids and Structures 1998, 12, 123–130.

[2] Darekar R. M.& Sherwin S. J., Flow past a bluff body with a wavy stagnation face[J], Journal of Fluids and Structures, 2001, 15, 587 - 596.

[3] Lam K, Lin Y. F., Effects of wavelength and amplitude of a wavy cylinder in cross-flow at low Reynolds numbers[J]. Journal of   Fluid Mech. 2009, 620:195-220

[4] Abograis A. S., and Alshayji, A.E., Reduction of Fluid Forces on a Square Cylinder in   a Laminar Flow using Passive Control Methods[C], the Proceedings of the 2013 COMSOL Conference, Boston, U.S.A. 2013, 157-163

[5] Rashidi S., Bovand M., Esfahani J.A. et al., Control of wake structure behind a square cylinder by Magnetohydrodynamics[J], Journal of Fluids Engineering, 2015, 17, 35-67

基于动量通量法的喷水推进船模自航试验研究

孙群，卫燕清，沈兴荣，吴永顺

(中国船舶与海洋工程设计研究院, 上海, 200011, Email: qqs1990@sina.com)

摘要： 对于喷水推进水面船舶的自航模型试验，主要有直接测力法和动量通量法，后者应用较多，其主要思想是分别获取喷水推进装置进口和出口的动量通量，进而得到作用于船模上的推力。

采用动量通量法，首先，在系柱状态标定出口压差和流量的关系，流量的测量分别应用了称重法和系柱拖力法，对比多次测量结果分析了两种方法的优劣。接着，分别采用 PIV 和 CFD 方法研究获流区流场，二者的获流区动量通量偏差不超过 5%，并对获流面积的确定方法作了讨论。在上述工作的基础上，完成了自航试验。

关键词： 喷水推进；自航试验；动量通量法

1 引言

模型自航试验是船舶在设计阶段预估实船性能的有效手段，采用喷水推进的船舶，由于推进器的流道在船体内部，推力与船体阻力很难分开考虑。目前，多数喷水推进船模的自航试验是采用动量通量法完成，该方法的主要思想是，采用提供流量的替代泵，在保证进口和出口与实船几何相似的前提下，分别获得推进器进口和出口的动量通量，从而得到推力。另外还有直接测力法，采用特殊的设备仪器将喷水推进装置的力直接测出，由于试验装置和船模尺度的限制，实施难度很大，但是仍然是一个有效的方法，例如 KaMeWa 公司开发了直接测力装置并付诸实施[1]。获得推进器的推力之后，结合以推进泵水力模型全性能试验数据为基础，根据相似理论换算得到的实泵性能数据，以及实船阻力数据，通过换算得出推进器——船体相关因子，进而预报实船性能。国际拖曳水池会议(ITTC)自 1996 年（第 20 届）至 2005 年（第 24 届）成立了喷水推进专家委员会，组织相关研究，目的是建立标准的模型试验和实船性能预报程序。最终 ITTC 颁布了推荐程序和指南，包括推进系统性能试验及外插方法、自航试验的程序及外插方法，以及不确定度分析程序[2-4]。国外部分研究机构以及著名的喷水推进器厂商建立了喷水推进船模自航试验以及实船性能预报能力，如 MARIN、MARINTEK、KaMeWa、Lips 等。近年来，CFD 技术发展迅猛，仿真计算对于获流区流场、边界层等细节流动的研究起到了推动作用，一定程度上弥补了物理试验的不足。国内，中国船舶与海洋工程设计研究院、海军工程大学等单位在喷水推进器的设计和 CFD 数值计算等方面取得了一定进展，但是在自航试验及实船性能预报等方面的研究尚不深入。

基于动量通量法的喷水推进船模自航试验中，获取进口和出口的动量通量是关键，也是几届 ITTC 喷水推进委员会关注的中心问题。研究表明，1%的出口流量误差将会导致 3~4%的功率预报误差[5]；在流量确定的前提下，获流面积及形状对功率影响不大[6]。在喷口面积一定的情况下，出口的动量通量取决于出口流量，因此流量的测量至关重要。首先，开发了相应的试验装置，在系柱工况下标定了出口流量和压差的关系，流量的测量采用了称重法和系柱拖力法，根据试验结果分析了二种方法的优劣。接着，在不同工况（航速、转速）采用 PIV 技术对获流区流场进行测量，同时应用 CFD 技术计算获流区流场，对比分析了数值计算结果与模型试验结果。最后，完成了基于动量通量法的自航试验及实船性能预报。

2　基于动量通量法的喷水推进船模自航试验及预报方法

喷水推进装置各纵向位置定义及与船体的对应关系见图 1，动量通量法需要分别获取 1A 站和 7 站的动量通量。由于 7 站的缩流面积不易确定，一般取 6 站即喷口位置计算动量通量。式（1）和式（2）分别表示了自航试验时出口和获流区（进口）的动量通量：

$$\overline{M}_6 = \frac{\rho Q_J^2}{A_6}\cos\theta \qquad\qquad (1)$$

$$\overline{M}_{1A} = \int\limits_{1A} \rho u_x^2 \mathrm{d}A \qquad\qquad (2)$$

$$\Delta \overline{M}_m = \overline{M}_6 - \overline{M}_{1A} \qquad\qquad (3)$$

式中，下标表示站号，Q_J 为出口流量(m³/s)，ρ 为介质密度(kg/m³)，A 为截面积(m²)，θ 为纵倾角(rad)，u_x 为获流区轴向流速(m/s)，U_0 为自由流速度(m/s)。在系柱工况标定 Q_J 和出口压差的关系，自航时通过测压差换算 Q_J，一般通过物理测量或仿真测试得到 u_x。

裸船体的阻力由进口和出口均封闭的模型阻力试验获得。强迫自航试验中拖曳力 F_D 的计算参照常规螺旋桨自航试验的公式，每个航速下变换转速，通过插值找到实船自航点。

推力减额分数 $t = \dfrac{\Delta \overline{M}_m - (R_{Tm} - F_D)}{\Delta M_m}$，其中推进器推力 $\Delta \overline{M}_m = \overline{M}_6 - \overline{M}_{1A}$，$R_{Tm}$ 为船模

阻力，t 认为没有尺度效应。

实尺度推进器推力 $\Delta \overline{M}_f = \dfrac{R_{Tf}}{(1-t)}$，其中 R_{Tf} 是实船的阻力，由阻力试验换算得到。

实尺度流量按式（4）：

$$\Delta \overline{M}_f = \frac{\rho Q_J^2}{A_6} \cos \theta_6 - \rho Q_J c_{m1} U_0 \qquad (4)$$

上式中引入了动量速度系数 $c_{m1} = \dfrac{1}{\sqrt{(1-C_p^2) Q_J V_0}} \displaystyle\int_{1A} u_x^2 dA$，其中静压系数

$C_p = \dfrac{p_s - p_0}{\dfrac{1}{2}\rho V_0^2}$，$p_0$ 是大气压，V_0 是未被干扰的来流速度。

根据喷水推进实泵缩比模型在喷水推进器试验台完成的测试数据，主要包括流量、轴功率、扬程以及进出口压力，轴功率 P_B、流量 Q、扬程 H、模型和实泵泵效 η_p 与转速 n、和缩尺比 λ 有如下关系，通过换算得到实泵在不同转速下，流量、扬程以及泵效的性能图谱[7]。

同一尺度，不同转速下，流量是转速的 1 次方关系，$Q \sim n^1$；扬程是转速的 2 次方关系，$H \sim n^2$；轴功率是转速的 3 次方关系，$P_B \sim n^3$。同一转速，不同缩尺比下，流量是缩尺比的 3 次方关系，$Q \sim \lambda^3$；扬程是缩尺比的 2 次方关系，$H \sim \lambda^2$；轴功率是缩尺比的 5 次方关系，$P_B \sim \lambda^5$。

轴功率计算按照公式（5），模型尺度与实尺度泵效的换算按照公式（6）：

$$P_B = \rho g Q H \qquad (5)$$

$$\frac{1 - \eta_{ps}}{1 - \eta_{pm}} = (\frac{1}{\lambda})^{1/5} \qquad (6)$$

根据阻力试验预报的实船有效功率、自航试验预报的实尺度推进器推力及船体浮态（主要是纵倾和升沉）、实泵性能图谱、功率传递关系等，可以预报实船性能（航速、转速、轴功率）[8]。

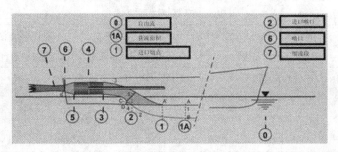

图 1   喷水推进水力模型控制体[6]

3   流量压差标定

出口压力测试传感器布置位置见图 2。根据伯努利方程，在压力传感器位置固定不变的条件下，不同截面处的压力差只与流速有关，而传感器所在位置的横截面积已知，所以压差与流量的关系是一一对应的，与出口的水平高度、流量进口的位置、是否有船速等等因素无关。

在系柱工况标定流量和压差的关系，压差采用压力传感器测量，流量分别采用称重法和系柱拖力法测量。称重法采用专门的容器收集流量，虽然装置笨重，测试繁琐，但是具有测试结果可靠、精度高的优点，同时可以延长测试时间提高测试精度，但是应该注意，收集流量的过程中需要避免对喷流产生干扰，防止压力测量结果失真。系柱拖力法的原理是，在进口的动量通量在水平方向的分量为零的条件下，即水泵垂直向上吸水，水平喷水，出口的动量通量与系柱拖力平衡，即 $F_{\text{bollard}} = \dfrac{\rho Q_J^2}{A}$，出口横截面积 A 已知，可以换算出流量 $Q_J = \sqrt{\dfrac{F_{\text{bollard}} \times A}{\rho}}$。该方法所测系柱拖力一般包含摩擦力，而摩擦力很难精确测量，给流量测试带来一定误差。

称重法和系柱拖力法流量测试的重复性见表 1，两种方法测试结果对比见图 3。从表 1 中可以看出，与 3 次测量均值相比，称重法和系柱拖力法的测试误差均小于 1%，具有较好的重复性。从图 3 可见，在低流量段二种方法吻合较好，随着流量的增加，系柱拖力法测得的流量逐渐偏小，平均偏小 4~5%左右。考虑到试验过程中系柱拖力不可避免地包含了静摩擦力，其具体数值很难确定，因此系柱拖力法可以作为流量测试的一个辅助手段，当称重法难以实现时可以采用该方法，并且在应用流量测试数据时，可以适当考虑一定的修正量。

表 1　流量测试重复性

项目	称重法		系柱拖力法	
	流量/（m³/s）	误差/%	流量/（m³/s）	误差/%
第 1 次试验	0.01725	-0.8	0.01698	0.5
第 2 次试验	0.01750	0.7	0.01685	-0.2
第 3 次试验	0.01741	0.1	0.01684	-0.3
平均值	0.01739	-	0.01689	-

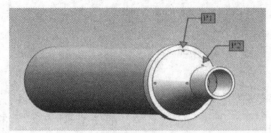

图 2　出口及压力传感器布置示意图

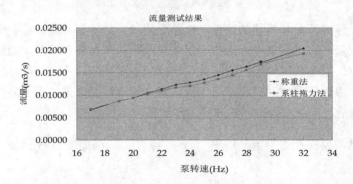

图 3　称重法和系柱拖力法流量对比

4　获流区动量通量

应用 PIV 技术获取获流区的流场信息，根据流量相等的条件，确定获流面积，通过积分将该范围内轴向动量通量取出，即可得到不同工况下获流区动量通量。同时应用 CFD 方法计算了获流区流场，首先采用势流方法计算船体浮态，接着不考虑船体对进口的影响，给定流量出口条件计算出口压力，最后在模拟船体并且考虑浮态的情况下，按照上述计算结果给出口压力边界条件，计算获流区流场。

第 23 届 ITTC 报告亦指出，功率和推力的估算对获流面积形状并不敏感。常见的获流面积形状有矩形、椭圆形等，挪威水池通过流线试验确定获流区宽度（约 1.7 倍进口宽度），形状采用椭圆形。KaMeWa 等大型喷水推进公司在预报航速时，获流区域的宽度往往选择得更大，在宽度方向可能达到 2 倍。本文根据 CFD 计算结果中流线的边界确定获流面积的宽度，采用多项式模拟下边界，提取的获流区动量通量对比见表 2，可见，计算误差在 5%以内。与物理试验相比，CFD 计算结果在获流区总体的动量通量上偏差不大，并且在流场计算方面具有很强的灵活性，是获流区流场研究的有效手段。

表 2　获流区动量通量对比

傅氏数 Fn	PIV 试验 动量通量/N	CFD 计算 动量通量/N	计算误差 /%
0.295	16.96	16.86	-0.59
0.334	24.37	23.76	-2.50
0.570	62.93	65.94	4.78
0.609	71.75	71.58	-0.24
0.629	72.19	75.30	4.31

5　小结

首先介绍了基于动量通量法的喷水推进船模自航试验原理及数据处理流程，接着着重讨论了自航试验中的关键问题——出口流量以及进口动量通量的确定，最终实现了喷水推进船模自航试验及实船性能预报。

采用称重法和系柱拖力法标定了系柱工况下出口压差和流量的关系，以称重法多次测试结果的均值为基准，比较了系柱拖力法的测试精度，分析了二方法的优劣。称重法的缺点是测试装置笨重、测试过程繁琐、实施难度大，优点是测试精度高；系柱拖力法操作相对简便，但是需要扣除水平方向摩擦力的影响，而该摩擦力往往难以准确获得。在本文的流量范围内，低流量段二方法吻合较好，随着流量的逐渐增加，摩擦力变大，系柱拖力法的流量测试结果平均小 4%~5%。因此，在称重法难以实施的情况下，系柱拖力法可以作为流量测试的补充方法。另外，通过试验设计把摩擦力控制在很小的范围内，可以提高系柱拖力法的测试精度。

分别采用物理试验和数值模拟的方法对获流区流场开展研究，根据多个工况下获流区动量通量值的对比，二种方法总体偏差在 5%以内，在物理试验精度和数值模拟精度方面做到了相互验证。数值方法具有物理试验方法无法比拟的灵活性，特别对于流动细节的研究。还需开展后续研究工作，一是积累算例，进一步提高获流区流场数值模拟精度；二是考察不同的获流面积的确定方法对动量通量法自航试验结果的影响。

参 考 文 献

1 丁江明. 船舶喷水推进技术国内外研究与应用现状. 见: 船舶水动力学学术会议论文集. 2013.

2 Testing and Extrapolation Methods High Speed Marine Vehicles, Waterjets Propulsive Performance Prediction, 24th ITTC, 2005

3 Testing and Extrapolation Methods High Speed Marine Vehicles, Waterjets Waterjet System Performance, 24th ITTC, 2005

4 Testing and Extrapolation Methods High Speed Marine Vehicles, Waterjets Uncertainty Analysis Example for Waterjet Propulsion Test, 24th ITTC, 2005

5 Final Report and Recommendations to the 21th ITTC, The Specialist Committee on Validation of Waterjet Test Procedures, 1996.

6 Final Report and Recommendations to the 24th ITTC, The Specialist Committee on Validation of Waterjet Test Procedures, 2005.

7 Jessup, S., Donnelly, M., Fry, D., Cusanelli, D.,and Wilson. Performance Analysis of a Four Waterjet Propulsion system for a Large Sealift Ship, 27th Symposium Symposium on Naval Hydrodynamics, Korea.2008

8 Chun, H. H., Kim, M. C. Ahn, B. H. and Cha, S. M.. Self-propulsion Test and Analysis of an Amphibious Tracked Vehicle with Waterjet, SNAME Symposium, St. Francisco, USA. 2003.

Research on Waterjets self-propulsion model test based on Momentum flux method

SUN Qun, WEI Yan-qing, SHEN Xing-rong, WU Yong-shun

(Marine Design and Research Institute of China, Shanghai, 200011. Email: qqs1990@sina.com)

Abstract：For Waterjes self-propulsion model tests, the 'Momentum flux' method is using frequently than the 'Force direct-measurement' method. The force on the ship model is calculated using momentum flux of inlet and outlet respectively by Momentum flux method.

Firstly, the relationship between outlet pressure difference and flow has been confirmed, then the flux has been measured at bollard condition by weight method and towing force method. Secondly, the capture area flow are carried out by PIV and CFD methods, measured result and calculated result show that, the momentum flux different is within 5%. Finally, a Waterjets self-propulsion model test are carried out.

Key words：Waterjets Propulsion; Self-propulsion model test; Momentum flux method.

数值研究液滴撞击粗糙壁面

丁航，穆恺

(中国科学技术大学近代力学系，合肥，230027, Email: hding@ustc.edu.cn)

摘要：针对液滴撞击具有特定微细结构固体壁面的动力学过程，开展了直接数值模拟研究。基于扩散界面模型（Diffuse interface model），我们追踪了气-液界面演化以及固/液/气三相之间接触线的移动，并采用了有限体积方法对 Navier-Stokes 方程进行了离散求解。研究中关注了一些重要影响参数，如撞击速度、壁面浸润性及微细结构等，对液滴动力学行为的影响，并进行了详细的分析和讨论。通过数值模拟，不仅再现了液滴撞击在壁面后在壁面上铺展、回缩、甚至是从壁面弹起的流动现象，还发现了特定条件下液滴撞击粗糙壁面会出现润湿转换现象，即超疏水润湿状态转换为黏附润湿状态。此外，还将针对壁面结构所产生的有效接触角迟滞作详细的讨论分析。

关键词：粗糙壁面；扩散界面；润湿转换；接触角迟滞

1 引言

液滴撞击壁面现象广泛存在于自然界和工农业生产之中，譬如"水滴石穿"等自然现象以及喷墨打印、涂漆、工业焊接、喷雾冷却、农药喷洒等工业应用。Worthington[1]最早开始研究液滴对光滑壁面的撞击，之后又有很多学者进行了深入的研究，包括使用理论分析[2-4]，实验研究[5-6]，数值模拟[7][8]等各种手段。液滴撞击光滑壁面的工作 Yarin[9]已经做了较为详尽的总结。当壁面结构为带有微齿槽结构的粗糙壁面时，壁面与液体可能会形成不同的接触状态，从而导致液滴撞击壁面后出现更加丰富的物理现象。粗糙壁面与液体存在两种常见的接触模式：Cassie[10]模式和 Wenzel[11]模式。在 Cassie 模式中，液滴悬浮于粗糙壁面的微齿槽结构上；而在 Wenzel 模式中，液体完全浸入微齿槽并与固体表面充分接触。其中 Cassie 模式已被认为是造成壁面超疏水性的直接原因[12]。实验曾发现在一定的条件下，液滴的浸润模式可以由 Cassie 模式转换为 Wenzel 模式，但不会发生逆向转换[13-14]。关于Cassie 模式向 Wenzel 模式转换的原因目前已有一定程度的研究和认识[15]，本文研究针对液滴撞击轴对称粗糙壁面的问题，对这一问题进行进一步探讨。相比于前人研究的液滴撞击光滑壁面，液本文研究中滴撞击轴对称壁面时齿槽中的空气更难被挤出，固液两相之间更容易形成 Cassie 模式，造成壁面结构对液滴的超疏水性，同时也产生导致更加丰富的物理现象。

2　问题描述及数值方法

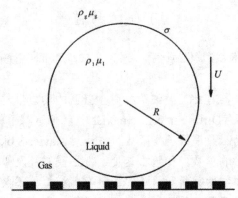

图 1　液滴撞击粗糙壁面示意图

我们所考虑的是半径为 R 液滴(密度 ρ_l，黏性 μ_l)以一定的速度 U 撞击在粗糙壁面上的轴对称问题，如图 1 所示。液滴外部是空气（密度 ρ_g，黏性 μ_g)，气液两相之间表面张力系数为 σ，黏性比和密度比分别表示为 $\lambda_v = \mu_g / \mu_l$，$\lambda_\rho = \rho_g / \rho_l$。在数值模拟中，以液滴半径 R，液滴撞击速度 U 分别作为该问题的特征长度和速度，直接求解 Navier—Stokes 方程。

$$\bar{\rho}(\frac{\partial u}{\partial t} + u.\nabla u) = -\nabla p + \frac{Oh}{\sqrt{We}}\nabla.[\bar{\mu}(\nabla u + \nabla u^T)] + \frac{f}{We} \qquad (1)$$

$$\nabla.u = 0 \qquad (2)$$

方程中无量纲黏度和密度分别表示为 $\bar{\mu} = C + (1-C)\lambda_\mu$，$\bar{\rho} = C + (1-C)\lambda_\rho$，其中 C 代表了某一相流体的体积分数（$0 \le C \le 1$)，无量纲参数为 $Oh = \frac{\mu}{\sqrt{\rho D \sigma}}, We = \frac{\rho U^2 D}{\sigma}$。f 代表了无量纲形式的表面张力，以上的所有计算都是在轴对称平面(r,z)内进行。

我们采用了扩散界面模型来描述两相界面及其演化[16]，并用 C 代表了其中一相流体的体积分数。界面演化由对流 Cahn-Hillard 方程所控制。

$$\frac{\partial C}{\partial t} + \nabla.(uC) = M\nabla^2\psi \qquad （3）$$

其中 M 代表流动性, $\psi(=\phi'(C)-\varepsilon^2\nabla^2 C)$ 表示化学势; 这里面 ε 代表了无量纲扩散界面的厚度, $\phi=C^2(1-C)^2/4$ 代表体积能量密度。动量方程（1）中的表面张力项可以表示为 $\mathrm{f}=6\sqrt{2}\psi\nabla C/\varepsilon$。扩散界面模型允许接触线移动, 并且通过采用扩散通量来消除不可积分的应力奇异问题。在三相接触线位置的接触角 θ, 在程序中通过一种几何构型来实现[17], 并且相应给出了 C 在固壁上的边界条件。

3　结果与分析

我们重点讨论浸润性, 撞击速度的对物理现象的影响, 并呈现不同微细结构下液滴撞击壁面后出现的润湿转换现象。

3.1 浸润性的影响

当液滴与壁面可浸润, 即液体与固体壁面接触角 θ＜小于 90° 时, 液滴撞击粗糙壁面后由于固体表面的亲水性部分液体随着接触线的移动"渗入"到齿槽的内部, 形成 Wenzel 模型[11]。齿槽上的液体在惯性作用下铺展, 并最终达到平衡位置, 如图 2（a）。当液滴与壁面不可浸润, 接触角 θ 大于 90°, 液滴撞击粗糙壁面后液体无法"渗入"齿槽, 此时形成 Cassie 模型[12]。液滴在壁面上铺展, 回缩, 最终停留与壁面或者从壁面上弹起, 如图 2（b）。

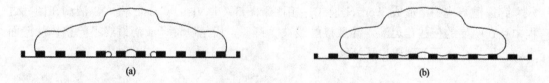

图 2 不同浸润性情况下液滴撞击壁面后某一时刻形态。We=6.25, Oh=0.005（a）θ=40°,（b）θ=140°.

3.2 撞击速度的影响

当液滴以很小速度撞击不可浸润的粗糙固体壁面时, 如图 3（a）, 由于液滴惯性很小, 接触壁面后几乎没有变形, 液滴很快到达平衡位置并停留于壁面上。增大撞击速度, 如图 3（b）, 液滴撞击后发生明显的变形, 液滴表面会有明显的表面张力波存在, 液滴在壁面上经历铺展, 回缩的过程, 最终从壁面上弹起。继续增大撞击速度, 如图 3（c）, 液滴变形会更加剧烈, 并且在铺展的过程中可能出现中央"干涸"[5]的现象。再增大撞击速度, 如图 3（d）, 液滴在脱离壁面前形成柱状结构, 并且顶部可能伴随有小液滴脱落而出。

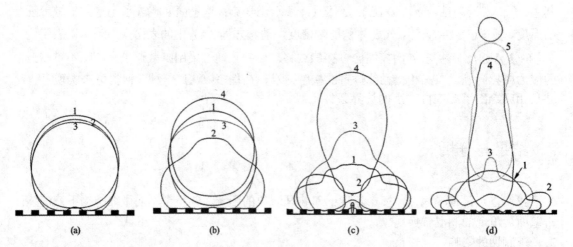

图3 不同撞击速度下液滴形态演化。θ=140°, Oh=0.005（a）We=0.0625（b）We=1（c）We=6.25（d）We=16.

3.3 润湿转换现象

模拟中我们发现在特定的粗糙壁面形态时，不可浸润液滴撞击壁面可能发生润湿转换现象，由 Cassie 模式转换为 Wenzel 模式。图 4 表示相对于图 3（d）的情况增大了齿槽结构的齿间距后的流动情况。当齿间距增大时，液滴撞击壁面后由于惯性作用部分液体"渗入"到齿槽结构中，形成 Wenzel 模式。相比于图 3（d）中的 Cassie 模式，液滴在回缩过程中存在明显的接触角迟滞，导致接触线被"钉"在齿角位置，液滴最终不能整体从壁面上弹起，只会在顶部破碎出子液滴。

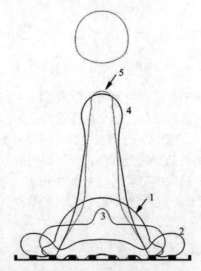

图4 增大齿间距后发生的润湿转换现象。图线为不同时刻的液滴形状，其中数字代表时间顺序。无量参数为 We=16, Oh=0.005，θ=140°

4 总结

本文利用数值模拟开展了轴对称情况下液滴撞击粗糙壁面的研究，发现了壁面亲水和疏水情况下液滴和壁面不同的接触模式，并进一步讨论了液滴以不同速度撞击疏水壁面时形状的演化以及疏水壁面形态不同所导致的润湿转换的问题。

参 考 文 献

1 Worthington A. M. On the forms assumed by drops of liquids falling vertically on a horizontal plate. Proc. R. Soc. Lond. A, 1876, 25: 261–271

2 Rein M. Phenomena of liquid drop impact on solid and liquid surfaces. Fluid Dyn. Res, 1993, 12: 61–93

3 Richard D, Clanet C, Queue D. Nature, 2002, 417.811

4 Clanet C. Maximal deformation of an impacting drop. J. Fluid. Mech, 2004, 517:199-208

5 Renardy Y, Popinet S, Duchemin L, et al. Pyramidal and toroidal water drops after impact on a solid surface. J. Fluid Mech, 2003, 484: 69–83

6 Zhao Z, Poulikakos D, Fukai J. Heat transfer and fluid dynamics during the collision of a liquid droplet on a substrate-II. Experiments. Intl J. Heat Mass Transfer, 1996, 39: 2791–2802

7 Fukai J, Zhao Z, Poulikakos D, Megaridis C M, et al. Modeling of the deformation of a liquid droplet impinging upon a flat surface. Phys. Fluids, 1993, 5: 2588–2599

8 Fukai J, Shiiba Y, Yamamoto T, Miyatake O, Poulikakos D, Megaridis C M, Zhao Z. Wetting effects on the spreading of a liquid droplet colliding with a flat surface: Experiment and modeling. Phys. Fluids, 7:236-247

9 Yarin A L. Drop Impact Dynamics: Splashing, Spreading, Receding, Bouncing. Annu. Rev. Fluid Mech, 2006, 38: 159-192

10 Cassie A, Baxter S. Wettability of porous surfaces. Trans Faraday Soc, 1944, 40: 546-551

11 Wenzel R N. Resistance of solid surfaces to wetting by water. Ind Eng Chem, 1936, 28: 988-994

12 Murphy T M. Pliny the elder's natural history: the empire in the encyclopedia. Courier Corporation, 2004

13 Ishino C, Okumura K, Quéré D. Wetting transitions on rough surfaces. Europhys Lett, 2004, 68: 419

14 Reyssat M, Yeomans J, Quéré D. Impalement of fakir drops. Europhys Lett, 2008, 81(2): 26006

15 Bartolo D, Bouamrirene F, Verneuil E, Buguin A, Silberzan P, Moulinet S. Bouncing or sticky droplets: impalement transitions on superhy-drophobic micropatterned surfaces. Europhys. Lett. 74, 299-305, 2006

16 Ding H, Spelt P D M, Shu C. Diffuse interface model for incompressible two-phase flows with large density ratios. J. Comput. Phys, 2007, 226:2078-2095

17 Ding H, Spelt P D M. Wetting condition in diffuse interface simulation of contact line motion. Phys. Rev. E, 2007, 75: 046708

Numerical investigation on droplet impact on rough surface

DING Hang, MU Kai

(Department of Modern Mechanics, University of Science and Technology of China, Hefei, 230027.
Email: hding@ustc.edu.cn)

Abstract: We numerically investigate drop impact on a rough surface. Based on Diffuse Interface Model (DIM), we track the evolution of gas-liquid interface and the contact line among solid/liquid/gas phases. The flow are resolved by solving the Navier-Stokes equations using finite volume method. We focus on the droplet dynamic behaviors and investigate the effects of a variety of influence parameters, such as impact velocity, wettability and surface microstructure. We reproduce the flow phenomena observed in experiments, including the recoiling and rebounding of the drop from rough surface. Also we observe that under certain conditions wetting transition occurs. Finally we will discuss contact angle hysteresis caused by rough surface.

Key words: rough surface; diffuse interface method; wetting transition; contact angle hysteresis

振动双翼的推进性能研究

徐文华, 许国冬, 唐伟鹏

（哈尔滨工程大学 船舶工程学院 流体力学研究所，哈尔滨 150001，Email: xuguodong@hrbeu.edu.cn）

摘要：振动翼推进源于鱼类游泳，其运动轨迹可通过垂向升沉与转动近似，作为推进装置具有推进效率高的特点。采用双翼对摆模式可抵消侧向力消除船舶艏摇，且能通过双翼干扰提高推进性能。假定机翼表面的边界层极薄，粘性仅在边界层内部作用，泻出涡仅从机翼的尾缘处泻出，引入势流理论，采用边界元法与泻出涡模型模拟机翼边界层的外部流场；双翼升沉与转动轨迹均为正弦形式运动。文章分析了运动参数与几何位置对推进性能的影响。

关键词：振动双翼，推进，边界元法，参数分析

1 背景简介

船舶作为应用广泛的大型运载平台，航行需消耗大量的油气资源，是温室气体排放的重要来源之一。提高船舶推进效率是降低化石能源消耗和践行绿色船舶理念的重要举措。海豚等水生生物出色的游动性能让人造水中推进器望尘莫及。受高效尾鳍摆动推进模式启发，基于升沉与转动运动的二自由度振动翼推进装置近年来得到很大的关注[1-3]。

振动翼在产生推力的同时会产生侧向力，而采用双翼对称运行模式可消除单翼侧向力造成的艏摇并且可提高翼的推进性能。王涛[4]研究了对称双翼升沉运动的推进性能，发现双翼推进性能由于双翼干扰效应而有所提高，认为动力攻角过大产生的首缘分离涡会显著降低双翼的推进性能，且最大推力与效率的动力攻角在 $6^0 \sim 9^0$。双翼升沉与转动结合是一种更为合适的振动推进方式，这里我们将对影响双翼推进性能的各个参数做系统分析。

实际应用中的大中型双翼推进装置其对应的雷诺数可超过 10^6。研究发现在高雷诺数下，做小到中等有效攻角振荡运动的水翼的分离涡主要发生在水翼尾缘，首部涡的分离对流场的影响为次要[5-7]。因此可采用势流理论加尾缘涡分离模型来近似模拟振动水翼小到中等攻角的推进问题。本文采用边界元方法及 Xu & Wu[8]提出的非定常涡分离的库塔条件实现流场的求解与分析，将系统的分析斯特罗哈数 St，转动中心位置 L/C，双翼间距离 D/C，最大有效攻角 α_0 及升沉与转动相位差 ε 对双翼推进性能的影响，其中 C 为水翼弦长。

2 数学方程与数值过程

如图 1 所示，双翼前进速度为 U 同时做升沉与转动运动，建立如图所示坐标系，U 方向与 x 正向相反，z 竖直向上，机翼做正弦形式的升沉运动 $h(t)$ 及转动运动 $\theta(t)$，因而有双翼的运动描述

$$h_1(t) = h_0 \sin \omega t , \quad h_2(t) = h_0 \sin(\omega t + \pi) \tag{1}$$

$$\theta_1(t) = \theta_0 \sin(\omega t + \varepsilon) , \quad \theta_2(t) = \theta_0 \sin(\omega t + \pi + \varepsilon) \tag{2}$$

其中 ω 为升沉与转动的圆频率，h_0、θ_0 分别为升沉与转动运动幅值，ε 为相位差。

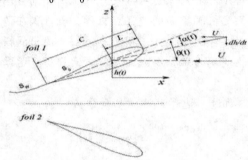

图 1 振动双翼运动示意图

假定黏性作用限于边界层内部，且机翼表面边界层厚度可略去，边界层外部为无粘流场，可引入速度势理论。在流体域内速度势 ϕ 满足拉普拉斯方程

$$\nabla^2 \phi = 0 \tag{3}$$

在物面上满足物面不可穿透条件，因而有

$$\frac{\partial \phi}{\partial n} = (U - \dot{\theta}Z)n_x + (\dot{h} + \dot{\theta}X)n_z \tag{4}$$

其中，$\bar{n} = (n_x, n_z)$ 为物面法向速度指向物体内部，$X = (x - x_c)$, $Z = (z - z_c)$ 为距转动中心 (x_c, z_c) 的水平与垂向距离。

由格林第三公式，物面与尾涡面的边界积分方程可写为

$$\Lambda(p)\varphi(p) = \int_{S_{a0}+S_{b0}} [\frac{\partial G(p,q)}{\partial n_q}\varphi(q) - G(p,q)\frac{\partial \varphi(q)}{\partial n_q}]\mathrm{d}S + \int_{S_{aw}+S_{bw}} \frac{\partial G(p,q)}{\partial n_q}\mu(q)\,\mathrm{d}S \tag{5}$$

S_0 和 S_w 分别表示机翼表面与尾迹面，机翼尾缘的泻出涡通过偶极子 $\mu = \phi^+ - \phi^-$ 表示，ϕ^+ 与 ϕ^- 是偶极子涡的上下面的速度势。其中 $\Lambda(p)$ 是点 $p(x,z)$ 的立体角，$G(p,q) = \ln r$ 是

格林函数，$r = \ln\sqrt{(x-\xi)^2 + (z-\eta)^2}$ 及 $q(\xi,\eta)$ 是积分边界上的点。

我们对机翼运动进行时间步进分析，令速度势在单元上线性分布，需引入库塔条件做为补充方程

$$\left.\frac{\partial\varphi^+}{\partial s}\right|_{\vec{x}_T} - \left.\frac{\partial\varphi^-}{\partial s}\right|_{\vec{x}_T} = \left.\frac{\partial\mu}{\partial s}\right|_{\vec{x}_T} \tag{6}$$

其中 $\vec{x}_T$ 为机翼尾缘点。

计算中尾涡面可由点涡近似，边界积分方程可参考文献[8]。求解方程后可得机翼物面压力与受力

$$p = -\rho[\frac{d\phi}{dt} - (U - \dot{\theta}Z, \dot{h} + \dot{\theta}X)\cdot\nabla\phi + \frac{1}{2}\nabla\phi\nabla\phi] \tag{7}$$

$$F_i = \int_{S_0} pn_j dS \tag{8}$$

其中 $j = 1,3,5$，$(n_1, n_3, n_5) = (n_x, n_z, \vec{X}\times\vec{n})$。

并且有三自由度水动力系数 $f_1 = 2F_1/\rho CU^2$，$f_3 = 2F_3/\rho CU^2$，$f_5 = 4F_5/\rho C^2U^2$

平均推力系数 $c_T = \frac{1}{T}\int_t^{t+T} F_1(\tau)d\tau / 0.5\rho CU^2$，推进效率 $\eta = c_T/c_P$，其中

$$c_P = 2P_L/\rho CU^3 + 2P_M/\rho CU^3, \quad P_L = \int_t^{t+T} F_3(\tau)\dot{h}(\tau)d\tau/T, \quad P_M = \int_t^{t+T} F_5(\tau)\dot{\theta}(\tau)d\tau/T$$

3 双翼推进性能分析

本文所采用的方法在文献[8]中已与振动机翼推进实验数据[9]比较且吻合良好。这里将分析水翼各运动参数与几何位置参数对推力、效率的影响，改变其中一个参数，固定双翼间平均位置距离 $D/C = 3.0$、转动中心距水翼首缘位置 $L/C = 1/3$、升沉振幅 $h_0/C = 1.0$、斯特罗哈数 $St = 0.3$、最大有效攻角 $\alpha_0 = 15^0$ 及升沉与转动相位差 $\varepsilon = 90^0$ 做为基准参数。首先分析双翼间距离 D/C 的影响，并将双翼推进模式与单翼推进模式进行对比。如图2(a)所示，双翼间距离 D/C 越小，双翼干扰效应越明显，推进效率越高（图中虚线分别为单翼模式推进效率与推力系数），在 $D/C = 2.5$ 时推进效率可达 78.6%。如图2(b)所示，与单翼模式对比，双翼模式 $D/C = 3$ 时推力 f_1 在水翼参照对称线反向运动时有一定的提高。故实际应用中可适当减小双翼间距离 D/C，增强双翼干扰效应提高推进效率。但需要注意防止双翼太近发生碰撞。

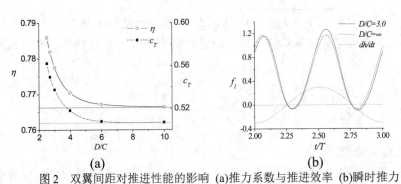

(a)　　　　　　　　　　　　(b)

图2　双翼间距对推进性能的影响 (a)推力系数与推进效率 (b)瞬时推力

图 3 给出了转动中心位置 L/C 对推进性能的影响。在 $L/C = 0.3 - 0.5$ 时双翼推力系数 c_T 最低，随着 L/C 增加，推力系数明显提高。双翼推进效率 η 亦随着 L/C 增加而提高。但增速逐渐放缓。若考虑水翼推进效率，转动中心可设在中间靠后的位置较为合适。相比于单翼振动，双翼振动推进的推力系数 c_T 与推进效率 η 均较高，这主要得益于双翼干扰效应。

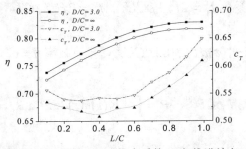

图3　转动中心位置 L/C 对推力系数 C_T 与推进效率 η 的影响

接下来分析斯特罗哈数 St 和最大有效攻角 α_0 对推进效率的影响。如图 4 所示，随着 St 的增加，推力功率系数 c_T 提高，且 α_0 越大，推力系数 c_T 增加越快。然而推进效率 η 随着 St 的增加而降低，且 α_0 越小 η 降低的越快。在 St 较小时，选取较小的 α_0 时 η 较高。在 St 较大时宜取较大的 α_0 获得较高的推进效率。相同参数下，双翼振动推进模式较单翼模式 c_T 与 η 均较大；但随着 α_0 与 St 的增大，推进效率 η 差别变小。

最后考察水翼升沉与转动相位差 ε 对推进性能的影响。如图 5(a)所示，随着 ε 从 50^0 增加到 110^0 推力系数 c_T 先降低而后升高，η 先升高而后降低；在 ε 为 70^0 到 80^0 时 c_T 最低而推进效率 η 最高。因此可合理选择升沉与转动相位差提高推进效率。相同运动参数下，单翼模式与双翼模式的 c_T 与 η 随 ε 变化趋势相同，但双翼模式下 c_T 与 η 均较大。

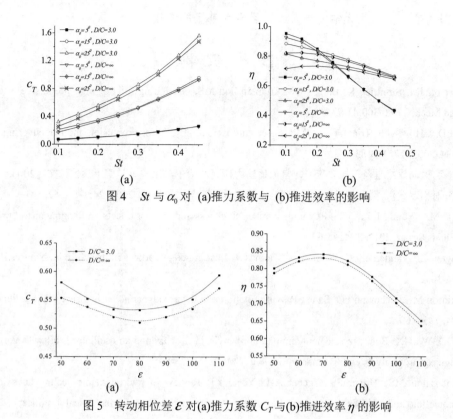

图4 St 与 α_0 对 (a)推力系数与 (b)推进效率的影响

图5 转动相位差 ε 对(a)推力系数 C_T 与(b)推进效率 η 的影响

4 结语

本文通过势流理论计算了双翼对称振动运动的推进性能，分析了双翼间平均距离 D/C，转动中心位置 L/C，斯特罗哈数 St，最大有效攻角 α_0 及升沉与转动相位差 ε 对双翼推进性能的影响。研究表明，较小的双翼间距离 D/C 可提高推力系数与推进效率；首缘距转动中心位置 L/C 增大推力系数 c_T 及推进效率 η 均有提高，但考虑到水翼结构受力，L/C 取 0.6~0.7 比较合适；若要获得较大的 c_T，可取较大的 St 和 α_0，但 η 会显著降低；在升沉与转动相位差 ε 为 $70^0 \sim 80^0$ 时双翼具有较低的 c_T 和较高的 η，取较小或者较大的 ε 可获得较大的 c_T 而 η 有所降低。双翼对称振动模式可产生有利干扰，在 D/C 较小时和双翼反向运动时更为明显。相同工况下与单翼模式相比，双翼模式具有更高的 c_T 和 η。

致谢

此研究得到海洋工程国家重点实验室（上海交通大学）开放课题项目资助(课题编号

No. 1413)和哈尔滨工程大学引进人才科研启动基金的资助。

参 考 文 献

[1] Anderson JM, Streitlien K, Barrett DS, Triantafyllou MS. Oscillating foils of high propulsive efficiency. J Fluid Mech, 1998; 360:41-72.

[2] Read DA, Hover FS, Triantafyllou MS. Forces on oscillating foils for propulsion and maneuvering. J Fluids Struct, 2003; 17: 163-83.

[3] 吴辅兵 振动翼推进及干扰效应非定常流体动力研究，哈尔滨工程大学博士学位论文，2004。

[4] 王涛 对称双翼沉浮振动推进性能研究，水动力学研究与进展 A 辑 2009; 24: 643-652。

[5] Ashraf MA, Young J, Lai JCS. Reynolds number, thickness and camber effects on flapping airfoil propulsion. J Fluids Struct, 2011; 27: 145-60.

[6] Ellington CP, Vanderberg C, Wilmott A, Thomas A. Leading edge vortices in insect flight. Nature, 1996; 384: 626-30.

[7] Dickinson MH, Lehmann FO, Sane SP. Wing rotation and the aerodynamic basis insect flight. Science, 1999; 284: 1954–60.

[8] Xu GD, Wu GX. Boundary element simulation of inviscid flow around an oscillatory foil with vortex sheet, Engineering Analysis with Boundary Elements, 2013, 37, 825-835.

[9] Triantafyllou MS., Hover FS., Techet AH., Yue DKP. Review of hydrodynamic scaling laws in aquatic locomotion and fishlike swimming. Journal of American Society of Mechanical Engineers, 2005, 58, 226-237.

Study on the propulsive performance of flapping twin-foils

XU Wen-hua, XU Guo-dong, TANG Wei-peng

(College of Shipbuilding Engineering, Harbin Engineering University, Harbin 150001

xuguodong@hrbeu.edu.cn)

Abstract: Inspired by the fish swimming, oscillatory foil with harmonic plunging and pitching motion is a high efficient way of propulsion. Propulsion based on parallel flapping twin-foil can eliminate yawing motion and increase the propulsion performance due to the counter motions. By assuming that the boundary layer is of thin and the viscosity only has effects within the boundary layer, the velocity potential is introduced to simulate the inviscid fluid around the foil through boundary element method and the vortex shedding scheme. The plunging and pitching motion are sinusoidal. The effects of parameters of motion and geometry configuration on the propulsion performance have been investigated.

Key words: Flapping twin-foils; Propulsion; Boundary element method; Parameter analysis

浅水层流潜射流上升螺旋流型形成与演化数值模拟

陈科，陈云祥，王宏伟，尤云祥

(上海交通大学海洋工程重点实验室，深海工程与高技术船舶协同创新中心，上海，200240，

Email：raulphan@sjtu.edu.cn)

摘要：本文以圆管层流潜射流模拟水下低速动量源，数值研究了圆管层流潜射流在浅水效应作用下的演化特性。采用层流数值模型求解 Navier-Stokes 方程，并借用多相流研究的 VOF 方法对射流流体进行标记追踪，考察了射流流型的形成与演化。研究中发现，底部壁面效应与自由面边界对射流的影响并不相同，使射流流体在背景浅水流体中形成一种上升螺旋的流型结构。通过定义的三个流型参数：射流长度 L、螺旋半径 R 及流型长度 d，定量地研究了流型参数随时间的演化规律。同时，对比了三种雷诺数下，上升螺旋流型的演化特征，考察了不同雷诺数对流型的影响特性。

关键词：浅水，层流射流，流型，上升螺旋流型

1 引言

海洋遥感卫星图像上经常会观测到海面上存在一类形似蘑菇状的特殊流动结构[1]，称为蘑菇型结构（mushroom-like pattern)。这类结构的水平尺度可达 1～200km，垂向尺度可达 1～30km，衰减所需时间可以达到 1～30d，在海洋卫星遥感图像中的影像为位于某一流动前端的、一组旋转方向相反的涡对[2]。

对于蘑菇型结构的成因，有着多种解释。Ginzburg 等[3]在鞑靼海峡观察到，在开春之际太阳辐射增强，海冰开始融水；由于海冰融水为纯水，其密度小于周围海水密度，会在海面形成扩散流动；当扩散流动失稳之后，流动的前端将会出现大尺度蘑菇型涡结构。Fedorov 等[4]认为，海洋中的上涌(upwelling)也能产生类似现象。当上涌发生后，原先位于较低深度位置、密度较大、温度较低的海水被带到海洋表面，这些海水将在海面进行缓慢的扩散流动，而当流动失稳时，形似蘑菇状的射流流动系统将会出现。Drake[5]和 Massel[6]则发现，海岸碎浪区的离岸流也会产生类似的蘑菇状射流系统。Voropayev 综合研究认为[7]，类似蘑菇型涡这类大尺度流动结构的形成原因可以归结为持续作用的流动动量源，在垂向运动抑制作用下的失稳演化。

Voropayev[8]进一步以圆管射流模拟了流动动量源，以分层流体密度梯度产生的浮力效应作为垂向运动抑制作用，在实验中模拟出了大尺度涡结构。研究中，Voropayev 同时采用湍流和层流两种流态进行了实验，得到了两种不同的流动结构：层流流态下，射流流体形成了左右对称的螺旋结构；而湍流流态下，流体则形成了为对称性较差的偶极子涡对结构。这两种流动结构也存在共同点，其一为水平演化的几何尺度均高于动量源几何尺度两个量级以上；其二为这两种流动结构的垂向输运均可忽略不计，可近似认为两者均为准二维流动；其三这两种结构与海面观测到的蘑菇型结构均有一定程度的相似之处。

Sous[9-10]等的实验研究同样使用圆管射流模拟了动量源。与 Voropayev 不同的是，Sous 使用的背景流体为均匀流体，而垂向抑制作用则由浅水效应提供，并且只研究了湍流流态下的情况。Sous 还提出了限制数 C，获得了湍流射流的三种演化特征：当 $C<1$ 时，水底和水面不影响射流的演化，射流表现为深水特征；当 $1<C<2$ 时，水底和水面对射流产生一定的影响，但不会形成大尺度结构，射流表现为过渡特征；当 $C>2$ 时，水底和水面对射流产生明显影响，射流表现为浅水特征，大尺度涡结构将会出现，其特征与分层流体中类似。

总体而言，对于动量源在垂向抑制作用下产生大尺度涡结构机理与特征，目前已经有了一定的认识，然而对于一个层流动量源在均匀浅水条件下的演化特征目前尚未见有深入研究。需要指出的是，虽然海洋流动整体上具有湍流特征，但是实际上包含了各种流动尺度分量，其中也包括低速层流的成分。这些低速层流流动形成的动量源，在海洋上层或海岸区域受到垂向抑制作用时，可能同样会产生大尺度的涡结构，并与湍流形成的流动结构有着相异的特性。有鉴于次，本文利用 CFD 手段，以层流潜射流模拟水下低速动量源，对其在均匀浅水流体中的演化进行数值研究。

2 数值方法

射流管管径为 D，为使管内流动达到充分发展阶段，设定管长为 $10D$[11]。计算域长度为 $160D$，宽度为 $120D$，水深 H 为 $3D$。在网格划分时，垂向网格应该进行加密处理，以便准确刻画垂向运动过程。图 1 给出了计算网格划分，其中图 1(a)为整体计算网格的俯视图，图 1(b)为射流圆管附近的局部网格划分，图 1(c)为射流圆管内部网格划分。

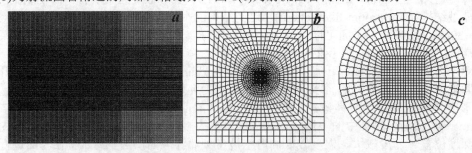

图 1　横向网格区域划分(a)与垂向网格划分(b, c)

数值计算控制方程为

$$\nabla \cdot \boldsymbol{u} = 0 \tag{1}$$

$$\frac{\partial \boldsymbol{u}}{\partial t} + \boldsymbol{u} \cdot \nabla \boldsymbol{u} = -\frac{1}{\rho} \nabla p + \mu \nabla^2 \boldsymbol{u} \tag{2}$$

其中，p 为压强，$\boldsymbol{u}$ 为速度矢量。

引入多相流计算中的 VOF 方法对射流流体进行标记追踪，对于一个控制体中的密度 ρ 和动力黏度 μ 有

$$\rho = \alpha\rho_i + (1-\alpha)\rho_a \tag{3}$$

$$\mu = \alpha\mu_i + (1-\alpha)\mu_a \tag{4}$$

其中，下标 i 表示射流流体，下标 a 表示背景流体，α 为体积分数。

同时，体积分数 α 满足方程

$$\frac{\partial \alpha}{\partial t} + \boldsymbol{u} \cdot \nabla \alpha = 0 \tag{5}$$

对于数值模拟所针对的射流动量，其动量流量为

$$J = \frac{1}{4}\pi D^2 u_0^2 \tag{6}$$

用动量流量 J，运动黏性系数 v，射流时间 T 和演化时间 t 可以获得 3 个无量纲参数，分别为雷诺数 Re、无量纲射流时间 T_{inj}^* 和无量纲演化时间 t^*

$$Re = \left(\frac{2}{\sqrt{\pi}}\right) J^{1/2} / v \quad, \quad T_{inj}^* = T_{inj} v / D^2 \quad, \quad t^* = tv / D^2 \tag{7}$$

3 数值结果与分析

3.1 射流演化过程

首先给出了当 Re=160，T_{inj}^*=2.2 时，浅水圆管层流潜射流在背景均匀浅水流体中的演化过程，如图 2 所示。由图 2 可知，在射流未受到底部和自由表面影响之前，浅水射流的几何形状与深水情况类似[12]，但当射流触及底部的时候，其垂向运动开始受到底部壁面的抑制，在横向上表现为横向扩展，流动结构的水平尺度快速增大。

而在垂向上，由于自由表面的抑制作用小于底部边界的抑制作用，射流动量受到底部边界的抑制之后，部分流体因受到底部阻挡而向自由表面运动，而且在向自由表面运动的过程是螺旋上升的，使得射流头部的两侧产生了上升螺旋的流型。还有一部分流体由于惯性作用与底部壁面抑制作用的双重作用，"坍塌"在底部。由于浅水层流射流在上下边界所受到的抑制作用不同，其三维结构在垂向上也表现出明显不同的特征，图 3 给出了垂向演化的侧视图。

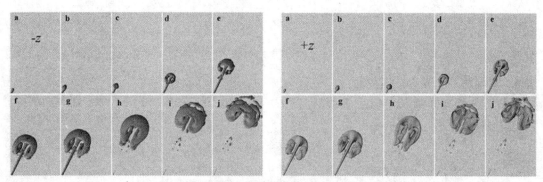

图 2　当 Re=160 和 T_{inj}^*=2.2 时，浅水圆管潜射流形成流型演化过程，其中左图为上方视点，右图为下方视点。(a) t^*=0.045; (b) t^*=0.13; (c) t^*=0.18; (d) t^*=0.45; (e) t^*=0.89; (f) t^*=1.78; (g) t^*=2.2; (h) t^*=3.57; (i) t^*=5.35; (j) t^*=6.69

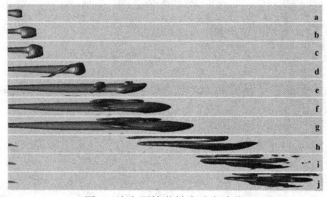

图 3　浅水圆管潜射流垂向演化

从图 2(a-c)和图 3(a-c)可知，浅水射流在未到达底部边界之前，运动特征与深水层流射流的特征是相同的[12]。当射流开始受到底部边界抑制作用时，靠近底部的射流流体被迫逐渐向自由表面方向运动，但在自由表面处，流体同样受到自由表面的抑制，原来已经靠近自由表面的流体再加上其后流向自由表面的流体有开始向相反的方向运动，并同时发生横向扩展，这导致在射流流体受到底部边界作用抑制之后一段时间在射流轴线附近出现一个环状结构，如图 2(d)和图 3(d)所示。

其后，射流流体继续流进，底部边界的摩擦作用增大，部分流体滞留在底部，开始逐渐形成底部大尺度坍塌结构，而与此同时，之前形成的环状结构由于无法获得充足的流体补充，环状结构无法维持，逐渐消失，如图 2(e)和 3(e)所示。之后，射流流体继续流进，流体同时受到底部摩擦力和壁面的垂向抑制作用，其运动在横向表现为底部积聚流体增多，横向尺寸快速扩展，而在垂向表现为螺旋上升，此过程也可以称之为上升螺旋流型的发展阶段。

在该阶段中，由于底部摩擦力导致的流体积聚现象与垂向螺旋上升现象是其主要特征，其中流体积聚现象可以从图 2(f-i)可知，而垂向的螺旋上升现象可以从图 2(f-i)与图 3(f-i)可知。在发展阶段之后，由于没有后续射流动量的补充以，上升螺旋流型在黏性作用下无法保持其大尺度结构，开始逐渐破碎衰退，如图 2(j)和 3(j)所示。

为了定量描述浅水层流圆管射流生成大尺度涡结构及其后续演化特征，定义射流长度

L，螺旋半径 R 以及流型长度 d 三个变量，其定义如图4所示。

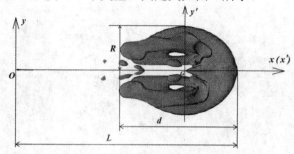

图4　浅水中射流长度 L，螺旋半径 R 以及流型长度 d 定义

依据图4所定义的大尺度涡结构几何形态参数，参考深水层流射流的研究[12-13]，可以定义浅水层流射流中无量纲射流长度 L^*，无量纲螺旋半径 R^* 和无量纲流型长度 d^*

$$L^* = L / L_{ref}, \quad R^* = R / R_{ref}, \quad d^* = d / d_{ref} \tag{8}$$

其中，L_{ref}、R_{ref} 和 d_{ref} 为各参数的参考值，取为 L、R 和 d 在 $t^*=T_{inj}^*$ 时的数值大小。

图5给出了三个流型参数(纵轴上以 S^* 表示)随无量纲时间 t^* 的演化规律。从图5可知，在整个计算过程中，无量纲射流长度 L^* 与无量纲射流时间 $t^{*2/3}$ 在绝大部分情况下成正比，这与 Afanasyev[14] 文中所提到的规律是相同的，也表明此时的射流流场存在显著的二维特征。无量纲螺旋结构半径 R^* 及流型长度 d^* 在 $t^*=2.2$ 之前也近似满足该规律，但螺旋半径 R^* 在该时刻之后增长缓慢，几乎保持恒定，而其长度 d^* 在 $t^*=3$ 之后也达到稳定状态不再增长。显然，流型参数演化偏离 $t^{*2/3}$ 正比关系的原因在于，动量源于 $t^*=T_{inj}^*=2.2$ 时停止作用，而其中螺旋半径 R^* 对动量源的作用最为敏感。

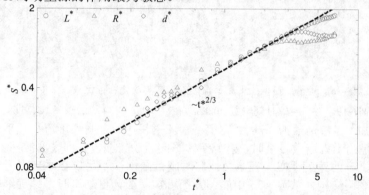

图5　射流长度 L^*，螺旋半径 R^* 及流型长度 d^* 随无量纲时间的演化特征

3.2　雷诺数 Re 影响

在深水圆管流层流潜射流的研究中，已经明确了雷诺数不影响射流的形成与演化特性[12]，但在浅水圆管层流潜射流的情况，由于雷诺数的不同，将导致射流流体在底部受到的摩擦作用不同，同时射流速度的快慢也会影响到射流流体受到底部边界抑制作用的时间点。本节将依据对 $T_{inj}^*=1.12$，$Re=36$、60 和 160 共三种计算组合情况下的计算结构进行分析，从而说明雷诺数对浅水层流圆管潜射流生成大尺度涡结构特性的影响方式。

在本小节中，将首先给出相同射流时间、不同雷诺数下浅水上升螺旋流型生成与演化过程的主要特征（图6）。

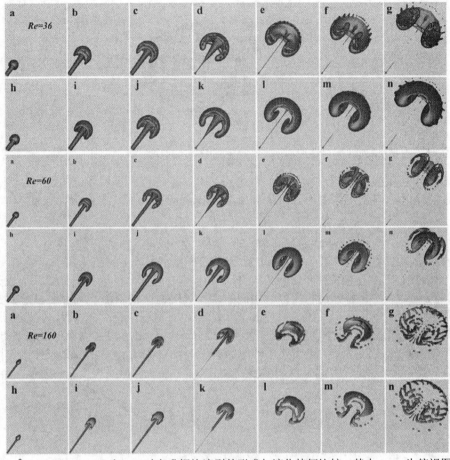

图 6 当 T_{inj}^*=1.12, Re=36、60 和 160 时上升螺旋流型的形成与演化特征比较。其中，a-g 为俯视图，h-n 为仰视图，各自对应时刻均为：0.22、0.67、1.12、1.34、2.23、3.12、6.69.

从图6可知，当雷诺数为36时，在整个射流过程中，上升螺旋流型几乎一直维持结构的稳定性，这是由于雷诺数较小时，射流流体垂向运动较弱，受到底部的抑制作用也较弱，从而其螺旋形上升的速度很慢。在本文计算时间范围内，不足以在垂向上形成需要更多能量支撑的多圈螺旋结构，从 Re=36 中的图 6(g)可知，在计算结束时，螺旋结构只有一圈，流体本身所具有的动量完全可以克服粘性作用的影响而保持稳定。

另一方面，从 "坍塌" 效应看，由于雷诺数较小，流体在底部积聚时所展开的面积较小，从而受到底部摩擦阻力的作用较小，从 Re=36 中图 6(h-n)可以看出流型的底部几乎未受到影响。因此，当雷诺数较小时，螺旋上升运动的圈数很小，流体受到底部的摩擦阻力的影响较小，这两个因素促使低雷诺数时大尺度涡结构保持稳定的结构。

当雷诺数增大到 60 时，射流同样表现出底部"坍塌"效应与螺旋形上升并存的现象。同时，由于射流动量增大，垂向螺旋上升速度增大，从 Re=60 时图 6(e、f、g)可知，螺旋结构从一圈逐渐演化成两圈。另一方面，雷诺数增大导致射流流体在底部展开的面积增大，与底部的摩擦作用增大，螺旋流型的能量损失增加，但仍能够维持图 6(g、n)所示的多圈螺旋形结构。

当雷诺数继续增大到 160 时，上升螺旋流型在底部的"坍塌效应"表现得更为显著。从 Re=160 时的演化特征图可知，螺旋形上升特征仅仅在射流阶段以及射流结束之后很短一段时间内才表现得较为明显，如图 6(c、d)所示，这是由于在此时间内，射流动量持续作用在流型上才维持流型的稳定结构。但是，射流结束一段时间之后，射流流体很快地受到底部和自由表面的垂向抑制作用与底部摩擦力的影响，这一方面导致射流流体运动到上下边界之后不能继续向上运动，从而使流型结构被挤压变形，直至破碎，如图 6(f、m)所示。另一方面，由于底部受到较大的摩擦力的作用，射流流体开始依附在底部附近，消耗了大量的剩余动量，从而使整个流型衰退瓦解如图 6(g、n)所示。

4 结论

本文采用层流数值模型求解 Navier-Stokes 方程，并借用多相流的 VOF 方法对射流流体进行标记追踪，数值研究了浅水圆管层流潜射流进入背景流体后，上升螺旋流型的生成过程及演化发展特性，主要结果如下：

（1）浅水圆管层流射流在射流阶段的形成机理和几何形态特征与深水情况相类似。在浅水圆管层流潜射流结束之后，射流流体的演化由同时发生的两个过程组成：其一为射流流体在靠近底部壁面附近大量流体积聚形成的"坍塌"现象，其二为由底部壁面和自由表面垂向抑制作用引起的螺旋形上升现象。这两者使射流流体形成一种上升螺旋流型。

（2）通过对上升螺旋流型参数进行定量研究，发现在流型的发展阶段，三个参数：射流长度 L、螺旋半径 R 及流型长度 d 均与演化时间 t 的 2/3 次方成正比关系。

（3）当雷诺数较小时，浅水射流生成的上升螺旋涡对流型能够保持其结构的稳定性；当雷诺数较大时，底部的"坍塌效应"作用显著，使得流型结构出现大量破碎，以致被迅速破坏。

参 考 文 献

1. Fedorov KN , Ginsburg AI. Mushroom-like currents (vortex dipole) in the ocean and in laboratory tank[J]. Annales Geophisicae 4, B, 1986, 5: 507-516.

2. Van Heijst GJF, Clercx HJH. Laboratory Modeling of Geophysical Vortices[J]. Annu., Rev., Fluid Mech., 2009, 41: 143-164.

3. Ginzburg AI , Fedorov KN. The evolution of a mushroom formed current in the ocean[J]. Kokl. Akad. Nauk SSSR, 1984, 274(4): 481-492.

4. Fedorv KN , Ginzburg AI. The surface Ocean Layer[M]. Gidrometeoizdat, Leningrad, 1988.

5. Drake Ch, Imbrie J, Knauss J , et al. Oceanography[M]. Holt, Rinehart and Winston, New York, 1978.

6. Massel SR. Hydrodynamics of the Coastal Zone[M]. Elsevier, Amsterdam, 1989.

7. Voropayev SI , Afanasyev YD. Vortex structures in a stratified fluid: order from chaos[M]. Chapman & Hall,

1994.

8. Voropayev SI, Afanasyev YD , Filippov IA. Horizontal jets and vortex dipoles in a stratified fluid[J]. J Fluid Mech., 1991, 227(1): 543-566.

9. Sous D, Bonneton N , Sommeria J. Transition from deep to shallow water layer: formation of vortex dipoles[J]. Eur J Mech B-Fluids, 2005, 24(1): 19-32.

10. Sous D, Bonneton N , Sommeria J. Turbulent vortex dipoles in a shallow water layer[J]. Phys. Fluids, 2004, 16(8): 2886-2890.

11. Durst F, Ray S, Unsal B, Bayoumi OA. The development lengths of laminar pipe and channel flows[J]. ASME J. Fluids Eng., 2005,127(6):1154-1160.

12. Chen Y, Chen K, You Y , Hu T. Generation and evolution characteristics of the mushroom-like vortex generated by a submerged round laminar jet[J]. J Hydrodyn Ser.B, 2013,25(5): 778-787.

13. Petrov PA. Mechanism of formation of vortex rings[J]. Fluid Dyn, 1973, 8(2): 190-195.

14. Afanasyev YD , Korabel VN. Starting vortex dipoles in a viscous fluid: asymptotic theory, numerical simulations, and laboratory experiments[J]. Phys Fluids, 2004, 16: 3850-3858.

Numerical study on upward-spin flow pattern formed by a submerged laminar jet in shallow water

CHEN Ke, CHEN Yun-xiang, WANG Hong-wei, YOU Yun-xiang

(Shanghai Jiaotong University, State Key Laboratory of Ocean Engineering, Collaborative Innovation Center for Advanced Ship and Deep-sea Exploration, Shanghai, 200240.

Email: mlxie@mail.hust.edu.cn)

Abstract：A submerged laminar round jet is adopted to simulate a low speed momentum source and is numerically studied in shallow water. The laminar mode is used to solve the Navier-Stokes equations and the VOF method for multi-phase problems is taken to mark and trace the jet fluid in order to visualize the formation and evolution of the jet flow pattern. Results show that since the bottom wall and free surface do not influence the jet equally, the jet forms an upward-spin flow pattern in the ambient shallow water. Three parameters, defined for the flow pattern as jet length L, spiral radius R and pattern length d, is used to investigate the time variation of the flow pattern quantitatively. Meanwhile three cases of different Reynolds number is considered to discuss the influence of Reynolds number on the flow pattern.

Key words：shallow water, laminar jet, flow pattern, upward-spin.

基于 Sobol 序列的线型多目标优化研究

王艳霞，王杉，陈京普

(中国船舶科学研究中心上海分部，上海， 200011，Email:wangyanxia@702sh.com)

摘要：船舶行业对绿色船型优化的要求越来越高，绿色船型的优化设计研究工作呈现出多目标发展趋势。本文着眼于船舶的节能降耗，基于 Sobol 序列、依托工程实际开展船型的多目标优化研究，建立实现船型多目标优化的实用方法，为工程实际提供快速的、便捷的优化手段。

关键词：Sobol 序列；多目标优化；船体线型

1 引言

近年来，世界各国对环保的关注越来越多，航运界和造船界纷纷制定出各种规范以满足日益严格的节能环保要求。同时，当前的全球海运市场环境与前些年截然不同，船东订船意向也在发生悄然变化。未来船东在订购新船时已经将船型"节能降耗"以及燃油的价格波动当作两项重要指标来考量。诸多信息表明："低航油"时代已成过去式，"绿色"船舶时代真正到来。由此，船东和船厂对绿色船型优化的要求越来越高，绿色船型的优化设计研究工作呈现出以下多目标发展趋势[1-7]：由过去的单个吃水优化(往往是设计吃水)逐渐向多个吃水(设计/结构/压载等吃水)的优化发展，由最初的静水阻力的优化逐渐向静水和波浪中性能的综合优化发展，由之前的单个航速(设计航速附近)的优化逐渐向多个航速(设计航速和经济航速等)的优化发展。船型的多目标优化势必增加优化的难度；如果仅仅依靠手工修改线型，很难做到同时兼顾多个目标，而 CFD 技术的利用则会事半功倍。

在此背景下，本文着眼于船舶的节能降耗，以肥大型油船为研究对象，基于 Sobol 序列、依托工程实际开展船型的多目标优化研究，建立实现船型多目标优化的实用方法，为工程实际提供快速的、便捷的优化手段。

2 研究对象

本文选取某肥大型油船为研究对象，其主尺度参数如表 1 所示。该船是经过多次优化的优秀船型，前几轮的优化工作均是针对设计吃水设计航速的快速性能开展。为了使该船的快速性能进一步得到整体提升，本文拟对其三个不同吃水(设计吃水、结构吃水和压载吃水)下的静水阻力以及波浪增阻进行优化。

表 1 主尺度参数

参数	数值
L_{pp}/B	5.443
B/T	2.927
方形系数	0.795

3 优化数学模型的建立

船体的半参数化建模、设计变量的选取以及线型的优化设计与计算工作均基于商业软件 Friendship 完成。基于 Friendship 平台完成的多目标优化研究具有以下特点：(1)计算结果提取方便：包括原始线型和优化线型在内的所有线型的计算结果均集中的显示在同一个窗口中，便于比较、分析和甄选；(2)线型比较直接：原始方案与各个优化方案的线型对比直观方便。

3.1 船体的半参数化建模

半参数化建模方法在文献[5]中也有应用。其主要思想是：通过点、线、面的形式建立控制面，将船体与控制面之间建立映射关系，通过控制面来控制船体横向方向的变换，从而实现船体线型变化。本文在船艏(17-20 站)和船艉(尾封板附近)建立了两个控制面(图1)。船艏控制面主要由四条纵向控制线组成，四个控制点(A、B、C、D)位于中间两条控制线上。船艉控制面主要由三条控制线组成，控制点 E 靠近尾封板下端。

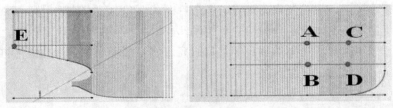

图 1 船体半参数化建模

3.2 设计变量及约束条件

对于半参数化建模采用的五个控制点，均保持其纵向位置不变，且控制点 A 和 B、控制点 C 和 D 分别取相同的纵向位置。故而将表征这五个控制点横向宽度的变量设为设计变量，其取值范围均为[-1.5，1.5]。在优化设计过程中，对排水体积变化和湿表面积变化范围也均有约束：

$$\left| \frac{\nabla_{opti} - \nabla_{orig}}{\nabla_{orig}} \right| \le x\% \qquad \left| \frac{S_{opti} - S_{orig}}{S_{orig}} \right| \le y\%$$

其中，∇ 和 S 分别代表排水体积和湿表面积，下表 orig 和 opti 分别代表初始线型和优化线型。本文 x 和 y 均取 1。

3.3 目标函数

本文的优化目标主要有六个（表 2），包括五个静水中的兴波阻力系数目标函数和一个风浪中的波浪增阻目标函数。

表 2 目标函数

海况		优化目标	符号	优化方向	备注
无风 无浪 (BF0)	兴 波 阻 力 系 数	设计吃水状态，14.8kn 航速	C_{w1}	最小	经济航速附近
		设计吃水状态，16kn 航速	C_{w2}		设计航速附近
		结构吃水状态，15kn 航速	C_{w3}		
		压载吃水状态，17kn 航速	C_{w4}		
		所有兴波阻力系数乘积	$\prod\limits_{i=1}^{4} C_{wi}$		
蒲氏 六级 (BF6)		结构吃水下的波浪增阻	ΔR_{wave}		计算条件同 EEDI 公式 fw 的计算

3.4 Sobol 序列[5, 7]

Friendship 优化平台包含多种优化算法，如切线搜索(TSearch)、遗传算法(NGSA-II)、牛顿-拉芙逊法(Newton-raphson)、全局搜索(Sobol)等。基于对设计空间进行初步探索，本文选取全局搜索(Sobol)。该算法是基于 Sobol 序列(stochnatic non-clustering low-discrepancy sequence)形成的一种优化算法，能够在变量设计空间生成均匀的设计方案，具有稳定性好、覆盖率高等特点。该方法主要用于试验设计(DOE)，特别适合于设计空间的初期探索。

4 数值计算

4.1 数值计算方法

兴波阻力系数采用 shipflow 软件的 XPAN 模块进行计算。该模块基于非线性势流求解器，在船体表面和自由表面布置 Rankine 源。

规则波中的增阻计算方法详见文献[8]，不规则波中的波浪增阻计算时采用如下的频率谱：

$$S_\zeta(\omega) = \frac{A}{\omega^5} \mathrm{EXP}(-\frac{B}{\omega^4})$$

其中，$A = \frac{173 H_{1/3}^2}{T_1^4}$，$B = \frac{691}{T_1^4}$，$T_1 = 1.086 T_2$，$T_2$ 是波浪特征周期。蒲氏六级下，海况参数如下：有义波高为3米，波浪周期为6.7秒，浪向为迎浪。

4.2 计算结果

采用 Sobol 算法共生成 25 个方案，搜索到综合性能最佳方案，其兴波阻力性能系数和波浪增阻变化如下表3，舷侧波型对比见图2。

表3 计算结果

参数	原始方案	优化方案	改善
	A	B	B/A-1 (%)
$\prod_{i=1}^{4} C_{wi}$ (e-19)	6.784	2.743	-60%
C_{w1} (e-3)	0.012	0.010	-17%
C_{w2} (e-3)	0.026	0.019	-27%
C_{w3} (e-3)	0.025	0.017	-32%
C_{w4} (e-3)	0.091	0.089	-2%
ΔR_{wave} (kN)	263.6	239.5	-9%

从表3可以看出，不同吃水不同航速下的兴波性能均有所改善：兴波系数乘积下降约60%，其中设计吃水 14.8kn 和 16kn 分别改善约17%和27%，结构吃水 15kn 改善约32%，压载吃水 17kn 改善约2%。结构吃水改善最多，压载吃水改善最少。兴波性能的改善也可以从舷侧波型对比(图2)看出：结构吃水下，优化线型的船舯流域的波型比原始线型明显平缓，船艏和船艉的波峰也有所降低；设计吃水下，14.8kn 和 16kn 对应的兴波性能的改善也主要是体现在船舯流域波型的改善上；压载吃水下，优化线型与原始线型的波型基本一致。

　　波浪增阻计算结果显示，原始线型和优化线型在规则波中的波浪增阻传递函数主要是短波段差异较大，长波区域几乎一致，作者在文献[9]中也发现此规律。

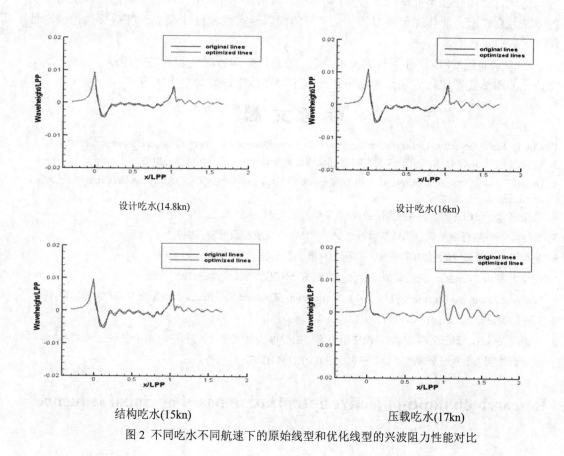

设计吃水(14.8kn)　　　　　　　　　　　　　　　设计吃水(16kn)

结构吃水(15kn)　　　　　　　　　　　　　　　压载吃水(17kn)

图 2　不同吃水不同航速下的原始线型和优化线型的兴波阻力性能对比

5　结论与建议

　　本文基于 Sobol 序列开展船体线型的多目标优化的应用研究，得到以下结论和建议：

　　(1)船舶行业对绿色船型优化的要求越来越高，使得船型的多目标乃至多学科优化成为大势所趋；

　　(2)不同海况下多吃水多航速的船体线型优化模块的开发，为工程实际提供了快速的优化手段。计算结果集中显示、船体线型对比方便等特点可以大大减少收集汇总大量计算结果的时间，提高工作效率；

　　(3)经过优化，本文研究对象不同吃水的兴波性能均得到不同程度的改善，不规则波中的波浪增阻也有所降低。优化方案可以为船型设计者提供多个目标下船型的设计方向；

(4)基于运行时间的考虑，本文仅以势流方法计算了兴波阻力性能。采用本文的控制面方法变换尾部船型、再基于粘流结果评估船舶的总阻力，这种做法在技术上是可行的，但过长的运行时间往往不能满足工程实际的需要。因此，船体艏部线型的优化可以采用本文的方法独立完成；船体尾部线型的优化，目前则以专家经验设计线型、CFD 评估性能这种做法比较常见；

(5)未来通过 CFD 软件不断的技术革新，粘流计算运行时间较长的问题得以突破，则本文建立的船体线型优化方法则更易于普及到工程实际中，发挥更大的意义。

参 考 文 献

1 Kim H. Multi-Objective Optimization for Ship Hull Form Design[D]. George Mason University, 2009.

2 李盛忠.基于 SBD 技术的船舶水动力构型优化设计研究[D].中国舰船研究院,2012.

3 Daniel Edward Nordås. Optimization of bow shape of large slow ships[D]. Norwegian University of Science and Technology, 2012.

4 张文旭.基于 EEDI 的集装箱船舶浪中船型多学科优化[M].武汉理工大学,2012.

5 程红蓉.极地航行油船概念设计多目标优化研究[M].中国舰船研究院, 2013.

6 胡腾飞.船舶水动力性能的多目标优化方法[J].舰船科学技术, 2014,36(6):14-19.

7 胡春平.基于 Friendship 的船体型线优化技术研究[M].武汉理工大学,2012.

8 Wenyang Duan and Chuanqing Li，2013，Estimation of Added Resistance for Large Blunt Ship in Waves，Journal Marine Sci. Appl. (2013) 12: 1-12.

9 王艳霞,陈京普,魏锦芳,等. 考虑风浪中阻力增加的船体线型优化设计研究[C].第十三届全国水动力学学术会议暨第二十六届全国水动力学研讨会,2014:P1131-1137.

Research on multi-objective optimization based on Sobol sequence

WANG Yan-xia, WANG Shan, CHEN Jing-pu

(China Ship Scientific Research Center, Shanghai Branch, 200011, Email:wangyanxia@702sh.com)

Abstract：Research of the optimization design of the green ship form has a trend of multi-objective development, on the more and more requirements for the optimization of green hull from shipping industry. Focus on the energy-saving of ship, the paper establishes a practical method of ship multi-objective optimization based on Sobol sequence, providing a fast and convenient optimization method for engineering practice.

Key words：Sobol sequence; Multi-objective optimization; Ship hull form.

平面等温对撞射流中分岔现象的研究[1]

刘爽[*]，王伯福[+]，万振华[*]，孙德军[*]

* （中国科学技术大学近代力学系，安徽合肥，230027）
+ （上海大学上海市应用数学与力学研究所，上海，200072）

摘要：通过数值分岔分析的方法对射流速度相等的平面等温对撞射流进行了研究，射流入口宽度和入口间距之比 α 固定为 0.25。前人的研究发现在该构型中，随着 Reynolds 数（Re，基于射流速度和入口宽度）的增加，对称的基本流态将失稳并经过超临界 pitchfork 分岔产生一对不对称的定常流态。在此基础上，在更高 Re 区间发现了新的分岔过程，包括 3 个一次分岔和 1 个二次分岔，并发现了新的流态。

关键词：对撞射流，分岔分析，流动稳定性

1 引言

对撞射流可以大大增强流体混合效率，有着大量的工业应用，例如聚合物加工[1]、纳米颗粒合成[2]等。对该系统流动不稳定性、非线性演化的研究对于指导工业生产具有重要意义。

前人通过实验、数值和理论的方法对等温对撞射流做了一系列的研究，有许多重要的发现。Rolon 等[3]将空气作为工质实验研究了等温对撞射流，发现当射流速度相等时，除了对称定常流态，还存在一对相互对称的非对称定常流态。该流态的特点是驻点离开中心位置向某个射流入口偏离。Denshchikov 等[4-5]将水作为工质实验研究了等温对撞射流，在某些构型和射流速度条件下发现了周期振荡流态，在该流态中两支对撞的射流偏向相反的方向，而且偏转方向周期性地转换。Pawlowski 等[6]数值研究了平面和轴对称构型下的等温对撞射流的流动结构和流动稳定性，计算中两支射流被给予均匀的速度型和相同的速度幅值。在平面构型中，在不同尺寸比下共有 4 种流态被发现，分别是对称定常流态、不对称定常流态、周期偏转流态和混沌流态，而在轴对称构型中只观察到了对称定常和不对称定常流态。

---

[1]基金项目: 国家自然科学基金项目(11232011, 11402262)、中国博士后科学基金资助项目(No.2014M561833)以及中央高校基本科研基金.

通过数值分岔分析的方法研究了射流速度相等的平面等温对撞射流的不稳定性和流动演化，发现了新的分岔过程和流态。文章安排如下：我们首先在第二节对所求问题和所用数值方法进行了描述，然后在第三节给出了计算结果，最后我们对文章进行了总结。

2 问题描述和数值方法

平面对撞射流构型如图 1 所示，采用了笛卡尔坐标系，坐标原点位于构型中心。D^*，W^*，L^*（带上标*的均为有量纲量）分别为射流入口宽度、入口间距和出口距竖直中心线的距离。上下入口射流速度均匀，幅值分别为 u_1^* 和 u_2^*。

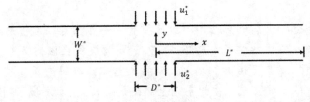

图 1 平面对撞射流构型

流体为等温不可压缩牛顿流体，其行为可由 Navier-Stokes 方程描述，其无量纲形式如下

$$\nabla \cdot \vec{u} = 0, \tag{1}$$

$$\frac{\partial \vec{u}}{\partial t} + \vec{u} \cdot \nabla \vec{u} = -\nabla p + \frac{1}{\text{Re}} \nabla^2 \vec{u}, \tag{2}$$

其中，$\vec{u}$ 为速度矢量；p 为压力。长度、速度、时间和压力的特征参量分别为 D^*，u_2^*，D^*/u_2^* 和 $\rho^* u_2^{*2}$；ρ^* 为流体密度。Reynolds 数（Re）定义为 $\text{Re} = \rho^* D^* u_2^* / \eta^*$，其中 η^* 为流体的动力学粘性系数。对该方程补充如下边界条件。射流上下入口采用均匀速度条件，速度矢量沿竖直方向，速度幅值分别为 u_1^* 和 u_2^*；固壁采用无滑移和无穿透边界条件；射流出口处认为流动已经充分发展。该问题包含 3 个无量纲参数，包括几何参数 $\alpha = D^*/W^*$，速度比 $\theta = u_1^*/u_2^*$ 和 Re。本文仅考虑 $\alpha = 0.25$，$\theta = 1$ 的情形，Re 的考察范围为 $\text{Re} \leq 200$。本文采用 $L^* = 10W^*$，计算发现在该尺寸比下出口边界条件在考察的 Re 范围内不影响驻点附近的流动结构。

本文采用高阶谱元区域分解 Stokes 算法求解控制方程(1)-(2)[7,8]，采用 Jacobian-Free 的 Newton-Krylov 方法求解稳定或者不稳定的定常解[9]，使用非定常 Stokes 算法作为 Newton 迭代的预处理算子[10,11]，采用 Arnoldi 方法求解稳定性算子最主要的一些特征值[11]。更多算法介绍可以参考文献[12]。本文在计算中使用了足够的网格，确保了网格无关性。计算得到的对称基本流态的失稳临界 Re 为 46.0，与文献结果相吻合[6]，确保了算法的正确性。

3 计算结果

当 Re 足够小时只存在一种稳定的定常流态 P_1。Re=45.0 时 P_1 的流动结构如图 2(a)所示。从图中可以观察到 4 个大小相同的回流泡位于驻点附近，整个流场关于水平和竖直中心线对称，具有 D_2 对称性。在考察的 Re 范围内（Re≤200），对撞射流系统的分岔过程如图 2(b)所示，其中纵坐标包括 δ（驻点离开水平中心线的偏移量，用于度量流动上下不对称的程度）和 $10u_{ex}$ (u_{ex} 为 x=0 截面上水平速度的极值，用于度量流动左右不对称的程度)。

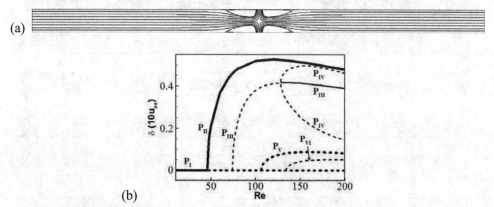

图 2 (a) P_1 流态在 *Re*=45.0 时的流动结构，显示的是流线图，(b) 对撞射流系统的分岔过程，粗线（细线）表示纵坐标采用 δ（$10u_{ex}$）；实线表示稳定流态，虚线表示不稳定流态

随着 *Re* 增加，P_1 流态失稳并经超临界 pitchfork 分岔产生 P_2 流态，计算得到的临界 *Re*=46.0，与文献结果相吻合[6]。P_2 流态在 *Re*=47.0 时的流动结构如图 3(a)所示。该流态中驻点离开水平中心线向回流泡相对较小的射流入口偏离。P_2 流态关于竖直中心线对称，具有 Z_2 对称性。该流态包含 2 支解，相互之间关于水平中心线对称。由稳定性分析可知 P_2 流态在我们考察的 Re 范围内一直保持线性稳定。

随着 *Re* 继续增加，不稳定的 P_1 流态经过第 2 次 pitchfork 分岔产生新的 P_3 流态，临界 *Re* 为 74.0。P_3 在 Re=76.0 时的流动结构如图 3(b)所示。该流态的特点是每个射流入口两侧的回流泡大小不相同，整个流场在关于中心位置旋转 180 度后保持不变，具有 R_π 对称性。P_3 流态包含 2 支解，相互之间关于水平中心线对称。由稳定性分析可知 P_3 流态是不稳定的。随着 *Re* 进一步增加，P_3 流态将通过二次 pitchfork 分岔产生新的 P_4 流态，临界 *Re*=128.0。*Re*=140.0 时 P_3 和 P_4 流态的流动结构如图 3(c-d)所示。从图中可知 P_3 流态保持 R_π 对称性，而 P_4 流态不具有非平凡的对称性。P_4 流态包含 4 支解，相互之间关于水平或竖直中心线对称，抑或关于中心位置旋转 180 度对称。由稳定性分析可知二次分岔以后 P_3 流态获得稳定性，而在我们考察的 Re 范围内 P_4 流态线性不稳定。

Re=106.1 时 P_1 流态经历第 3 次 pitchfork 分岔产生新的 P_5 流态。P_5 在 Re=107.0 时的流

动结构如图 3(e)所示，相同 Re 下 P_2 流态的流动结构如图 3(f)所示。从图中可知 P_5 和 P_2 具有相同的对称性，即 Z_2 对称性。P_5 流态包含 2 支解，相互之间关于水平中心线对称。由稳定性分析可知 P_5 流态在考察的 Re 范围内线性不稳定。

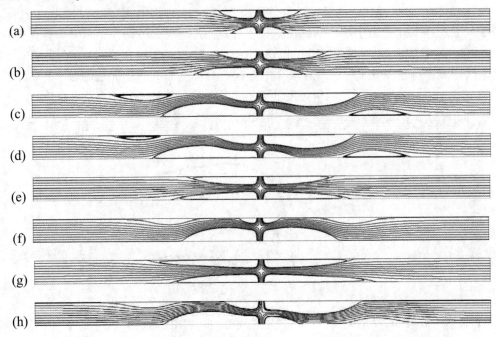

图 3 (a)P_2 流态在 Re=47.0 时的流动结构，(b)P_3 流态在 Re=76.0 时的流动结构，(c)P_3 流态在 Re=140.0 时的流动结构，(d)P_4 流态在 Re=140.0 时的流动结构，(e)P_5 流态在 Re=107.0 时的流动结构，(f)P_2 流态在 Re=107.0 时的流动结构，(g)P_6 流态在 Re=135.0 时的流动结构，(h)P_3 流态在 Re=135.0 时的流动结构

Re=133.0 时 P_1 流态经历第 4 次 pitchfork 分岔产生新的流态 P_6。P_6 在 Re=135.0 时的流动结构如图 3(g)所示，相同 Re 下 P_3 流态的流动结构如图 3(h)所示。从图中可知 P_6 与 P_3 具有相同的对称性，即 R_π 对称性。P_6 流态包含 2 支解，相互之间关于水平中心线对称。由稳定性分析可知 P_6 流态在考察的 Re 范围内线性不稳定。

4 总结

通过数值分岔分析的方法研究了射流速度相等的平面等温对撞射流的流动不稳定性和分岔过程，构型尺寸比 α =0.25。随着 Re 的增加，具有 D_2 对称性的基本流态 P_1 失稳，经超临界 pitchfork 分岔产生了具有 Z_2 对称性的 P_2 流态。在考察的 Re 范围内（Re≤200）P_2 流态保持线性稳定。在更高的 Re 区间我们发现了新的分岔过程，包括 3 个一次分岔和 1 个二次分岔，并发现了新的流态 P_3-P_6，其中 P_3 和 P_6 具有 R_π 对称性，P_5 与 P_2 一样具有 Z_2

对称性，P$_4$ 流态不具有非平凡的对称性。在考察的 Re 范围内 P$_4$-P$_6$ 保持线性不稳定，而 P$_3$ 流态在较低 Re 时是线性不稳定的，在更高 Re 时经过二次分岔后变稳定。

参 考 文 献

1　Wood P, Hrymak A, Yeo R, et al. Experimental and computational studies of the fluid mechanics in an opposed jet mixing head [J] Phys. Fluid, 1991, 3: 1362-1368.

2　Sarigiannis D, Peck J D, Kioseoglou G,et al. Characterization of vapor-phase-grown ZnSe nanoparticles [J] Appl. Phys. Lett., 2002, 80: 4024-4026.

3　Rolon J C, Veynante D, Martin J P, et al. Counter jet stagnation flows [J] Exp. Fluids, 1991, 11:313-324.

4　Denshchikov V A, Kondrat'ev V N, Romashov A N. Interaction between two opposed jets [J]. Fluid Dynamics, 1978, 13: 924-926.

5　Denshchikov V A, Kondrat'Ev V N, Romashov A N, et al. Auto-oscillations of planar colliding jets [J]. Fluid Dynamics, 1983, 18, 460-462.

6　Pawlowski R P, Salinger A G, Shadid J N, et al. Bifurcation and stability analysis of laminar isothermal counterflowing jets [J] J. Fluid Mech., 2006, 551, 117-139.

7　Sherwin S J, Ainsworth M. Unsteady Navier-Stokes solvers using hybrid spectral/hp element methods [J] Applied Numerical Mathematics, 2000, 33: 357-363.

8　Karniadakis G, Sherwin S J. Spectral/hp element methods for computational fluid dynamics [M]. Oxford University Press, 2005.

9　Knoll D A, Keyes D E. Jacobian-free Newton-Krylov methods: a survey of approaches and applications [J] J. Comput. Phys., 2004, 193: 357-397.

10　Tuckerman L S. 11th International Conference on Numerical Methods in Fluid Dynamics [C] 1989.

11　Doedel E, Tuckerman L S. Numerical Methods for Bifurcation Problems and Large-Scale Dynamical Systems [M]. New York: Springer, 2000.

12　Ma Dongjun, Sun Dejun, Yin Xieyun. A global stability analysis of the wake behind a rotating circular cylinder [J] Chin. Phys. Lett., 2005, 22: 1964-1967.

Bifurcation analysis of laminar isothermal planar opposed-jet flow

LIU Shuang[*], WANG Bofu[+], WAN Zhenhua[*], SUN De-jun[*]

* (Department of Modern Mechanics, University of Science and Technology of China, Hefei, Anhui, 230027 China)

+ (Shanghai Institute of Applied Mathematics and Mechanics, Shanghai, 200072, China)

Abstract：Planar laminar isothermal opposed-jet flow with identical velocity amplitude at two inlets are investigated by numerical bifurcation analysis. Geometric aspect ratio $\alpha = D^*/W^*$ (D^* is the width of inlet and W^* the distance between two inlets) is fixed at 0.25. Previous studies have found that in this configuration (α=0.25), as Reynolds number (Re, based on the velocity amplitude of inflow and width of inlet) increases symmetric basic flow will undergo a symmetry-breaking pitchfork bifurcation and give rise to a new flow pattern whose up-down symmetry is broken. In this paper it is found that, at higher Re, another three primary bifurcations and one secondary bifurcation happen, after which various new flow patterns appear.

Key words：opposed-jet flow, bifurcation analysis, hydrodynamic stability

Kelvin 源格林函数及其在水平线段上的积分计算

黄庆立，朱仁传，缪国平，范菊

（上海交通大学船舶海洋与建筑工程学院，海洋工程国家重点实验室，上海，200240,
Email:hqn0905@126.com）

摘要： 开尔文源格林函数可表达成 Rankine 源及其关于静水面的镜像源，近场扰动项和远场波动项，求解的难点在于近场扰动项和远场波动项这两部分。本文中近场扰动项利用 Noblesse 的解析表达来计算，远场波动项则根据被积函数的形状特性，将积分上下限进行截断直接利用自适应梯形法进行求解。当点源格林函数算出后，要在面元上积分，在面元上布置高斯点算出的积分并不能准确反映其在面元上的积分，本文考虑在面元上布置水平线段源，而非布置点源，这样一种方法可以提高计算的效率、精度和稳定性。

关键词： Kelvin 源格林函数；解析表达；水平线段；效率

1 引言

在船舶定常兴波问题中，在求解满足边界条件的拉普拉斯方程时，通常采用格林函数法来处理速度势的求解问题，Kelvin 源格林函数最早由 Havelock 导出，Kelvin 源格林函数的物理意义即是以恒定速度直航的单位点源在场点所产生的速度势，其优点是满足自由面条件，仅需在物面布源，但缺点是格林函数本身及其偏导数的计算不容易求得。有学者提出制表法[1]、有理函数法[2]等来进行计算。

假设点源移动速度为 U，场点和源点分别为 $(x, y, z),(\xi, \eta, \zeta)$，特征长度为 L_s，傅如得数 $F = U/\sqrt{gL_s}$，则 Kelvin 源格林函数可以由 Rankine 源 $1/r$ 及其关于静水面的镜像源 $1/r_1$、近场扰动项 L、远场波动项 W 来表达：

$$G = -1/r + 1/r_1 + G^*$$

$$G^* = L + W$$

$$r = \sqrt{(x-\xi)^2 + (y-\eta)^2 + (z-\zeta)^2}$$

$$r_1 = \sqrt{(x-\xi)^2 + (y-\eta)^2 + (z+\zeta)^2} \qquad (1)$$

$$L = 2F^{-2}\left\{\frac{1}{\pi}\int_{-1}^{1}\text{Im}\left[e^h E_1(h) + \ln h + \gamma\right]dt + \frac{z+\zeta}{r_1 + |x-\xi|} - 1\right\}$$

$$W = 2F^{-2}H(\xi-x)\,\text{Im}\int_{-\infty}^{\infty} f(t)dt$$

式（1）中

$$h = \sqrt{1-t^2}\left[\sqrt{1-t^2}(z+\zeta) + t(y-\eta) + i|x-\xi|\right]F^{-2}$$

$$f(t) = e^{(1+t^2)(z+\zeta)F^{-2} + i\sqrt{1+t^2}[(x-\xi)+t(y-\eta)]F^{-2}}$$

其中 $H(\xi-x)$ 为阶跃函数，其具有如下性质：

$$\xi > x, H = 1; \xi = x, H = 0.5; \xi < x, H = 0$$

2 G^* 的计算

2.1 近场扰动项的计算

由于式（1）中近场扰动项中含有复指数积分，且被积函数在积分区间端点奇异，故其计算效率不高，精度不高，Francis、Fuxin Huang[3,4,5,6]等提出用多项式来近似表达：

$$L = -\frac{2}{F^2 + r_1} + \frac{2F^2\psi}{(F^2 + r_1)^2} + \frac{0.4F^2 r_1}{(F^2 + r_1)^5}\left[(A+B\alpha)(1-\beta) - F^2 C\beta\right] \qquad (2)$$

其中

$$L = -\frac{2}{F^2 + r_1} + \frac{2F^2\psi}{(F^2 + r_1)^2} + \frac{0.4F^2 r_1}{(F^2 + r_1)^5}\left[(A+B\alpha)(1-\beta) - F^2 C\beta\right]$$

$$A = 4F^4 + 6F^2 r_1 + 26r_1^2, B = F^4 + 39F^2 r_1 - 24r_1^2, C = \frac{4F^4 + 3F^2 r_1 + 5r_1^2}{F^2 + r_1}$$

$$\alpha = -\frac{z+\zeta}{\sqrt{(y-\eta)^2 + (z+\zeta)^2}}, \beta = \frac{|x-\xi|}{r_1}, \psi = -\frac{z+\zeta}{r_1 + |x-\xi|}$$

由于式（2）中近场扰动项表达成多项式的形式，故 L 项及其偏导数 ∇L 都能快速且准确算出。

2.2 远场波动项的计算

远场波动项的偏导为

$$\nabla W = \begin{pmatrix} W_x \\ W_y \\ W_z \end{pmatrix} = 4F^{-4}H(\xi-x)\operatorname{Im}\int_{-\infty}^{\infty}\sqrt{1+t^2}\,f(t)\begin{pmatrix} i \\ it \\ \sqrt{1+t^2} \end{pmatrix}dt \tag{3}$$

从式（1）和式（3）中可以看出 W 及其偏导数具有相同的的被积因子 $f(t)$，我们将其写成下列形式

$$\begin{aligned} f = e^{(1+t^2)(z+\zeta)F^{-2}}\{&\cos\sqrt{1+t^2}\,[(x-\xi)+t(y-\eta)]F^{-2} \\ &+ i\sin\sqrt{1+t^2}\,[(x-\xi)+t(y-\eta)]F^{-2}\} \end{aligned} \tag{4}$$

积分取其虚部，由于 $\left|\sin\sqrt{1+t^2}\,[(x-\xi)+t(y-\eta)]F^{-2}\right|\le 1$，故有 $|f|\le e^{(1+t^2)(z+\zeta)F^{-2}}$，当 $z+\zeta\le 0$ 时，随着积分变量 t 的逐渐增大，f 会成指数形式减小，很快趋于 0，利用被积函数的这个性质，我们考虑对积分区间 $[-\infty,\infty]$ 进行截断。假设实际积分区间为 $[-t_m,t_m]$，该区间满足精度 ε，则有：

$$\varepsilon \ge \int_{t_m}^{\infty}e^{(1+t^2)(z+\zeta)F^{-2}}dt + \int_{-\infty}^{-t_m}e^{(1+t^2)(z+\zeta)F^{-2}}dt = 2\int_{t_m}^{\infty}e^{(1+t^2)(z+\zeta)F^{-2}}dt \tag{5}$$

可以推导出

$$\varepsilon \ge -\frac{F^2}{z+\zeta}\frac{e^{(1+t_m^2)(z+\zeta)F^{-2}}}{t_m} \tag{6}$$

同理可得出 W_x, W_y, W_z 满足对应精度 $\varepsilon_x, \varepsilon_y, \varepsilon_z$ 的积分限 t_{mx}, t_{my}, t_{mz} 应满足的关系式

$$\begin{aligned} \varepsilon_x &\ge -\frac{F^{-2}}{z+\zeta}\frac{\sqrt{1+t_{mx}^2}\,e^{(1+t_{mx}^2)(z+\zeta)F^{-2}}}{t_{mx}} \\ \varepsilon_y &\ge -\left[\frac{(1+t_{my}^2)F^2}{z+\zeta}-\frac{F^4}{(z+\zeta)^4}\right]e^{(1+t_{my}^2)(z+\zeta)F^{-2}} \\ \varepsilon_z &\ge -\left[\frac{(1+t_{mz}^2)F^2}{(z+\zeta)t_{mz}}-\frac{F^4}{(z+\zeta)^4 t_{mz}}\right]e^{(1+t_{mz}^2)(z+\zeta)F^{-2}} \end{aligned} \tag{7}$$

在数值计算中，利用迭代法可以求出满足各自精度的积分上下限，然后利用自适应梯形法直接进行数值积分，得出 W 项及其偏导 ∇W 的值。

3 Kelvin 源在线段上的积分

在基于面元法计算兴波阻力时，通常将船体表面分割成数量有限的微小平面，在求解边界积分方程的系数矩阵时，需要计算格林函数在面元上的积分值，通常是在面元上布置若干高斯点来获得积分值，由于格林函数在面元上空间各点不连续，故不能较准确反映其在面元上的积分，我们考虑在空间上先对其进行处理，将面元先离散成一系列以水平线段为代表的条带矩形，先获得水平线段上的积分，获得差值形式的内层积分核，再对 t 进行外层积分，最后将其沿垂向积分获得系数矩阵的元素。由于内层积分只跟线段两端的端点有关，由此避开了在面元上布置高斯点的麻烦，且可以提高计算的效率、精度和稳定性。

假设水平线段 $\overrightarrow{P_1P_2}: y-\eta = k(x-\xi)+b$，在该线段上布源，远场波动项沿着该水平线段积分的表达形式为

$$\int_{P_1}^{P_2} W \mathrm{d}s = 2F^{-2}H(\xi-x)\operatorname{Im}\int_{\xi_1}^{\xi_2}\sqrt{1+k^2}\,\mathrm{d}\xi\int_{-\infty}^{\infty}f(t)\mathrm{d}t$$

$$= 2\sqrt{1+k^2}H(\xi-x)\operatorname{Im}\int_{-\infty}^{\infty}\frac{Me^{(1+t^2)(z+\zeta)F^{-2}}}{i\sqrt{1+t^2}(kt+1)}\mathrm{d}t \qquad (8)$$

其中 $M = \left[e^{i\sqrt{1+t^2}[(kt+1)(x-\xi_2)+tb]} - e^{i\sqrt{1+t^2}[(kt+1)(x-\xi_1)+tb]}\right]$，同理可得

$$\begin{pmatrix}\int_{P_1}^{P_2} W_x \mathrm{d}s \\ \int_{P_1}^{P_2} W_x \mathrm{d}s \\ \int_{P_1}^{P_2} W_x \mathrm{d}s\end{pmatrix} = 4F^{-2}\sqrt{1+k^2}H(\xi-x)\operatorname{Im}\int_{-\infty}^{\infty}\frac{Me^{(1+t^2)(z+\zeta)F^{-2}}}{(kt+1)}\begin{pmatrix}1\\t\\-i\sqrt{1+t^2}\end{pmatrix}\mathrm{d}t \qquad (9)$$

4 计算结果和分析

4.1 Kelvin 源格林函数数值积分计算

根据本文提出的 Kelvin 源格林函数及其偏导的计算方法，进行数值计算，并与文献结果进行对比分析。假设源点(0,0,-1)以速度 $U=2m/s$ 沿 Ox 轴正方向运动，计算 Oxy 平面上直线 $y=0.5x$ 上各点的格林函数及其偏导。如图 1 所示本文方法的计算结果和 Inglis 等结果[7,8] 的吻合得较好。

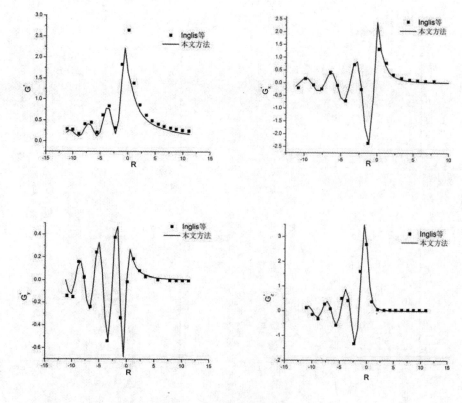

图 1　Kelvin 源格林函数计算

4.2 Kelvin 源在水平线段上的积分计算

在验证了 Kelvin 源格林函数计算的正确性后，我们可以将线段离散为多个点源来间接验证其在水平线段上的积分。假设在线段 $y=0.5x(-10<x<10)$ 上布源，水平线段源以速度 $U=2m/s$ 沿 Ox 轴正方向移动，计算场点$(0,0,0)$处的格林函数及其偏导，如图 2 所示点源计算结果与水平线段源计算结果吻合得也比较好。我们再来比较在面元上分别布置点源和水平线段源进行计算的效率，假设面元为矩形区域$(-1\leqslant x\leqslant 1,y=0.5x,\ -0.5\leqslant z\leqslant -0.1)$，如图 3 所示，在矩形区域布置点源和水平线段源的情况和计算结果如表 1，在水平方向和竖直方向布置 2000×400 个点，在竖直方向布置 400 条水平线段，可以看出水平线段源在计算效率上更高。

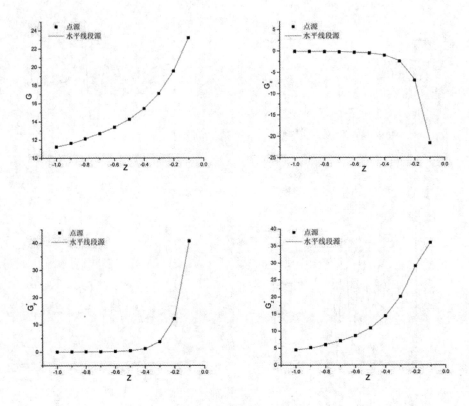

图 2　点源与水平线段源结果对比

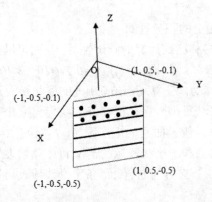

图 3　面元布源示意图

表1 面元布置点源和水平线段源的比较

布源情况	点源	水平线段源	误差
	2000×400	400	
G	4.34259949225198	4.341156939265	3.3E-07
Gx	-4.47608815931422	-4.477992108383	4.25E-07
Gy	5.44735599087859	5.446679735081	1.24E-07
Gz	9.1964376955598	9.19316339887101	3.56E-07
耗时	16min	<1min	

5 结论

（1） 近场扰动项中含有复指数积分，且在积分端点处存在奇异现象，采用多项式近似表达可以快速、高效地计算出来。

（2） 虽然远场波动项的积分区间为无穷区间且被积因子具有振荡性，但通过积分限的截断和采用自适应积分法能准确计算出来。

（3） 格林函数在面元上积分时先在空间上对其进行处理，在保证精度的前提下，能提高计算的效率。

参考文献

1　Ponizy B, F.NOBLESSE, Ba M. Numerical evaluation of free-surface green functions [J]. J. Ship. Research, 1994, 38(3): 193-202

2　Wang H T, Rogers J C W. Numerical evaluation of the complete wave-resistance green's function using Bessho's approach [C]. Proceedings of the Fifth Conference on Numerical Ship Hydrodynamics. Washington: National Academy Press, 1990: 133-144

3　F.NOBLESSE. Alternative integral representations for the Green function of the theory of ship wave resistance [J]. J. Eng. Math, 1981, 15: 241-265

4　Francis Noblesse, Gerard Delhommeau, Fuxin Huang, Chi Yang. Practical mathematical representation of the flow due to a distribution of sources on a steadily advancing ship hull [J]. J. Eng. Math, 2011, 71: 367-392

5　Fuxin Huang. A practical computational method for steady flow about a ship [C]. Ph.D. Thesis, VA, George Mason University. 2013

6　Francis Noblesse, Fuxin Huang, Chi Yang. The Neumann-Michell theory of ship waves [J]. J. Eng. Math,

2013, 79: 51-71

7   叶伟, 陆鑫森. 频域有航速Green函数及梯度的数值计算方法 [J]. 上海交通大学学报, 1996, 30(10): 1-8

8   姚朝帮, 董文才. 开尔文源格林函数数值积分方法 [J]. 上海交通大学学报, 2014, 48(1): 98-105

A practical computational method of Kelvin green function and its integral on a horizontal line

HUANG Qing-li, ZHU Ren-chuan, MIAO Guo-ping, FAN Ju

(State Key Laboratory of Ocean Engineering, School of Naval Architecture, Ocean and Civil Engineering, Shanghai Jiao Tong University, Shanghai 200240, China, Email: hqn0905@126.com)

Abstract：In this paper the computation of Kelvin green function is discussed. The local component is expressed as the form of polynomials which avoids the calculation of complex exponential integral. The infinite interval of the wave component is truncated to finite interval according to the attenuation of the integrand. Adaptive trapezoidal method is adopted to gain certain accuracy results due to the vibration of the integrand. A practical method of source distribution on a horizontal line is used to accelerate the computation of source green function on a panel. It is demonstrated that with the pretreatment of the integrand of the wave component, the panel divided into a series of horizontal line is practicable.

Key words：Kelvin green function; analytical expression; horizontal line; efficiency

一种耦合线性-非线性特征的海面波浪数值造波方法

陈圣涛，钟兢军，孙鹏

(大连海事大学轮机工程学院，大连，116026，Email: dutchenshengtao@sina.com)

摘要：海洋中空气-水交界面处的波动问题是船舶海洋工程水动力学中引人关注的问题。本文基于 Airy 波理论和 Stokes 波理论，建立了一种耦合线性-非线性特征的海面波浪数值造波方法，可同时表征海面波浪的线性-非线性特征。利用本文建立的耦合波浪造波方法，研究了海面的波动特征，并与理论解进行了对比，证明了本文建立数值方法的可靠性。采用不同的入口波动边界造波，同时求解线性波方程和非线性 Stokes 方程，并且考虑了波浪传播的线性特征和边界处及海面气液两相流中的非线性特征。研究了在线性—非线性复合波浪的作用相位差、不同波高等波浪组合方式条件下数值方法的收敛性、波浪的波动特征等。

关键词：Stokes 理论；波浪；线性特征；非线性特征

1 引言

空气、水两相流的交界面处往往包含波浪运动，如海洋中的波浪现象。在空气—水交界面处则包含了水动力学特性、空气动力学特性、界面效应以及波动特性，如何准确快速地获得界面处的相关物理特征一直是两相流研究中的热点与难点问题。由于波浪的存在，空气—水交界面上波动势的边界条件发生变化，波浪对两相流的作用也相应发生变化，从而气体和液体的运动状态也受到波浪的影响。2008 年 ITTC 会议[1]上提出了在今后的水动力研究中，考虑自由液面并且计及波浪的运动形式是国际发展的趋势，因此与波浪理论相结合的两相流特性有待进一步深入研究。

目前的实际工程中，大多数人仍采用 Airy 波理论作为波浪理论基础[2-6]。虽然实际自然界中的波浪是一种非常复杂的物理现象，但由于 Airy 波理论比较清晰地描述了波动特性，且便于应用，是研究其他复杂波浪理论的基础，也是研究不规则波及非线性波的基础，在数学上可以认为它是对波浪运动进行完整的理论描述的一阶近似值，因而仍然广泛应用于波浪的基础研究中。Hsien-Kuo Chang[7]研究了在稳定条件下，固定频率波的传播过程，并发展了可直接计算波长等波动参数的方法。Michael S[8]分析了有限波在深水中的波动，其研究结果对于波浪下的运动状态分析有很好的借鉴。基于 Airy 波理论的基础，研究者在其他高阶波浪作用的研究方面取得了显著的进展[9-13]。

目前非线性波浪的研究仍然以 Stokes 波浪为主，且更加关注高阶化、非线性化。深水中的波浪，除了常规的流动特性外，还包含有波动特性。Constantin, A[14-16]对 Stokes 波浪中漩涡特性进行了研究；Herry D[17-18]对 Stokes 波浪中流体拉格朗日特性进行了研究。结果都表明，在深水波动中，流动参数和波动参数是互相耦合影响的，速度、压力、涡量等流动物理量和波高、波长等波动物理量可通过统一的 Laplace、N-S 方程来表达，但在数值方法的实现上，则还需进行更多更深入的研究。为将深水 Stokes 波理论用合理的数值方法求解，R.C.T. Rainey[19]将高阶 Stokes 波进行了简化并实现了一阶近似。此外，Hsien-Kuo[20]，P. Higuera 等[21]研究者都对深水中高阶 Stokes 波浪结合流体动力学理论的数值计算进行探索，提出来许多有意义的数值方法，并包含了水中建筑物、船体等因素。

常见的造波方法有质量源造波、动量源造波、推波板造波等方法。本文基于 Airy 波理论、Stokes 波浪理论和 VOF 两相流理论，求解 N-S 方程和 Laplace 势函数，建立一种线性、非线性波浪理论耦合的造波方法，为可能的非线性波理论和两相流的研究提供依据与支撑。

2 理论模型与控制方程

本文的主要理论基础为 Airy 线性波理论和高阶 Stokes 非线性波理论，其相应的波动方程分别为：

线性波

$$\Phi = \frac{gH}{2\sigma} \frac{\mathrm{ch}\left[k(z+d)\right]}{\mathrm{ch}(kd)} \sin(kx - \sigma t) \tag{1}$$

Stokes 波，波浪方程从 2 阶到 5 阶为：

$$\xi(X,t) = A\cos\alpha + A^2 k\left(b_{22} + A^2 k^2 b_{24}\right)\cos 2\alpha$$
$$+ A^3 k^2 \left(b_{33} + A^2 k^2 b_{35}\right)\cos 3\alpha + A^4 k^3 b_{44}\cos 4\alpha + A^5 k^4 b_{55}\cos 5\alpha \tag{2}$$

针对浅水波，

$$\Phi(X,t) = c \begin{bmatrix} A(a_{11} + A^2 k^2 a_{13} + A^4 k^4 a_{15})\cosh kh \sin \alpha + \\ A^2 k(a_{22} + A^2 k^2 a_{24})\cosh 2kh \sin 2\alpha + \\ A^3 k^2 (a_{33} + A^2 k^2 a_{35})\cosh 3kh \sin 3\alpha + \\ A^4 k^3 (a_{44})\cosh 4kh \sin 4\alpha + \\ A^5 k^4 (a_{55})\cosh 5kh \sin 5\alpha \end{bmatrix}$$

（3）

短重力波则为

$$\Phi(X,t) = cAe^{kz}\sin\alpha$$

（4）

频率 ω

$$\omega = \left[gk\left(1 + A^2 k^2 c_3 + A^4 k^4 c_5\right)\tanh kh\right]^{1/2}$$

（5）

C 为波速，g 为重力加速度，三个方向的速度分量表示为

$$u = \frac{\partial \Phi}{\partial x}\cos\theta, \quad v = \frac{\partial \Phi}{\partial x}\sin\theta, \quad w = \frac{\partial \Phi}{\partial z}.$$

（6）

海面包含了流动、波浪及气液两相的特征，其物理特性分别由以下的特征方程来控制：将波动方程代入 N-S 方程：

连续性方程：

$$\frac{\partial \rho}{\partial t} + \frac{\partial}{\partial x_i}(\rho u) = 0$$

（7）

动量方程：

$$\frac{\partial(\rho u_i)}{\partial t} + \frac{\partial(\rho u_i u_j)}{\partial x_j} = -\frac{\partial p}{\partial x_i} + \frac{\partial}{\partial x_j}\left(\mu \frac{\partial u_i}{\partial x_j} + \frac{\partial u_j}{\partial x_i} - \frac{2}{3}\delta_{ij}\frac{\partial u_l}{\partial x_l}\right) + \frac{\partial}{\partial x_j}\left(-\rho \overline{u_i' u_j'}\right)$$

（8）

$$-\rho \overline{u_i' u_j'} = \mu_t \left(\frac{\partial u_i}{\partial x_j} + \frac{\partial u_j}{\partial x_i}\right) - \frac{2}{3}\left(\rho k + \mu_t \frac{\partial u_k}{\partial x_k}\right)\delta_{ij}$$

（9）

3 数值方法及结果分析

采用有限体积法离散控制方程和湍流模式。动量方程、湍流动能方程以及耗散率方程采用二阶迎风格式，压力项采用二阶差分格式。非稳态项采用一阶隐式求解。压力速度耦

合迭代采用 Simple 算法。造波方式采用入口波动边界，在入口边界处采用不同相位、波高的线性波（Airy 波）和非线性波（Stokes 波）边界条件。出口处采用数值消波消除边界反射的影响。

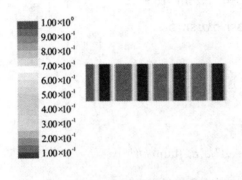

图 1 原始海面处的气液相分布（X-Y）

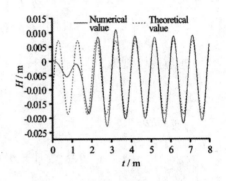

图 2 理论解与数值解的对比

图 1 和图 2 分别为应用 2 阶 Stokes 波浪理论仿真得到的海面波形图（用原始海平面处的气液相体积分数表示）以及波高数值解与理论解的对比。可以看出，在 2 阶非线性波的作用下，本文的数值方法可以较好的表示海面波形，并与理论解较好的复合。

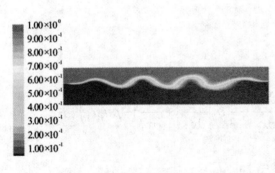

图 3 沿深度方向的气液相分布（X-Z）

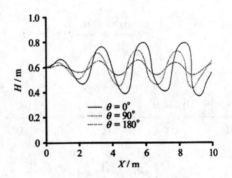

图 4 不同相位差时的波面

图 3 为耦合了线性波和非线性波入口边界条件得到的波形图。图 4 为在 Airy 波和 Stokes 波在不同的初始相位条件下波高曲线。从数值仿真结果看出，兼具线性波和非线性波特性的耦合波更多的体现出非线性的特征，0°可看做线性波与非线性波的相同相位叠加，而 180°可认为两种波的抵消，此特征体现在耦合波的波高特性上。

致谢

感谢自然科学基金（51409031）、中央高校基本科研业务费（3132015203）和博士后基金（2014M561216）对本研究的支持。

参 考 文 献

1　FUKUOKA. International Towing Tank Conference Committee, 25th ITTC. The resistance committee final report [R]. 2008.

2　Janssen P Progress in ocean wave forecasting. J Comp Phys ,2008, 227:3572–3594.

3　Meirink JF, Makin VK. Modelling low Reynolds number effects in the turbulent airflow over water waves. J Fluid Mech , 2000, 415:155–174.

4　Raval A, Wen X, Smith M. Numerical simulation of viscous, non-linear and progressive water waves.J Fluid Mech,2009, 637:443–473.

5　Sullivan PP, McWilliams JC, Melville WK. Surface gravity wave effects in the oceanic boundary layer:large-Eddy Simulation with vortex force and stochastic breakers. J Fluid Mech ,2007, 593:405–452.

6　Yang D, Shen L . Simulation of viscous flows with undulatory boundaries: part II. Coupling with other solvers for two-fluid computation. J Comp Phys, 2011,　230:5510–5531

7　Hsien-Kuo Chang, Jin-Cheng Liou. Fixed-frequency Stokes wave expansion. Ocean Engineering ,2006 ,33, 417–424.

8　Michael S. Longuet-Higgins. On an approximation to the limiting Stokes wave in deep water. Wave Motion 2008, 45, 770-775.

9　Henry, D. The trajectories of particles in deep-water Stokes waves. Int. Math. Res. Not. Art., 2006, 13: 23405-23410.

10　Henry, D. On the deep-water Stokes wave flow. Int. Math. Res. Not. Art., 2008, 7: 071-079.

11　Raineya R C T, Michael S Longuet-Higgins. A close one-term approximation to the highest Stokes wave on deep water. Ocean Engineering , 2006, 33: 2012－2024.

12　Hsien-Kuo Chang, Jin-Cheng Liou. Fixed-frequency Stokes wave expansion. Ocean Engineering 33 (2006) 417–424.

13　Higuera P, del Jesus M, Lara JL, et al. Numerical simulation of three-dimensional breaking waves on a gravel slope using a two-phase flow Navier-Stokes model. Journal of Computational and Applied Mathematics , 2013, 246:144－152.

14　Constantin, A, Strauss, W. Exact steady periodic water waves with vorticity. Comm. Pure Appl. Math., 2004, 57:481–527.

15　Constantin, A, Sattinger, D, Strauss, W. Variational formulations for steady water waves with vorticity. J. Fluid Mech. , 2006, 548:151–163.

16   Constantin, A, Strauss, W.   Stability properties of steady water waves with vorticity. Comm. Pure Appl. Math., 2007, 60:911–950.

17   Henry, D. The trajectories of particles in deep-water Stokes waves. Int. Math. Res. Not. Art., 2006, 13: 23405-23410.

18   Henry, D. On the deep-water Stokes wave flow. Int. Math. Res. Not. Art., 2008, 7: 071-079.

19   Raineya R C T, Michael S. Longuet-Higgins. A close one-term approximation to the highest Stokes wave on deep water. Ocean Engineering, 2006, 33: 2012－2024.

20   Hsien-Kuo Chang, Jin-Cheng Liou. Fixed-frequency Stokes wave expansion. Ocean Engineering, 2006, 33: 417–424

21   Higuera P, del Jesus M, Lara J L, et al. Numerical simulation of three-dimensional breaking waves on a gravel slope using a two-phase flow Navier-Stokes model. Journal of Computational and Applied Mathematics, 2013, 246 :144－152.

A numerical wave generation method coupling linear and nonlinear wave theory

CHEN Sheng-tao, ZHONG Jing-jun, SUN Peng

(Marine Engineering College of Dalian Maritime University, Dalian Liaoning 116026, Email: dutchenshengtao@sina.com)

Abstract： The wave characteristics on the ocean free surface are fascinating in ocean engineering. The main theories include linear theory, such as Ariy theory, and nonlinear theory, such as Stokes theory, Gerstner theory, and so on. The current study for linear and nonlinear theory is isolated relatively. In this study, based on Airy theory and Stokes theory, a numerical wave generation method on the ocean free surface is set up and it can express the linear and nonlinear characteristics of the wave at the same time. Using the coupled wave generating method, the wave characteristics on the ocean free surface are studied and compared with the theoretical value to validate the numerical method. Under different wave inlet boundary conditions, the linear wave equations and nonlinear wave equations are solved synchronously. The wave characteristics under different phase difference, wave height and other coupling methods are numerically studied.

Key words： Stokes theory; wave; linear wave; nonlinear wave

恒定水深波流混合作用数值水槽模型

封星，吴宛青，张炎炎，张彬

(大连海事大学轮机工程学院，大连，116026，Email: 530546168@163.com)

摘要：针对海洋环境波流混合作用问题，本文基于不可压缩粘性流体的 N-S 方程和 VOF 方法，以 FLUENT 软件为计算平台，采用解析松弛方法建立可以模拟波流混合作用的恒定水深黏性数值波流水槽，通过与基于摄动展开法求解的波流耦合后波面解析解进行对比，结果表明建立的黏性流数值波流水槽对波流相互作用的模拟是准确的，解析松弛消波方法可以维持水深恒定并消除波浪的反射影响。

关键词：海洋工程；波流作用；动量源造波方法；用户自定义函数；VOF 方法

1 引言

在海洋、海岸工程中数值波浪水槽作为一种非常有效的工具已经解决了许多复杂的水波问题[1]，并且基于 VOF 方法的数值造波和消波技术也已经取得广泛应用，主要的造波方法有定义边界条件的推板和摇板造波方法[2]，在入射边界给定流速和波高的设置速度入口造波方法[3]，在造波区域给定速度和压力的设置造波区域方法[4]，动量源造波方法[5]和质量源造波方法[6]，研究表明基于 VOF 方法可建立有效的数值波浪水槽，成功模拟纯波浪问题。然而在实际工程问题中，波浪和水流往往同时存在[7]，忽略水流的作用而用纯波浪理论和模型来计算会导致很大的误差，无法指导工程设计和作业，准确预测波浪水流共存环境是非常重要的，一直是国内外学者关注的焦点问题[8]。近年来关于波流相互作用数值研究主要成果可概括为基于经典的水波理论结合波作用量守恒或各种波通量守恒进行的研究、基于射线理论和波能量守恒原理的研究、基于缓坡方程的研究、基于 Boussinesq 方程进行的研究、基于 N—S 方程进行的研究，目前比较成熟的研究大多还是基于 Boussinesq 进行的研究，Boussinesq 方程包含了频率频散和非线性低阶效应，它能讨论能量在频率间的转换和每个单波形的变化，以及波包在浅水区变形等，但只能应用于相对浅的水深区域；吴永胜[9]等人从 N-S 方程推导并建立了波浪水流相互作用数学模型，耦合了波浪水流之间的相互作用，描述了波浪、水流流场在波流边界层内、外的变化规律；由于模型的求解涉及到的耦合模型方程比较多，波浪复波数的求解和模型边界条件也较为复杂，因而使模型的计算非常烦琐。

FLUENT 软件作为波浪数值模拟的有效工具已经发展成熟，研究成果表明基于 FLUENT 软件的数值波浪水槽是有效和精确的，但是 FLUENT 软件在波浪水流相互作用研究方面的应用却还很少。有鉴于此，本文基于 FLUENT 软件采用 VOF 方法和解析松弛方法成功构造水深恒定的黏性流数值波流水槽。

2 数学模型

2.1 控制方程和边界条件

在假定流动无旋、波浪为非破碎规则波浪前提条件下建立黏性数值波流模型，考虑波流混合传播问题，对不可压缩流体，控制方程采用以速度和压力为变量的不可压粘性流体的二维 方程和连续性方程：

$$\frac{\partial \rho}{\partial t} + \frac{\partial (\rho u_i)}{\partial x_i} = S_m \tag{1}$$

$$\frac{\partial (\rho u_i)}{\partial t} + \frac{\partial (\rho u_i u_j)}{\partial x_j} = \frac{\partial}{\partial x_j}\left(\mu \frac{\partial u_i}{\partial x_j}\right) - \frac{\partial p}{\partial x_i} + S_i + \rho g_i \tag{2}$$

式中 $x_i(i=1,2)$ 分别为 x,z 方向坐标，$u_i(i=1,2)$ 是速度分量，ρ 是流体的密度，p 是流体的压力，μ 是流体的动力粘性系数，g 为重力加速度，S_m、S_i 分别为附加质量源项、附加动量源项。

黏性数值波流水槽设置如图 1 所示，其中 EF 为静水面，上部为空气，下部为水，模型总高 $8\,m$，长 $200\,m$，水深 $6.2\,m$。由 Gambit 划分为结构化网格，x 方向网格单元格长度需满足在 $L/20 \sim L/50$ 范围内，z 方向网格长度满足在 $H/5 \sim H/10$ 范围内，因此网格划分后单元格长 $0.2\,m$，高 $0.05\,m$。

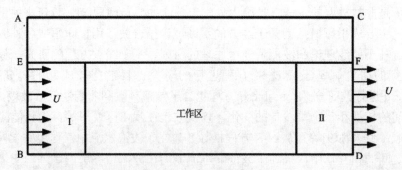

图 1 黏性数值波流水槽示意图

上边界AC设置为压力出口边界条件；对于水底边界条件，满足固壁不可渗透边界条件。

2.2 解析松弛造波、造流及消波

黏性数值波流水槽建立的关键是消除波浪反射的影响并且不改变水深值，在这里，使用解析松弛方法消除波浪的反射和二次反射作用，这里提出的造波、造流和消波方法如下：

Ⅰ区内速度场计算值更新规则如下：

$$\begin{cases} u_M = Cu_J + (1-C)(u_L + U) \\ v_M = Cv_J + (1-C)v_L \end{cases} \tag{3}$$

式中，下标 M 代表在指定区域内对物理量的修正，下标 J 代表前一时间步的计算值，下标 L 代表来波值，$C = C(x)$ 为与空间位置有关的光滑过渡加权函数，满足：$C_{xmin} = 0$，$C_{xmax} = 1$，这里采用正弦函数形式。

Ⅱ区内即尾端消波区，消除反射波，速度场计算值更新规则如下：

$$\begin{cases} \eta_M = C\eta \\ u_M = Cu_J + (1-C)U \\ v_M = Cv_J \end{cases} \tag{4}$$

式中 $C = C(x)$ 为与空间位置有关的光滑过渡加权函数，满足：$C_{xmin} = 1$，$C_{xmax} = 0$，这里采用余弦函数形式。

将式(3)和(4)代入方程(2)离散后的添加动量源项和没有添加动量源项方程形式可得造波、造流区附加动量源项表达式和尾端消除反射波区也就是Ⅱ区附加动量源项表达式（见文献5），根据理论求解的波流共存时速度场和压力分布表达式将其代入就可实现造波、造流和消波、消流。

3 数值波流水槽的建立及验证

作为算例取入射波波高为 $0.6\,m$，周期取为 $4\,s$，水平均匀流速度分别为 $U = 0$(算例 a)，$U = 0.3m/s$ (算例 b)，$U = -0.3m/s$ (算例 c)。计算初始时刻流场中的初始速度取为 $u = U$，$v = 0$，压力为静水压力分布。利用 FLUENT 的前处理软件 Gambit 进行网格的划分和边界条件的定义；采用 FLUENT 中 VOF 模型追踪自由面，Segregated 求解器，应用标准 $k - \varepsilon$ 模型使模型封闭，压力速度耦合的 PISO 算法进行迭代求解，动量方程中的瞬态项采用一阶隐格式差分格式，对流项和扩散项的离散都采用一阶迎风差分算法。利用 VOF 模型追踪相界面，在 VOF 模型中 COURANT 数设置为 0.3 来减小数值误差。应用自定义函数 UDF 中的 DEFINE_SOURCE 宏来添加源项实现造波、造流和消波消流，并且利用 FLUENT 软件的二次开发功能定义水位上升和波流相应参数，如波高、流速等。

图2给出了顺流和逆流案例中消波区内站点 $x = 190m$ 处在时间 $t = 50s$ 时 x 方向速度 u 沿水深分布情况，可以看出数值模拟结果显示消波区内的 x 方向速度偏离水平均匀流速值不大，表明本文的解析松弛方法可有效消除反射波的影响并且不改变水平均匀流在出流口流速值，同时维持了水槽平均水深不变，进一步表明基于本文建立的数值波流水槽是有效的，能精确地模拟波流间相互作用。

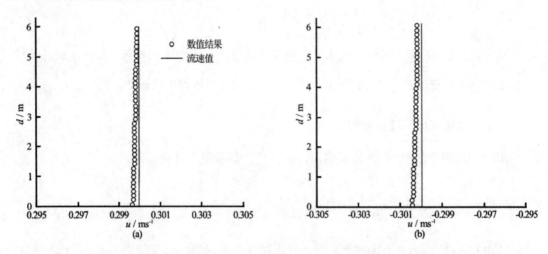

图 2 　x=190m 处在 t=50s 时 x 方向速度 u 沿水深分布数值解和解析解的比较

图 3 给出案例 a，b，c 中站点位置 $x = 46.6m$ 处波面位移随时间变化历程曲线及其与理论解的比较，由图可看到基于以上的数值波流水槽可得到稳定重复性很好的波面升高，并且数值结果与解析解吻合良好，比较图 4 中各图可知，顺流加速了波浪的传播，逆流使得波浪传播变慢。通过数值结果发现在纯波浪、顺流和逆流情况下，波浪水流同向波峰最小，而逆向时波峰最大。

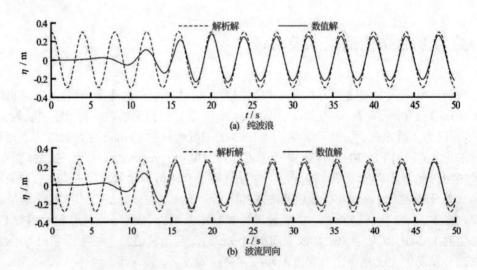

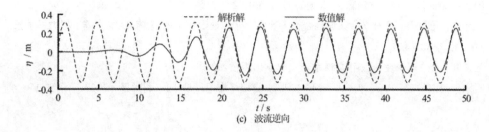

图3   x=46.6m处波面时间历程与解析解的比较（从上往下分别为纯波浪、波流同向和波流逆向工况）

4   结论

本文基于不可压缩黏性流体 N-S 方程，采用 VOF 方法和解析松弛方法成功构建恒定水深黏性数值波流水槽模型。基于该模型成功模拟了波流相互作用问题，研究发现，顺流加速了波浪的传播，逆流使得波浪传播变慢；波流同向时的波峰变小，而波流逆向增大波峰。本文模型的建立为使用 FLUENT 软件分析波流作用下结构物受力和运动响应提供数值实验平台，方便求解波浪水流与结构物的相互作用问题。

致谢

感谢国家自然科学基金资助项目（51409032）和中央高校基本科研业务费基础培育基金项目（3132015206）

参 考 文 献

1   LU Yong-jin, LIU Hua, WU Wei, ZHANG Jiu-shan. Numerical simulation of two-dimensional overtopping against seawalls armored with artificial units in regular waves[J]. Journal of Hydrodynamics Ser.B, 2007, 19(3):322-329

2   王永学. 无反射造波数值波浪水槽[J]. 水动力学研究与进展：A 辑，1994，9(2)：205-214

3   艾丛芳, 金生. 模拟波浪运动的三维自由表面流动数值模型[J]. 水动力学研究与进展：A辑，2008，23(3)：338-347

4   董志，詹杰民. 基于 vof 方法的数值波浪水槽以及造波、消波方法研究[J]. 水动力学研究与进展：A 辑，2009，24(1)：15-21

5   周勤俊，王本龙，兰雅梅，刘桦. 海堤越浪数值模拟[J]. 力学季刊：2005，26(4)：629-633

6   LIN Peng-zhi, Philip L.-F.LIU. Internal wave-maker for Navier-Stokes equations[J]. Journal of Waterway,

Port, Coastal, and Ocean Engineering, 1999, 125(4): 207-215

7　宁德志，陈丽芬，田宏光. 波流混合作用的完全非线性数值水槽模型[J]. 哈尔滨工程大学学报：2010，31(11)：1450-1455

8　邹志利. 水波理论及其应用[M]. 北京：科学出版社，2005:1-565

9　吴永胜，练继建，王兆印，张庆河. 波浪-水流相互作用模型[J].水利学报：2002，4：13-17

Numerical wave and current tank with constant water depth

FENG Xing, WU Wanqing, ZHANG Bin

(Marine Eng. College, Dalian Maritime University, Dalian, 116026.
Email: 530546168@163.com)

Abstract：Concerning the problem of wave-current interaction in an ocean environment, a numerical wave and current tank of the viscous fluid with constant depth was established on the platform of FLUENT software based on the Navier-Stokes equations for viscous, incompressible fluid and VOF method. And the numerical results of the wave-current interaction were compared with the analytical solution of the elevation based on the perturbation method. The results show that it is reasonable to simulate the wave-current interaction based on the numerical wave and current tank of the viscous fluid, and the analytic relaxation wave absorption approach can eliminate the effects of the wave reflection and make the water depth constant.

Key words：Marine engineering; Wave-current interaction; Momentum source wave-maker; User defined function; VOF method.

[1]A fourth Order Compact Scheme for Helmholtz Equations with a Piecewise Wave Number in the Polar Coordinates

SU Xiao-lu, FENG Xiu-fang

(School of Mathematics and Computer Science, NingXia University,YinChuan, 750021.

Email: nxdxsxldyp@163.com)

Abstract： In this paper, fourth-order compact finite difference schemes are proposed for solving Helmholtz equation with piecewise wave number in Polar coordinate with two dimensions. The idea of the Immersed interface method is applied to deal with the discontinuities in the wave number and certain derivatives.Numerical experiments are included to confirm the accuracy and efficiency of the proposed method..

Key words： Helmholtz equation; compact finite difference schemes; polar coordinates; the immersed interface method; high order method

1 Introduction

Helmholtz equations can be used to model some important physical phenomena, such as acoustic wave scattering, noise reduction in silencers, water wave propagation etc. Many efforts have been made to develop more efficient and accurate numerical methods for the solution of Helmholtz equation, such as the boundary element method[1], finite element methods [2-3] and a few finite difference methods mentioned below.

In Ref.[4], Harari and Turkel developed schemes with fourth order accurate local truncation errors on uniform meshes and third order in the nonuniform case. The methods are based on pade expansions, and was extended by Singer and Turkel [5] to Neumann boundary conditions. Another method of approximating the Helmholtz equation with higher order accuracy were developed in [6-8]. Applications of the Helmholtz equation with discontinuous media can be found, for example, in [9-10]. Those methods mentioned above have been successfully developed in solving the Helmholtz equation when wave number k is constant. When k is a piecewise constant, it becomes more difficult to develop high order methods [11-12]. Their schemes can keep global higher-order

---
[1] Supported by the Graduate student innovation project of Ningxia University, grant number GIP2015033.

accuracy in the presence of discontinuities with piecewise wave number.

In this paper, we consider high order finite difference method for Helmholtz equations with a piecewise wave number in the polar coordinates. The wave number is assumed to be piecewise constant and has a finite jump across interfaces that are few isolated circles. We propose fourth order compact schemes for Helmholtz equation with discontinuous coefficient in polar coordinates by exploiting the idea introduced in [13] and the immersed interface method [14,15]. The rest of paper is organized as follows. We construct the compact scheme for the two dimensions Helmholtz equation in the polar coordinates with discontinuous wave number and show some numerical results to confirm our conclusion in the next section. We present our conclusions and discussions of possible future directions in this subject.

2　Two-dimensional Problem

In this section, we consider the following two-dimensional Helmholtz equation in polar coordinates

$$\frac{1}{r}\frac{\partial}{\partial r}\left(r\frac{\partial u}{\partial r}\right)+\frac{1}{r^2}\frac{\partial^2 u}{\partial \theta^2}+k^2 u = f, \qquad (r,\theta)\in D \tag{1}$$

where wave number k is a piecewise constant, α is an interface, which separates the region into two parts $D = [r_1,\alpha]\cup[0,2\pi]$ and $D^+ = (\alpha,r_2]\cup[0,2\pi]$, The jump conditions are defined as the difference of the limiting values from two different sides of interface

$$[u]|_{r=\alpha} = \lim_{r\to\alpha,r\in D^+} u(r,\theta) - \lim_{r\to\alpha,r\in D^-} u(r,\theta) = u^+(\alpha,\theta)-u^-(\alpha,\theta)$$

The source term $f(r,\theta)$ will be discontinuous across the interface, the solution satisfies the following natural jump conditions across the interface

$$[u]=0, \qquad [u_r]=0, \qquad [u_\theta]=0 \tag{2}$$

2.1　Derivation of the fourth-order compact finite scheme at regular points and irregular points

We consider domain $D = [a,b]\times[c,d]$ .First we generate a mesh:

$$r_i = a+(i-1)h_r, i=1,2,...,M+1, \theta_j = (j-1)h_\theta, j=1,2,...,N+1.$$

where $h_r = (b-a)/M$, $h_\theta = (d-c)/N$ are the mesh-sizes. Based on the scheme showed in Ref[13],the nine-point compact finite difference scheme can be written as following when wave number is constant.

$$a_1 u_{m-1,l+1} + a_2 u_{m-1,l} + a_1 u_{m-1,l-1} + b_1 u_{m,l+1} + b_2 u_{m,l} + b_1 u_{m,l-1}$$
$$c_1 u_{m+1,l+1} + c_2 u_{m+1,l} + c_1 u_{m+1,l-1} = F_m \tag{3}$$

Where

$$a_1 = \frac{1}{12h_\theta^2 r_{m-1}^2} - \frac{1}{24h_\theta^2 r_{m-1}^2 r_m} + \frac{r_{m-\frac{1}{2}}}{12h_r^2}$$

$$a_2 = \frac{5r_{m-\frac{1}{2}}}{6h_r^2} + \frac{k^2}{12} - \frac{1}{6h_\theta^2 r_{m-1}^2} + \left(\frac{h_r}{12h_\theta^2 r_{m-1}^2} - \frac{h_r k^2}{24}\right)\frac{1}{r_m} - \frac{h_r}{12r_m^3}$$

$$b_1 = \frac{5}{6r_m^2 h_\theta^2} + \frac{h_r^2}{12r_m^4 h_\theta^2} - \frac{r_{m+\frac{1}{2}} + r_{m-\frac{1}{2}}}{12h_r^2} + \frac{k^2}{12}$$

$$b_2 = -\frac{5}{3h_\theta^2 r_m^2} - \frac{5\left(r_{m+\frac{1}{2}} + r_{m-\frac{1}{2}}\right)}{6h_r^2} + \frac{2k^2}{3} - \left(\frac{h_r^2}{6h_\theta^2 r_m} - \frac{h_r^2 k^2}{12}\right)\frac{1}{r_m^2}$$

$$c_1 = \frac{1}{12h_\theta^2 r_{m+1}^2} + \frac{h_r}{24h_\theta^2 r_{m+1}^2 r_m} + \frac{r_{m+\frac{1}{2}}}{12h_r^2}$$

$$c_2 = \frac{5r_{m-\frac{1}{2}}}{6h_r^2} + \frac{k^2}{12} - \frac{1}{6h_\theta^2 r_{m-1}^2} + \left(\frac{h_r}{12h_\theta^2 r_{m-1}^2} + \frac{h_r k^2}{24}\right)\frac{1}{r_m} + \frac{h_r}{12r_m^3}$$

$$F_m = f_{m,l} - \frac{h_r^2}{12r_m^2} f_{m,l} + \frac{h_r^2}{12r_m}\frac{\partial f}{\partial r} + \frac{h_r^2}{12}\frac{\partial^2 f}{\partial r^2} + \frac{h_\theta^2}{12}\frac{\partial^2 f}{\partial \theta^2}$$

when wave number is piecewise constant, the scheme (3) has to be modified. Based on the idea of Immersed Interface Method, we can rewrite the scheme (3) when it is applied on irregular points as following by adding some corrections.

$$a_1 u_{m-1,l+1} + a_2 u_{m-1,l} + a_1 u_{m-1,l-1} + b_1 u_{m,l+1} + b_2 u_{m,l} + b_1 u_{m,l-1}$$
$$c_1 u_{m+1,l+1} + c_2 u_{m+1,l} + c_1 u_{m+1,l-1} = F_m \tag{4}$$

Where

$$a_1 = \frac{1}{12h_\theta^2 r_{m-1}^2} - \frac{1}{24h_\theta^2 r_{m-1}^2 r_m} + \frac{r_{m-\frac{1}{2}}}{12h_r^2}$$

$$a_2 = \frac{5r_{m-\frac{1}{2}}}{6h_r^2} + \frac{k^2}{12} - \frac{1}{6h_\theta^2 r_{m-1}^2} + \left(\frac{h_r}{12h_\theta^2 r_{m-1}^2} - \frac{h_r k^2}{24} \right)\frac{1}{r_m} - \frac{h_r}{12r_m^3} + \left[k^2 \right]\left(\frac{h_r^3}{8r_m} - \frac{h_r^2}{4} \right)$$

$$b_1 = \frac{5}{6r_m^2 h_\theta^2} + \frac{h_r^2}{12r_m^4 h_\theta^2} - \frac{r_{m+\frac{1}{2}} + r_{m-\frac{1}{2}}}{12h_r^2} + \frac{k^2}{12} + \left[k^2 \right]\left(\frac{h_r^2}{2} - \frac{h_r^4}{4r_m^2 h_\theta^2} \right)$$

$$b_2 = -\frac{5}{3h_\theta^2 r_m^2} - \frac{5\left(r_{m+\frac{1}{2}} + r_{m-\frac{1}{2}} \right)}{6h_r^2} + \frac{2k^2}{3} - \left(\frac{h_r^2}{6h_\theta^2 r_m^2} - \frac{h_r^2 k^2}{12} \right)\frac{1}{r_m^2}$$

$$+ \left[k^2 \right]\left(\frac{h_r^2}{2} + \frac{h_r^4}{2h_\theta^2 r_m^2} - \frac{h_r^4}{8}\left(k_+^2 + k_-^2 - \frac{3}{r_m^2} \right) + \frac{h_r^3}{2r_m} \right)$$

$$c_1 = \frac{1}{12h_\theta^2 r_{m+1}^2} + \frac{h_r}{24h_\theta^2 r_{m+1}^2 r_m} + \frac{r_{m+\frac{1}{2}}}{12h_r^2}$$

$$c_2 = \frac{5r_{m-\frac{1}{2}}}{6h_r^2} + \frac{k^2}{12} - \frac{1}{6h_\theta^2 r_{m-1}^2} + \left(\frac{h_r}{12h_\theta^2 r_{m-1}^2} + \frac{h_r k^2}{24} \right)\frac{1}{r_m} + \frac{h_r}{12r_m^3} + \left[k^2 \right]\left(\frac{h_r^4}{4} - \frac{h_r^3}{8r_m} \right)$$

$$F_m = f_{m,l} - \frac{h_r^2}{12r_m^2}f_{m,l} + \frac{h_r^2}{12r_m}\frac{\partial f}{\partial r} + \frac{h_r^2}{12}\frac{\partial^2 f}{\partial r^2} + \frac{h_\theta^2}{12}\frac{\partial^2 f}{\partial \theta^2} + \left(\frac{3h_r^2}{2} - \frac{h_r^3}{2r_m} + \frac{h_r^4}{8}\left(\frac{3}{r_m^2} - k_+^2 \right) \right)[f]$$

$$+ \left(\frac{h_r^3}{2} - \frac{h_r^4}{8r_m} \right)[f_r] + \left(\frac{h_r^2 h_\theta^2}{2} - \frac{h_r^4}{8r_m} \right)[f_{\theta\theta}] - \frac{h_r^4\left[k^2 \right]}{8r_m}f^- + \frac{h_r^4}{8}[f_{rr}]$$

The derivation details is given. Let $\left(r_m, \theta_l \right)$ be an irregular point. there have to add some correction terms C_1 and C_2 in order to make the scheme (3) work on it, thus the scheme is changed into the following form:

$$a_1 u_{m-1,l+1} + a_2 u_{m-1,l} + a_1 u_{m-1,l-1}$$
$$+ b_1 u_{m,l+1} + b_2 u_{m,l} + b_1 u_{m,l-1}$$
$$c_1 u_{m+1,l+1} + c_2 u_{m+1,l} + c_1 u_{m+1,l-1}$$
$$= F_m + C_1 \left(u_{m-1,l+1}, \ldots, u_{m+1,l-1} \right) + C_2 \left[[f], \ldots, [f_{\theta\theta}] \right] \tag{5}$$

Meanwhile, there are some jump conditions in addition to those in (2).

$$[u_{\theta\theta}] = 0, \qquad [u_{r\theta}] = 0,$$
$$[u_{r\theta\theta}] = 0, \qquad [u_{\theta\theta\theta}] = 0$$
$$[u_{rr}] = [f] - [k^2] u^-, [u_{rr\theta}] = [f_\theta] - [k^2] u_\theta^- \tag{6}$$
$$[u_{rrr}] = [f_r] - \frac{1}{r}[f] + \frac{[k^2]}{r} u^- - [k^2] u_r^-$$

And

$$[u_{r\theta\theta\theta}] = 0, \qquad [u_{\theta\theta\theta\theta}] = 0,$$
$$[u_{rr\theta\theta}] = [f_{\theta\theta}] - [k^2] u_{\theta\theta}^-,$$
$$[u_{rrr\theta}] = [f_{r\theta}] - \frac{1}{r}[f_\theta] + \frac{[k^2]}{r} u_\theta^- - [k^2] u_{r\theta}^- \tag{7}$$
$$[u_{rrrr}] = [f_{rr}] - \frac{1}{r}[f_r] + \left(\frac{3}{r^2} - k_+^2 \right)[f] - [k^2] f^- - \frac{1}{r^2}[f_{\theta\theta}]$$
$$+ [k^2] \left(k_+^2 + k_-^2 - \frac{3}{r^2} \right) u^- + \frac{2[k^2]}{r} u_r^- + \frac{2[k^2]}{r} u_{\theta\theta}^-$$

Using the Taylor expansion and jump conditions to express the local truncation error in terms of the values of $u(r, \theta)$ of $-$ side. the scheme (3) can be rewrite as

$$a_1 u_{m-1,l+1}^- + a_2 u_{m-1,l}^- + a_1 u_{m-1,l-1}^- + b_1 u_{m,l+1}^- + b_2 u_{m,l}^- + b_1 u_{m,l-1}^-$$
$$c_1 u_{m+1,l+1}^+ + c_2 u_{m+1,l}^+ + c_1 u_{m+1,l-1}^+ = F_m \tag{8}$$

Then

$$u^+\left(r_{m+1},\theta_{l+1}\right)=$$

$$u^+ + h_r u_r^+ + h_\theta u_\theta^+ + \frac{h_r^2}{2}u_{rr}^+ + h_r h_\theta u_{r\theta}^+ + \frac{h_\theta^2}{2}u_{\theta\theta}^+ +$$

$$\frac{h_r^3}{6}u_{rrr}^+ + \frac{h_r^2 h_\theta}{2}u_{rr\theta}^+ + \frac{h_r h_\theta^2}{2}u_{r\theta\theta}^+ + \frac{h_\theta^3}{6}u_{\theta\theta\theta}^+ + \frac{h_r^4}{24}u_{rrrr}^+ +$$

$$\frac{h_r^3 h_\theta}{6}u_{rrr\theta}^+ + \frac{h_r^2 h_\theta^2}{4}u_{rr\theta\theta}^+ + \frac{h_r h_\theta^3}{6}u_{r\theta\theta\theta}^+ + \frac{h_\theta^4}{24}u_{\theta\theta\theta\theta}^+ + O\left(h_r^5 + h_\theta^5\right)$$

$$= u^- + h_r u_r^- + h_\theta u_\theta^- + \frac{h_r^2}{2}\left(u_{rr}^- - \left[k^2\right]u^- + \left[f\right]\right) + h_r h_\theta u_{r\theta}^-$$

$$+ \frac{h_\theta^2}{2}u_{\theta\theta}^- + \frac{h_\theta^3}{6}u_{\theta\theta\theta}^- + \frac{h_r^2 h_\theta}{2}\left(u_{rr\theta}^- + \left[f_\theta\right] - \left[k^2\right]u_\theta^-\right) + \frac{h_r h_\theta^2}{2}u_{r\theta\theta}^-$$

$$+ \frac{h_r^3}{6}\left(u_{rrr}^- + \left[f_r\right] - \frac{1}{r}\left[f\right] + \frac{\left[k^2\right]}{r}u^- - \left[k^2\right]u_r^-\right)$$

$$+ \frac{h_r^4}{24}\left(u_{rrrr}^- + \left[f_{rr}\right] - \frac{1}{r}\left[f_r\right] + \frac{3}{r^2}\left[f\right] - \frac{1}{r^2}\left[f_{\theta\theta}\right] - \left[k^2\right]f^-\right.$$

$$\left. + \left[k^2\right]\left(k_+^2 + k_-^2 - \frac{3}{r^2}\right)u^- + \frac{2\left[k^2\right]}{r}u_r^- + \frac{2\left[k^2\right]}{r}u_{\theta\theta}^-\right)$$

$$+ \frac{h_r h_\theta^3}{6}u_{r\theta\theta\theta}^- + \frac{h_r^3 h_\theta}{6}\left(u_{rrr\theta}^- + \left[f_{r\theta}\right] - \frac{1}{r}\left[f_\theta\right] + \frac{\left[k^2\right]}{r}u_\theta^- - \left[k^2\right]u_{r\theta}^-\right)$$

$$+ \frac{h_r^2 h_\theta^2}{4}\left(u_{rr\theta\theta}^- + \left[f_{\theta\theta}\right] - \left[k^2\right]u_{\theta\theta}^-\right) + \frac{h_\theta^4}{24}u_{\theta\theta\theta\theta}^- + O\left(h_r^5 + h_\theta^5\right)$$

$$(9)$$

The finite difference approximations have to use nine-point stencil to keep the difference compact. the finite difference approximation for u_r^-, u_θ^-, $u_{r\theta}^-$ and $u_{\theta\theta}^-$ are the following:

$$u_r^- \approx \frac{u_{m+1,l}^- - u_{m-1,l}^-}{2h_r}$$

$$u_\theta^- \approx \frac{u_{m,l+1}^- - u_{m,l-1}^-}{2h_\theta}$$

$$u_{r\theta}^- \approx \frac{u_{m,l+1}^- - u_{m,l-1}^- - u_{m+1,l+1}^- - u_{m-1,l-1}^-}{2h_r h_\theta}$$

$$u_{\theta\theta}^- \approx \frac{u_{m,l+1}^- + 2u_{m,l}^- - u_{m,l-1}^-}{h_\theta^2}$$

With the jump conditions from (2), (6) and (7), we replace the values of that have $+$ superscript in terms of those from the $-$ side.

$$u^+\left(r_{m+1}, \theta_{l+1}\right) = u^-\left(r_{m+1}, \theta_{l+1}\right) + \left[k^2\right]\left(\frac{h_r^3}{6r_m} + \frac{h_r^4}{24}\left(k_+^2 + k_-^2 - \frac{3}{r_m^2}\right) - \frac{h_r^4}{6r_m^2 h_\theta^2}\right)u_{m,l}^-$$

$$+ \left[k^2\right]\left(\frac{h_r^2}{12} - \frac{h_r^3}{24r_m}\right)u_{m-1,l}^- + \left[k^2\right]\left(\frac{h_r^3}{24r_m} - \frac{h_r^2}{12}\right)u_{m+1,l}^-$$

$$+ \left[k^2\right]\left(\frac{h_r^4}{12r_m^2 h_\theta^2} - \frac{h_r^3}{12r_m} + \frac{h_r^2}{12}\right)u_{m,l-1}^- + \left[k^2\right]\left(\frac{h_r^4}{12r_m^2 h_\theta^2} + \frac{h_r^3}{12r_m} - \frac{7h_r^2}{12}\right)u_{m,l+1}^-$$

$$+ \frac{h_r^2\left[k^2\right]}{12}\left(u_{m-1,l+1}^- - u_{m-1,l-1}^-\right) + \left(\frac{h_r^2}{2} - \frac{h_r^3}{6r_m} + \frac{h_r^2}{24}\left(\frac{3}{r_m^2} - k_+^2\right)\right)[f]$$

$$+ \left(\frac{h_r^3}{6} - \frac{h_r^4}{24r_m}\right)[f_r] - \frac{h_r^4\left[k^2\right]}{24}f^- + \frac{h_r^4}{24}[f_{rr}] + \left(\frac{h_r^2 h_\theta}{2} - \frac{h_r^3 h_\theta}{6r_m}\right)[f_\theta]$$

$$+ \frac{h_r^3 h_\theta}{6r_m}[f_{r\theta}] + \left(\frac{h_r^2 h_\theta^2}{4} - \frac{h_r^4}{24r_m^2}\right)[f_{\theta\theta}]$$

Then we can determine the correction terms C_1 and C_2 by matching the differential equation up to fourth-order partial derivatives with the finite difference scheme. Thus we get the contribution to part of C_1 and C_2 from $u\left(r_{m+1}, \theta_{l+1}\right)$:

$$C_1 = \left[k^2\right]\left(\frac{h_r^3}{6r_m} + \frac{h_r^4}{24}\left(k_+^2 + k_-^2 - \frac{3}{r_m^2}\right) - \frac{h_r^4}{6r_m^2 h_\theta^2}\right)u_{m,l}^- + \left[k^2\right]\left(\frac{h_r^2}{12} - \frac{h_r^3}{24r_m}\right)u_{m-1,l}^-$$

$$+ \left[k^2\right]\left(\frac{h_r^3}{24r_m} - \frac{h_r^2}{12}\right)u_{m+1,l}^- + \left[k^2\right]\left(\frac{h_r^4}{12r_m^2 h_\theta^2} - \frac{h_r^3}{12r_m} + \frac{h_r^2}{12}\right)u_{m,l-1}^-$$

$$+ \left[k^2\right]\left(\frac{h_r^4}{12r_m^2 h_\theta^2} + \frac{h_r^3}{12r_m} - \frac{7h_r^2}{12}\right)u_{m,l+1}^- + \frac{h_r^2\left[k^2\right]}{12}\left(u_{m-1,l+1}^- - u_{m-1,l-1}^-\right)$$

$$C_2 = \left(\frac{h_r^2}{2} - \frac{h_r^3}{6r_m} + \frac{h_r^2}{24}\left(\frac{3}{r_m^2} - k_+^2\right)\right)[f] + \left(\frac{h_r^3}{6} - \frac{h_r^4}{24r_m}\right)[f_r] - \frac{h_r^4\left[k^2\right]}{24}f^-$$

$$+ \frac{h_r^4}{24}[f_{rr}] + \left(\frac{h_r^2 h_\theta}{2} - \frac{h_r^3 h_\theta}{6r_m}\right)[f_\theta] + \frac{h_r^3 h_\theta}{6r_m}[f_{r\theta}] + \left(\frac{h_r^2 h_\theta^2}{4} - \frac{h_r^4}{24r_m^2}\right)[f_{\theta\theta}]$$

Using almost the same procedure, we can get the contributions to C_1 and C_2 from

$u(r_{m+1}, \theta_l)$ and $u(r_{m+1}, \theta_{l-1})$. Thus by collecting all the corresponding terms, we get C_1 and

C_2 for the fourth-order scheme (5).

3　Two-dimensional Helmholtz equation numerical experiments

In this section, we present numerical examples to show the convergence of introduced fourth-order compact scheme for solving the Helmholtz equation in polar coordinates. The error is measured in the L_∞ norm for all the grid points and the

convergence order is estimated using $orde = \log\left(\frac{error(M_1)}{error(M_2)}\right) / \log\left(\frac{M_2}{M_1}\right)$ as a

common practice in the literature.

Example 1

In this example, the exact solution is $u(r,\theta) = -e^{ikr\cos(\theta)}$, the domain is

$D = [1,2] \times (0, 2\pi)$,the Dirichlet boundary condition is given by the exact solution,

k is constant, the source term is $f(r) = 0$.

Table 1 Fourth-order compact scheme with wave number $k = 8$

node	Real error	order	Imag error	order
64×64	1.9190(-01)		1.9150(-01)	
128×128	8.8000(-03)	4.4467	8.9000(-03)	4.4247
256×256	5.5558(-04)	3.9854	5.4756(-04)	4.0227
512×512	3.4611(-05)	4.0047	3.4323(-05)	3.9958
1024×1024	2.1618(-06)	4.0009	2.1439(-06)	4.0009

Example 2

Te exact solution is $u(r,\theta) = r\cos(\theta)$, the domain is $D = [1,2] \times (0,2\pi)$,the Dirichlet boundary condition is given by the exact solution, k is constant, the source term is $f(r,\theta) = k^2 r\cos(\theta)$.

Table 2 Fourth-order compact scheme with different wave number

node	$k=1$		$k=10$	
	error	order	error	order
8×8	7.0230(-04)		2.2800(-02)	
16×16	4.3025(-05)	4.0288	2,7000(-03)	3.0780
32×32	2.6750(-06)	4.0076	1.5606(-04)	4.1128
64×64	1.6707(-07)	4.0010	1.0245-05)	3.9291
128×128	1.0439(-08)	4.0004	6.4414(-07)	3.9914
256×256	6.5521(-10)	3.9939	4.0292(-08)	3.9988
512×512	5.1106(-11)	3.6804	2.5277(-09)	3.9946

In Table 1 and Table 2 , we show the error when wave number is constant, concluding source term $f(r,\theta)=0$ and $f(r,\theta)\neq 0$, in both case, the fourth-order convergence can be clearly observed.

Example 3

The exact solution is $u(r,\theta)=-e^{ir\cos(\theta)}$,the region D includes two parts. $D^- =\left[1,\frac{3}{2}\right]\times(0,2\pi)$ and $D^+ =\left(\frac{3}{2},2\right]\times(0,2\pi)$. The wave number k has a finite jump across $r=\frac{3}{2}$. The source term is given by

$$f(r,\theta)=\begin{cases}\left(1-k_-^2\right)e^{ir\cos\theta} & (r,\theta)\in D^- \\ \left(1-k_+^2\right)e^{ir\cos\theta} & (r,\theta)\in D^+\end{cases}$$

Table 3 Fourth-order compact scheme with different wave number $k_- =1, k_+ =2$

node	Real error	order	Imag error	order
8×8	9.2000(-03)		4.5000(-03)	
16×16	6.1406(-04)	3.9052	5.9937(-04)	2.9084
32×32	8.8000(-05)	4.0101	3.6451(-05)	4.0394
64×64	2.4058(-06)	3.9857	2.2751(-06)	4.0020
128×128	1.5182(-07)	3.9861	1.4261(-07)	3.9958
256×256	9.5471(-09)	3.9912	8.9369(-09)	3.9962
512×512	6.0652(-10)	3.9764	5.6356(-10)	3.9871

Table 4   Fourth-order compact scheme with different wave number $k_- = 1, k_+ = 5$

node	Real error	order	Imag error	order
16×16	1.1300(-02)		1.0100(-02)	
32×32	4.0991(-04)	4.7849	3.6151(-04)	4.0842
64×64	2.3495(-05)	4.1249	2.0712(-05)	4.1255
128×128	1.4532(-06)	4.0150	1.2817(-06)	4.0143
256×256	9.1063(-08)	3.9962	8.0283(-08)	3.9968
512×512	5.7167(-09)	3.9936	5.0352(-09)	3.9950

In Table 3 and Table 4, we present the results obtains from the fourth-order compact scheme with different discontinuous wave number, fourth-order convergence is clearly confirmed.

4   Conclusions

In this paper, we have developed the fourth-order compact finite difference scheme for the Helmholtz equation in polar coordinates, when wave number is piecewise constant. Numerical experiments are carried out to confirm the theoretical predictions.

5   Acknowledgements

This work was partially supported by the National Natural Science Foundation of China, grant number 11161036. It was also supported in part by the Natural Science Foundation of Ningxia, grant number 214233.

References

[1] Ciskowski R D, Brebbia C A, Boundary Element Methods in Acoustics, Elsevier, London,1991.

[2] Ihlenburg F, Finite element analysis of acoustic scattering, Vol. 132 of Applied Mathematical Sciences, Springer-Verlag, New York, 1998.

[3] Ito K, Qiao Z and Toivanen J, A domain decomposition solver for acoustic scattering by elastic objects in layered media[J]. J. Comput. Phys., 2008,227:8685-8698.

[4]Harari I, Turkel E, Accurate finite difference methods for time-harmonic wave propagation[J]. J.Comput. Phy., 1995,119: 252-270.

[5] Singer I, Turkel E, High-order finite difference methods for the Helmholtz equation[J]. Comput. Methods Appl.Mech. Engrg., 1998, 163:343-358.

[6] Majid Nabavi,M.H.Kamran Siddiqui,Javad Dargahi. A new point sixth-order accuratecompact finite difference method for the Helmholtz equation[J], JSV. 2007,307:972-982.

[7] Singer I,Turkel E,Sixth-order accurate finite difference schemes for the Helmholtz equation[J]. J.Comput.Acoust. 2006,14:339-351.

[8] Godehard Sutmann, Compact finite difference schemes of sixth order for the Helmholtz equation[J]. J. Comput. and App. Math. 2007,203:15-31.

[9] Baruch G, Fibich G, Tsynkov S and Turkel E, Fourth-order schemes for time-harmonic wave equations with discontinuous coefficients[J], Commun. Comput. Phys., 2009,5:442-455.

[10] Baruch G, G. Fibich and S. Tsynkov, High-order numerical method for the nonlinear Helmholtz equation with material discontinuities[J]. J. Comput. Phys., 227 (2007), 820-850.

[11] Xiufang Feng, High order compact finite difference schemes for the Helmholtz equation with discontinuous coefficients[J]. J. Comput. Math. 2011, 29 :324-340.

[12] Xiufang Feng, A high-order compact scheme for the one-dimensional Helmholtz equation with a discontinuous coefficient[J]. J. Comput. Math. 2012, 89 :618-624.

[13] Britt S, Tsynkov S and Turkel E, A Compact Fourth Order Scheme for the Helmholtz Equation in Polar Coordinates[J]. J. Sci. Comput., 2010,45:26-47.

[14] LeVequeand RJ ,vLi Z, The immersed interface method for elliptic equations with discontinuous coefficients and singular sources[J]. SIAM J. Numer. Anal., 1994,31:1019-1044.

[15] Li Z and Ito K, The Immersed Interface Method – Numerical Solutions of PDEs Involving Interfaces and Irregular Domains, SIAM Frontier Series in Applied mathematics, FR33, 2006.

平面二维水动力及污染物输运的数值模拟

许媛媛[1]，张明亮[1*]，乔洋[1]，张志峰[2]，于丽敏[2]

（1.大连海洋大学，海洋科技与环境学院，辽宁大连，116023；Email: zhmliang_mail@126.com
2.国家海洋环境监测中心，辽宁大连，116023）

摘要： 基于二维浅水方程和水质方程，采用非结构三角形网格，用有限体积法对方程进行离散，建立平面二维水动力、水质显格式数学模型。模型应用二阶精度的 Roe 格式近似 Riemann 解计算网格界面的水动量通量，能够精确捕捉干湿界面的动边界问题，并运用高阶精度的迎风重构插值技术处理网格界面的污染物输运通量。首先模拟理想条件下旋转流场中纯对流问题以及纯扩散问题，以验证本模型水质模块的计算精度。然后应用本模型计算分析庄河海域的潮位、流速、流向，通过对比发现模拟值和实测值符合良好，并对庄河海域附近排放的 COD 输运过程进行计算和预测。

关键词： 有限体积法；高精度格式；Roe 格式；污染物输移

1 引言

工农业废水及城市生活污水经部分处理后最终排入附近水体会导致该水体污染加重，为治理和保护水生态环境，掌握污染物质在水体中的输运和分布规律是十分必要的。而用数值模拟的方法计算分析在水动力因素作用下污染物的运动规律，具有经济、灵活、高效的优点。因此，越来越多的国内外学者致力于研究污染物扩散输移数学模型。王同科等[1]将特征线法与有限差分法相结合，运用双线性插值，建立了一种新的特征差分格式用于求解对流方程数值解。耿艳芬等[2]基于无结构网格有限体积法的二维水流模型，运用无插值通量重构法和 SOM 法（Support Operators Method）对物质输运方程的对流项和扩散项进行离散，建立污染物质输运模型。Benkhaldoun 等[3]基于非结构网格的有限体积法模拟了复杂地形条件下的污染物迁移扩散。Liang 等[4]运用交替算子分裂技术离散输运方程的对流项和扩散项，采用二阶精度的 TVD-MacCormack 格式处理水动力和污染物输运耦合方程，模拟深度平均污染物输移运动。

基于非结构三角形网格、运用有限体积法离散耦合的平面二维浅水方程和水质方程，通过高精度的Roe格式和迎风重构插值技术分别对水动力和水质方程的对流项进行求解，并运用Green–Gauss菱形重构法[3]处理水动力和水质方程的扩散项，建立水动力和污染物物质

基金项目：大连市科学技术基金项目（2013J21DW009）；辽宁省自然科学基金优秀人才培育项目（2014020148）；辽宁省高等学校优秀人才成长计划项目（LJQ2013077）。
作者简介：许媛媛(1989-)，女，四川南充人，硕士研究生，主要从事环境水动力学方面的研究。通讯作者 E-mail: zhmliang_mail@126.com

输运的高精度耦合模型。

2 控制方程

平面二维浅水控制方程的向量形式:

$$\frac{\partial \mathbf{U}}{\partial t} + \frac{\partial \mathbf{F}}{\partial x} + \frac{\partial \mathbf{G}}{\partial y} = \frac{\partial \mathbf{F}_d}{\partial x} + \frac{\partial \mathbf{G}_d}{\partial y} + \mathbf{S} \tag{1}$$

$$\mathbf{U} = \begin{bmatrix} h \\ uh \\ vh \end{bmatrix}, \quad \mathbf{F} = \begin{bmatrix} hu \\ hu^2 \\ huv \end{bmatrix}, \quad \mathbf{G} = \begin{bmatrix} hv \\ hvu \\ hv^2 \end{bmatrix},$$

$$\mathbf{F}_d = \begin{bmatrix} 0 \\ v_t \dfrac{\partial uh}{\partial x} \\ v_t \dfrac{\partial vh}{\partial x} \end{bmatrix}, \quad \mathbf{G}_d = \begin{bmatrix} 0 \\ v_t \dfrac{\partial uh}{\partial y} \\ v_t \dfrac{\partial uh}{\partial y} \end{bmatrix}, \quad \mathbf{S} = \begin{bmatrix} 0 \\ -gh\dfrac{\partial \eta}{\partial x} - \tau_{bx} \\ -gh\dfrac{\partial \eta}{\partial y} - \tau_{by} \end{bmatrix} \tag{2}$$

式中, t 代表时间；x、y 代表水平坐标；U 为守恒变量的向量；F 和 G 为通量变量的向量；$\mathbf{F}_d$ 和 $\mathbf{G}_d$ 为扩散通量向量；S 为源项的向量。h 为水深，u、v 分别为 x,和 y 方向的流速，η 为水位，τ_{bx} 和 τ_{by} 分别为 x 和 y 方向的底摩擦项。

物质输运方程[2]:

$$\frac{\partial (hC)}{\partial t} + \frac{\partial (uhC)}{\partial x} + \frac{\partial (vhC)}{\partial y} = \frac{\partial}{\partial x}(v_t h \frac{\partial C}{\partial x}) + \frac{\partial}{\partial y}(v_t h \frac{\partial C}{\partial y}) + \mathbf{S}_C \tag{3}$$

C 代表物质输运变量；v_t 为输运物质的扩散系数，$v_t = \alpha u_* h$，α 在 0.3～1.0 取值，$u_* = \sqrt{u^2 + v^2}$；$\mathbf{S}_C$ 为输运变量的源项。

3 水流控制方程的离散

基于非结构网格采用有限体积法求解水流数学模型,将方程(1)在任意一个三角形控制体上进行积分得:

$$\int_{V_i} \frac{\partial \mathbf{U}}{\partial t} d_V + \int_{V_i} \nabla \cdot \mathbf{E} d_V = \int_{V_i} \frac{\partial \mathbf{F}_d}{\partial x} d_V + \int_{V_i} \frac{\partial \mathbf{G}_d}{\partial y} d_V + \int_{V_i} \mathbf{S} d_V \tag{4}$$

设 $\mathbf{U}_i$ 为单元的平均值，存储在单元的中心，$\mathbf{U}_i = \dfrac{1}{A_i} \displaystyle\int_{V_i} \mathbf{U} d_V$

对式(4)运用 Green 公式将面积分化为沿其周界的线积分得：

$$\frac{\Delta \mathbf{U}_i}{\Delta t} A_i = -\oint_{L_i} \mathbf{E}^* \cdot \mathbf{n} \mathrm{d}l + \oint_{L_i} (\mathbf{F}_d \cdot n_x + \mathbf{G}_d \cdot n_y) \mathrm{d}l + \int_{V_i} \mathbf{S} d_V \tag{5}$$

式中 L_i 为第 i 个控制单元 V 的周界，$\mathbf{n} = (n_x, n_y) = (\cos\phi, \sin\phi)$ 为周界上的外法向单位向

量，ϕ 为外法线向量与 x 轴正方向的夹角，A_i 为计算单元 i 的面积。

将方程(5)中的线积分离散并进行整理得：

$$\Delta \mathbf{U}_i = -\frac{\Delta t}{A_i} \sum_{j=1}^{m} (\mathbf{E}_{ij}^* \cdot \mathbf{n}_{ij}) l_{ij} + \frac{\Delta t}{A_i} \sum_{j=1}^{m} (\mathbf{F}_d \cdot n_x + \mathbf{G}_d \cdot n_y) l_{ij} + \Delta t \cdot \mathbf{S} \tag{6}$$

式中：m 为控制体边的个数，由于本文采用三角形控制体，故 $m=3$；l_{ij} 为单元各边长度；

$\mathbf{E}_{ij}^* \cdot \mathbf{n}_{ij}$ 表示通过第 i 号单元第 j 条边的法向数值通量。

4 输运方程的离散

物质输运方程同样在三角形控制体中进行有限体积离散，在单元 i 上对方程(3)积分有：

$$\int_{V_i} \left[\frac{\partial(hC)}{\partial t} + \frac{\partial(uhC)}{\partial x} + \frac{\partial(vhC)}{\partial y} \right] d_V = \int_{V_i} \left[\frac{\partial}{\partial x} \left(v_t h \frac{\partial C}{\partial x} \right) + \frac{\partial}{\partial y} \left(v_t h \frac{\partial C}{\partial y} \right) + \mathbf{S}_c \right] d_V \tag{7}$$

运用 Green 公式将面积分化为沿其周界的线积分，并将线积分部分离散化并进行整理得：

$$\Delta C_i = -\frac{\Delta t}{A_i} \sum_{j=1}^{m} (\mathbf{Q}_{ij} \cdot C_{ij} \cdot \mathbf{n}_{ij}) + \frac{\Delta t}{A_i} \sum_{j=1}^{m} \left(\left(v_t h \frac{\partial C}{\partial \mathbf{n}} \right)_{ij} \cdot l_{ij} \right) + \Delta t \cdot \mathbf{S}_c \tag{8}$$

$\mathbf{Q}_{ij}$ 为通过单元 i 第 j 条边的流量；$\left(\dfrac{\partial C}{\partial \mathbf{n}} \right)_{ij}$ 为单元 i 第 j 条边外法线方向的输运变量梯度，

其中 $\left(\dfrac{\partial C}{\partial x}\right)_{ij} = \dfrac{1}{A_{ij}}\displaystyle\sum_{j=1}^{m}\dfrac{C_{N1}+C_{N2}}{2}\cdot n_x \cdot l_{ij}$，$\left(\dfrac{\partial C}{\partial y}\right)_{ij} = \dfrac{1}{A_{ij}}\displaystyle\sum_{j=1}^{m}\dfrac{C_{N1}+C_{N2}}{2}\cdot n_y \cdot l_{ij}$ [3]；N1 和 N2 为

单元 i 第 j 条边的两个顶点。C_{ij} 为单元 i 第 j 条边的输运变量值，通过迎风重构插值计算：

假设单元 i 边 j 的相邻单元为 m_{ij}，且水流由单元 i 流向单元 m_{ij}，则边 j 处输运变量 C_{ij} 由两相邻单元中心的输运变量插值得[2,5]：

$$C_{ij} = C_i + \frac{1}{2}\Phi_{(r)}(C_{m_{ij}} - C_i) \tag{9}$$

$\Phi_{(r)}$ 为输运变量的变化梯度 r 的函数，为了减小数值耗散、提高计算精度，本文采用 van Leer 函数对变化梯度函数进行限制有[5]：

$$\Phi_{(r)} = \max\left[0,(r+|r|)/(1+r)\right] \tag{10}$$

$$r_j = \frac{1}{C_{m_{ij}} - C_i}\cdot\frac{\displaystyle\sum_{k\in s_i^-}|Q_{ik}|\left[C_i - C_{m_{ik}}\right]}{\displaystyle\sum_{k\in s_i^-}|Q_{ik}|} \tag{11}$$

s_i^- 为单元 i 中流量流出该单元的边；$C_{m_{ik}}$ 为与边 k 相邻单元网格中心的输运变量值。

5 数值模拟

5.1 污染物纯对流模拟

该算例用来验证本模型物质输运方程中对流项的计算精度。在长宽均为 80m 的矩形区域，有一污染物浓度 C 为 1 的圆形区域，其圆心为 $(x_0, y_0)=(20m,40m)$、半径为 7m，其余区域污染物浓度均为 0。矩形区域内水深恒为 1.0，对其施加一稳定的周期为 360s 的旋转流，速度公式如下[4-5]：$U = -(y-40)\times\dfrac{2\pi}{360}$，$V = (x-40)\times\dfrac{2\pi}{360}$。本次模拟将计算域划分为 17200 个三角形网格，时间步长取 0.01s，总计算时长为 360s，模拟时忽略物质输运方程的扩散项。模拟分别采用一阶迎风格式和迎风重构插值技术处理对流项，图 1 展示了一个周期后断面 x=20m 和 y=40m 处污染物浓度的模拟值与理论解的对比。理论上，由于忽略扩散项该圆形污染物区域经过一周期后应该回到初始位置并保持其形状不变。然而，数值耗散是不可避免地，本次模拟中采用一阶迎风格式处理的结果其数值耗散特别显著，浓度场变形非常严重，而采用迎风重构插值技术处理后的污染物浓度，虽然数值耗散仍然存在，但是与迎风格式相比耗散明显减少，浓度场变形也相对较小。因此，本模型所采用的对流项

处理方式具有较高的精度，在实际应用中能达到较高的精确度。

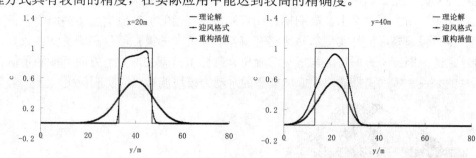

图1 断面浓度对比(t=360s)

5.2 污染物纯扩散模拟

在一个水深为1.0m、半径为50m的圆形水槽中，设水流流速为0.0m/s，此时污染物质只发生分子扩散，该瞬时点源的二维扩散问题的精确解可见文献[2]。本次模拟将计算域划分为82716个三角形网格，污染物初始值为C^0=1000，投放点坐标为（50m，50m），v_t取值为1.0m²/s，时间步长取0.01s，模拟总时长为40s。图2分别为t=20s和t=40s时污染物在断面y=50m处模拟值和计算值的对比，由图2可知，模拟值与计算值吻合良好，说明本模型所采用的扩散项处理方式具有较高的精确度。

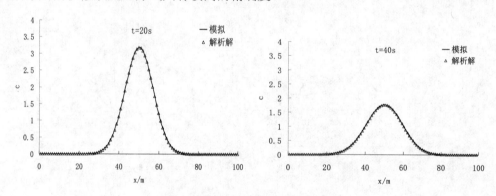

图2 不同时刻断面污染物浓度分布

5.3 北黄海庄河养殖海域水动力及污染物迁移扩散模拟

本次模拟计算了2011年8月20—31日北黄海庄河海域潮流情况，计算范围为122.06°—123.88°E和38.59°—39.69°N，包括里长山海峡、长山群岛和石城列岛所在的庄河部分海域（图3）。该海域有大量的养殖区域，为黄海北部的重要渔业基地，因此掌握该海域潮流信息和污染物迁移扩散规律对渔业养殖有重大的现实意义。本次模拟将计算区域划分为15746个三角形网格，对近岸和岛屿附近进行网格加密，外海处采用粗网格，开边界处给定由TMD提取的潮位过程线（M2、S2、K1和O1）。海床糙率取0.02，采用显格式时间步长为0.5s。图4为小长山潮位站处潮位计算值和实测值的对比图，从图4中可以看出，本次模拟中尽管小潮期低潮位的模拟值与实测值有一定偏差，可能与开边界处从TMD中提取的潮位过程线不够准确有关，然而所得潮位值与实测值总体趋势吻合较好，中高潮期潮位均符合良好。图 5 和图 6 分别为测点 1 和测点 3 小潮期和大潮期计算流速和流向与实测值的对比图，由图可以看出，高潮期各测点流速和流向的模拟值均与实测值吻合良好；低潮期各测点流速模拟值与实测值对比略有偏差，而流向的模拟值与实测值吻合较好，产生这种结果的原因：一方面可能与低潮时潮位有部分偏差有关，另一方面可能测量值存在误差。总的来说，本次模拟能够说明本模型的水动力模块能够适应实际应用。

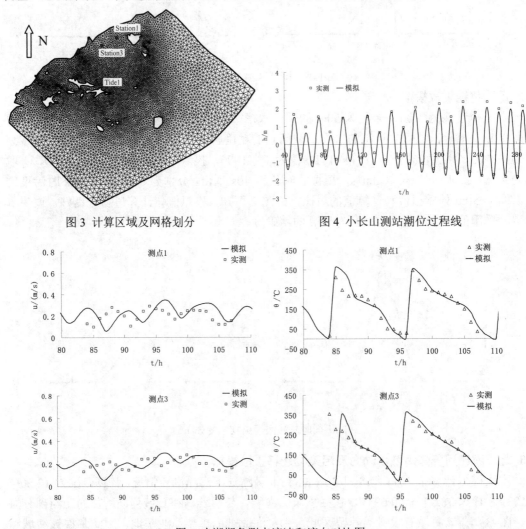

图 3　计算区域及网格划分　　　　　　图 4　小长山测站潮位过程线

图 5　小潮期各测点流速和流向对比图

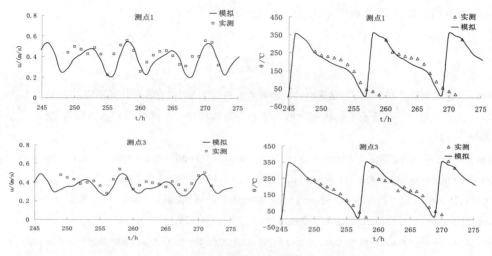

图 6 大潮期各测点流速和流向对比图

在模拟水动力的基础上，本算例对该海域的污染物迁移扩散进行模拟。本次模拟所采用的网格、开边界以及时间步长等各项参数均与模拟水动力时相同。本次模拟的污染物（COD）为连续点源排放，排放点分别为庄河1号排污口、跑马河入海口、庄河入海口以及小寺河入海口，如图7中P1-P4所示，COD的投放强度分别为$9.6×10^5$g/d、$3.76×10^6$g/d、$4.65×10^6$g/d 和 $2.17×10^7$g/d。本次分别模拟了小潮期和大潮期 COD 的扩散输运，总模拟时长各为5天。图7为5d 后小潮期(a)和大潮期(b)污染物浓度和范围分布图，比较图7中(a)、(b)可见，大小潮期间 COD 的输移扩散趋势均为西南方向，大潮期污染物扩散范围更大，且排污口及入海口附近 COD 浓度明显比小潮期更低。

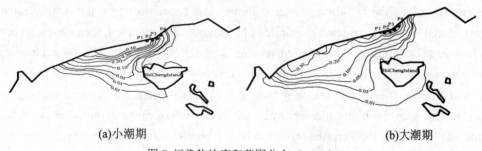

(a)小潮期   (b)大潮期

图 7 污染物浓度和范围分布（mg/L）

6 结论

基于无结构三角形网格单元中心有限体积法对水流-水质耦合控制方程进行离散，运用高精度的 Roe 格式计算水动力的动量通量，并且运用迎风重构插值技术处理水质方程的对流项，建立了平面二维水流—水质耦合模型。通过纯对流和纯扩散算例，验证了该模型模拟物质输运对流扩散问题的能力；通过北黄海庄河养殖区域水动力及污染物迁移扩散算例，通过与实测值的对比验证了本模型在实际应用中的计算能力和精度，说明本模型具有一定的工程应用价值，能为该海域的水污染防治工作提供重要的科学依据。

参考文献

[1]王同科. 二维对流扩散方程基于三角形网格的特征差分格式[J]. 数值计算与计算机应用,2003:177-188.

[2]耿艳芬,王志力,陆永军. 基于无结构网格单元中心有限体积法的二维对流扩散方程离散[J]. 计算物理,2009,26:17-26.

[3]Benkhaldoun F, Elmahi I. Well-balanced finite volume schemes for pollutant transport by shallow water equations on unstructured meshes [J]. Journal of Computational Physics, 2007, 226:180-203.

[4]Liang D F, Wang X L. Solving the depth-integrated solute transport equation with a TVD-MacCormack scheme [J]. Environmental Modelling & Software, 2010, 25:1619-1629.

[5]Kong J, Xin P. A high-resolution method for the depth-integrated solute transport equation based on an unstructured mesh [J]. Environmental Modelling & Software, 2013, 40:109-127.

Numerical simulation on hydrodynamic and pollutant transport

using a depth-averaged two-dimensional model

XU Yuan-yuan[1], ZHANG Ming-liang[1]*, QIAO Yang[1], ZHANG Zhi-feng[2], YU Li-min[2]

1. School of Ocean Science and Environment, Dalian Ocean University, Dalian, 116023; 2. National Marine Environment Monitoring Center, Dalian, 116023

Abstract：Basing on the two-dimensional shallow water equations and water quality equation, the unstructured triangular grid and the finite volume method are adopted, the coupling model of water flow and water quality with explicit scheme is set up in this study. This model applies the Roe solver approximate Riemann solution with second-order accuracy to compute the water momentum flux on the grid interface, which is able to calculate the dry-wet moving fronts accurately. And then the high-order accuracy windward refactoring interpolation is applied to compute the pollutant flux on the grid interface. Firstly, the pure convection question is calculated in a rotating flow field and the pure diffusion test under ideal condition is analyzed to verify the accuracy of the water quality module, the results show that the water quality module has high simulation precision. This coupling model is applied to calculate the tide level, flow current, flow direction and pollutant transport in Zhuanghe coastal water. By comparing the simulated and measured values, they are fit well each other. After that the coupling model has been used to calculate and forecast the COD transport in the coastal water.

Key words：Finite Volume Method; high-order accurate scheme; Roe solver; Pollutant transport

Numerical simulation of droplet impact on a thin liquid layer based on density-scaled balanced CSF model

YE Zhou-teng [1], YU Ching- hao [1], ZHAO Xi-zeng [1, 2*]

(1, Ocean College, Zhejiang University, Hangzhou 310058, China; 2, State Key Laboratory of Hydrology-Water Resources and Hydraulic Engineering, *Email: xizengzhao@zju.edu.cn)

Abstract: A practical numerical framework for free surface flow with the effect of tension force is proposed in this paper. The numerical framework consists of a CIP-based flow solver, the density-scaled balanced CSF (continuum surface force) method and a level set method solved by 5-order WENO (weighted essential non-oscillation) scheme. The density-scaled balanced CSF model is implemented under a level set based algorithm. Validation of the CSF model is done within a benchmark test of an equilibrium drop with exact curvature. The density-scaled balanced CSF model can reduce spurious currents existing in the previous CSF models. A numerical simulation of droplet impact is carried out afterwards. The results show that the numerical framework can well capture the physics of droplet splashing during the drop impact on a thin layer process.

Kew words: level set; density-scaled balanced; surface tension force; drop impact

1 Introduction

The phenomenon of drop impact onto liquid is widely observed in daily life, the research in this phenomenon has great significance in both scientific research and engineering application[1]. Surface tension force plays an important role in drop impact process, but the complex topology change during this process makes it hard to study the interaction between surface tension force and fluid motion.

In this paper, the density-scaled balanced CSF[2] (continuum surface force) model is introduced for modeling the surface tension force on the free surface. With the scaling of density and a balanced force formulation adopted, the spurious current problem in traditional CSF model is well improved in this model. The density-scaled balanced CSF model is combined with a numerical framework which consists of CIP-based flow solver[3], and level set function solved by

---

[1] 国家自然科学基金资助(51209184, 51479175)、水文水资源与水利工程科学国家重点实验室开放基金资助(2013490211）

5-order WENO scheme[4]. Computations of equilibrium and drop impact on a thin layer are carried out under this framework.

2 Numerical method

2.1 Numerical framework for free surface flow

A staggered uniform Cartesian grid is adopted. All velocity components are defined at the cell surfaces ($\vec{u}_{i-1/2,j}$, $\vec{u}_{i+1/2,j}$, $\vec{v}_{i-1/2,j}$, $\vec{v}_{i-1/2,j}$), other quantities such as pressure ($p_{i,j}$), density ($\rho_{i,j}$), and level set function ($\psi_{i,j}$) are defined at the center. The governing equations expressed as

$$\nabla \cdot \vec{u} = 0, \tag{1}$$

$$\frac{\partial \vec{u}}{\partial t} + (\vec{u} \cdot \nabla)\vec{u} = -\frac{1}{\rho}\nabla p + \frac{\mu}{\rho}\nabla^2 \vec{u} + \frac{\vec{F}_{sf}}{\rho} + \vec{g}, \tag{2}$$

$$\frac{\partial \psi}{\partial t} + \vec{u} \cdot \nabla \psi = 0, \tag{3}$$

where $\vec{u}$ and t are the velocity vector and time, respectively; $\vec{F}_{sf}$ is the surface tension force, $\vec{g}$ is gravitational force, ρ, μ are density and viscosity and ψ is level set function.

For the fluid flow solver, a fractional step procedure is used to solve the governing equations. First, the advection term is calculated by a high-order finite difference scheme, the CIP Scheme, then first part of the nonadvection term is calculated by central difference method, after that, surface tension is solved by density-scaled balanced CSF model, and the velocity is finally updated by the pressure calculated from the Poisson equation. After solving the flow field, the pure advection and redistance of level set function are solved by WENO scheme, and volume fraction function is then apdated by a smoothed Heviside function.

2.2 CSF model with level set formulation

The CSF model was first proposed by Brackbill[5]. The basic concept of CSF model is to interpreted surface tension as a continuous, three-dimensional effect across an interface, which provides an efficient method for the modeling of surface tension with complex topology evolution.

The surface force per unit interfacial can be written as

$$\vec{F}_{sf} = \sigma \kappa \delta_\alpha \vec{n}_s, \tag{4}$$

where σ is the fluid surface tension coefficient, κ is the local mean curvature, $\vec{n}_s$ is the unit vector normal to the liquid interface and δ_α is smoothed delta function. α in δ_α defines the region of the transient area between two fluids.

In the original CSF model, local normal direction and curvature are computed by density, and the delta function is automatically applied within the distribution of normal direction and curvature. Compared with the original model, level set method provides a better representation of local curvature and normal direction, and various choice of delta function[4]. In level set formulation, local normal direction, curvature and delta functions are all computed by level set function ψ.

2.3 Density-scaled CSF model with balanced force formulation

In standard CSF model based on level set formulation, delta function δ_α is expressed as

$$\delta_\alpha(\psi) = \begin{cases} \dfrac{1}{2\alpha}[1+\cos(\dfrac{\pi\psi}{\alpha})] & \text{if } |\psi| < \alpha \\ 0 & else \end{cases}, \tag{5}$$

where α the radius of smoothed the transition region of two fluids. The distribution of $\delta_\alpha(\psi)$ is symmetric as shown in Fig. 1, but from Fig. 2, it is observed that a huge acceleration caused by surface tension force occurred near ψ=0.5. This may lead to a spurious current on the interface.

The density-scaling is proved to reduce the spurious current and improve the stability of the CSF model. The distribution of delta function is shifted to the towards the higher density side in transition region of two fluids. In our numerical model, the density-scaled delta function is

$$\delta_\alpha^{scaling}(\psi) = 2H_\alpha(\psi)\delta_\alpha(\psi), \tag{6}$$

with smoothed Heaviside function

$$H_\alpha(\psi) = \begin{cases} 0 & \text{if } \psi < -\alpha \\ \dfrac{1}{2}[1+\dfrac{\psi}{\alpha}+\dfrac{1}{\pi}\sin(\dfrac{\pi\psi}{\alpha})] & \text{if } |\psi| \le \alpha \\ 1 & \text{if } \psi > \alpha \end{cases}. \tag{7}$$

Eq. (7) is the integration form of Eq. (5). The distributions of delta function and Heaviside function are shown in Fig. 1. Although the delta function is not symmetric, the acceleration in transient area in Fig. 2 is much smoother than standard CSF, which reduces the spurious current in surface force formulation.

The balanced CSF formation can also reduce spurious current[6]. To combine the advantages of both density scaling and balanced force formulation, the density-scaled balanced CSF model is obtained. The following formulation

$$\vec{F}_{sf} = \sigma\kappa\nabla\phi \tag{8}$$

is used in balanced force formation. In density-scaled CSF model, scaled $\phi^{scaling}$ equals to a scaled Heaviside function $H_\alpha^{scaling}(\psi)$ that is obtained an integration form of $\delta_\alpha^{scaling}(\psi)$

$$H_\alpha^{scaling}(\psi) = \begin{cases} 0 & \text{if } \psi < -\alpha \\ \frac{1}{2}[\frac{1}{2} + \frac{\psi}{\alpha} + \frac{\psi^2}{2\alpha^2} - \frac{1}{4\pi^2}(\cos(\frac{2\pi\psi}{\alpha})-1) \\ \quad + \frac{\alpha+\psi}{\alpha\pi}\sin(\frac{\pi\psi}{\alpha})] & \text{if } |\psi| \le \alpha \\ 1 & \text{if } \psi > \alpha \end{cases}$$ (9)

X-component of Eq. (9) is discretized as an acceleration form

$$\left(\frac{F_{sf}}{\rho}\right)_{i-1/2,j} = \frac{\sigma\kappa_{i-1/2,j}}{\rho_{i-1/2,j}}\frac{\phi_{i,j}^{scaling} - \phi_{i-1,j}^{scaling}}{\Delta x},$$ (10)

which is automatically identical to the density-scaled CSF model. In Eq. (10), acceleration and $\kappa^{scaling}$ is located at the cell center, κ and ρ are located at the cell face. It should be noticed that the discretization strategy of pressure p should be the same as the it is used in $\nabla\phi$.

3 Numerical results

3.1 Equilibrium drop test

The equilibrium drop problem is adopted to validate the framework. The size of the domain 2×2 and the radius of the drop R is 1. 40×40 uniform Cartesian grid is adopted with the liquid density 1, the air density 0.001, the surface tension coefficient σ=1. Level set function and given by the exact solution. Fig. 3 shows the velocity field after the coupling between pressure and velocity. Huge spurious current is observed in Fig. 3a, while in Fig. 3b, the spurious flow is well reduced with density-scaled balanced CSF model.

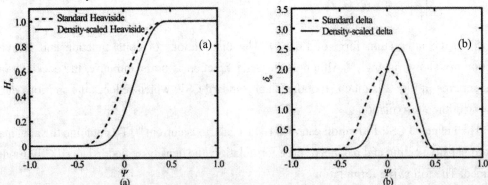

Figure 1 Distribution of smoothed Heaviside function (a) and smoothed delta function (b) for standard and density scaled formulation, where $\alpha = 0.5$ is used

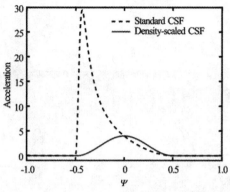

Figure 2 Magnitudes of acceleration due to standard CSF model and density-scaled CSF model, in which $r = 0.5, \kappa = 1, \alpha = 0.5$ and density ratio is 1:1000

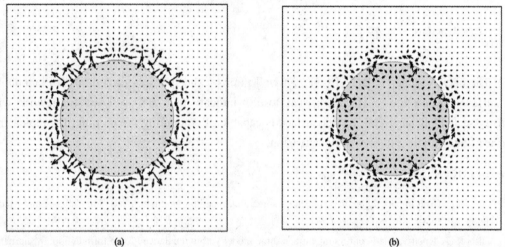

Figure 3 Velocity fields after 1 time step for inviscid equilibrium drop with (a) standard CSF model and (b) density-scaled balanced model. The velocity scale in (b) has been magnified 100 times

3.2 Drop impact onto a thin layer

Drop impact on a thin layer (milk crown) is simulated by the proposed framework. A set of parameters are adopted: the densities ρ_{liquid}=1000 kg/m^3, ρ_{air}=1.25 kg/m^3, the viscosity coefficients μ_{liquid}=1.7×10−3 Pa·s (milk), μ_{air}=1.0×10−6 Pa·s, the surface tension coefficient σ=5×10^{-2} N/m, the initial droplet diameter D=4mm, the thickness of the thin layer is 1mm and the initial velocity of the drop is 1.8 m/s. Weber number is We=260 in this work.

The numerical results are shown in Fig. 4. With the effect of surface tension force, water first accumulates at the head of the jet flow (Fig. 4a), then separate from the head and start forming the crown-like shape (Fig. 4b). After the separation of first droplet, the water in the jet flow keeps on accumulating to the head (Fig. 4c), forming the second droplet (Fig. 4d). In Fig. 4, it is also observed that the shape of the first droplet becomes smoother and smoother as time passes by.

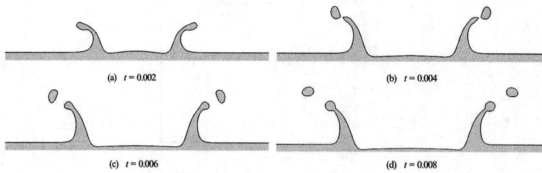

Figure 4 Numerical results of drop impact onto a thin layer

4 Conclusion

The density-scaled balanced CSF can well improve the spurious flow during the modeling of surface tension force. The numerical results indicate that the proposed framework with density-scaled balanced CSF model surface is capable of computing the motion of complex free surface flow with the effect of surface tension.

References

1   Yarin A L. Drop impact dynamics: splashing, spreading, receding, bouncing…[J]. Annu. Rev. Fluid Mech., 2006, 38: 159-192.

2   Yokoi K. A density-scaled continuum surface force model within a balanced force formulation[J]. Journal of Computational Physics, 2014, 278: 221-228.

3   Zhao X Z, Hu C H, Sun Z C. Numerical simulation of extreme wave generation using VOF method[J]. Journal of Hydrodynamics, Ser. B, 2010, 22(4): 466-477.

4   Osher S, Fedkiw R. Level set methods and dynamic implicit surfaces[M]. Springer Science & Business Media, 2006.

5   Brackbill J U, Kothe D B, Zemach C. A continuum method for modeling surface tension[J]. Journal of computational physics, 1992, 100(2): 335-354.

6   Francois M M, Cummins S J, Dendy E D, et al. A balanced-force algorithm for continuous and sharp interfacial surface tension models within a volume tracking framework[J]. Journal of Computational Physics, 2006, 213(1): 141-173.

串列双方柱绕流问题的 CIP 方法模拟

张大可[1]，赵西增[1, 2]，曹飞凤[3]

（1、浙江大学海洋学院，浙江杭州 310058；2、南京水利科学研究院水文水资源与水利工程科学国家重点实验室，南京 210029；3、浙江工业大学 建筑工程学院，杭州 310014）

摘要：柱体绕流问题在海洋平台、海底电缆、高层建筑等工程领域具有广泛应用。在双柱绕流问题中，由于两个柱体间流体的作用，使其流场较单柱情况相比要复杂得多。本文采用自主研发的 CIP-ZJU（Constrained Interpolation Profile method in Zhejiang University）模型，对低雷诺数条件下(Re=100)串列双方柱绕流问题进行了数值模拟研究，探讨串列双方柱在不同间距比 L/D 和下游方柱转角 θ 下的流场、柱体受力和涡脱频率的变化。

关键词：柱体绕流；CIP 方法；Navier-Stokes 方程；浸入边界法

1 引言

柱体绕流问题是流体力学中的一类经典问题，而多柱体的绕流问题，不仅在学术研究中有着重要地位，而且在工程中也有广泛应用，如高层建筑、桥墩、热交换机等领域。多柱体的绕流由于柱体排列形式的不同可衍生出很多问题，使得越来越多的学者投入到多柱体绕流的研究中。

在多柱体绕流问题中，串列双柱绕流问题是一个研究热点，已有大量的实验和数模研究结果，而大部分研究以双圆柱为主，方柱的研究相对较少。针对串列方柱的研究早期仍然以实验为主。实验[1-2]对大雷诺数下(Re=2.75-5.67×10⁴)串列方柱绕流进行了分析，发现在临界间距比 L/D=4.0 时，平均阻力和升力会出现随间距比变化的不连续性，出现"跳跃"现象。近期的研究中，Lankadasu 等(2008)[3]模拟了串列双方柱在剪切流条件下的流场及受力情况；Yen 等人 [4]进行试验针对低雷诺数下的串列双方柱进行研究，同时考虑了间距、雷诺数和下游方柱攻角的影响，并对不同的流态进行了拓扑分析，但柱体受力的分析则不是很全面。

本文应用自主研发的 CIP-ZJU 模型[5]，基于直角网格坐标系引入浸入边界法建立二维

---

1 国家自然科学基金资助(51209184, 51479175)、水文水资源与水利工程科学国家重点实验室开放基金资助(2013490211）

数值模型，可有效的处理流固耦合问题。本文在雷诺数 Re=100 条件下，考虑间距比 L/D 和下游方柱攻角 的影响，对双柱体绕流进行流态及受力分析研究。

2 数值模型建立

本流场模型考虑二维黏性不可压缩流体，控制方程为质量守恒方程和 N-S 方程，其张量形式如下：

$$\nabla \cdot \boldsymbol{u} = 0. \tag{1}$$

$$\frac{\partial \boldsymbol{u}}{\partial t} + (\boldsymbol{u} \cdot \nabla)\boldsymbol{u} = -\frac{1}{\rho}\nabla p + \frac{\mu}{\rho}\nabla^2 \boldsymbol{u} + \boldsymbol{F}. \tag{2}$$

模型在直角坐标系下建立，采用多相流理论处理固体与液体间的相互作用，定义体积函数 ϕ_m 来区分固相和液相(m=1，代表液相；m=2，代表固相)并捕捉固-液界面。ϕ_m 须满足：

$$\frac{\partial \phi_m}{\partial t} + \boldsymbol{u} \cdot \nabla \phi_m = 0. \tag{3}$$

并在一个网格内满足 $\phi_1 + \phi_2$ =1。网格内的流体特性可用下式来表示：

$$\lambda = \sum_{m=1}^{2} \phi_m \lambda_m \tag{4}$$

式中 λ 表示密度 ρ 或黏滞系数 μ。

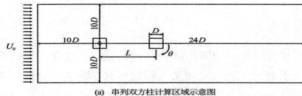

(a) 串列双方柱计算区域示意图　　　　(b) 网格划分示意图

图 1　串列双方柱计算域及网格划分

本文采用 CIP 方法对 N-S 方程进行离散，采用浸入边界方法 (Immersed Boundary method)[6]处理固-液边界，计算区域及网格划分如图 1 所示。D=1m，L 分别取 2D、3D、4D、5D，入口边界距离上游柱体中心 10D，出口边界距离上游柱体中心 22.5D，上下边界距离柱体中心均为 10D。为了更好的捕捉柱体周围的复杂流动，对柱体近壁面进行加密。计算流场的边界条件和初始条件设置如下：初始速度场设定为从左向右并保持均匀来流速度，u=U_0，v=0(u、v 分别为 x、y 方向的速度)；初始压力场设定为零；来流边界为均匀来流；出口边界条件为开边界；柱体表面采用无滑移边界；两侧壁面采用自由滑移边界。

3 模型验证及数据分析

3.1 模型网格收敛性验证

对模型网格的收敛性验证取 L/D=5，=0°的工况进行计算，选用三套网格 mesh1、

mesh2、mesh3，其最对应的小网格分别为 0.04、0.02 和 0.01，模拟结果如表 1 所示，三套网格与文献结果均比较吻合，综合考虑精确度与计算效率，选用 mesh2 对文中其他工况进行模拟。

表 1　网格数据及主要参数对比

数据来源	上游方柱		下游方柱		S_t
	$C_{d\,mean}$	$C_{l\,rms}$	$C_{d\,mean}$	$C_{l\,rms}$	
mesh1	1.415	0.344	1.065	1.173	0.133
mesh2	1.400	0.339	1.045	1.130	0.131
mesh3	1.400	0.341	1.010	1.096	0.130
Lankadasu(2008)[3]	1.420	0.252	1.050	1.030	0.137
Bao(2012)[7]	1.426	0.289	1.009	1.211	0.130

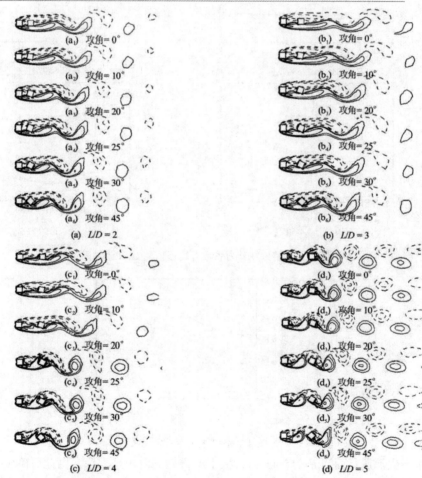

图 2　不同间距比和攻角下的涡量

3.2 流态分析

图 2 给出了在不同间距比和攻角下串列双方柱绕流的涡量图。图 5(a)-(b)所示为间距比 $L/D=2$ 和 3 的工况，可以看出，在这两种工况下，无论 θ 如何变化，上游方柱均不产生涡脱，涡仅从下游方柱周期性交替脱落，并在下游方柱后方形成涡街，称为第一流态。图 5(d) 所示为 $L/D=5$ 的工况，此时无论 θ 如何变化，涡均由上下游两方柱同时脱落，上游方柱产生的涡作用于下游方柱，下游方柱尾涡长度大大缩小，称为第二流态。图 5(c)所示为 $L/D=4$ 的工况，在此工况下流态则随 θ 有很大变化。$\theta=0°$-$20°$时，流态与图 5(a)-(b)类似，上游方

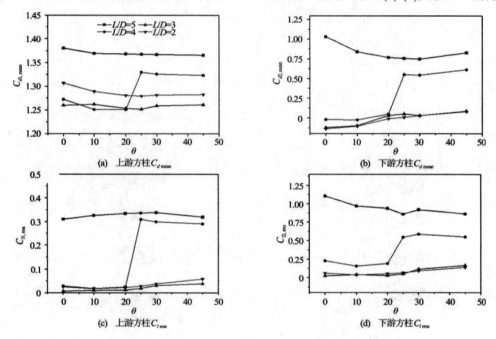

图3 上下游方柱升力系数方均根值 $C_{d\,mean}$ 和阻力系数 $C_{l\,rms}$

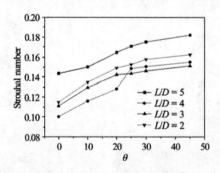

图4 下游方柱斯特罗哈尔数 S_t

柱不产生涡脱；而当 $\theta=25°$-$45°$时，上下游方柱同时出现涡脱。由此可确定，在 $L/D=4$ 时存在临界攻角 $\theta_r=20°$-$25°$，当 $\theta<\theta_r$ 时为第一流态，当 $\theta\geq\theta_r$ 时为第二流态。

3.3 受力分析

图 3(a)、(b)所示为上下游两方柱在不同间距比和攻角下平均阻力系数 $C_{d\,mean}$ 的变化情况。上游方柱在 L/D=5 时 $C_{d\,mean}$ 最大，在 L/D=3 时最小；在 L/D=2 时，$C_{d\,mean}$ 较 L/D=3 的情况有所增大，这是由于在第一流态，双柱间距减小，则下游方柱对上游方柱的阻力效应更为明显。在 L/D=3 时，$C_{d\,mean}$ 随 θ 无明显变化；在 L/D=5 和 L/D=2 时，$C_{d\,mean}$ 随 θ 增加而减小，但变化不大。而在 L/D=4，θ=0°-20°时，$C_{d\,mean}$ 维持在较低的值，而当 θ=25°时，$C_{d\,mean}$ 出现"跳跃"，随着 θ 继续增大，$C_{d\,mean}$ 略有减小。这种"跳跃"与流态的转换有关，当从第一流态转换到第二流态时，上游方柱后方不再被相对稳定的剪切层包裹而变为涡脱，柱后方负压力增大，$C_{d\,mean}$ 突然增大；相应的，下游方柱前方由第一流态的负压变为第二流态时上游方柱涡脱作用下的正负压交替作用，$C_{d\,mean}$ 也会突然增大，出现"跳跃"。下游方柱 $C_{d\,mean}$ 的变化趋势与上游方柱类似，但数值较小。在处于第一流态时甚至出现负值。

图 3(c)、(d)所示为上下游两方柱在不同间距比和攻角下升力系数方均根值 $C_{l\,rms}$ 的变化情况。上下游方柱 $C_{l\,rms}$ 均在 L/D=2、3 时达到最小，且 $C_{l\,rms}$ 随 θ 增大而增大；在 L/D=5 时达到最大，上游方柱 $C_{l\,rms}$ 随 θ 增大有增大的趋势，而下游方柱 $C_{l\,rms}$ 随 θ 增大减小。在 L/D=4 时，依然可以看到 θ 由 20°变化到 25°时 $C_{l\,rms}$ 存在"跳跃"，对应此时流态的转换。下游方柱 $C_{l\,rms}$ 数值比上游方柱要大很多，这是下游方柱受上游方柱产生的尾流影响造成的。

3.4 频率分析

图 4 所示为下游方柱斯特罗哈尔数 S_t 随间距比 L/D 和攻角 θ 的变化情况。可以看到在 L/D=4 且 θ=20°-25°时存在"跳跃"，此时对应流态从第一流态向第二流态的转换。当流场处于第一流态区时，随着间距比由 2 增加到 4，S_t 逐渐变小；处于第二流态区时，随着间距比由 4 增加到 5，S_t 增大，且在 L/D=5 时 S_t 最大，此时的 S_t 趋近于单柱绕流的结果。

4　结论

本文利用自主研发的 CIP-ZJU 模型，对低雷诺数下(Re=100)串列双方柱绕流问题进行了数值模拟，分析了不同间距比和下游方柱攻角下的流场及力学特性，得出如下结论：

串列双方柱绕流存在两种流态，当间距比比较小时，上游方柱产生的剪切层包裹下游方柱，仅下游方柱产生涡脱，称为第一流态；间距比较大时，上下游方柱均会产生涡脱，称为第二流态。在间距比 L/D=4 时，下游方柱攻角 θ 的变化会引起流态的变化，从第一流态到第二流态的攻角临界值 θ_r 在 20°～25°。当流态进行转换时，上下游方柱力学特性均会相应的出现"跳跃"，流场处于第一流态时 $C_{d\,mean}$ 和 $C_{l\,rms}$ 较小，处于第二流态时则较大。在第一流态，S_t 随间距比增大而减小；在第二流态，S_t 随间距比增大而减小。

参 考 文 献

1　Sakamoto H, Hainu H, Obata Y. Fluctuating forces acting on two square prisms in a tandem arrangement[J].

Journal of Wind Engineering & Industrial Aerodynamics, 1987, 26(1):85–103.

2　Luo S C, Teng T C. Aerodynamic forces on a square section cylinder that is dowstream to an identical cylinder[J]. Aeronautical Journal, 1990, 94(936): 203-212.

3　Lankadasu A, Vengadesan S. Interference effect of two equal-sized square cylinders in tandem arrangement: With planar shear flow[J]. International Journal for Numerical Methods in Fluids, 2008, 57(8):1005–1021.

4　Yen S C, San K C, Chuang T H. Interactions of tandem square cylinders at low Reynolds numbers[J]. Experimental Thermal & Fluid Science, 2008, 32(4):927–938.

5　Zhao, X.Z., Ye, Z.T., Fu, Y.N,et al. A CIP-based numerical simulation of freak wave impact on a floating body. Ocean Engineering, 2014,87: 50-63.

6　Peskin, C.S., 1972. Flow patterns around heart valves. Journal of Computational Physics, 1972,10: 252-271.

7　Bao Y, Wu Q, Zhou D. Numerical investigation of flow around an inline square cylinder array with different spacing ratios[J]. Computers & Fluids, 2012, 55(4):118-131.

Numerical simulation of the flow past tandem square cylinders using a CIP-based model

ZHANG Dake[1], ZHAO Xi-zeng[1,2], CAO Fei-feng[3]

(1, Ocean College, Zhejiang University, Hangzhou 310058, China; 2, State Key Laboratory of Hydrology-Water Resources and Hydraulic Engineering, Nanjing Hydraulic Research Institute, Nanjing 210029, China; 3, College of Civil Engineering and Architecture, Zhejiang University of Technology, Hangzhou 300014)

Abstract: The problem about flow past cylinders is extensively applied in engineering fields such as ocean platforms, submarine cables and towers, however, flow past tandem square cylinders, comparing with circular cylinders, has not been widely studied. In this paper, A CIP-ZJU model is developed to study the flow past tandem square cylinders for low Reynolds number, Re=100. The effects of the spacing ratio (L/D) and rotation angle of the downstream cylinder (θ) were tested to study the patterns of flow field, the force induced on the cylinder and vortex shedding frequency.

Key words: Flow past cylinder; CIP; Navier-Stokes equation; Immersed boundary method

物体入水的 CIP 方法模拟

方舟华[1]，赵西增[1, 2]

（1、浙江大学海洋学院，浙江杭州 310058; 2、南京水利科学研究院水文水资源与水利工程科学国家重点实验室，南京 210029；xizengzhao@zju.edu.cn）

摘要：入水问题涉及到军事、航空等领域，如子弹入水、船舶砰击等，具有很强的应用背景。物体入水的过程涉及到固、液、气三相流动和相互作用，并伴随水花飞溅、空泡形成等复杂的物理现象。本文基于紧致插值 CIP(constrained interpolation profile) 数学模型，分步求解 N-S 方程，并通过多相流理论描述固–液–气之间的相互作用，采用 VOF 类型的高精度、紧致 THINC 方法重构自由面。模拟了刚性圆体和方柱的入水过程，结果与实验数据吻合较好。

关键词：物体入水；CIP 方法；THINC 方法

1 引言

典型的入水过程一般包括接触水面、入水冲击、空泡形成和空泡闭合等 4 个阶段，整个过程涉及到固、液、汽的三相作用。自由面在物体入水过程中会出现变形、破碎等现象，同时还伴随着射流、水花飞溅、气垫和空泡形成等现象，因此物体入水是一非常复杂的过程，高精度模拟物体入水的完整过程难度较大。

入水问题的数值模拟主要可分为两类：基于势流理论研究入水初期过程及求解完整 N-S 方程模拟入水全过程。前者主要采用边界元方法，忽略黏性项的影响以达到简化求解过程的目的，主要用于研究入水初期冲击荷载的分布[1]，但是该方法无法得到入水的全过程；后者可以通过 RANS、SPH 等方法离散 N-S 方程，求解入水全过程[2]，但是计算较为复杂。

本文采用 CIP 方法分步求解 N-S 方程，利用 VOF 类型的高精度插值曲线 THINC 进行自由面重构，忽略表面张力的影响，对二维情况下方柱和圆柱入水的完整过程进行模拟，并分析速度场和压力场的分布，考虑到实验夹持仪器以及气垫效应的影响，本文没有模拟物体在空气中的入射过程。

---

[1] 国家自然科学基金资助(51209184, 51479175)、水文水资源与水利工程科学国家重点实验室开放基金资助(2013490211)

2 数值模型

本文采用不可压缩流体的固-气-液三相流模型，控制方程如下：

$$\nabla \cdot \vec{u} = 0 \tag{1}$$

$$\frac{\partial \vec{u}}{\partial t} + (\vec{u} \cdot \nabla)\vec{u} = -\frac{1}{\rho}\nabla p + \frac{\mu}{\rho}\nabla^2 \vec{u} + \vec{F} \tag{2}$$

$$\frac{\partial \phi_m}{\partial t} + \vec{u} \cdot \nabla \phi_m = 0 \tag{3}$$

式中，$\vec{u}$ 为速度矢量，ρ 为流体密度为压强，μ 为动力黏性系数，$\vec{F}$ 为质量力，本文中质量力仅考虑重力。$\phi_m (m=1, 2, 3)$ 为体积函数，表示流体、固体在计算单元内占有体积的比值。网格内的流体特征 λ（为密度 ρ 或者动力粘性系数 μ）：

$$\lambda = \sum_{m=1}^{3} \phi_m \lambda_m \tag{4}$$

(2)式的对流项与非对流项分开求解，对流项(5)式采用高精度的紧致差分格式 CIP[3]进行处理，CIP 方法的特点是将带球变量与其空间导数值均作为独立变量求解，利用三次多项式进行插值近似，反演出网格单元内部变量的真实信息，得到时间和空间上都是三阶精度的显式格式，具有振荡小、精度高的特点。

$$\frac{\partial \vec{u}}{\partial t} + (\vec{u} \cdot \nabla)\vec{u} = 0 \tag{5}$$

(2)式右边的非对流项也分为两步进行，首先通过中心差分处理压力项之外的粘性项得到待求变量的一个初试值，再利用这个初试值进行压力速度匹配得到最终的值[4]。

对于(3)式，通过 VOF 类型的双曲正切函数 THINC[5]进行自由面的捕捉，具有耗散小、精度高以及界面清晰的特点。

3 物体入水模拟

考虑到入水物体的形态对于入水过程有很大的影响，为了验证本文数值模型的适用性，本章将分别对方柱和圆柱入水的过程进行模拟。

方柱入水的实验以及 RANS 模拟结果来自于 Di Risio[6]在 L'Aquila 大学，LIAM 实验室所做的一个方柱自由入水的实验，详见图 1。

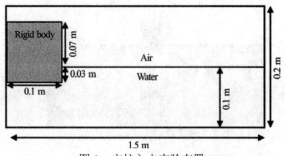

图 1 方柱入水实验布置

计算域为 1.5m×0.2m，水深 0.1m，刚性柱体横截面为 0.1 m×0.1m，密度为 1.33t/m³。初始时刻，棱柱下底面位于水面以下 0.03m。实验中柱体与左侧壁面的距离小于 1mm，在数值模拟中，我们假设左侧壁面和棱柱之间是没有间距的，但是壁面对于棱柱下滑的阻碍作用不可忽视，在数值模型中通过阻力系数 μ 来体现。计算中使用 480×130 的非均匀网格，最小网格为 0.0125m×0.0125m，计算得到的棱柱底面竖向坐标随时间变化见图 2，X=0.85m 处的水面高度随时间变化见图 3。从图中可以看出模拟得到的结果与实验吻合较好，且准确地捕捉到了波峰高度。

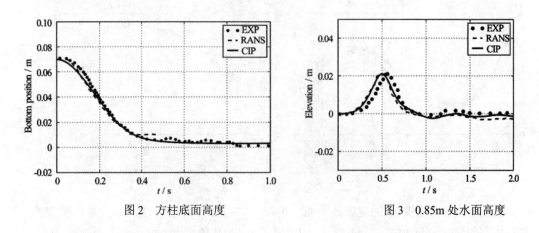

图 2 方柱底面高度   图 3 0.85m 处水面高度

圆柱入水的实验以及 Projection 模拟结果来自 Colicchio[7]等，实验的水槽大小为 3 m×1.4 m×0.4m，不锈钢圆柱直径 0.3m，距离水面 0.48m 处开始下落，圆柱密度与水体密度之比为 0.62，详见图 4。因为浮力的作用，圆柱会经历入水和出水的过程，从圆柱底部接触水面时开始计算，并赋予初速度 2.55m/s（实验测得）。

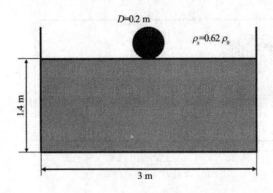

图 4　圆柱入水实验布置

　　计算中使用 360×390 的非均匀网格，最小网格为 0.005 m×0.005m，图 5 和图 6 给出了圆柱底部竖向坐标以及圆柱竖向速度随时间变化过程，从图中可看出 CIP 方法模拟得到的数据与实验数据吻合较好，圆柱体经历了一个明显的下降、上浮、再下降的过程。

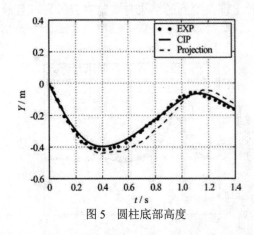

图 5　圆柱底部高度

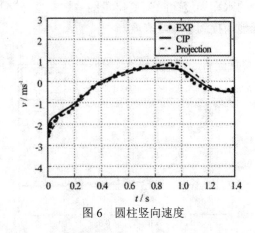

图 6　圆柱竖向速度

　　图 7 给出了几个典型时刻的速度场分布，0.4s 左右柱体开始浸没在水中，并伴随着速度很大的顶部射流出现（根据 Truscott T[8]，这个顶部射流的速度最大可达到入射速度的 30 倍），0.575s 左右射流达到最大高度开始下落，1.175s 左右柱体完全浮出水面完成了一个入水-出水的过程。

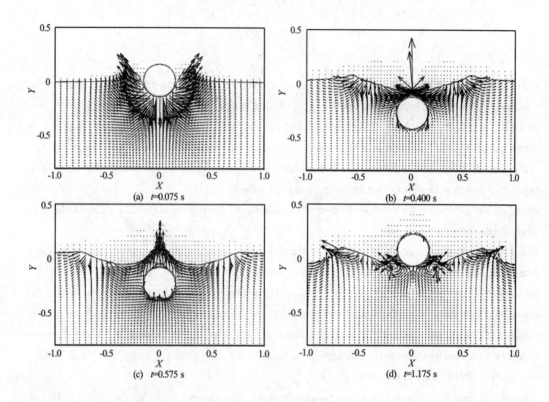

(a) $t=0.075$ s   (b) $t=0.400$ s

(c) $t=0.575$ s   (d) $t=1.175$ s

图 7　圆柱入水速度场

4　总结

本文的数值模型在直角坐标系下建模，使用 CIP 方法处理 N-S 方程的对流项，利用 THINC 方法进行自由面捕捉，对低速情况下方柱和圆柱自由入水的完整过程进行了模拟，自由面清晰、准确，模拟得到的结果与实验数据较为吻合。

方柱情况下精确捕捉到了测点处第一个波峰的高度，但是出现小幅的相位差，主要原因可能在于实验和数值模拟中对于方柱与左侧壁面的距离设置不同，实验中无法做到距离为 0，事实上也很难测出非常精确的距离，而在数值模拟中考虑距离为 0，用一个阻力系数来表示壁面的影响，这个系数的取值也会影响最后的结果；

圆柱从中间自由下落，消除了壁面的影响，模拟得到的圆柱出入水过程相比方柱更加接近实验值，同时还捕捉到了入水过程中非常经典的顶部射流现象，具有进一步研究的价值。

由于本文并未考虑表面张力的影响，为了进一步探究物体入水过程中空泡形成和水花飞溅的现象，在以后的研究中将加入表面张力的分析。

参 考 文 献

1　Wu G X, Sun H, He Y S. Numerical simulation and experimental study of water entry of a wedge in free fall motion [J]. Journal of Fluids and Structures, 2004, 19(3): 277-289.

2　Yim S C, Yuk D, Panizzo A, et al. Numerical simulations of wave generation by a vertical plunger using RANS and SPH models [J]. Journal of waterway, port, coastal, and ocean engineering, 2008, 134(3): 143-159.

3　Takewaki H, Nishiguchi A, Yabe T. Cubic interpolated pseudo-particle method (CIP) for solving hyperbolic-type equations[J]. Journal of Computational Physics, 1985, 61(2): 261-268.

4　Zhao XZ, Ye ZT, Fu YN. A CIP-based numerical simulation of freak wave impact on a floating body[J]. Ocean Engineering, 2014, 87: 50-63.

5　Xiao F, Honma Y, Kono T. A simple algebraic interface capturing scheme using hyperbolic tangent function[J]. International Journal for Numerical Methods in Fluids, 2005, 48(9): 1023-1040.

6　Di Risio M. Landslide generated impulsive waves: Generation, propagation and interaction with plane slopes[D]. Ph. D. thesis, Univ. Degli Studi di Roma Tre, Rome, 2005.

7　Colicchio G, Greco M, Miozzi M, et al. Experimental and numerical investigation of the water-entry and water-exit of a circular cylinder[C]. Proceedings of the 24th Int. Workshop on Water Waves and Floating Bodies, Zelenogorsk, Russia, Apr. 2009: 19-22.

8　Truscott T T, Epps B P, Belden J. Water entry of projectiles[J]. Annual Review of Fluid Mechanics, 2014, 46: 355-378.

Numerical simulation of water entry using a CIP model

FANG Zhou-hua[1], ZHAO Xi-zeng[1,2]

(1, Ocean College, Zhejiang University, Hangzhou 310058, China; 2, State Key Laboratory of Hydrology-Water Resources and Hydraulic Engineering, Nanjing Hydraulic Research Institute, Nanjing 210029, China.

xizengzhao@zju.edu.cn)

Abstract：Water entry problem is of great concern in engineering and military application, the loads imposed on a slamming ship, water entry of bullets, etc. The canonical problem related to interaction of gas, liquid and solid with splash crown and cavity formation, could be very complicated. The constrained interpolation profile (CIP) method is adopted as the base scheme for the model, and use tangent of hyperbola for interface capturing (THINC). Process of water entry with circular cylinder and square cylinder are simulated, the results of simulation and experiments are in good agreement.

Key words：Water Entry; CIP method; THINC method

强非线性波浪的数值模拟

张德贺[1]，王佳东[1]，何广华[1,2]

（1 哈尔滨工业大学（威海校区）船舶与海洋工程学院, 威海, 264209；　2 国家海洋局第二海洋研究所,卫
星海洋环境动力学国家重点实验室, 杭州, 310012, E-mail: ghhe@hitwh.edu.cn）

摘要：首先，本文基于 CIP 方法建立了二维粘性数值水槽。基于该数值模型，采用冲箱式造波来生成波浪，并分别模拟了线性波、弱非线性波、强非线性波。利用 THINC 方法对自由液面捕捉，并对液体密度函数沿 Y 轴正方向积分，可得到不同位置处的波高。最后，模拟了波浪在斜坡上的传播与变形过程。

关键词：CIP 方法；线性波；弱非线性波；强非线性波浪；冲箱式造波

1 引言

[1]船舶与海洋工程中经常会遇到甲板上浪、艏部抨击等强非线性波浪问题，因此对非线性波浪问题的研究是工程的需要，对非线性波浪的研究可以通过实验和数值模拟。非线性数值波浪水槽模型主要有势流模型、黏流模型等[1-2]。张俊文[5]建立数值水槽对规则波和长波进行模拟，孙新蕾[3]和彭涛[4]对畸形波进行模拟，但是没有体现出非线性特性。郭晓宇[1]利用 VOF 方法对波浪的爬坡进行模拟，但没有体现出波浪破碎特性。本文利用 CIP 粘流模型实现对波浪的线性、弱非线性和强非线性的模拟[6-7]。

2 CIP 方法

为了便于理解，本文采用一维对流方程对 CIP 方法进行介绍。

$$\frac{\partial f}{\partial t} + u\frac{\partial f}{\partial x} = 0 \tag{1}$$

式(1)表示一个波浪以速度 u 向前传播，为了保证收敛性使用迎风差分方法，假设速度 $u > 0$，可以得到某一时刻不同网格点处的波高，如图 1-a 实线所示为该时刻的实际波形。经过时间 Δt 后，波浪往前传播变成如图 1-b 中的实线，由于我们只能知道网格点

基金项目：卫星海洋环境动力学国家重点实验室开放研究基金课题（SOED1514），山东省自然科学基金资助项目(ZR2014EEQ016).

$x_{i-2}, x_{i-1}, x_i, x_{i+1}, x_{i+2}$ 点的波高值，即我们得到 Δt 后的结果如图 1-c 所示 $x_{i-2}, x_{i-1}, x_i, x_{i+1}, x_{i+2}$ 点的值。用一阶的迎风差分法就会得到 Δt 后结果，如图 1-c 实线。显然结果是发散的，不能够很好的描述网格内波浪的轮廓，不能够很好的描述波浪传播。

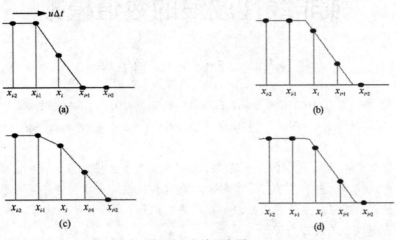

图 1 CIP 方法示意图

　　CIP 方法是利用三次插值多项式来模拟网格内的轮廓，并同时求解梯度的对流方程，可以得到更高的精度，

$$\frac{\partial g}{\partial t} + u \frac{\partial g}{\partial x} = -g \frac{\partial u}{\partial x} \tag{2}$$

其中 $g = \partial f / \partial x$，网格 (x_{i-1}, x_i) 内的轮廓如图 1-d 所示。

3　基于 CIP 方法的数值水槽

　　假设流体是不可压缩的，基于 CIP 方法对非守恒形式的 N-S 方程进行求解，得到速度场和压力场。控制方程 N-S 方程如下

$$\frac{\partial u_i}{\partial t} + u_j \frac{\partial u_i}{\partial x_j} = -\frac{1}{\rho} \frac{\partial P}{\partial x_i} + \frac{1}{\rho} \frac{\partial}{\partial x_j} (2\mu S_{ij}) + f_i \tag{3}$$

其中 $(i = 1, 2; j = 1, 2)$，$S_{ij} = (\partial u_i / \partial x_j + \partial u_j / \partial u_i) / 2$。为了利用 CIP 方法计算对流项，对式（3）求空间导数（即梯度），得

$$\frac{\partial (\partial_\xi u_i)}{\partial t} + u_j \frac{\partial (\partial_\xi u_i)}{\partial x_j} = -(\partial_\xi u_j) \frac{\partial u_i}{\partial x_j} - \frac{\partial}{\partial \xi} \left(\frac{1}{\rho} \frac{\partial p}{\partial x_i} \right) + \frac{\partial}{\partial \xi} \left(\frac{1}{\rho} \frac{\partial}{\partial x_j} (2\mu S_{ij}) + f_i \right) \tag{4}$$

其中 $\partial_\xi u_i = \partial u_i / \partial x_k$ ，$(k = 1, 2)$ 。保证流体质量守恒而引入连续性方程

式（3）和式（4）通过分步计算法来求解，可拆分成三步进行计算：①对流项，②非对流项—耗散项，③非对流项—压力项。其中，①对流项，采用 CIP 方法求解；②非对流项—耗散项，采用中心差分格式计算；③非对流项—压力项，采用 SOR 迭代方法求解泊松方程。

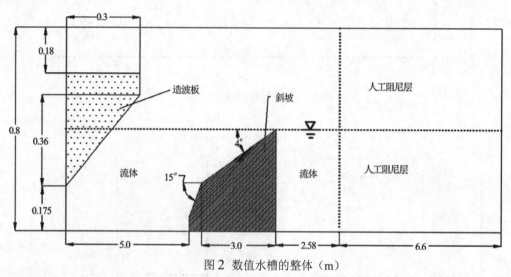

图 2 数值水槽的整体（m）

通过以上三步的求解可以得到整个计算域的速度场和压力场。自由液面捕捉采用THINC 法；造波端设立在左侧为冲箱式造波；在水槽右区域设置斜坡；在右端设置人工阻尼层进行消波；全长为 17.38 米，详细的波浪水槽布置可参看图 2。

4 线性和非线性波模拟

冲箱式造波机的运动方程如下，

$$Y = A\cos(wt + \varphi) \tag{13}$$

其中，$A = 0.0157$，$w = 2\pi/0.579$，$\varphi = 0$。

为了研究波浪传播过程中的近岸变形与浅水效应，在水槽的右侧设置了斜坡。为了防止波浪反射，在数值水槽的右端设置了人工阻尼层进行消波。图 3 为冲箱的运动时间历程线与 $x = 4.0$ 处设置波高的时间历程线。从图 3 可看出：线性波的周期与造波板的运动周期完全一致。由图 3 可知，基于 CIP 方法建立的数值波浪水槽能很好地模拟线性波。

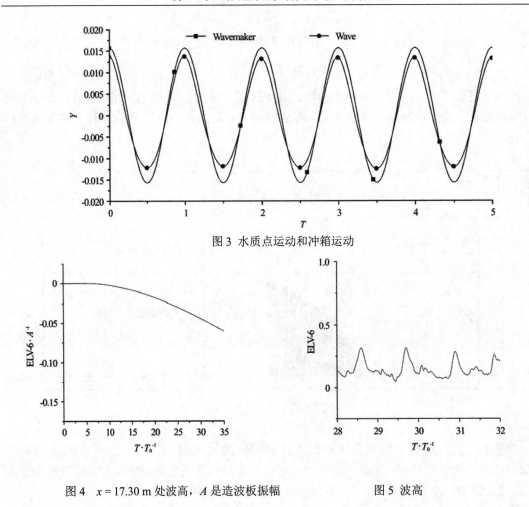

图 3 水质点运动和冲箱运动

图 4 $x = 17.30\,\mathrm{m}$ 处波高，A 是造波板振幅   图 5 波高

在 $x = 17.30\,\mathrm{m}$ 处设置波高仪(处于人工阻尼层中)，图 4 为无因次化波高，其中 $A = 0.0157$ 为造波板运动的振幅，T_0 是造波板运动的周期。随时间增大，人工阻尼层的波高在持续的下降，没有出现上下波动；且幅值很小，仅为造波板运动振幅的 0.07%；可认为人工阻尼层消波是有效的。

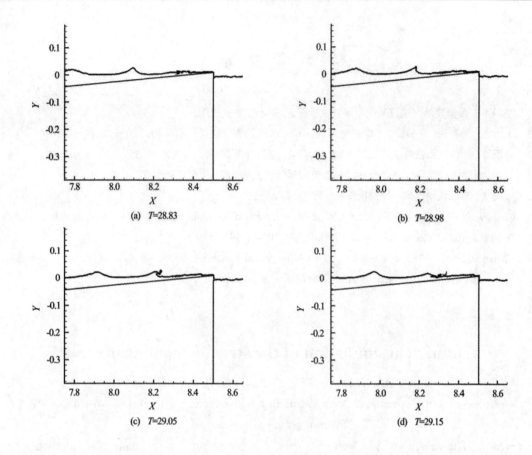

图 6 波浪破碎时的波形图

如图 1 所示,冲箱式造波生成线性波浪,线性波浪传播一段距离后变得稳定,然后爬坡、波高增加,最后波浪破碎。图 5 为波浪破碎的波浪时间历程线。图 6 为 $T/T_0 = 29$ 时间附近的波形图。通过图 6 能看出:波浪向近岸传播时的爬坡、变形及破碎过程。

5 结论

基于 CIP 法,建立了二维粘性数值水槽。通过比较生成的线性正弦波和造板的运动历程线,可知数值水槽能够较好地模拟线性波。基于该模型,模拟了波浪向近岸传播时的爬坡、变形及破碎的过程。通过设置斜坡,让稳定的线性波在爬坡的过程中表现出非线性,并对波浪破碎进行数值模拟。利用了人工阻尼层技术,能够实现高效消波;并且在计算中具有良好的稳定性和精度。因此基于 CIP 方法建立的数值水槽是一种高效的数值波浪水槽。

参 考 文 献

1 　郭晓宇. 数值波浪水槽及其应用研究. 上海:上海交通大学, 2011.

2 　王大国, 邹志利, 唐春安. 三维完全非线性波浪水槽的数值模拟. 海洋学报, 2006, 28 (4): 138–144.

3 　孙新蕾. 两种非线性波浪的数值模拟. 荆楚理工学院学报, 2012, 27(9):52–55

4 　彭涛. 海洋工程水池中强非线性波浪数值与试验研究. 上海: 上海交通大学, 2008.

5 　张俊文. 非线性波传播的数值模拟. 南京: 河海大学, 2006.

6 　Changhong HU , Masashi Kashiwagi. A CIP–based method for numerical simulations of violent free–surface flows. Journal of Marine Science and Technology, 2004, 9:143-157.

7 　Changhong HU , Masashi Kashiwagi. Two–dimensional numerical simulation and experiment on strongly nonlinear wave-body interactions. Journal of Marine Science and Technology, 2009, 14:200-213.

Numerical simulation of the strongly nonlinear wave

ZHANG De-he, WANG Jia-dong, HE Guang-hua

(School of Naval Architecture & Ocean Engineering, Harbin Institute of Technology, Weihai, 264209.

Email: ghhe@hitwh.edu.cn)

Abstract：The velocity in 2-D Numerical calculation domain can be obtained by calculating the non-conservative form Navier-Stokes equations in a CIP-based method, where plunger-type wave maker can generate waves through vertical motion. We use a new interface capturing scheme, the THINC scheme, to capture the free surface, which is accurate and stable. The wave elevation and profile are drawn and compared with the analytical solutions to demonstrate the accuracy of the numerical tank and to demonstrate capacity of numerical simulation of strongly nonlinear wave.

Key words：CIP method; liner wave; weakly nonlinear wave; strongly nonlinear wave; Plunger-type wave-maker.

激波与水-气界面相互作用的高精度数值
模拟方法研究

田俊武

(中国航天空气动力技术研究院，北京，100074，Email: tianjw5@sina.com)

摘要：激波与自由界面相互作用的数值模拟是计算流体力学的一个研究难点。本研究采用具有高精度、高分辨率特征的 RKDG 方法(Runge-Kutta discontinuous Galerkin method)对激波与水-气面的相互作用展开了数值模拟。水-气面的运动采用修正的虚拟流体方法(Modified ghost fluid method)来追踪。计算结果表明，本研究所建立的数值方法能够用于描述激波与水—气界面相互作用时的各种物理现象；当激波从水下冲击水-气界面时，激波会被反射，形成强稀疏波，而这正是水下爆炸导致空化现象发生的主要原因。

关键词：激波；水-气界面；RKDG 方法；MGFM 方法；数值模拟

1 引言

激波与水—气界面的相互作用在很多工程领域都有重要应用，如水下爆炸、裹挟气泡的高速流动、超声速掠海飞行等。数值模拟激波作用下水-气界面演化的困难主要在于对运动界面的准确描述和追踪。一般地说，用来描述界面处理的数学模型有两种，一类是假设在不同介质间存在清晰界面，且界面可以通过迭代方法确定的界面追踪方法[1]；另一类是将界面用某个物理量在少数几个网格上的梯度来表征的界面捕捉方法[2]。然而，界面追踪方法与界面捕捉方法虽都有各自的优点，但也有各自明显的缺点，比如，界面捕捉方法在界面附近存在数值拖尾效应，在不可压缩流动的数值模拟中会出现界面区的非物理压缩现象；而界面追踪方法不仅难于处理大的界面变形，在极小尺度的网格点上还可能出现数值不稳定[3]。

近年来，研究人员开展了诸多的工作，试图融合界面追踪方法与界面捕捉方法之所长，以解决波与界面的相互作用问题。其中，虚拟流体方法（Ghost Fluid Method）和修正的虚

基金项目：国家自然科学基金(11302216).

拟流体方法（Modified Ghost Fluid Method）得到了越来越多的关注[4-6]，这些工作也使得使用此类方法来模拟包含激波、接触间断、爆炸波等复杂波系结构的界面流动问题也变得越来越可行。当然，要精确模拟激波与界面的相互作用，除了需要准确的界面处理方法外，具有高精度高分辨率特征的数值格式也是取得良好效果的关键。

间断有限元方法（RKDG 方法）成功回避了传统有限元方法需要求解大型稀疏矩阵、实现隐式时间离散比较困难、无法应用于具有"悬空点"的混合网格计算等困难，并且具备保持全流场一致高精度的能力，得到了蓬勃发展。本研究采用时空一致 3 阶精度的 RKDG 方法，配合 MGFM 方法，对激波与水-气界面的相互作用开展了初步的数值模拟。

2 控制方程与数值方法

主导流体运动的方程是 NS/Euler 方程组。当不考虑外加热和彻体力的影响以及黏性时，直角坐标系下的二维可压缩非定常 Euler 方程组的微分形式可写为：

$$\frac{\partial U}{\partial t} + \frac{\partial E}{\partial x} + \frac{\partial F}{\partial y} = 0 \tag{1}$$

其中：

$$U = \begin{pmatrix} \rho \\ \rho u \\ \rho v \\ \rho e \end{pmatrix} \qquad E = \begin{pmatrix} \rho u \\ \rho u^2 + p \\ \rho uv \\ (\rho e + p)u \end{pmatrix} \qquad F = \begin{pmatrix} \rho v \\ \rho uv \\ \rho v^2 + p \\ (\rho e + p)v \end{pmatrix}$$

上式中个变量的定义可参见文献[7]。为封闭方程组，需要补充状态方程。对气体，使用完全气体状态方程：

$$p = (\gamma - 1)\left(\rho e - \frac{1}{2}\rho\left(u^2 + v^2\right)\right)$$

对水，使用 Tait 状态方程：

$$p = (N-1)\rho e - N(B-A)$$

其中，N=7.15, A=1.0×10^5 Pa, B=3.31×10^8 Pa。

为书写便利，式（1）可重写为：

$$\frac{\partial U}{\partial t} + \nabla \bullet G = 0 \tag{2}$$

其中，$G = E\vec{i} + F\vec{j}$。

对式（2）中的各项乘以形函数 ϕ_l，然后再分部积分，并将精确解 U 用数值解 U_h 代替，具体过程以及形函数的选取可参见文献[8]，最后式（2）可变为以下形式：

$$\frac{\partial}{\partial t}\int_K U_h(t,x,y)\phi_l \mathrm{d}x\mathrm{d}y + \sum_{e\in\partial K}\int_e G_{e,K}\bullet n_{e,k}\phi_l \mathrm{d}\Gamma - \int_K G\bullet\nabla\phi_l \mathrm{d}x\mathrm{d}y = 0 \tag{3}$$

上式中，$n_{e,k}$ 是积分域 K 的边界 e 的外法线方向；$G_{e,K}$ 是数值通量，本研究采用 Local Lax Friedrichs 通量形式进行计算。为了消除数值振荡，使用了文献[9]中推荐的斜率限制器。

修正的虚拟流体方法（MGFM）在界面处精确求解 Riemann 问题以预测界面处流场状态，并利用界面状态值定义虚拟流体状态值，能够获得更为准确的界面处理结果。有关 GFM 方法以及 MGFM 方法的介绍，这里略去，具体可参考文献[5-6]。

3 数值结果

算例一. 一维水下激波自由面折射问题，描述水下激波冲击水—空气界面现象，算例的初始条件和精确解均源自文献[5]。初始条件如下：

$$(\rho,u,p,\gamma)=\begin{cases}(1037.362\mathrm{kg/m^3},0.188(\sqrt{10^5}\mathrm{m/s}),1000\times10^5\mathrm{Pa},7.15) & x<0.7\\(1037.362\mathrm{kg/m^3},\quad 0,\quad 1.0\times10^5\mathrm{Pa},\quad 7.15) & x=0.7\\(1\mathrm{kg/m^3},\quad 0,\quad 1.0\times10^5\mathrm{Pa},\quad 1.4) & x>0.7\end{cases}$$

初始时刻水-空气界面位于 $x=0.7$ 处，RKDG 方法使用用三阶精度离散，水的状态方程使用 Tait 方程，空气依然使用完全气体状态方程，计算至 $t=0.12(s/\sqrt{10^5})$ 时刻，压力、密度及速度的分布如图 1 所示。从压力分布中可以看出，激波到达水—气界面后，只有少部分能量能够透射过去，大部分能量被反射回来，形成一组连续的稀疏波，在这种高频的压强脉动情况下，在水—气界面附近形成低压区，即片空化现象。

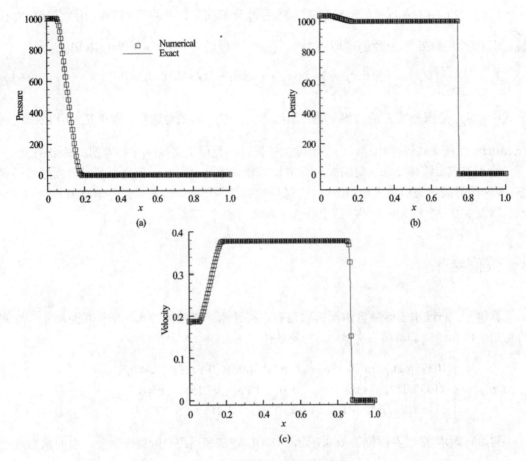

图1 算例一数值解与精确解的比较

算例二. 二维水下爆炸问题

该过程将会继续直至不断增加的内部气泡压力将该过程瞬间逆转过来。气体和水的弹性特性为气泡脉动提供了条件。同时，一次激波经过水-气界面的折射，大部分能量被反射回水中，形成强稀疏波，稀疏波与气泡界面相互干扰，形成非常复杂的界面流动，并会产生片空化现象，如图5.12所示[152]。

本算例中，高压气泡初始位置在水下3m处，半径为1m。无量纲化的初始条件如下：

$$(\rho,u,v,p,N) = \begin{cases} (1270,0,0,8290,7) & x^2+y^2 \leq 1 \\ (1,0,0,1,1.4) & y>3 \\ (1000,0,0,1,7) & \text{else} \end{cases}$$

计算采用等间距网格，$\Delta x = \Delta y = \dfrac{1}{20}$，t=0.01966s与t=0.08213s时的密度等值线图

分别如图 2 与图 3 所示。从图 2 与图 3 中可以看出，爆炸物在水中引爆之后，首先产生激波，对水-气界面产生第一次冲击破坏作用。由于惯性，气泡将过度膨胀，同时其内部压力减小，直至占外部流体静水压很小一部分，气泡表面的负压差使气泡膨胀运动停止，并使气泡产生收缩运动，收缩过程由流场中周围流体静压力驱动，并产生二次激波。同时，一次激波经过水-气界面的折射，大部分能量被反射回水中，形成强稀疏波，稀疏波与气泡界面相互干扰，形成非常复杂的界面流动现象，本研究的数值结果基本模拟出了水下爆炸的主要特征。

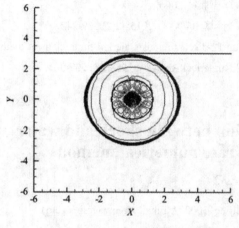 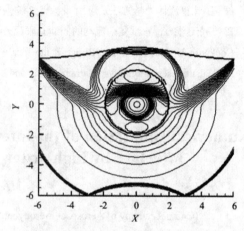

图 2 $t=0.01966s$ 时的密度等值线　　　图 3 $t=0.08213s$ 时的密度等值线图

4 结论

本研究采用具有高精度、高分辨率特征的 RKDG 方法，配合更适用于求解水-气界面流动问题的 MGFM 方法，初步建立了激波与水—气界面相互作用的高精度数值模拟方法。通过一维及二维算例的验证，表明本文建立的方法能够抓住激波与水—气界面相互作用过程中波系及界面演化的主要特征，可以用于水下爆炸等问题的数值模拟研究。

参 考 文 献

1 I.-L. Chern, J. Glimm, O. McBryan, B. Plohr, et al. Front tracking for gas dynamics. J. Comput. Phys., 1986,83-110.

2 R. Abgrall. How to prevent pressure oscillations in multicomponent flow calculations: a quasi-conservative approach. J. Comp. Phys., 1996,150-160.

3 T.G. Liu, B.C. Khoo, K.S. Yeo. Ghost fluid method for strong shock impacting on material interface, J.

Comput. Phys. Vol. 190: 651-681, 2003.

4 Liu T G, Khoo B C, Wang C W. The ghost fluid method for compressible gas-water simulation. J. Comput. Phys., 2005,193-221 .

5 Liu T G, Khoo B C, Yeo K S. Ghost fluid method for strong shock impacting on material interface. J. Comput. Phys., 2003,651-681.

6 T.G. Liu, B.C. Khoo, W.F. Xie, The modified ghost fluid method as applied to extreme fluid－structure interaction in the presence of cavitation. Commun. Comput. Phys., 2006,1815-2406 .

7 阎超. 计算流体力学方法及应用.北京:北京航空航天大学出版社,2006.

8 田俊武;袁湘江. 三维复杂流动的间断有限元方法模拟. 计算力学学报,2015,32(2):239-242.

9 Cockburn B, Shu C W. The Runge-Kutta local projection P^1-discontinuous Galerkin finite element method for scalar conservation laws. Mathematical Modeling and Numerical Analysis, 1988 ,25: 337-361.

Numerical simulation of the interaction between shock and water-air interface by high order accurate numerical method

TIAN Jun-wu

(China Academy of Aerospace Aerodynamics, Beijing, 100074. Email: tianjw5@sina.com)

Abstract：Numerical simulations of gas-water and gas-gas interfaces under shock impact are performed using the high order accurate Runge-Kutta discontinuous Galerkin (RKDG) method in compressible multiphase flows. The modified ghost fluid method (MGFM) is employed to track the movement of the multi-medium interfaces. The level set equation is solved by using the RKDG method for Hamilton-Jacobi equations, resulting in a unified DG solver for the coupled problem. Numerical results show that shock can easily pass through gas-gas interface, while shock will be reflected mostly by gas-water interface, which can be used to explain how the sheet cavitation caused by underwater explosion comes into being.

Key words：Shock wave; Water-air interface; RKDG method; MGFM method; Numerical simulation.

基于 OpenFOAM 大规模并行化计算方法研究

郑巢生

（船舶振动噪声重点实验室，江苏省绿色船舶重点实验室，中国船舶科学研究中心，江苏无锡 214082）

摘要： 本文基于开源 CFD 软件 OpenFOAM 平台开展了大规模并行化计算方法的研究，针对 DTMB 4119 三叶螺旋桨敞水性能计算，比较分析了两种区域分解方法的并行计算性能，同时考察了并行计算核数、各子区域数据交换面数量、计算负载平衡以及计算网格规模等因素对并行计算性能的影响，最后选取 74500DWT 四叶螺旋桨、17000LNG 五叶螺旋桨进行了进一步的验证考核。

关键词： OpenFOAM，并行计算

1 引言

进入 21 世纪，由于制造工艺遇到了微观尺度瓶颈，靠频率来提升 CPU 的性能变得越来越困难，因而多核处理器出现并以其相对的低成本低功耗而迅速取代传统的提升频率的CPU发展模式。多核并行计算包含很多架构，但其基本的理念是相通的，简而言之即将计算任务分配给多个计算核心，并使它们协同工作，从而获得计算效率的提升。

OpenFOAM 作为一款开源的 CFD 计算平台，研究人员可以利用其对各种复杂的流动现象进行相应的程序开发以实现自定义功能。卫嘉[1]基于 OpenFOAM 针对单列静叶栅流场进行了模拟，并研究了几何多重网格加速法 GAMG，并通过对比分析说明了 GAMG 在节省计算时间上优于其他算法的功用。徐少鲲[2]基于 OpenFOAM 针对并行环境下数值波浪水槽的数值计算，分析探讨了计算网格划分、计算任务设置与计算效率之间的关系。马玉辉[3]基于 OpenFOAM 的 $SST\kappa-\omega$ 湍流模型对旋转 90°弯曲通道内部流场进行三维模拟计算，初步分析了旋转流场中主流和二次流的分布规律以及压力变化规律。黄宇达[5] 利用 OpenFOAM 模拟了特定燃烧室网格环境下煤气及空气燃烧流动，同时使用并行计算技术，明显加快计算速度。Yuan Liu[6] 基于 OpenFOAM 在多核集群系统中采用 OpenMP 和 MPI 混合并行方式对求解器 PBICG 进行了并行加速性能比较研究。郑巢生[7] 利用 OpenFOAM 建立了螺旋桨敞水性能预报方法，并针对网格依赖性、湍流模型的影响进行了研究。

本文基于开源 CFD 软件 OpenFOAM 平台开展大规模并行化计算方法的研究。

2 OpenFOAM 并行计算方法

2.1 并行计算性能评估准则

对于求解器并行性能的考核目前有许多方法，且都有各自的衡量基准，其中通用的两条准则如下：

(1) 加速比 $S = \dfrac{T_S}{T_P}$

式中，T_S 为单核下程序执行时间，T_P 为多核并行下程序执行时间，因此，加速比 S 能够表征核数增加时程序的并行性能，理想状况是当并行核数 N 增加时，程序能够以加速比 $S = N$ 加速，即线性加速。

(2) 并行效率 $E = \dfrac{T_S}{N \cdot T_P} = \dfrac{S}{N}$

式中，T_S 和 T_P 分别为单核和多核并行下程序的执行时间。根据上式，并行效率 E 的值表示每个处理器进行的实际计算任务。

2.2 区域分解方法

计算任务的分配有很多方式，OpenFOAM 中计算区域先被划分为几个子区域，每个子区域被分给一个进程，计算结束后使用区域合并工具（reconstruPar）将子区域连接起来。在求解器中，通过整合 OpenFOAM 提供的头文件（fvCFD）包含的数据流（Pstream）模块，求解器利用此模块通过设定的数据交换面（processorPatch）在每一计算步进行分块之间的数据交换，从而实现并行计算的目的。在分块之间的消息传递和进度协调上，OpenFOAM 采用 MPI 软件来实现。

区域分解方法的设置在算例区域分解控制文件（decomposeParDict）中进行，方法有以下四种：simple、hierarchical、scotch 和 manual。

(1) simple 方法：按照方向划分子区域(图 1)。

(2) hierarchical 方法：除了可以设定划分方向外，其它的与 simple 方法相同(图 2)。

(3) scotch 方法：scotch 自动把计算区域分块，不需要用户外部设置(图 3)。scotch 划分方法能够保证划分后的计算区域具有最少的边界。

(4) manual 方法：人工确定某部分数据所属的进程(图 4)。

```
simpleCoeffs
{
    n               ( 4 2 1 );
    delta           0.001;
}
```

图 1 simple 划分方法设置

```
hierarchicalCoeffs
{
    n               ( 4 2 1 );
    delta           0.001;
    order           xyz;
}
```

图 2 hierarchical 划分方法设置

```
scotchCoeffs
{
    processorWeights
    (   );
}
```

图 3 scotch 划分方法设置

```
manualCoeffs
{
    dataFile        "cellDecomposition";
}
```

图 4 manual 划分方法设置

2.3 计算硬件资源

惠普 DL580G7 机架式服务器(图 5)，操作系统为 64 位 Linux 系统，发行版本为 CentOS5.8，具体配置如表 1 所示。

表 1　计算硬件资源

CPU 核数	32
主频[GHz]	2.0
缓存[MB]	18
内存[GB]	128
硬盘[GB]	900 x 3

图 5　计算硬件资源

2.4 计算对象

选取的计算对象为 DTMB 4119 三叶螺旋桨，模型实物如图 6 所示，其主参数见表 2。

表 2   DTMB 4119 桨模型主参数

桨模直径 D_m [mm]	250
叶数 Z	3
侧斜角 θ_s [°]	0
螺距比 $P_{0.7R}/D$	1.084
毂径比 d_H/D	0.2
旋向	右

图 6   DTMB 4119 桨模型

用 GAMBIT 划分计算区域网格，由于螺旋桨模型较为复杂，在靠近螺旋桨区域采用非结构网格，远离螺旋桨区域采用结构化网格，并逐渐向外稀疏，其桨叶表面网格和整个计算区域网格分别如图 7 和图 8 所示。整个计算区域网格总数为 42 万。

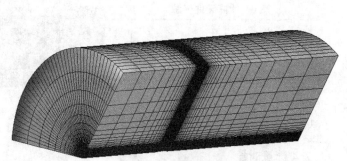

图 7   桨叶表面网格   图 8   计算区域网格

2.5 并行计算实现

在算例根目录下调用 decomposePar 工具，终端输入命令如下：

decomposePar

根据 system 文件夹下 decomposeDict 设定的区域分解方法进行划分，以 8 核为例，如图 9 所示。

在算例根目录下得到各分块区域文件夹，其子文件夹包括各区域初始条件和网格信息，如图 10 所示。

```
numberOfSubdomains 8;    分块数
method         simple;//scotch;//切换分块方法
simpleCoeffs
{
    n              ( 4 2 1 );  设置分块数
    delta          0.001;
}
```

```
|-processor0   第 1 分块区域
 |-0
   |-constant
|-processor1   第 2 分块区域
 |-0
   |-constant
…… ……
|-processor7   第 8 分块区域
 |-0
   |-constant
```

图 9   区域分解设置文件　　　　图 10   区域分块文件夹结构

最后，执行并行计算，在终端输入命令：

mpirun –np 8 simpleFoam –parallel > log

其中，日志 log 文件记录了程序运行的时间。

3 OpenFOAM 大规模并行计算方法

在实现了基于 OpenFOAM 的并行计算求解之后，下面进行大规模并行化计算方法方面的研究，其中由于现有的硬件资源所限，本研究中可用的计算 CPU 核数最多为 32 核。

3.1 不同区域分解方法的比较

OpenFOAM 常用的两种区域分解方法分别为 simple 方法和 scotch 方法。仍以 DTMB 4119 为考核对象，其计算网格如图 11 所示，计算核数为 8 个 CPU。

根据图 9 相应设置，分别采用 simple 方法和 scotch 方法进行区域分解，得到各子区域分块情况分别如图 12 和图 13 所示。

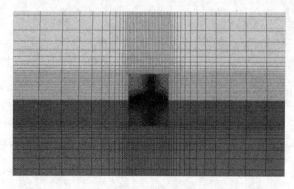

图 11   计算网格

图 12　simple 区域分解子区域划分　　　　　图 13　scotch 区域分解子区域划分

从图 11 可以看到，由于计算精度的需求，在桨叶物面附近需要布置较密的网格，因而在整个计算区域中，计算网格的分布呈现明显的疏密差别；从图 12 和图 13 中可以看到，两种区域分解方法划分的子区域差别十分明显：simple 方法划分的子区域形状较为规则，由于计算域为扇柱形，图 12 基本体现了在 x、y、z 三个方向上分别进行网格四等分、二等分、一等分的效果；scotch 方法为了保证计算区域划分后各子区域之间的边界最少，同时各子区域网格数基本一致，进行区域分解后的子区域形状呈明显不规则状，外部较稀网格被划分至一个子区域，其余子区域集中在网格细密的桨叶周围。

在较直观地对比了 simple 区域分解方法和 scotch 区域分解方法的区别之后，基于前文的并行化实现，针对这两种方法区域分解后的网格，进行螺旋桨敞水性能的并行化计算。

3.2 区域分块个数对计算结果影响

在开始并行化计算螺旋桨敞水性能时，首先考虑与串行计算相比，并行化计算对计算结果的影响。选取不同的计算 CPU 核数，对应不同的区域分块个数，分别采用 simple 方法和 scotch 方法进行区域分解，并行计算得到的螺旋桨推力扭矩系数如表 3 和表 4 所示，其中选择串行计算结果为基准，Dif 为对应不同区域分块个数计算的差别。

表 3　simple 方法不同区域分块个数下敞水计算结果

区域分块 个数 N	J	K_{T-cal}	$10K_{Q-cal}$	$Dif_{K_T}\%$	$Dif_{10K_Q}\%$
1		0.15211	0.26788	–	–
4		0.15221	0.26851	0.0677	0.2333
8	0.833	0.15223	0.26853	0.0782	0.2426
16		0.15222	0.26852	0.0756	0.2393
32		0.15223	0.26853	0.0763	0.2438

表 4　scotch 方法不同区域分块个数下敞水计算结果

区域分块个数 N	J	K_{T-cal}	$10K_{Q-cal}$	Dif_{K_T} %	Dif_{10K_Q} %
1		0.15211	0.26788	–	–
4		0.15222	0.26852	0.0736	0.2393
8	0.833	0.15222	0.26852	0.0717	0.2397
16		0.15220	0.26848	0.0585	0.2244
32		0.15221	0.26849	0.0644	0.2285

从表 3 和表 4 可以看到，串行计算与并行计算的结果差别较小，且并行计算核数的变化对计算结果的影响也很小，其中推力系数 K_T 差别都小于 0.08%，扭矩系数 $10K_Q$ 差别都小于 0.25%。

3.3 区域分块个数对并行计算性能影响

对于并行计算而言，除了需要保证与串行计算的计算结果基本不变外，更重要的是考虑并行计算性能，其评价准则主要包括并行加速比 S 和并行效率 E。为了考察区域分块个数即计算 CPU 核数对并行计算性能的影响，分别选择 simple 方法和 scotch 方法进行计算比较，对比曲线如图 14 和图 15。

从图 14 和图 15 中可以看到，区域分解个数 N 越多，并行计算时间 T 越少，并行加速比 S 越大，并行效率 E 越低；随着并行区域分解个数 N 的增加，计算时间 T 减少的速率、加速比 S 增加的速率都减缓。

值得注意的是，随着并行区域分解个数 N 的增加，scotch 方法相比于 simple 方法的并行计算性能优势愈加明显，N 为 32 时，其并行效率提升 $\Delta E = \dfrac{0.64 - 0.40}{0.4} = 60\%$。

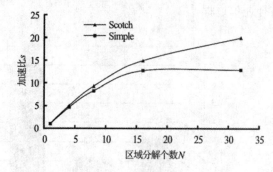

图 14　不同区域分解个数下并行计算加速比　　图 15　不同区域分解个数下并行计算效率

3.4 区域分解方法影响参数

对于 OpenFOAM 区域分解方法而言，无论采用何种具体的分解策略（simple 或 scotch），最后在并行计算上的参数反映为各子区域分块间的数据交换面 processorPatch 数量，以及各子区域网格数的均衡度，亦即各 CPU 的计算负载平衡 processorBalance。由于本研究中各计算 CPU 的计算性能基本一致，因此计算负载即为各子区域网格数。

为了考察不同区域分解策略对上面两个参数的影响，分别选择 simple 方法和 scotch 方法进行区域分解，其中 simple 方法选取三种划分方式，计算 CPU 为 32 核，得到的影响参数 processorPatch 和 processorBalance 如表 5 所示，表中 processorBalance 为 1.0 表示每个计算 CPU 上分配的计算负载即网格数基本一致。

表5　不同区域分解方法影响参数

序号	分解方法	xyz 方向分块	processorPatch 数量	processorBalance
1	simple	1-32-1	25	1.0
2		1-1-32	33	1.0
3		4-4-2	15	2.5
4	scotch	—	15	1.0

从表 5 中可以看到，选择 1、2、4 方法进行区域分解后的 processorBalance 值为 1.0，说明这三种方法下的计算负载平衡较为一致；3、4 方法进行区域分解后的 processorPatch 值为 15，说明这两种方法下的数据交换面数量基本相同。

下面为了分析区域分解参数对并行性能的影响，计算不同数据交换面数量和计算负载平衡下的并行加速比 S 和并行效率 E，其结果直方图如图 17 至图 20 所示。

从图 17 和图 18 可知，在相同计算负载平衡条件下，各子区域间数据交换面越多，并行计算时间越长，并行加速比越小，并行效率越低，此时计算资源大部分消耗于各子区域进程间的通信过程；从图 19~图 20 可知，在相同数据交换面数量条件下，各计算 CPU 的计算负载越不平衡，并行计算所需时间越长，并行加速比越小，并行效率越低，此时需要等待所有计算 CPU 都完成各自的计算任务才进行通信过程。

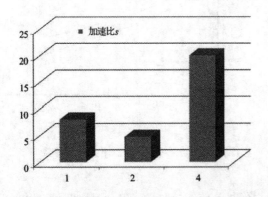

图 17　不同数据交换面数量下的并行加速比

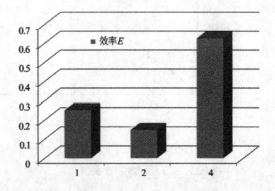

图 18　不同区域分解个数下并行计算效率

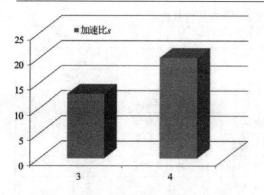

图 19　不同计算负载平衡下的并行加速比

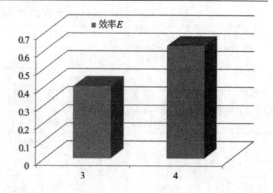

图 20　不同计算负载平衡下的并行计算效率

3.5 网格规模对并行计算性能影响

分析了区域分解方法两个重要的参数对并行计算性能的影响之后，为了研究计算网格规模大小对并行计算性能的影响，首先针对 4119 桨两种网格规模尺度下的并行性能进行了对比计算，结果如表 6 所示。

表 6　不同网格规模下并行计算性能

网格规模	分解方法	并行计算时间T[s]	并行加速比 S	并行效率 E
42 万	simple	595.67	12.82	0.40
	scotch	371.61	20.55	0.64
180 万	simple	3871.54	10.26	0.32
	scotch	2394.49	16.58	0.52

从表 6 中可以看出，随着计算网格规模的增加，并行计算时间 T 明显增加，并行加速比 S 减少，并行效率降低；同时得到网格规模 180 万时，采用 scotch 区域分解方法比 simple 方法并行效率提升 $\Delta E = \dfrac{0.52 - 0.32}{0.32} = 62.5\%$，比网格规模 42 万时的并行效率提升 **60%** 较有提高。

为了进一步验证考核计算网格规模对并行计算性能的影响，另外选取 74500DWT 四叶桨和 17000LNG 五叶桨为研究对象，分别如图 21、图 22 所示。采用与 4119 桨类似的网格布局，计算分别得到不同网格规模尺度下的并行计算性能如表 7、表 8 所示。

图 21　74500DWT 四叶螺旋桨

图 22　17000LNG 五叶螺旋桨

表1 74500DWT 四叶桨不同网格规模下并行计算性能

网格规模	分解方法	并行计算时间 T[s]	并行加速比 S	并行效率 E	效率提升ΔE%
26 万	simple	312.97	12.78	0.40	–
	scotch	224.74	17.80	0.56	39.26
185 万	simple	4135.69	8.64	0.27	–
	scotch	2489.08	14.36	0.45	66.67

表8 17000LNG 五叶桨不同网格规模下并行计算性能

网格规模	分解方法	并行计算时间 T[s]	并行加速比 S	并行效率 E	效率提升ΔE%
25 万	simple	321.01	11.59	0.36	–
	scotch	226.32	16.44	0.51	41.84
197 万	simple	4375.46	9.08	0.28	–
	scotch	2661.26	14.93	0.47	64.41

从表7和表8可以看到，针对不同的计算桨对象，并行计算得到的网格规模对并行性能的影响基本一致，即网格规模越多，并行计算效率越低；此外，也进一步验证了scotch方法相比 simple 方法在并行计算性能方面的优势，其效率提升 ΔE 不低于60%。

最后，利用中国船舶科学研究中心配置的高性能计算平台进行了更大规模的验证计算，仍选取 17000LNG 五叶桨为计算对象，其并行计算性能如表9所示。

表9 17000LNG 五叶桨大规模并行计算性能

网格规模	计算核数	分解方法	并行计算时间 T[s]	并行加速比 S	并行效率 E	效率提升ΔE%
984 万	120	simple	21440.80	4.93	0.04	–
		scotch	10227.60	10.34	0.09	109.64

4 结论

本研究基于开源 CFD 软件 OpenFOAM 平台开展了大规模并行化计算方法的研究，实现了基于 OpenFOAM 的并行化计算，比较分析了两种区域分解方法的并行计算性能，同时考察了影响并行计算性能的因素，最后选取多桨进行了进一步的验证考核；得到结论如下：

（1）并行计算核数增多，并行效率降低；数据交换面数量越多，并行效率越低；计算负载越不平衡，并行效率越低；计算网格规模越大，并行效率越低；

（2）相比较 simple 方法，scotch 方法划分的区域数据交换面数量少，计算负载平衡，因此并行效率高，且在较大规模并行计算时，并行效率提升60%以上。

参 考 文 献

1 卫嘉.基于OpenFOAM的涡轮叶栅计算. 哈尔滨: 哈尔滨工程大学硕士论文.

2 徐少鲲.基于开源软件OpenFOAM的数值波浪水槽建立及应用. 天津: 天津大学硕士论文.

3 马玉辉.基于OpenFOAM的旋转弯曲通道内流动的数值模拟, 科学技术与工程, 2010,10(6).

4 OpenMPI: Open Source High Performance Computing, http://www.open-mpi.org/,2011

5 黄宇达.基于并行计算的湍流燃烧流场数值模拟研究, 科学技术与工程, 2012,12(7).

6 Yuan Liu, Hybrid Parallel Computation of OpenFOAM solver on Multi-Core Cluster Systems, Master of Science Thesis, KTH Information and Communication Technology, Stockholm, Sweden, 2011.

7 郑巢生.基于OpenFOAM的螺旋桨敞水性能预报方法研究.中国舰船研究，2012(3).

The study of parallel computing method at large scale based on OpenFOAM

ZHENG Chao-sheng

（China Ship Scientific Research Center national key laboratory on ship vibration & noise，Wuxi

214082, Email:zcszcs2005@163.com）

Abstract：The research of the parallel computating method at large scale based on the open source CFD software OpenFOAM was carried out in this paper. Firstly, the parallel performance of the two decomposition approaches was analyzed for the open water performance of DTMB 4119 three bladed propeller. The effects of the parallel number of CPU, the number of processor patch, the processor balance and the grid size on the parallel performance were investigated, secondly. The four bladed propeller for 74500DWT, the five bladed propeller for 17000LNG were chosen for verification at last.

Key words：OpenFOAM, parallel computing

基于 MPS 方法模拟薄膜型液舱晃荡问题

杨亚强，唐振远，万德成[*]

(上海交通大学 船舶海洋与建筑工程学院 海洋工程国家重点实验室，

高新船舶与深海开发装备协同创新中心，上海 200240)

*通信作者 Email: dcwan@sjtu.edu.cn

摘要： 基于万德成教授课题组自主开发的无网格粒子方法求解器 MLParticle- SJTU，将 MPS 方法应用到三维薄膜型液舱的晃荡问题中，分别研究了在单自由度纵摇和单自由度横摇作用下，激励频率对液舱内液体晃荡作用的影响。首先，对薄膜型液舱在单自由度纵摇和单自由度横摇激励下的晃荡问题分别进行了数值模拟，并将计算结果与实验结果进行比较，验证了 MPS 方法的可靠性。其次，对比不同激励频率下，单自由度横摇和单自由度纵摇激励作用下液体晃荡的拍击压力和流场情况，分析了激励频率对晃荡作用的影响。数值结果表明：激励频率对晃荡幅度影响较大。当激励频率在固有频率附近时，晃荡幅度最大，随着激励频率远离固有频率，晃荡幅度减小。

关键词： 液体晃荡；MLParticle-SJTU 求解器；激励频率；横摇激励；纵摇激励

1 引言

晃荡是指两种或两种以上的互不相容的流体在有限容器内的运动。近几年来，液化天然气（LNG）和液化石油气（LPG）的需求量的快速增长，使得液货船（包括 LNG 船，LPG 船的）向着大型化发展，由此引起的液体晃荡问题也越来越突出。当外界激励频率接近舱内液体的固有频率或者激励振幅非常大时，液舱内液体会产生剧烈的晃荡，对舱壁产生较大的拍击压力，容易造成舱壁结构的破坏；同时拍击产生的力矩还会影响液货船的稳性，严重时可导致船舶的倾覆[1-4]。因此，准确预报晃荡产生的拍击压力具有重要的工程意义。

液体晃荡呈现出强烈的非线性和随机性，这给数值模拟晃荡问题带来很大的挑战。近年来兴起无网格粒子法可以较好地模拟晃荡问题。与传统的网格类方法不同，粒子法基于拉格朗日方法，对处理一些大变形的自由面问题具有很大的灵活性，其中 MPS（Moving Particle Semi-Implicit）方法是一种常用的粒子法[2-4]，由于 MPS 方法粒子间没有固定的拓扑关系，因此 MPS 法在处理复杂自由面问题时具有很大的优势[2-3]。MLParticle-SJTU 求解器正是基于 MPS 方法开发出来的。为了获得光滑的压力场，在传统 MPS 方法的基础上，

MLParticle-SJTU 求解器做了一些改进：无奇点的核函数、动量守恒型的压力梯度模型、压力 Poisson 方程的混合源项法以及使用了改进的自由面判别方法[2-3]。

　　本文主要工作是基于我们自主开发的无网格粒子方法求解器 MLParticle-SJTU，探究了激励频率对薄膜液舱内液体晃荡作用的影响。首先，本文分别对单自由度横摇和单自由度纵摇激励作用下充水率为 70%的薄膜型液舱内的晃荡问题进行数值模拟，验证了 MLParticle-SJTU 的可靠性。其次，对比不同激励频率下液体晃荡的拍击压力和流场情况，分析了不同激励形式下激励频率对晃荡作用的影响。

2 数值方法

2.1 控制方程

　　控制方程包括连续性方程和 N-S 方程，对于不可压缩流体，可写成如下形式：

$$\frac{1}{\rho}\frac{D\rho}{Dt} = -\nabla \cdot V = 0 \tag{1}$$

$$\frac{DV}{Dt} = -\frac{1}{\rho}\nabla P + \nu\nabla^2 V + f \tag{2}$$

　　其中：ρ 为流体密度，P 为压力，V 为速度向量，f 是质量力，一般为重力，ν 是流体的运动黏性系数。式（1）和式（2）的时间导数项是以物质导数的形式给出的，因此不存在对流项，避免了对流项计算引起的数值耗散。

2.2 核函数

　　与传统的核函数不同。MLParticle-SJTU 求解器采用了张雨新[2,3]提出的核函数：

$$W(r) = \begin{cases} \dfrac{r_e}{0.85r + 0.15r_e} - 1 & 0 \le r < r_e \\ 0 & r_e \le r \end{cases} \tag{3}$$

　　式（3）是一种无奇点的核函数，可以保证计算的稳定性。

2.3 梯度模型

　　MPS 中梯度模型是通过作用域内粒子间的相对位置矢量的加权平均来获得。MLParticle-SJTU 求解器中所采用的梯度模型为[2,3]：

$$<\nabla P>_i = \frac{D}{n^0}\sum_{j \ne i}\frac{P_j + P_i}{|r_j - r_i|^2}(r_j - r_i) \cdot W(|r_j - r_i|) \tag{4}$$

　　式（4）既满足了动量守恒定律，同时保证了任意两个粒子间的压力始终是排斥力。

2.4 Laplacian 模型

在MPS法中，Laplacian模型是由Koshizuka[5]给出的，如下式所示：

$$< \nabla^2 \phi >_i = \frac{2D}{n^0 \lambda} \sum_{j \neq i} (\phi_j - \phi_i) \cdot W(|\ r_j - r_i\ |) \tag{5}$$

其中：D 为空间维数，n^0 为粒子的初始数密度。

$$\lambda = \frac{\sum\limits_{j \neq i} W(|\ r_j - r_i\ |) \cdot |\ r_j - r_i\ |^2}{\sum\limits_{j \neq i} W(|\ r_j - r_i\ |)} \tag{6}$$

式（5）是一种守恒格式，其推导源于非定常扩散问题，λ 的引入是为了使数值结果与扩散方程的解析解相一致。

2.5 不可压缩条件

MLParticle-SJTU求解器采用的PPE是Tanaka[6]提出一个混合源项法（mixed source term method），该方法结合了传统的速度散度和粒子数密度方法。混合源项法后来被Lee[6]写成了更为合理的表达形式：

$$< \nabla^2 P^{n+1} >_i = (1-\gamma) \frac{\rho}{\Delta t} \nabla \cdot V_i^* - \gamma \frac{\rho}{\Delta t^2} \frac{< n^* >_i - n^0}{n^0} \tag{7}$$

其中：γ 是一系数，可取0~1之间的任意数。

2.6 自由面的判断

在单相流计算中，空气中是没有粒子的，因此自由面附近的粒子数密度过小，基于该特点 Koshizuka[7]提出了一种较为简单的自由面粒子判断方法。然而该方法判断精度较低。张雨新[2, 3]提出了一种更为合理的自由面判断方法。定义如下矢量：

$$< F >_i = \frac{D}{n^0} \sum_{j \neq i} \frac{1}{|\ r_i - r_j\ |} (r_i - r_j) W(r_{ij}) \tag{8}$$

计算可得到 F 的模为$|F|$，当粒子满足：

$$< |\ F\ |>_i\ >\ \alpha \tag{9}$$

即被判定为自由面粒子，α 为一参数，本文取 $\alpha=0.9|F^0|$，其中$|F^0|$为一参考值，等于初始时刻自由面粒子的$|F|$。

3 模型验证

为了验证 MLParticle-SJTU 求解器的可靠性，本文分别对薄膜型液舱在单自由度横摇和单自由度纵摇激励下的晃荡问题进行数值模拟，并将计算结果与实验结果作对比。液舱尺度为：高 0.477m，宽 0.664，长 0.834m，吃水为 0.334m，对应的充水率位 70%。在舱壁左侧和前侧水面附近分别设有两个个压力监测点 P1 和 P2，具体位置如图 1 所示。

计算所用的粒子总数为 523434，其中水粒子为 396990，对应粒子初始间距为 0.0075 m。水的密度取为 $\rho=1000\,kg/m^3$，运动黏性系数为 $v=1.01\times10^{-6}\,m^2/s$，重力加速度为 $g=9.81\,m/s^2$，时间步长取为 $\Delta t=5\times10^{-4}\,s$。

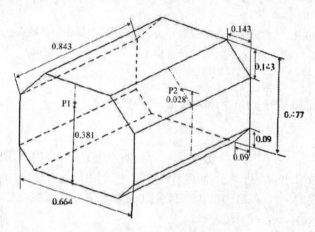

图 1　薄膜型液舱尺寸示意图

本文的验证算例为在单自由度纵摇和单自由度横摇两种不同的激励形式下的晃荡问题，两个算例的激励参数如表 1 所示。其中，激励运动的旋转中心距离液舱底部为 0.229 m。

表 1　晃荡激励参数

	激励形式	激励振幅/(°)	激励频率/Hz
Case A	横摇	12	0.85
Case B	纵摇	8	1.1

图2显示了数值模拟与实验得到的拍击压力时历曲线比较。其中图2（a）为纵摇激励作用下P1点处压力曲线。图2（b）为横摇激励作用下P2点处的拍击压力时历曲线。从图中可以看出，MLParticle-SJTU给出的拍击压力曲线能够较好地与实验结果相吻合。两者的拍击压力起始时刻、持续时间和压力峰值都基本一致，压力作用周期也能够较好地吻合。因此MPS方法能够很好地预测晃荡产生的抨击压力。

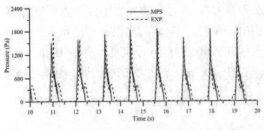 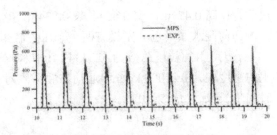

（a）纵摇激励作用下 P1 点处的压力曲线　　（b）横摇激励作用下 P2 点处的压力曲线

图 2　数值模拟与实验得到的拍击压力时历曲线比较

4　激励频率对晃荡幅度的影响

图 3（a）为纵摇激励作用下，激励频率为 0.75-0.95Hz 时，P1 检测点处压力峰值的变化情况。从图中可以看出，激励频率为 0.85Hz 时产生的拍击压力最大，其大小约为 1700 Pa。因此，当充水率为 70% 时，模型液舱内液体的纵摇激励下的共振频率在 0.85Hz 附近。与理论计算的模频率 0.89Hz 稍有偏差。

图 3（b）为横摇激励作用下，激励频率为 0.95-1.15Hz 时，P2 点处压力峰值随激励频率的变化情况。从图中可以看出，激励频率为 1.05Hz 时产生的拍击压力最大，其大小约为 800 Pa。因此，当充水率为 70% 时，模型液舱内液体的横摇激励下的共振频率在 1.05Hz 附近，与理论计算的模频率 1.04Hz 较为接近。

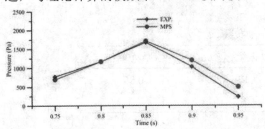 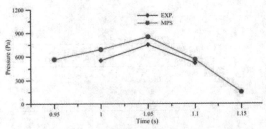

（a）　纵摇激励作用下 P1 处压力峰值-频率曲线图　　（b）　横摇激励作用下 P3 处压力峰值-频率曲线图

图 3 两种激励作用下压力-频曲线

由图 3 可以看出，MLParticle-SJTU 求解得到的压力峰值比实验值略微偏高，然而压力峰值随频率的变化规律与实验结果基本吻合。虽然横摇激励幅值大于纵摇激励幅值，横摇激励下产生的拍击压力却小于纵摇激励下产生的拍击压力。这是由于液舱的横向距离较纵向距离小，限制了液体的运动，同时薄膜型的顶边舱斜板对横摇激励下的流体的拍击也有一定的缓冲作用。

图 4 为两种激励形式下晃荡流场的变化情况。其中第一行为纵摇激励作用下，激励频率为 0.85Hz 时，流场的变化情况。第二行为横摇激励作用下，激励频率为 1.05Hz 时，流

场的变化情况。从图中可以看出，两种激励形式作用下，液体晃荡都非常剧烈，发生冲顶、波浪翻卷和波浪破碎的现象。其中横摇激励下的晃荡幅度要小于纵摇激励下的晃荡幅度。

图 4 两种激励形式下晃荡流场在一个周期的变化情况

5 结论

采用自主开发的无网格粒子方法求解器 MLParticle-SJTU，将 MPS 方法应用到三维薄膜型液舱的液体晃荡问题中，探究不同激励形式下激励频率对晃荡幅度的影响。研究结果表明：MLParticle-SJTU 能够较好地模拟薄膜型液舱内液体晃荡现象，比较精确的预报晃荡产生的拍击压力。激励频率对晃荡幅度影响较大。纵摇激励作用下，共振频率在 0.85Hz 左右，与理论模频率 0.89Hz 稍有偏差。横摇激励作用下，耿镇频率在 1.05Hz 左右，与理论模频率 1.04Hz 吻合。虽然横摇激励幅度大于纵摇激励幅度，但是由于液舱横向和纵向尺寸的差异以及边舱斜板的缓冲作用，横摇激励下的晃荡幅度较纵摇激励下的晃荡幅度小。

致谢

本文工作得到国家自然科学基金项目（Grant Nos 51379125，51490675，11432009，51411130131），长江学者奖励计划(Grant No. 2014099)，上海高校特聘教授（东方学者）岗位跟踪计划(Grant No. 2013022)，国家重点基础研究发展计划（973 计划）项目（Grant No. 2013CB036103），工信部高技术船舶科研项目的资助。在此一并表示衷心感谢。

参 考 文 献

1 Shao, JR, Li HQ, Liu, GR, et al. An improved SPH method for modeling liquid sloshing dynamics. Computers and Structures, 2012, 100-101: 18-26

2 Zhang Yuxin, Wan Decheng. Numerical simulation of liquid sloshing in low-filling tank by MPS. Chinese Journal of Hydrodynamics, 2012, 27(1): 100-107

3 Zhang Yuxin, Wan DC. Apply MPS method to simulate motion of floating body interacting with solitary

wave. Proc 7th Int Workshop Ship Hydr, IWSH, 2011, 275-279

4　Yang Yaqiang, Tang Zhenyuan, Wan Decheng. Numerical simulations of 3D liquid sloshing flows by MPS method. Proc. 24th Int Offshore and Polar Eng Conf, Busan, ISOPE, 2014,3: 411-419

5　Koshizuka S, Obe A, Oka Y. Numerical analysis of breaking waves using the moving particle semi-implicit method . Int J Num Meth Fluids, 1998, 26: 751-769

6　Tanaka, Masayuki, Masunaga, Takayuki. Stabilization and smoothing of pressure in MPS method by quasi-compressibility. Journal of Computational Physics, 2010, 229: 4279-4290

7　Lee, BH, Park, JC, Kim, MH, et al. Step-by-step improvement of MPS method in simulating violent free-surface motions and impact-loads. Computer Meth App Mech Eng, 2011, 200: 1113-11258

8　Cai Zhonghua. Study on the sloshing problems of liquid cargo tanks. Ph. D. Thesis, Shanghai, Shanghai Jiaotong Univ., 2012

Numerical study on liquid sloshing in membrane tank by MPS method

YANG Ya-qiang, TANG Zhen-yuan, WAN De-cheng*

（State Key Laboratory of Ocean Engineering, School of Naval Architecture, Ocean and Civil Engineering, Shanghai Jiao Tong University, Collaborative Innovation Center for Advanced Ship and Deep-Sea Exploration, Shanghai 200240, China)
*Corresponding author, Email: dcwan@sjtu.edu.cn

Abstract：In this paper the in house meshfree particle method solver MLParticle-SITU is applied to model 3D liquid sloshing in membrane tanks. The effect of excitation frequency on liquid sloshing, excited by SDOF rolling and SDOF pitching motion respectively, is parametrically investigated and discussed. Firstly, the numerical model is validated against the experimental data for 3D liquid sloshing. In addition, the liquid sloshing in membrane tanks under different excitation frequencies is then investigated. Results show that, excitation frequency significantly influences the amplitude of liquid sloshing. Liquid sloshing is violent when the excitation frequency is around the model frequency. Liquid sloshing will become weaker as the excitation frequency is away from model frequency.

Key words：Liquid sloshing; MLParticle-SJTU solver; Excitation frequency; Pitch excitation; Rolling excitation.

基于重叠网格法分析塔架对于风机气动性能的影响

程萍，万德成*

(上海交通大学 船舶海洋与建筑工程学院 海洋工程国家重点实验室，

高新船舶与深海开发装备协同创新中心，上海 200240)

*通信作者 Email: dcwan@sjtu.edu.cn

摘要： 随着计算机技术和数值模拟方法的迅速发展，计算流体力学方法（CFD）成为对浮式风机进行分析研究的重要途径。naoe-FOAM-os-SJTU 是基于开源工具箱 OpenFOAM 结合重叠网格技术开发的面向船舶与海洋工程的 CFD 数值求解器。本文应用 naoe-FOAM-os-SJTU 求解器对塔架对于风机气动性能的影响进行数值分析。模型网格采用重叠网格技术进行处理，计算模型选用美国国家可再生能源实验室的大型风机 NREL-5MW 风机。对带塔架 NREL-5MW 风机进行气动力数值模拟和分析，数值计算得到风机和塔架所受推力与扭矩的历时曲线，同时得到风机不同截面的压力分布，以及尾流场的信息。将得到的数值解与无塔架的数值模拟得到的数据结果进行对比分析，最终分析塔架对于风机气动性能的影响。

关键词： 海上浮式风机；重叠网格；naoe-FOAM-os-SJTU 求解器；NREL-5MW 风机

1 引言

面对全球能源危机的爆发与日益增长的能源需求之间的矛盾，新能源的开发成为全球学者关注的焦点。风能以其清洁，可再生，资源广袤等优点成为最具应用前景的新能源。与陆上风能相比，海上风能更加丰富，视觉与噪声污染更小，因此近年来得到了迅速地发展。相对于陆上风机而言，海上风机所受的环境载荷更加复杂，尤其是海上浮式风机。气动性能的研究对于整个浮式风机系统的分析研究有着十分重要的意义。

在风机的气动性能分析中，塔架对于风机气动性能的影响是不可忽视的。很多国内外学者采用不同的方法对这个问题进行了深入研究。Duque 等[1]首先对水平轴下风向风力机（NASA-Ames Phase II）周围流域的非定常气动性能进行模拟。其研究中选用了重叠网格方法来处理转子与塔架之间的相互运动。但是得到的叶片与塔架相互作用效果并不明显。

为了模拟水平轴风力机的塔影效应，Wang 等[2]建立了一个高精度的模型，通过这个模型有效地模拟了叶片旋转至与塔架重合时产生的明显脉冲。李德源等[3]对海上浮式风力机塔架在风与波浪联合作用下的动力响应进行了数值模拟。丁勇钢[4]根据叶素动量理论提出了忽略叶片段展向流动的的一种简化模型用来研究风机的塔影效应，并利用该简化模型讨论了叶片与塔架之间的距离对塔影效果的影响。周胡等[5]利用开源 CFD 软件包 OpenFOAM 对 NREL Phase VI 带塔架模型进行了数值模拟，采用滑移网格技术来处理叶片旋转问题，分析得出了该风力机的塔影效应。

在研究风力机与塔架相互作用问题中，重叠网格技术也受到了很多学者的青睐[6~8]。naoe-FOAM-os-SJTU 是基于开源工具箱 OpenFOAM[9]结合重叠网格技术开发的面向船舶与海洋工程的 CFD 数值求解器。本文将选用 naoe-FOAM-os-SJTU 求解器对带塔架 NREL5-MW 风力机[10]的气动性能进行数值模拟。

2 模型和网格

本文选取的计算模型是由美国国家能源局提出的的 OC4 项目中的标准模型 NREL 5-MW 风机[10]该风机尺寸较大，叶片直径为 126m，塔架顶端距离水平面的距离为 87.6m。为了满足计算的需要，需要选择较大的计算域。如图 1 和图 2 所示为本文所选计算模型示意图以及网格和计算域的示意图。

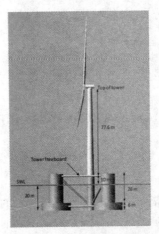

(a) OC4 PhaseII 浮式风机整体示意图　　　　　　　(b) 风机叶片-塔架模型示意图

图 1 模型示意图

使用重叠网格方法时将计算模型的每个部件单独划分网格，然后再嵌入到背景网格中，此时网格之间会有重叠部分。然后经过挖洞等预处理将计算域外的网格排除，并在相互重叠的网格之间建立插值关系以进行数据的交流。在本文中首先利用商用软件 CATIA 对风机叶片（包括转子和桨毂）、塔架进行三维建模，然后利用 OpenFOAM 中自带的 blockMesh 分别建立包含叶片、塔架的计算域，之后用 OpenFOAM 自带的 snappyHexMesh 对两部分计算域分别进行相应的网格划分和网格加密处理；同时用 ICEM 和 snappyHexMesh 划分得到整个计算域的背景网格；将前两部分网格嵌入到背景网格中，再通过挖洞等预处理消除背景网格以及其它重叠区域中的流体域以外的网格，进而在重叠网格之间建立起插值关系。这样，这三部分之间就通过插值关系建立了信息交换的桥梁。最终计算网格如图2所示。

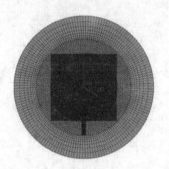 

图 2 网格结构示意图

值得注意的是，由于风机相对于塔架是运动的，因此风机部分的三维模型与塔架部分三维模型之间必须要有一定的间隙，同时两组网格之间一定要有重叠部分，这样才能进行信息交流。

3 数值方法

本文数值求解方程为不可压的 N-S 方程，因此控制方程作如下表示：

$$\frac{\partial U_i}{\partial x_i} = 0 \tag{1}$$

$$\frac{\partial U_i}{\partial t} + \frac{\partial}{\partial x_j}\left(U_i U_j\right) = -\frac{1}{\rho}\frac{\partial P}{\partial x_i} + \frac{\partial}{\partial x_j}\left(\nu \frac{\partial U_i}{\partial x_j} - \overline{u_i u_j}\right) \tag{2}$$

为了求解上面的控制方程，这里引入 k-ω SST 湍流模型[11]。其中的湍动能 k 和湍流耗散率 ω 满足下面的定义：

$$\frac{\partial}{\partial t}(\rho k) + \frac{\partial}{\partial x_i}(\rho k u_i) = \frac{\partial}{\partial x_j}(\Gamma_k \frac{\partial k}{\partial x_j}) + G_k - Y_k + S_k \tag{3}$$

$$\frac{\partial}{\partial t}(\rho \omega) + \frac{\partial}{\partial x_i}(\rho \omega u_i) = \frac{\partial}{\partial x_j}(\Gamma_\omega \frac{\partial \omega}{\partial x_j}) + G_\omega - Y_\omega + D_\omega + S_\omega \tag{4}$$

其中，Γ_k 和 Γ_ω 为扩散系数，G_k 和 G_w 为湍流产生项，Y_k 和 Y_w 为湍流耗散项，D_w 为扩散项，S_k 和 S_w 为源项。

4 结果分析

本文选取 NREL-5MW 风机设计额定风速 11.4m/s 作为计算工况，此时风力机的转速为

12.1r/min。为了得到相对稳定的受力情况，计算时间取风机旋转周期的 2.5 倍。通过计算得到了该风速下风力机所受推力和扭矩的历时曲线，并将该结果与不考虑塔架时计算得到的结果进行对比分析。

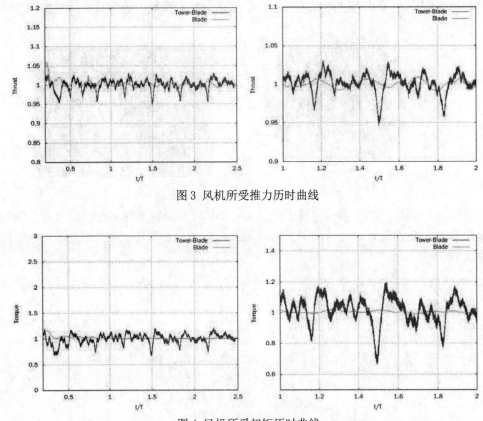

图 3 风机所受推力历时曲线

图 4 风机所受扭矩历时曲线

图 3 和图 4 中的曲线分别是风机所受推力和扭矩的历时曲线图。其中横坐标 t/T 为时间与风机旋转周期的比值，图 3 中纵坐标 Thrust 为计算所得推力与其平均值之比，图 4 中纵坐标 Torque 则是计算所得扭矩与其平均值之间的比值。图中绿色曲线是不带塔架的计算结果，而红色曲线则是带塔架的计算结果。从左侧的曲线来看，风机在塔架的影响下受到的推力和扭矩出现明显波动。为了更明显地显示其变化规律，将左侧曲线中抽出一个周期进行放大分析，如图 3 和图 4 右图所示。通过右侧的局部放大图可以看出，在一个周期中无论是推力还是扭矩都会出现三个极小值，这三个极小值分别出现在 t/T=1.17,1.5,1.83 附近，经过分析可知，这三个时间点恰好是风机旋转至其中一个叶片与塔架在风速方向上重合的时间。由于此时对于包含塔架的风机而言，迎风面积变小，因此风机此时受到的推力和扭矩都会减小。

图 5 是风机尾流场的涡结构示意图，左侧为不带塔架情况下的尾涡结构示意图，右侧是本文中带塔架的算例计算得到的尾涡结构示意图。对比这两个算例的尾涡结构可以发现，

塔架的存在使得尾涡场更加不规律，尾涡结构不稳定。由于该分机塔架在风机的尾流场区域内，尾流在经过塔架时出现严重的断裂耗散，以致整体尾涡耗散明显。

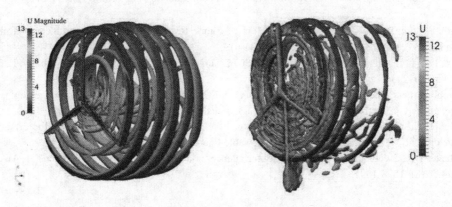

图 5 尾涡结构示意图

5 结论

选取 NREL-5MW 风机设计额定风速 11.4m/s 作为计算工况，通过计算得到推力和扭矩的历时曲线，并与不考虑塔架时计算得到的结果进行对比分析。结果显示塔架的存在致使风机所受推力和扭矩出现明显波动，并在风机旋转至其中一个叶片与塔架在风速方向上重合时，由于风机整体迎风面机较小，推力和扭矩出现极小值。通过带塔架算例与不带塔架算例的尾涡结构对比显示，塔架的存在使得风机尾涡出现明显断裂耗散。

致谢

本文工作得到国家自然科学基金项目（Grant Nos 51379125，51490675，11432009，51411130131），长江学者奖励计划(Grant No. 2014099)，上海高校特聘教授（东方学者）岗位跟踪计划(Grant No. 2013022)，国家重点基础研究发展计划（973 计划）项目（Grant No. 2013CB036103），工信部高技术船舶科研项目的资助。在此一并表示衷心感谢。

参 考 文 献

[1] Duque E P N, Van Dam C P, Brodeur R R, et al. Navier-Stokes analysis of time-dependent flows about wind turbines[C]//Proc. 3rd ASME/JSME Joint Fluids Engineering Conference, San Francisco, FEDSM99-7814. 1999.

[2] Wang T, Coton F N. A high resolution tower shadow model for downwind wind turbines[J]. Journal of Wind Engineering and Industrial Aerodynamics, 2001, 89(10): 873-892.

[3] 李德源, 刘胜祥, 张湘伟. 海上风力机塔架在风波联合作用下的动力响应数值分析[J]. 机械工程学报, 2009, 45(12): 46-52.

[4] 丁勇钢. 水平轴风力机塔影效应的数值模拟研究 [D][D]. 中国科学院研究生院 (工程热物理研究所), 2009.

[5] 周胡, 万德成. 下风向风力机塔影效应的非定常数值模拟 [C][C]//第二十五届全国水动力学研讨会暨第十二届全国水动力学学术会议文集 (上册). 2013.

[6] Zahle F, Sørensen N N. Overset grid flow simulation on a modern wind turbine[J]. AIAA Paper, 2008, 6727: 2008.

[7] Zahle F, Sørensen N N, Johansen J. Wind turbine rotor‐tower interaction using an incompressible overset grid method[J]. Wind Energy, 2009, 12(6): 594-619.

[8] Li Y, Paik K J, Xing T, et al. Dynamic overset CFD simulations of wind turbine aerodynamics[J]. Renewable Energy, 2012, 37(1): 285-298.

[9] Jasak H, Jemcov A, Tukovic Z. OpenFOAM: A C++ library for complex physics simulations[C]//International workshop on coupled methods in numerical dynamics. 2007, 1000: 1-20.

[10] Butterfield S, Musial W, Scott G. Definition of a 5-MW reference wind turbine for offshore system development[M]. Golden, CO: National Renewable Energy Laboratory, 2009.

[11] Menter F R. Two-equation eddy-viscosity turbulence models for engineering applications[J]. AIAA journal, 1994, 32(8): 1598-1605.

Analysis of wind turbine blade-tower interaction using overset grid method

CHENG Ping, WAN De-cheng*

（State Key Laboratory of Ocean Engineering, School of Naval Architecture, Ocean and Civil Engineering, Shanghai Jiao Tong University, Collaborative Innovation Center for Advanced Ship and Deep-Sea Exploration, Shanghai 200240, China)

*Corresponding author, Email: dcwan@sjtu.edu.cn

Abstract：With the rapid development of computer technology and numerical simulation method, computational fluid dynamics (CFD) method has become an important way to solve the floating wind turbine problems. The naoe-FOAM-os-SJTU solver, based on OpenFOAM and overset grid technology, is developed for ship and ocean engineering problems. In this paper, the aerodynamic performance of the NREL-5MW Baseline wind turbine is simulated，the naoe-FOAM-os-SJTU solver with overset grid method is employed, the blade-tower interaction is analyzed. And the time series of the unsteady torque and thrust of the blade-tower system are obtained, together with the detailed information of the wake flow field. With careful analysis of the numerical results, proper discussions and conclusions are made upon the blade-tower interaction.

Key words：floating wind turbine；overset grid；naoe-FOAM-os-SJTU；NREL-5MW Baseline wind turbine

不同长细比圆柱绕流的大涡模拟

端木玉[1,2]　万德成[1*]

（1 上海交通大学 船舶海洋与建筑工程学院 海洋工程国家重点实验室，
高新船舶与深海开发装备协同创新中心，上海 200240
2 江苏海事职业技术学院 船舶与港口工程系， 江苏南京 211170）
*通信作者 Email: dcwan@sjtu.edu.cn

摘　要： 自从人们对层流的圆柱绕流现象有了系列研究及清楚的认识后，人们逐渐把目光投向湍流的圆柱绕流，但高雷诺数下的圆柱绕流具有很强的三维特性，本文基于开源软件 OpenFOAM 运用 LES 计算了 4 种不同长细比的圆柱的静止圆柱绕流（包括一个二维算例），重点分析和对比了结果中的一些基础参数如 St 数、平均阻力系数等，与实验结果吻合良好。接下来还分析了时均顺流向速度 U 在流场中沿流向和横向的分布，发现长细比为 π 的圆柱算例中，计算域的轴向尺度已经能基本满足圆柱下游靠近圆柱处的流场中的三维结构的发展。

关键词： 不同长细比，大涡模拟，圆柱绕流，OpenFOAM，尾流分析

1 引　言

圆柱绕流问题一直是流体力学领域非常经典的算例，它能很好地揭示分离流、涡流及脱落过程等复杂流动现象。同时圆柱绕流问题也有很高的工程应用价值，航行中的飞机、水中行驶的船舶、海上的石油平台以及桥墩等，都存在绕流。

在影响圆柱绕流问题的若干影响参数中，雷诺数起着决定性作用，因为它决定了尾流的形式。当雷诺数较小时，黏性力占主导地位，流场形式表现为层流，此时流动稳定且尾流中的旋涡脱落有很强的规律可循。当雷诺数较大时，此时虽仍然会按一定频率泻放尾涡，但流动已经完全为纯粹的湍流流动，惯性力对流场的影响明显大于黏性力，流体流动不再稳定，任何微小变化容易发展、增强，从而形成紊乱、不规则的湍流流场。

湍流状态下的圆柱绕流的尾流表现为高度复杂的三维非稳态、带旋转的不规则的随机流动。因此对高雷诺数下圆柱绕流的研究其三维效应不容忽略。国内外的很多学者针对不同长细比圆柱的绕流问题开展了相关的实验及数值研究。Norberg[1]用试验研究了不同长细比情况下的圆柱绕流，他的实验在风洞中进行。Norberg 认为，在实验中，当雷诺数在 600～4000 范围内时，要想使圆柱轴向中点处获得完全不受到两端边界影响的流动，需要细长比

大于等于 50。同时，Norberg 认为在雷诺数 350～4000 时，如果长细比小于 50，则随着长细比的减小，涡的形成长度会增加，因此圆柱两端的挡板直径对流动有较大的影响。在数值研究方面，Kravchenko and Moin[2]和 Breuer[3]都曾经用 LES 计算过轴向网格大小一样，但轴向长度各为 πD 和 $2\pi D$ 的圆柱绕流，他们得出的结论是，两者的结果没有太大的差别。Ma 等人[4]用 DNS 对长细比从 πD 至 $2\pi D$ 变化的圆柱绕流也进行了研究，并计算了轴向相关长度。他们的主要结论有 3 个：一是当计算域轴向长度从 $2\pi D$ 变小到 πD 时，回流长度变大了，这与 Norberg[1]的结论一致；二是对于轴向尺度更大的计算域来说，通常也会得到更大的轴向相关长度；三是在 $y/D=0$ 这个平面内取点计算轴向相关长度会得到比在 $y/D \neq 0$ 的平面内取点得到的计算结果偏小，因此也不能够准备地预报流场的轴向相关长度。Wissink and Rodi[5]用 DNS 计算了 Re=3300 下长细比为 4D 到 8D 的圆柱绕流。他们认为圆柱长细比从 4D 改变到 8D 几乎没有改变流程的时均特征，并且，对于顺流向时均速度 u 的轴向相关性的计算表明，就算轴向长度增加到 8D，轴向相关性也没有收敛到 0，这意味着计算域需要更大的轴向尺度来容纳所有轴向特征的流场结构。

Lourenco & Shih[6]、Ong & Wallace[7]分别对流动条件为 Re=3900 的圆柱绕流做过模型实验，并且提供了 $x/D \leq 3$ 和 $3 \leq x/D \leq 10$ 处的时均速度场的实验结果。其中 Lourenco&Shih 的实验中圆柱的长细比为 20.5。贾晓荷[8]运用大涡模拟也曾对该 Re 下、长度为 πD 的圆柱绕流进行过数值模拟。杜远征[9]利用浸入边界法也计算过雷诺数为 3900 下长细比为 π 的圆柱绕流。为了便于对本次数值结果进行验证，我们选择了相同的 Re=3900 进行计算。

本文基于开源软件 OpenFOAM，运用 LES 方法对雷诺数 Re=3900 情况下的 4 种细长比的圆柱绕流进行了数值模拟，通过与前人结果和实验对比，详细分析了各种流体参数、流场中的时均速度及流场中涡量、压力和速度的分布，并重点计算了流场的轴向相关性。

2 数学模型

2.1 大涡模拟的控制方程

流体动力学是连续介质力学的一个重要分支，其包含了可压缩流动、不可压缩流动、多相流、自由表面流动等多种形式，但是所有这些流动的控制方程我们都可以统一表达成如下形式：

$$\frac{\partial \rho \boldsymbol{Q}}{\partial t} + \nabla \cdot (\rho \boldsymbol{U} \otimes \boldsymbol{Q}) - \nabla \cdot \rho D \nabla \boldsymbol{Q} = S_P \boldsymbol{Q} + S_q \tag{1}$$

式中 $\boldsymbol{U}$ 是流体速度，ρ 是流体密度，$\boldsymbol{Q}$ 代表任何张量赋值型流动。(1)式包含了时间导数项 $(\partial \rho \boldsymbol{Q} / \partial t)$，对流项 $[\nabla \cdot (\rho \boldsymbol{U} \otimes \boldsymbol{Q})]$，扩散项 $(\nabla \cdot \rho D \nabla \boldsymbol{Q})$，源项 $(S_P \boldsymbol{Q} \text{ 及 } S_q)$。对不同形式的流动，$\boldsymbol{Q}$ 的表达各不相同，如不可压缩流动，只要令(1)式中的 $\boldsymbol{Q} = \{1, \boldsymbol{U}\}$ 便可得不可压缩流动的控制方程 Navier-Stokes 方程。

$$\nabla \cdot \boldsymbol{U} = 0 \tag{2}$$

$$\frac{\partial \boldsymbol{U}}{\partial t}+\nabla\cdot(\boldsymbol{U}\otimes\boldsymbol{U})-\nabla\cdot 2v\boldsymbol{D}=-\frac{1}{\rho}\nabla p \tag{3}$$

上式中

$$\boldsymbol{D}=\frac{1}{2}\left(\nabla\boldsymbol{U}+\nabla\boldsymbol{U}^T\right) \tag{4}$$

大涡模拟的控制方程仍然为不可压缩流体的 N-S 方程。在 LES 方程中,第一步就是要将一切流动变量划分成大尺度与小尺度量,这一过程称为滤波。

对于任意一个瞬时的流动变量 $A(x,t)$,其大尺度量的定义为:

$$\overline{A}(x,t)=\int G(|x-x'|A(x',t))dV' \tag{5}$$

式中 $G(|x-x'|)$ 称为滤波函数,用它来标定大涡,略去小涡。

将滤波过程用于不可压缩流体的 N-S 方程,可以得到:

$$\nabla\cdot\overline{\boldsymbol{U}}=0 \tag{6}$$

$$\frac{\partial \overline{\boldsymbol{U}}}{\partial t}+\nabla\cdot\left(\overline{\boldsymbol{U}\otimes\boldsymbol{U}}\right)-\nabla\cdot 2v\overline{\boldsymbol{D}}=-\frac{1}{\rho}\nabla\overline{p} \tag{7}$$

令 $\overline{\boldsymbol{U}\otimes\boldsymbol{U}}=\overline{\boldsymbol{U}}\otimes\overline{\boldsymbol{U}}+\left(\overline{\boldsymbol{U}\otimes\boldsymbol{U}}-\overline{\boldsymbol{U}}\otimes\overline{\boldsymbol{U}}\right)$,则动量方程(7)可以改写为:

$$\frac{\partial \overline{\boldsymbol{U}}}{\partial t}+\nabla\cdot\left(\overline{\boldsymbol{U}}\otimes\overline{\boldsymbol{U}}\right)+\nabla\cdot\left(\overline{\boldsymbol{U}\otimes\boldsymbol{U}}-\overline{\boldsymbol{U}}\otimes\overline{\boldsymbol{U}}\right)-\nabla\cdot 2v\overline{\boldsymbol{D}}=-\frac{1}{\rho}\nabla\overline{p} \tag{8}$$

令上式中 $\boldsymbol{B}=\overline{\boldsymbol{U}\otimes\boldsymbol{U}}-\overline{\boldsymbol{U}}\otimes\overline{\boldsymbol{U}}$,称为亚格子应力张量。则上式的动量方程可以改写为:

$$\frac{\partial \overline{\boldsymbol{U}}}{\partial t}+\nabla\cdot\left(\overline{\boldsymbol{U}}\otimes\overline{\boldsymbol{U}}\right)+\nabla\cdot\boldsymbol{B}-\nabla\cdot 2v\overline{\boldsymbol{D}}=-\frac{1}{\rho}\nabla\overline{p} \tag{9}$$

在 OpenFOAM 中对(9)式动量方程的求解,我们用如下语句表达:

```
solve
 (fvm::ddt(U)
  + fvm::div(phi,U)
  + turbulence → divDevReff (U)
    == -fvc::grad(p));
```

这里 turbulence → divDevReff (U)返回的是动量方程的源项,这里根据你所选用的 turbulence 模型不同,返回值的形式也不相同。

方程(9)式并不封闭,必须引入一些假设条件来使其封闭,这里我们选用最常用的 Bousinesq 假设,即大尺度流动的湍流效应通过增加粘性系数来实现。

$$\boldsymbol{B}=\frac{2}{3}k\boldsymbol{I}-2v_t\overline{\boldsymbol{D}}_D \tag{10}$$

式中

$$\bar{\boldsymbol{D}}_D = \bar{\boldsymbol{D}} - \frac{1}{3}tr(\bar{\boldsymbol{D}})\boldsymbol{I}$$

$$\boldsymbol{I} = \begin{pmatrix} 1 & 0 & 0 \\ 0 & 1 & 0 \\ 0 & 0 & 1 \end{pmatrix}$$

$$tr\bar{\boldsymbol{D}} = \bar{\boldsymbol{D}}_{11} + \bar{\boldsymbol{D}}_{22} + \bar{\boldsymbol{D}}_{33}$$

$$\boldsymbol{D} = \frac{1}{2}\left(\nabla\boldsymbol{U} + \nabla\boldsymbol{U}^T\right)$$

$$k = (2c_k / c_e)delta^2 \|\boldsymbol{D}\|^2$$

2.2 初始条件和边界条件

本文定义的流场的初始条件和边界条件如下：

(1) 入口：速度入口；

(2) 出口：出流边界；

(3) 上下面及前后面：对称边界；

(4) 圆柱表面：无滑移固壁边界。

3 数值计算与结果讨论

3.1 计算域及网格划分

本文采用的计算模型如图 1 所示，计算域以圆柱底部的中心为坐标原点，圆柱直径 $D=0.01m$。计算域长度(x 轴的方向)为 30D，上游断面距离圆柱中心为 10D，下游断面距离圆柱中心为 20D，方向与来流方向一致；计算域高度(y 轴方向)为 30D，上下面距离圆柱为 15D，方向平行于圆柱横截面。入口处为定常来流，流速 $U_0 = 0.394\text{m/s}$，$\nu = 1.01 \times 10^{-6}\,\text{m}^2 / \text{s}$，雷诺数 $Re = U_0 D / \nu \approx 3900$；计算域宽度(z 轴方向)我们根据不同的长细比，一共设置了 4 组（表 1）。

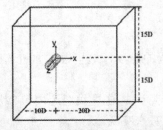

图 1 圆柱绕流的几何计算域

算例编号	长细比	轴向节点数
A1	二维	None
A2	$\pi / 2$	20
A3	π	40
A4	2π	80

表 1

网格采用结构化网格，靠近圆柱处网格较密，远离圆柱处逐渐稀疏，壁面处网格大小保证了能有 5-10 层网格处于层流底层内，如图 2 和图 3 所示。

图 2 计算域全局网格

图 3 圆柱周围的网格细节

3.2 流场参数

各算例的计算出的流场参数与前人工作的对比见表 2 所示。这里先说明一下表 2 中的一些参数的概念：St 数是可反映泻涡频率的无量纲数，$St = f_v D / U$。基础吸力系数 C_{Pb} 的定义为 $C_{Pb} = -(P_b - P_s)/\left(\dfrac{1}{2}\rho U_0^2\right)$，$P_b$ 是圆柱正后方（$\phi = 180°$）处的压力，P_s 是入口处的静压力。回流区长度为时均顺流向速度最小值距离圆柱中心的距离。

表 2 算例计算结果与前人工作的对比

算例	长细比	St 数	基础吸力系数	平均阻力系数	回流区长度	$-u_{min}/U_\infty$
Case A1	二维	0.2461	1.8368	1.6055	0	0
Case A2	$\frac{1}{2}\pi$	0.2191	0.8499	0.9888	1.754	0.243
Case A3	π	0.2161	0.9263	0.9882	1.417	0.325
Case A4	2π	0.2191	0.9419	0.9944	1.325	0.377
Lysenko[10]:LES with SMAG	π	0.19	0.8	1.18	0.9	0.26
Lysenko[10]:LES with TKE	π	0.209	0.91	0.97	1.67	0.27
Norberg[1]1	50	-	0.875	-	-	-
Norberg[1]2	6	-	0.78	-	-	-
Lourenco and Shih[6]	20.5	0.22	-	0.99	1.22	0.247
Kravchenko and Moin	2π	0.21	0.94	1.04	-	0.35

从表 2 的计算结果可知，除 2D 外，其他不同长细比圆柱绕流计算所得到的 St 数、基础吸力系数和平均阻力系数都比较接近，且与 Kravchenko and Moin[2] 的实验结果比较接近。回流区长度及 $-u_{min}/U_\infty$ 这两个参数在不同长细比的情况下计算出来的结果相差较大，随着长细比的增加，回流区长度减小，$-u_{min}/U_\infty$ 增大。

3.3 流场信息分析

下面将对圆柱周围的近尾流区及远尾流区的流场信息分析，首先给出了圆柱附近的 4 个特征位置，分别是 $x/D = 0.58, 1.06, 1.54, 2.02$，如图 4 所示。

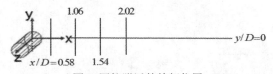

图 4 圆柱附近的特征位置

图 5 是 caseA3 中得到的圆柱中心线 $y/D=0$ 上 x 方向时均流速分布，以及与前人结果的对比。从图中可以看到，在圆柱后方距离圆柱约 0.5D 至 2D 的范围内，时均顺流向的速度为负值，表明其方向与来流方向相反，说明这个区域内的流场存在回流的现象。此后，时均流向速度增大，并最终趋于来流速度。

图 6 是算例 A1-A4 的计算结果与实验的对比。可以看到 caseA1 由于是二维算例，流场的速度轮廓出现了明显的不符合实际的情况，没有出现流向速度为负值的回流区。caseA2-caseA4 的计算结果较为接近，显然 caseA3 和 caseA4 更加接近实验值。

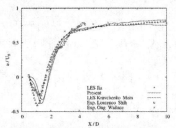

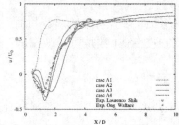

图 5 本文时均顺流向速度结果与前人结果对比　　图 6 caseA1-caseA4 时均顺流向速度 u 的计算结果

Ma[4]等人专门研究了圆柱轴向尺度对近尾流场湍流的影响。他们观察到了两种不同的尾流场形态。在第一种形态中，尾流场顺流向时均速度剖面 u 随 y 坐标变化的曲线为"U"型，第二种形态中该曲线为"V"型。在 Breuer[3]的研究中，他使用相对比较粗糙的网格，运用 LES 湍流模型计算了轴向长度分别为 $l_z=\pi D$ 和 $l_z=2\pi D$ 的圆柱绕流，都只得到了"U"型的速度轮廓。

图 7 至图 10 为本次计算中 caseA1 至 caseA4 的圆柱在下游 4 个特征位置处 $x/D=0.58,1.06,1.54,2.02$ 尾流场顺流向时均速度 u 随 y 坐标变化的曲线，以及与实验计算结果的对比。从计算结果来看，长细比对流场的计算是有一定影响的，首先 caseA1（二维）与实验差别严重，这种差别对圆柱后方的远尾流区尤为明显，说明二维的情况会导致流场计算错误。

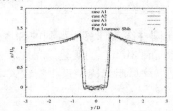

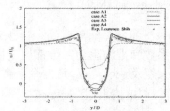

图 7　$x/D=0.58$ 处顺流向时均速度-caseA1-5 对比　　图 8　$x/D=1.06$ 处顺流向时均速度-caseA1-5 对比

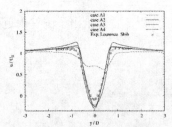

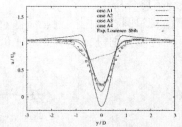

图 9　$x/D=1.54$ 处顺流向时均速度-caseA1-5 对比　　图 10　$x/D=2.02$ 处顺流向时均速度-caseA1-5 对比

　　对于长细比为 $\pi/2$ 的 caseA2 的流场计算结果来看，其变化趋势与 caseA3 及 caseA4 并不相同，特别是在特征位置 $x/D=1.06,2.02$ 两处的计算结果与实验相比有较大误差，说明过小的长细比尚不能满足计算对轴向长度的要求，以致使得流场的计算结果产生较大误差。而 caseA3 及 caseA4 在不同特征位置处关于流场的计算结果较为一致，在考虑计算量的前提下，本文认为长细比大于 π 已经可以取得较好数值模拟结果。

　　以 caseA3 为例，继续讨论一下 Re=3900 瞬时流场与平均流场的关系。C.H.K Williamson 等[11]对圆柱绕流尾流从层流到湍流的转变进行试验研究，当 $Re>300$ 时，此时虽仍然会按一定频率泄放尾涡，但流动已经完全为纯粹的湍流流动，惯性力对流场的影响明显大于黏性力，流体流动不再稳定，任何微小变化容易发展、增强，从而形成紊乱、不规则的湍流流场。图 11 至图 14 分别给出了 $x/D=0.58,1.06,1.54,2.02$ 处 x 方向一系列瞬时的速度剖面及时均速度，用黄色的线表示瞬时速度，红色的线是所有瞬时速度的平均值。从图中可见瞬时速度剖面始终围绕着时均速度的周围脉动，且距离圆柱越远脉动的范围越大，因为距离圆柱越远的地方物体对流体的控制越弱。时均速度剖面在所取的 4 个特征位置处的形状也有其特征，平均速度的谷值一定在 $y/D=0$ 的中心线上，但是各瞬时的谷值围绕中心线振荡。$x/D=0.58$ 处的时均速度呈"U"型，其余呈"V"型，随着距离的增大，"V"的形状也趋于平缓。

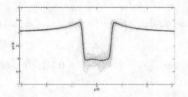

图 11　$x/D=0.58$ 处 x 方向的瞬时速度和时均速度

图 12　$x/D=1.06$ 处 x 方向的瞬时速度和时均速度

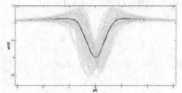

图 13　$x/D=1.54$ 处 x 方向的瞬时速度和时均速度　　图 14　$x/D=2.02$ 处 x 方向的瞬时速度和时均速度

4 结论

　　本文探讨了不同的计算域轴向尺度对静止圆柱绕流数值模拟计算结果的影响。通过计算并对比了雷诺数 3900 下的 4 种不同长细比的圆柱绕流，主要得到了以下结论：

　　(1) 在雷诺数较高的情况下必须采用三维的计算模型，二维简化模型的计算结果是错误的，因为在较高雷诺数下，圆柱绕流的漩涡脱落已经具有了三维效应。

　　(2) 对于三维计算，通过对时均流向速度 U 进行分析及与实验结果对比，发现计算域轴向尺度足够大的算例结果与实验吻合得更好。但是在长细比大于 π 之后变化不是很大，

说明长细比大于 π 已经可以取得较好数值模拟结果。

(3) 对圆柱后方近尾流区及远尾流区的流场信息进行分析，通过对 4 个特征位置处时均顺流向 u 的比较，发现在靠近在近尾流去的速度剖面呈"U"型，在远尾流区的速度剖面成"V"型。

(4) 对圆柱绕流尾流场的瞬时速度也进行了分析，发现瞬时速度剖面始终围绕着时均速度的周围脉动，且距离圆柱越远脉动的范围越大，因为距离圆柱越远的地方物体对流体的控制越弱。

致谢

本文工作得到国家自然科学基金项目（Grant Nos 51379125，51490675，11432009，51411130131），长江学者奖励计划(Grant No. 2014099)，上海高校特聘教授（东方学者）岗位跟踪计划(Grant No. 2013022)，国家重点基础研究发展计划（973 计划）项目（Grant No. 2013CB036103），工信部高技术船舶科研项目的资助。在此一并表示衷心感谢。

参考文献

[1] Norberg, C. "An experimental investigation of the flow around a circular cylinder: influence of aspect ratio." Journal of Fluid Mechanics ,1994, 258(1): 287-316.

[2] Kravchenko A. G., Moin P. Numerical studies of flow over a circular cylinder at Re= 3900 [J]. Physics of fluids, 2000, 12(403).

[3] Breuer M. Large eddy simulation of the subcritical flow past a circular cylinder: numerical and modeling aspects [J]. International Journal for Numerical Methods in Fluids, 1998, 28(9): 1281-1302.

[4] Ma X., Karamanos G.-S., Karniadakis G. Dynamics and low-dimensionality of a turbulent near wake [J]. Journal of Fluid Mechanics, 2000, 410: 29-65.

[5] Wissink J., Rodi W. Numerical study of the near wake of a circular cylinder [J]. International journal of heat and fluid flow, 2008, 29(4): 1060-70.

[6] Lourenco, L.M., Shih, C. Characteristics of the plane turbulent near wake of a circular cylinder, a particle image velocimetry study, 1993.

[7] Ong L., Wallace J. The velocity field of the turbulent very near wake of a circular cylinder [J]. Experiments in Fluids, 1996, 20(6): 441-53.

[8] 贾晓荷. 单圆柱及双圆柱绕流的大涡模拟[D].上海:上海交通大学, 2008.

[9] 杜远征. 三维圆柱绕流及涡激振动的数值模拟[D].天津:天津大学, 2012.

[10] Lysenko D. A., Ertesvåg I. S., Rian K. E. Large-Eddy Simulation of the Flow Over a Circular Cylinder at Reynolds Number 3900 Using the OpenFOAM Toolbox [J]. Flow, Turbulence and Combustion, 2012, 89(4): 491-518.

[11] C.H.K. Williamson. The existence of two stages in the transition to three-dimensionality of a cylinder wake. Phys.Fluids, 1988(11):3165-3168.

Large eddy simulation of flow around cylinder with different aspect

Duan Mu-yu [1,2]   Wan De-cheng [1 *]

1. State Key Laboratory of Ocean Engineering, School of Naval Architecture, Ocean and Civil Engineering, Shanghai Jiao Tong University, Collaborative Innovation Center for Advanced Ship and Deep-Sea Exploration, Shanghai 200240, China

2. Department of Ship and Port Eng. ,Jiangsu Maritime Institute, Nanjing, Jiangsu, China

*Corresponding author: dcwan@sjtu.edu.cn

Abstract: As the previous studies have significantly advance our knowledge about the laminar flow around a cylinder, the recent research interest focuses on turbulent flow cases. However, the wake of turbulence flow around cylinder at high Reynolds number is three-dimensional, unstable, irregular, random flow with rotation. This paper presents simulations of turbulence flow around a cylinder with four different aspect (include a 2D case) by use of large eddy simulation solver in OpenFOAM. And highlight analyses of computational parameters, such as Strouhal number, time-averaged drag coefficient and so on, show good agreement with the experiment. The distribution of time-averaged streamwise velocity along both streamwise direction and cross-flow direction are analyzed. The results show that in case with a cylinder with aspect ratio of π, the spanwise scale of the computation domain is large enough to contain the development of 3D structure of fluids in the wake near cylinder.

Key words: different aspect, large eddy simulation, flow around a cylinder, wake analysis

方型布置四圆柱绕流数值模拟研究

殷长山*，高洋洋*，王坤鹏*，王洋+

* (浙江大学海洋学院，杭州 310058, Email: yygao@zju.edu.cn)
+(杭州同道建设工程有限公司，杭州 310000)

摘要：采用计算流体力学 CFD 软件开展了对低雷诺数 Re=200 时方形布置的四圆柱，在不同间距比（L/D=1.5-4.0，其中 L 为圆柱中心距，D 为圆柱直径）情况下的绕流流场的数值模拟研究。研究比较了不同间距比对四圆柱绕流流场的影响，计算分析了四圆柱的涡量等值线、升阻力系数和旋涡脱落频率随间距比变化的情况。结果表明，在间距比 L/D≤3.5 时，四圆柱绕流过程中尾流形态受间距比的影响很大。随着柱体间距的增大，上下排柱体之间的干扰减弱，相应的升、阻力系数有较大的波动，旋涡脱落频率先减小后变大。在不同间距比情况下，不同流态之间会发生转变，结构动力响应也会发生明显变化。

关键词：四圆柱绕流；数值模拟；间距比；流态

1. 引言

关于圆柱绕流问题的研究在土木工程、海洋工程及航空航天等工程领域中受到广泛关注，如桥梁、冷却塔、海洋平台、海洋立管等。当流场中存在多个柱体时，由于柱体之间存在相互干扰，其绕流流场的水动力特性及结构动力响应均发生明显变化，较单圆柱绕流问题更为复杂，尤其在海洋工程中，平台的支撑桩柱和海洋输油管道往往会涉及到复杂的多柱体绕流问题。

现有的关于圆柱绕流问题的研究主要集中在单柱体绕流水动力特性的实验及数值研究上，如边界条件、雷诺数等对绕流流场的影响，而对于多柱体系统，绕流流场的水动力特性不仅与雷诺数有关，还深受柱体间距比 L/D（L 为圆柱中心间距，D 为圆柱直径）和迎流角度 α 的影响。四柱体是多柱体系统中常见的一种结构型式，国内外学者开展了一系列关于其绕流流场的实验及数值研究。Lam 等[1] 于 2003 年利用激光诱导荧光技术（LIF）和压电传感器获得了亚临界雷诺数下四柱体的阻力系数和斯托罗哈尔数 St（间距比 1.69≤L/D≤3.83，0°≤α≤180°），经研究发现四柱体的阻力系数和 St 数受 3 种流态的支配，即：

大间距比下的自由振荡剪切层和旋涡的形成，中等间距比下的剪切层再附着或者屏蔽流，小间距比下的窄间隙流。随后 Lam 等[2-4]通过试验，对流场中的不同流场形态进行了总结归类，并通过分析不同间距比和雷诺数以及迎流角度的变化，研究了流场形态和圆柱受力之间的关系。Lam 等[5]利用有限体积法对雷诺数 Re=100 和 Re=200 开展了四柱体绕流的二维数值模拟研究，归纳了三种流态：稳定屏蔽流，摆动屏蔽流和涡脱流态，并对不同流态之间转换时的压力变化进行了分析。Wang 等[6]开展了在雷诺数 Re=8000，间距比为 $2.0 \leq L/D \leq 5.0$，迎流角 $0° \leq \alpha \leq 45°$条件下的四圆柱绕流的实验研究，分别利用粒子图像测速技术（PIV）及压电传感器获得了四柱体的旋涡脱落特性及每个圆柱的升、阻力数据，并进一步分析了流态和柱体受力之间的关系。Han 等[7]利用谱单元法对四柱体在雷诺数 Re=200，间距比 $1.5 \leq L/D \leq 4.0$，迎流角 α 分别为 0°和 45°情况下的绕流流场进行了数值模拟研究，结果表明，每个迎流角下都会形成三种不同的流态，且当一种流态过渡到另一种流态时，阻力系数和涡脱频率均会发生明显的变化。

从上述研究可以看出，对于四柱体系统绕流，柱体之间流场的复杂干扰不仅与间距比、迎流角度、雷诺数有关，还与其相应的边界条件有关。国内对四柱体绕流流场的水动力特性的研究还较少。基于计算流体力学 CFD 软件，开展了不同间距比条件下四柱体绕流流场的数值模拟研究，分析了流态及结构动力响应随间距比变化的规律。

2. 计算模型

2.1 控制方程和计算模型

控制方程采用不可压缩非定常 N-S 方程和连续性方程，层流模型（Viscous-Laminar）控方程可写成下列无量纲向量的形式。

动量方程：
$$\frac{\partial u_i}{\partial t} + u_j \frac{\partial u_i}{\partial x_j} - \frac{1}{Re} \frac{\partial^2 u_i}{\partial x_j \partial x_j} + \frac{\partial p}{\partial x_i} = 0 \qquad (1)$$

连续性方程：
$$\frac{\partial u_i}{\partial x_i} = 0 \qquad (2)$$

2.2 计算域和边界条件

在本文四柱体绕流的二维数值模拟中，计算流场区域设为矩形 60D×40D，入口及上下边界距四柱体中心 20D，出口边界距四柱体中心 40D(图 1)。表 1 为四柱体绕流流场计算域边界条件设置表。圆柱表面采用无滑移边界条件，进口为均匀来流，出口采用自由出口边界条件，上下边界采用对称条件。

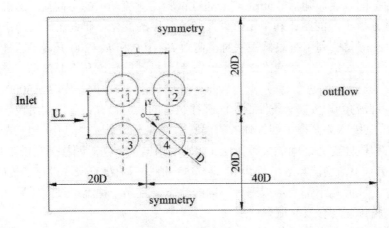

图 1 计算域示意图

表 1 计算域边界条件设置

速度入口(Inlet)	$U=U_\infty, V=0$
出口条件（Outflow）	自由出流
上下边界（Symmetry)	$V=0$, 所有物理量梯度为 0
其他边界采用无滑移固壁	$U=0, V=0$

3. 数值模拟结果分析

3.1 单柱体绕流验证网格可靠性

为了验证所采用网格的准确性，对比分析了在雷诺数 $Re=100$ 条件下单柱体绕流数值模拟结果与其他相关文献结果。单柱体绕流流场网格示意图如图 2 所示，本文选用了 4 种不同网格节点的单柱体绕流流场模型进行了数值模拟，得到了不同网格节点条件下柱体的时均升、阻力系数及无因次旋涡脱落频率 Strouhal 数，计算结果如表 2 所示。

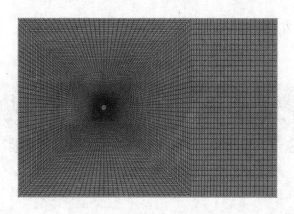

图 2 单柱绕流流场网格示意图

表 2 不同网格节点下的单柱体绕流计算结果（Re=100）

节点数	单元数	柱体表面节点数	时间步/S	阻力系数	升力系数	St数
11448	11328	100	0.004	1.3429±0.0093	±0.329	0.161
16208	16048	140	0.004	1.3450±0.0095	±0.330	0.167
20968	20768	180	0.004	1.3443±0.0095	±0.334	0.167
25728	25488	220	0.004	1.3442±0.0094	±0.333	0.167

表 3 单柱体绕流计算结果比较（Re=100）

文献	阻力系数	升力系数	St 数
Braza et al. [8]	1.340± 0.051	±0.289	0.160
Ding et al. [9]	1.356 ± 0.010	±0.287	0.166
K. Lam [5]	1.360± 0.008	±0.297	0.160
Atal Bihari [10]	1.352 ± 0.010	±0.278	0.161
本文	1.345±0.010	± 0.330	0.167

　　表 3 为单柱体绕流在 Re=100 情况下流场结果对比。如表 3 所示，本文的计算结果与其它文献[5,8-10]结果基本一致，除了升力系数 Cl 稍微偏大点，阻力系数 Cd 值和 St 值的偏差分别控制在 1%和 3.7%以下。经过对比分析，本文采用第二种网格节点（柱体表面节点数 140）进行四柱体绕流流场的网格划分。在四柱体绕流流场模拟计算过程中，模型采用了 SIMPLC 算法进行速度和压力的耦合求解，压力项采用二阶格式离散，动量方程采用二阶迎风格式进行离散，瞬态计算采用二阶隐式格式。计算过程中连续性方程控制收敛残差值在 10^{-4} 以下，动量方程残差控制在 10^{-5} 以下。

3.3 不同间距下的流态分析

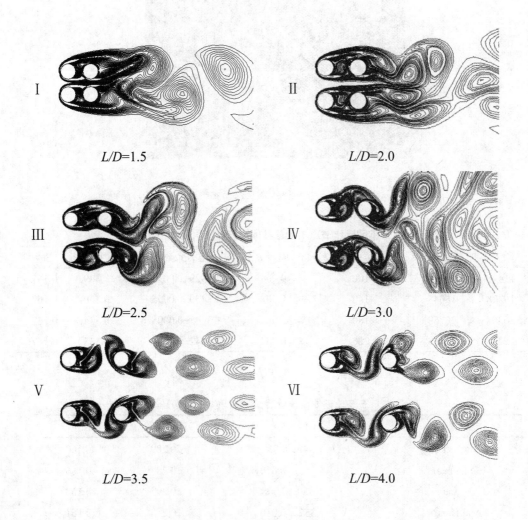

图 3 不同间距比下的涡量等值线分布

图 3 表示不同间距比条件下的瞬时涡量等值线分布图，可通过分析瞬时涡量图的变化来考察不同流态之间的变化情况。从图 3 中可以看出，流态 I、II、III 中的下游圆柱均处于上游圆柱自由剪切层的淹没中，上排圆柱和下排圆柱之间的内部剪切层再附着到下游圆柱上。间距比 $L/D=1.5$ 时，上排和下排圆柱的外部剪切层没有附着到下游圆柱体上，而且内外剪切层没有出现明显的摆动现象，该流态称为稳定屏蔽流，在该流态下，结构之间的干扰以临近效应为主。当间距比 L/D 增大到 2.0 时，外部剪切层开始在下游圆柱后方出现摆动，这表明，该流动基本处于摆动屏蔽流的状态，1 柱和 4 柱（2 柱和 3 柱）之间开始出现"回流区"，"回流区"靠近下游圆柱，阻碍了上游柱体自由剪切层的发展，从而难以在

上下游柱体间形成涡脱。当间距比 L/D 达到 2.5 时,"回流区"远离下游柱体,上游圆柱的外部剪切层再附着到下游圆柱体上,上游柱体的剪切层输送到下游柱体后方脱落时基本呈正相关系。周岱等[11]在该间距比下,Re=150 时观察到典型的摆动屏蔽流现象,而从图 3 的涡量图中可以看出,当 L/D=2.0 时,四柱体后的尾流形态为摆动屏蔽流还没充分发展的状态,此时,下游的两排圆柱尾部均形成旋涡脱落,干扰上游圆柱尾部的旋涡脱落并抑制其剪切层的发展。当 L/D=3.0 时,上游柱体的自由剪切层进一步发展,上下排柱体表面的剪切层的发展和脱落呈典型的正相关系,结构间的干扰以临界效应和剪切层干扰为主。当间距比 L/D=3.5 时,四柱体系统可看作两排串列双柱,上游圆柱的自由剪切层发展成熟,向下输送直接撞击在下游圆柱上,这种典型流态被称为涡冲击流态(也称涡脱流态),上排柱体和下排柱体的尾涡基本对称,此时上下游柱体之间互扰以尾流效应为主。值得注意的是,当间距比增大到 4.0 时,上下排圆柱的剪切层发展和旋涡的脱落呈现反对称关系。

从上述几组结果的对比分析中发现,间距比的变化会对各种流态的形成产生重要的影响,在小间距(L/D≤2.0)条件下,柱体之间的干扰以临近效应为主。在中等间距(2.5≤L/D≤3.0)条件下,上游柱体外部剪切层再附着到下游柱体,柱体之间的干扰主要是以剪切层干扰和临近效应为主。当间距比增大为 L/D≥3.5 时,上游柱体剪切层形成成熟的涡脱,撞击到下游柱体上,结构之间的干扰以尾流效应为主。

3.2 圆柱表面受力特性分析

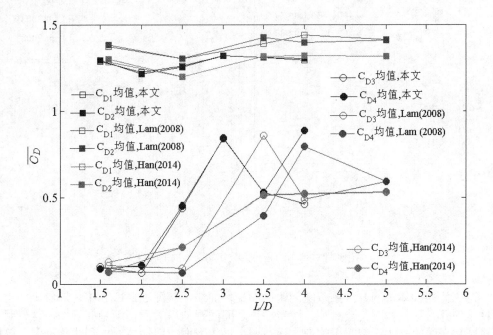

图 4 四柱体平均阻力系数随间距比的变化曲线

图 4 为四柱体平均阻力系数随间距比的变化曲线，从图 4 可以看出，圆柱 1 和圆柱 2 之间的平均阻力系数基本相等，在小间距（$L/D \leq 2.0$）和大间距（$L/D \geq 3.5$）情况下的计算结果接近 Han[7]的结果，在中等间距情况下平均阻力系数 $\overline{C_D}$ 介于 Lam[5]和 Han[7]之间。当间距比 L/D 从 1.5 增大到 2.0 时，上游两圆柱的阻力系数均有所下降。该现象的产生是由于在 L/D=1.5 小间距情况下，下游柱体处在上游柱体尾流的屏蔽中，水流作用在柱体上的阻力主要集中在上游圆柱体上，但当间距比 $L/D \geq$ 2.0 时，上游柱体的外部剪切层也开始再附着到下游圆柱上，阻力被下游圆柱体分担一部分，故上游圆柱 1 和 2 的阻力系数均有所下降，而下游圆柱 3 和 4 的平均阻力系数逐渐增大起来。Sayers[12]和 Lam[5,13]同样观察到该现象。当间距比 L/D 为 3.0 时，下游柱体平均阻力系数蹿升，达到最大值，说明此时流态即将发生转变，柱体间距达到了临界间距。该现象同样可以从图 3 的涡量图中看出，在该间距条件下，流态正处于从稳定屏蔽流向涡脱流态转变的过渡阶段。流态从间距比 L/D=2.0 到 4.0 的转变说明了间距比对柱体的结构响应有很大影响。当 $L/D \geq$ 5.0 时，四个圆柱表面的剪切层几乎能够独立脱落形成涡脱，各柱体平均阻力系数接近单柱体绕流时的平均阻力系数。

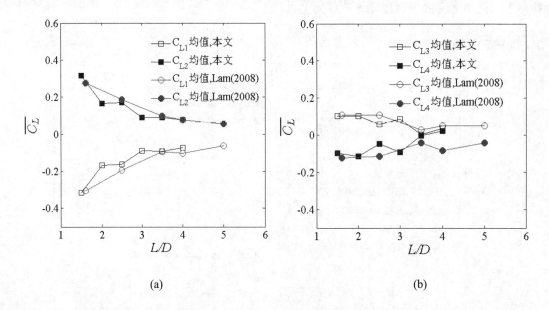

(a)   (b)

图 5 四柱体平均升力系数随间距比的变化曲线

图 5 为四柱体平均升力系数随间距比的变化曲线，从图 5(a)和(b)中可以看出，上下排圆柱平均升力系数基本完全对称，随着柱体之间间距的增大而逐渐趋向于 0，这表明上下两排圆柱之间的干扰随着间距的增大而减弱，柱体表面的剪切层发展和脱落趋向于单柱体绕流时的流态。下游两圆柱的平均升力系数的绝对值明显小于上游圆柱平均升力系数绝对

值，这可能是因为上游圆柱剪切层受下游柱体的干扰作用所致。本文 $\overline{Cl_3}$ 和 $\overline{Cl_4}$ 值总体上随着间距的增大逐渐趋向于 0，与 Lam[5] 的结果基本一致，但从图中的波动情况来看其对流态的转变较为敏感。当 L/D 从 1.5 增大到 3.5 的过程中，$\overline{Cl_3}$ 和 $\overline{Cl_4}$ 值一直在波动，说明下游柱体升力系数对流态的转变比较敏感。另外 L/D=4.0 时，$\overline{Cl_3}$ 和 $\overline{Cl_4}$ 值十分接近，与 Lam[5] 的结果不同，这是由于此时柱体的流态图是反对称（正相）的缘故。

图 6 为无因次旋涡脱落频率 St 数随间距比的变化曲线。从图 6 中可以看出，4 个圆柱的无因次旋涡脱落频率比较接近，本文 Re=200 情况下的计算结果和 Han[7]的计算结果比较接近。总体来说，St 数总是随着间距的增大而呈先减小后增大的规律变化，最后达到接近单柱的 St 数，St 数的变化趋势说明了不同流态之间发生了转变。当间距比 $L/D \le 2.0$ 时，St 数随间距比的增大而减小，然而 St 达到最小值时所对应的间距比比 Lam[5] 以及 Han[7] 的小 0.5，这是因为本文模拟的流态比他们模拟的发展要早，对于本文来说，L/D=2.0 是流态发展的一个临界间距比，这一点从涡量图中也可以看出。当 $L/D \ge 2.5$ 时，St 随间距比的增大而增大，表明旋涡脱落加快，本文的结果十分接近 Lam[5] 以及 Han[7]的计算结果。

图 7 为柱体升、阻力均方根系数 C_L' 和 C_D' 随间距比的变化曲线，均方根值 C_D' 和 C_L' 反映了圆柱受到的不稳定力的波动状况，由此可判断出不同流态以及流态之间发生转变时柱体的受力特性。从图 7 中可以看出，圆柱 1 和 2，圆柱 3 和 4 的升、阻力系数的脉动幅度几乎一致，C_D' 和 C_L' 的增大和减小说明此时的流态发生了转变。如当间距比 L/D 从 2.0 增

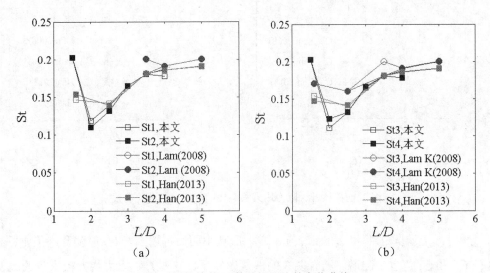

（a） （b）

图 6 四柱体的 St 数随间距比的变化曲线

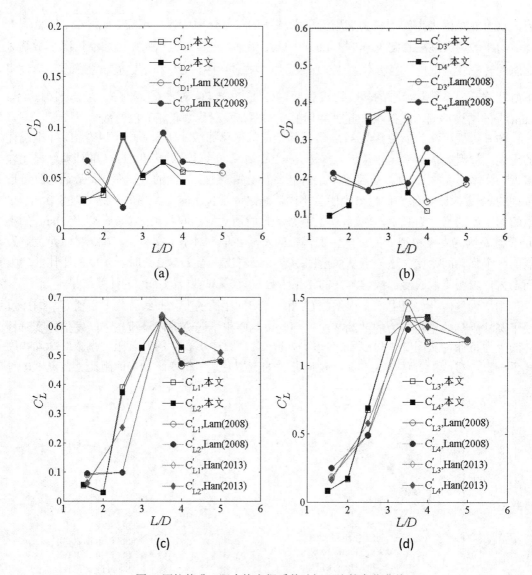

图 7 四柱体升、阻力均方根系数随间距比的变化曲线

加到 3.5 时，上游圆柱 1 和 2 的 C_D' 值先增大后减小而后再增大，C_L' 值陡升，下游圆柱 3 和 4 的 C_D' 和 C_L' 值也是陡增。结合图 3 的涡量图发现，这些升、阻力均方根系数的改变和不同流态之间的转化是相对应的。从图 7 同时可以看出，下游柱体的 C_D' 和 C_L' 值要比上游柱体的大得多，这可能是因为旋涡从上游柱体后方脱落对下游柱体产生的干扰比上游柱体要大得多。

4. 结论

本文基于计算流体力学 CFD 软件，研究了间距比 L/D 对方形布置四圆柱绕流流场的影响。首先通过单柱体绕流流场模拟对网格和计算模型进行了验证，然后分析比较了四圆柱在不同间距条件下绕流流场的水动力特性及其结构动力响应，如旋涡脱落形态、柱体升、阻力系数及斯特鲁哈数 St 等，得出的主要结论如下：

（1）　间距比是影响四柱体绕流水动力特性的重要因素，在不同间距比条件下，在四柱体后观测到了 3 种不同的尾流形态：稳定屏蔽流，摆动屏蔽流和涡脱流态，其他工况下的流态可认为是处于该 3 种流态的发展或过渡状态。

（2）　不同流态之间发生转变时，柱体所受的升、阻力变化明显，下游柱体所受阻力受上游柱体剪切层发展的影响较大。当 L/D 达到临界间距 2.0 和 3.0 时，下游柱体所受的阻力和升力波动较大。

（3）　四柱体的旋涡脱落频率基本一致，且随间距比的增大而先减小后增大，最后趋于稳定达到单柱体绕流对应的脱落频率。旋涡脱落频率的明显变化也说明了不同流态之间发生了转变。

（4）　柱体所受升、阻力均方根系数的大小受间距比的影响，不同间距下流态发生转变时，升、阻力均方根系数变化显著。在间距比 $2.0 \leq L/D \leq 3.0$ 范围内，柱体的升、阻力均方根系数迅速增大。

致谢

感谢国家自然科学基金资助项目（51409231），浙江省自然科学基金资助项（LY14E090009），教育部留学回国人员启动基金项目（教外司留[2014] 1685 号）的资助。

参 考 文 献

[1] K.Lam, J.Y. Lib, R.M.C. So　Force coefficients and strouhal numbers of four cylinders in cross flow [J] Journal of Fluids and Structures.,2003,18: 305-324.

[2]K. Lam, J.Y. Lib, K.T. Chana, et al. Flow pattern and velocity field distribution of cross-flow around four cylinders in a square configuration at a low Reynolds number [J] Journal of Fluids and Structures.,2003,17: 665-679.

[3] K.Lam, L.Zou　Experimental and Numerical Study for the Cross-flow around Four Cylinders in an In-line Square Configuration [J] Journal of Mechanical Science and Technology.,2007,21:1338-1343.

[4] K.Lam, L.Zou　Experimental study and large eddy simulation for the turbulent flow around four cylinders in

an in-line square configuration[J] International Journal of Heat and Fluid Flow.,2009, 30: 276-285.

[5] K.Lam, W.Q. Gong, R.M.C. So Numerical simulation of cross-flow around four cylinders in an in-line square configuration [J] Journal of Fluids and Structures.,2008, 24:34-57.

[6] X.K. Wang, K.Gong , H.Liu , et al. Flow around four cylinders arranged in a square configuration[J] Journal of Fluids and Structures.,2013, 43:179–199.

[7]Zhaolong Han , Dai Zhou , Xiaolan Gui , Jiahuang Tu. Numerical study of flow past four square-arranged cylinders using spectral element method [J] Journal of Computers & Fluids.,2013, 84:100－112.

[8] Braza, M., Chassaing, P., Ha Minh, H. Numerical study and physical analysis of the pressure and velocity fields in the near wake of a circular cylinder [J].Journal of Fluid Mechanics ., 1986,165:79–130.

[9]Ding, H., Shu, C., Yeo, K.S.,et al. Numerical simulation of flows around two circular cylinders by mesh-free least square-based finite difference methods. International Journal for Numerical Methods in Fluids., 2007, 53:305–332.

[10]Atal Bihari Harichandan, Arnab Roy. Numerical investigation of low Reynolds number flow past two and three circular cylinders using unstructured grid CFR scheme [J]. International Journal of Heat and Fluid Flow , 2010, 31:154–171.

[11]韩兆龙，周岱，陈亚楠，等. 谱单元法及其在多圆柱绕流分析中的应用[J]. 空气动力学学报，2014,32(1):21-28.

[12] Sayers, A.T. Flow interference between four equispaced cylinders when subjected to a cross flow [J]. Journal of Wind Engineering and Industrial Aerodynamics., 1988 , 31:9–28.

[13] Lam, K., Fang, X. The effect of interference of four equispaced cylinders in cross flow on pressure and force coefficients [J]. Journal of Fluids and Structures., 1995,9:195–214.

Numerical study of flow past four square-arranged cylinders

*YIN Chang-shan, *GAO Yang-yang ,*WANG Kun-peng , +WaNG yang

*(Zhejiang University, Hangzhou, 310058. Email: yygao@zju.edu.cn)

+(Hangzhou Tongdao Engineering Construction Company,310000)

Abstract: In this paper, based on the computational fluid dynamics (CFD) software, the numerical simulation of flow past four square-arranged cylinders is carried out at different spacing ratios ($1.5 \leq L/D \leq 4.0$, L is the center to center distance, D is the cylinder diameter) when Reynolds number Re=200. The effect of spacing ratio on the flow fields is investigated, such as the instantaneous vorticity contours, drag and lift coefficients, and vortex shedding frequencies. The results show that the flow characteristics behind the four square-arranged cylinder cases are significantly affected by the spacing ratios particularly when $L/D \leq 3.5$. With increasing of spacing ratio, the interferences between the cylinders of upper and lower row are weakened, the values of the drag and lift coefficient are correspondingly fluctuated with large amplitude, and the vortex shedding frequency is decreased significantly and then increased slowly. Moreover, at different spacing ratios, the switching of different flow patterns is observed, and the key mechanical parameters are also changed significantly.

Key words: Flow past four-cylinders; numerical simulation; spacing ratios; flow pattern

应用 CFD 技术优化无涡街尾流杆件外形

吴静萍 [1,2]，陶佳伟 [1,2]，张敏 [1,2]，肖继承 [3]

（1. 武汉理工大学高性能舰船技术教育部重点实验室，武汉，430063，Email:wujp@whut.edu.cn）

(2. 武汉理工大学交通学院，船舶、海洋与结构工程系，武汉，430063)

(3. 中国船级社天津分社，天津，300457）

摘要：涡街是一种典型的流动分离现象。涡街发生时，钝体受到周期性侧向力作用，导致物体振动，结构疲劳，甚至毁坏，因此在杆件设计时要避免或抑制涡街现象的发生。本文采用数值计算的研究方法，基于 CFD 软件平台-Fluent，求解 RANS 方程，采用 SST $k-\omega$ 湍流模式，计算了圆柱检测杆加装不同外形整流罩后的粘性流体绕流流动。通过对 11 种整流罩外形、25 个工况的绕流流动的模拟，从速度场和水流作用力系数时历曲线分析流动是否有涡街发生，以及杆件流体受力大小是否满足设计要求。推荐的整流罩外形为圆弧平板组合形，不仅无涡街发生，满足设计要求，而且水平力、竖直力比圆柱形大大减小。后续将做试验验证本文推荐的整流罩外形。

关键词：整流罩；涡街；CFD 技术；流动分离

1 引言

本文介绍的内容是围绕设计一根固定、水平放置、中空的圆柱检测杆，为了减小测量杆涡激振动和所受到的水流水平力、竖直力而展开的。检测杆直径 1.3m，浸入水下 7m，长 70m。由于工作水域面积小，杆件浸入深度较大，可忽略表面波影响；水流近似水平，最大速度 3.5m/s。流动雷诺数接近 4.55×10^6，流动会产生涡街现象。

卡门涡街，简称涡街，是一种典型的流动分离现象。当不可压缩黏性流体绕过钝体流动时，流动发生分离，在一定雷诺数范围下，在尾流中出现交错排列的漩涡，称之为涡街。涡街发生时，钝体受到周期性侧向力作用，导致物体振动，结构疲劳、甚至毁坏，因此在杆件设计时要避免或抑制涡街现象的发生[1]。

常见的抑制涡街诱发的振动方法可分为两大类：主动控制方法和被动控制方法[2]。主动方法采取消除涡泄引起的周期性力[3]，改变结构的动力特性等措施[4]，减轻或完全抑制振动。被动控制方法遵循一定的规则，修改工程结构形状或附加额外的整流装置，改变流场，从而弱化或减小涡激振动现象的发生[1]。被动控制方法在工程中应用广泛，经过多年研究，已发展了多种形式的抑制装置，例如分离盘、整流罩、螺旋条纹、波浪型圆柱、轴向附属管、O型圈以及多孔罩等[2]。王海青，郭海燕等[5]设计3种涡激抑振方案：在圆柱下游加装相切的三角形结构、在圆柱体上游加装相切的三角形和下游加装方形结构、在圆柱上下游均加装相切的三角形结构，结果表明在外流流速相同的情况下，有抑振措施的立管明显比无抑振措施的振动幅值小，所采用的抑振方案在不同程度上抑制了结构涡激振动。睢娟、王嘉松等[6]采用的整流罩采用在圆柱体下游加装与圆柱相切的三角形结构，三角形顶角分别取：90°、75°和60°，试验研究结果表明60°整流罩的涡激振动抑制效果最好。

目前，研究不可压缩黏性流体绕流流动常用试验研究和数值计算方法。数值计算方法以其成本低、周期短、精度可信，特别是在设计方案的初步阶段，已经成为重要的流体动力性能研究手段。闵强利[7]基于Fluent软件，采用有限体积法和k-ε模型求解不可压缩N-S方程，对雷诺数Re=200和800情况下的圆柱绕流进行数值模拟，再现了圆柱尾部卡门涡街生成和脱落的发展过程。陈文礼和李惠[8]采用CFX中的SST模型，求解不可压缩粘性流体的N-S方程，对不同雷诺数下静止圆柱的非定常绕流进行数值模拟，同时对圆柱的风致涡激振动进行了分析。Zhu和Yao[9]应用RANS方程和SST k-ω湍流模式计算了在主圆柱体周围加小抑制杆的漩涡流动。

本文根据工程问题要求：① 抑制涡激现象；② 水平力和竖直力要足够小；③ 杆件发生微小偏转仍然满足以上要求；④ 检测杆便于建造施工和浮出水面维修，采用的解决措施是在圆柱体检测杆外加装整流罩。采用数值计算方法模拟杆件绕流流动。基于Fluent软件平台，应用有限体积方法求解RANS方程，采用SST k-ω湍流模式，模拟圆柱检测杆在未加装和加装不同外形整流罩后的粘性流体绕流流动。整流罩的形状首先参考文献[5-6]中的三角形。该外形整流罩，虽然能够得到无涡街发生的流动，但是一旦形状发生微小偏转，将产生较大的侧向力。继而，改进为椭圆形整流罩。椭圆形既能满足无涡街发生，也能满足无论是杆件否发生微小偏转，水平力和侧向力大小均在可以接受的范围，但是加工和保持椭圆外形均需采取必要的措施。为了工程施工简便，进一步改进整流罩外形为圆弧中间用平板相连。该形状同样满足无涡街发生和两个方向力大小控制在较小范围，并且在相同流速下的两个方向力比椭圆外形还要小。具体整流罩形状尺寸在下文图示中给出。至此找到了令人满意的检测杆导流罩外形。后续将做试验验证本文推荐的导流罩外形是否合理。

2 控制方程与数值方法

2.1 控制方程

水流流过检测杆的绕流流动，流体黏性不可压缩。虽然来流速度定常，但是由于发生涡街现象，是非定常流动。检测杆细长，问题简化为二维流场。

流场的控制方程组，包括连续性方程和运动微分方程：

连续性方程：

$$\frac{\partial \overline{u}_i}{\partial x_i} = 0 \tag{1}$$

动量守恒方程：

$$\frac{\partial \overline{u}_i}{\partial t} + \frac{\partial \overline{u}_i \overline{u}_j}{\partial x_j} = -\frac{1}{\rho}\frac{\partial \overline{p}}{\partial x_i} + \upsilon \nabla^2 u_i - \frac{\partial \overline{u'_i u'_j}}{\partial x_j} \tag{2}$$

其中，

$$-\overline{u'_i u'_j} = \upsilon_t \left(\frac{\partial u_i}{\partial x_j} + \frac{\partial u_j}{\partial x_i} \right) + \frac{2}{3} k \delta_{ij} \tag{3}$$

式中，$i = 1,2$ 分别代表两个坐标方向，水平方向和竖直方向；$\overline{u}_i$ 代表时均速度分量，u'_i 代表脉动速度分量，u_i 代表瞬时速度分量，t 是时间，ρ 流体的密度，p 压强，υ 运动黏性系数，υ_t 湍粘系数，k 湍能系数。

本文采用 SST k-ω 湍流模式(参见 Meter[10])封闭方程组。方程离散采用有限体积方法，SIMPLEC 方法离散压强速度耦合方程，时间采用一阶隐式离散格式，其它均采用二阶迎风格式。

2.2 计算域和边界条件

本研究的检测杆为圆柱形，杆件细长，直径 D=1.3m，取二维剖面形状作为优化模型即可。计算域大小及其边界条件设置，如图 1 所示，杆件剖面形状以未加整流罩时的圆柱体为例。

计算域网格划分在 Gambit 软件中生成，在柱体表面附近采用边界层网格加密，同时保证尾涡区域网格足够密。网格生成如图 2 所示，其中(a)为整个计算域的网格划分图，(b)显示了柱体表面附近的边界层网格和柱体周围较密的非结构网格。其它区域采用结构网格。这样的网格划分自然保证了尾涡域的网格有足够密度。

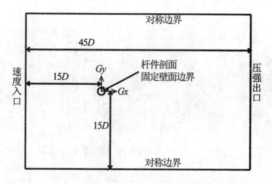

图 1 计算域及边界条件示意图

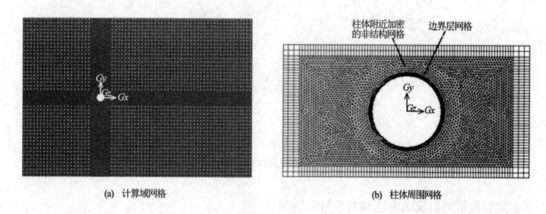

图 2 计算网格划分示意图

3 计算结果及分析

3.1 检测杆圆形绕流计算结果及数值方法验证

本文数值计算结果，包括水平力系数、竖直力系数、力矩系数和力振荡频率，汇集在表 1 中。

对于检测杆圆形截面的绕流计算，圆柱直径 $D=1.3m$，水流速度取为 3.5m/s，取水的运动粘性系数为 $10^{-6}m^2/s$，其雷诺数接近 4.55×10^6。此工况下的水平力系数在 0.5 左右（表 1），与文献[11]中给出的大雷诺数下的圆柱阻力系数值相当接近。以及，本文计算的水平力的频率是竖直力频率的 2 倍，这也与圆柱绕流涡街发生时两个方向力的频率关系为 2 倍的规律一致。从这两个方面，足以说明本文数值模拟的方法是合理有效的。

图 3 给出检测杆圆形截面绕流的速度云图，显示出尾流中出现涡街，漩涡交错排列。图 4 给出水平力系数 CR 和竖直力系数 CL 的时历曲线图，呈现周期性。

图 3 检测杆圆形截面绕流的速度云图

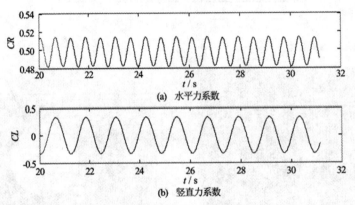

(a) 水平力系数

(b) 竖直力系数

图 4 检测杆圆形截面绕流水平力系数 CR 和竖直力系数 CL 的时历曲线

3.2 加整流罩的绕流速度场和力系数时历曲线

本文构造的整流罩外形有三角形、椭圆形和圆弧平板组合形的切面外型。为了找到优化外形，对 3 种整流罩外型，改变流动方向长度，并分别计算了对称和微小偏转 1° 角度时的绕流流动，计算外形和工况见表 1 所示。

下面选择部分整流罩偏转工况下的速度场云图和力系数曲线。

图 5 是三角形整流罩 M3 模型偏转 1° 工况 5、图 6 是椭圆形整流罩 M7 模型偏转 1° 工况 11、图 7 是圆弧平板组合形状偏转 1° 工况 23 的速度场云图和力系数曲线。对于满足设计需要的整流罩椭圆和圆弧平板组合外形，还给出了关于检测杆中心的力矩系数 CM 时历曲线。

(a) 绕流速度云图

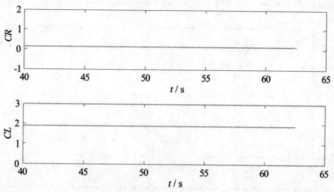

(b) 绕流水平力系数 *CR* 和竖直力系数 *CL*

(b) 绕流水平力系数 CR 和竖直力系数 CL 的时历曲线

图 5 整流罩三角形截面偏转 1° 工况 5

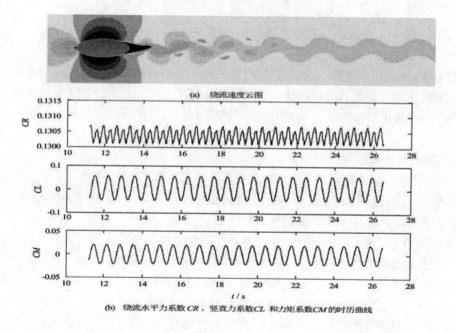

(a) 绕流速度云图

(b) 绕流水平力系数 *CR*、竖直力系数 *CL* 和力矩系数 *CM* 的时历曲线

图 6 椭圆形整流罩 M7 模型偏转 1° 工况 11

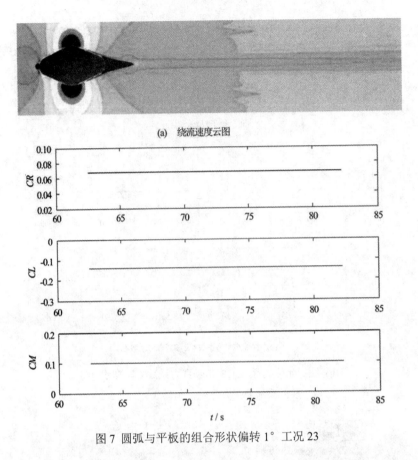

图 7 圆弧与平板的组合形状偏转 1° 工况 23

通过速度云图和力系数时历曲线更加清晰显示，不同整流罩外形绕流流动是否出现涡街现象，水流作用力是否具有周期性。当力时历曲线平直时，杆件绕流无涡街发生。以上图 5 和图 7 均无涡街现象发生。在表 1 中没有频率数据，表明该工况无涡街发生。

3.3 力和力矩系数计算结果分析

本文共构造了 10 种整流罩外形，加上检测杆圆柱外形共 11 个模型，如表 1 所示，用 M1-M11 表示。加上整流罩之后，计算了外形无偏转和偏转 1° 时的流动。对最终推荐的圆弧平板形的整流罩计算了 5 个来流速度。共计 25 个工况。

从表 1 中可见，圆柱形检测杆 M1 模型不仅发生涡街现象，水平力系数最大，竖直力系数也大，并超出设计要求的范围。三角形整流罩 M2、M3 和 M4 模型，虽无涡街发生，但是一旦外形微小偏转，即产生相当大的竖直力系数，不符合设计要求。椭圆形整流罩 M6、M7 和 M8 模型，虽有涡街发生，但是 M6 模型的水平力和竖直力足够小，已经满足设计要求。不过，虽然椭圆形整流罩 M6 模型满足水动力要求，但是可以再考虑比椭圆加工、安装简单的整流罩外形。继而采用与椭圆 M6 模型极其相似的大小圆弧加上相切平板组合的

表1 25种案例水平力、竖直力和力矩系数计算结果

编号 模型	工况	截面形状	偏转角度(°)	水流速度(m/s)	水平力系数CR 最大值	最小值	频率(Hz)	竖直力系数CL 最大值	最小值	频率(Hz)	力矩系数CM 最大值	最小值	频率(Hz)
M1	1		0	3.5	0.514	0.482	1.614	0.335	-0.334	0.807	-	-	-
M2	2		0	3.5	0.067	0.067	-	0.023	0.023	-	-	-	-
	3	1.0D	1	3.5	0.147	0.143	-	2.157	2.133	-	-	-	-
M3	4		0	3.5	0.068	0.068	-	-0.019	-0.027	-	-	-	-
	5	1.3D	1	3.5	0.130	0.130	-	1.900	1.900	-	-	-	-
M4	6		0	3.5	0.067	0.067	-	-0.001	-0.001	-	-	-	-
	7	1.0D 1.3D	1	3.5	0.134	0.134	-	1.965	1.965	-	-	-	-
M5	8		0	3.5	0.045	0.045	0.133	-0.009	-0.009	0.133	-	-	-
	9	1.0D 1.0D	1	3.5	0.168	0.159	2.937	0.038	-0.212	1.469	-	-	-
M6	10		0	3.5	0.131	0.130	2.934	0.056	-0.047	1.435	0.021	-0.021	1.435
	11	1.0D	1	3.5	0.131	0.130	1.408	-0.048	-0.148	1.408	0.116	0.075	1.408
M7	12		0	3.5	0.099	0.096	0.064	0.065	-0.049	1.598	-	-	-
	13	1.3D	1	3.5	0.109	0.103	0.100	-0.088	-0.260	1.600	-	-	-
M8	14		0	3.5	0.079	0.078	0.083	0.024	-0.017	1.733	-	-	-
	15	1.5D	1	3.5	0.076	0.076	9.996	-0.219	-0.219	1.056	-	-	-
M9	16	0.15D	0	3.5	0.094	0.094	-	-0.034	-0.081	-	0.014	0.006	-
	17	2.0D	1	3.5	0.148	0.148	-	1.898	1.897	-	-0.291	-0.291	-
M10	18		0	3.5	0.067	0.067	-	0.000	0.000	-	0.000	0.000	-
	19		1	1.0	0.007	0.007	-	0.005	0.003	-	0.006	0.006	-
	20	0.23D	1	2.0	0.024	0.024	-	-0.032	-0.033	-	0.031	0.031	-
	21	2.0D	1	2.5	0.071	0.071	-	-0.121	-0.121	-	0.097	0.097	-
	22		1	3.0	0.069	0.069	-	-0.134	-0.134	-	0.099	0.099	-
	23		1	3.5	0.067	0.067	-	-0.143	-0.143	-	0.100	0.100	-
M11	24	0.31D	0	3.5	0.087	0.087	-	0.004	-0.006	-	0.002	-0.002	-
	25	2.0D	1	3.5	0.098	0.090	-	-0.167	-0.217	-	0.121	0.099	-

外形，派生出整流罩 M9、M10 和 M11 模型，这三种模型均无涡街形成，其中 M10 模型的水平力和竖直力足够小，满足设计要求。至此，获得了无涡街、水平力和竖直力均足够小

的检测杆整流罩外形。对 M10 外形偏转 1° 情形还计算了水流速度 1.0m/s、2.0 m/s 、2.5 m/s 、3.0 m/s 的水流作用力，以便掌握外形在不同水流速度下的受力。

4 结论

通过对 11 种外形、25 个工况的绕流计算，推荐满足检测杆整流罩的外形为大小圆弧用平板相连的简单外形。小圆弧半径为检测杆直径的 0.23 倍，大圆弧即为检测杆外形，平板与两个圆形相切。此推荐外形可以推广应用于其它固定的柱体外形。

后续还会做试验验证本文推荐的整流罩外形。

参 考 文 献

1 R.D.Blevins著，吴恕三，王觉等译，流体诱发振动. 北京： 机械工业出版社, 1983.

2 谷斐. 隔水管涡激振动抑制装置的流动控制实验研究. 上海交通大学博士学位论文, 2012.

3 Sari Gh, Mureithi N W. Active control of vortex induced vibration by plasma actuation. FEDSM-ICNMM 2010. August, 2010. Montreal, Canada, 1–9.

4 Fortaleza E, Creff Y, L´evine J. Active control of vertical risers undergoing vortex-induced vibrations. OMAE2008. June, 2008. Estoril, Portugal. 1–9.

5 王海青、郭海燕等. 海洋立管涡激振动抑振方法试验研究. 中国海洋大学学报, 2009,39: 479-482.

6 睢娟、王嘉松等. 整流罩控制隔水管涡激振动的风洞试验研究. 第十三届全国水动力学学术会议暨第二十六届全国水动力学研讨会文集, 2014: 545-552.

7 闵强利. 低雷诺数卡门涡街数值模拟. 四川兵工学报, 2009, 30(11):81–83.

8 陈文礼,李惠. 圆柱非定常绕流及风致涡激振动的 CFD 数值模拟. 第十二届全国结构风工程学术会议论文集,. 陕西，西安. 2005,, 694–698.

9 Zhu H, Yao J. Numerical evaluation of passive control of VIV by small control rods. Applied Ocean Research, 2015, 51: 93–116.

10 Menter F R. Two-equation eddy-viscosity turbulence models for engineering applications . AIAA Journal, 1994，32（8）: 1598-1605.

11 Molin B 著，刘水庚译. 海洋工程水动力学. 北京: 国防工业出版社, 2012.

Appling CFD Technology to optimize a rod section for no vortex street wake

WU Jing-ping[1,2], TAO Jia-wei[1,2], ZHANG Min[1,2], XIAO Ji-cheng[3]

(1. Key Laboratory of High Performance Ship Technology of Ministry of Education, Wuhan University of Technology, P. R. China., Wuhan 430063, China)

(2. Departments of Naval Architecture, Ocean and Structural Engineering, School of Transportation, Wuhan University of Technology, P. R. China, Wuhan 430063, China)

(3. Tianjin Branch of China Classification Society，Tianjin， 300457, China）

Abstract：The vortex street is a typical flow separation phenomenon. When the vortex street is generated, the blunt body will be subjected to periodic lateral forces, which might lead to structure vibration, fatigue, and even damage. Therefore, it's essential to avoid or suppress vortex street phenomenon in rod design. In this paper, based on CFD software-Fluent to solve RANS equation and using SST k-ω turbulence model, the viscous fluid flow around of cylinder rod with different fairings installed is calculated, including 25 cases for 11 fairings contours. From the time history curve of hydrodynamic force coefficient and the contours of velocity field, the vortex be generated or not could be found out. At the end, an arc-flat fairing section shape is selected because of its excellent hydrodynamic performance. There is no vortex street, the horizontal and vertical force are enough low, and significant less than that of cylindrical section. The experiment will be done to verify these numerical results in the following research.

Key words：Fairing；Vortex Street；CFD Technology；Flow Separation

基于 RANS 的静态约束模试验数值模拟

冯松波 [1]，邹早建 [1,2]，邹璐 [1]

(1. 上海交通大学船舶海洋与建筑工程学院，上海，200240，Email: 786027495@qq.com, zjzou@sjtu.edu.cn;
2. 上海交通大学海洋工程国家重点实验室，上海，200240)

摘要： 本文以 KVLCC2 大型油轮为研究对象，采用基于 RANS 方程求解的 CFD 方法，通过对模型尺度下的粘性流场进行数值模拟，对静态约束模试验中的船-舵系统斜拖试验和舵角试验进行了数值模拟，对船-舵系统水动力进行了数值计算；数值模拟中基于低船速假设忽略了自由面兴波和船体下蹲的影响。将水动力数值计算结果和水池中的约束模试验结果进行对比，证明了所采用的数值方法的有效性。本文研究为确定船舶操纵水动力提供了一种有效的方法，可为传统的约束模试验提供一种辅助手段。

关键词： 斜拖试验；舵角试验；水动力；计算流体动力学；数值模拟

1 引言

预报船舶操纵性最常用和有效的方法是数学模型加计算机数值模拟的方法，该方法通过数值求解船舶操纵运动方程（数学模拟），数值模拟各种船舶标准操纵运动，如回转试验、Z 形试验、制动试验，得到评价船舶操纵性的参数，进而实现对船舶操纵性的预报。采用该方法，首先需要建立船舶操纵运动方程。通常船舶操纵运动方程的形式是确定的，如整体型数学模型 Abkowitz 模型，分离型数学模型 MMG 模型，需要确定的是运动方程中的系数，如 Abkowitz 模型中的水动力导数，MMG 模型中的船、桨、舵水动力系数及船-桨-舵水动力干扰系数。

确定船舶操纵运动方程中的系数，可以采用经验公式估算方法、约束模试验方法、数值计算方法、自航模试验或实船试验加系统辨识的方法等。近十年来，随着计算机科学技术和计算流体动力学（CFD）的飞速发展，基于 CFD 的船舶操纵运动水动力计算已成为一种非常普及的、与约束模试验相辅相成的船舶操纵运动数学模型建模方法；国内外众多的研究展示了基于 CFD 的数值计算方法在船舶操纵运动数学模型建模中的成功[1]。

本文应用 CFD 软件 FLUENT，以国际比较研究 SIMMAN2014 的标准船型 KVLCC2 船模为研究对象[2]，通过数值求解雷诺平均 Navier-Stokes（RANS）方程，对静态约束模试验中的船-舵系统斜拖试验和舵角试验的黏性流场进行数值模拟，计算了舵角为零、不同漂角下斜航以及不同舵角下直航时作用在船-舵系统上的水动力。

2 问题的数学描述

船-舵系统的斜航运动（对应于斜拖试验）和不同舵角下直航运动（对应于舵角试验）可用图 1 所示的坐标系来描述。采用 $O-X_0Y_0Z_0$ 和 $O-XYZ$ 两个右手坐标系，其坐标原点位于船舶重心处，X_0 轴指向船舶运动方向，X 轴指向船首，Z_0 轴、Z 轴竖直向下；U 为航速（拖曳速度），β 为漂角，δ 为舵角，图示所示漂角和舵角为正。

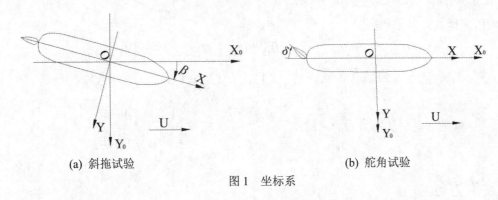

(a) 斜拖试验   (b) 舵角试验

图 1 坐标系

船-舵系统周围的三维流场是不可压缩流体的黏性流场，其控制方程为以下的雷诺平均连续性方程和动量守恒方程（RANS 方程）：

$$\frac{\partial u_i}{\partial x_i} = 0 \tag{1}$$

$$\rho \frac{\partial u_i}{\partial t} + \rho u_j \frac{\partial u_i}{\partial x_j} = -\frac{\partial p}{\partial x_i} + \frac{\partial}{\partial x_j}\left(\mu \frac{\partial u_i}{\partial x_j} - \rho \overline{u_i' u_j'}\right) \tag{2}$$

式中，x_i 为坐标分量；ρ 为流体质量密度；u_i 为平均速度分量；p 为平均流体压力；，μ 为流体动力黏性系数；$\rho \overline{u_i' u_j'}$ 为雷诺应力项，是在时均化处理后产生的包含脉动值的附加项，为此需要引入湍流模型将湍流脉动值的附加项与时均值联系起来，才能使控制方程封闭。

采用 RNG $k-\varepsilon$ 两方程湍流模型模拟雷诺应力项，其湍动能 k 及其耗散率 ε 方程如下：

$$\frac{\partial(\rho k)}{\partial t} + \frac{\partial(\rho k u_i)}{\partial x_i} = \frac{\partial}{\partial x_j}\left[\alpha_k \mu_{eff}\frac{\partial k}{\partial x_j}\right] + G_k - \rho\varepsilon$$

（3）

$$\frac{\partial(\rho\varepsilon)}{\partial t} + \frac{\partial(\rho\varepsilon u_i)}{\partial x_i} = \frac{\partial}{\partial x_j}\left[\alpha_k \mu_{eff}\frac{\partial\varepsilon}{\partial x_j}\right] + C_{1\varepsilon}\frac{\varepsilon}{k}G_k - C_{2\varepsilon}\rho\frac{\varepsilon^2}{k}$$

式中，G_k 是由平均速度梯度引起的湍动能 k 的产生项，其表达式为：

$$G_k = \mu_t\left(\frac{\partial u_i}{\partial x_j} + \frac{\partial u_j}{\partial x_i}\right)\frac{\partial u_i}{\partial x_j}, \quad 其中 \quad \mu_t = \rho C_\mu \frac{k^2}{\varepsilon};$$

其他项的表达式以及常数为：

$$\mu_{eff} = \mu + \mu_t, \quad C_\mu = 0.0845, \quad \alpha_k = \alpha_\varepsilon = 1.39;$$

$$C_{1\varepsilon}^* = C_{1\varepsilon} - \frac{\eta(1-\eta/\eta_0)}{1+\beta\eta^3}, \quad C_{1\varepsilon} = 1.42, \quad C_{2\varepsilon} = 1.68, \quad \eta_0 = 4.377;$$

$$\beta = 0.012, \quad \eta = (2E_{ij}\cdot E_{ij})^{1/2}\frac{k}{\varepsilon}, \quad E_{ij} = \frac{1}{2}\left(\frac{\partial u_i}{\partial x_j} + \frac{\partial u_j}{\partial x_i}\right).$$

3 数值方法

本文基于低速假设在数值模拟中忽略了自由面兴波的影响，将无扰自由面用水平刚壁代替。选取如图 2 所示的计算域，其中入流边界距船首 1 倍船长，设置为速度入口边界，给定来流速度；出口边界距船尾 4 倍船长，认为出口处流动充分发展，设定为压力出口边界；流域左右侧边界距离船体中纵剖面各 1 倍船长，底部边界距船底 1 倍船长，均设定为对称边界；无扰自由面同样取为对称边界。船体表面和舵表面上的边界条件设定为无滑移壁面边界条件。

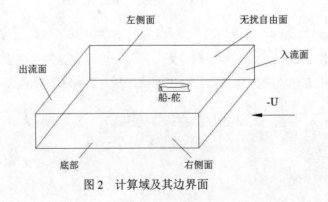

图 2 计算域及其边界面

应用 CFD 软件 FLUENT 对以上问题进行数值求解,采用有限体积法(FVM)对控制方程进行离散;对流项的离散采用二阶迎风格式,扩散项的离散采用二阶中心差分格式;压力-速度耦合问题采用 SIMPLEC 算法求解。

在网格生成中,采用分块的混合网格,其中包含舵的块内由四面体单元填充,其他块内采用六面体单元。此外,采用 RNG $k-\varepsilon$ 湍流模型结合标准壁面函数来模拟边界层中近壁面附近的流场,y+控制在 30~300。

关于所采用的数值方法,详见参考文献[3]。

4 数值结果

选取国际比较研究 SIMMAN2014 的标准船型 KVLCC2 船模为研究对象,为了便于与试验数据进行比较以验证本文数值方法,数值研究所采用的模型缩尺比为 46.426,船模和舵模的主要参数列于表 1 中。数值模拟中,航速为 1.1702 m/s,对应的傅汝德数为 F_r=0.142。数值模拟与模型试验的区别之处在于,在数值模拟中没有计入螺旋桨的影响。

表 1 KVLCC2 船及舵模型主要参数

船长 L /m	船宽 B/m	吃水 T/m	方形系数 C_B	排水体积∇/m³	舵面积 AR/m²
6.8927	1.2493	0.448	0.8098	3.1242	0.1268

文献[4]以 KVLCC2 船模为研究对象,采用粗、中、细三套网格对舵角 δ=0、漂角 β=12° 的工况进行了数值模拟,根据数值模拟结果进行了网格收敛性和迭代收敛性分析。综合考虑计算效率和计算精度,最后确定采用中网格是适宜的。图 3 中给出了其网格划分图,网格数为 1861536,本文即以此网格进行了数值计算。

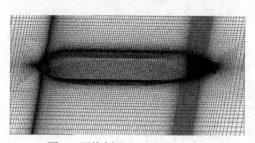

图 3 网格划分(δ=0,β=12°)

计算得到在不同漂角下斜航以及在不同舵角下直航的船-舵系统所受横向力 Y 和转首力矩 N,将其表达为以下无因次形式:

$$Y' = \frac{Y}{\frac{1}{2}\rho U^2 LT}, \qquad N' = \frac{N}{\frac{1}{2}\rho U^2 L^2 T} \tag{4}$$

图 4 和图 5 分别给出了船-舵系统在不同漂角下斜航时的无因次横向力和转首力矩，图中计算值和试验值[2]进行了比较。由图 4 可以看出，横向力的数值计算结果与试验数据在变化趋势上吻合得很好，漂角越大相对误差越小，数值计算结果小于试验数据；由图 5 可以看出，转首力矩的数值计算结果与试验数据在数值上和变化趋势上吻合得很好，漂角较大时相对误差较小，数值计算结果大于试验数据。横向力和转首力矩的绝对值均随漂角的绝对值增大而增大。

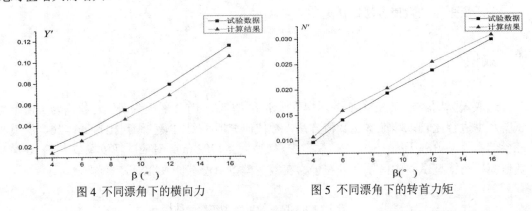

图 4 不同漂角下的横向力　　　　　　图 5 不同漂角下的转首力矩

图 6 和图 7 分别给出了船-舵系统在不同舵角下直航时的无因次横向力和转首力矩。图中计算值和试验值[2]进行了比较。由图 6 和图 7 可以看出，数值计算结果与试验数据只是在趋势上大体一致，而数值上相差较大，这主要是由于在数值计算中未计入螺旋桨的影响，而试验数据是带螺旋桨的。这说明螺旋桨对船舶在不同舵角下直航的受力影响较大，为了精确地对水动力进行预报，需要考虑螺旋桨的影响。

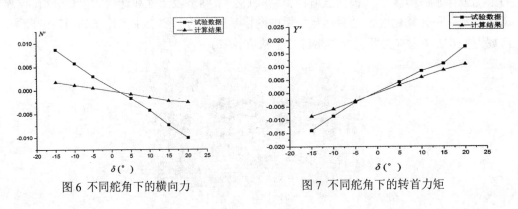

图 6 不同舵角下的横向力　　　　　　图 7 不同舵角下的转首力矩

5　结语

本文应用基于 RANS 方程求解的 CFD 方法，以 KVLCC2 船-舵系统模型为对象，进行了斜航和不同舵角直航的数值模拟，计算了船-舵系统水动力。数值结果和约束模试验结果的比较表明，本文的数值方法是有效的，可作为一种约束模试验的辅助手段，用于确定操纵运动方程中的水动力，为船舶操纵运动数学模型建模提供一种数值工具。

致 谢：

本文工作得到了国家自然科学基金项目（批准号：51309152）资助，特此致谢。

参 考 文 献

1 ITTC, Final Report of the Manoeuvring Committee to the 27th ITTC[C]. Copenhagen, Denmark, 2014

2 SIMMAN 2014, Workshop on Verification and Validation of Ship Manoeuvring Simulation Methods[EB/OL], www.simman2014.dk.

3 冯松波. 船-桨-舵系统操纵水动力数值研究[D]. 上海: 上海交通大学, 2015.

4 冯松波, 邹早建, 邹璐. KVLCC2 船-舵系统斜航水动力数值计算[J]. 上海交通大学学报, 2015, 49(11): 470-474

RANS-based numerical simulation of static captive model tests

FENG Song-Bo[1], ZOU Zao-Jian[1,2], ZOU Lu[1]

(1. School of Naval Architecture, Ocean and Civil Engineering, Shanghai Jiao Tong University, Shanghai 200240, Email: 786027495@qq.com, zjzou@sjtu.edu.cn;

2. State Key Laboratory of Ocean Engineering, Shanghai Jiao Tong University, Shanghai 200240)

Abstract: Taking the KVLCC2 ship as study object and using the RANS-based CFD method for solving the viscous flow at model scale, numerical simulations of the static captive model tests, i.e., the oblique towing test and rudder angle test of hull-rudder system are conducted; and the hydrodynamic forces on the hull-rudder system are calculated. In the numerical simulation, the effects of free surface elevation and ship squat are ignored under the assumption of low ship speed. The numerical results are compared with those of captive model tests in towing tank and satisfactory agreement is shown, which demonstrates the effectiveness of the adopted numerical method. The present study provides an effective method for determining the hydrodynamic forces on a manoeuvring ship, which can be used as an auxiliary means of conventional captive model tests.

Key words: Oblique towing test; rudder angle test; hydrodynamic force; CFD; numerical simulation.

倾角来流条件下柔性圆柱结构涡激振动[*]

徐万海[1, 2]，许晶禹[2]，吴应湘[2]，于鑫平[3]，

（1 天津大学水利工程仿真与安全国家重点实验室，天津，300072，E-mail：xuwanhai@tju.edu.cn

2 中国科学院力学研究所，北京，100190

3 天津大学建筑工程学院，天津，300072）

摘要：涡激振动是引起海洋立管、海底管道等细长柔性圆柱结构疲劳损伤的重要因素。学术界对涡激振动的研究更多关注结构轴向与来流垂直的情况，实际在海洋工程中，圆柱结构轴向与来流并不完全垂直，存在一定倾斜角度。本文采用实验的方法，在拖曳水池里开展了相关实验研究，通过拖车的拖动模拟来流，设计了可以转动角度的试验装置，最终实现倾角来流条件。观测了倾斜柔性圆柱涡激振动特性，力图为海洋圆柱结构涡激振动的分析和设计提供必要的技术保障。

关键词：倾角；涡激振动；柔性圆柱；模型实验

1 引言

海洋立管、海底管道和浮式平台的系泊系统等细长柱状柔性结构在深海油气开采过程中扮演十分重要的角色。在一定流速的洋流作用下，细长柔性圆柱会发生涡激振动，加速结构的疲劳损伤，涡激振动一直是人们在设计细长柔性的海洋结构物时关注的核心问题[1-4]。

实际海洋工程中的圆柱轴向与来流存在一定倾角，为了简化问题的研究，学术界常采用不相关原则处理该问题，把倾斜圆柱涡激振动问题等效为与圆柱轴向垂直的来流速度分量引起的涡激振动，这即为倾斜圆柱涡激振动的不相关原则[5]。有关倾角来流条件下圆柱结构涡激振动研究仍处于起步阶段。Bourguet 等[5]采用直接数值方法，模拟了长细比为 50，倾角为 60° 的柔性圆柱涡激振动，结果表明低轴向力条件时倾斜圆柱涡激振动特性与垂直圆柱差异较大，不相关原则不合理，高轴向力时不相关原则合理。Bourguet 和 Triantafyllou[6] 分析了 80° 大倾角柔性圆柱涡激振动，发现大倾斜角度的倾斜圆柱存在规律的顺流向和横

---

[*] 作者简介：徐万海(1981-)，男，天津大学副教授，硕士生导师，E-mail：xuwanhai@tju.edu.cn

基金项目：国家自然科学基金(51209161、51379144、51479135)；国家自然科学基金创新研究群体科学基金(51321065)；国家重点基础研究计划-973计划(2014CB046801)。

流向涡激振动特性，倾斜圆柱的升力和阻力系数相比于垂直状况有所变大。

本文通过室内模型实验，开展了倾角来流条件下柔性圆柱涡激振动特性研究工作，观测 15° 倾角的柔性圆柱涡激振动，力图为理论分析和数值模拟提供标准的验证数据。

2 模型实验

实验在如图 1 所示的天津大学水利工程仿真与安全国家重点实验室的拖曳水池完成，通过拖车拖动模拟均匀外部来流。拖曳水池规格参数为 137m 长、7.0m 宽、3.3m 深。实验中拖车速度间隔 0.05m/s，速度范围为 0.05～1.0m/s，实验雷诺数范围近似为 800～16000。实验柔性圆柱模型内芯材质为铜管，应变片粘贴于铜管表面，均分管道为 8 等份，沿轴线方向七个截面的横流向和顺流向粘贴应变片，采集结构振动信息，采样时间为 50s，采样频率为 100Hz。铜管外表面包裹硅胶管，目的是提供光滑规则的外表面以及圆形截面，同时将应变片和测量导线埋于硅胶管内部，起到防水和绝缘作用。圆柱模型两端通过万向节与钢架相连，轴向力为 400N，钢架通过螺栓固定于拖车之上。共完成了两个工况的试验，一为圆柱轴向与来流方向垂直（即倾角为 0°），另一为圆柱模型倾角为 15°，详细的结构参数如表 1 所示。

图 1 实验拖曳水池

表1 实验圆柱模型参数

Total length, L	5.60 m
Outer diameter, D_o	0.016 m
Inner diameter, D_i	0.004 m
Bending stiffness, EI	17.45 Nm^2
Axial tension, T	450N
Mass(air filled),m_s	0.3821 kg/m
Mass ratio, $4m/(\pi\rho D_o^2)$	1.90
Aspect ratio, L/D_o	350

3 实验结果

本文运用模态法将应变信号进行处理,最终获得柔性圆柱的整体振动信息,有关模态法的基本理论及对实验数据的处理方法,可参考文献[7][8]。实验的目的是通过对比垂直与倾斜情况下的结构振动整体信息,最终获得在较小的倾角条件下,不相关原则是否成立。本文的实验数据对比仅以横流向涡激振动为例。

控制模态是涡激振动的一个重要信息,图 2 给出了控制模态随来流变化的图像,可以发现在流速小于 0.7m/s 时,倾角为 15° 的倾斜圆柱涡激振动的控制模态信息与垂直圆柱完全重合,但当振动处于不同模态转换的临界区时,如来流速度为 0.70m/s,0.75m/s 和 0.95m/s时,倾斜圆柱更容易被激发较高模态。

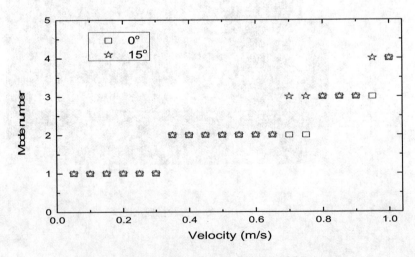

图2 控制模态随来流速度变化图像

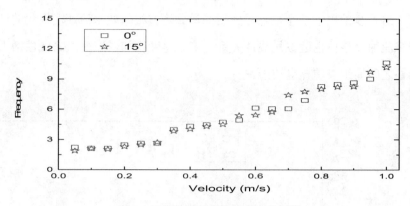

图3 振动频率随来流速度变化图像

涡激振动的控制频率是分析结构疲劳损伤的重要参数，图3绘出了振动频率随来流速度变化的图像，可以发现，无论是垂直圆柱还是倾斜圆柱，涡激振动的频率与来流速度近似成线性增长的关系，同时，倾斜圆柱的振动频率与垂直圆柱几乎重合，差异不大，仅在不同模态转化临界区域，如来流速度为0.70m/s，0.75m/s和0.95m/s时，差异才变得较为明显。

结构的响应幅值也是刻画涡激振动的一个重要特征指标。为了减少实验过程中的随机误差，我们讨论均方根的最大响应幅值随来流速度变化情况，同时位移除以结构的外直径，获得一个无量纲的均方根最大响应幅值，变化趋势如图4所示，可以发现在较小来流速度时，最大响应幅值较小，随着来流速度的增加，最大响应幅值有进一步增加的趋势，当来流速度稳定在较大的值时，最大响应幅值出现了略微下降趋势，整体而言，倾斜圆柱与垂直圆柱得到的最大位移响应幅值差异不大。

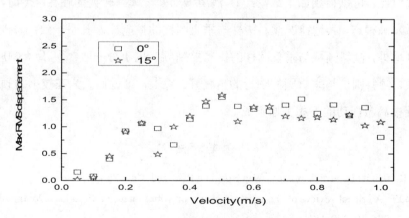

图4 响应幅值随来流速度变化图像

图 5 进一步给出了 7 个测点处应变的最大均方根值随来流速度变化的情况，可以发现应变与来流速度整体也近似呈线性关系，来流速度增加，应变随之线性增大，倾斜圆柱与垂直圆柱之间的结果差异也较小。

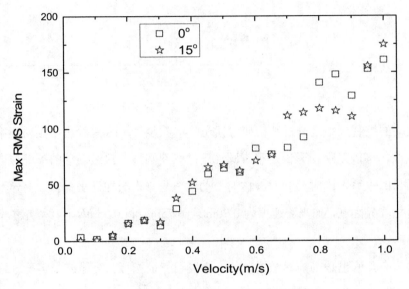

图 5 应变随来流速度变化图像

4 结论

本文实验研观测了 15° 倾角来流条件下，柔性圆柱结构的涡激振动特性，通过与垂直圆柱的情况对比，可以得到如下结论：① 涡激振动处于模态转换的临界区域时，倾斜圆柱更容易被激发高模态，其他情况倾斜圆柱与垂直圆柱的控制模态几乎一致；② 除了在模态转换临界区域外，倾斜圆柱与垂直圆柱的振动控制频率也十分一致；③ 最大响应幅值和最大应变结果，倾斜圆柱与垂直圆柱吻合的也较好。综上，可近似认为在较小的倾角条件下，倾斜柔性圆柱涡激振动的不相关原则成立。

参考文献

[1] Blevins, R.D. Flow Induced Vibrations. Van Nostrand Reinhold, New York ,1990.

[2] Sarpkaya, T. A critical review of the intrinsic nature of vortex-induced vibrations. Journal of Fluids and Structures, 2004, 19: 389-447.

[3] Gabbai, R.D., Benaroya, H. An overview of modeling and experiments of vortex-induced vibration of

circular cylinders, Journal of Sound and Vibration, 2005, 282:575-616.

[4] Williamson, CHK and Govardhan, R. A brief review of recent results in vortex-induced vibrations. Journal of Wind Engineering and Industrial Aerodynamics, 2008, 96 (6-7):713-735.

[5] Bourgueta,R. Karniadakis,G.E., Triantafyllou. M.S. On the validity of the independence principle applied to the vortex-induced vibrations of a flexible cylinder inclined at 60°. Journal of Fluids and Structures, 2015, 53:58-69.

[6] Bourguet,R., Triantafyllou,M.S. Vortex-induced vibrations of a flexible cylinder at large inclination angle. Phil. Trans. R. Soc. A, 2015, 373: 20140108.

[7] Chaplin, J. R., Bearman, P. W., Huera Huarte, F. J., Pattenden, R. J. Laboratory measurements of vortex-induced vibrations of a vertical tension riser in a stepped current. Journal of Fluids and Structures, 2005, 21: 3-24.

[8] Trim, A.D., Braaten, H., Lie, H., Tognarelli, M.A., Experimental investigation of vortex-induced vibration of long marine risers. Journal of Fluids and Structures, 2005, 21: 335-361.

Vortex-induced vibrations of a flexible cylinder at inclination angle

XU Wan-hai[1,2], XU Jing-yu[2], WU Ying-xiang[2], YU Xin-ping[3],

(1   State Key Laboratory of Hydraulic Engineering Simulation and Safety, Tianjin University, Tianjin, 300072,

E-mail: xuwanhai@tju.edu.cn;

2   Institute of Mechanics, Chinese Academy of Science, Beijing,100190;

3   School of Civil Engineering, Tianjin University, Tianjin, 300072)

Abstract: Vortex-induced vibrations (VIV) could cause fatigue damage of risers, pipelines and mooring lines. VIV have been extensively studied through the canonical problem of a circular cylinder free to oscillate within a flow perpendicular to the body axis. In practical applications, the cylinder structures are often inclined with respect to the direction of the oncoming flow. A model experiment was designed in order to investigate VIV of inclined flexible cylinder and provide necessary technical support for the analysis and design of the vortex induced vibration of marine circular structures.

Key words: Inclination angle; Vortex-induced Vibrations(VIV); Flexible cylinder; Model experiment;

GPU 技术在 SPH 上的应用

李海州，唐振远，万德成[*]

(上海交通大学 船舶海洋与建筑工程学院 海洋工程国家重点实验室，
高新船舶与深海开发装备协同创新中心，上海 200240)

*通信作者 Email: dcwan@sjtu.edu.cn

摘要：无网格粒子法能够有效的处理溃坝、晃荡、波浪破碎等具有瞬时大变形的物理问题。然而随着粒子数增加,该方法的计算效率成为限制其在大规模工程应用上的重大瓶颈。通过借助 GPU 技术，可以极大的提高计算效率。本文基于开源软件 DualSPHysics，研究了 SPH 方法在 GPU 上的实现，并重点讨论了邻居例子搜寻方法的具体细节。然后通过对一个带立柱三维溃坝的模拟，验证了 GPU 并行加速在 SPH 方法应用中的有效性。数值结果表明，通过运用 GPU 加速，相比于 CPU 最高可获得两个数量级的加速效果。

关键词：无网格粒子法；SPH；溃坝绕流；GPU；邻居粒子搜索

1 引言

无网格粒子法在处理带有自由面问题时具有很大的优势，其中 SPH（Smoothed Particle Hydrodynamics）和 MPS（Moving Particle Semi-Implicit）是两种常用的粒子法，常被人们用来研究破波[1]、溃坝[2]和液舱晃荡[3]等复杂的流动问题。然而随着粒子数增加,该方法的计算效率成为限制其在大规模工程应用上的重大瓶颈。为了寻求有效的加速手段,本文以 SPH 方法为对象，研究了近些年兴起的 GPU 技术在该方法中的应用。

SPH (smoothed particle hydrodynamics) 是一种基于拉格朗日力学的无网格粒子法，该方法中流体计算域会被离散为一系列带有相关流场信息的粒子，而粒子之间通过核近似来模拟连续场，然后通过对相应的流体方程进行求解，从而实现对流体运动的模拟。其在计算空间导数的时候不需要使用网格离散，而是通过对核函数进行求导加权求和，从而避免了网格方法中网格的扭曲和缠结等最令人头疼的问题。SPH 方法最早在 1997 年由 Lucy 等[4]提出并应用于求解天体物理问题，随着该方法的不断完善，近些年来也被应用于诸多领域，如高速水流[5]、水下爆破[6]等数值模拟。

过去，我们通常通过运用更多的 CPU 线程来使得程序能够进行并行计算，但是目前一块 CPU 芯片所能并发的线程数是很少的，因此我们往往会采用在高性能集群上计算以获得更多的线程数。然而，高性能集群（HPC）的建造维护费用或者租用费用也是很高的，从而限制了 CPU 并行的利用。随着计算机科学的不断发展，一种称为 GPU 的加速技术，以其强大的并行计算能力和相对低廉的成本，满足了诸多领域的计算需求，近年来得到迅猛的发展。

而目前关于 GPU 在无网格粒子法中应用的研究还不够充分。本文基于对开源软件 DualSPHysics[7]代码的研究，首先讨论了 SPH 方法在 GPU 上的具体实现，并比较了与 CPU 的异同。接着，通过模拟一个带立柱的溃坝绕流问题，对 GPU 的计算可靠性进行了分析。最后，对 GPU 的计算效率进行了比较和探讨，从而为 GPU 加速在诸如 SPH 等无网格方法中的应用提供了一定的参考。

2 SPH 方法

2.1 积分离散

SPH 方法是基于流体描述中的拉格朗日观点的，其系统的状态是用一系列的粒子来描述的，这些粒子包含着各自的材料性质，如密度、压力、内能、速度等。基于这种离散方法，对于任意场函数 f(r)，都可以通过核函数近似写成一下积分表达形式：

$$f(r) = \int_{\Omega} f(r')W(r-r',\text{h})\mathrm{d}r' \qquad (1)$$

式中：r 为任意点的空间矢量；Ω 为 r 的积分区域；$W(r-r',\text{h})$ 为核函数，本文中采用 Monagha[8]提出的三次样条函数作为核函数，h 为核函数的光滑长度；对式（1）进行粒子近似，可以得到 i 粒子处场函数的进一步表达式：

$$f(r_i) = \sum_{j=1}^{N} \frac{m_j}{\rho_j} f(\text{r}_j) \cdot W_{ij} \qquad (2)$$

式中：$W_{ij} = W(r_i - r_j, h)$；m_j, ρ_j 分别为邻域粒子 j 的质量和密度；N 为邻域中的粒子总数。

2.2 控制方程

拉格朗日形式的流体运动控制方程包括连续性方程和动量方程，分别如下：

$$\frac{D\rho}{Dt} = -\rho\nabla\cdot\mathbf{V} \qquad (3)$$

$$\frac{DV}{Dt} = -\frac{1}{\rho}\nabla P + v\nabla^2 V + \mathbf{g} \qquad (4)$$

式中：ρ 为流体密度，P 为压力，V 为速度向量，g 为重力，v 是运动粘性系数，t 为时间。用核近似离散式（3）和式（4），可得到：

$$\frac{d\mathbf{v}_i}{dt} = -\sum_{j=1}^{N} \text{m}_j(\frac{P_j}{\rho_j^2}+\frac{P_i}{\rho_i^2}+\Pi_{ij})\nabla_i W_{ij} + \mathbf{g} \qquad (5)$$

$$\frac{d\rho_i}{dt} = \sum_{j=1}^{N} m_j \mathbf{v}_{ij} \cdot \nabla W_{ij} \qquad (6)$$

式中，Π_{ij} 为人工粘性项[9]，其表达式为：

$$\Pi_{ij} = \begin{cases} \dfrac{-\alpha \overline{c_{ij}} \mu_{ij}}{\overline{\rho_{ij}}} & v_{ij} \cdot r_{ij} < 0 \\[2mm] 0 & v_{ij} \cdot r_{ij} > 0 \end{cases} \tag{7}$$

式中，$\mu_{ij} = \dfrac{h\mathbf{v}_{ij} \cdot \mathbf{r}_{ij}}{r_{ij}^2 + \eta^2}$，$\overline{\rho_{ij}} = 0.5(\rho_i + \rho_j)$ 为密度的均值，$\overline{c}_{ij} = 0.5(c_i + c_j)$ 是声速的均

值，$\eta^2 = 0.01h^2$，$\alpha = 0.01$ 是一个参数。

2.3 状态方程

通过引入人工压缩性[10]，把一般的不可压缩流体看作可压缩流体，即用准不可压流体状态方程来模拟不可压流体。这样可以不用求解压力泊松方程而直接显示求解压力，计算效率得到了极大的提高。

$$P_i = B\left[\left(\dfrac{\rho_i}{\rho_0}\right)^\gamma - 1\right] \tag{8}$$

式中，$\gamma = 7$，$B = c_0^2 \rho_0 / \gamma$，$\rho_0 = 1000 \text{kg} \cdot \text{m}^{-3}$ 是参考压力值，$c_0 = c(\rho_0) = \sqrt{(\partial P / \partial \rho)}\Big|_{\rho_0}$

则是参考压力下的声速。

3 SPH 在 GPU 上的实现

3.1 GPU 编程模型

GPU（Graphics Processing Unit），即显示芯片，最初主要用于图形处理的加速，随着技术的不断革新，目前 GPU 已发展成为一种高度并行化、多线程、多核的处理器，具有超大的计算吞吐量和很高的存储器带宽。如图 1[11]所示，GPU 相较于 CPU 划分了更多的执行单元（ALU），从而能并发执行相当多数量的线程，而这也正是 GPU 拥有强大并行计算能力的原因所在，也即 GPU 是专为计算密集型、高度并行化的计算而设计。

在处理具体问题时，为了充分利用 GPU 并行加速的优势，首先要确定该问题是否可以表示为数据并行计算的问题——在许多数据元素上并行执行相同的程序，也即基于数据的并行（与之相对的是基于任务的并行）。通常来说，渲染图像的后期处理、视频编码和解码、图像缩放、立体视觉和模式识别等是非常适用于这种数据并行模式的，因而这些领域在 GPU 上往往能取得很高的计算加速比。在科学计算领域，其实也有不少问题可以分解为这种并行模式，以无网格粒子法为例，其计算是由一系列的流体粒子的相互作用来完成的，在计算中每个粒子所要执行的计算是完全相同的，也即在不同的数据上执行相同的程序，这正好是适合于 GPU 的计算问题。因此，诸如 SPH 等无网格粒子法是可以通过 GPU 来加速计算的。

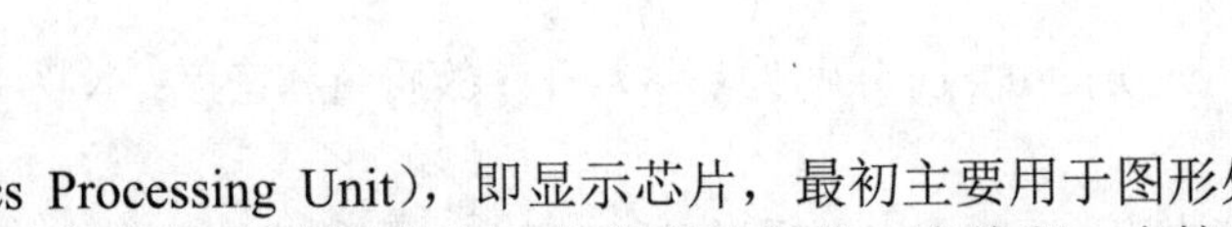

图 1　GPU 中的更多晶体管用于数据处理

3.2 SPH 的计算流程

DualSPHysics 的 GPU 计算求解流程如图 2 所示。最开始时，先用前处理把计算域离散成粒子，然后程序读入粒子的初始化信息及相应配置并对求解器进行初始化，之后再把初始化的数据复制到 GPU 端开始进行求解。整个求解过程主要分为三大部分：邻居粒子的更新、计算粒子间相互作用和系统信息更新（如位移、速度等）。

SPH 在 GPU 上的实现，从计算流程上来说和 CPU 是基本一致的(具体的实现是很不一样的)，但是多了一个数据复制的过程。因为 GPU 是一个独立的设备，GPU 加速计算的过程是在 GPU 上执行的，而 GPU 和 CPU 之间则是通过 PCI 总线来实现数据交换的。在计算开始的时候，初始数据是位于 CPU 上的，因此需要把数据传输到 GPU 上才能在 GPU 上进行计算。而当计算到一定位置，需要保存数据的时候，则又从 GPU 上把数据复制到 CPU 上，再进行文件的写入等等。

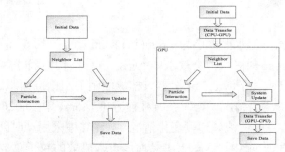

图 2　SPH 计算流程 CPU（左图），GPU（右图）

3.3 邻居粒子搜寻

用 SPH 方法模拟流体的时候，流体系统是通过粒子之间的相互作用来实现的。而每个粒子只有其作用域内的粒子才会计算相互作用。在模拟流体的过程中，粒子间的相对位置是不断变化的，因此必须在每个时间步长都要重新求解每个粒子作用域中所包含的粒子，可以说搜索邻居粒子是相当重要且关键的一步，其在很大程度上决定了程序的整体结构。因此，这一节将具体讨论邻居粒子搜寻在 GPU 上的实现。

通常来说，SPH 较普遍采用的粒子搜寻方法有 CLL（cell-linked list）和 VL（Verlet list）两种[12]，其基本思想都是将粒子搜索域划分成一个个很小的单元，从而缩小搜索范围，从而提高搜索效率。在 DualSPHysics 中所采用的是 CLL 方法，这个方法的 GPU 版本最早可以从 NVIDIA CUDA Toolkit 示例中的 Particles 中找到。

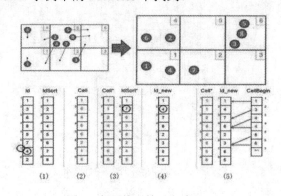

图 3　邻居粒子搜寻方法

如图 3 所示，邻居粒子的搜索主要有以下几个步骤：

(1) 把计算域划分成小的单元，并记录每个粒子在数组中的 ID 与 IdSort，即下标。

(2) 更新每个粒子所处的单元编号。

(3) 根据粒子所处单元编号，对 IdSort 进行排序。

(4) 根据排序后的 IdSort*，对粒子的相关变量（如速度，位置等）进行排序。

(5) 计算每个 Cell 的起始编号，至此，就可以得到每个 Cell 所属的粒子。

4 三维溃坝模拟

本节以一个带立柱的三维溃坝问题[13]为研究对象，以验证 GPU 并行的可靠性和研究 GPU 并行的计算效率。

4.1 溃坝模拟

如图 4 所示，长方形水槽大小为 1.6 m(长)×0.6 m(宽)×0.6 m(高)，初始时刻在水槽左侧 0.4 m×0.6 m×0.6 m 的区域内会被水体占据，方柱结构物尺寸为 0.12 m(长)×0.12 m(宽)×0.6 m(高)，放置在水体下游 0.5 m 处，方柱侧面距离水槽侧面距离 0.24 m。Wu[14]在实验过程中记录了方柱的受力情况，同时在方柱前方 0.146m、高 0.026m 出放置了流场速度探测装置，用于记录该点处的流体速度变化情况。本计算中采用动时间步长，CFL 设置为 0.2，声速系数为 20，在压力项中计入了人工黏性修正，离散的粒子总数为 1345851。

溃坝试验中，初始时水体前方会放置一块挡板，当挡板移开后，水体在重力作用下形成溃坝波向下游流动。当溃坝波遇到方柱时，可以观察到溃坝被沿方柱表面爬高、波浪破碎和翻卷等现象。计算过程中实时记录了方柱的受力情况，同时对和实验中速度探测点相同位置 G（0.756, 0.3, 0.026）的速度情况进行了记录。

图 5 为探测点 G 处速度随时间的变化情况，其中 SPH 为本文计算结果，naoe-FOAM-SJTU 为曹[13]的数值结果，lab 为实验结果。通过图中对比可以看到：本文结果和实验结果[14]吻合的较好，弧度变化的趋势和大小基本一致；与曹[13]的数值结果相比，刚开始时本文数值结果比曹[14]的要稍大，然后稍小，但最后两者趋于一致。

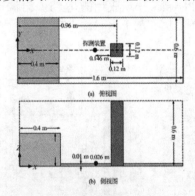

图 4　三维带立柱溃坝计算模型

图 6 为方柱受到拍击力的时间历程。可以看到，本文的 SPH 计算结果和曹[13]的数值结

果在前半程都同实验值[14]吻合得较好，但是在约 1.5s 处本文计算结果和实验值都可以看到明显的尖峰，而曹[13]的数值结果中此时虽然也是达到了最小值，但是之后并不是很快拉升，而是有一个较平的过渡。通过观察流动情况可以发现，此时溃坝波已经被右侧墙壁反射回来再次冲击方柱，在绕过方柱后，又和溃坝波首次被方柱反射的水体以及前方来流相互作用形成了非常复杂的自由面流动。因此，上述数值结果不同的原因可以推测为，基于粒子法的 SPH 在此时能够较好的处理大变形的复杂自由面流动，而网格方法则由于网格的剧烈扭曲而没能很好捕捉到。

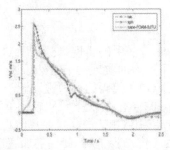 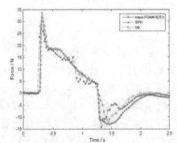

图 5　探测点 G 处速度随时间变化曲线　　　图 6　方柱受到的拍击力随时间变化曲线

4.2　GPU 计算效率

　　文章通过将 GPU 计算所耗费时间与 CPU 所耗费时间进行对比，研究 GPU 的加速效率问题。本文所采用的 GPU 为 GTX970，该显卡拥有 1664cores，4GB 显存空间，主频为1.18GHz，显卡驱动为 7.0；所采用 CPU 为 i7-4970k（四核八线程），主频为 4.00GHz，可自动睿频至 4.5GHz，内存为 16GB，测试平台为 win8.1、64 位系统。本节分别取粒子间距0.06，0.05，0.04，0.035，对应粒子数 440118，727161，1345851，2010536 来测试不同粒子数下 CPU 和 GPU 的计算效率。

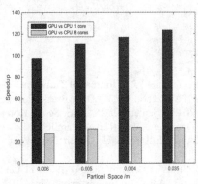 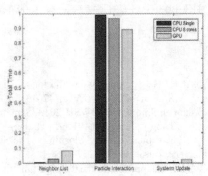

图 7　不同粒子间距下 GPU VS CPU 获得的加速比　图 8　粒子间距为 0.04 时各部分所占时间比重

　　图 7 显示了不同粒子间距下，GPU 相对较于 CPU 单线程和 8 线程并行所获得的加速比。可以看到，对于 GPU 相较于单线程可以获得最高 123 倍的加速比，而相对于 8 线程并行则可以获得最高 33 倍的加速比，并且加速比随着粒子数的增多有增大的趋势，这是因为当粒子数足够多的时候，GPU 的多线程能被充分利用，从而可以有效隐藏计算延迟，因而能最大发挥 GPU 多线程并行的优势。

　　可以看到，运用 GPU 可以获得相当可观的加速比。为了更好地理解这其中的加速机制，本小节以粒子间距为 0.04 时为例，统计了 SPH 算法中三个主要部分：邻居粒子搜索（NL）、粒子间相互作用（PI）以及系统更新（SU）在运行时间中所占的比例，如图 8 所示。在使用单线程 CPU 时，PI 在运行时间中所占的比例高达 99.1%，而在使用 8 线程并行时，PI 所占比例则降至 96.8%。使用 GPU 并行时，PI 所占比例则为 89.3%，同时 NL 和 SU 所占的比例则增大了。从以上分布及变化情况并综合加速比的变化可以推测出:NL 以及 SU 相对于 PI 来说是有着很高计算效率的；同时，随着并行程度的增大，PI 在总时间中的比例逐渐减少，而整体的效率则在不断增加；加速的有效性也说明了 SPH 算法是可以有效分解为数据流并行问题的。

5 结论

本文基于 DualSPHysics 讨论了 GPU 技术在 SPH 方法中的实现，分析了 GPU 编程与 CPU 编程的异同，重点研究了 GPU 编程中邻居粒子搜索的实现细节。然后通过模拟一个带立柱的三维溃坝，并与实验结果进行对比，验证了 GPU 代码的有效性。至于计算效率，则是在粒子数分别为 440118，727161，1345851，2010536 的情况下，比较了单线程 CPU、8 线程 CPU 并行与 GPU 并行的计算时间。结果表明，使用 GPU 最高可比单线程 CPU 提速两个量级左右，比之 8 线程并行也有三十倍左右。为了进一步了解 GPU 的加速情况，本文统计了粒子数为 1345851 时各主要计算部分所占时间比例的情况分布。可以发现，随着并行程度的增大，最耗时的粒子相互作用计算部分在整体中的占比不断下降。综上所述，使用 GPU 技术可以在无网格粒子法 SPH 中获得相当可观的加速比。

致谢

本文工作得到国家自然科学基金项目（Grant Nos 51379125，51490675，11432009，51411130131），长江学者奖励计划(Grant No. 2014099)，上海高校特聘教授（东方学者）岗位跟踪计划(Grant No. 2013022)，国家重点基础研究发展计划（973 计划）项目（Grant No. 2013CB036103），工信部高技术船舶科研项目的资助。在此一并表示衷心感谢。

参 考 文 献

1 MONAGHAN J J.   Energy distribution in a particle alpha model［J］. Journal of Turbulence，2004，5: 22.
2 Zhang, Y.X. ,Tang, Z.Y., D.C.Wan. (2013). A Parallel MPS Method for 3D Dam Break Flows. Proc. 8th Int. Workshop on Ship Hydro., IWSH-2013, Septemper 23, 2013 – Septemper 25, 2013, Seoul, Korea, 135-139.
3 Yuxing Zhang, Zhenyuan Tang, Yaqiang Yang, Decheng Wan (2014),Parallel MPS Method for Three-Dimensional Liquid Sloshing, The Twenty-fourth International Ocean and Polar Engineering Conference, Busan, Korea, 257-265
4 Lucy L B.   A approach to the testing of the fission hypothesis［J］. The Astsion，1977，8(12) : 1013-1024.
5 LIBERSKY L D, RANDLES P W, CARNEY T C, et al.Recent improvements in SPH modeling of hypervelocity impact[J]. International Journal of Impact Engineering,1997, 20(6-10): 525-532. 6
6 LIU M B, LIU G R, LAM K Y, et al. Smoothed particle hydrodynamics for numerical simulation of underwater explosion[J]. Computational Mechanics, 2003, 30(2): 106-118.
7 A.J.C. Crespo, J.M. Domínguez, et al, DualSPHysics: Open-source parallel CFD solver based on Smoothed Particle Hydrodynamics (SPH), Computer Physics Communications, Volume 187, February 2015, Pages 204-216, ISSN 0010-46559
8 FLUCK D A，QUINN D W.   An analysis of 1-D smoothed particle hydrodynamics Kernels［J］. Journal of Computational Physics，1996，126: 699-709.
9 Monaghan, J.J.,1992. Smoothed particle hydrodynamics. Annual Review of Astronomy and Astrophysics

30,543–574.

10　Monaghan,J.J, et al ,1999.Gravity currents descending a ramp in a stratified tank. Journal of Fluid Mechanics 379,39–70.13

11　CUDA_C_Programming_Guide. NVIDIA, CUDA Toolkit Doc , 2015.

12　Dominguez J M, Crespo A J C, Gómez‐Gesteira M, et al. Neighbour lists in smoothed particle hydrodynamics[J]. International Journal for Numerical Methods in Fluids, 2011, 67(12): 2026-2042.

13　曹洪建, 万德成, 杨驰. 三维溃坝波绕方柱剧烈流动的数值模拟[J].水动力学研究与进展 A 辑, 2013, 4: 008.

14　WU T. A numerical study of three-dimensional breaking waves and turbulence effects[D]. Cornell University,Ithaca, USA, 2004.

A study of GPU-acceleration for SPH method

LI Hai-zhou, TANG Zhen-yuan, WAN De-cheng [*]

（State Key Laboratory of Ocean Engineering, School of Naval Architecture, Ocean and Civil Engineering, Shanghai Jiao Tong University, Collaborative Innovation Center for Advanced Ship and Deep-Sea Exploration, Shanghai 200240, China)
*Corresponding author, Email: dcwan@sjtu.edu.cn

Abstract：Mesh-free methods can effectively deal with problems with instantaneous very large defomation. However，following the increase of the particle number，the calculation efficiency becomes a bottleneck for applying the method to the engineering practice. With the using of GPU technology, it can greatly improve the computing efficiency. Based on open source software DualSPHysics, this paper studies the implementation of SPH method on GPU, and discusses the specific details of the neighbor search method. Then, the simulation of a three dimensional dam break with square cylinder is used to verify the effectiveness of GPU in the application of SPH method. Numerical results show that by using the GPU acceleration, up to two orders of magnitude speedup can be obtained in comparison with the CPU.

Key words：Messless method; SPH; Dam-breaking wave; GPU; Neighbor list search

基于 SA-DDES 的三维圆柱绕流数值模拟

赵伟文，万德成*

(上海交通大学 船舶海洋与建筑工程学院 海洋工程国家重点实验室，

高新船舶与深海开发装备协同创新中心，上海 200240)

*通信作者 Email: dcwan@sjtu.edu.cn

摘要： 本文基于 Spalart-Allmaras（SA）模型的延迟分离涡（DDES）方法在近壁面的边界层区域使用 SA 模型，而在其他区域采用亚格子模型求数值模拟三维圆柱绕流流场。本研究基于 OpenFOAM 开源代码工具箱，采用 SA-DDES 方法，对亚临界雷诺数 Re=3900 的圆柱绕流进行了数值模拟。观察并分析了圆柱绕流三维漩涡脱落特征，与前人的实验结果进行对比，验证了 SA-DDES 方法在亚临界雷诺数下对大分离流动问题可靠性与有效性。

关键词： 流动分离；圆柱；分离涡模拟；亚临界雷诺数

1 引言

圆柱绕流一直是流体力学中的经典问题。当流体以流经圆柱的时候，由于流体黏性的存在，在达到一定速度时会产生边界层分离以及漩涡脱落等现象。由于雷诺平均方法（Reynolds-Averaged Navier-Stokes，RANS）对 Navier-Stokes 方程在时间上进行了平均处理，求解的是时均处理之后的方程，忽略了流体的湍流脉动，因此难以捕捉到流体的瞬时脉动。尽管人们提出了非定常 RANS 方法（URANS）来处理非稳态流动问题，但仍显不足。而直接数值模拟方法（Direct Numerical Simulation，DNS）和大涡模拟方法（Large Eddy Simulation，LES）由于对网格量的要求非常高，工程中常见的又都是高雷诺数流动，因此近年来研究人员提出了混合 RANS/LES 方法来解决这类问题。混合 RANS/LES 方法结合了 RANS 和 LES 的优点：在近壁面区域采用 RANS 方法模拟，减少网格和计算量；在远离壁面的区域使用 LES 方法模拟，保证能捕捉到大尺度分离流动。

分离涡（Detached-Eddy Simulation，DES）方法为常见的混合 RANS/LES 方法之一，1997 年 Spalart 等[1]在 Spalart-Allmaras（SA）模型[2]的基础上提出了 SA-DES（又称 DES97）方法。DES97 方法将当地网格尺寸和 RANS 计算得到的长度尺度比较得到混合长度尺度 $\tilde{d}$，用 $\tilde{d}$ 代替了 SA 模型中的距壁面距离 d。然而这种处理方法在近壁面网格布置不当时，会将本应使用 RANS 求解的边界层区域判断为 LES 区域，从而过早地转换到 LES 模式，而网格又不足以支持 LES 计算。这样将使涡黏性降低，并导致模型的雷诺应力不平衡，这种现象被称为模化应力损耗（Modeled Stress Depletion，MSD）。Spalart[3]通过修改 $\tilde{d}$ 的定义提出了基于 SA 模型的延迟 DES（Delayed DES，DDES）方法解决了 MSD 问题。

本文以三维圆柱为研究对象，首先进行网格收敛性研究，验证了所用网格的可靠性。然后在此基础上，选用其中一套网格，采用 SA-DDES 方法对亚临界雷诺数 Re=3900 下的圆柱绕流流进行了数值模拟，分析了 SA-DDES 方法在处理大分离流动问题上的计算结果，为 SA-DDES 方法以后推广应用到更复杂的流动问题上奠定了基础。

2 数值模拟

2.1 SA-DDES 模型

SA-DDES 模型的湍流黏度按 $\mu_t = \rho\tilde{\nu}f_{v1}$ 计算。其中，

$$f_{v1} = \frac{\chi^3}{\chi^3 + C_{v1}^3}, \chi = \frac{\tilde{\nu}}{\nu}$$

这里 ν 为流体的运动黏度。$\tilde{\nu}$ 为需要求解的量，其输运方程按以下形式给出

$$\frac{\partial\tilde{\nu}}{\partial t} + u_j\frac{\partial\tilde{\nu}}{\partial x_j} = C_{b1}(1-f_{t2})\tilde{S}\tilde{\nu} - \left[C_{w1}f_w - \frac{C_{b1}}{\kappa^2}f_{t2}\right]\left(\frac{\tilde{\nu}}{\tilde{d}}\right)^2 + \frac{1}{\sigma}\left\{\frac{\partial}{\partial x_j}\left[(\nu+\tilde{\nu})\frac{\partial\tilde{\nu}}{\partial x_j}\right] + C_{b2}\frac{\partial\tilde{\nu}}{\partial x_i}\frac{\partial\tilde{\nu}}{\partial x_i}\right\} \quad (1)$$

其中，$\quad\tilde{S} = \Omega + \frac{\tilde{\nu}}{\kappa^2\tilde{d}^2}f_{v2}, \Omega = \sqrt{2\Omega_{ij}\Omega_{ij}}, \Omega_{ij} = \frac{1}{2}\left(\frac{\partial\bar{u}_i}{\partial x_j} - \frac{\partial\bar{u}_j}{\partial x_i}\right), f_{v2} = 1 - \frac{\chi}{1+\chi f_{v1}},$

$$f_w = g\left(\frac{1+C_{w3}^6}{g^6 + C_{w3}^6}\right)^{1/6}, g = r_d + C_{w2}\left(r_d^6 - r_d\right), r_d = \frac{\nu_t + \nu}{\sqrt{U_{i,j}U_{i,j}}\kappa^2 d^2}, f_{t2} = C_{t3}\exp\left(-C_{t4}\chi^2\right),$$

其中，r_d 被用于一个转换函数

$$f_d = 1 - \tanh\left(\left[8r_d\right]^3\right) \quad (2)$$

这个转换函数在 $r_d \ll 1$ 的 LES 区域为 1，在接近壁面的 RANS 区域为 0。这很类似于 Menter SST 模型中的混合函数 $1-F_2$，在 $r_d = 0.1$ 处非常陡峭。

混合长度尺度 $\tilde{d}$ 用 f_d 来定义

$$\tilde{d} = d - f_d \max(0, d - C_{DES}\Delta) \quad (3)$$

各常数的取值如下：$\sigma = 2/3$，$\kappa = 0.41$，$C_{b1} = 0.1355$，$C_{b2} = 0.622$，$C_{w1} = C_{b1}/\kappa^2 + (1+C_{b2})/\sigma$，$C_{w2} = 0.3$，$C_{w3} = 2.0$，$C_{v1} = 7.1$，$C_{t3} = 1.1$，$C_{t4} = 1.0$。

在求解方程时，空间上采用有限体积法离散，时间上采用隐式欧拉格式离散，压力与速度的耦合求解采用 PISO（Pressure Implicit with Splitting of Operator）方法，该方法通过先预估一步，再校正两步的方法求解 Navier-Stokes 方程。

2.2 几何模型与计算域

Lei 等[4]的研究表明圆柱的展向长度大于两倍的圆柱直径时，数值模拟能取得较接近试验值的结果。本研究选取的圆柱展向长度为 πD，D 为圆柱直径。坐标系原点位于圆柱中心，计算域的选取如下：$-10D \le x \le 20D$，$-10D \le y \le 10D$，$-\pi D/2 \le z \le \pi D/2$。

2.3 网格划分

本文所采用的网格是通过 OpenFOAM 提供的 blockMesh 和 snappyHexMesh 工具生成的。首先用 blockMesh 生成结构化的六面体背景网格，然后在背景网格的基础上使用

snappyHexMesh 进行物体表面的捕捉以及局部网格的加密。

为了对网格进行收敛性验证，本研究选取了粗、中、密三套网格。每套网格只对背景网格进行修改，粗与中、中与细之间的背景网格在 xyz 三个方向上均采用 $\sqrt{2}$ 倍的等级加密。

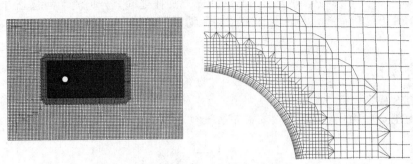

图 1　整体网格和局部网格（中网格）

表 1 为网格收敛性研究的结果。其中阻力系数 C_d 为 50 个泻涡周期的统计平均值。在接下来的研究中均采用中等网格计算。

表 1　网格收敛性验证结果

网格	背景网格	总网格量	C_d	St
粗	86x57x9	81.5 万	0.955	0.212
中	120x80x12	179 万	0.938	0.214
细	168x112x17	396.6 万	0.949	0.217

2.4 边界条件

计算域的边界条件具体设置如下：上游入口处采用速度入口，下游出口边界条件采用压力积分为零，前后和两侧均采用对称边界条件。

3　结果分析

3.1 瞬时流场分析

图 2 给出了圆柱尾部的瞬时流场涡量，其中的涡量等势面用 Hunt 等[5]建议的 Q 准则（Q-criterion）表示。Q 的定义如下：

$$Q = \frac{1}{2}\left(|\mathbf{\Omega}|^2 - |\mathbf{S}|^2\right) \qquad (4)$$

其中 $\mathbf{\Omega} = \frac{1}{2}\left(\dfrac{\partial u_i}{\partial x_j} - \dfrac{\partial u_j}{\partial x_i}\right)$ 为涡量，$\mathbf{S} = \frac{1}{2}\left(\dfrac{\partial u_i}{\partial x_j} + \dfrac{\partial u_j}{\partial x_i}\right)$ 为应变不变量。

图 2 圆柱尾流区域的涡量等势面图（Q=10）

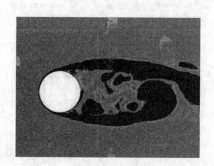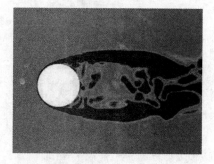

图 3 z=0 平面内的涡量图（左：强升力；右：弱升力）

在圆柱尾部区域，出现了卡门涡街现象，涡量表现出明显的三维效应，这和 DNS[6]以及 LES[7]的结果一致。同时可以观察到，DDES 方法在 RANS 和 LES 交界区域过渡光滑，没有出现不连续的间断。

图 3 给出了 z=0 平面在不同时刻的涡量图。由于圆柱绕流三维、非定常的特性，我们无法通过某个截面在某一时刻的流场信息来分析整个流场的特征，但是二维截面的结果对于分析圆柱整体的漩涡脱落具有一定参考性。左图中一个大涡形成并且即将脱落，而右图中则没有大涡。不同时刻的流场表现出完全不同的特征性质，可以看出圆柱绕流表现出的强烈的非定常特性。

3.2 时均统计分析

由于圆柱绕流是非定常问题，因此在分析速度和压力等物理量时需要对其进行时间平均。以下对压力和速度的分析均取 10 个泻涡周期内的时间平均值作为统计结果。

图 4 给出了压力系数 C_p 沿圆柱周向的分布。由于 OpenFOAM 中的压力实际值为压力与密度的比值，因此这里的压力系数定义如下：

$$C_p = \frac{2(p - p_0)}{U_0^2} \tag{5}$$

其中，p_0 和 U_0 为参考压力和参考速度，这里取无穷远处的压力和速度。

图 4 还给出了 Norberg[8]的试验结果(Re=3000)。可以看出，在 0-60°之间（圆柱前部）压力系数的数值计算结果和实验值吻合较好，这是由于在此区域内流体运动以层流为主，未发生流动分离。

图 5 给出了 $x/D = 0.58, 1.06, 1.52, 2.02$ 四个剖面延展长方向平均后的速度剖面分布，在 $x/D = 0.58$ 截面处，速度剖面呈"U"型，而其他速度剖面则呈"V"型。这与 Lourenco 的试验结果[9]和 Wissink 的数值模拟结果[6]一致。同时可以观察到圆柱后方离圆柱越远的地方速度剖面变化越小。值得注意的是，Zhao[10]指出在 $x/D = 1.06$ 这个截面内的速度剖面和圆柱的展长有关：小展长(展长为 D)的圆柱呈"V"型分布，随着展长增大速度剖面逐渐变为"U"型分布。本文的结果部分验证了这一结论。

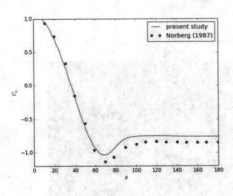 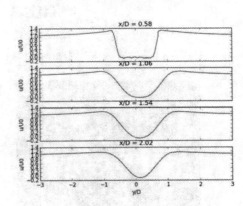

图 4 压力系数沿圆柱周向分布　　　　　图 5 尾流区域不同截面的速度剖面分布

5　结论

本文基于 OpenFOAM 开源代码工具箱，采用 SA-DDES 方法对亚临界雷诺数 Re=3900 的三维圆柱绕流进行了数值模拟，得出以下结论：

网格收敛性研究结果说明，本文采用不同细密程度网格对于圆柱绕流问题数值模拟的结果是收敛的，证明了数值方法的可靠性。对圆柱绕流的数值模拟表明，SA-DDES 方法在处理大分离流动的问题上能够达到 LES 的水平，而计算网格量却比 LES 小很多，使得现有计算机硬件资源能够进行更高雷诺数流动问题的数值模拟，为 SA-DDES 下一步应用到更加复杂的流动问题上奠定了基础。

致谢

本文工作得到国家自然科学基金项目（Grant Nos 51379125, 51490675, 11432009, 51411130131），长江学者奖励计划(Grant No. 2014099)，上海高校特聘教授（东方学者）岗位跟踪计划(Grant No. 2013022)，国家重点基础研究发展计划（973 计划）项目（Grant No. 2013CB036103），工信部高技术船舶科研项目的资助。在此一并表示衷心感谢。

参 考 文 献

1 Spalart P R, Jou W H, Strelets M, et al. Comments on the feasibility of LES for wings, and on a hybrid RANS/LES approach. Advances in DNS/LES, 1997, (1), 4-8.
2 Spalart P R, Allmaras S R. A one-equation turbulence model for aerodynamic flows. Recherche Aerospatiale, 1994, (1), 5-21.
3 Spalart P R, Deck S, Shur M L, et al. A new version of detached-eddy simulation, resistant to ambiguous grid densities. Theoretical and Computational Fluid Dynamics, 2006, 3(20), 181-195.
4 Lei C, Cheng L, Kavanagh K. Spanwise length effects on three-dimensional modeling of flow over a circular cylinder. Computer Methods in Applied Mechanics and Engineering, 2001, 22-23(190), 2909-2923.
5 Hunt J C R, Wray A A, Moin P. Eddies, streams and convergence zones in turbulent flows. Center for Turbulence Research report CTR-S88, 1988, 193-208.
6 Wissink J G, Rodi W. Numerical study of the near wake of a circular cylinder. International Journal of Heat and Fluid Flow, 2008, 4(29), 1060-1070.
7 Lysenko D A, Ertesvag I S, Rian K E. Large-eddy simulation of the flow over a circular cylinder at Reynolds number 3900 using the OpenFOAM toolbox. Flow, Turbulence and Combustion, 2012, 4(89), 291-518.
8 Norberg C. Effects of Reynolds number, low-intensity free-stream turbulence on the flow around a circular cylinder. Department of Applied Themoscience and Fluid Mechanics. Chalmer University of Technology, Gothenberg, 1987.
9 Lourenco L M, Shih C. Characteristics of the plane turbulent near wake of a circular cylinder. A particle image velocimetry study (data taken from Beaudan, Moin), 1993.
10 Zhao, R, Liu J, Yan C. Detailed Investigation of Detached-Eddy Simulation for the Flow Past a Circular Cylinder at Re= 3900. In Progress in Hybrid RANS-LES Modelling. Springer Berlin Heidelberg, 2012. 401-412.

Sparlart-allmaras delayed detached-eddy simulations of flow past a circular cylinder

ZHAO Wei-wen, WAN De-cheng*

（State Key Laboratory of Ocean Engineering, School of Naval Architecture, Ocean and Civil Engineering, Shanghai Jiao Tong University, Collaborative Innovation Center for Advanced Ship and Deep-Sea Exploration, Shanghai 200240, China)
*Corresponding author, Email: dcwan@sjtu.edu.cn

Abstract：Delayed Detached-Eddy Simulation (DDES) based on Spalart-Allmaras (SA) model employs Reynolds-Averaged Navies-Stokes (RANS) in the boundary layers, and Large-Eddy Simulation (LES) in the separated regions. Based on the open source CFD toolkit OpenFOAM, this paper carried out numerical simulations of flow past a circular cylinder at subcritical Reynolds number (Re=3900). The vortex shedding patterns are observed and studied. The practical reliabilities of SA-DDES at subcritical Reynolds number in massively separated flows are evaluated.

Key words：Flow separation; Circular cylinder; Delayed-Detached Simulation; Subcritical Reynolds number.

加装尾板单体复合船阻力与耐波性模型试验分析

孙树政　赵晓东　李积德

(哈尔滨工程大学船舶工程学院，哈尔滨，150001, Email: sunshuzheng@hrbeu.edu.cn)

摘要： 为改善单体复合船型静水阻力性能，本文在研发的 4000 吨级深 V 单体复合船型尾部加装尾板，对加装尾板的单体复合船型的阻力和耐波性能开展水池模型试验研究，分析了尾板尺寸和角度对单体复合船型静水阻力的影响及加装尾板对复合船型耐波性的影响。试验结果表明，合理设计尾板的尺度以及角度能够改善单体复合船型的阻力性能，加装尾板后可以进一步提升复合船型耐波性能，在该船型上加装尾板具有良好的工程应用价值。

关键词： 模型试验；组合附体；尾压浪板；阻力；耐波性

1 引言

单体复合船型是一种在船体艉底部加装减纵摇组合附体的高性能船型，通过组合附体产生较大的阻尼力（矩）实现大幅提升其耐波性，但对静水阻力性能会产生一定影响[1]-[5]。70 年代开始，在高速水面快艇上应用尾压浪板节能，获得了较好的效果。在主机功率不变的情况下，设计航速可提高一节以上[5]。研究表明，加装优化后的尾压浪板可以增加船体虚长度，有效改善尾部流场，使主船体在巡航速度附近减阻 4% 以上，同时也较大幅度地改善了高速时的阻力性能[6][7]。同时，尾压浪板的尺寸、角度、沉深等对舰船阻力都有影响[8]。本文针对研发的 4000 吨级单体复合船型特点，分别设计了尾压浪板方案，目的是改善单体复合船型静水阻力性能，通过水池模型试验研究尾板的尺寸、角度等对单体复合船型阻力性能影响，并研究加装尾板对复合船型耐波性的影响。

本文针对 4000 吨级深 V 复合船型 V1 设计了尾压浪板方案，V1 各方案尾板最大长度范围（沿船长方向尺寸 L_w）对应实船为 1~2m，宽度（沿船宽方向尺寸 B_w）与水线面尾部宽度相同，下反角范围（与水线面夹角 β）取 4°~9°，复合船型主尺度见表 1，复合船型为首部加装组合附体船型，组合附体由一流线型半潜体和一对艏鳍组成，组合附体及尾板安装方案示意图见图 1 和图 2。

表 1 单体复合船型主尺度表

船型	设计水线长 /m	设计水线宽 /m	设计吃水 /m	排水量 /t
V1	125	14.2	4.5	3430

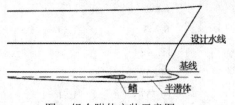

图 1 组合附体安装示意图

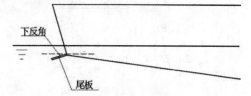

图 2 尾板安装示意图

本文对复合船型加装尾板方案分别开展了水池模型试验研究，试验模型采用玻璃钢制作，未加装舭龙骨、减摇鳍及轴系等附体，首先对模型进行重量、重心及惯量调整，保证模型的几何相似和动力相似[9]。其中 4000 吨级复合船型方案编号为 V1，加装尾板船型方案编号为 V1w，水池模型缩尺比取为 1:40。试验内容包括加装尾板前后船型静水阻力试验、规则波试验，下面介绍水池模型试验情况。

2 静水阻力试验

首先进行深 V 复合船型加装尾板前后模型静水阻力试验，根据模型缩尺比对模型进行静力、动力调整，保证试验模型相似性，然后进行试验测试，试验内容包括模型阻力、模型纵倾角及模型重心升沉。复合船型未加装尾板阻力值见表 2 所示，加装不同尺寸及角度尾板四千吨级单体复合船型加装尾板静水阻力值及减阻率（增阻为正，减阻为负）见表 3 所示，实船速度采用 kn 为单位，1kn=1.852km/h。

表 2 复合船型加装尾板前静水阻力表

模型航速 V_m(m/s)	实船航速 V_s/kn	Fr（$V/\sqrt{gL}$）	V1 模型阻力 R_m/N
0.976	12	0.176	2.741
1.464	18	0.264	6.666
1.708	21	0.308	9.089
1.952	24	0.352	11.538
2.196	27	0.397	15.201
2.44	30	0.441	20.06
2.684	33	0.485	25.691
2.928	36	0.529	30.353

表 3 加装不同尾板方案静水阻力表

尾板方案	模型航速/（m/s）	实船航速/kn	模型阻力/N	减阻率/%
	0.976	12	2.979	8.68
	1.464	18	6.804	2.07
V1w1	1.708	21	8.963	-1.39
	1.952	24	11.249	-2.5
(L_w=2m, β=9°)	2.196	27	14.867	-2.2
	2.44	30	19.757	-1.51
	2.928	36	29.792	-1.85
V1w2	0.976	12	2.879	5.03
	1.464	18	6.761	1.43
(L_w=2m, β=4°)	1.952	24	11.271	-2.31
	2.44	30	19.717	-1.71
V1w3	0.976	12	2.9	5.8
	1.464	18	6.7101	0.66
(L_w=1.6m, β=4°)	1.952	24	11.165	-3.23
	2.44	30	19.741	-1.59
V1w4	0.976	12	2.827	3.14
	1.464	18	6.692	0.39
(L_w=1.6m, β=0°)	1.952	24	11.437	-0.88
	2.44	30	20.167	0.53
V1w5	0.976	12	2.807	2.41
	1.464	18	6.69	0.36
(L_w=1.2m, β=4°)	1.952	24	11.148	-3.38
	2.44	30	19.748	-1.55
V1w6	0.976	12	2.835	3.43
	1.464	18	6.8	2.01
(L_w=1.0m, β=4°)	1.952	24	11.231	-2.66
	2.44	30	19.911	-0.74
V1w7	0.976	12	2.781	1.46
	1.464	18	6.753	1.31
(L_w=1.0m, β=7°)	1.952	24	11.195	-2.97
	2.44	30	19.863	-0.98

由表 3 加装各尾板方案的复合船型静水阻力试验结果可见，尾板尺寸和角度对复合船

型静水阻力性能均会产生影响。加装尾板后低速段（12kn~18kn, Fr=0.176~0.264）复合船型静水阻力有所增加，且随着尾板长度的减小，阻力增幅有所降低，可见加装尾板后使船体湿表面积增加，因而使复合船型摩擦阻力增大，而低速时摩擦阻力占总阻力比例较大，船体总阻力也因而增加；尾板长度减小，船湿表面积也随之减小，因而复合船型摩擦阻力增幅随之降低。

随着航速的提升，尾板减阻效果开始体现，航速高于 21kn（Fr=0.308）加装尾板后均产生减阻效果，24kn(Fr=0.352)航速下减阻效果最明显。尾板长度为 2m 时，尾板角度为 4°的减阻效果优于 9°；尾板长度为 1.6m 时，尾板角度为 4°的减阻效果优于 0°；尾板长度为 1m 时，尾板角度为 7°的减阻效果优于 4°；减阻效果最优的尾板方案是长度为 1.2m，角度为 4°。可见尾板尺寸与角度对其减阻效果均会产生影响，对尾板的设计需根据船型特点选择最优的尺寸与角度组合。

加装最优尾板方案前后模型静水阻力、纵倾角及重心升沉曲线见图 3 至图 5。模型纵倾以埋首为负，重心升沉以向下为负。

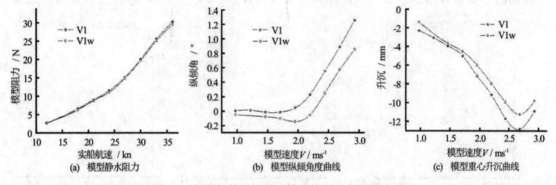

图 3 V1 船型加装尾板前后模型静水阻力试验结果

由模型静水阻力试验结果可见，V1 在加装尾板后静水阻力减小 1.5%~3.4%，通过加装尾板使单体复合船型静水阻力性能得到改善。

通过加装尾板前后模型航行姿态曲线即纵倾曲线和重心升沉曲线可见，加装尾板后使船型纵倾角度及重心沉深减小。由此可见加装尾板后有效改善了船体航行姿态，通过增加船体虚长度改善了船体尾部兴波，从而使深 V 复合船型静水阻力性能得到提升。

3 规则波试验

规则波中迎浪试验测量内容有：波浪中阻力、纵摇角、升沉、艏部 0.5 站、舯部 10 站以及尾部 19.5 站垂向加速度。为满足线性理论要求，试验波高取 50mm。采用四自由度适航仪测量模型升沉、纵摇、及波浪中的阻力，采用加速度传感器测量船体艏部 0.5 站、舯部 10 站、艉部 19.5 站垂向加速度,波浪由摇板式造波机制造,波浪采用随船浪高仪测量[10-11]。下面给出各船型在不同航速下迎浪规则波响应曲线,见图 6、图 7 所示分别为 V1 与 V1w 18kn(Fr=0.26)、24kn(Fr=0.35)航速下迎浪规则波运动响应,曲线图中横坐标为 λ/L(波长/船长),纵坐标为运动响应,响应结果均已经过无因次化处理,无因次公式为:

$$Z=Z_a/\zeta_a \ , \quad \theta=\theta_a/k\zeta_a \ , \quad Ac=Ac_a*L/(\zeta_a*g) \qquad (1)$$

式中:Z_a 为升沉幅值;θ_a 为纵摇幅值;Ac_a 为加速度幅值;ζ_a 为波幅;ζ_a 为波幅;ζ_a 为波幅;k 为波数;L 为水线长;g 为重力加速度。

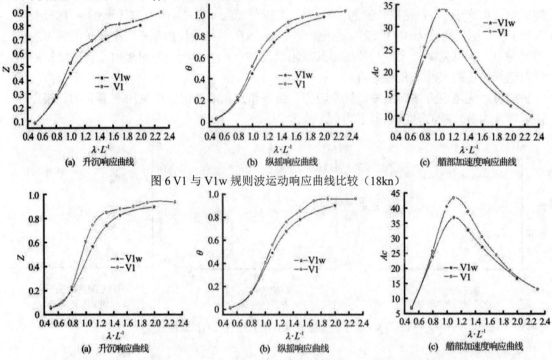

(a) 升沉响应曲线 (b) 纵摇响应曲线 (c) 艏部加速度响应曲线

图 6 V1 与 V1w 规则波运动响应曲线比较（18kn）

(a) 升沉响应曲线 (b) 纵摇响应曲线 (c) 艏部加速度响应曲线

图 7 V1 与 V1w 规则波运动响应曲线比较（24kn）

根据规则波试验结果本文采用 ITTC 单参数谱预报了四千吨级船型加装尾板前后在 5 级海况下（有义波高 H1/3=5m）的运动有义值,结果见表 4 所示。

表 4 V1 与 V1w 五级海况运动有义值

船型	航速/kn	纵摇/°	升沉/m	艏加速度/(m/s²)
V1	18	1.87	0.291	3.247
	24	1.761	0.359	3.785
V1w	18	1.796	0.283	3.093
	24	1.684	0.338	3.557

由规则波试验结果可见,单体复合船型加装尾板后船体运动响应值均得到降低,特别是共振频率附近峰值处降幅明显,不规则波预报结果表明加装尾板后船型运动有义值减小 4%~6%。由此可见尾板对单体复合船型耐波性的提升也有一定贡献。

4 结论

经 4000 吨级单体复合船型 V1 加装尾板前后水池模型静水阻力及规则波试验研究可以得出如下结论：①尾板在航速较低时增阻，航速高于 21kn（Fr=0.308）时减阻，尾板尺寸与角度对复合船型阻力均会产生影响。②通过在单体复合船型尾部加装尾板可以改变船体航行姿态，调整船体尾部流场，达到改善静水阻力性能的效果。③加装尾板后使单体复合船型耐波性得到提升，共振频率附近峰值处的运动响应得到明显降低。

参 考 文 献

1 LIU Ya-dong, LI Ji-de, WANG Qing.New concept research on mono-hull compounded ship form with high seakeeping performance. Journal of Marine Science and Application, 2003,2(1).

2 蔡新功，李积德，王建方，等.中高速船加装减纵摇组合附体模型试验[J]. 中国造船.2003,9：50-57.

3 李积德，张恒，田明琦,等. 高耐波性排水型单体复合船型试验研究[J].中国造船.2007,9：5-12.

4 李积德,张恒,赵晓东. 4 千吨级深 V 单体复合船型模型试验研究[J].船舶力学, 2008(5)：709-715.

5 王许洁，孙树政,等.千吨级高耐波性单体复合船型模型试验研究[J] .船舶力学，2011(4):180-187.

6 张大有，张艳.尾板对高速双体船阻力性能影响的研究[J]. 船海工程,2006（6）：20-23.

7 卢晓平，郦云，董祖舜. 几种排水型高性能船阻力性能对比研究[J].海军工程大学学报,2006，18（1）：34-41

8 赵连恩.高性能船舶水动力原理与设计[M]. 哈尔滨: 哈尔滨工程大学出版社,2009.

9 纪亨腾，陈加荣，李为.舰船尾部改型的几种措施[J].中国舰船研究,2006.6.

10 王许洁，孙树政，赵晓东，等.加装艉板的深 V 单体复合船型水动力性能研究[J].哈尔滨工程大学学报,2012.1:15-19.

11 李积德.船舶耐波性[M]. 哈尔滨：哈尔滨工程大学出版社,2003.

Resistance and seakeeping performance analysis of hybrid monohull with stern flaps based on model test

SUN Shu-zheng   ZHAO Xiao-dong   LI Ji-de

(College of Shipbuilding Engineering, Harbin Engineering University, Harbin 150001,China)

Abstract: For the better resistance, this paper presents the research on installing stern flap to 4000 tons class hybrid monohulls. The model test for resistance and seakeeping performance is carried out, and the effect of stern flap's scale and angle to hydrodynamic performance is analyzed. The research shows that, installing stern flap to hybrid monohulls can improve the resistance performance by choosing reasonable scales and angle，the stern flap can improve the seakeeping performance of hybrid monohull, and it has a good value in engineering.

Key words: Modeling test; built-up appendage; stern flap; resistance; seakeeping

Experiment research on influence of biodegradable surfactant on gas-liquid two-phase spiral flow in horizontal pipe

DAI Yuan,RAO Yong-chao,WANG Shu-li[*],DAI Wen-jie,ZHENG Ya-xing

(Jiangsu Key Laboratory of Oil-Gas Storage and Transportation Technology,Changzhou University,213016 ,Email:daiyuan1daiyuan@163.com)

Abstract: The influence of biodegradable surfactant on gas-liquid two-phase spiral flow in horizontal pipe was investigated experimentally and compared with the sodium dodecyl benzene sulfonate（SDBS）. Experiment investigation was conducted on air and water were worked as fluids, gas volume fraction was 10%~90%,gas and liquid superficial velocity was 0.01~4.0m/s,surfactants used were biodegradable coconut oil extracted from plants and SDBS, rotary device used was impeller. The results presented demonstration that the influence of biodegradable coconut oil on spiral axial flow, spiral slug flow, spiral dispersed flow was similar to SDBS. These three flow patterns appeared earlier than ever before and scopes were broadened. When surfactant concentration was 500ppm,the main flow pattern of coconut oil was spiral dispersed flow while SDBS was spiral slug flow.

Key words: surfactant; biodegradability; gas-liquid two-phase spiral flow; flow pattern; flow pattern map

1 Introduction

Compared with the horizontal flow, gas-liquid two-phase spiral flow in horizontal pipe not only had the effect of the axial and radial velocity, but also the influence of tangential velocity. In recent years, gas-liquid two-phase spiral flow occurs in increasingly more modern industrial applications, such as nuclear and oil industries. So understanding the judgment of the flow pattern, conversion and the pressure drop law was critical for industrial production[1-2]. Horri[3]carried on the preliminary research of the gas-liquid two-phase spiral flow by manufacturing the spiral pipe flow generator. Wang Shuli[4-5]summarized the spiral pipe flow

---

[*] Corresponding author: Wang Shuli(1957-),professor,Email:wsl@cczu.edu.

generators experimentally, found the mainly devices of spiral pipe flow include: metal spiral impeller, tape and so on.

As everyone knows, surfactant had the effect of reduced the liquid surface tension, which affect the two-phase flow pattern and heat transfer characteristics[6]. Hand et al [7]studied the gas-liquid two-phase flow characteristics in surfactants system and found smooth stratified flow transferred to wave stratified flow when gas superficial velocity was high.

In this study, we investigated the effect of biodegradable surfactant on gas-liquid two-phase spiral flow patterns and its conversion characteristics and results were compared with the traditional surfactant SDBS.

2 Experiment system

2.1 Experiment facility

The experiment system is depicted in Fig 1. It consist of four parts, experiment section, liquid circulation system, gas circulation system and image acquisition system. Air and water were worked as fluids, gas volume fraction was 10%~90%, gas and liquid superficial velocity was 0.01~4.0m/s.

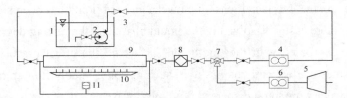

1 tank 2 immersible pump 3 ball value 4 fluid flowmeter 5 air compressor 6 gas flowmeter 7 air and fluid mixer 8 spiral pipe flow generator 9 transparent glass tube 10 fluorescent lamp 11 differential pressure gauge

Fig 1 gas-liquid two-phase spiral pipe flow experiment system

The experiment steps were start air compressor firstly, then experiment operating conditions were set, circular pump was opened, adjust the water flow control value to make the water flow reach the experiment condition; after then adjust the gas flow control value to make the gas flow reach the experiment condition, observe the experiment phenomenon and take photos and record the date after a period of time. Repeat the above steps to continue increase the gas volume until it reach the maximum value.

2.2 Surfactant

The surfactants used in this experiment were SDBS and biodegradable coconut oil extracted from plants. The surface tension about aqueous surfactants solution measured by surface tension tester at temperature 20℃±1 is depicted in Fig 2. Because of the stirring process in the experiment, the surfactant may produce large number of bubbles, so the concentration range of two kinds of surfactants were set at 10~500mg/kg to ensure the stability of experiment and the accuracy of data. Compared with the traditional surfactants, the biodegradability coconut oil used in experiment was always used to make soap and shampoo, it has advantage of good biodegradable, green environmental protection and without post-processing[8].

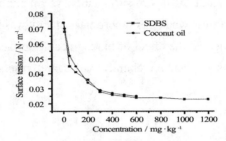

Fig 2 Surface tension curve at room temperature(20℃)

3 Flow pattern

In this experiment, with the use of the surfactants, the flow patterns include six kinds of flow pattern. Compared with the no surfactant system, the spiral axial flow and spiral dispersed flow appeared earlier than ever before and scopes were broadened, this is because under the effect of surfactant, the interfacial tension between gas and liquid has been significantly reduced, the gas phase is more easily dissolved in the liquid phase and the mixing degree of gas and liquid was improved. Compared with the traditional surfactant, the effect of coconut oil was same. There are six kinds of flow patterns in Fig 3, such as spiral bubbly flow,spiral linear flow,spiral axial flow,spiral slug flow,spiral dispersed flow,spiral wave stratified flow.

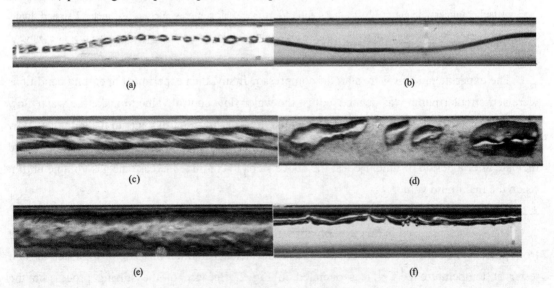

Fig 3 Flow pattern of spiral pipe flow

4 Flow pattern maps

Because of the characteristics of flow pattern identification and transformation rules were vagueness, diversity and qualitative features[9], so the flow pattern maps were always used as work assist to understand the flow pattern identification and transformation rules. The flow patterns maps about gas-liquid two-phase spiral pipe flow in surfactant systems were described on the base of large number of experiment data and compared with the classic Mandhane[10] gas-liquid two-phase flow pattern map and gas-liquid two-phase spiral pipe flow pattern map in

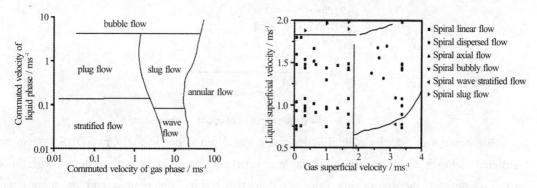

Fig 4 Mandhane flow pattern map in horizontal pipe   Fig 5 Flow pattern map of gas-liquid two-phase

The gas-liquid two-phase spiral flow pattern map when coconut oil concentration was 300ppm is depicted in Fig 6. In this system there are six flow patterns: spiral wave stratified flow, spiral slug flow, spiral bubbly flow, spiral linear flow, spiral axial flow, spiral dispersed flow. Compared with the Mandhane flow pattern map, there are three new flow patterns: spiral axial flow, spiral linear flow and spiral dispersed flow. What's more, the mixing degree of gas-liquid two-phase was higher than horizontal flow. In addition, compared with flow pattern maps of no surfactant system, with the influence of coconut oil, the scopes of spiral linear flow and spiral bubbly flow were decreased, axial and slug flow appeared earlier than ever before and spiral dispersed was the most frequent.

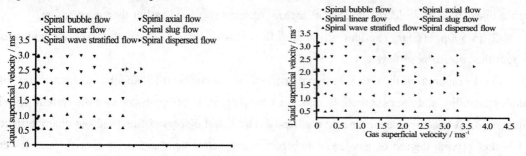

Fig 6 Flow pattern map of 300ppm coconut oil   Fig 7 Flow pattern map of 500ppm coconut oil

Under the same experiment condition, increase the coconut oil concentration to 500ppm, the flow pattern map was depicted in Fig 7. Compared with other flow pattern map in different surfactant concentration, the scope of spiral dispersed flow was broadened and appeared earlier than ever before in the high concentration condition. The influence of concentration on the other flow patterns was not observed.

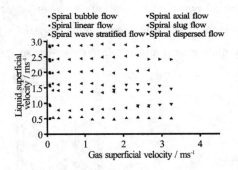

Fig 8 Flow pattern map of 500ppm SDBS system

Flow pattern map of gas-liquid two-phase spiral pipe flow in 500ppm SDBS system was depicted in Fig 8. Compared with the same experiment condition expect surfactant which used was coconut oil, the spiral slug flow came to the major flow pattern and its scopes were broadened under the influence of SDBS. To the coconut oil system, its effect were enormous broaden the scopes of spiral dispersed flow. In consideration of the characteristic of better heat and mass transfer and lower pressure drop about spiral dispersed flow, it was the best result of the experiment which was required.

5 Conclusion

(1) Flow patterns were divided into six parts: spiral bubbly flow, spiral linear flow, spiral slug flow, spiral axial flow, spiral dispersed flow, spiral wave stratified flow in coconut oil and SDBS system. Compared with the horizontal flow, there are three new flow patterns: spiral axial flow, spiral dispersed flow, spiral linear flow. What's more, the scopes of spiral bubbly flow and spiral linear flow were decreased and other flow patterns appeared earlier than ever before.

(2) In 500ppm SDBS system, spiral slug flow was the major flow pattern and the slug was bigger than no surfactant system.

(3) Compared with the traditional surfactant, coconut oil had the characteristic of biodegradability and the positive influence on flow pattern. In 500ppm coconut oil system, spiral dispersed flow occurrences increased obviously. The spiral dispersed flow had the characteristic of higher mixing degree of gas-liquid two-phase and better heat and mass transfer and lower pressure drop.

References

[1] Li Guangjun,Guo liejin,Gao hui,et al.Flow patterns of oil-water liquid-liquid two-phase flow in hellcally coiled tubes[J].Journal of Chemical Industry and Engineering,2000,51(2):239-240.

[2] Lv Yuling, Du Shengwei, He Liming,et al. Research on gas-liquid two-phase flow liquid holdup and pressure drop characteristics[J]. Oil ＆ Gas Storage and Transportation.2006,25(3):48-51.

[3]Horri K,Matasumae Y, Cheng XM,et al. A Study of Spiral Flow(part3), Opening and Orientation Contral of Fiber by Spiral flow[J]. Trans. Japan Soc. Aero. Space Sci.,1990,32(8):893-899.

[4]Wang Shuli, Rao Yongchao, Han Yongjia,et al. Comparative analysis and research on spiral flow generator[J]. Fluid Machinery,2013,41(2):30-38.

[5]Wang Shuli, Rao Yongchao, Wu Yuxian,et al. Experimental research on gas-liquid two-phase spiral flow in a horizontal pipe[J].Journal of Experimental Mechanics,2013,28(1):77-86.

[6]Lin Zhang, Shidong Zhou, Shuili Wang, et al. Surfactant Surface Tension Effects on Promoting Hydrate Formation: An Experimental Study Using Fluorocarbon Surfactant (Intechem-01)+SDS Composite Surfactant [J]. Journal of Environmental Protection, 2013, 4: 42-48.

[7]Hand N P, Spedding P L, Ralph S J. The Effect of Surface Tension on Flow Pattern Hoid-Up and Pressure Drop During Horizontal Air/Water Pipe Flow at Atmospheric Conditions [J]. Chemical Engineer Journal, 1992,48: 187-210.

[8]Li Rui, Li Meiqiu, Xia Qiuyu,et al.Functional properties and application of virgin coconut oil[J].China Oil and Fats,2007,32(10):10-13.

[9]Lao Liyun, Zhen Zhichu, Wu Yingxiang,et al. On the gas-liquid two-phase flow regimes and their recognition methods[J].Advances in Mechanics, 2002,32(2):235-249.

[10]Mandhane J M. Flow Pattern Map for Gas-Liquid Flow in Horizontal Pipe [J]. International Journal of Multiphase Flow, 1974, 1: 537-555.

椭圆水翼梢涡空化初生尺度效应试验研究

曹彦涛，彭晓星，徐良浩，辛公正

(中国船舶科学研究中心，船舶振动噪声重点实验室，江苏无锡，214082，Email: caoyantao@126.com)

摘要： 螺旋桨梢涡空化是影响舰船临界航速的主要因素之一，当前临界航速的预报主要通过模型试验完成。由于试验设备的限制，试验模型和实物之间雷诺数往往存在较大差别，导致试验预报结果与实际测量结果存在较大尺度效应。为修正由尺度效应引起的预报偏差，当前世界各国的试验室基本都建立了各自独立的换算关系。而我国目前在该方面的研究尚少，相关修正工作大多参照其他国家的有关标准进行。因此本研究以椭圆水翼为研究对象，对一定攻角、不同雷诺数下椭圆水翼上梢涡空化的初生现象进行了初步研究，试图通过试验分析雷诺数对水翼梢涡空化初生的影响。通过试验观察，对梢涡空化消失前后的现象进行了细致描述并对影响试验结果的因素进行了细致分析，初步形成一种针对椭圆水翼的梢涡空化初生判断方法，为后续空化初生尺度效应的研究奠定基础。最后通过数据拟合，对当前设备中由雷诺数引起的尺度效应进行了初步评估。

关键词： 梢涡空化初生；尺度效应；试验研究.

1 引言

梢涡空化属于旋涡空化的一种，是由于梢涡结构的旋转而在流体内部形成低压区域，从而产生的一种空化类型。因旋涡结构中压降较强，因此旋涡空化的初生空化数通常要早于其他类型的空化[1]。尤其是在实船条件下，梢涡空化的出现往往早于其他类型的空化。因此，梢涡空化的初生一直备受螺旋桨设计者关注。

当前实船梢涡空化初生的预报主要依靠模型试验，但是模型结果到实船结果的预报往往存在较大的误差，这种模型结果与实际结果之间的差异视为尺度效应。关于尺度效应的研究由来已久，不同研究者分别从理论及试验角度，对尺度效应进行了分析[2-8]，其中被广泛使用的是 McCormick 利用边界层理论推导的公式：

$$\sigma_i = KC_L{}^2 R_e{}^{0.35}$$

后续也有研究者通过考虑水质等因素对梢涡空化初生的影响[9,10]。本文以NACA66$_2$-415 椭圆水翼为对象，通过试验研究初生空化数随雷诺数 Re 的变化趋势，探究尺度效应对梢涡空化初生的影响程度。

2 试验设备及模型

2.1 试验设备

试验在小型多功能高速空泡水筒中进行。小型多功能空泡水筒试验段长度 1600mm，宽度 225mm，高度 225mm，最高水速 25m/s。试验段中心线压力调节范围为 10~500kPa。具备有可控制水中溶解气体含量和气核的空化试验设备，试验设备见图1所示。

图1 小型多功能高速空泡水筒

2.2 模型安装

试验模型是剖面为 NACA662-415 的半椭圆水翼，水翼最大弦长 c=94.2mm，展长 l=112.5mm，整个随边做了厚度为 0.23mm 的处理。制作材料为铝，表面黑色阳极化处理。试验过程中水翼模型水平安装在试验段侧面，采用圆盘与试验段窗体连接固定，吸力面朝下，水翼梢部尖端位于试验段剖面中心(图2) 。

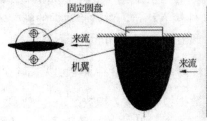

图2 试验模型安装示意图

3 试验方法

因空化初生的试验现象存在一定的不确定性,因而本次试验首先根据 McCormick 的理论公式,由雷诺数反推得到不同水速下的空化消失空化数,得到理论上的环境压力值。其中 $7°$ 攻角下 C_L 取 0.5,K 取 0.068。

然后观察环境压力理论值附近的梢涡空化形态,发现在理论值附近存在空化形态转变的压力点。经分析认为该空化形态转变点为空化初生状态。该临界点的现象为梢涡空化由连续的梢涡突然转变为不连续,时有时无。不同水速下略有差别,但总体上转变现象一致,只是不连续状态下出现和消失的频率存在差别。低速下一般为高频闪出和消失,高速下通常频率较低,持续出现较长时间又持续消失较长时间。因此,试验中以梢涡空化由连续到不连续的状态作为空化初生点。另一方面,为确定设备的稳定性,评估试验数据的不确定程度,对同一工况进行了三次重复性试验。试验工况设定为 $7°$ 攻角,水速为 4m/s、6m/s、8m/s、10m/s、12m/s、14m/s。为数据处理方便,不同雷诺数的表达通过水速表示。

4 试验结果

试验首先对 8m/s、10m/s、12m/s、14m/s 条件下临界点附近的空化现象进行了观测,发现了试验方法部分所述的临界现象:梢涡空化形态由连续变为不连续。然后在增加 4m/s、6m/s 两个条件基础上对同样工况进行了三次重复性试验,其中两次在较高含气量下(63%),另外一次在较低含气量下(除气至 47%)。四次试验结果见图 3。

将四次试验的结果绘制成散点分布图形式如图 3。由图 3 可知,不同试验在高速段(10m/s,12m/s,14m/s,)差别较小;在低速段(4m/s,6m/s,8m/s)差别较明显,但是同一含气量下差别较小。总体上,含气量相同的两次试验(试验 2 和试验 3)结果基本一致。因此,可以认定试验设备提供的试验条件较为稳定,对试验数据的影响较小,而含气量不同会使试验结果存在差异,影响主要体现在低速段(10m/s 以下)。

通过幂函数 $y = ax^b$ 形式对各次数据进行拟合得到拟合结果分别见图 4 至图 7,图 8 是对前三次试验的数据同时拟合的结果。通过数据拟合发现,指数因子对试验数据相当敏感。虽然重复多次所得试验数据数值差别不大,但是拟合出来的指数因子相差较大,且采用数目不同的点拟合结果也差别明显。当前试验结果显示,本次试验设备中雷诺数的影响因子在 0.074~0.154。

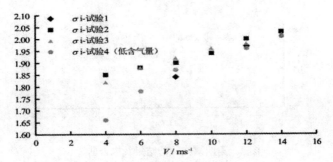

图 3   重复试验的结果比较

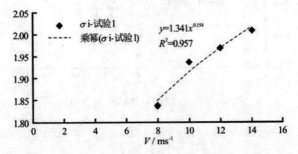

图 4   第一次试验的结果及拟合曲线

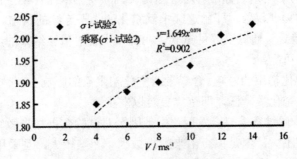

图 5   第二次试验的结果及拟合曲线

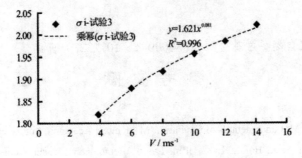

图 6   第三次试验的结果及拟合曲线

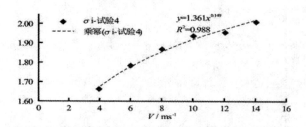

图 7　第四次试验的结果及拟合曲线

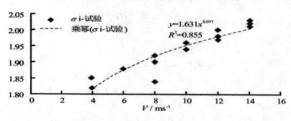

图 8　前三次试验结果同时拟合曲线

5　小结

（1）梢涡空化初生的判断标准。通过理论反推获得梢涡空化初生压力理论值，确定了梢涡空化初生对应的物理现象，即由连续梢涡空化变为不连续的状态。

（2）试验设备稳定。通过重复性试验，明确了设备对试验结果的影响程度。发现设备较为稳定，试验数据可靠。

（3）含气量对空化初生的影响。含气量对空化初生点的影响主要体现在低水速工况下，含气量减少会使初生空化数降低，即空化更难以发生。

（4）数据拟合。通过数据拟合发现，指数因子对试验数据相当敏感。虽然重复多次所得试验数据数值差别不大，但是拟合出来的指数因子相差较大，且采用数目不同的点拟合结果也差别明显。若通过数据总结规律，如何处理数据是十分重要的问题。

致谢

基金项目：国家自然科学基金（11332009 & 11072223）资助.

参 考 文 献

1　Franc J.H., Michel J.M. Fundamentals of Cavitation[M], Kluwer Academic Publishers, 2004.

2　Baker, G. R., Barker, S. J., Bofat, K. K., et al. Laser Anemometer Measurements of Trailing Vortices in Water[J]. J. Fluid Mech.,1974,65(2):325–336.

3　Arndt, R., and Dugue, C. Recent Advances in Tip Vortex Cavitation Research[C]. International Symposium on Propulsors and Cavitation, 1992, Hamburg,Germany.

4   Maines, B. H., Arndt, R. E. A. Viscous Effects on Tip Vortex Cavitation. FED(Am. Soc. Mech. Eng.) 1993,177:125–132.

5   Jessup, S. D., Remmers, K. D., Berberich, W. G. Comparative Cavitation Performance of a Naval Surface Propeller[C]. ASME Symposium on Cavitation Inception,1993, New Orleans, LA.

6   McCormick, B. W. A Study of the Minimum Pressure in a Trailing Vortex System[D]. Ph.D. dissertation,1954, Penn State University, State College, PA.

7   McCormick, B. W. On cavitation produced by a vortex trailing from a lifting surface[J]. Journal of Basic Engineering, 1962, 83:367-379.

8   Liang, X., Ramaprian, B. R. Visualization of the Wing-Tip Vortex in Temporal and Spatial Pressure Gradients[J]. ASME J. Fluids Eng., 1991,113:511-515.

9   Briancon-Marjolette, L, Merle, L. Inception, development and noise of a tip vortex cavitation[J]. Proceedings of 21st Symposium on Naval Hydrodynamics,1996, Trondheim, Norway.

10   Gowing, S, Shen, Y. uclei effects on tip vortex Cavitation scaling[C]. Proceedings of 4th International symposium on cavitation, 2001, Pasadena, USA.

Scale effect investigation of tip vortex cavitation inception around an elliptical hydrofoil by experiment

CAO Yan-tao, PENG Xiao-xing, XU Liang-hao, XIN Gongzheng

(National Key Laboratory on Ship Vibration & Noise, China Ship Scientific Research Center, Wuxi, 214082.
Email: caoyantao@126.com)

Abstract：Tip vortex cavitation on propellers is one of the main factors that affect the critical speed of ships and the prediction of ship critical speed mainly relies on model test for the moment. However, scale effects often exist between the predicted results and the full scale tests due to the size difference between the tested model and the full scale propeller since the limitation of the test facilities. To correct the predicted results, the main laboratories in the world have created their own conversion relations. Whereas the correction work in our country has to refer to other countries' principles since we have done little in this field. Consequently, we attempt to analyze the influence of Reynolds number on tip vortex cavitation inception with an elliptical hydrofoil under certain attack angle preliminarily. The phenomena before and after the disappearance of tip vortex cavitation is described in detail, and the factors affect the experimental results are depicted amply. A method to distinguish vortex cavitation inception was proposed that can be a basic for investigation of tip vortex cavitation inception. Eventually, scale effect in this facility duo to Reynolds number was assessed primarily by data fitting.

Key words：Tip vortex cavitation inception；Scale effect；Experimental investigation.

稀性泥石流垂向流速特性试验研究

刘岩[1]，王海周[1]，陈华勇[2]，胡凯衡[2]，王协康[1*]

（1. 四川大学 水力学与山区河流开发保护国家重点实验室，成都，610065；Email:
wangxiekang@scu.edu.cn

2. 中国科学院山地灾害与地表过程重点实验室/中国科学院水利部成都山地灾害与环境研究所，成都
610041）

摘要：采用含有颗粒的黏性液体模拟稀性泥石流，利用粒子图像测速仪(PIV)研究了颗粒及水力坡度对稀性泥石流垂向流速特性的影响。试验表明：垂线流速服从对数分布；不同流深相同位置的流速值几乎相同，而卡门常数的值不同；坡度对垂向流速分布的影响明显，相同位置下的垂线流速值随坡度的增加而增加；加入颗粒可以使流速值减小并增大卡门常数，本试验中卡门常数的数值基本位于 0.1~0.3 之间，与清水和挟沙水流的卡门常数存在差别。

关键词：稀性泥石流；PIV；垂向流速分布；卡门常数

1 引言

泥石流是一种广泛分布于具有特殊地形、地貌状况地区的自然灾害。泥石流在各地区的表现形式有所差别，因此研究者对泥石流的定义和分类尚无统一标准。成都山地所[1]认为泥石流是一种由泥、砂、石块等松散碎屑物质和水体构成的流体。根据其性质可分为构成一相流体的粘性泥石流，二相流体的稀性泥石流。稀性泥石流是一种两相流，由水和较细的颗粒组成的浆体为其液相，较粗的颗粒为其固相。

关于泥石流流动中的垂向流速分布，各国学者进行过研究。Han 等[2]指出了在典型断面流速的最大值在液流横断面顶部中央，并且比平均流速和边壁处的流速大得多；Kaitna 等[3]发现粗糙颗粒和泥浆组成的两相流与粗糙颗粒和水组成的两相流具有相似的流速分布；根据王兆印等[4]的研究，黏性泥石流经常发生阻力减小的现象，比相同条件下清水流速快；LARCHER[5]给出了恒定均匀泥石流的一系列水槽试验测量数据，包括多种工况下泥石流不同位置的垂线流速分布；Pudasaini 等[6]讨论了泥石流流速计算的准确解析解。上述研究均主要关注黏性泥石流的包括垂向流速分布的运动特征。关于稀性泥石流，余斌[7]研

基金项目：中国科学院山地灾害与地表过程重点实验室开放基金;中国科学院重点部署项目"泥石流动力学过程及其调控模拟"
(KZZD-EW-05-01).

究了稀性泥石流的平均速度，提出了一种经验公式；刘德昭[8]研究了稀性泥石流洪水水面线的推算；朱兴华等[1]对稀性泥石流冲刷规律进行了研究，推导了 3 种不同冲刷条件下，床面冲刷深度的计算方法。以上学者对稀性泥石流垂向流速特性研究较少，基于此本文对稀性泥石流的垂向流速分布进行了试验研究。

2 试验概况

试验在中国科学院成都分院山地灾害与环境研究所进行，试验设备主要包括：试验水槽、粒子图像测速仪（PIV），设备布置如图 1。试验水槽长、宽、高分别为 3.6m、0.2m 和 0.5m，采用比例为 1:3 的机油和白油黏性混合液体模拟稀性泥石流的液相，动力黏度 η 为 0.01Pa·s，利用颗粒粒径为 0.5mm 的玻璃沙模拟稀性泥石流的固相。试验工况设置如表 1。

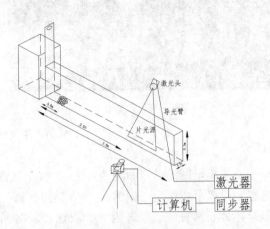

图 1　实验装置示意图

表 1　各工况参数表

工况编号	有无颗粒	坡度/(°)	下泄液体总质量/kg
1	无	4	15
2	无	4	25
3	无	10	15
4	无	10	25
5	有	4	15
6	有	4	25
7	有	10	15
8	有	10	25

试验步骤：将一定质量的液体拦蓄在挡板后的空间内，然后迅速抽出挡板，使液体自由下泄，在下游距挡板 60cm 处堆积均一颗粒，颗粒被液流冲散而随液流下泄。试验通过调整下泄液体总质量来调节流深，分析下泄液体总质量、固体颗粒及坡面比降对稀性泥石流垂向流速特性的影响。

3 试验结果分析

3.1 数据处理方法

按照上述试验工况进行试验，得到不同工况下混合黏性液体下泄过程的流场图。根据试验现象发现：在液流来到相机捕捉区域后，流深迅速增加，经过较短时间后达到一种稳定的流态，流深变化很小，液流比较平稳，无明显涨落水波，如图 2（a）；流速具有明显分层现象，底部流速很小，流速从槽底到液面逐渐增加，如图 2（b）。

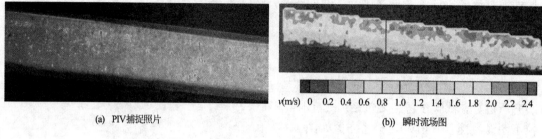

(a) PIV捕捉照片   (b)) 瞬时流场图

图 2   PIV 捕捉图片与流场图（纵断面）

两幅流场图的时间间隔 $T=1/7s\approx0.14s$，取连续的 5 张流场图在流场中部（图 2(b)中实线位置）提取垂线流速，如图 3，y 为该点到槽底的距离。可以发现，虽然流速值略有波动，但总体分布具有一致性。因此，取这一段时间（5/7s）内的平均流速代表这种工况下的流速分布特征，平均流速场如图 4。可以看到平均流速分布的分层规律十分明显，与瞬时流速场相比较，同一深度下沿程不同位置的流速波动减小。

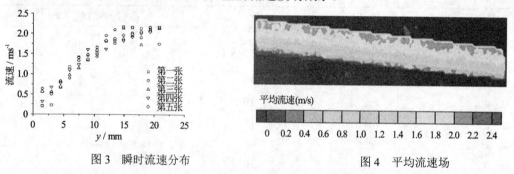

图 3   瞬时流速分布   图 4   平均流速场

3.2 垂向流速分布特征

由于对于稀性泥石流内部流速结构的研究较少,本文以与之相近的挟沙水流的相关研究作为参考。周宜林]等[9] 指出挟沙水流卡门常数 κ 不是固定值，而是与挟沙水流特性有关的变量，对于清水，卡门常数以 κ_0 表示，一般取 κ_0 =0.4。目前关于固液两相流垂向流速分布有两种模式，其中大多数人采用的是变 κ 模式，而变 κ 模式中影响力最大的流速分布公式是卡尔曼－勃兰德对数公式[10]，即

$$\frac{u_{max}-u}{u_*} = \frac{1}{\kappa}ln\frac{h}{y} \tag{1}$$

其中 u_{max} 为最大流速，u_* 为摩阻流速，h 为流深，y 为该点到槽底的距离。

本文应用该公式对试验数据进行回归分析，拟合结果如图 5 所示。

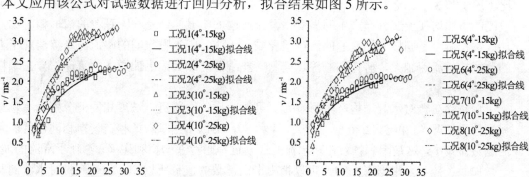

图 5　无颗粒及有颗粒条件下的各工况对比

各工况的相应参数及卡门常数 κ 和 R^2 的值见表 2。

表 2　各工况参数及 κ 和 R^2 表

工况编号	有无颗粒	坡度/(°)	下泄液体总质量/kg	流深 h/mm	κ	R^2
1	无	4	15	23.7	0.15	0.92
2	无	4	25	31.1	0.26	0.94
3	无	10	15	21.1	0.14	0.95
.4	无	10	25	27.4	0.21	0.92
5	有	4	15	22.6	0.19	0.94
6	有	4	25	31.7	0.33	0.93
7	有	10	15	22.6	0.19	0.92
8	有	10	25	28.9	0.23	0.94

由表 2 可得，在对实测数据应用变 κ 模式的对数分布公式拟合时，效果较好，$R^2>0.9$。说明稀性泥石流的垂向流速分布服从变 κ 模式的对数分布规律。本试验得出的卡门常数均小于清水的卡门常数，与申红彬[11]等对挟沙水流的研究结果类似，但又有所偏差，除去水流要素的随机性和试验误差外，这主要是因为本试验模拟稀性泥石流，液体黏度和液体对颗粒的作用均与挟沙水流有所不同。

为研究在不同流深下的垂向流速分布特征，试验通过设置不同的下泄液体总质量，使研究时段内的液流具有不同流深。根据图 5 对比工况 1 和 2，工况 3 和 4，工况 5 和 6，工况 7 和 8。可以得出不同流深下的流速分布规律几乎一致，呈现对数分布规律，随着 y 值的增加，流速的增加值逐渐变小，即在液流的上部流速逐渐趋于常数。因此在应用变 κ 模式的流速分布规律时，不同流深下卡门常数有一定的变化，κ 的值随流深增加。

关于泥石流流速与水力坡度的关系，现有研究[12]表明二者之间呈正相关，根据图 5 对比工况 1 和 3，工况 2 和 4，工况 5 和 7，工况 6 和 8，可以得出不论是否存在颗粒，水槽坡度的增加均使流速分布产生明显变化，流速增加明显。但是与无颗粒的情形相对比，在加入颗粒后，不同坡度间流速的流速差异减小，这是因为颗粒间的碰撞与摩擦消耗了水流的动能，且流速越大，碰撞和摩擦越剧烈，能量消耗越大，因此原本的流速差异在颗粒加入后减小。

颗粒存在会对水流结构产生影响[13]。通过对比流深相近，坡度相同但分别为有颗粒和无颗粒的工况（1 和 5，2 和 6，3 和 7，4 和 8），可以得出颗粒的存在使得相同位置的垂线流速整体减小，这是因为颗粒在随水流的运动过程中存在摩擦和碰撞，消耗了水流的能量。

加入颗粒后，根据表 2 对比可以得出卡门常数的值有所增加。说明颗粒对水流的垂向流速分布产生影响，无颗粒的浆体和存在颗粒的两相流体的流速分布存在差异。根据秦荣昱[14]的研究，卡门常数 κ 的值实质上是反应流速分布变化的一个参数，流速分布越均匀，卡门常数越大；流速分布越不均匀，卡门常数越小。据此，本试验中颗粒的加入使水流扰动增强，流速分布的均匀性减弱，卡门常数增加。

4　小结

以往对泥石流性质的研究很少涉及泥石流内部的流速分布规律，本试验通过模拟稀性泥石流的下泄过程，利用 PIV 技术测得液流的内部结构。分析了下泄液体总质量、颗粒及坡度对稀性泥石流流速特征的影响，得到主要结论如下：

（1）试验利用 PIV 技术获得瞬时流场图，流场的流速分层现象十分明显，流速由槽底到水面逐渐增加；同一位置的流速值存在一定的紊动，垂向流速分布呈现对数分布的特征。

（2）变化坡度和加入颗粒均对流速值产生较大影响，坡度的增加使流速值增加，颗粒的加入使流速值减少。

（3）在对稀性泥石流浆体（无颗粒情形）和固液两相流体（加入颗粒的情形）应用变 κ 模式的对数分布公式时，不同的流深会造成卡门常数的不同。在相近的流深下，颗粒的加入使卡门常数明显增大。本试验得出的卡门常数小于清水试验的值，与挟沙水流的规律相类似但数值有所差异。

参 考 文 献

1　朱兴华,崔鹏等. 稀性泥石流冲刷规律的试验研究. 水利学报, 2012, 43(增刊 2): 85-91。

2　Zheng Han, Guangqi Chen, et al. A new approach for analyzing the velocity distribution of debris flows at typical cross-sections, Nat Hazards, 2014, 74: 2053-2070。

3　Kaitna R., Dietrich W. E., et al. Surface slopes, velocity profiles and fluid pressure in coarse-grained debris flows saturated with water and mud, J. Fluid Mech, 2014, 741: 377-403。

4　Pudasaini S. P. Some exact solutions for debris and avalanche flows. Physics of Fluids, 2011, 23: 043301.

5　Larcher M., Fraccarollo L., et al. Set of measurement data from flume experiments on steady uniform debris flows. Journal of Hydraulic Research, 2007, 45 Extra: 59-71.

6　Zhao-Yin Wang, Guang-Qian Wang, et al. Viscous and Two-Phase Debris Flows in Southern China's Yunnan Plateau, Water International, 2005, 30(1): 14-23.

7　余斌. 稀性泥石流的平均运动速度研究. 防灾减灾工程学报, 2009, 29(5): 541-548.

8　刘德昭. 山区陡坡河沟稀性泥石流和洪水水面线的推算. 山地研究, 1983, 1(2): 35-41.

9　周宜林,唐洪武等. 挟沙水流卡门常数的影响因素. 泥沙研究, 2008, 3: 51-56.

10　黄才安,龚敏飞等. 挟沙水流卡门常数的理论研究. 长江科学院院报, 2005, 22(5): 8-10.

11　申红彬,张小峰等. 挟沙水流试验研究. 武汉大学学报(工学版), 2009, 42(4): 447-451.

12　韦方强,胡凯衡. 泥石流流速研究现状与发展方向. 山地学报, 2009, 27(5): 545-550.

13　钱宁,万兆惠. 泥沙运动力学.北京: 科学出版社, 1983.

14　秦荣昱. 动床水流卡门常数变化规律的研究, 1991, 3: 38-52.

Experimental study on velocity structure for profiles of less viscosity debris flow and its influence factors

LIU Yan[1], WANG Hai-zhou[1], CHEN Hua-yong[2], WANG Xie-kang[1]

(1.State Key Lab. of Hydraulics and Mountain River Eng., College of Water Resource&Hydropower, Sichuan Uni., Chengdu, 610065. Email: wangxiekang@scu.edu.cn

2. Key Lab. of Mountain Hazards and Land Surface Processes/Inst. of Mountain Hazards and Environment, CAS, Chengdu 610041)

Abstract: Simulating less viscosity debris flow by viscous liquid containing grains, the influence of grain and hydraulic slope on the velocity profile of less viscosity debris flow is studied by Particle Image Velocimetry (PIV). It is found that velocity follows the logarithmic distribution. The values of velocity in the same position with different depth are almost the same, whereas the Karman constants are different. The slope degree has significant influence on velocity profiles. The velocity increases with the slope degree increasing. Adding the grains will decrease the velocity and increase the Karman constant. The Karman constants are mostly between 0.1 and 0.3, which is different with water flow and sediment-laden flow.

Key words: Less viscosity debris flows; PIV; Velocity profiles; Karman constant.

山区大比降支流入汇区域床沙分选及冲淤
特征试验研究

王冰洁，王慧锋，王海周，刘兴年，王协康[*]

（四川大学水力学及山区河流开发保护国家重点实验室，成都，610065, Email: wangxiekang@scu.edu.cn）

摘要： 利用动床模型试验，研究了不同工况下大比降支流入汇区域的床沙分选及冲淤特征。结果表明：交汇区呈现明显的床沙分选特征，水流高速区床沙粗化，分离区床沙细化；由于支流坡陡流急，交汇口中心位置形成明显的冲坑，交汇口下游河道由于受支流入汇及弯道环流的影响，在河道中间区域形成一个舌状淤积体。

关键词： 大比降；入汇区域；床沙分选；冲淤特征；

1 引言

交汇河流普遍存在于天然河网中，其水流运动及河床冲淤特点鲜明，研究河流交汇区水沙的运动规律，对水沙灾害防治、防洪规划、环境保护以及航运交通都具有重要的指导意义。在已有的研究中，学者们通过概化交汇河道，将河道断面理想化为规则对称的矩形或复式河道，对于交汇区的水沙运动进行研究，得出了大量的研究成果。Tayor[1]最早通过规则的矩形水槽对交汇水流进行相关研究，主要研究了 45°和 135°交汇水流的水深变化规律。随后众多学者通过概化模型对交汇区的水流结构和水沙运动特性进行了水槽试验和数值试验研究[2-9]。概化的水槽模型通常主支流坡降都较缓，且水槽很规则，而天然交汇河道情况较为复杂，尤其是山区河流，其坡度陡，河道比降大，汇流速度快，且在交汇口下游通常会形成弯道[10]，现阶段研究者主要用野外原型观测、物理模型试验和数值模拟试验这三种方式对天然交汇河流进行研究，其中物理模型试验可以有效的减少人力物力，容易控制试验条件，且物理模型较接近于天然河道，便于深入地研究天然交汇河流的水沙运动特性，刘建新[11]通过模型试验和实测资料研究了长江与嘉陵江交汇后的水流特性，结果表明干支流水面坡降线的变化可以反映干支流顶托关系。王平[12]以试验对支流高含沙洪水淤堵干流形成沙坝的过程及沙坝的淤积形态进行了分析，认为支流来沙量是控制淤积体形态的主要因素。已有的模型试验基本属于定床模型试验，由于天然交汇河道变形较为显著，本

基金项目：国家自然科学基金项目(41171016).

文以动床试验模型模拟都江堰上游深溪沟入汇白沙河交汇区域的水沙分选及泥沙冲淤特性，为大比降支流入汇的交汇区域的河床演变及河道整治提供参考。

2 试验概况

试验所用的物理模型是按照实测的都江堰上游白沙河与深溪沟交汇河道（图1）的地形，由重力相似原理选定比尺为1:20修建，模型位于四川大学水力学与山区河流开发保护国家重点实验室。具体断面布置如图2所示，模型的测量断面间距为1.0m，其中试验模型上的动床范围为干流河段从cs7到cs17断面，支流河段从cs27断面到交汇口，支流比降很大，约为45‰，试验采用非均匀沙，中值粒径D_{50}=1mm,试验分5种工况进行，试验工况见表1，待清水冲刷稳定后，采用水准仪测量cs8到cs16断面的左、右岸水位，用全站仪测量泥沙冲刷后的地形，在河床上布置泥沙采样点，筛分颗粒级配，每次试验结束后模型中重新铺沙，且要保证每种工况下初始铺沙条件基本一致。

图1 白沙河与深溪沟交汇区照片

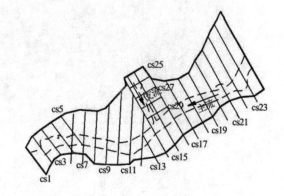

图2 断面布置图

表1 试验工况表

工况	模型流量/（m³/s）		原型流量/(m³/s)		汇流比 Q_T/Q_m
	主流（Q_m）	支流（Q_T）	主流（Q_m）	支流（Q_T）	
1	0.081	0	144.6	0	0
2	0.114	0	203.6	0	0
3	0.114	0.050	203.6	89.4	0.44
4	0.149	0.050	266.0	89.4	0.34
5	0.112	0.069	201.1	123.2	0.61

3 试验结果分析

3.1 床沙分选分析

由试验现象可知有大比降支流入汇时,与平坡及缓坡支流入汇情况不同的是在入汇口产生了明显的水跃现象,这是由于大比降支流为急流,由于受到主流的顶托,流速变缓,形成水跃。试验中主流受支流入汇的影响,交汇区域的水流形成了明显的壅水区、高速区、回流区、停滞区,在单一主流工况下没有形成明显的水流分区,模型原始床面及工况5的水流冲刷试验照片如图3所示。试验为了分析交汇区域的床沙分选特征,在冲淤后形成的床面不同位置布置泥沙采样点,泥沙采样点分布如图4所示,样沙晾干后筛分得出级配曲线,分析泥沙的代表粒径,其中工况5下不同采样点的泥沙颗粒特性如表2所示。

(a) 试验铺沙照片

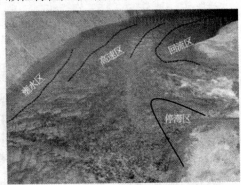
(b) 水流冲刷照片

图3 模型原始床面及水流冲刷试验照片

在有支流入汇的情况下,水流冲刷后的床沙出现明显的分区,如图4(a)所示。由表2知,高速区1、2和10号点的 d_{75}、d_{50}、d_{25} 都大于原始沙的值,床沙粗化;分离区7号点的 d_{75}、d_{50}、d_{25} 值都小于原始沙的值,床沙细化;且沿深泓线上的1、2、10、8、6、9点 d_{75}、d_{50} 值较大。这是由于水流高速区流速较大,细颗粒容易起动,交汇水流沿深泓线冲刷河床造成床沙粗化,而分离区水流流速较小,细颗粒容易落淤,床沙细化。6号点和9号点泥沙颗粒粗化很明显,这是由于交汇口下游明显的弯道效应,凹岸冲刷,水流在凹岸淘刷河床,造成弯道凹岸泥沙粗化,凸岸细化,这和文献[12]的结论是相同的。

(a) 泥沙采样点布置图

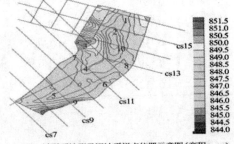
(b) 冲淤后地形及泥沙采样点位置示意图(高程:m)

图4 泥沙采样点布置及床面泥沙分选情况

表2 工况5下不同采样点的泥沙代表粒径

点号	D_{75}/cm	D_{50}/cm	D_{25}/cm
1	2.85	1.30	0.50
2	2.70	1.22	0.41
3	1.40	1.00	0.43
4	1.50	1.10	0.50
5	0.97	0.48	0.37
6	3.05	1.30	0.43
7	1.30	0.46	0.31
8	3.00	1.15	0.35
9	3.95	2.76	1.45
10	3.20	1.60	0.90
原始砂	1.48	1.00	0.40

3.2 河床冲淤特征分析

工况5冲淤后的地形如图4（b）所示，不同工况下交汇口cs15和汇口下游cs10号断面的横剖面图（B=0时代表左岸）如图5和图6所示，图例中括号内的数字代表模型主流流量加支流流量（单位：L/s），床面高程为换算成原型后的高程。根据图5知不同工况下cs15断面靠近左岸的床面高程变化较小，且无支流入汇的情况下，主流冲刷15号断面中间，但冲刷程度较小，当有大比降支流入汇时，支流坡陡流急，淘刷交汇口，致使交汇口出现冲坑，而冲走的泥沙由于交汇水流强烈的掺混作用，泥沙不容易起动，在冲坑附近淤积，淤积的泥沙缩窄主河道，使主河道流速增加，冲刷河床，于是在断面的中间附近又会出现冲坑。由图6可知当汇流比较小时（工况3和工况4），这种现象越明显，这是由于交汇水流中主流受支流顶托作用的同时，支流也受到主流的顶托，汇流比越小，主流对支流的顶托作用越强，致使支流水流流态变化迅速，进而形成上述明显的冲淤特征。由图4（b）可知，支流被冲走的泥沙部分淤积在汇口右侧淤积。

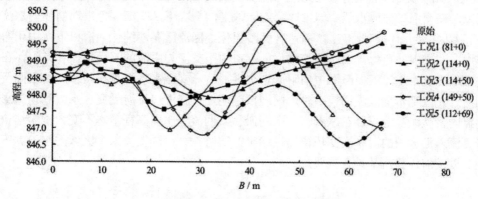

图5 不同工况下 cs15 断面横剖面

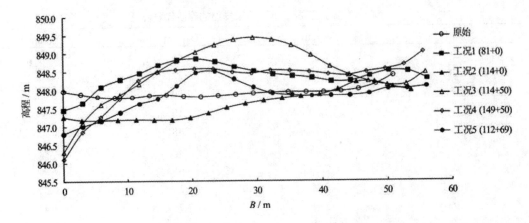

图 6　不同工况下 cs10 断面横剖面图

根据图 6 可知，在无支流入汇的情况下，汇口下游 cs10 断面的床面高程基本是水平的。但有大比降支流入汇时，cs10 断面左岸淘刷，中间淤积，且右岸的床面高程在不同工况下基本不变，试验中交汇口下游出现舌状淤积体，如图 7 所示，这是由于右岸为回流区所在位置，且右侧为弯道的凸岸，弯道水流的二次流作用，使得泥沙从凹岸输移至凸岸，但左岸由于存在回流区，泥沙输移至河道中间就落淤，所以 cs10 断面河床中间淤积。

图 7　交汇口下游冲淤地形照片

4　结论

山区大比降支流入汇时与平坡或缓坡支流入汇时的交汇水流结构不同的是：由于支流坡陡流急，在交汇口出现水跃。但大比降支流入汇的情况下，交汇区也出现明显的水流壅水区、高速区、回流区和停滞区；高速区泥沙粗化，回流区泥沙细化，汇口下游由于弯道环流作用，凹岸泥沙粗化，凸岸泥沙细化；汇口由于支流与主流的相互顶托和掺混，在汇口中心出现冲坑，主流汇口断面中间附近也出现冲坑，支流来沙淤积在两个冲坑之间及汇口右侧附近，且基本上汇流比较小时，此现象越明显；交汇口下游受交汇水流和弯道影响出现明显的舌状淤积地形，左岸淘刷，中间淤积，回流区床面高程基本不变。试验结论对大比降支流入汇区域的河床演变规律提供参考，同时对大比降支流入汇区域的水沙灾害、防洪规划以及航道整治都具有重要意义。

参 考 文 献

1 Taylor E H. Flow characteristics at rectangular open-channel junctions.Trans. ASCE,1944,109:893-902.

2 Best J L. Sediment transport and bed morphology at river channel confluence.Sedimentology,1988, 35: 481-498.

3 Biron P, Best J L, Roy A G. Effects of bed discordance on flow dynamics at open channel confluences.Journal of Hydraulic Engineering, 1996, 122(12):676-682.

4 惠遇甲,张国生. 交汇河段水沙运动和冲淤特性的试验研究.水力发电学报,1990,(3):33-42.

5 Bradbook K F, Lane S N. Role of bed discordance at asymmetrical river confluences. Journal of Hydraulic Engineering ASCE, 2001,127:351-368.

6 王协康,王宪业,卢伟真,等.明渠水流交汇区流动特征试验研究.四川大学学报(工程科学版), 2006,38(2):1-5.

7 刘同宦,王协康,郭炜,等.支流水沙作用下干流床面冲淤特征试验研究.长江科学院院报,2006,(2): 9-12.

8 茅泽育,赵雪峰,许昕,等.交汇水流三维数值模拟.科学技术与工程,2007, 7(5):800-805.

9 王协康, 刘同宦, 王宪业,等.受支流入汇作用主河推移质运动演化特征试验研究.四川大学学报(工程科学版), 2005,37(6):6-9.

10 Riley J D, Rhoads B L. Flow structure and channel morphology at a natural confluent meander bend. Geomorphology,2012,163-164:84-98.

11 刘建新,程昌华.山区河流干支流汇流特性研究.重庆交通学院学报, 1996, 15(4): 90-94.

12 王平,张原锋,侯素珍,等.黄河上游高含沙支流入汇与交汇区淤积形态试验研究.四川大学学报(工程科学版), 2013,45(5):34-42.

13 Frings R M. Downstream fining in large sand-bed rivers.Earth-Science Reviews,2008,87:39-60.

Experimental studies on bed-load sorting and behavior of sediment movement at confluence area of mountain river with high gradient tributary

WANG Bing-jie, WANG Hui-feng, WANG Hai-zhou, LIU Xing-nian, WANG Xie-kang

(State Key Laboratory of Hydraulics and Mountain River Engineering, Sichuan University, Chengdu 610065. Email: wangxiekang@scu.edu.cn)

Abstract: Bed-load sorting and behaviors of sediment movement in the river with high gradient tributary under different conditions were studied by using movable bed model test. The results indicated that different flow divisions had different bed-load sorting characteristics; there was obvious scour pool at intersection mouth because of high gradient tributary; semifloscular deposition shoal was formed at central of main river bed downstream because of intersection and river bend.

Key words: high gradient; confluence area ;bed-load sorting; behaviors of sediment movement;

熔喷气流场空间动力学行为的实验研究

杨颖[1]，王鑫[2]，马云驰[2]，麻伟巍[2]，曾泳春[1,*]

(1.东华大学纺织学院，上海，201620，Email: yangying@sina.com，*为通讯作者

2.东华大学理学院，上海，201620, Email: jasonwang_xin@163.com)

摘要： 边过热线同步测量技术，实现了对熔喷高温高速对撞气流场这一复杂流场速度及温度的同步动态测量，提出了在变温度下的同步动态测量技术，并通过这一技术，研究和分析了熔喷气流场不同工况下的空间动力学行为。提出了动力学特征模型的建立方法和空间演化过程中各特征区域的划分方法，用上述方法分析了包括改变不同喷口形状、喷口角度、以及不同的来流速度和温度等喷口初始条件下对熔喷气流场的影响，对不同流场的平均速度和湍流度对比、fft 分析，比较得出熔喷气流场的特点。通过探究熔喷气流场的空间动力学行为，可为工业参数设定提供有效依据。

关键词： 熔喷气流场；空间动力学行为；变温度；同步测量；特征区域

1 引言

熔喷[1-2]是 20 世纪 50 年代发展起来的一种制备超细纤维的方法，利用高速热空气对聚合物熔体拉伸从而形成超细纤维。熔喷产品是高效过滤材料,过滤效率可达 99.9%以上。20 世纪 80 年代以来,许多学者[3-5]都致力于熔喷气流拉伸机理数学模型的研究,取得了一定的成就。

一方面，由于气流场在熔喷技术中起着关键的作用，因此国内外研究者对熔喷技术的研究主要是关注熔喷流场，包括速度和温度场[6-7]，但大都集中在模型的研究。由于熔喷气流场为变温度的对撞射流,，最能反映流场现象的实验测量却鲜有涉及，所以通过实验测量来研究熔喷流场的空间动力学行为很有必要。

另一方面，熔喷喷口截面的不同的几何形状对之后的流场空间演化有着重要影响，于是也会对纤维后续的牵伸与运动造成影响。当前流体力学界越发重视边界的有限变形运动对流动空间动力学行为的影响，边界的局部有限变形可能显著改变流场的全局空间动力学行为[8-9]。

2 实验装置及喷嘴介绍

实验的气体由空压机产生后被储存在一个大储存罐内（用以消除空压机所形成的气体脉动）再经流量计和三道调压阀控制（再次消除气体的脉动），最后经加热器在喷口处形成热流气体（如图1所示）。实验时，每一次的采集过程中，来流气体经调压阀门调节为所需固定流量，分别为0.6m3/h,，0.8m3/h,，1.0m3/h，1.2m3/h四种工况。来流温度有常温（不加热），50℃（中温），100℃（高温）三种工况。由此，每个喷口共有4×3=12种流动工况。图2是熔喷变温度气流场的设备示意图，主要有：空压机、三级滤波系统、空气加热器、探头移动系统以及热线风速仪。

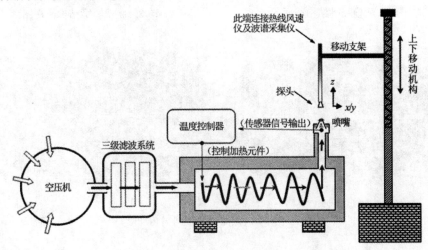

图1 气流速度及温度测量的实验流程及设备示意图

熔喷单孔模头的结构尺寸如图2及图3所示，参数如下：狭槽宽度（e1）：0.65 mm；狭槽角度（α1）：30°；头端宽度（f1）：1.29 mm；狭槽长度（1）：6 mm；喷丝孔直径（d1）：0.42 mm。

在对射流分析的基础上，本文实验对喷口进行了狭槽夹角上的改变（30°和10°）以及出口截面边界的有限变形（矩形、方形、椭圆形和圆形）共8种设计。图4是不同喷口截面以及不同夹角的喷口。（a）为正面图，（b）为反面图。

动态测量利用Dantec Streamline热线风速仪，如图5所示。实验中通过二维探头55P61实现温度流场与速度流场耦合流场的同步测量。90C10速度模块是将流速信号转变为电信号的一种测速模块，90C20温度模块是将温度信号转变为电信号的一种测温模块，即可进行同步测量流体温度和速度。模块接A/D板、相应的分析软件组成一整套完整系统。

实验使用的是二维热线探头55P61。其摆放位置垂直对撞射流的喷口中心正上方，每个工况探头从距离喷口101mm移动至距离5mm，每隔2mm移动一点，在流动的空间演化方向共有 48 个空间采集位置点（每个位置采集 3×106 个离散数据）。

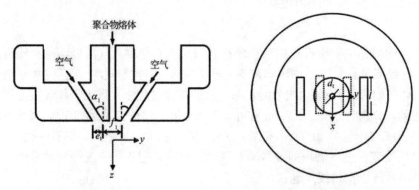

图 2　狭槽喷嘴结构截面图　　　　　图 3　狭槽喷嘴结构俯视图

图 4　不同喷口截面以及不同夹角的喷口

3　特征模型的建立

3.1 速度特征模型的建立

（1）流向速度分区以及动力学特征模型（特征值）的形成方法：以夹角为 10°方形出口为例。如图 5 所示，可见流向速度空间演化过程中，其空间演化的梯度（斜率）不同，因此可分别做 KX1、KX2、KX3 三条斜率线（所做斜率线和水平线均以最大流量和最高温度曲线为基准），而这三条斜率线共可有两个交点，分别记为 LX1、LX2，其值代表流向位置。如图可见，这两个点是具有不同速度特征区域的划分特征值，以此两点所做垂线将速度划分为三个区域，即 I 区、II 区及 III 区。定义其力学物理特性分别表现为：拉伸、压缩和输运功能。

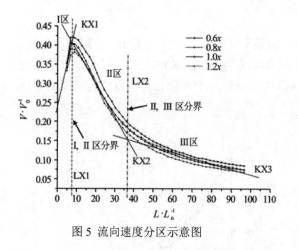

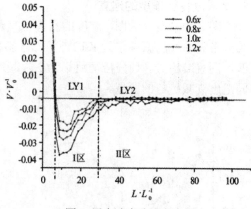

图 5 流向速度分区示意图　　　　　　　　图 6 展向速度分区示意图

（2）展向速度分区以及动力学特征模型（特征值）的形成方法：同理沿展向速度曲线的尾段做一条水平线，并与曲线后段重合。此线与最大来流速度曲线有一交点，记为 LY1。水平线与展向速度脱离点记为 LY2。如图所示，过 LY1、LY2 的两条垂线之间的区域 I 区，可以表示射流碰撞的体积长度，本文将其此区域定义为碰撞区(图 8)。

3.2. 速度湍流度特征模型的建立

图 7 为速度湍流度分区示意图，与流向速度分区方法相似。图中可见，流向湍流度也有两段明显的斜率。分别做两条斜率线，第一条斜率记为 KXI。两条斜率线交于划分特征值 LXI。过 LXI 的垂线将湍流度分为 I 区及 II 区，用于区分湍流度的不同趋势变化。

展向速度湍流度分区与流向相同。将第一条斜率线的斜率记为 KYI，划分特征值记为 LYI。

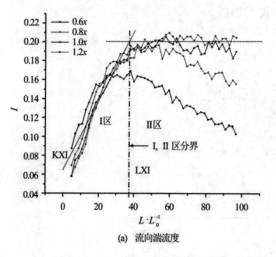

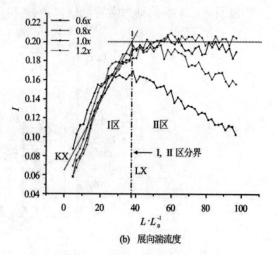

图 7 速度湍流度分区示意图（长方狭槽，夹角 30°，常温来流）

3.3 温度特征模型的建立

图 8 为温度分区图。温度的斜率也有两个明显不同的阶段。如图所示,分别做斜率线,第一条斜率线的斜率记为 KT1,第二条斜率线斜率记为 KT2。KT1、KT2 可分别表示温度的不同衰减趋势。划分特征值记为 LT。垂线两侧区域记为 I 区和 II 区。以此方法得到了不同温度衰减趋势的区域。

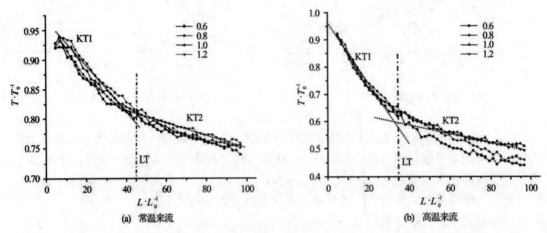

图 8 温度分区示意图(长方狭槽,夹角 30° 为例)

3.4 温度波动特征模型的建立

温度波动分区与速度湍流度分区相同,分别沿两段不同的斜率做斜率线,将第一条斜率线的斜率记为 KTI。划分特征值记为 LTI,如图 9 所示。(图中有中温、高温两种来流,中温及高温工况的动力学特征值以角标"1"、"2"加以区分)。

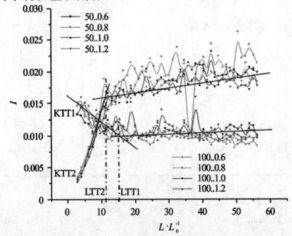

图 9 温度波动分区示意图(椭圆狭槽,夹角 30°)

本文定义了平均速度,速度湍流度,温度,温度波动度的 K 值,以及分区的临界点 L。

这些动力学特征模型（特征值）可以体现流场空间演化曲线的部分特征，即特征值 K 值反映了温度，速度或湍流这些物理量沿空间演化中变化梯度的大小，即衰减（或增长）的快慢，而特征值 L 值可决定不同特征的物理量所在区域的空间位置及区域的大小，从而能够反映出熔喷射流的空间演化的特点，方便后续进行不同形状熔喷喷口流场的对比分析。

3.5 脉动速度的空间演化形成的湍流区域的划定方法

本文以空间 FFT 出现全频的位置作为湍流区域的生成位置，以全频的空间结束作为湍流区域的结束位置。划分方法如图 10 所示。并将流向湍流区生成及结束位置分别记为 LFX1、LFX2；将展向湍流区生成及结束位置记为 LFY1、LFY2。图 12 是湍流区域的形成及结束位置划定的脉动湍流区示意图。

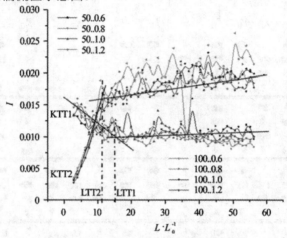

图 10 脉动湍流区分区示意图（长方狭槽，10°夹角，常温来流，0.6m³/h，流向）

4 实验结果与分析

4.1 变温度实验数据平均量的分析

本文将各工况中的特征模型的特征值量在同一来流温度下将喷口形状从大到小进行了纵向排列得到表 1。从表中喷口形状排列分析可见：

表中 KX1 和 KX2 特征模型的特征值在变温度碰撞射流流场中，无论来流温度为常温、中温和高温都，小夹角喷嘴（夹角 10°）和锐缘喷嘴（方形、长方形）的气流速度形成的拉伸及压缩区域中空间变化梯度（斜率）均优于基准喷嘴（椭圆形、圆形）的特点，但夹角 30°喷嘴工况下该现象不存在。

分析表中 LX2 发现无论是常温、中温和高温时（10°、30°）长宽比变化的喷嘴（长方形和椭圆形）比长宽比不变的喷嘴（方形和圆形）在流向气流形成的拉伸与压缩区域最长，而展向速度的湍流度变化区域 LYI 值也最大，这表明了纤维能够被拉伸的空间域最大。

但是（10°）夹角喷嘴在展向气流速度的空间影响特征值 LY2 却最长，表现出碰撞射流在（10°）夹角喷嘴时的碰撞空间影响最大，这或许不利用纤维均匀形成。30°角喷嘴不存在该现象。

在 30°角喷嘴分析时还发现，无论在常温、中温和高温条件下，长宽比变化的喷嘴（长方形和椭圆形）其流向脉动湍流度的变化趋势最缓，特征值 KXI 最小。

本文认为该表格的结果可方便工程中对喷口形状的选择和使用。

表 1　夹角 10°与 30°同温度下的不同喷口形状物理量分析

物理量		速度							温度			脉动					
		流向方向				展向方向			流向方向			流向方向湍流度		展向方向湍流度		流向方向温度波动	
工况		K_{n}	K_{n}	K_{n}	L_{n}	L_{n}	L_{n}	L_{n}	$L_{n}\text{-}L_{n}$	K_{n}	K_{n}	L_{r}	K_{X1}	L_{X1}	K_{TI}	L_{TI}	K_{T}	L_{TI}

4.2　变温度实验数据脉动量的分析

结合以上不同形状出口流场各特性区域划分点（表 1）及不同形状喷口湍流区域（图 12）动力学特征模型（特征值）数据对比表分析，本文将流场各区域动力学特征模型（特征值）划分点位置的大小排列归纳成如下特征值对比表。

由表 2 可见 30°喷口工况下只有长方形和椭圆形喷口在高温时有特征值 LX1，即有拉伸区域形成，而且都发生湍流区域内。这一现象说明狭槽夹角大的喷口碰撞射流不易形成气流的拉伸特性，但是高温时却能够形成拉伸区域。

10°喷口工况下都具有特征值 LX1（除方形常温）这一现象说明 10°（小夹角）喷口较容易形成拉伸区域，且拉伸区域的形成都出现在湍流区域前端。

长方形和椭圆形喷口在空间演化中碰撞射流出现的碰撞现象几乎都出现在流动的最前面，因此特征值 LY1 位置最前面，而且该现象是发生在湍流区域形成前，并且长方形喷口的现象多（不含夹角 30°的高温来流工况）。

对比长方形和椭圆形喷口现象，由表 2 中方形和圆形喷口在空间演化过程中基本没有特征值 LY1（除方形有两个工况）从而发现在对撞射流空间演化过程中距喷口前端（工艺有效区）长方形和椭圆形喷口比方形和圆形喷口的碰撞效应要来得强烈。

表 2 狭槽夹角 30°与 10°的特征值区间对比

30度	长方	常温	LY1			L_{YF1}	L_{XF1}			LII		LY2	LII			LY2	L_{XF2}	L_{YF2}	
		中温	LI1			L_{YF1}	L_{XF1}			LII	LII	LY2	LII	LY2	LI		L_{XF2}	L_{YF2}	
		高温				L_{YF1}		LX1	LI1	L_{XF1}		LII	LY2	LY2		LI	LII	L_{XF2}	L_{YF1}
	椭圆	常温				L_{YF1}	L_{XF1}			LII	LII		LY2				L_{YF1}	L_{XF2}	
		中温				L_{YF1}	L_{XF1}			LII	LII		LII		LY2	LY2	L_{YF1}	L_{XF1}	
		高温				L_{YF1}	L_{XF1}	LI1	LII		LX1	LII	LII	LY2	LY2		LI	L_{XF1}	L_{YF1}
	方	常温				L_{YF1}	L_{XF1}	LI1	LII		LX1	LII	LII	LY2	LY2		LI	L_{XF1}	L_{YF1}
		中温				L_{YF1}	L_{XF1}			LII	LII	LII1		LY2			L_{XF2}	L_{YF2}	
		高温				L_{YF1}	L_{XF1}	LI1	LII		LI1	LII	LI1	LY2	LY2			L_{XF2}	L_{YF2}
	圆	常温				L_{YF1}	L_{XF1}			LII	LII		LII				L_{XF2}	L_{YF2}	LII2
		中温				L_{YF1}	L_{XF1}			LII	LII		LI		LII2		L_{XF2}	L_{YF1}	LII2
		高温				L_{YF1}	L_{XF1}			LII	LII	LII	LII2				L_{XF2}	L_{YF2}	LII2
10度	长方	常温	LII1	LX1		L_{XF1}		LII	LY2	LII					LY2		L_{YF1}	L_{YF1}	
		中温	LII1	LX1		L_{YF1}			LY2		LII				LY2		L_{YF1}	L_{YF1}	
		高温	LII1	LX1	LII2	L_{YF1}				LII				LI	LY2		L_{YF1}	L_{YF1}	
	椭圆	常温	LII1	LX1		L_{XF1}				LII		LY2		LY2			L_{YF1}	L_{YF1}	
		中温	LII1	LX1	LII	L_{YF1}				LII2		LY2		LI			L_{YF1}	L_{YF1}	
		高温	LII1		LII	LI	L_{YF1}			L_{YF1}	LII	LY2					L_{YF1}	L_{YF1}	
	方	常温				L_{YF1}	L_{XF1}	LII2	LI1		LII					L_{XF1}	L_{YF1}		
		中温		LX1	LI1	L_{YF1}	L_{XF1}		LII				LI	LII	LII2		L_{XF1}	L_{YF1}	
		高温		LX1		L_{YF1}				LII		LY2					L_{XF2}	L_{YF2}	
	圆	常温		LX1		L_{YF1}		LII	L_{XF1}			LY2					L_{XF2}	L_{YF2}	
		中温		LI1	LII	L_{YF1}						LY2		LI	LII	LII1	L_{XF2}	L_{YF2}	
		高温	LII1	LX1	LII	L_{YF1}	L_{XF1}					LY2			LI		L_{XF1}	L_{YF1}	

5 结论

（1）不同形状喷口流场：发现所有工况下，长方形喷口在流向方向形成的拉伸与压缩区域更长，形成的流场碰撞动力学现象更早出现，并发生在湍流区域形成前，且气流速度在拉伸和压缩区域内空间变化梯度更优，并且所形成的对撞湍流区域更长。

（2）不同喷口角度：发现狭槽夹角为10°喷口形成的气流场较容易出现拉伸区域，而拉伸区域的形成都出现在湍流区域前端。夹角30°喷口只有长方形和椭圆形在高温来流时能形成拉伸区域。夹角30°的长方形和椭圆形喷口其流向脉动湍流度的变化趋势较缓。

（3）不同来流温度和速度：发现来流温度越高越容易形成流场的拉伸区域。温度越高，衰减受来流速度的影响越小。在高温来流工况下长方形喷口拉伸区域内的温度衰减最小。来流流量越大，湍流区域越大，其湍流度在所测量的空间内几乎没有衰减。

通过探究熔喷气流场的空间动力学行为，可为工业参数设定提供有效依据。

参 考 文 献

1　刘玉军, 侯幕毅, 肖小雄. 熔喷法非织造布技术进展及熔喷布的用途[J]. 纺织导报, 2006(08): 79-95.

2　刘伟时. 熔喷非织造布技术发展概况及应用[J]. 化纤与纺织技术, 2007(04): 33-37.

3　Uyttendaele, M.A. R.L. Shambaugh. Melt blowing: general equation development and experimental verification[J]. AIChE Journal, 1990. **36**(2): 175-186.

4　Moore, E.M. Experimental and Computational Analysis of the Aerodynamics of Melt Blowing Dies. 2004, University of Oklahoma.

5　Depan, D., et al. Structure–process–property relationship of the polar graphene oxide-mediated cellular response and stimulated growth of osteoblasts on hybrid chitosan network structure nanocomposite scaffolds[J]. Acta biomaterialia, 2011. **7**(9): 3432-3445.

6　Majumdar, B, R.L. Shambaugh. Velocity and temperature fields of annular jets[J]. Industrial & engineering chemistry research, 1991. **30**(6): 1300-1306.

7　Harpham, A.S. , R.L. Shambaugh. Velocity and temperature fields of dual rectangular jets[J]. Industrial & engineering chemistry research, 1997. **36**(9): 3937-3943.

8　麻伟巍, 谢锡麟, 周慧良. An experimental study on the coherent structures and chaotic phenomena in the axisymmetric countercurrent shear flow[J]. 力学学报：英文版, 2001. **17**(3): 214-224.

9　谢锡麟, 麻伟巍, 周慧良. 实验研究具有周向抽吸轴对称射流的拟序结构[J]. 力学学报, 2001. **33**(4): 452-460.

Experimental study of the spatial dynamics of melt blowing air flow field

YANG Ying, WANG Xin, MA Yun-chi, MA Wei-wei,ZENG Yong-chun

(College of Textiles, Donghua University, Shanghai, 201620;

College of Science, Donghua University, Shanghai, 201620)

Abstract：Hot-wire anemometer synchronous measurement technology is proposed to realize the measurement of high-temperature and high-velocity melt-blowing air flow with 2 collision jets. Spatial dynamic behaviors of the melt-blowing air flow fields under different spinneret structure and processing conditions are analyzed. The models represent the dynamic characteristics and the feature regions of spatial evolution kinetics process of the melt-blowing air flow field are proposed.

The effects of different spinneret structure and processing conditions on the melt-blowing characteristic are analyzed and compared in the aspects of mean velocity, turbulence of the melt-blowing air flow field and FFT analysis. Effective reference can be provided for the industrial parameters by exploring the spatial dynamic behavior of the melt-blowing air flow field.

Key words：melt-blowing air flow field; spatial dynamic behavior; variable temperature; synchronous measurement; the feature region

可控变形边界槽道内流动的实验研究

王鑫[1]，陈瑜[2]，谢锡麟[2, *]，麻伟巍[1]

([1]东华大学 理学院，上海，201620，Email: jasonwang_xin@163.com)

([2]复旦大学 力学与工程科学系，上海，200433，Email: xiexilin@fudan.edu.cn，*为通讯作者)

摘要：通过自行设计的实验设备实现了控制槽道边界的运动，对流动边界的控制改变了槽道内流场中频率的构成。介绍了槽道流动装置，从不同角度：出口速度、边界变形频率和振幅研究和分析了边界静止槽道流动和控制边界运动的槽道流动，计算了实验工况下边界变形频率和流场中产生频率的斜率，对不同流场状态下的平均速度和湍流度进行了对比和 *FFT* 分析，比较得出了不同形态的槽道内流动特点。结果表明，槽道流动的边界变形能够控制槽道内流场中的频率，边界变形的频率与流场产生的基频频率之比的比例系数约为 0.4945，亚谐频频率为基频频率的二分之一，且所有谐频与边界变形频率均成倍数关系，另外在同一流场剖面下倍频关系不会随速度和空间位置发生改变。而且平均速度和湍流度在不同边界变形方式和变形频率下呈现不同的增势。

关键词：槽道流动；可变形边界；空间动力学行为；流场结构

1 引言

槽道流动是经典的流体力学问题。在实际生活中，存在各种各样的槽道装置例如给排水管道、人体肺部呼吸和煤粉燃烧器等，目前国内外已有较多的研究对槽道流动的实验测量和数值计算进行了报道[1-2]，而近代研究表明，近壁面的流向涡结构在槽道流动中绝大程度影响着湍流输运[3-4]，近壁面运动产生的流向涡导致局部流场改变是流动边界高摩察力的主要因素，所以通过控制边界的局部有限变形可以达到减小阻力和产生动力等目的。可控变形边界的槽道正是这样一种控制手段，通过利用可行有效易操作的控制手段来达到控制槽道内流场拟序结构的目的。

国内北京大学的吴介之和中国科学技术大学的马晖扬等[5]研究了边界变形对流场产生的变化，指出在合适的 St / Re 比值下，一个足够大振幅的激发扰动可以推迟甚至抑制边界层分离的发生；南京航天航空大学的唐登斌研究组[6]采用大涡模拟对低雷诺数槽道湍流进行了数值模拟，计算结果显示了湍流场中马蹄涡的形成及演化过程，同时发现流场中存在由亚谐波引起的拟序结构的交错现象,并在此基础上分析了湍流边界层近壁区马蹄涡结构的演化。

综上所述，边界的局部有限变形能够显著改变流场的全局空间动力学行为，而流动的曲面形态的改变也将有效地改变其气动或水动性能，甚至边界的变形运动与流场的相互作用可以直接提供动力和减小阻力。因此研究边界几何特征的改变对流动空间动力学行为的影响，无论在学术上还是在工程运用中都有着重要地意义。

本研究致力于研制可变形边界槽道实验装置，并开展流场空间动力学行为分析。本实验研究通过可变形槽道内边界控制运动的实验系统建设，将直接揭示含有可变形边界流动的动力学行为，以及边界变形特征同流动特征之间的关系。本实验研究亦将为相关理论及数值研究提供可靠的实验依据。

2 实验装置和测量方法

本实验装置在自行研制的二维低湍流度射流设备基础上进行设计。设备由低湍流度二维射流改进成槽道流动，提供恒定了来流流量 Q，射流装置按照维托辛斯曲线设计，如图 1 所示，保证出口的流线在水平出流，高收缩比保证了低湍流度，从而将湍动能转化为平动能。在射流装置曲线的出口处安装有多道整流网，进一步确保形成槽道内流动低湍流度的形成，可保证实验数据（脉动数据）的正确性（高信噪比）。槽道长宽比为 400*120mm，可近似认为是二维槽道流动。

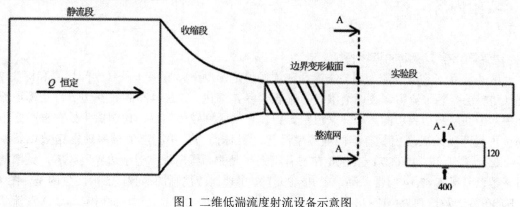

图 1 二维低湍流度射流设备示意图

实验研究的槽道边界运动状态包括压伸运动和交替运动，凸起幅度为 20mm，见图 2,，并在槽道中间层和边界凸起后同一竖直面位置安装测量探头 1,2，见图 3。

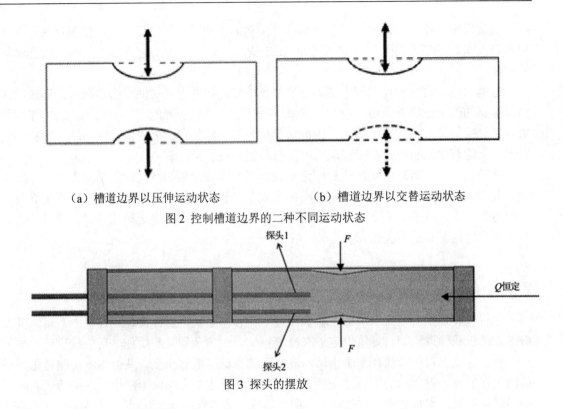

（a）槽道边界以压伸运动状态　　　　　　　（b）槽道边界以交替运动状态

图 2 控制槽道边界的二种不同运动状态

图 3 探头的摆放

3　实验内容

3.1 边界静止槽道流动的流场特征

图 4 显示了实验气流为均匀来流，在原始槽道流动下，探头 1 处（中间层）和探头 2 处（边界层）随来流雷诺数逐渐增高的流场频率 F 演化。由图 4 分析，在边界静止槽道流动中，中间层与边界层的频率随来流雷诺数变化的区别较为明显，说明探头处在核心区不同位置且两处均表现出具有不同的频率演化。具体而言，中间层的频率随雷诺数以斜率 k_1=2.05 缓慢升高，并在 Re=13906 左右有稍为明显的高频出现。对于边界层频率，频率随雷诺数以斜率 k_2=2.14 缓慢升高，在 Re=8981 时出现比较清晰的高频，值得注意的是，图 4（b）在雷诺数达到 Re=12875 时有一个明显的界面，出现大量宽频，此时立即进入湍流状态。

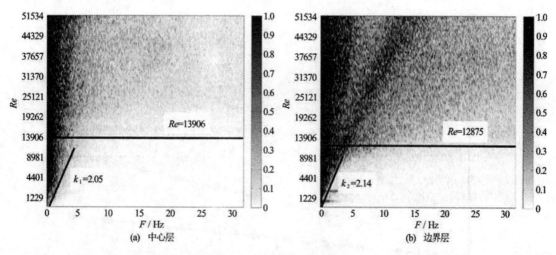

图 4 原始槽道流动中间层和凸起后随来流雷诺数逐渐增高的流场频率 F 演化

3.2 边界运动的槽道流动的流场特征

3.2.1 控制槽道边界以压伸状态运动

图 5 是在槽道边界压伸运动下 Re=1229 时，探头 1（中心层）和探头 2（凸起后）随边界变化频率 f 增加的流场频率 F 演化，可以很明显地看出，中心层与凸起后的频率演化基本一致。图 6 为边界变化的各个频率对应的中心层流场频率值，分析和对比边界变化频率 $F_0(F_0=f)$、基频频率 F_1 和亚谐频率 F_2，可以发现参数之间存在倍频关系，计算得出边界变形的频率 F_0 与流场产生的基频频率 F_1 之比的比例系数约为 0.4945 为 1/2 倍频，其余工况均有此现象发现。证明在不同雷诺数下，流体经过槽道产生的频率与边界变化的频率均成 1/2 倍数的相关比例关系。

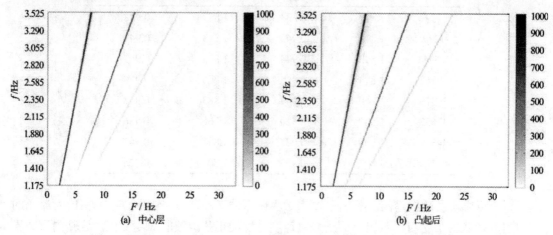

图 5 在槽道边界压伸运动下 Re=1229 时，随边界变化频率 f 增加的流场频率 F 演化

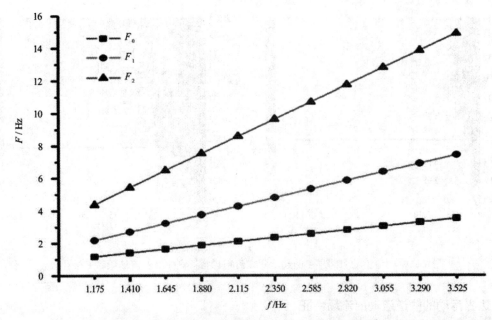

图 6 在 $Re=1229$，边界压伸运动变形频率 F_0 和中心层流场频率 F_1，F_2 的对比

表 1 给出了不同雷诺数下随边界频率变化的流场频率曲线斜率。表现为槽道边界压伸运动时，流场中的频率并不会随雷诺数或者同一剖面的位置发生改变，且亚谐频频率 F_2 始终为基频频率 F_1 也为 1/2 倍频关系。

表 1 不同雷诺数下随压伸运动边界频率变化的流场频率曲线斜率

Re	中心层基频演化斜率	中心层亚谐频演化斜率	凸起后基频演化斜率	凸起后亚谐频演化斜率
469	1.877	0.933	1.877	0.938
1229	1.899	0.949	1.883	0.947
2571	1.893	0.944	1.893	0.947
19262	1.894	0.925	1.768	0.979
31370	1.860	0.944	1.883	0.947
37657	1.860	0.920	1.768	0.936
44329	1.789	0.935	1.823	0.951
51534	1.823	0.953	1.802	0.925

以下以中心层数据为例，图 7 是槽道边界做压伸运动，$Re=8981$，$f=1.175$Hz 时流场的瞬时速度，从图 7 中可以看出，流场瞬时速度呈现类正弦函数的周期变化，这是由于边界处于压伸的运动状态，使槽道横截面积时刻发生变化，所以导致探头所测瞬时速度大小时刻发生变化。

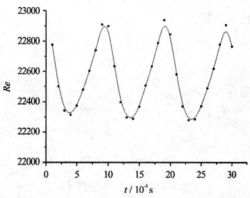

图 7　槽道边界做压伸运动，Re=8981，f=1.175Hz 时流场的瞬时速度

　　图 8 为槽道边界做压伸运动，不同边界变形频率 f 下流场的时均速度。如图 8（a）所示，在 $Re < 2000$ 时，随着边界运动频率 f 的逐渐增加，流场的时均速度呈现渐增和平稳的现象，而当 $Re > 2000$ 后，流场的时均速度呈现平稳和缓慢衰减的趋势。

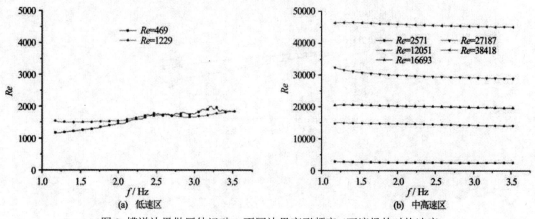

图 8　槽道边界做压伸运动，不同边界变形频率 f 下流场的时均速度

　　与图 8 中时均速度的工况相对应，图 9 是槽道边界做压伸运动，不同来流速度和不同边界变形频率 f 下流场的湍流度。如图 9（a）所示，当 $Re = 469$ 时，流场的湍流度随边界变形频率 f 的增大以斜率 k_1=0.32 的趋势上升，并在 f=3.235Hz 后衰减。当 $Re = 1229$ 和 2571 时，流场的湍流度随边界变形频率 f 的增大以斜率 k_2=0.4 的直线上升，说明在雷诺数较低时，边界压伸运动的越快则越容易加大流场的湍流水平。在图 9（b）中，当 $Re = 13906$ 时，湍流度在 f_1=2.379Hz 处改变增减趋势，出现了一个局部湍流度最小点，说明通过适当的边界变形频率可以有效减小流场中的湍流水平，随着雷诺数的增大，在 $Re = 19262$ 时，当 f_2=3.055Hz 时也出现了类似现象。从图 9（c）中可以看出，在雷诺数较大的工况中，边界变形频率的增大可以有效地降低流场湍流度，如当 $Re = 31370$ 和 44392 时，湍流度分别以

k_1=-0.11 和 k_2=-0.18 的斜率下降。

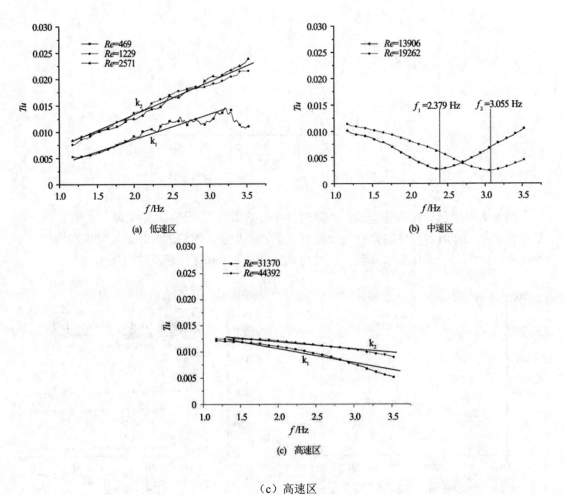

(c) 高速区

图9 槽道边界做压伸运动，不同来流速度和不同边界变形频率 f 下流场的湍流度

3.2.2 控制槽道边界以交替状态运动

图 10 是在槽道边界交替运动下 Re=1229 时，中心层和凸起后随边界变化频率 f 增加的流场频率 F 演化，可见交替状态下的频率现象与压伸状态较为一致，相较之下，交替运动下谐频信号强度较为微弱，但谐频数量增多，并在 f=2.82Hz 处开始出现明显的宽频信号，其余频率现象均与压伸状态相似。

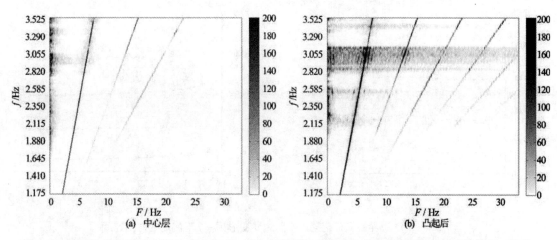

图 10 在槽道边界交替运动下 Re=1229 时，中心层和凸起后随边界变化频率 f 增加的流场频率 F 演化

以下以中心层数据为例，图 11 是槽道边界做交替运动，Re=7784，f=1.175Hz 时流场的瞬时速度，如图所示，交替状态与压伸状态有明显不同，交替状态下流场的瞬时速度并不具有很强的周期性，反而随时间变化较小，说明在交替运动的过程中，槽道横截面面积时刻保持不变，造成了动态的速度平稳现象。

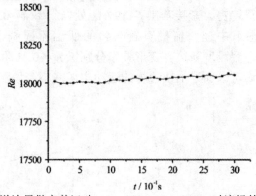

图 11 槽道边界做交替运动，Re=7784，f=1.175Hz 时流场的瞬时速度

图 12 为槽道边界做交替运动，不同边界变形频率 f 下流场的时均速度，如图 12（a）所示，可见在 Re < 3000 时，时均速度起先是较为平稳，随着边界变形频率的增加，在较低雷诺数下的工况呈现了较为明显的波动，而这种波动随着雷诺数的增大逐渐消减，甚至当 Re = 2228 时，时均速度还出现了渐增的趋势。当来流速度较大时，如图 12（b）所示，交替运动下的时均速度与压伸状态较为一致，均出现平稳和逐渐递减的现象。

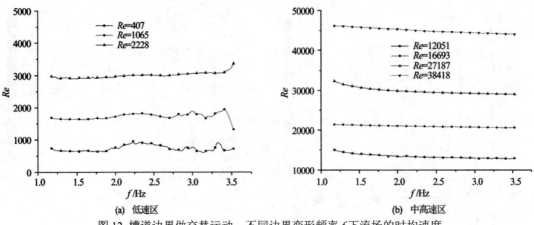

(a) 低速区 (b) 中高速区

图 12 槽道边界做交替运动，不同边界变形频率 f 下流场的时均速度

在与图 12 同一工况下，流场的湍流度如图 13 所示，在 I 区域中，湍流度较为平稳，表明流场状态相对稳定；而当边界变形频率 f 增加至 2.748Hz 时，湍流度迅速增大，随后进入湍流状态。说明槽道流动在低速来流时，边界需要在一定范围内变化才能有效地控制流场中的拟序结构，若振动频率较大，则显然将均匀来流打碎成为较为无序的湍流。图 13（b）显示了在中速区域时，随着边界变形频率 f 的增加，在 I 区域内流场湍流度随振动频率以斜率 k_1=-0.16 呈下降趋势，紧接着在 f=2.99Hz 处以斜率 k_2=0.18 出现上升现象，与压伸状态不同，交替状态下中速来流拥有较一致的低湍流控制点；在高速来流下，当 Re = 27187 和 38418 时，湍流度随边界变形频率分别以 k_1=-0.21 和 k_2=-0.14 的斜率下降，与压伸状态趋势相同，均可以通过加快边界的运动实现减小流场湍流度的行为。

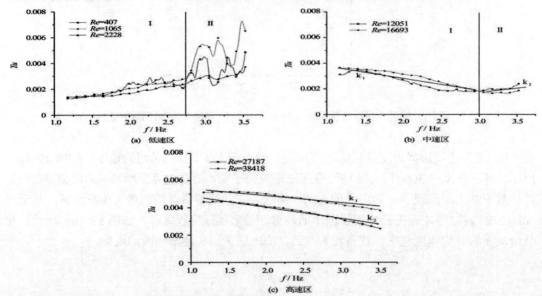

(a) 低速区 (b) 中速区

(c) 高速区

图 13 槽道边界做交替运动，不同来流速度和不同边界变形频率 f 下流场的湍流度

4 结论

本实验针对可控变形边界槽道内的流场进行了对照的测量和分析，对边界静止槽道流动和控制边界运动的槽道流动进行了不同参数的对比，寻找不同模式下边界变形频率与流场产生频率之间的关系，分析拟序结构的形成、结构以及运动状态。结果表明，槽道流动的边界变形能够控制槽道内流场中的频率，边界变形的频率与流场产生的基频频率之比的比例系数约为 0.4945，亚谐频频率为基频频率的二分之一，且所有谐频与边界变形频率均成倍数关系，另外在同一流场剖面下倍频关系不会随速度和空间位置发生改变。而平均速度和湍流度在不同边界变形方式和变形频率下呈现不同的增势。揭示了含有可变形边界流动的动力学行为，以及边界变形特征同流动特征之间的关系，同时亦将为相关理论及数值研究提供可靠的实验依据。

参 考 文 献

1   Sumer, B. Mutlu; Oguz, Beyhan. Particle motions near the bottom in turbulent flow in an open channel[J]. Journal of Fluid Mechanics, 1978, 86.

2   Sumer, B. Mutlu; Deigaard. Particle motions near the bottom in turbulent flow in an open channel. Part 2[J]. Journal of Fluid Mechanics, 1981, 109.

3   Robinson S K. CoheRent motions in the turbulent boundary layer[J]. Annual Review of Fluid Mechanics, 1991, 23(1):601-639.

4   Nobuhide Kasagi, Yasushi Sumitani, Yuji Suzuki, et al. Kinematics of the quasi-coheRent vortical structuRe in near-wall turbulence[J]. International Journal of Heat & Fluid Flow, 1995, 16(1):2–10.

5   吴晓晖, 沈平. 壁面振荡对边界层分离的影响[J]. 空气动力学学报, 1992, (1):81-89.

6   史万里, 葛宁, 陈林,等. 可压缩湍流边界层近壁区马蹄涡的演化[J]. 空气动力学学报, 2011, 29(6):751-758. DOI:10.3969/j.issn.0258-1825.2011.06.011.

Experimental research for deformation-controllable of boundary in channel flow

WANG Xin[1], CHEN Yu[2], XIE Xi-lin[2], MA Wei-wei[1]

([1]Donghua University, Faculty of Science, Shanghai, 201620. Email: jasonwang_xin@163.com;

[2]Fudan University, Department of Mechanics & Engineering Science, Shanghai, 200433,

Email: xiexilin@fudan.edu.cn)

Abstract：The deformation of the channel flow boundary is controlled by self-designed experimental equipment. The control of the boundary changes the frequency of the flow field in the channel. Channel flow device is introduced in this paper, the static and moving boundary of channel flow is researched and analyzed from different aspects: outlet velocity, frequency and amplitude of boundary's deformation. This paper has calculated frequency of boundary's deformation and flow field frequency of gradient under the experimental conditions, and different flow state of mean velocity and turbulent intensity is analyzed by comparison and FFT which concluded the characteristics of flow in different forms of channel. Results show that the deformation of channel boundary can control the flow field frequency, and the ratio of deformation of channel boundary and fundamental frequency is about 0.4945, subharmonic frequency is a half of the fundamental frequency, and all harmonic frequency and deformation of channel boundary are multiples, which is not change with the speed and the spatial position under the same flow profile. While the mean velocity and turbulence intensity showed different growth in different deformation mode and frequency of boundary.

Key words：Channel flow; Deformable boundary; Spatial dynamic behavior; Flow field structure.

基于热线风速仪对熔喷变温度场的同步测量方法研究

王鑫[1],杨颖[2],马云驰[1],麻伟巍[1*]

([1] 东华大学理学院，上海，201620，Email: jasonwang_xin@163.com，*为通讯作者
[2] 东华大学纺织学院，上海，201620，Email:yangying_dhu@sina.com)

摘要：热线风速仪是将速度脉动信号转变为电信号的一种测速仪器，在流场测量中应用广泛。本研究提出了基于热线风速仪在变温度下的动态测量方法，详细介绍了同步测量方案的操作技术，深入设计了温度场与速度场标定技术，搭建了变温度场测量系统，基于变温度流场开展了定量测量研究，并分析了变温度场中定量的脉动电压、速度分量和频率分布测量结果。结果表明，利用热线风速仪进行流场测量时，如果研究变温度流场，分析平均量和脉动量数据的结果，无论在趋势上还是坐标的物理量方面都不相同，因此在变温度流场测量时必须要进行温度和速度的同步测量，关键在于进行对应温度下的速度标定。在变温度流场数据的处理分析中，必须带入变温度的标定系数。而本文的同步测量方法能够方便有效地实现变温度场下的速度测量，为熔喷气流场定量的速度测量提供了一种简洁有效的方法。

关键词：变温度气流场；热线风速仪；同步测量；标定技术；熔喷气流场

1 引言

变温度流场中温度随时间和空间发生变化，广泛存在于自然界的各个领域之中。如熔喷气流场是一种由碰撞射流而构成的变温度流场，近年来一直是新型纺织工艺研究的热点。熔喷是利用高速热空气对聚合物熔体拉伸从而形成超细纤维的技术，而气流场在熔喷技术中起着关键的作用，因此国内外研究者对熔喷技术的研究主要是关注熔喷流场，包括速度场和温度场。

早在 20 世纪八九十年代，Shambaugh 等[1-3]就通过毕托管和热电偶测量出了熔喷气流场中气流的速度和温度数据，且根据实验结果推算出了气流速度和温度的分布公式。但是

随着实验仪器技术研发的迅猛发展，毕托管的测量精度已不能满足精确测量的实验需要。徐斌[4]指出热线风速仪、激光多普勒风速仪等测量技术的应用，可以测量流场中各物理量的脉动值，这些先进的流场实验研究方法不仅被用于基础理论研究，也被大量应用在工程领域的流场测量，能更好的解决工程中的实际问题。其中，现代激光多普勒测速仪主要由光路系统和信号处理系统组成，其价格昂贵，因此没有热线风速仪使用广泛。热线风速仪是将速度脉动信号转变为电信号的一种测速仪器，它基于热平衡原理和电子补偿技术来实现对流体平均速度和脉动速度进行测量，目前恒温式热线风速仪因为其较高的稳定性和准确性已得到了广泛应用。近几年来，国外研究单位频繁使用热线风速仪进行流场定性分析和定量测量的实例证明[5-8]，Lee 和 Wadsworth[9]使用了高精度热线风速仪测量出熔喷气流场的气流数据，他们通过精心设计的实验测量方法提高了对于流场测量的精确程度。在国内，汪健生等[10]提出了用恒流热线同时测量流场中速度与温度的方法，但没有涉及变温度工况；姚惠元等[11]对热线风速仪的校准工作进行了研究，将 B 样条与递推最小二乘相结合，提出了一种新型校准方法；朱博等[12]给出了二维热线仪测量方案和在线角度修正方法，可以提高二维热线的 Y 向测量精度和测试效率；论立勇等[13]提出了一种标定热线风速仪的方法，通过测量气库内压力变化并按绝热热力学过程计算进出气库气体流速；杜利娟等[14]通过采用标准 κ-ε 两方程模型对高压、高速可压缩的气流场进行三维数值模拟，研究了螺旋形喷嘴熔喷流场的变化情况，但以上文献很少涉及温度场和速度场的同步测量方法和标定技术。

为了适应诸如此类变温度流场发展的需要，满足变温度流场测量技术精细化、多样化的要求，开展了对变温度气流场的同步测量方法研究，详细介绍了同步测量方案的操作技术，深入设计了温度场与速度场标定技术，搭建了变温度气流场测量系统，基于变温度流场开展了定量测量研究，并分析了变温度流场的测量结果。

2 实验装置及同步测量方案的操作技术

图 1 是熔喷变温度气流场的设备示意图，主要有：空压机、三级滤波系统、空气加热器、探头移动系统以及热线风速仪。

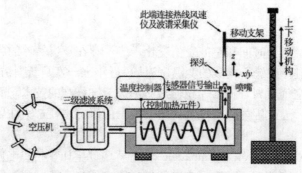

图1 熔喷变温度气流场的设备示意图

实验来流是对撞热射流，热射流在外流场的空间演化中形成了变温度流场。由于热线探头的采集位置随空间变化，且实验涉及的是温度随空间发生变化的动态测量，所以必须进行温度与速度的同步（耦合）测量，才能准确地进行熔喷气流场的空间动力学行为的实验研究。而国外纺织领域的文献中，对于熔喷气流场大多用毕托管测量，很少用热线风速仪测量，对于变温度流场的动态测量还没有检索到相关文献。国内文献提到利用热线风速仪二维探头或三维探头同时测量流场的速度与温度，但就如何进行对速度探头标定以满足变温度流场的测量，没有具体说明，如果只在一个温度下标定探头将不能实现变温度流场工况温度下对应速度场测量。因此本文给出了变温度流场测量必需的速度探头标定方法，并进行详细说明，用此方法可以真正实现变温度流场的速度测量，从而得到较为准确的速度及温度值。温度与速度值是熔喷工艺重要参数，因此研究熔喷气流场温度与速度的动态相关性对熔喷工艺研究具有一定意义，

在用二维热线探头同时测量温度和速度时，实际上是将其看成由两个单丝热线探头组成（图2），同理对于三维热线探头，可将其看成是由一个单丝热线探头和一个二维探头组成。

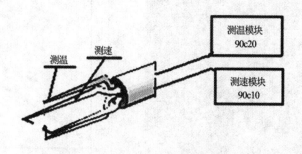

图 2 耦合流场的热线同步采集示意图

在实验前需要对探头标定。同步测量的操作有其特点，测量时：先将二维探头经导线正常接入速度模块（90C10），选取任意一个接入的通道 A，并将此通道 A 对应的探头作为温度热线。开启控制软件后，闲置通道 A，并将其输入线拔下接入温度模块（90C20）通道 Probe 接口，此时，一个热线采集温度的电压，另一个热线将采集速度电压，同步输入给 A/D 板，由计算机进行采集，也就完成了同步测量。需要注意的是，要将温度模块输出导线接入软件里设定的 A 通道对应的 A/D 板号，否则 A/D 板无法采集。另外，只得到电压是不够的，还需对温度及速度热线标定。

3 温度场与速度场标定技术

3.1 温度场标定技术

实验利用加温设备实现了温度的标定工作，将二维探头作为温度热线连接温度模块（90C20），实验的气体加热装置可以提供指定温度的来流。将二维探头插入标定用的圆形喷口内（图3）。

实验将喷口内温度分别调至 30℃直至 105℃；并分别测量温度所对应的电压。用四次标定函数[15]

$$T = a_0 + a_1 \cdot E + a_2 \cdot E^2 + a_3 \cdot E^3 + a_4 \cdot E^4 \tag{1}$$

式中：T 为喷口温度，E 为探头所测电压。

对温度电压进行最小二乘法拟合，从而求得系数 a_0，a_1，a_2，a_3，a_4，所得拟合曲线如图4所示。

图3 温度标定时探头的摆放

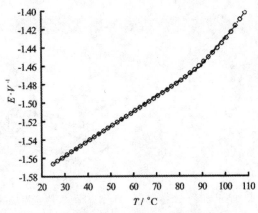

图4 最小二乘法拟合温度-电压关系曲线

3.2 恒温速度场标定技术

实验利用加温设备实现了温度场（固定温度）速度的标定工作，就是将出口温度控制在某一温度下，改变出口速度进行标定，探头位置置于圆孔射流核心区内（图5）。通过以下拟合，求得标定系数如表1。利用式（2）求出作为温度热线（不同温度下速度）的标定系数（即 C_0，C_1，C_2，C_3，C_4）。

$$V_c = C_0 + C_1 \cdot E_c + C_2 \cdot E_c^2 + C_3 \cdot E_c^3 + C_4 \cdot E_c^4 \tag{2}$$

式中：V_c 为二维探头单丝脉动电压经标定系数转化的速度，E_c 为二维探头标定所测的单丝脉动电压。

图 6 为温度热线在 50℃下的速度标定最小二乘法拟合曲线。表 1 为不同温度下的速度标定系数。由于速度标定系数只在对应标定温度的±5℃内准确，以此计算时，当气流温度大于 35℃且小于等于 45℃时，选用 40℃的标定系数；当气流温度大于 45℃且小于 55℃时选用 50℃的标定系数，以此类推。

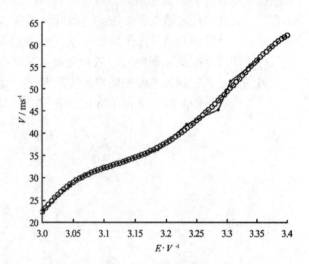

图 5 速度标定时探头的摆放　　　　　　图 6 在 50℃下标定的拟合曲线

表 1 一维热线探头速度标定系数

T/℃	C_0	C_1	C_2	C_3	C_4
30	-870.77	13170.84	-691.02	126.81	0.00
40	-487.70	861.86	-559.63	157.30	-15.89
50	0.05	10.11	-56.96	109.08	-70.76
60	1.30	-1.80	-14.63	42.55	-31.89
70	-6.43	69.86	-259.38	407.99	-232.95
80	-6.29	72.78	-283.55	463.09	-271.95
90	11.69	-98.72	319.28	-460.24	246.69
100	-11.56	122.36	-456.25	726.41	-419.04

二维速度探头的角度标定与二维探头常规的标定方法相同，用角度标定求得修正系数 k_1 与 k_2，其中 k_1 与 k_2 并不依赖来流温度和来流速度。

3.3　变温度速度场标定技术

使用二维探头进行变温度流场的温度与速度的同步测量可分别获得每个测点的温度与一维速度的离散电压数据，每个离散点数据在时间上是对应的。由式（1）以及所获得的温度标定系数可将温度热线每个离散电压转化为温度。用 MATLAB 编程，由于每个点的温度 T 是可知的，只需要选取适当的标定系数，利用式（2）便可求出每点的速度。速度热线的标定系数仅适合与标定所在温度的±5℃范围有效，实验系数满足其范围要求。

实验涉及变温度流场的二维速度测量，因为使用二维探头，所以其方法是：首先在每一个工况下先进行流场的温度与速度的同步测量，得到流场的温度分布值、一维速度分布值以及所对应的标定系数，然后再进行一次二维速度的测量。第二次实验的变温度流场二维速度测量方法和恒温流场的测量方法相同，利用式（2）至式（6）可求出速度值，需要注意的是公式中标定系数必须按第一次同步测量所获得的温度对应系数选取，图 7 中比较两次采集经换算得到的速度平均值可见（V_1 为同步采集经变温度系数换算得到的速度平均值，V_2 是第二次采集按温度对应的标定系数换算而得到的速度平均值，V_3 为第二次采集带入常温标定系数得到的速度平均值），V_1、V_2 速度差别不大，而 V_3 与 V_1、V_2 趋势差别较大。说明变温度流场的测量关键在于标定系数必须带入同步测量所获得的温度系数。

$$U_1 = \frac{\sqrt{2}}{2} \cdot \sqrt{(1+k_1^2) \cdot V_{c2}^2 - k_2^2 \cdot V_{c1}} \tag{3}$$

$$U_2 = \frac{\sqrt{2}}{2} \cdot \sqrt{(1+k_2^2) \cdot V_{c1}^2 - k_1^2 \cdot V_{c2}} \tag{4}$$

$$V_a = \frac{\sqrt{2}}{2} \cdot U_1 + \frac{\sqrt{2}}{2} \cdot U_2 \tag{5}$$

$$V_b = \frac{\sqrt{2}}{2} \cdot U_1 - \frac{\sqrt{2}}{2} \cdot U_2 \tag{6}$$

式中：U 为二维探头经角度标定系数修正得到的单丝修正电压，V_a、V_b 为二维探头经标定系数转换的流向和展向速度，下标 1、2 均代表探头编号。

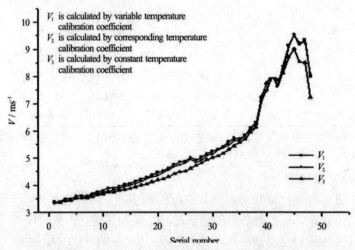

图 7 两次采集中电压转化为平均速度的比较

进行变温度流场的实验测量时，由于温度场和速度场是相互耦合流场，因此其测量的关键在于：速度公式中必须带入同步测量所对应温度下所获得的标定系数，另外对于温度场与速度场的标定方法要正确操作，否则无法获得精准的实验数据。

值得注意的是：上述对应标定温度的±5℃指的是热线风速仪测速时具有温度补偿功能，其值在±5℃内，但测量时温度探头需放置在被测流场之内，若所测流场空间温度梯度衰减很快，超出了热线风速仪的补偿温度范围，就不能准确的表示当前位置的温度值，此时就需要进行小梯度温度下的速度标定。

4 实验结果及分析

4.1 变温度流场平均量速度项分析

在实验数据采集开始前，通过获得的不同温度下标定系数 C_0，C_1，C_2，C_3，C_4，利用式（2）至式（6）将采集到的脉动电压转换为了速度分量。图8（a）为变温度流场下采集的脉动电压不经标定系数直接带入式（2）至式（6）处理得到的曲线图。图8（b）为（a）中采集的脉动电压把每个测点对应的变温度标定系数（标定系数随温度改变）带入公式（2-6）所得到的速度曲线。分析图8（a）、（b）可见，在变温度流场下，脉动电压与速度分量趋势有所不同，说明变温度流场下进行热线空间动态实验研究必须对探头进行标定。

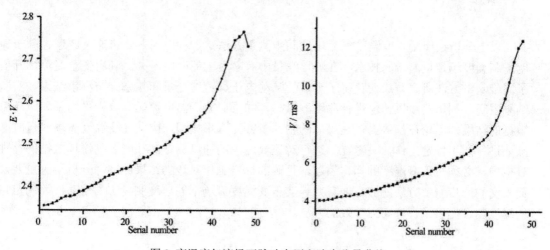

图8 变温度气流场下脉动电压和速度分量曲线

4.2 变温度流场脉动量频谱分析

频谱分析是业内常用来对流场物理量脉动性质的一种刻画方式。因此本研究对变温度流场频谱 FFT 处理图形进行了分析。图9中（a）是将脉动电压转换后的 FFT 频谱空间演化图。图 9（b）是将脉动电压带入变温度标定系数转化为速度的 FFT 频谱空间演化图。对比图 9（a）与（b）可见，用电压直接计算的 FFT 与带入随变温度变化标定系数的 FFT 图，其趋势有明显区别。说明，无论是否只进行趋势分析，变温度流场的测量探头都必须进行标定，否则结果不准确。

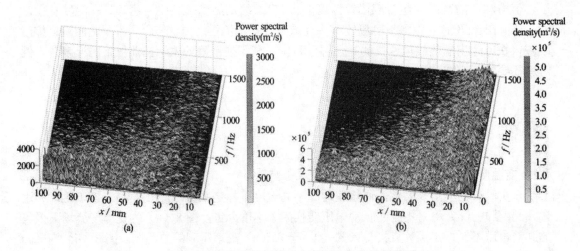

图 9 变温度气流场下脉动电压和速度分量频谱图

5 结论

以上分析证明了，变温度气流场的同步测量方法是一种应用热线风速仪原理、基于速度场和温度场定量测量的技术，在流场测量中有着巨大的应用潜力。利用变温度流场开展了同步测量方法研究，成功获得了定量的脉动电压、速度分量和频率分布测量结果。实验结果表明，利用热线风速仪进行流场测量时，如果研究变温度流场，分析平均量和脉动量数据的结果，无论在趋势上还是坐标的物理量方面都不相同，因此在变温度流场测量时必须要进行同步标定工作，关键在于进行对应温度下的速度标定。在变温度流场数据的处理分析中，必须带入变温度的标定系数，正确的标定工作对数据结果的准确分析至关重要。而本文的同步测量方法能够方便有效地实现变温度流场下的速度测量，为熔喷气流场定量的速度测量提供了一种简洁有效的方法。

参 考 文 献

1   Uyttendaele M.A.J.; Shambaugh R.L. The flow field of annular jets at moderate Reynolds numbers[J]. Ind. Eng. Chem. Res, 1989.28(11): 1735.

2   Majumdar B, Shambaugh R L. Velocity and temperature fields of annular jets[J]. Industrial & Engineering Chemistry Research, 1991, 30(6):1300-1306.

3   Mohammed A.; Shambaugh R.L. Three-Dimensional Flow Field of a Rectangular Array of Practical Air jets[J]. Ind. Eng. Chem. Res, 1993.32(5): 976.

4   徐斌. 湍流的现代实验研究方法[J]. 沿海企业与科技, 2009, 9: 006.

5   Chen J, Fan Z, Zou J, et al. Two-Dimensional Micromachin-ed Flow Sensor Array for Fluid Mechanics Studies[J]. Journal of Aerospace Engineering, 2014, 16(2):85-97.

6   Rodríguez D, Colonius T, Cavalieri A V G, et al. Wavepackets in the velocity field of turbulent jets[J]. Journal of Fluid Mechanics, 2013, 730(5):559-592.

7   Li W, Huang G, Tu G, et al. Experimental study of oscillation of axisymmetric turbulent opposed jets with modulated airflow[J]. Aiche Journal, 2013, 59(12):4828–4838.

8   J. Parziale N, E. Shepherd J, G. Hornung H. Free-stream density perturbations in a reflected-shock tunnel[J]. Experiments in Fluids, 2014, 55(2):985-991.

9   Lee Y E, Wadsworth L C. Fiber and web formation of melt‐blown thermoplastic polyurethane polymers[J]. Journal of Applied Polymer Science, 2007, 105(6):3724–3727.

10   汪健生, 郑杰, 舒玮. 用热线风速仪同时测量流场速度与温度[J]. 实验力学, 1998, 13(3).

11   姚惠元, 刘国政, 孙楠等. 恒温热线风速仪的一种新型校准方法[J]. 现代电子技术, 2013, (23):110-112. DOI:10.3969/j.issn.1004-373X.2013.23.031.

12   朱博, 刘琴, 屈晓力等. 阵风发生装置流场测量与分析[J]. 实验流体力学, 2013, (6):76-80.

13   陈厚磊, 蔡京辉, 论立勇. 高压交变流动下热线风速仪标定方法研究[J]. 实验流体力学, 2010 (03): 87-91.

14   杜利娟, 曾泳春. 基于Fluent的螺旋形喷嘴熔喷流场的数值模拟和试验[J]. 东华大学学报：自然科学版, 2012, 38(6):676-682.DOI:10.3969/j.issn.1671-0444.2012.06.008.

15   Bruun H H. Hot-Wire Anemometry: Principles and Signal Analysis[J]. Measurement Science & Technology, 1996, 7(10).

Research on synchronous measurement method in variable-temperature field of the melt-blowing based on hot-wire anemometer

WANG Xin[1], YANG Ying[2], MA Yun-chi[1], MA Wei-wei[1]

([1]Donghua University, faculty of science, Shanghai, 201620. Email: jasonwang_xin@163.com;
[2]Donghua University, faculty of textile, Shanghai, 201620. Email: yangying_dhu@sina.com)

Abstract：Hot-wire anemometer is a speed equipment for converting velocity pulsated signal to electric signal with remarkable advantages, such as high precision, easy operation and synchronous measurement. It has extensive application prospects in flow field measurement. The synchronous measurement experimental setup mainly consists of self-made heating equipment, Dantec CTA/HWA and dimensional probe. This paper describes the implementation of the synchronous measurement to realize the quantitative data processing of variable-temperature flow field. The basic operation technology of synchronous measurement is expatiated, and the pulsation signal and power spectral density are analyzed. It is shown that synchronous measurement of temperature and velocity is necessary for variable-temperature airflow field. The key point is to calibrate velocity at the corresponding temperature. On the other hand, it must be brought into the variable-temperature calibration coefficient when processing variable-temperature airflow flow field data. The experimental results show that the velocity and temperature distribution can be obtained quantitatively by synchronous measurement method expediently, effectively and in a compact way.

Key words：variable-temperature airflow field; hot-wire anemometer; synchronous measurement; calibration technique; airflow field of melt-blowing.

同轴受限射流剪切层漩涡流动特性实验研究

龙新平，王晴晴，章君强，肖龙洲，季斌

(武汉大学水射流理论与新技术湖北省重点实验室，武汉，430072，Email: xplong@whu.edu.cn)

摘要：射流泵内流动是典型的同轴受限射流流动。其射流结构及剪切层漩涡脉动特性主要受流量比和面积比的影响。本研究通过对工作流体进行染色，结合高速摄影和图像处理技术捕捉了射流泵内剪切层的漩涡流动结构，发现随着面积比的减小，射流能更快地扩展至壁面，剪切层内的漩涡更容易遭受壁面的挤压而破碎；流量比越小，其漩涡强度越大，更容易诱发漩涡空化。

关键词：同轴受限射流；高速摄影；剪切层；漩涡空化

1 引言

同轴受限射流是指两股不同速度同轴布置的流体在受限空间内通过射流的紊动扩散和剪切作用进行动量、能量与质量交换，最终混合均匀的一类流动，是一类特殊的射流流动。射流泵内的流动就是典型同轴受限射流[1~2]。

一些学者对规则区域内的同轴受限射流流动进行了实验研究，如 Razinsky 和 Brighton[3]、Gibson[4]等，何培杰等[5]利用 PIV 技术测量了射流泵喉管内部的流场。近年来，数值模拟成为广泛采用的一种新型研究手段。龙新平等[6]数值研究了喷嘴出口厚度对喷嘴附近涡结构和回流区的影响，杨雪龙等[7]数值研究了喷嘴结构对喷射器内部混合过程的影响。从以上研究来看，数值模拟成为射流泵研究的主要手段，但采用先进测试技术进行的实验研究则相对较少。高速摄影现已被广泛应用于流动可视化的研究，尤其是捕捉漩涡的生成与破碎[8~11]。本研究对工作流体染色，通过高速摄影捕捉了射流泵内剪切层漩涡流动，研究了面积比和流量比对漩涡流动发展规律的影响。

2 实验装置

2.1 实验台

图所示为同轴受限射流实验台示意图。水箱 12 中的水经离心泵 1 增压后经过阀门 2 送入射流泵 5，在射流泵内形成高速射流，并对被吸流体产生巨大的卷吸作用。被卷吸的被吸流体经阀门 6 进入射流泵。两股流体在吸入室及喉管内掺混。最后混合后的流体经扩散管排出，过阀门 11 又重新回到水箱 12，从而实现一次循环。为控制水箱中的水温，本研究采用水浴的方法，同时水箱整体采用钢化玻璃。

实验时，通过调节阀门 2、6 和 11 获得相应工况，待工况稳定后，将染色剂加入工作流体管道内进行染色。射流泵喉管直径保持 16mm 不变，喷嘴出口直径分别为 8mm、10mm和 12mm，相应面积比分别为 4.00、2.56 和 1.78。

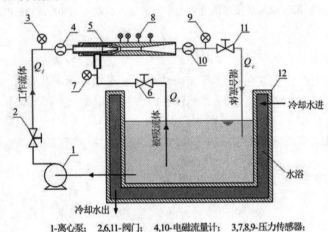

1-离心泵； 2,6,11-阀门； 4,10-电磁流量计； 3,7,8,9-压力传感器；
5-射流泵； 12-水箱

图 1 同轴受限射流试验台示意图

2.2 高速摄像机及灯光布置方法

本研究将摄像机与射流泵平行布置，如图 2(a)。高速摄影机型号为 Photron FASTCAM SA5，拍摄时其帧率为每秒 50,000 帧，分辨率为 780×300。对灯光布置，采用如图 2(b)所示的反射灯光布置方法，由此便可以清晰地捕捉到剪切层内的流动结构。

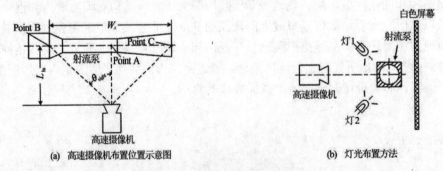

(a) 高速摄像机布置位置示意图   (b) 灯光布置方法

图 2 高速摄像机及灯光布置方法

3 实验结果分析

3.1 射流结构

3.1.1 流量比对流动结构的影响

流量比 q 是被吸流量和工作流量之比，其大小反应了工作流体和被吸流体速度梯度的大小。图 3 比较了不同 q 下剪切层结构。红色的高速工作流体射入吸入室和喉管，对透明的被吸流体产生强烈的卷吸作用，在白色背景的映衬下，显出红白分明的剪切层流动结构。

图 3(a)所示为剪切层有微弱空泡时射流泵内部流动结构(q=0.793)。红色工作流体沿轴向逐渐拓展并在喉管内发展至壁面。图中深红色区域代表射流流速核心，沿轴向该区域逐渐消失，并且与被吸流体分界越来越不明显，红色逐渐减淡。红色工作流体与透明被吸流体相互掺混，会在剪切层内形成分界线明晰的一个个漩涡。由图 3 可见，剪切层内的漩涡沿轴向不断发展增强，并在射流边界拓展至喉管内壁面处破碎。

然而当 q 降低至 0.212 时，射流结构会发生剧烈的变化，如图 3(b)。此时被吸流量较小，无法满足高速工作流体的卷吸，会在吸入室内形成明显的回流区域，红色的工作流体很快扩展至壁面，并充满喉管。此时剪切层内很难观测到明显的向下游输运的漩涡，取而代之的是一个相对尺度较大的环形回流区域。该回流并不稳定，而呈现一定的脉动。

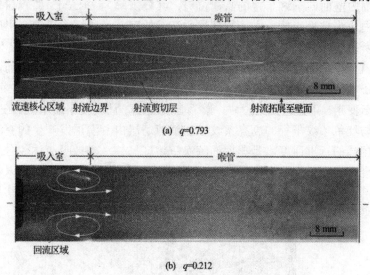

图3 不同流量比下剪切层流动结构比较(m=4.00)

3.2.2 面积比对流动结构的影响

除 q 外，面积比 m（喉管截面积与喷嘴出口截面积之比）对其流动结构也有较大影响。图 4 比较了不同 m 下射流泵内流动结构，其中图 4(a)和(c)中还可观察到零星空泡的初生。当 m=4.00 时，可以观测到射流剪切层内存在明显的漩涡结构，并且直到喉管内都清晰可见。然而，当 m 减小至 1.78 时，红色的工作流体几乎充满喉管，射流快速扩展至喉管内壁面。

此时剪切层内难以观测到清晰的漩涡结构。可见，随着 m 的减小，射流能更快地扩展至壁面，剪切层内的漩涡更容易遭受壁面的挤压而破碎。

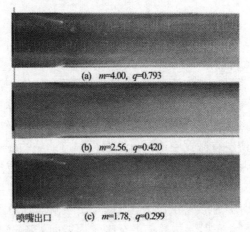

(a) m=4.00, q=0.793

(b) m=2.56, q=0.420

喷嘴出口　(c) m=1.78, q=0.299

图4 不同面积比下流动结构比较（剪切层有微弱空泡产生）

3.2 剪切层漩涡脉动特性

为了进一步了解剪切层内漩涡的发展规律，我们对拍摄到的染色图像进行监测。图 5 所示为沿喷嘴内壁面向下游布置的监视窗口，其分辨率为 2×500。监视窗口内，红色表示工作流体，白色为被吸流体。由于剪切层内漩涡的存在，监视窗口内会出现红白相间的条纹。将监测所得图像按照时间序列排布，便可获得剪切层内漩涡的动态变化规律(图 6)。

图 6 中红色与白色条纹交替出现，表示剪切层内漩涡的交替出现，而条纹的倾斜程度可近似表示漩涡的移动速度。红色条纹在喷嘴出口(x/D_t=0.0)处相对较细，而在向下游行进的过程中逐渐变粗。可见掺混过程中，漩涡强度提高，且尺度不断增大。在图 6 中 x/D_t>1.0 部分会出现与红色条纹平行的高亮条纹，表示剪切层内漩涡诱发产生的空泡，与剪切层内的漩涡具有相同的行进速度，是典型的漩涡空化。另外，当被吸流体包含的空泡进入监视窗口时，便会产生图 6(a)中所示的高亮条纹。由于是伴随着被吸流体进入吸入室，被吸气泡速度较小（被吸气泡的速度小于漩涡的行进速度），因此这类条纹与剪切层漩涡引起的红色条纹并不平行，其条纹倾斜程度相对平缓。

监视窗口

图5 监视窗口示意图

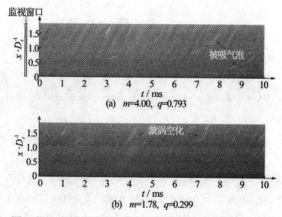

图6 监视窗口处漩涡随时间的变化规律(p_j=398kPa)

对于平行流动的两股流体而言，由于密度和速度的差异在交界面处产生的不稳定性就是 Kelvin-Helmholtz 不稳定性[12]。当两股流体的密度相同时，交界面会变成漩涡层，其扰动可以用速度的复数形式表示：

$$c = ((U_1 + U_2)/2) \pm i((U_2 - U_1)/2) \tag{1}$$

式中 U_1 和 U_2 分别表示两股流体的速度，而速度差 U_2-U_1 则可表示漩涡层的强度。可见流量比越小速度梯度越大，剪切层漩涡越强也越容易诱发漩涡空化。然而吸入室及喉管构造的受限空间又使得漩涡的扩展发生变化。显然图 6(b)中漩涡受内壁面影响较大，还未完全扩展便破碎，故红色条纹较细且不明显，而图 6(a)中红色条纹清晰开阔，剪切层内漩涡在 0.0<x/D_t<1.5 之间受壁面影响较小。利用绘图软件对漩涡行进速度进行计算，得到图 6（a）和 6（b）中平均速度分别约为 27.8m/s 和 20.0m/s，对比可知，图 6(b)中漩涡行进速度较小，更易受到壁面的挤压而破碎。然而从流量比和速度梯度的角度分析，图 6(b)对应的流动具有更小的流量比，其漩涡强度更大，更容易诱发漩涡空化。

4 结论

本研究对射流泵内同轴受限射流漩涡流动特性进行了详细的实验研究。发现：在射流剪切层内，由 Kelvin-Helmholtz 不稳定性而诱发的漩涡沿轴向不断生长扩大，直至遭遇喉管内壁面而破碎消失，并且流量比和面积比越小漩涡越易受到壁面的挤压；流量比较小时，更易诱发漩涡空化。

参 考 文 献

1 陆宏圻. 喷射技术理论及应用[M]. 武汉大学出版社, 2004

2 龙新平，程茜，韩宁等. 射流泵空化流动的数值模拟[J]. 排灌机械工程学报, 2010 (1): 7-11

3 Razinsky E, Brighton J A. Confined jet mixing for nonseparating conditions[J]. Journal of Basic Engineering, 1971, 93(3): 333-347.

4 Gibson M M. Hydrodynamics of confined coaxial jets[C]//Encyclopedia of Fluid Mechanics. 1986, 2: 367-390.

5 何培杰，龙新平，梁爱国，刘景植，陆宏圻. 射流泵流场的 PIV 测量[J]水科学进展,2004,15(3):296-299.

6 Long Xinping, Han Ning, Chen Qian. Influence of nozzle exit tip thickness on the performance and flow field of jet pump［J］. Journal of Mechanical Science and Technology 2008, 22: 1959-1965.

7 Yang Xuelong, Long Xinping, Yao Xin. Numerical investigation on the mixing process in a steam ejector with different nozzle structures[J]. International Journal of Thermal Sciences, 2012,56: 95-106.

8 Adzlan A, Gotoda H. Experimental investigation of vortex breakdown in a coaxial swirling jet with a density difference[J]. Chemical Engineering Science, 2012, 80: 174-181

9 Sakuma I, Tadokoro H, Fukui Y, et al. Flow visualization study on centrifugal blood pump using a high speed video camera[J]. Artificial organs, 1995, 19(7): 665-670

10 Price S J, Sumner D, Smith J G, et al. Flow visualization around a circular cylinder near to a plane wall[J]. Journal of Fluids and Structures, 2002, 16(2): 175-191

11 Sarpkaya T. On stationary and travelling vortex breakdowns[J]. Journal of Fluid Mechanics, 1971, 45(03): 545-559

12 Kundu P K, Cohen I M. Fluid mechanics. 2004.

Experimental study of the shear layer vortex flow characteristics on confined co-axial jet

LONG Xin-ping, WANG Qing-qing, ZHANG Jun-qiang, XIAO Long-zhou, JI Bin

(Key Lab of Jet Theory and New Technology of Hubei Province, Wuhan University, Wuhan, 430072. Email: xplong@whu.edu.cn)

Abstract: The flow within jet pumps is a typical confined co-axial jet, which the jet flow structure and the vortex shear layer pulsating characteristics are strongly impacted by the flow ratio and area ratio. The vortexes in the shear layer were captured by dyeing the primary flow. Moreover, based on high speed camera and imaging analysis method, the development of the vortex in the shear layer was investigated. With the decreasing of the area ratio, jet flow can extend to the inner wall faster and break up after encountering the inner wall. As the flow ratio decreases, the vortex becomes stronger and the vortex cavitation is induced more easily.

Key words: Confined co-axial jet; High speed camera; Shear layer; Vortex cavitation

折板竖井结构优化试验研究

王斌[1]，邓家泉[2]，何贞俊[2]，王建平[2]

(1 河海大学，2 珠江水利科学研究院，广州，510611，Email: jiaquandeng@163.com)

摘要： 结合广州市东濠涌深层排水工程，采用物理模型试验探讨了隧道折板竖井中不同隔板位置及不同折板间距情况下折板竖井消能规律，根据竖井中水流在折板间需满足的过流能力及充分消能的约束条件，研究了折板竖井消能的最大过流流量及稳定消能边界。并结合进出口约束条件提出了折板竖井的设计流量曲线和设计方法。研究表明：在大折板间距下竖井内水流出现摆动流流态；依据推荐设计方法，当竖井折板间距与竖井直径的比值为 0.2 时，设计竖井直径 D 达到最小值。

关键词： 物理模型，折板竖井，最大过流流量，设计流量，消能

1 引言

城市深层隧道排水系统可有效地解决城市洪（污）水排放、缓解城市 CSO、内涝等问题，美国、日本等国家的城市应用该系统取得了较好的工程效果。折板式竖井作为深层隧道排水系统中常用的竖井消能结构之一，最早出现在 1914 年的美国克利夫兰镇[1]。近年来，随着对折板竖井结构不断改进，Margevicius 等论证了 ECT-4 竖井多入口，多高程入流的可行性，验证了通过 4.8m3/s 流量的能力[1]。Odgaard et al 分析参考 York 市及 Cleveland 市的设计方案后，在自由跌流理论的前提下提出了折板竖井设计方法。并在 Indianapolis 市的 all Creek/ White River 隧道系统应用，取得了较好的效果[2]。经过综合因素比选折板式竖井被广州市东濠涌深层排水系统选用，本研究通过物理模型试验探讨折板竖井消能规律，并根据竖井过流能力及充分消能的约束条件，研究了折板竖井的最大过流流量及稳定消能边界。并提出了折板竖井的设计流量曲线和设计方法。

2 折板竖井最大过流流量

受限于折板空间尺寸，不同折板间距下都有其对应的最大流量。在最大过流流量下，折板上水舌表面距离上一层折板底面有一定高度空间 h_v 用于空气的流通。为保证最大流量

下不拥堵通气孔,最大过流流量在折板上产生的雍水使得 50%的时间里有水浪从通气孔中涌出[2]。通过试验,最大过流下 h_v 的限制条件[2]为 $h_v / B = 0.04$,B 为折板宽度。

当水流射出折板时,考虑到水流掺气、紊动等因素,折板末端射出水舌会膨胀变厚大于临界水深 y_c,表达为 $\alpha y_c(\alpha > 1)$。最大过流约束条件可表达为:

$$\alpha y_c \leq h - t - h_v \tag{1}$$

式中,α 为水舌膨胀系数;h 为折板上表面到下一层折板上表面的垂直距离;t 为折板厚度;h_v 为水舌上表面到上层折板底面的通气空间高度。将折板上水流的临界水深 $y_c = \left[\dfrac{Q^2}{(\delta B)^2 g}\right]^{1/3}$ 代入式(2),得到:

$$F \leq \beta(\frac{h-t}{B}) - \beta\frac{h_v}{B} \tag{2}$$

式中,$F = (\dfrac{Q^2}{B^5 g})^{1/3}$ 为折板弗洛德数,是无量纲数;$\beta = \dfrac{\delta^{2/3}}{\alpha}$,其中 δ 为有效宽度系数($\delta \leq 1$);Q 为水流流量;g 为重力加速度。最大流量的情况下的特征参数如图 1 所示。通过对最大过流流量模型试验分析,得到不同折板间距下最大过流流量的关系如下:

$$F = 0.5448(\frac{h-t}{B}) - 0.0173 \tag{3}$$

图 2 为最大过流流量曲线图,不同折板间距下均有其最大的过流流量,且满足式(3)。

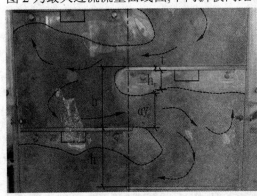

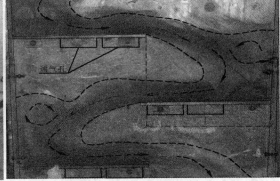

图 1 特征参数示意图 　　　　　　图 3 贴壁流临界工况

3 竖井稳定消能边界

试验表明,随着流量 Q 的增大,水流跌落距离 L 也会加大。当 L 超越折板长度并冲向竖井边壁时,即产生贴壁流。贴壁流流态,是指水舌从上一个折板末端射出后,并没有跌落在下一层折板的上表面水垫层上，而是冲到了竖井边壁上，水流贴壁向下流动，再沿着折板上表面水平射出，跌向下一层折板。贴壁流态相对于正常消能流态，缺少了跌入水垫层、水舌摔碎、空气参混这一过程，导致消能效率降低，水流流速较大。

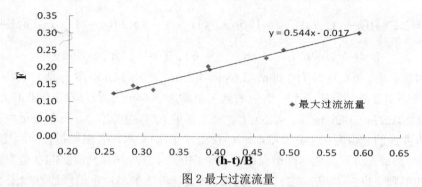

图2 最大过流流量

贴壁流的临界流态是指出射水流中心跌落落到下一折板与井壁交点处，如图3所示位置。假设从折板末端的水流速度为明渠临界流速 v_c，跌落到下一层折板上时，水流中心跌落点到上一层折板末端出流点的水平距离 L 可表示为[2]：

$$L = v_c \sqrt{\frac{2(h + \frac{1}{2}\alpha y_c)}{g}} \tag{4}$$

将 $y_c = \left[\frac{Q^2}{(\delta B)^2 g}\right]^{\frac{1}{3}}$、$v_c = (\frac{Qg}{\alpha_1 B})^{\frac{1}{3}}$ 代入式（4），并令 a=$\frac{1}{\beta}(\frac{B}{D})^2 / \alpha_1^{2/3}$，b=$2(\frac{h}{D})(\frac{B}{D}) / \alpha_1^{2/3}$ 可得：

$$(L/D)^2 = aF^2 + bF \tag{5}$$

中隔板位置在竖井中央（即 B=1/2D）时，试验测得不同折板间距在各流量 Q 下的跌落距离 L，对试验数据进行曲线拟合，拟合函数如表1。

表1 最优拟合函数与理论公式拟合函数

折板间距	最优化二次拟合	$(L/D)^2 = aF^2 + bF$
7.5cm 折板间距	$(L/D)^2 = 3.6362F^2 - 0.0847F + 0.0211$	$(L/D)^2 = 1.078F^2 + 0.3923F$
10cm 折板间距	$(L/D)^2 = 3.7560F^2 + 0.3491F + 0.0197$	$(L/D)^2 = 1.012F^2 + 0.829F$
12.5cm 折板间距	$(L/D)^2 = 4.3782F^2 + 0.5088F + 0.0299$	$(L/D)^2 = 0.7424F^2 + 1.181F$
15cm 折板间距	$(L/D)^2 = 3.7464F^2 + 0.9157F + 0.0234$	$(L/D)^2 = 0.5178F^2 + 1.488F$
17.5cm 折板间距	$(L/D)^2 = 15.33F^2 + 0.1536F + 0.0464$	$(L/D)^2 = 0.4F^2 + 1.862F$

将试验结果代入理论跌落公式 $(L/D)^2 = aF^2 + bF$，并对参数 a、b 进行数据拟合，得到参数 a、b 与（h-t）/B 的关系如下：

$$a = 24.34((h-t)/B))^3 - 36.175((h-t)/B))^2 + 15.24(h-t)/B - 0.8884 \quad (6)$$

$$b = -1.1689((h-t)/B))^2 + 4.6715(h-t)/B - 0.8329 \quad (7)$$

模型试验表明，折板间距为 3.06m、3.68m、4.29m（对应的（h-t）/B 分别为 0.490、0.592、0.694）时，产生临界贴壁流流态，对应的跌落距离为 5.64m（所对应 L/D=0.47），临界流量分别为 18.03m³/s、14.5 m³/s、9.25m³/s。联立求解式(3)至式（7），可获得最大流量曲线和消能边界曲线的交点为：$(h-t)/B$=0.41，F=0.205，如图 4 示。表明当折板间距比值（h-t）/B 为 0.41 时，最大过流流量与贴壁流临界流量相同。同理，中隔板在 3/4D 位置时，采用相同的方法得到交点为 $(h-t)/B$=0.26，F=0.13，最大过流流量和稳定消能边界如图 5 所示。

4 设计流量的选择

设计流量应满足水流在折板间的过流与消能要求，同时还应留有一定的富余以保障安全。Jacob Odgaard[2]采用克利夫兰[1]和约克镇[2]的设计流量作为推荐设计流量时，未考虑折板间距下的水流流态特征和设计流量。

折板竖井的消能方式是将跌落的水流落在折板上，使其在水垫层中进行参混、消能，并利用折板上方的水垫层厚度加大水流的参混，提高效能率并减少对折板的直接冲击。故在设计流量的选取中，选择能够将水束全部落在折板上，即水舌的上边缘能够达到折板与竖井壁的交界处的流量作为竖井设计流量。

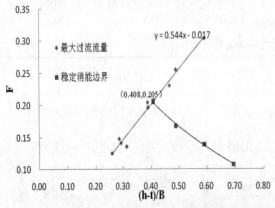
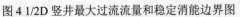
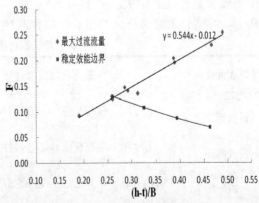

图 4 1/2D 竖井最大过流流量和稳定消能边界图　图 5 3/4D 竖井最大过流流量和稳定消能边界图

中隔板在 1/2D 位置时，由试验得知间距 3.06m、3.68m、4.29m（所对应的折板间距比

$(h-t)/B$ 为 0.490、0.592、0.694）的情况下，水舌上边缘达到最远点时水流跌落距离(L/D)=0.408，相对应的流量分别为 12.71m³/s、9.9 m³/s、8.01 m³/s。在折板间距为 1.84m、2.45m（折板间距比为 0.286、0.338）的情况下，小于最大过流流量的各流量均可满足稳定消能要求，此时约束折板过流与消能的条件是折板的过流能力，而非贴壁流态。为保证水流充分消能，并留有一定安全空间，结合克利夫兰和约克镇的设计流量，应选取折板上方水面距离上层折板地面的距离 $h_w / D = 0.1$，h_w=1.2m 作为设计流量控制条件。

　　模型试验得出的流量 Q 与折板上方通气高度 h_w 数据如图 7 示。

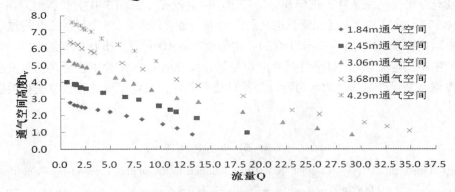

图 7 流量 Q 与通气空间 h_w 散点

对数据采用分段线性插值。得到 h_w=1.2m 时的关系式(8)：

$$F = 0.396\frac{(h-t)}{B} + 0.001 \tag{8}$$

　　为求得 1/2D 的情况下两设计曲线交点，联立求解式(5)至式（8），得到$(h-t)/B$= 0.396，F=0.155，如图 8 所示。设计流量 Q 一定，当$(h-t)/B$= 0.396，F=0.155 时，设计竖井直径 D 达到最小值。同理，中隔板在 3/4D 位置时，得到

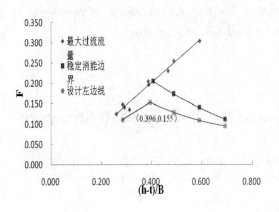

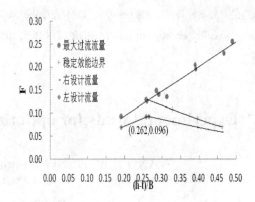

图 8 中隔板位置在 1/2D 的设计流量曲线　　　图 9 中隔板位置在 3/4D 设计流量曲线

5 结论

结合广州市东濠涌深层排水隧道工程，通过物理模型试验及理论分析的方法，研究了折板消能竖井不同条件下的水流流动特征，分析了影响流动特征的因素及变化规律，探讨了流动型态转变的临界条件，并提出了折板竖井设计方法。① 根据水流在折板间需满足的过流能力及充分消能约束条件，试验及分析得出，中隔板在 1/2D（3/4D）位置时，(h-t)/D 为 0.205（0.195）时竖井最大过流流量也是稳定消能的临界流量。② 当折板高度超过临界高度后（中隔板在 1/2D 位置，(h-t)/D>0.24；中隔板在 3/4D 位置，(h-t)/D>0.29 时），竖井内水流会产生不稳定流态，选择竖井尺寸应避免超过临界值。③ 结合以往研究及东濠涌竖井试验，根据竖井设计需满足的水力特征和流量边界条件，推荐了设计流量曲线和折板竖井设计方法。

参 考 文 献

[1] Anthony Margevicius, Alison Schreiber. A Baffling Solution to a Complex Problem Involving Sewage Drop Structures[C].33rd IAHR congress :Water engineering for a Sustainable Environment, IAHR, 2009.

[2] A. Jacob Odgaard, F.ASCE, Troy C. Lyons, et al. Baffle-Drop Structure Design Relationships[J]. Journal of Hydraulic Engineering ASCE / SEPTEMBER 2013.

[3] Mark Stirrup, M.Eng., P.Eng., et al. A Baffling Solution to Sewage Conveyance In York Region, Ontario[J].

[4] Levent Ozdemir. North American Tunneling 2004:Proceedings of the North American Tunneling Conference 2004, 17-22 April 2004, Atlanta, Georgia, USA.

[5] 武汉水利电力学院水力学教研室主编,水力计算手册,水利出版社,1980.

[6] Lyons, T. C., Odgaard, A. J. "Hydraulic model studies for the Regional Municipality of York Southeast collector drop structures." IIHR LDR Rep. 365, Univ. of Iowa, Iowa City, IA,2010.

Experimental study for optimization of Baffle-drop Shaft Structure

WANG Bin[1], DENG Jia-quan[2], HE Zhen-jun[2] , WANG Jian-ping[2]
(Post-Graduate School of Hohai University, 2. Pearl River Hydraulic Research Institute. Guangzhou. 510611.

Email: jiaquandeng@163.com)

Abstract: The physical model experiments have been carried out for the Guangzhou Donghaochong Deep Sewerage Tunnel which is the first deep tunnel drainage project in China.

The project adopts the baffle-drop structure to convey the CSO (combined sewer overflow) into the tunnel. The energy dissipation for different baffle spacing has been explored. The maximum operational discharge and stable energy dissipation boundary are proposed as design constraints. The suitable location of inspection port is recommended. The study shows that When the ratio of the baffle spacing to its width is less than 0.408, only the maximum flow capacity is the constraints; when the ratio exceeds 0.408, just consider the full energy dissipation as constraints.

Key words: physical model experiments; baffle-drop shaft; maximum flow capacity; design discharge; energy dissipation

海底管线局部冲刷的物理模型试验与数值分析

鲁友祥[1]，李多[1]，赵君宜[1]，梁丙臣[1, 2]

(1.中国海洋大学工程学院，山东省青岛市松岭路 238 号，266100，Email: luyx1120@163.com
2.中国海洋大学山东省海洋工程重点实验室)

摘要：海底管线由于波浪、潮流作用容易引起局部冲刷并发展成管线悬跨最终威胁其安全。本文以文昌地区新建海底管线为例，进行了海底管线的局部冲刷物理模型试验和数值模拟研究。海底管线直接铺设于海床，没有埋深。在验证水动力满足泥沙启动条件后物理模型试验选用流速相似准则，选用了中值粒径一致的无粘性沙。使用 FLOW 3D 建立了二维管线局部冲刷模型。对管线及其附近部分泥沙做局部加密处理，最小网格达到 1cm。通过对比物理模型试验，数值模型在冲刷形态、最大冲刷深度上吻合较好，证明了数值模型的正确性。数值模型模拟了单向流作用下和上述工况下的局部冲刷，试验结果显示在 10 年重现期潮流作用下管线会出现自埋，而 100 年重现期潮流作用下管线会出现冲刷；10 年重现期潮流与 100 年重现期波浪组合冲刷深度较 100 年重现期潮流与 10 年重现期波浪组合大。整个试验为管线的冲刷模拟提供了一个合理的数学模型，能在一定程度上指导管线的铺设与冲刷防护。

关键词：海底管线；局部冲刷；二维数值模拟；物理模型试验

1 引言

水动力作用引起的海底管线局部冲刷研究主要有在波流共同作用方面，Sumer[1]等指出，均匀流作用下和波流共同作用下的主要不同在于，后者冲刷形成的尾流漩涡在管线前后都有出现，他还提出，希尔兹数对最终的冲刷深度的影响不大，而且管线的表面粗糙度几乎对冲刷进程没有影响。Sumer 和 Fredsøe[2]通过在一个 28m×4m×1m 的水槽内，分别在波浪单独作用、流单独作用和波流共同作用下立柱的底部冲刷进行了试验研究，在波流共同作用下，试验观测了的不同的 KC 数[从 5～30]和 U_{cw}（$U_{cw} = U_c / (U_c + U_m)$，$U_{cw}$ 从 0～1）下的冲刷深度，得出结论：①冲刷深度不受波浪传播方向的影响；②波浪与流方向正交或者垂直对冲刷的作用相同。Liang Cheng 等[3]研究了波浪作用和波流共同作用下管线 3D 局部冲刷，并探究了波流共同作用下冲刷变化率与波流速度比、KC 数和管线埋置深度 e/D 之间的关系。在数值模拟方面，因其具有投入少、比尺可调、运算精度高等优点，在工程模拟中被广泛运用，本次模拟选择先模拟潮流作用下的局部冲刷，然后与波流作用下的模拟进行分析比较。

2 物理模型试验

海底管线的物理模型试验在中国海洋大学山东省海洋工程重点实验室波流水槽进行。

2.1 试验模型的设计

本次试验中使用了正态模型，管线原型外径：3.448m，模型比尺为：6，3.14。试验使用泥沙中值粒径为 0.19mm 的无黏性沙。选取流速相似准则：

$$\lambda_{u_w} = \lambda_{u_c} = \lambda^{1/2} \tag{1}$$

对原型工况进行处理得出试验设计工况：

表 1 物理模型试验工况组合

试验序号	比尺	水流流速/（m/s）	周期/s	波高/m	波浪水质点速度/（m/s）
1	6	0.325	1.3	0.15	0.105
2	6	0.30	1.5	0.22	0.177
3	3.14	0.46	1.5	0.18	0.148
4	3.14	0.42	1.8	0.22	0.25
5	1	1.02	12.7	17.6	0.72
6	1	0.73	13.6	20.0	1.26

比尺 6，3.14 试验水深均为 1m，流速均为沙床上 2.5cm 处流速，波浪水质点速度指理论水平流速。比尺 1 为所在海域依据实测资料推算值。序号 5 为工况组合 1，序号 6 为工况组合 2。

2.2 模型试验过程与结果分析

对试验实测数据进行对比分析，试验数据真实可靠，误差在允许范围以内。试验中测点数为 3，取三者均值作为最大冲刷深度或最大淤积深度。对应试验的实测值经过计算均在误差允许范围以内，换算得出原型冲刷深度。

工况 1 下的模拟，比尺分别为 6、3.14 时，实际计算冲刷深度分别为：19.8cm、17.18cm。二者均值 18.5cm；工况 2 下的模拟，比尺分别为 6、3.14 时，实际计算冲刷深度分别为：19.62cm、19.78cm。二者均值 19.7cm。

3 数值模型

控制方程是离散化的 N-S 方程，具体形式如下：

$$\frac{\partial u}{\partial t} + \left\{ u\frac{\partial u}{\partial x} + v\frac{\partial u}{\partial y} + w\frac{\partial u}{\partial z} \right\} = -\frac{1}{\rho}\frac{\partial P}{\partial x} + G_x - \frac{1}{\rho}\Delta\tau_x - Ku - \frac{RSOR}{\rho}u - F_x \qquad (2)$$

$$\frac{\partial v}{\partial t} + \left\{ u\frac{\partial v}{\partial x} + v\frac{\partial v}{\partial y} + w\frac{\partial v}{\partial z} \right\} = -\frac{1}{\rho}\frac{\partial P}{\partial y} + G_y - \frac{1}{\rho}\Delta\tau_y - Kv - \frac{RSOR}{\rho}v - F_y \qquad (3)$$

$$\frac{\partial w}{\partial t} + \left\{ u\frac{\partial w}{\partial x} + v\frac{\partial w}{\partial y} + w\frac{\partial w}{\partial z} \right\} = -\frac{1}{\rho}\frac{\partial P}{\partial z} + G_z - \frac{1}{\rho}\Delta\tau_z - Kw - \frac{RSOR}{\rho}w - F_z \qquad (4)$$

式中，$U = (u, v, w)$ 流体速度；P 为流体压强；G 为重力和非惯性力加速度；τ 黏滞力张量；$K\,U$ 拖拽力；$RSOR\,U/\rho$ 质量输入引起的加速度；F 其它力作用：表面张力、电场力、自定义的力等。

3.1 数值模型的建立与参数选取

模型为二维模型，模型长 105m，高 4.5m。计算区域为海床上方 3m 至海床下方 0.5m，水平长度为 105m。使用结构化网格，对管线附近以及尾流涡旋区可能出现冲於演变地方做局部加密处理最小网格 1cm。

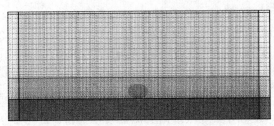

图 1 网格局部加密示意图

泥沙选取与物理模型试验一致的无黏性沙。

表 2 泥沙参数设置

中值粒径 /m	密度/ (kg/m³)	临界希尔兹数	冲刷系数	临界泥沙体积分数	休止角
0.00018	2650	0.3	0.0018	0.64	20

数值模型水深 3m，对波高做适当减小，波浪周期不做改变，以使近地层切应力、KC

数与实际工况一致。湍流模型上选取了目前应用较为广泛的 RNG $k-\varepsilon$ 模型。

3.2 数值模型验证

工况 1,2 的单向流场模拟中最终稳定流速模拟与实际要求结果相近,相对误差分别为:(1.02-0.99)/1.02=3%,(0.74-0.72)/0.74=2.7%在实际计算中做线性插值适度调整输入参数设置流场。同时近地层流速大致符合对数分布规律。

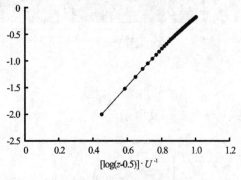

图 2 工况 1 流速对数分布

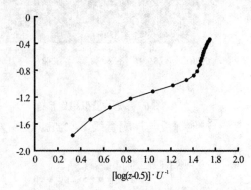

图 3 工况 2 对数分布

3.3 单向流作用下的局部冲刷模拟

重现期分别为 10 年、100 年的单向潮流作用下的海底管线分别出现一定程度的淤积和冲刷。

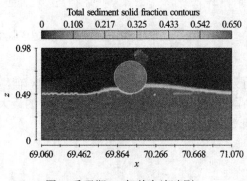

图 4 重现期 10 年单向流冲刷

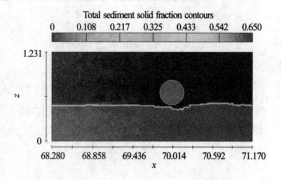

图 5 重现期 100 年单向流冲刷

3.4 波流耦合局部冲刷模拟

工况 1 与工况 2 的模拟,水质点速度既显示出一定的周期性,同时在单个周期下又显示出不对称性。伴随着冲刷的继续进行,冲刷坑的深度和冲刷坑的形态也渐渐发展。图 6 和图 7 为工况 1 和工况 2 数值模拟的稳定形态。

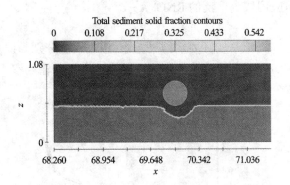
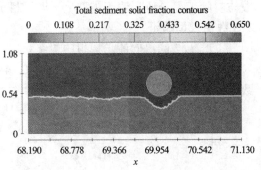

图 6 工况 1 模拟稳定形态   图 7   工况 2 模拟稳定形态

冲刷深度与冲刷管线下水质点速度关系曲线见图 8 和图 9 所示。

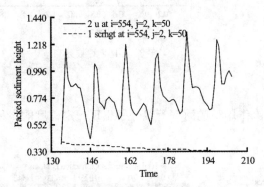
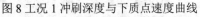
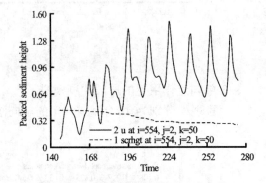

图 8 工况 1 冲刷深度与下质点速度曲线   图 9 工况 2 冲刷深度与下质点速度曲线

图中可以管线最大冲刷深度的变化大部分发生在最大流速经过管线下方时刻，前后深度变化发生在一个波浪周期，工况 1 的最大冲刷深度：0.5-0.31=0.19 m。工况 2 的最大冲刷深度：0.5-0.28=0.22m。结合物理模型试验和数字模拟分析见表 3。

表 3   数学模型与物理模型结果对照分析（**cm**）

工况	物理模型	数值模型	相对误差	绝对误差
工况 1	18.5	19.0	2.7%	0.5
工况 2	19.7	22.0	10.5%	2.3

4 结语

通过物理模型试验和数值模拟对比分析，我们认为物理模型试验和数值模拟在一定程度上吻合良好，能反映客观实际。

（1）10 年重现期潮流作用下管线会出现自埋现象，而 100 年重现期潮流作用下管线会出现局部冲刷。

（2）物理模型试验和数值模拟结果一致，10 年重现期潮流与 100 年重现期波浪组合冲刷深度较 100 年重现期潮流与 10 年重现期波浪组合大，

参 考 文 献

1   Sumer B M, Truelsen C, Sichmann T, et al. Onset of scour below pipelines and self-burial[J]. Coastal engineering, 2001, 42(4): 313-335.

2   Sumer B M, Fredsøe J. Scour around pile in combined waves and current[J]. Journal of Hydraulic Engineering, 2001, 127(5): 403-411.

3   Liang D, Cheng L. Numerical modeling of flow and scour below a pipeline in currents: Part I. Flow simulation[J]. Coastal Engineering, 2005, 52(1): 25-42.

4   Li F, Cheng L. Numerical model for local scour under offshore pipelines[J]. Journal of Hydraulic Engineering, 1999, 125(4): 400-406.

5   Zang Z, Cheng L, Zhao M, et al. A numerical model for onset of scour below offshore pipelines[J]. Coastal Engineering, 2009, 56(4): 458-466.

6   Fuhrman D R, Baykal C, Sumer B M, et al. Numerical simulation of wave-induced scour and backfilling processes beneath submarine pipelines[J]. Coastal Engineering, 2014, 94: 10-22.

7   Jeng, D.S., Cheng, L. Wave-induced seabed instability around a buried pipeline in a poro-elastic seabed. Ocean Engineering, 2000. 27: p. 127-146.

8   Cheng L, Yeow K, Zhang Z, et al. Three-dimensional scour below offshore pipelines in steady currents[J]. Coastal Engineering, 2009, 56(5): 577-590.

9   Cheng L, Yeow K, Zang Z, et al. 3D scour below pipelines under waves and combined waves and currents[J]. Coastal Engineering, 2014, 83: 137-149.

10 谷凡,周晶,黄承逵,李林普.海底管线局部冲刷机理研究综述.海洋通报,2009,Vol.28,N0.5.

Physical experiments and numerical modeling of local scour below pipelines

LU You-xiang[1], LI Duo[1], ZHAO Jun-yi[1], LIANG Bing-chen[1,2*]

(1: College of Engineering, Ocean University of China. No.238, Songling Road, Qingdao, Shandong, 266100, Email: luyx1120@163.com; 2: Key Laboratory of Ocean Engineering in Shandong)

Abstract: Local scour below subsea pipelines under wave and current action are likely to happen and develop into a pipeline spanning which finally threaten their safety. This paper selected new-constructed pipelines laid on the seabed with no burial depth of Wenchang as an example, which includes a series of physical experiments and numerical simulation of scour below offshore pipeline. After confirmed that hydrodynamic suffices the condition of sediment onset, Velocity similarity law is chosen as the main similarity law. The same median particle size of non-sticky sand are used in those experiments. Using FLOW 3D establish a two-dimensional scour model of pipeline. Mesh near the sediment do local encryption processing, which reach 1cm. compared with the Physical model experiments, numerical model have a good agreement on the maximum scour depth and scour patterns. They proved the validity of the model. Numerical model simulate the scour effect of unidirectional flow. Experimental results show that under the action of current with 10 years return period, pipeline will be buried while a current with 100 years return period would cause local scour. Combination of a 10 years return period current and a 100 years return period wave has a larger scour depth than combination of a 10 years return period wave and a 100 years return period current. All the Simulation provides a reasonable mathematical model capable of directing the laying of pipelines and scour protection to a certain extent.

Key words：Pipelines; Local scour; Physical experiments; Numerical simulation.

Experimental investigation on relative motions of offloading arms during FLNG side-by-side offloading operation

XU Qiao-wei，HU Zhi-qiang

(State Key Laboratory of Ocean Engineering, Shanghai Jiao Tong University, Shanghai, 200240.
Email: xuqiaowei@hotmal.com)

Abstract: This research is mainly highlighted on relative motions of offloading arms of an FLNG system (floating liquefied natural gas) during side-by-side operation by experimental method. To determine the effects of factors on relative motions of offloading arms, various sea state conditions and three loading combinations are taken into consideration. Water is used in vessels' compartments to simulate the sloshing effect of LNG (liquefied natural gas). The results show that the relative surge of offloading arms is much less than that of the vessels while the relative sway and heave maintain the same. There exist different effects of the loading combinations of the FLNG and the LNGC on different motion modes of offloading arms. The research in this paper will benefit the design of offloading arms and FLNG side-by-side offloading operation.

Key words: FLNG; LNGC; Hydrodynamic; Offloading arms; Relative motion

1. Introduction

With the decease of traditional energy sources, natural gas has attracted more attention as a new and clean energy. Offshore natural gas is abundant but it is still in local market because of its storage and transportation. FLNG system can liquefy natural gas offshore thus there being no need to build pipelines and concern about local laws and regulations. LNG can be transported to LNGC (liquefied natural gas carrier) in close proximity and then transported to anywhere around the world. FLNG system also has the advantages of developing stranded gas and handling associated gas. That's why FLNG system becomes more and more popular. However, FLNG system has not been on service yet because many technical problems have not been solved thoroughly. One of the most important problems is about the relative motions of offloading arms during side-by-side offloading operation. FLNG and LNGC are moored together by hawsers and fenders to restrict their relative motions during side-by-side offloading operation. Nevertheless, the coupling hydrodynamic performance and sloshing effect might have significant effects on relative motions of vessels which will affect the relative motions of offloading arms. The excessive relative motions and loads of offloading arms may cause offloading pipelines damaged and leakage of LNG. Therefore, it is of crucial importance to determine the relative motions of offloading arms in order to maintain a safe offloading process.

Many studies have been performed regarding hydrodynamic interaction of side-by-side moored multiple vessels. S. Y. Hong[1], M.H. Kim[2] and João Pessoa[3] investigated the basic interaction characteristic of side-by-side moored vessels by both numerical method and experimental method, hoping to apply numerical method to predict sophisticated multi-body interaction problems. B. J. Koo[4] used two numerical methods including NHI (No Hydrodynamic Interaction) and SMM (Separated Matrix Method) to research on the hydrodynamic interaction and mechanical coupling effects of two floating platforms. Edward M. Lewandowski[5] studied the wave-induced motion of two vessels in close proximity using two-dimensional and three-dimensional boundary element methods. Zhao Wen-hua[6] carried out numerical simulations of an FLNG system in the side-by-side offloading configuration with SIMO and compared the results considering the hydrodynamics interactions and those without considering hydrodynamics interactions. Van der Valk and Watson[7] conducted a series of experiments for side-by-side and tandem arrangements of an LNG and floating production barge. M. Peric[8], L. sun[9] R.A., Watai[10] and Sun et al.[11] studied on motions and forces of the long and relatively narrow gap between two vessels, which has an effect on the relative motions of vessels. Nevertheless, there have been few research concerned about the relative motions of offloading arms so far.

The research contained in this paper experimentally investigated the relative motions of offloading arms of an FLNG system during side-by-side offloading operation. To determine the most severe motion states, various sea state conditions are included. As the hydrodynamic characteristics are closely related to the loading combinations of vessels, three loading combinations are conducted as well. The purpose of this study is to clarify the effects of following issues on the characters of offloading arms:

(1) The relationship between relative motions of vessels and those of offloading arms;

(2) The effect of various loading combinations on the relative motions of offloading arms;

2. Description of the FLNG system

2.1 Features of the FLNG and the LNGC

The model test was conducted in Deepwater Offshore Basin in Shanghai Jiao Tong University. The tests were performed at a scale of 1:60. The FLNG facilities are designed to serve at a site with a water depth of 1500 m and are equipped with 10 identical LNG tanks that are arranged in two columns. The LNGC is equipped with 4 LNG tanks in one column. The FLNG under 10%, 50% and 100% loading conditions and the LNGC under 100%, 50% and 10% loading conditions correspondingly are selected. All of the loading conditions are liquid loading condition except for 100% loading condition where the relative motions between vessels are similar under solid and liquid condition, which has been proved in in Zhao's reference paper[12]. The main parameters of the FLNG and the LNGC are shown in Table 1 and Table 2 respectively. A picture of an FLNG during side-by-side operation in the experiment is shown in Fig. 1.

Table 1   Principal parameters of the FLNG.

Designation	Symbol	Unit	10%	50%	100%
Length overall	Loa	m	340	340	340
Breadth	B	m	61	61	61
Depth	D	m	37	37	37
Draft	d	m	14.3	15.6	17.8
Displacement	Δ	ton	252,826	278,805	323,251
Centre of gravity above base	KG	m	23.1	22.3	24.0
Centre of gravity from AP	XG	m	164.4	160.9	159.4
Radius of pitch gyration	Ryy	m	85.2	85.8	88.0

Table 2   Principal parameters of the LNGC.

Designation	Symbol	Unit	100%	50%	10%
Length overall	Loa	m	291	291	291
Breadth	B	m	45.8	45.8	45.8
Depth	D	m	26.5	26.5	26.5
Draft	d	m	11.7	9.7	9.6
Displacement	Δ	ton	122,671	99,546	99,100
Centre of gravity above base	KG	m	16.5	12.3	12.1
Centre of gravity from AP	XG	m	144.8	145.9	145.5
Radius of pitch gyration	Ryy	m	65.9	65.7	70.2

Fig. 1   Configuration of the FLNG and the LNGC under liquid conditions during side-by-side operation.

2.2 Features of the turret-mooring system

The FLNG is moored by a system with 15 3600-m-long mooring lines that are attached to an internal turret. The mooring system is spread in a different direction separated by a 120° angles, gathered in 3 groups of 5 mooring lines; the separation angle between the neighbouring lines in the same bundle is 5°. Each line is composed of three segments (chain-wire-chain). Each line has a horizontal projection of 3148.9 m and has been installed with the pre-tension of 5000 kN. The detailed parameters of the mooring lines are shown in Table 3, and the positions of the mooring lines are shown in Fig. 2.

Considering the limitations of available artificial water basins, the mooring system is truncated[13][14] to a prototype water depth of 350 m. Because the truncated system is not the focus of this research, it will not be described in detail in this paper.

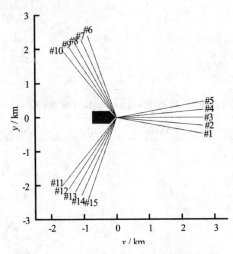

Fig. 2   Arrangement of the mooring lines.

Table 3   Configuration of the mooring lines in the prototype.

Designation	Diameter (mm)	Weight in air (kg/m)	Weight in water (kg/m)	Breaking loads (kN)	Length (m)	Pre-tension (kN)
Chain	146	427	371	18,900	1,000	
Polyester	139	102	81	19,180	2,500	5,000
Chain	146	427	371	18,900	100	

2.2 Features of the side-by-side arrangement

The FLNG and the LNGC are connected by 16 hawsers and 6 fenders (see Fig. 3). Hawsers have a diameter of 72 mm, linear weight of 3.19 kg/m and maximum breaking load (MBL) of 3470 kN. Five of these hawsers are placed to the bow while three are placed to the stern. Eight of these hawsers are set in the middle of vessels, four close to the stern and four close to the bow.

The characteristics of the hawsers are shown in Fig. 4 (a). Fig. 4(a) shows that stiffness of hawsers are relevant to the length of hawsers, which vary from different hawsers.

The designed characteristics of fenders are nonlinear and to simulate their characters is a challenge task. As a consequence, they are replaced by two linear section in model tests. Fig. 3 shows the configuration of the side-by-side arrangement. The characteristics of the fenders are presented in Fig. 4 (b).

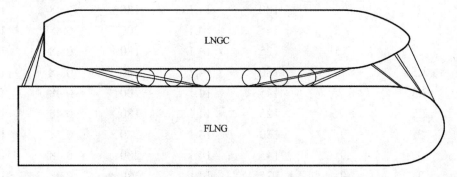

Fig. 3   Configuration of the side-by-side arrangement.

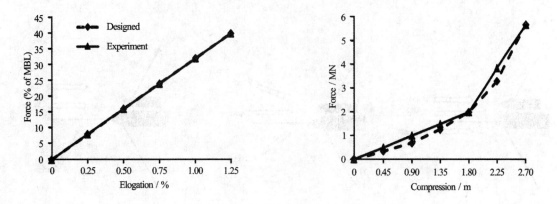

Fig. 4   Configuration of connecting system.

2.3 Environmental conditions

Marine environmental conditions can vary widely during offloading operation and it's inevitable to encounter relatively harsh conditions. In this study, nine kinds of sea state conditions are selected to cover the probable sea state conditions during the offloading operation. The random wave component is described by a three-parameter JONSWAP spectrum. Details regarding the environmental parameters and the loading condition combinations are shown in Table 4 and Table 5, respectively. Fig. 5 shows the different directions of wind, wave and current.

Table 4   Parameters of the environmental conditions.

Sea state condition No.	Wave			Wind		Current		Scene
	Significant height (m)	Peak period (s)	Direction (°)	Velocity (m/s)	Direction (°)	Velocity (m/s)	Direction (°)	
1	2	7.5	180	14.1	180	0.48	180	1
2	2	7.5	145	14.1	200	0.48	180	2
3	2	7.5	125	14.1	180	0.48	180	3
4	2.5	8.25	180	14.1	180	0.48	180	1
5	2.5	8.25	145	14.1	200	0.48	180	2
6	2.5	8.25	125	14.1	180	0.48	180	3
7	3	9	180	14.1	180	0.48	180	1
8	3	9	145	14.1	200	0.48	180	2
9	3	9	125	14.1	180	0.48	180	3

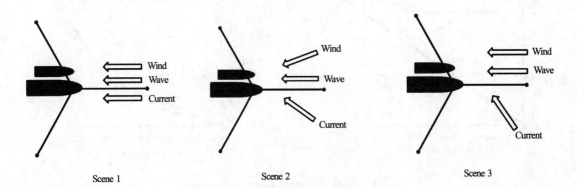

Fig. 5   Directions of wind, wave and current.

Table 5   Loading combination definitions.

Loading combination	FLNG	LNGC
1	10%	100%
2	50%	50%
3	100%	10%

The cases are presented in Table 6. Case number is even number, the first of which means loading combination number while the second of which means sea state condition number.

Table 6   Case definition.

Case No.	loading condition	Sea state condition	Case No.	loading condition	Sea state condition	Case No.	loading condition	Sea state condition
11	1	1	21	2	1	31	3	1
12	1	2	22	2	2	32	3	2
13	1	3	23	2	3	33	3	3
14	1	4	24	2	4	34	3	4
15	1	5	25	2	5	35	3	5
16	1	6	26	2	6	36	3	6
17	1	7	27	2	7	37	3	7
18	1	8	28	2	8	38	3	8
19	1	9	29	2	9	39	3	9

3. Test results and discussion

During offloading operation, the FLNG and the LNGC are joined by connecting system, and the LNG is transmitted through the offloading arms. The relative motions of the offloading arms may have an influence on the transmission efficiency. Excessive relative motions may prevent the transmission of the LNG and may even cause a disaster. Consequently, the relative motions of the offloading arms are of great importance.

The absolute displacement at any point on the vessel can be described by

$$\vec{x} = \vec{X} + \vec{\theta} \times \vec{r}, \tag{1}$$

where x denotes the displacement at the point, x_0 is the initial position of the point, X indicates the linear displacement of the centre of gravity of the vessel, including surge, sway and heave motions, θ is the angular displacement of the centre of gravity of the vessel, and r is the vector between the point and the centre of gravity.

The relative motions of the offloading arms depend on the relative motions of two points on the FLNG and the LNGC. The displacements of any point can be obtained from Equation (1), and the relative motions of the offloading arms can then be calculated. Due to the complexity and scalability of the offloading arms, the relative motions of the offloading arms are defined as the variable distance between the point on the FLNG where the offloading arms are located and the point where they are connected to the LNGC. The points on the FLNG and the LNGC are shown in Table 7, where P means port and S means starboard.

Table 7   Points of offloading arms on the FLNG and on the LNGC.

Designation	Symbol	Unit	FLNG	LNGC
Distance from AP	X	m	172.0	153.3
Distance from midship	Y	m	30.5(P)	22.9(S)
Distance above baseline	Z	m	37	26.5

3.1 The relationship between relative motions of vessels and those of offloading arms

The relative motions of vessels are determined from the motions of the LNGC minus the motions of the FLNG. For simplification, the relative motions of offloading arms in x, y and z axis are defined as relative surge, sway and heave respectively. The amplitudes comparison for the relative motions of offloading arms and those of vessels in different cases are shown in Fig. 6.

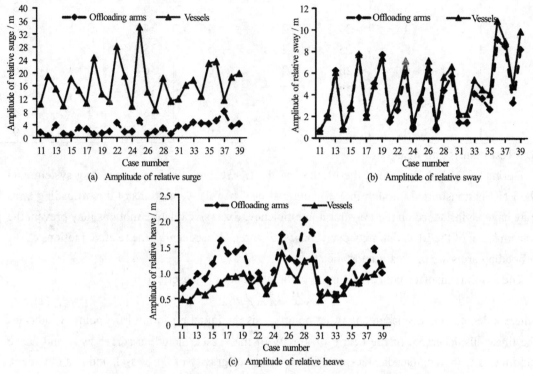

Fig. 6   Amplitudes comparison for the relative motions of offloading arms
and those of vessels in different cases.

From Fig. 6, it is indicated that the tendency of amplitudes for the relative motions of offloading arms maintained the same as that of vessels except the relative surge, which means that when the amplitudes for relative motions of vessels increase, those of offloading arms increase. As shown in Fig.6 (a), the amplitudes for relative surge of offloading arms are much lower than those of vessels. Fig 6 (b) and Fig. 6 (c) show that the amplitudes for relative sway and heave of offloading arms almost commensurate with those of vessels. It's revealed the relative sway and heave of offloading arms are primarily affected by the regarding relative sway and heave of vessels. In addition, the amplitudes for the relative heave of offloading arms are lower than 2 m which is the most common restricted condition of offloading arms.

Take case 21 and case 27 for example to research on the factors whose influence on relative surge of offloading arms. The only difference between case 21 and case 27 is the significant height and peak period of incident wave. Time histories for the relative motions of offloading arms and those of vessels in case 21 and case 27 are shown in Fig.7.

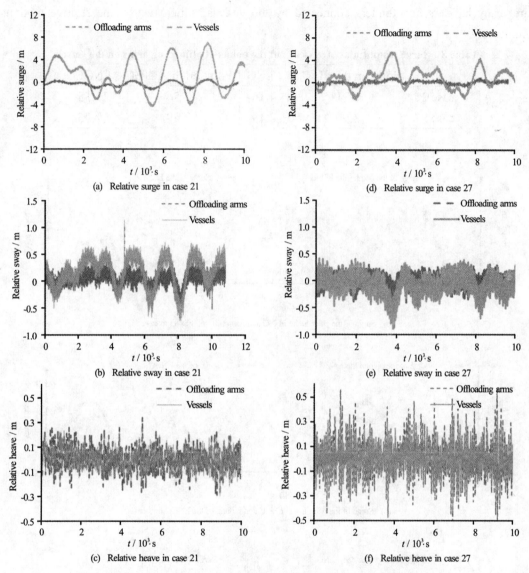

(a) Relative surge in case 21

(d) Relative surge in case 27

(b) Relative sway in case 21

(e) Relative sway in case 27

(c) Relative heave in case 21

(f) Relative heave in case 27

Fig. 7　Time histories for the relative motions of offloading arms

and those of vessels in case 21 and case 27.

As shown in Fig. 7, the tendency of the relative motions of offloading arms and those of vessels have a fair agreement. The relative surge of offloading arms is much lower compared with that of vessels. The relative sway and heave of vessels and offloading arms are nearly the same. The relative surge of offloading arms are low-frequency motions because of the low-frequency characteristics of the relative surge of vessels. Similarly, the relative heave of offloading arms are wave-frequency motions. That the relative sway of offloading arms and vessels have the negligible wave-frequency characteristics may be due to the reason that there are many hawsers and fenders connected by the vessels, which restrict the relative motions immensely.

Table 8   Surge Amplitudes of vessels and the points of offloading arms on the vessels.

	Point on the FLNG	FLNG	Point on the LNGC	LNGC
case 21	6.31	4.15	7.56	11.35
case 27	8.99	8.19	9.59	12.25

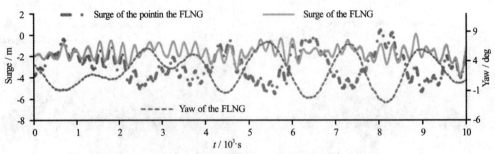

(a) Surge of the point in the FLNG and motion of the FLNG in case 21

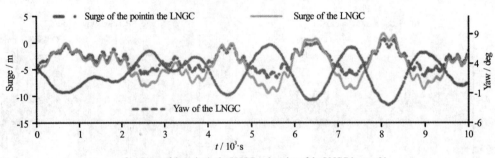

(b) Surge of the point in the LNGC and motion of the LNGC in case 21

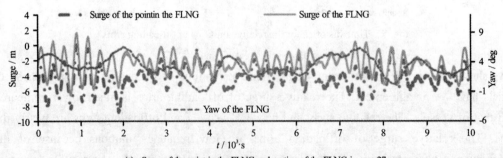

(c) Surge of the point in the FLNG and motion of the FLNG in case 27

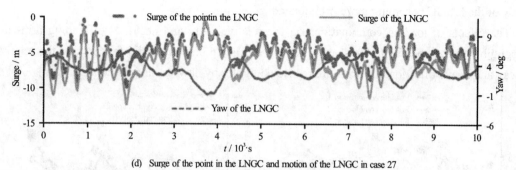

(d) Surge of the point in the LNGC and motion of the LNGC in case 27

Fig. 8   Time histories for the surge of points on the FLNG and on the LNGC and surge and yaw of vessels in

case 21 and case 27.

Table 8 shows the surge amplitudes of vessels and the points of offloading arms on the vessels. Fig. 8 shows the time histories for the surge of the points on the vessels and motions of vessels in case 21 and case 27. In these two cases, the surge and yaw of the FLNG are in-phase while those of the LNGC are anti-phase. From the results of Table 10, the surge amplitude of the point on the FLNG is larger than that of the FLNG. It is obvious that the surge amplitude of the point on the LNGC is lower than that of the LNGC because b is negative.

As a consequence, the phenomenon that the relative surge amplitude of offloading arms is smaller than that of vessels is mainly caused by the smaller amplitude for the surge of the point on the LNGC compared with that of the LNGC. The surge of the point on the LNGC is affected by the phase difference between the surge and yaw of the LNGC. In all cases in experiment, the surge and yaw of the LNGC are anti-phase. Nevertheless, it may be not correct in all sea states. More cases will be researched by numerical calculation in further study.

3.2 The effect of various loading combinations on the relative motions of offloading arms

During side-by-side operation, LNG is transported from the FLNG to the LNGC. In this period, the FLNG and the LNGC will experience various kinds of loading combinations. In a certain loading combination, the relative motions of offloading arms may intensify within a short time. Three loading combinations are chosen in this paper to find out the effects of loading combinations on the motions of offloading arms.

The amplitudes for the relative motions of offloading arms in different cases are shown in Fig. 9. From Fig. 9 (a), the amplitudes for the relative motions in loading combination 3 are larger than those for other loading combinations. This is because in this loading combination, the displacement of the FLNG is the biggest while that of the LNGC is the smallest. The relative surge of offloading arms are mainly affected by the surge and yaw of vessels, especially those of the LNGC because the LNGC has more severe motions than the FLNG as shown in Zhao's research[15]. The surge damping of the LNGC is smaller in lower displacement thus the surge and yaw of the LNGC becoming more pronounced.

The effects of loading combinations on the relative sway and heave of offloading arms are negligible. It may be due to the season that there exist 16 hawsers and 6 fenders and the relative sway and heave of offloading arms are restricted tightly by hawsers and fenders.

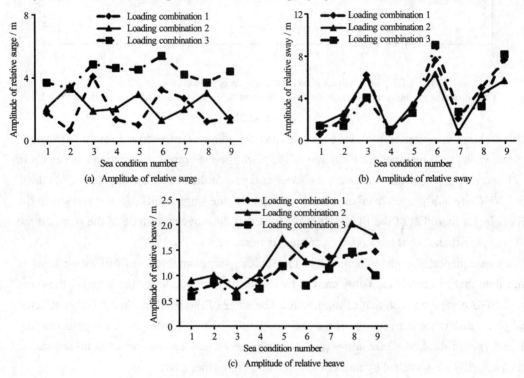

(a) Amplitude of relative surge

(b) Amplitude of relative sway

(c) Amplitude of relative heave

Fig. 9　Amplitudes for the relative motions of offloading arms

3　Conclusions

The side-by-side offloading operation of an FLNG system with an LNGC is performed in this study. Various sea state conditions and different loading combinations are included. The purpose of this study is to clarify the effects of factors on relative motions of offloading arms experimentally. The main conclusions are as follows:

(1) The phenomenon that the relative surge amplitude of offloading arms is smaller than that of vessels is mainly caused by the smaller amplitude for the surge of the point on the LNGC compared with the surge of the LNGC.

(2) The relative sway and relative heave of offloading arms are primarily affected by the regarding relative sway and heave of vessels.

(3) The relative surge of offloading arms is the most severe when the displacement of the FLNG is the biggest and that of the LNGC is the smallest. The relative sway and heave have rare

changes in different loading combinations.

Acknowledgments

This work was financially supported by the China National Scientific and Technology Major Project (Grant No. 2011ZX05026-006-05), and the State Key Laboratory of Hydraulic Engineering Simulation and Safety, Tianjin University (Grant No. HESS-1404). These supports are gratefully acknowledged by the authors.

References

[1] Hong, S. Y., et al. "Numerical and experimental study on hydrodynamic interaction of side-by-side moored multiple vessels." Ocean Engineering 32.7 (2005): 783-801.

[2] Kim, M. H., et al. "Vessel/mooring/riser coupled dynamic analysis of a turret-moored FPSO compared with OTRC experiment." Ocean Engineering 32.14 (2005): 1780-1802.

[3] Pessoa, João, Nuno Fonseca, and C. Guedes Soares. "Numerical study of the coupled motion responses in waves of side-by-side LNG floating systems."Applied Ocean Research (2015).

[4] Koo, B. J., and M. H. Kim. "Hydrodynamic interactions and relative motions of two floating platforms with mooring lines in side-by-side offloading operation." Applied Ocean Research 27.6 (2005): 292-310.

[5] Lewandowski, Edward M. "Multi-vessel seakeeping computations with linear potential theory." Ocean Engineering 35.11 (2008): 1121-1131.

[6] ZHAO, Wen-hua, Jian-min YANG, and Zhi-qiang HU. "Hydrodynamic interaction between FLNG vessel and LNG carrier in side by side configuration." Journal of Hydrodynamics, Ser. B 24.5 (2012): 648-657.

[7] Van der Valk, C. A. C., and A. Watson. "Mooring of LNG carriers to a weathervaning floater–side-by-side or stern-to-bow." Offshore Technology Conference. Offshore Technology Conference, 2005.

[8] Perić, M., and C. Swan. "An experimental study of the wave excitation in the gap between two closely spaced bodies, with implications for LNG offloading."Applied Ocean Research (2015).

[9] Sun, Liang, R. Eatock Taylor, and P. H. Taylor. "Wave driven free surface motion in the gap between a tanker and an FLNG barge." Applied Ocean Research (2015).

[10] Watai, R. A., et al. "Rankine time-domain method with application to side-by-side gap flow modeling." Applied Ocean Research 50 (2015): 69-90.

[11] Sun, Liang, R. Eatock Taylor, and Paul H. Taylor. "First-and second-order analysis of resonant waves between adjacent barges." Journal of Fluids and Structures 26.6 (2010): 954-978.

[12] ZHAO, Wen-hua, et al. "Experimental investigation of Effects of inner-tank Sloshing on Hydrodynamics of an flng system." Journal of Hydrodynamics, Ser. B 24.1 (2012): 107-115.

[13] Stansberg C T, Yttervik R, Øritsland O, et al. Hydrodynamic model test verification of a floating platform system in 3000 m water depth[C]. Proceedings of 19th International Conference on Offshore Mechanics and Arctic Engineering, New Orleans, LA, USA, 2000: OMAE2000-4145.

[14] Su Y.H., Yang J.M., Xiao L.F., Chen G., Experimental and numerical study on large truncation of deepwater mooring line [C]. Proceedings of the 28th International Conference on Offshore Mechanics and Arctic Engineering. Honolulu, Hawaii, USA, May 31-June 5, 2009: OMAE 2009-79218.

[15] Zhao, Wenhua, et al. "Prediction of hydrodynamic performance of an FLNG system in side-by-side offloading operation." Journal of Fluids and Structures46 (2014): 89-110.

一套推移质输沙量实时测量装置

尹则高，　刘晓良，　王延续，　赵子龙，　路海象

（中国海洋大学，工程学院，山东青岛，266100，Email: yinzegao@ouc.edu.cn）

摘要： 推移质输沙过程是河流动力学中一个非常重要且复杂的研究课题。在分析前人对推移质输沙率计算公式的基础上，本文通过室内试验分别测出不同流速、水深工况下相应的有效重力与输沙量的数值，并利用 Excel 和 MATLAB 对实验数据进行统计分析，拟合出输沙量与推移质有效重力的关系式。最后，采取单片机系统集成该公式，并与测量装置连接，将有效重力与输沙量进行数据转换，进而开发出一套直接测量输沙量的装置，具有较强的工程实践意义。

关键词： 推移质运动；输沙量；有效重力；单片机集成；实时测量装置

1 国内外研究现状

推移质输沙率是河流动力学中一个十分重要的问题，它既是研究泥沙运动、河床冲淤规律的理论基础，又是解决河床演变计算、水库淤积等工程技术问题的重要工具[1]。近几十年来，国内外专家已经取得不少成果，尤其是在推移质输沙率的计算公式的研究方面，专家分别从实验研究[2]、量纲分析[3]、统计理论[4]和力学分析[5]等方面开展了相关研究[6][7]，如窦国仁、岗恰洛夫、列维、沙莫夫分别建立了以流速为主要参变数的推移质输沙率公式[8]；梅叶-彼德、杜波依斯等[9]建立了以拖曳力为主要参变数的推移质输沙率公式；拜格诺从能量平衡观点研究了推移质输沙率[5]；爱因斯坦根据统计法建立了推移质输沙率公式[10]。但在测量方法上，均包括野外或者试验现场取样，然后回实验室烘干、称重和计算等步骤，存在现场无法实时观测、取样器干扰等缺点。

资料表明，推移质的有效重力与输沙率或输沙量存在直接的相关性[11]。因此，本课题是在现有推移质输沙率研究成果的基础上，利用推移质输移的重力特性，通过室内试验建立输沙量与推移质有效重力的对应关系，并开发出了一套推移质输沙量实时测量的装置。

2 室内试验

2.1 试验仪器

试验水槽（长 30m，宽 0.6m，高 1.2m）、称重器（长 0.5m×宽 0.5m）、ADV 测速仪、木质取样器(长 0.5m×宽 0.5m)、试验沙、烘箱、取放和固定工具、芯片和单片机实验开发板、显示器等

2.2 试验布置

在水槽底部均匀布设试验沙，试验沙层的厚度约为 14cm，然后将称重器和取样器分别布置到水槽中部位置，其顶面高程与床面高程齐平，间隔约为 5m。因所受水流的浮力较大，称重器和取样器均要进行配重处理，在水槽上方固定 ADV 测速仪。试验布置立面示意图见图 1。

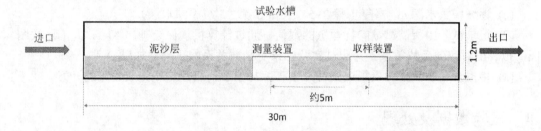

图 1 试验布置立面示意图

最终形成的实时测量装置结构如图 2。

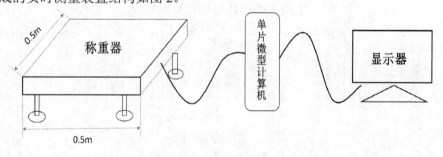

图 2 实时测量装置结构图

2.3 试验假设与理论依据

(1)实验假设：①实验时水流均为恒定均匀流，即水流稳定后称重器的示数不再发生变化。②水温保持室温不变，即 $T=20℃$。③假设称重器顶部、取样器高程均与床面完全齐平，且都是水平面。

(2)理论依据（实验原理）：推移质运动特点是输移过程中与床面有紧密或间断的接触，其与床面接触时，垂直方向的有效重力下压在床面上[12]。本实验的思路是利用称重器测量推移质的有效重力，进而观测实际的推移质输沙量，随后建立两者的定量函数关系，通过数据处理和系统集成技术，将实际输沙量直观显示出来，完成现场实时观测工作。

2.4 试验步骤

(1) 实验仪器的安放与固定。将试验沙均匀铺设在水槽底部（注意试验沙的厚度应适中，约 14cm），然后将电子称和取样器按图示位置放入泥沙层中，间隔约 5 米，注意顶部高程与床面齐平。

(2) 开动水泵，向水槽蓄水。调节并记录水槽内的水深 h，为减少试验中试验沙的铺设量，初始水深不宜过高，试验中取 0.25m（此后以 0.05m 为步长依次增大水深）。

(3) 打开造流设备，调节并利用 ADV 测速仪记录水流的流速 v。最初控制流速 v 为较低数值，从小到大分别设置 5 个流速梯度并记录对应的 v 值。（流速 v 由三点测速法测得）

(4) 经过一定时间 t（这里取 10min），待称重器示数稳定后，分别读出各水深、各流速对应的称重器的示数 N_y。

(5) 取出取样器，用烘箱对沙样进行烘干并称重进而得到干沙重 W_b。根据时间 t 和称重器宽度 b 进而得到实际的单宽输沙量 Q_b。

(6) 逐渐增大水深 h，重复步骤 2~5，共做 5 次（5 组不同水深）。

(7) 记录试验中所需测量的物理量的数值，通过计算机软件绘制出 N_y 与 Q_b 的函数图像，拟合出对应的函数关系。并通过实验结果对函数关系的正确性加以验证。

(8) 将拟合后的函数关系集成到芯片中，并与显示器相连，即完成装置的开发。

3 试验数据及处理

3.1 试验数据及计算表格如表 3-1

表 1 试验数据与计算数据

序号	水深h/m	流速v/(m/s)			流速平均值 u/(m/s)	N_y/kg	W_b/kg	t/min	Q_b/(kg/(s·m))
1	0.25	0.234	0.237	0.234	0.235	-0.95	0.250	10	0.000833
2	0.25	0.347	0.348	0.351	0.349	-0.75	1.216	10	0.004054
3	0.25	0.510	0.510	0.512	0.511	-0.60	1.422	10	0.004739
4	0.25	0.598	0.594	0.590	0.594	-0.45	1.493	10	0.004978
5	0.25	0.689	0.699	0.724	0.704	-0.35	1.519	10	0.005062
6	0.30	0.198	0.196	0.199	0.198	-1.05	0.181	10	0.000602
7	0.30	0.292	0.290	0.290	0.291	-1.15	0.315	10	0.001050
8	0.30	0.401	0.400	0.403	0.401	-1.25	0.496	10	0.001653
9	0.30	0.508	0.507	0.508	0.508	-1.30	0.769	10	0.002562
10	0.30	0.600	0.601	0.599	0.600	-0.65	1.469	10	0.004895
11	0.35	0.167	0.170	0.169	0.169	-0.20	0.162	10	0.000539
12	0.35	0.270	0.277	0.273	0.273	-0.20	0.622	10	0.002073
13	0.35	0.391	0.391	0.392	0.391	0.30	0.519	10	0.001731
14	0.35	0.415	0.420	0.420	0.418	0.40	0.812	10	0.002708
15	0.35	0.508	0.508	0.509	0.508	0.60	1.464	10	0.004881
16	0.40	0.138	0.141	0.137	0.139	-0.80	0.918	10	0.003060
17	0.40	0.216	0.217	0.217	0.217	-0.90	0.631	10	0.002103
18	0.40	0.286	0.286	0.288	0.287	-0.50	1.454	10	0.004846
19	0.40	0.365	0.363	0.363	0.364	-0.55	1.543	10	0.005144
20	0.40	0.441	0.439	0.439	0.440	-0.70	1.408	10	0.004693
21	0.45	0.122	0.122	0.120	0.121	-0.30	1.205	10	0.004015
22	0.45	0.187	0.186	0.189	0.187	-0.25	0.911	10	0.003036
23	0.45	0.251	0.253	0.250	0.251	0.10	0.007	10	0.000024
24	0.45	0.316	0.317	0.318	0.317	0.25	0.253	10	0.000842
25	0.45	0.383	0.386	0.388	0.386	0.35	0.653	10	0.002177

3.2 函数关系公式

为了增加精确度，我们采用三次多项式拟合，所得函数公式如下：

$$y = 0.0169(\sin x)^3 + 0.0088(\sin x)^2 - 0.0058(\sin x) + 0.0016$$

y 为推移质单宽输沙量，单位 kg/(s・m)；x 为称重器示数，单位 kg。

本试验采取三次多项式来拟合 Q_b 和 N_y 的函数关系，其中相关系数 $R^2 = 0.5944$，比较接近真实情况。

4 结论

利用推移质的重力特性，以推移质垂直河床表面的有效重力与输沙量有直接对应关系为依据，通过分析室内试验的相关数据，建立了输沙量与推移质有效重力的对应函数关系，基于计算机技术把该函数集成到单片机中，实现了推移质输沙量的实时测量。该装置构造清晰，测量直观、灵敏，便于现场测量。

需要说明的是，本实验是在恒定均匀流下进行的，所建立的公式适用条件为恒定均匀流。复杂流态下的推移质输沙量的测量有更直接的应用前景，值得进一步深入研究。

致谢

本文得到山东省科技发展计划 (2014GHY115026)和中国海洋大学本科训练计划资助。

参考文献

1 王承，杨克君. 推移质输沙率公式比较与分析 [J].吉林水利，2013（6）.

2 Meyer -Peter E, Muller R. Formulas for bed -load Transport [C].Rroc,2nd Meeting, IAHR,1948,Volume 6:39-64.

3 钟亮，许光祥. 曼宁公式分形细化初步研究 [J]. 泥沙研究，2013，(1)：34-38.

4 Einstein H A. Bed Load Transportation In Mountain Creek [R].Tech.Paper No.55 Soil Conservation Service U.S.Dept.Agri.1944 55.

5 Bagnold R A, An Approach to the Sediment Transport Problem From General Physics[M].U.S.Geol.Survey,prof.Paper,1996,422-I:37.

6 徐俊峰. 基于统计理论的推移质输沙率公式研究 [J]. 水电能源科学，2012，30(3)：128-120.

7 徐俊锋，韩其为，方春明. 推移质低输沙率 [J]. 天津大学学报，2012，(3)：191-195.

8 张红武，张俊华，卜海磊等. 试论推移质输沙率公式 [J]. 南水北调与水利科技，2011，9(6)：140-145.

9 Meyer-Peter E, Favre H and Einstein H A. Neuere Versuchsresutate Uber den Geschiebetrieb[J]. Schweiz. Bauzeitung 1934, 103(12): 147-150.

11 吴金萍，沙红良. 推移质输沙率计算公式分析，2013，25（4）.

12 黄才安，周济人，赵晓冬等. 基于分形理论的流速及含沙量垂线分布规律研究[J]. 水利学报，2013,44（9）:1044-1049.

13 周银军，陈立，刘同宦. 分形理论在泥沙研究中的概述 [J]. 泥沙研究，2012，(2):73-80.

A set of real-time measurement devices for bed load transport

quantity

YIN Ze-gao, LIU Xiao-liang, WANG Yan-xu, ZHAO Zi-long, LU Hai-xiang

(Engineering college, Ocean University of China,Qingdao,266100.

Email:yinzegao@ouc.edu.cn)

Abstract: Bed load transport process is a very important and complicated research subject in river dynamics. According to the analysis on bed load transport rate formula, Effective gravity and sediment discharge under different velocities and water depths are measured. Excel and MATLAB software are used to fit the function formula between sediment discharge and Effective gravity Finally, single-chip system is adopted to convert the data from effective gravity to sediment discharge after the connection with measurement device, and then a real-time measurement of sediment discharge device was developed with strong engineering practical significance.

Key words: Bed load transport; Bed load transport quantity; Effective gravity; single-chip system integration; Real-time measurement device

片空泡内部孔隙率和流速的实验测量

万初瑞，王本龙，刘桦

(上海交通大学水动力学教育部重点实验室，上海，200240，Email:jsvan@139.com)

摘要：液体在流动过程中速度增加、压力减小达到饱和蒸汽压，连续的汽化和凝结过程形成水动力学空化。各类空泡流是螺旋桨、附体以及水泵等水利机械中常见的流动现象。空化可能会导致推进效率降低、振动、噪声、甚至会引起机械损坏。为了减少和控制空化危害，需要了解和研究空化内部汽化和凝结的机理。由于涉及水汽两相流动，通过实验对流场进行观测长期以来是空泡流研究领域的难点问题。

本文的目标是研究空泡内局部介质特性，如含汽率，流动速度，和空泡内部汽泡分布。基于电阻探针的优势，工艺进步使得电阻探针能够更微型化和精确化。我们研发一种适宜在空泡水洞中进行空泡内部含汽量和速度测量方法。实验空化数范围 1.54～1.77，雷诺数范围 1.4～2.9E5。实验采用双电阻探针，由两个单独的保持固定已知间距的探针封装组成。通过分析两个单独信号相对关系可以得到汽泡速度。除了内部测量，压力传感器和高速摄像也被用来研究空泡外部结构，获得空泡内外联系。

实验结果表明空泡数的变化会引起含汽率显著变化，结合高速摄像结果，可以发现高速摄像图片亮度在一定范围内与含汽率呈正相关状态。片空泡速度测量结果表明，泡内速度基本小于来流速度。实验以机理研究为目的，探索空泡内部测试手段，结合高速摄像及压力测量，最终期望对空泡内部结构加深理解。

关键词：空泡；两相流；电阻探针；含汽率；

1 引言

由于空化现象的复杂性，想要获得空泡内部含汽率及速度是一件非常具有挑战性的工作。实验研究经常局限于整体流动特征的测量或者局部的测量数据，基于光学测量的方法如 LDV 和 PIV 方法可以准确地获得空泡区外水流场的速度分布，但是由于汽液交界面的存在，很难获得空泡内部速度。所以以往的工作主要集中在壁面的温度及压力，外部流动速度和整体的空泡形态[1-2]。事实上受限于测量技术，早期对附着空泡内部结构几乎很少有文献研究。代表性的有 Kamono 等 [3]采用双头热线风速仪测量翼型截面自然和通气空化内部速度。Ceccio and Brennen [4] 在水翼表面固定银质环氧电极测量单个气泡的速度。

从技术手段而言，含汽率测量主要包括如下几类：电离辐射（ionizing radiation），摄影负片密度测量（densitometry），电阻抗探针（electrical impedance probe）[5-7]和电容探针

（electrical capacity probe）以及内窥镜（endoscope）。作为孔隙率或者速度测量，PIV-LIF[8-9]、X 射线、层析技术、内窥镜都是有效测量工具。主要的障碍是上述的技术必须在搭配使用的情况下才能同时获得速度和孔隙率。

本文采用的探针方法就可以同时实现孔隙率和速度测量，并且具有原理简单，花费低，构建容易特点。为了测试电阻探针系统，我们采用简单的模型在循环水洞中研究二维楔形体自然空化的内部结构。

2 实验设备与方法

2.1 空化水筒和实验模型

实验在中国船舶科学研究中心小型多功能高速空泡水筒中进行。水筒试验段长度 1 600 mm，横截面是正方形，尺寸为 225 mm×225 mm。实验段最高水速为 25 m/s，压力调节范围 10~500 kPa。选取 45 度楔形头型接方柱一体化结构的自然空泡流为研究对象。实验模型几何形状如图 2 所示，模型材质为硬质铝，表面阳极化处理。特征长度为模型高度 L=50mm。模型沿流向方向布置若干通用测量孔，用于布置探针和压力传感器。以前缘位置为坐标零点，来流方向为 x 正方向，重力方向为 y 负方向。电阻探针固结在机械升降台上，升降台沿 Y 方向可以自由移动，移动高度准确性为△Y=0.01mm。实验中沿 Y 方向每隔 1mm 距离进行一次数据记录，直至达到空泡壁面停止。探针测量孔位置分别为：#1=60mm；#2=120mm；#3=180mm；#4=240mm.。试验水温 $T_0 = 8^0C$，饱和蒸汽压 $P_v = 1.07kp$。

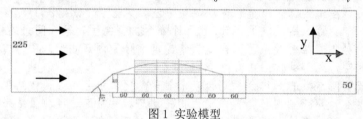
图1 实验模型

2.2 电阻探针

双探头电阻探针系统如图 2 所示。测量系统主要包括电阻探针(图 b)，高速采集卡，数据处理软件，测量回路。探针由两个独立电阻探头组成，电阻探针直径为 0.12mm，用绝缘材料覆盖，探针头部直径约为 0.02mm，探针外部由不锈钢套管保护。电阻探针采样频率设置为 20kHz。

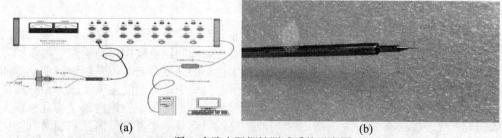
(a)　　　　　　　　　　(b)
图2 多路电阻探针测试系统示意图

2.3 壁面压力测量设备

测压系统主要用于测量模型表面平均静压分布。按照图 1 开孔位置，安装七只压力传感器，在距离前缘 10mm 位置布置第一个压力传感器，其余六只间隔 60mm 布置。压力传感器可以覆盖空泡内部及空泡外部压力恢复区域。压力传感器型号：HM91GH3-3-V2-F0-W1，绝压式固态压阻传感器，量程范围：-0.1～0.3MPa 和 -0.1MPa-1MPa。小量程用于泡内部压力测量，大量程用于空泡闭合及压力恢复区域测量。线性误差和重复性误差<0.1%。制造商南京宏沐科技有限公司。

2.4 高速摄像设备

为了更好地描述和分析空泡流过程，在试验过程中应用高速摄像机记录空泡现象。高速相机型号为 Photron FASTCAM APX，拍摄频率为 2kHz，分辨率为 1024×512。拍摄角度包括侧摄和俯拍。对侧拍照片取像素平均可以得到空泡轮廓线。

3 数据处理方法

测试原理是采用设计好间距的双头铂丝测量多相流体内部的局部电导率值。由于汽、液两相电导率存在显著差异，当汽泡通过探针头部时，测量系统产生一个高电压信号；当探针头部为水时，测量系统反馈为低电压。这样汽液变化过程可以被测量系统转变为相应的电压电信号变化，分析高电压数据时间比例，进而计算出局部汽含率；分析两根探针信号相关性，汽泡运动速度分布也可以获得。

首先，采集的原始电压信号需要设定一个阈值 β 进行二值化处理，阈值定义如方程(1)所示。因为会有环境噪声干扰输出信号，合适的阈值非常重要。文献[10]建议值为 β=10% 脉冲幅度，通过试验结果分析，10%阈值适合本次试验。理想工况汽泡依次经过探针产生信号及信号处理如图 3 所示。设置阈值对信号二值化处理获得汽液相只是第一步，这些数据还会进一步分析筛选[11]。

局部含汽率 α 由汽泡总存在时间占总数据时间比值得到，即方程(2)。其中 T_i 为第 i 个汽泡穿越时间，T 为测量总时间。气泡弦长 l_b 及汽泡速度 u_b 由方程(3)(4)获得：

$$\beta=(V_{threshold}-V_{min})/(V_{max}-V_{min}) \tag{1}$$

$$\alpha=\sum_{i=1}^{n}T_i/T \tag{2}$$

$$l_b=u_bt_F \tag{3}$$

$$u_b=L_p/\Delta t \tag{4}$$

其中 t_F 为汽泡穿越前方探针所用时间，L_p 为探针间距，Δt 为汽泡先后碰触前、后探针时间差。基于以上基本原理，编制了采样程序和 Matlab 后处理计算程序，开发了基于电阻探针测量空泡内部气泡直径分布和速度的测量系统。

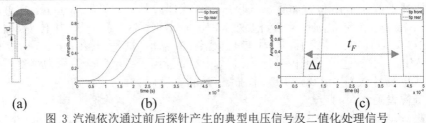

图 3 汽泡依次通过前后探针产生的典型电压信号及二值化处理信号

4 结果讨论

4.1 高速摄像及压力测量结果

图 4 给出不同空化数高速摄像图片及压力分布，压力系数 $c_p = 2(p - P_0)/\rho U_\infty^2$。图 4(a) 显示超空泡泡面光滑通透，有少量条带状的水汽混合区;图 4(b)(c)(d)局部空化俯视图显示，随着空泡数的增大，空泡长度变短，空泡界面由稳定状态变得不再光滑，甚至在空化数 1.70 及 1.77 工况中局部空泡界面发生断裂现象，水汽掺混现象显著。在空化数 1.77 条件下，空泡闭合区域三维非定常效应明显。图 4(a),(b),(c),(d)压力测量结果表明：在超空泡条件下，空泡内部压力接近饱和蒸汽压。对于局部空泡，空泡区域中前部，壁面压力接近饱和蒸汽压，但是在靠近空泡闭合区域，由于空泡溃灭及汽液交界面的不稳定，测量结果波动较大，时均结果大于饱和蒸汽压。特别注意到对于空化数 1.60、1.70、1.77 距离闭合区域上游大约 0.06m 位置，传感器能够捕捉到明显的压力值波动.此时压力值已经偏离饱和蒸汽压，测量时均结果将近两倍的饱和蒸汽压，说明回射流对泡内的压力产生一定的影响。

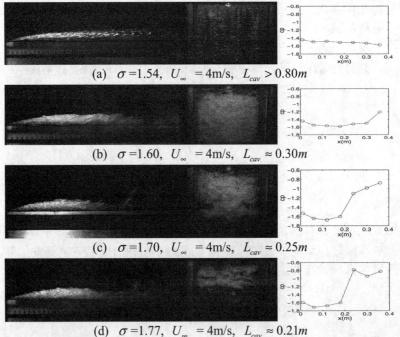

(a) $\sigma = 1.54$, $U_\infty = 4$m/s, $L_{cav} > 0.80m$

(b) $\sigma = 1.60$, $U_\infty = 4$m/s, $L_{cav} \approx 0.30m$

(c) $\sigma = 1.70$, $U_\infty = 4$m/s, $L_{cav} \approx 0.25m$

(d) $\sigma = 1.77$, $U_\infty = 4$m/s, $L_{cav} \approx 0.21m$

图 4 瞬时空化区高速摄像照片。左：侧视图；中：俯视图；右：压力系数分布

4.2 含汽率测量结果

不同空化数条件下汽相体积比率分布见图5，空泡轮廓线为时均结果。当σ=1.54时，距离壁面 12mm 之外汽相比率接近 1，这与高速摄像结果图 4(a)的俯视图泡面光滑仅有少量条带状的水汽混合区现象相符；随着空化数的增加，空化区的含气率逐渐降低，空泡区中部最大含气率从 0.6 降至 0.2，与高速摄像结果的俯视图比较，也可以发现在较大空化数条件下，水汽掺混现象显著。从空化数为 1.60、1.70 和 1.77 的结果来看，#2 测点之后汽相比率逐渐降低。从空泡轮廓线分析，靠近轮廓线尾部即空泡溃灭区的含汽率数值比前部来流方向含汽率明显下降，这可能是因为较大的汽泡随着片空泡的溃灭和压力恢复，体积逐渐减小，含汽率也随之降低。总的来说空化数的升高使得含汽率降低明显。

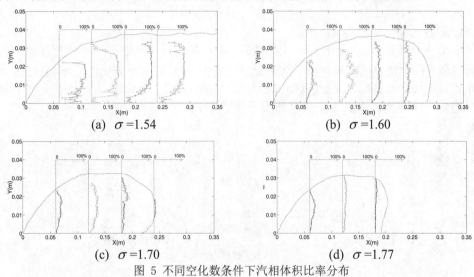

(a) σ=1.54   (b) σ=1.60

(c) σ=1.70   (d) σ=1.77

图 5 不同空化数条件下汽相体积比率分布

4.3 含汽率与亮度关系

含汽率的测量结果为时均结果，为了能够定量的对比亮度与含汽率关系，现对高速摄像拍摄结果取像素平均，然后获得时均拍摄结果，如图 6 所示。这样建立起测量位置含汽率与像素亮度关系，如图 7 所示。σ=1.60 条件下,亮度与含汽率整体相关系数 |r|=0.689955。σ=1.77 条件下，整体相关系数 |r|=0.842614。一般对于正相关有如下理解： 1、|r|>0.95 存在显著性相关；2、|r|≥0.8 高度相关；3、0.5≤|r|<0.8 中度相关。因此在一定程度上含汽率与亮度值呈现正相关关系。并且含汽率越低这种趋势越明显。

(a) σ=1.60   (b) σ=1.77

图 6 高速摄像时均结果

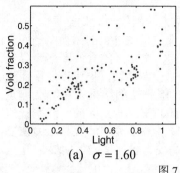
(a) $\sigma = 1.60$

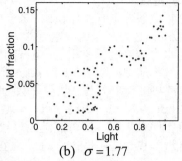
(b) $\sigma = 1.77$

图 7 含汽率与像素亮度

4.4 速度测量结果

图 8 给出来流速度 $U_\infty = 4\text{m/s}$、空化数 $\sigma = 1.60$ 条件下的汽泡运动速度测量结果。观测图中 #1 和 #2 两个位置的流向速度，可以看出空泡区内汽泡的最大运动速度为 3m/s，低于外部水流区速度（4m/s）；而靠近壁面速度与来流方向相反，约为 1m/s。对于垂直于壁面速度，空泡中下部较大，而到了空泡壁面附近接近零。

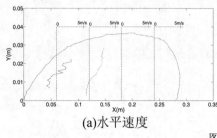
(a)水平速度

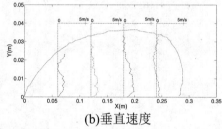
(b)垂直速度

图 8 泡内速度分布

5 结论

试验结果表明不同的自然空泡形态条件下空泡内部含汽率有着显著不同。在超空泡条件下，空泡呈现透明状，空泡中心区域几乎完全由汽体组成。对于片空泡，空泡内部主要由水汽混合组成，含汽率一般小于 60%。同时，试验结果还显示在空泡闭合区域空泡是不稳定的，特别是当回射流明显时，会导致附近区域压力升高及含汽率下降。

参 考 文 献

[1] Q. Le, J.P. Franc, J.M. Michel. Partial cavities: global behavior and mean pressure distribution, ASME J. Fluids Eng. 115 (1993) 243–248.

[2] M. Callenaere, J.P. Franc, J.M. Michel, et al. The cavitation instability induced by the development of a re-entrant jet, J. Fluid Mech. 444 (2001) 223–256.

[3] H. Kamono, H. Kato, H. Yamaguchi, et al. Simulation of cavity flow by ventilated cavitation on a foil section, ASME, New York, ASME-FED-153, 1993, pp. 183–189.

[4] S.L. Ceccio, C.E. Brennen, Observation of the dynamics and acoustics of travelling bubble cavitation, J. Fluid Mech. 233 (1991) 633–660.

[5] S.L. Ceccio, D.L. George. A review of electrical impedance techniques for the measurement of multiphase flows[J]. Journal of fluids engineering, 1996, 118(2): 391-399.

[6] T.M. Pham, F. Larrarte, D.H. Fruman. Investigation of unsteady sheet cavitation and cloud cavitation mechanisms[J]. Journal of fluids engineering, 1999, 121(2): 289-296.

[7] D.L. George, C.O. Lyer, S.L Ceccio 2000 Measurement of the bubbly flow beneath partial attached cavities using electrical impedance probes. J. Fluids Eng. 122:151-155

[8] C.O. Iyer, S.L. Ceccio. The influence of developed cavitation on the flow of a turbulent shear layer, Phys. Fluids 14 (October 2002) 10.

[9] M. Dular, R. Bachert, B. Stoffel, B. Sirok. Experimental evaluation of numerical simulation of cavitating flow around hydrofoil, Eur. J. Mech. B/Fluids 24 (2005) 522–538.

[10] M.R. Rampure, A.A. Kulkarni, V.V. Ranade. Hydrodynamics of Bubble Column Reactors at High Gas Velocity: Experiments and Computational Fluid Dynamics (CFD) Simulations [J]. Ind. Eng. Chem. Res., 2007, 46 (25): 8431–8447.

[11] S.G. Dias, F.A. França, E.S. Rosa. Statistical method to calculate local interfacial variables in two-phase bubbly flows using intrusive crossing probes[J]. International journal of multiphase flow, 2000, 26(11): 1797-1830.

[12] W. Liu, N.N. Clark. Relationships between distributions of chord lengths and distributions of bubble sizes including their statistical parameters[J]. International Journal of Multiphase Flow, 1995, 21(6): 1073-1089.

Experimental study of internal structure of attached sheet cavitation

WAN Chu-rui, WANG Ben-long, LIU Hua

(. Department of Engineering Mechanics, Shanghai Jiao Tong University, Shanghai, 200240
Email: jsvan@139.com)

Abstract: A new measurement method is developed for experimental study the interior structure of 2D sheet cavitation. The flow is investigated by the dual-tip conductivity probe allowing void fraction, velocity, and the probability density function of the diameter of vapor structure to be measured. Experiments were conducted in a water tunnel and situations ranging were obtained by varying the cavitation number and the Reynolds number. Supplemental information on the instantaneous shape of the sheet cavity was also obtained by visualization and pressure measurements, respectively. The investigations focused on the void fraction and the vapor size distribution. The experimental results show that the cavitation number has a significant effect on void fraction. Under the condition of supercavitation, the whole cavity appear transparent, cavity central region is almost entirely composed of vapor. For sheet cavity, the cavity is a mixture of water and vapor, the void fraction is less than 60%. At the same time, the results also showed that the cavitation closed area are unstable, especially the reversed flow is obvious, which will lead to the decrease of void fraction and diameter of vapor structure, also the increase of pressure.

Key words: Cavitation; two-phase flow; void fraction; impendence probe.

Experimental investigation on anti-seepage performance of geosynthetic clay liners with defects

LIU Xing-xing[1], SHENG Jin-chang[1*], ZHOU Qing[1], ZHENG Zhong-wei[2], ZHAN Mei-li[1], LUO Yu-long[1]

[1] College of Water Conservancy And Hydropower, Hohai University, Nanjing 210098, China
[2] Huzhou Wuxing drainage station, Huzhou 313000, China
* E-mail: sh901@sina.com

Abstract: Physical experiments are conducted in this study to evaluate the anti-seepage performance of geosynthetic clay liners (GCLs) based on permeability and critical gradient. Experiment apparatus and method matched with samples consisting of GCLs with circular defects and dam fillings are developed to investigate the impact of factors among which are the diameter of circular defects, defect area ratio and the GCL specification. Results obtained in terms of permeability and gradient reveal that (1) comprehensive permeability of the united anti-seepage system is more sensitive to the defect diameter than the defect area ratio; (2) the influence of defect area ratio on permeability increases with the defect diameter, especially after the diameter reaches 1.0 cm; (3) oversized defect and low specification will lead to decreased self-healing capacity of GCL defects.
Key words: Geosynthetic clay liner (GCL); Defects; Permeability; Critical gradient

1 Introduction

Geosynthetic clay liners(GCLs) have been recognized as new waterproof materials with advantages of good waterproof performance[1], light weight, small size, easy installation[2], good self-healing capacity[3], high shear and tensile strength[4]. They are now widely adopted in underground waterproof engineering including highway, railway, municipal, water conservancy, and civil architecture. For example, GCLs are installed between the bottom and slope of Artificial Lake in Shanghai Taipingqiao Greenland as the isolated layer to void contamination from harmful underground water [5]; GCLs are adopted as the waterproofing materials of baseplate bedding face and side walls in underground project of Beijing International Trade Center, phase 3, controlling the permeability within the range of 5×10-10m/s [6].

The hydraulic conductivity of GCLs is very slow in theory, generally ranging from 1×10^{-12}m/s to 1×10^{-10}m/s, but holes or even concentrated leakage channels may form where GCLs get punctured by stones in the installation due to dam deformation, wave actions or water-level fluctuations, threatening the security and stability of dams. No consensus on the influence of GCL defects in Chinese engineering has been reached so far and the requirements for repair technique differ greatly [7-8].

Considerable research effort has been made by foreign scholars to study the performance of GCLs with defects. Mendes et al.[9] measured interface flow rate between defective geomembrane (GM) and GCLs to verify the influence of structural and material properties of the GCL on the transmissivity along the GM–GCL interface and flow rates through composite liners. Rowe et al.[10] examined the migration of contaminants through a 10-mm-diameter hole (0.785 cm2) in a geomembrane in direct contact with a GCL and adjacent silty sand. Egloffstein et al.[11] studied moisture distribution around the punctured hole of the polyethylene membrane with GCLs. Saidi[12] reported that interaction between two adjacent square defects in the geomembrane does not result in an important reduction of the flow rate through composite liners. Li[13] studied the law of seepage flow in two kinds of anti-seepage structures (HDPE+GCL and HDPE+GL+GCL) in case of defects in HDPE geomembrane. On the whole, the emphasis of research abroad on GCLs with defects is to study the flow of GM-GCL composite liners with damaged GM, seldom considering the GCL defects, and domestic understanding remains in the stage of empirical construction.

The objective of this paper is to investigate the influence of defects in the GCL on the anti-seepage performance of the united system based on permeability and critical gradient, combined with the anti-seepage project of Tianjin Wangqingtuo Reservoir. In this paper, factors of the diameter of circular defects, defect area ratio and the GCL specification are studied, and permeability, self-healing capacity and critical gradient are investigated, to provide the basis for the defect repair and installation of GCLs in engineering.

2 Experiments

In the presence of water, the sodium bentonite in GCLs has strong expansion ability. The limited expansion along thickness forces the hydrated bentonite to fill the holes. The sodium bentonite overflowing from the holes will contact, unite and work with the dam fillings. The impacts of base soils on the healing capacity of GCLs can be summarized in two aspects: (1) flow control; (2) combination with the bentonite and holes filling. Therefore, the GCLs covered with base soils were considered.

2.1 Apparatus and procedure

The apparatus used in experiments consists of two different systems for pressure controlling and physical modelling respectively, as shown in Fig. 1.

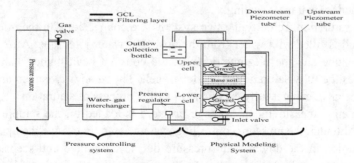

Fig. 1 Sketch of experimental apparatus

The pressure controlling system is composed of the pressure source, the water-gas interchanger and the pressure regulator. The nitrogen gas bottle with the maximum pressure of

10MPa is adopted as the pressure source, to supply gas to the water-gas interchanger through the tube. The gas pressure is transformed into water pressure by the water-gas interchanger. The pressure regulator is to control the pressure in the physical modelling system.

The physical modelling system includes the cylindrical cell, the upstream and downstream piezometric tubes, the outflow collection bottle, and the bottom and top plates. To drive out trapped air in the system to the most extent, the typical field system was inverted for all experiments to allow upward flow. In the cylindrical cell assembled from two separate cells as shown in Fig.2, the samples are prepared with layers of different materials, such as gravels, filtering materials, GCLs and base soils. The GCL is exactly fixed between the upper and lower cells. Either of the two cells has a hole on the side for the water inlet tube. The piezometric tubes connected with the water inlet tubes were fixed on the wall with the scale in between, and the difference between upstream and downstream heads can be obtained by reading the scale flush to water surface. Outflow rate was obtained by dividing the water volume in the collection bottle by the elapsed time.

Fig. 2 Picture of the cylindrical cell

To complete all experiments well, the experimental procedure consisting of three steps should be strictly followed:

(1) Sample preparation. Initially the lower cell is placed on the bottom plate, and the gravel and filtering layers filled and compacted in turns, with the upper surface truly level and flush with the cell opening. Then the sizeable GCL specimen with a circular defect is placed on top of the filtering layer and fixed by placing the upper cell. The layers of base soils and drainage gravels are then placed on the GCL specimen in sequence. Finally the top plate is placed and the screws are tightened to guarantee sealing.

(2) Sample saturation. Initially the two systems are connected with the inlet valve closed. Then the lower cell is filled with water from the upstream water inlet tube. After the connection of the water inlet tube and the piezometric tube, the constant head higher than the top of the lower cell indicates the fully saturation of the lower cell. The same way is then used in the upper cell saturation. The GCL can get fully expanded in a long process of saturation.

(3) Experimental measurement. Seepage pressure is loaded on the sample when the inlet valve is opened. Although the pressure controlling system can only change the upstream pressure, there is little variation in the downstream pressure due to the united anti-seepage effect of the GCL and the base soil, which makes the pressure controlling effective. When both of the upstream and downstream heads remains constant, write the head readings down and measure the outflow rate. Repeat the measurement process with an increase in the upstream pressure, until the

sample failure is observed.

2.2 Materials

Combined with the project of Wanqingtuo Reservoir, the comprehensive permeability and the critical gradient of the united anti-seepage system composed of damaged GCLs and dam fillings are measured, with different combinations of defect area ratio, defect diameter and specification of GCLs. The experiment codes and features of samples are presented in Table 1.

Two types of GCLs, GCL1and GCL2, were used in the samples. The mass per unit area of GCL1 and GCL2 respectively are $5000g/m^2$ and $5500g/m^2$.Circular holes of different diameter combinations, responding to the local defect area ratio of 0.5% or 0.3%, were made in the GCL specimens to simulate the effect of mechanical damage. The base soil overlying the GCL specimen came from the surface fillings of Wangqingtuo Reservoir, mainly containing silt with the permeability range of 1.80×10^{-7}-7.50×10^{-7} cm/s and the critical gradient of 3.5-6.0. In all experiments, the base soil with constant amount was compacted to 10 cm thick, covered with the gravel layer 5 cm thick. Moreover, the layers of flow-stabilized gravels and filtering materials in the lower cell were prepared with the same compacting process.

Table 1 Features of samples and the results

Sample	Material			Results	
	GCL	Defects /cm	Defect area ratio	$K/(m\cdot s^{-1})$	Critical gradient
A	GCL1	$\Phi1.0*1+\Phi0.83*1$	0.5%	0.93×10^{-7}-1.15×10^{-7}	7.64-9.72
B	GCL1	$\Phi1.0*1$	0.3%	2.60×10^{-8}-3.27×10^{-8}	8.62-13.94
C	GCL1	$\Phi0.5*4+\Phi0.12*1$	0.3%	2.44×10^{-9}-3.80×10^{-9}	13.65-15.95
D	GCL1	$\Phi0.5*6$	0.5%	6.53×10^{-9}-1.15×10^{-8}	10.8-12
E	GCL2	$\Phi1.0*1+\Phi0.83*1$	0.5%	1.81×10^{-8}-4.37×10^{-8}	8.9-10.10
F	GCL2	$\Phi1.0*1$	0.3%	6.92×10^{-9}-1.04×10^{-8}	15-19
G	GCL2	$\Phi0.5*6$	0.5%	2.53×10^{-9}-4.32×10^{-9}	19.3-20.7
Silt				1.80×10^{-7}-7.50×10^{-7}	3.5-6.0

2.3 Basic principles

Water movement in the system is in laminar flow state and obeys the linear Darcy law, expressed as:

$$v = KJ=K\frac{\Delta H}{L_1 + L_2} \tag{1}$$

where v is the comprehensive flow rate, K is the comprehensive permeability, J is the hydraulic gradient, ΔH is the difference between upstream and downstream heads, L_1 is the thickness of the GCL, and L_2 is the thickness of the base soil.

$$v = \frac{q}{S} = \frac{4q}{\pi D^2} \tag{2}$$

Where q is the outflow rate, S is the cross sectional area inside the cylinder, D is the inner diameter of the cylinder cell.

Combining Eq.(1) - (2), the comprehensive permeability can be calculated by

$$K = \frac{v}{J} = \frac{4q(L_1 + L_2)}{\pi D^2 \Delta H}$$ (3)

As aforementioned analysis, the defects will be filled with the expanded bentonite and the base soils during the process of sample saturation, but the performance of the healed defects is far below the good GCL. When the seepage pressure imposed on samples is large enough, the defect fillings move along the stream. If the measured data are marked in the coordinate system of the comprehensive permeability versus gradient, it is obviously found that the comprehensive permeability has a dramatic increase when the gradient reaches some value, which called the critical gradient.

3   Results and discussion

In order to eliminate wrong results due to occasional errors, two repetitive experiments are conducted in each group. The comprehensive permeability range of the united system in normal working state and the critical gradient for seepage failure occurrence for each group are summarized in the Table 1, for convenient use in the subsequent discussions.

3.1 Diameter of circular defect and defect area ratio

Table 1 shows that the Sample A and B have approximately the same features of compositions except for the defect area ratio of the GCL, and the same is true for Sample C and D. The shared defect area ratio of Sample A and D is 0.5% and that of Sample B and C is 0.3%. How the diameter of circular defect and defect area ratio and influence the anti-seepage performance is discussed by cross-comparing experiment results of Sample A - D.

Fig. 3 presents the relationships between the comprehensive permeability and the gradient of Sample A - D. Before the critical gradient is reached or the seepage failure occurs, the samples permeability of the samples varies very little, indicating the seepage flow is nearly steady.

By comparing the relationships between critical gradient, diameter of defect and defect area ratio, it is conspicuous that the critical gradient is reduced with the increase of defect diameter or defect area ratio, showing that the increasing diameter and area of punctured holes may accelerate the loss of stability. The permeability ratio of Sample A and B is about 3.5 and that of Sample C and D is 2.7-3.0, indicating impacts of the defect area ratio changing from 0.3% to 0.5% on the comprehensive permeability is limited. The permeability ratio of Sample A and D is 10-14 and that of Sample B and C is 8.6-10.7, indicating that the maximum diameter of defects changing from 0.5 to 1.0 cm can increase the sample permeability by one order of magnitude. Moreover, the influence of defect area ratio on permeability increases with the defect diameter.

The healing conditions of GCL defects are shown in Fig. 4 (photos of defects taken after the experiments). When the diameter reaches 1.0 cm (see Fig. 4a), some residual bentonite washed out by water flow stay around the holes and the center of holes with a thinner layer demonstrates the bad healing condition, leading to the comprehensive permeability being slightly less than the permeability of silt. However, if the diameter is only 0.5 cm (see Fig.4b), the self-healing capacity of GCLs is reflected completely with the center of holes full of the bentonite, providing good protections for the silt.

The defect area ratio is actually determined by both the number and the diameter combination of defects, meaning GCLs with a certain defect ratio can have many small-sized or fewer larger-sized defects. The bentonite in GCLs can heal the small-sized defects well and reduce their influences considerably, while the oversized defects are more difficulty to be healed. When the diameter reaches 1.0 cm for the samples in this paper, the healing condition of defects turns to be poor and the comprehensive permeability is more sensitive to the defect diameter than the defect area ratio.

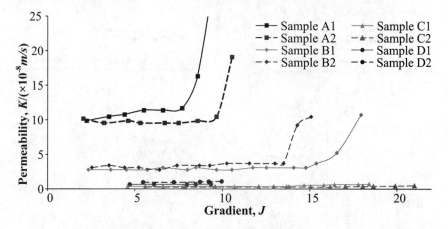

Fig. 3   ermeability versus gradient for Sample A, B, C and D

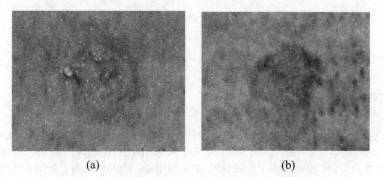

(a)   (b)

Fig.4   ealing condition of defects with the diameter of (a) 1cm and (b) 0.5cm

3.2 GCL specification

According to the material features of all samples, three groups of check experiments with same defect combinations and different GCLs are to investigate the influence of the GCL specification. The check groups respectively are Sample A and E, Sample B and F, and Sample D and G.

The relationships between the comprehensive permeability and gradient for three groups are illustrated in Fig.5. By comparing the permeability of samples in each group, the specification change from GCL1 to GCL2 leads to the permeability decrease by one third. When the defect diameter or the defect area ratio turns smaller, the incremental value of critical gradient becomes larger. The combination of diameter of 0.5 cm and defect area ratio of 0.5% leads to the critical gradient increase by about 10. Low specification of GCLs means less bentonite per unit area to heal the defects or decreased self-healing capacity. Therefore, GCL2 has the stronger healing capability than GCL1, producing better anti-seepage performance

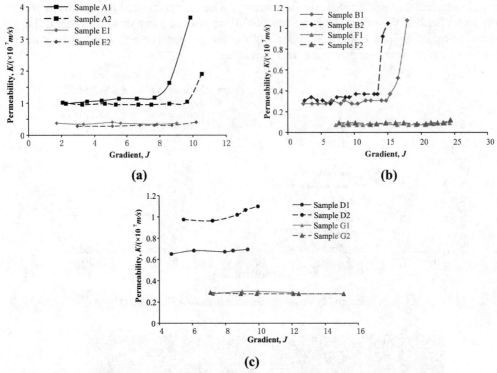

Fig.5 Permeability versus gradient for Sample (a) A and E; (b) B and F; (c) D and G

4　Conclusions

Laboratory experiments were conducted to investigate the impacts of different defect combinations and specifications on the anti-seepage performance of GCLs based on permeability and critical gradient. The main conclusions obtained are summarized in the following list.

(1) Oversized defects greatly weaken the self-healing capability of GCLs, thus reducing the performance of the united anti-seepage system. The increasing diameter of punctured holes can accelerate the loss of stability and enhance the comprehensive permeability.

(2) The comprehensive permeability of the system is more sensitive to the defect diameter than the defect area ratio, although the variations of both have impacts on the anti-seepage performance.

(3) Low specification will lead to decreased self-healing capacity of GCL defects and in consequence the anti-seepage performance will be weakened in case of the same defects.

(4) With regard to the actual projects, the maximum diameter and defect area ratio should be maintained within 0.5 cm and 0.5%, respectively, by repairing or replacing those seriously damaged GCLs.

Acknowledgement

This research was sponsored by the National Natural Science Foundation of China (Grant No. 51474204.)

REFERENCES

[1] Adu-Wusu C, Yanful E K. Performance of engineered test covers on acid-generating waste rock at Whistle mine, Ontario[J]. CAN GEOTECH J, 2006, 43(1): 1-18.

[2] Wang Tao. Review on engineering problems and application prospect of GCLs[J]. CONSTRUCT TECHNO, 2010,39(s1):401-405.

[3] Sari K, Chai J. Self-healing capacity of geosynthetic clay liners and influencing factors[J]. GEOTEXT GEOMEMBRANES, 2013, 41: 64-71.

[4] Bergado D T, Ramana G V, Sia H I. Evaluation of interface shear strength of composite liner system and stability analysis for a landfill lining system in Thailand[J]. GEOTEXT GEOMEMBRANES, 2006, 24(6): 371-393.

[5] An Ling, Li Ming-zhang, Xu Wei-zhong. New technology application in artificial lake construction in Shanghai Taipingqiao Greenland[J]. J SHANGHAI JIAOTONG U(Agric Sci Ed), 2003, 21(2): 156-159.

[6] Zhou Jing-tian. Application of Geosynthetic Clay Liner in underground project of Beijing International Trade Center, phase 3[J]. CHINA BUILD WATERPROF, 2007，(3): 35-39.

[7] Qu Chun-long, Zhou Hui-xin. Research and application of bentonite waterproof carpet construction technique[J]. AGRIC TECHNO, 2011, 42(7) : 590-593.

[8] Zhang Hao. Construction Techniques of Swelling Soil Waterproof Layer be used in Beijing Subway Works[J]. MUNIC ENG TECHNO, 2007, 25(6): 498-500.

[9] Mendes M J A, Touze-Foltz N, Palmeira E M, et al. Influence of structural and material properties of GCLs on interface flow in composite liners due to geomembrane defects[J]. GEOSYNTH INT, 2010, 17(1): 34-47.

[10] Rowe R K, Abdelatty K. Leakage and contaminant transport through a single hole in the geomembrane component of a composite liner[J]. J GEOTECH GEOENVIRON, 2012, 139(3): 357-366.

[11] EGLOFFSTEIN T A, KALSOW J, VON MAUBEUGE K P, et al. Multi-component geosynthetic clay liners: A product with new possibilities [C]// West Conshohocken, USA, 2013: 1-14.

[12] Saidi F, Touze-Foltz N, Goblet P. Numerical modelling of advective flow through composite liners in case of two interacting adjacent square defects in the geomembrane[J]. GEOTEXT GEOMEMBRANES, 2008, 26(2): 196-204.

[13] Li Xia. The anti-seepage experiment study on a evaporation pond in Inner Mongolia Keshenketeng Qi. Ph. D. Thesis, Beijing, China University of Geoscience, 2013.

基于移动网格和重叠网格技术的船舶纯横荡运动数值模拟

刘小健 [1,2]，王建华 [1]，万德成 [1*]

([1] 上海交通大学 船舶海洋与建筑工程学院 海洋工程国家重点实验室，
高新船舶与深海开发装备协同创新中心，上海 200240)
([2] 中国船舶与海洋工程设计研究院，喷水推进技术重点实验室（筹），上海 200011)
*通信作者 Email: dcwan@sjtu.edu.cn

摘要： 为了在设计初始阶段数值预报船舶的操纵性，对于纯横荡试验等 PMM 试验的模拟研究一直是 ITTC 的研究热点。本文利用基于 OpenFOAM 开源代码软件自主开发 naoe-FOAM-SJTU 求解器和 naoe-FOAM-os-SJTU 求解器，分别采用移动网格和重叠网格（overset）技术，利用 VOF 方法求解自由面波高，并求解 RANS 方程获得船体力等数据，带入升沉和纵倾方程，得到船体的运动数据。通过数值模拟某船在同一振幅和同一频率下的纯横荡试验，将采用不同网格技术获得的船体力的结果进行比较，发现两者的模拟结果基本接近，说明对于裸船体的纯横荡数值模拟，这两种网格技术并没有较大的差异，重点应该关注湍流等的模拟。

关键词： 移动网格；重叠网格；纯横荡；naoe-FOAM-SJTU 求解器；naoe-FOAM-os-SJTU 求解器

1 引言

从多年ITTC的研究进展来看，数值模拟PMM试验还在不断地发展当中，这其中除了应用RANS方法，也有DES和DDES的模拟。数值计算所用的动网格技术，如变形网格和滑移网格等是通过网格的变形来实现物体的移动，而重叠网格技术是通过几套网格间插值来实现相互间数值的传递。

Sakamoto 等[1]使用 URANS 方法模拟了水面双体船静态和动态运动时船体所受到的力和力矩。Turneck 等用 CFX 软件研究了 KVLCC2 船进行直航、斜航和纯横荡时船体受到的力和力矩。Simonsen 和 Stern[2-3]利用重叠网格方法，对 Esso Osaka 油轮进行裸船以及带舵状态下的 PMM 计算模拟。Sakamoto 等[4]对带附体的 DTMB5415 模型在 *Fn* = 0.28 航速下的各类 PMM 试验进行了系统性的计算。Carrica 等[5-6]利用重叠网格方法，进行了全附体 DTMB5415 在静水中以及波浪中的 z 形操舵和回转试验的计算模拟。沈志荣利用重叠网格技术进行了 KCS 船的自航推进、自航操纵和耐波性数值模拟[8]。

采用基于 OpenFOAM 开源代码软件自主开发 naoeFOAM-SJTU 求解器和 naoeFOAM-os-SJTU 求解器分别利用动网格技术、重叠网格技术模拟某船在频率 0.1Hz、振幅为 0.4m 时的纯横荡运动，用 VOF 方法求解自由面波高，求解 RANS 方程获得船体力等数据。

在这篇文章中，首先简要介绍控制方程、求解器和算法、六自由度运动方程、动网格技术和重叠网格技术等，其次介绍各网格技术所采用的求解域、网格设置、船体几何和参数，进一步给出数值模拟结果的比较。最后对全文进行总结。

2 数学模型

2.1 控制方程

不可压缩 RANS 方程如下：

$$\nabla . \, U = 0 \tag{1}$$

$$\frac{\partial \rho U}{\partial t} + \nabla . \left(\rho \left(U - U_g \right) U \right) = -\nabla p_d - g . x \nabla \rho + \nabla . \left(\mu_{eff} \nabla U \right) + \left(\nabla U \right) . \nabla \mu_{eff} + f_\sigma + f_s \tag{2}$$

式中：U 表示速度场；U_g 表示网格节点的速度；$p_d = p - \rho g \cdot x$ 表示动压力场。ρ 表示空气和水两项流体的混合密度；g 表示重力加速度；$\mu eff = \rho(\nu + \nu t)$ 表示有效动力黏性系数，其中 ν 表示运动黏性系数，νt 表示涡黏系数；后者是由 k-ω 湍流模型得到的[2]。$f\sigma$ 是两相流模型中的表面张力项；fs 是用于消波区的源项。

本文采用边界可压缩的 VOF 方法。这种处理方式的好处是能有效的控制数值扩散，以较高的精度捕捉自由面。VOF 输运方程定义为：

$$\frac{\partial \alpha}{\partial t} + \nabla . \left[\left(U - U_g \right) \alpha \right] + \nabla . \left[U_r \left(1 - \alpha \right) \alpha \right] = 0 \tag{3}$$

其中，α 是体积分数，是网格单元中流体所占的体积比，其值介于 0 和 1 之间：

$$\begin{cases} \alpha = 0 & \text{空气} \\ \alpha = 1 & \text{水} \\ 0 < \alpha < 1 & \text{界面} \end{cases} \tag{4}$$

2.2 离散方法

RANS 方程(式 1 和式 2)和 VOF 输运方程(式 3)都采用有限体积法来进行离散,计算域离散成一系列小单元,计算流场信息存储在网格单元中心,再根据单元中心的值插值即可得单元面的值。最后根据 Gauss 理论,把单元表面的值相加就可以得到单元体的体积积分。对不同的项采用不同的插值方法,方程(2)中的对流项采用二阶 TVD 有限线性法[13],扩散项采用二阶中心差分法,VOF 方程采用 Van Leer 离散方法[14],时间项采用二阶向后插值方法。

2.3 六自由度方程

如图 1 所示,在研究船舶的六自由度运动时,常采用两个坐标系统,一个是大地坐标系,一个是船体坐标系。

船舶在大地坐标系中的线位移和角位移 $\eta = (\eta_1, \eta_2) = (x_1, x_2, x_3, \phi, \theta, \psi)$,分别代表纵荡、横荡、垂荡、横摇、纵摇、艏摇。船体坐标系的线速度和角速度可以用 $v = (v_1, v_2) = (u, v, w, p, q, r)$ 表示。引入欧拉角,在两种坐标系下的速度可以变换矩阵进行相互转化。

本文进行船舶的横荡运动模拟,其运动轨迹 x_2 为正弦曲线,如下式所示:

$$\begin{cases} x_2 = -a\sin\omega t \\ v = \dot{x}_2 = -a\omega\cos\omega t \\ \dot{v} = \ddot{x}_2 = a\omega^2\sin\omega t \end{cases} \tag{5}$$

式中,a 为横荡振幅, $\omega = 2\pi f$,f 为振荡频率。

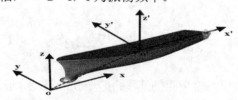

图 1 坐标系统

本文横摇固定,该运动模式下, $\phi = \psi = 0$,p=r=0, $\dot{p} = \dot{r} = 0$,刚体运动方程可写成:

$$\begin{cases} \dot{u} = X/m - wq + x_g(q^2) - z_g(\dot{q}) \\ \dot{v} = Y/m \\ \dot{w} = Z/m + uq + z_g(q^2) - x_g(-\dot{q}) \\ \dot{p} = 0 \\ \dot{q} = 1/I_y\{M - m[z_g(\dot{u} + wq) - x_g(\dot{w} - uq)]\} \\ \dot{r} = 0 \end{cases} \tag{6}$$

在大地坐标中,计算船体上受到的力 Fe 和力矩 Me,可以得到船体坐标系下船体受到的力 F 和力矩 M,将其代入刚体运动方程并积分,得到船体线速度和角速度 $v = (v_1, v_2) = (u, v, w, 0, q, 0)$,再次利用公式并积分,可以得到大地坐标下船体的位置和姿态 $\eta = (\eta_1, \eta_2) = (x_1, x_2, x_3, 0, \theta, 0)$。

2.4 移动网格技术

当船体运动时，网格的拓扑结构并不改变，但单元的形状会随着节点的拉伸或压缩而改变。网格点的位置可以通过求解带有固定或变化扩散率的 Laplace 方程来确定：

$$\nabla \cdot (\gamma \nabla U_g) = 0 \tag{7}$$

其中 γ 是扩散场量，等于单元中心和运动边界之间距离平方的倒数，由下式确定：

$$\gamma = \frac{1}{r^2} \tag{8}$$

也可以直接求解网格位移的 Laplace 方程：

$$\nabla \cdot (\gamma \nabla X_g) = 0 \tag{9}$$

其中 X_g 是网格节点位移。

2.5 重叠网格技术

重叠网格方法是将模型中的每个部分单独划分网格，然后再嵌套到背景网格中去。网格可以是结构化网格或者非结构化网格，同时各套网格之间存在网格重叠的部分。计算过程中首先标记哪些是洞点和插值点，然后执行挖洞命令，去除物面内部的单元和多余的重叠单元，通过在重叠网格区域相互的插值，使得每套网格可以在重叠区域的边界进行数据的交换，从而完成整个流场的求解。

本文计算采用的求解器 naoeFOAM-os-SJTU[1]是在开源 CFD 软件 OpenFOAM 平台基础上加入重叠网格技术和多级物体运动求解模块。在基于 OpenFOAM 的数值方法、数据存储方式以及非结构网格的特点上，利用插值程序 SUGGAR++生成重叠网格的插值信息。多级物体运动模块中，船体作为父级物体在自由面上进行六自由度运动的同时，螺旋桨和舵（假如存在的话）作为子物体还能相对于船体进行转动。通过该模块实现船、桨、舵相互配合问题的 CFD 计算。

3 计算模型与网格

3.1 船体几何

计算所用模型没有附体，其主要尺度如表 1 所示：

表 1 船模主参数

参数	单位	数值
船长 L_{pp}	m	4.327
型宽 B	m	0.615
吃水 T	m	0.164
船速 V	m/s	1.569
纵向惯性半径 Kyy	m	0.25 L_{pp}
傅氏数 Fn	-	0.24

图 2 船体几何

3.2 计算域和网格

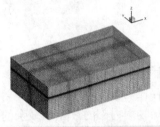

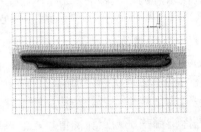

a 计算域（移动网格）　　　　　　b 局部网格（移动网格）

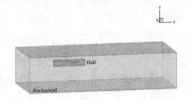

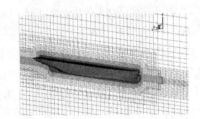

c 计算域（重叠网格）　　　　　　d 局部网格（重叠网格）

图 3 网格划分示意图

计算域如图 3 所示，以船头为原点，三个方向分别为：$-1.0L_{pp} < x < 4.0L_{pp}$，$-1.5L_{pp} < y < 1.5L_{pp}$，$-1.0L_{pp} < z < 1.0L_{pp}$。移动网格技术中所用的网格是由 OpenFOAM 的自带网格划分工具 snappyHexMesh 产生，船体网格总数大概 1.83M。重叠网格技术中所用的背景网格、过渡网格和船体网格是由 Pointwise 生成，船体网格总数与移动网格技术所用的网格数一样。

4　计算结果与分析

4.1 力和力矩

从图 4 中可以看出，采用两种网格技术得到的力和力矩基本一致，从该算例中很难区别两种网格技术的优劣，重叠网格技术没有体现其优越性。

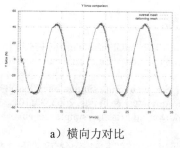

a）横向力对比　　　　　　　　　　　　b)首摇力矩对比

图4　力和力矩对比

4.2 波形图

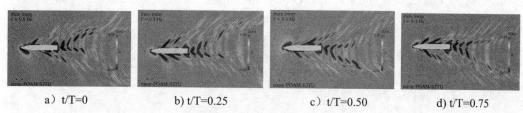

a）t/T=0　　　　b) t/T=0.25　　　　c）t/T=0.50　　　　d) t/T=0.75

图 5　完整振荡周期内的波形图

图5给出横荡完整周期内的波形图，图a）和图c）反对称，船处于平衡位置，横荡最速最高，船沿横荡方向船首内侧激起的波浪较高，且水的受迫运动面积较大；图b）和图d）反对称，船处于最大横向位置，横荡速度减为零或船刚启动，具有最大加速度，水的受迫运动面积较小。

5　结论

本文采用 naoeFOAM-SJTU 求解器、naoeFOAM-os-SJTU 求解器分别利用动网格技术、重叠网格技术模拟某船在频率 0.1Hz、振幅为 0.4m 时的纯横荡运动，用 VOF 方法求解自由面波高，求解 RANS 方程获得船体力等数据。将采用不同网格技术获得的船体力的结果进行比较，发现两者的模拟结果基本接近，说明对于裸船体的纯横荡计算，这两种网格技术并没有较大的差异，重叠网格的优势在于多级物体的转动。下一步的研究应该偏重于船舶带附体的运动模拟以及湍流方面的模拟，如 LES 和 DES 等。

致谢

本文工作得到国家自然科学基金项目（Grant Nos 51379125，51490675，11432009，51411130131），长江学者奖励计划(Grant No. 2014099)，上海高校特聘教授（东方学者）岗位跟踪计划(Grant No. 2013022)，国家重点基础研究发展计划（973 计划）项目（Grant No. 2013CB036103)，工信部高技术船舶科研项目的资助。在此一并表示衷心感谢。

参 考 文 献

1 Sakamoto, N., Carrica, P.M., Stern, F. URANS simulations of static and dynamic maneuvering for surface combatant: part 1. Verification and validation for forces, moment, and hydrodynamic derivatives[J]. Journal of Marine Science and Technology. 2012, 17(4): 422–445.

2 Simonsen, C.D., Stern, F. Verification and validation of RANS maneuvering simulation of Esso Osaka: effects of drift and rudder angle on forces and moments[J]. Computers & Fluids. 2003, 32(10): 1325–1356.

3 Simonsen, C.D., Stern, F. Flow pattern around an appended tanker hull form in simple maneuvering conditions[J]. Computers & Fluids. 2005, 34(2): 169–198.

4 Carrica, P.M., Castro, A.M., Stern, F. Self-propulsion computations using a speed controller and a discretized propeller with dynamic overset grids[J]. Journal of Marine Science and Technology. 2010, 15(4): 316–330.

5 Carrica, P.M., Fu, H., Stern, F. Computations of self-propulsion free to sink and trim and of motions in head waves of the KRISO Container Ship (KCS) model[J]. Applied Ocean Research. 2011, 33(4): 309–320.

6 Sakamoto, N., Carrica, P.M., Stern, F. URANS simulations of static and dynamic maneuvering for surface combatant: part 2. Analysis and validation for local flow characteristics[J]. Journal of Marine Science and Technology. 2012, 17(4): 446–468.

7 Castro, A.M., Carrica, P.M., Stern, F. Full scale self-propulsion computations using discretized propeller for the KRISO container ship KCS[J]. Computers & Fluids. 2011, 51(1): 35–47.

8 沈志荣，船桨舵相互作用的重叠网格技术数值方法研究[D]，上海交通大学博士论文，导师：万德成，2014.

Simulation of pure sway tests based on moving mesh and overset mesh technique

LIU Xiao-jian[1,2]　WANG Jian-hua[1]　WAN De-cheng[1*]

（[1]State Key Laboratory of Ocean Engineering, School of Naval Architecture, Ocean and Civil Engineering, Shanghai Jiao Tong University, Collaborative Innovation Center for Advanced Ship and Deep-Sea Exploration, Shanghai 200240, China)

（[2] Laboratory of Science and Technology on Water Jet Propulsion, Marine Design and Research Institute of China,168 Zhong Shan Nan Yi Road, Shanghai, 200011,China）

*Corresponding author, Email: dcwan@sjtu.edu.cn

Abstract: At present, a special attention is paid on simulation of Planar Motion Mechanism (PMM) tests like pure sway tests. In this article, the sway tests were calculated by moving mesh and overset mesh technique based on naoeFOAM-SJTU solver, where the forces and moments are obtained by the RANS equations, and sinkage and trim are solved by the prescribed motion equation and free motion equations. The calculated results were compared between different mesh techniques.

Key words: moving mesh; overset; pure sway tests; numerical simulation

刚性粗糙单元对坡面水流阻力变化影响的试验研究

董晓，叶晨，刘岩，王协康[*]

（四川大学水力学与山区河流开发保护国家重点实验室，成都，610065，Email: wangxiekang@scu.edu.cn）

摘要：通过系列坡面流试验分析了不同粗糙单元条件下的坡面水流特性，即雷诺数及达西阻力系数随不同粗糙单元、流量和坡度的变化。试验包括 5°和 10°等两种坡度，单宽流量为 0.04~7.10 L/(m/s)。试验结果表明，坡面流阻力受砾石、圆管分布影响显著，随着坡度的增加，分布密度对阻力系数影响减弱，阻力系数与雷诺数基本上呈负幂函数，砾石坡面的阻流效应强于圆管坡面。随着砾石分布加密，由于增加了床面摩擦，阻力系数逐渐变大，而与砾石大多处于淹没状态不同，圆管处于非淹没状态，圆柱绕流更为显著，圆管数量及行距对坡面流的阻力影响突出，随着圆管行距的减小，产生复合效应使平均阻力系数降低，影响着水流阻力的变化。本试验得出达西 f~Re 关系为 $f = A \times \text{Re}^{-\beta}$，$\beta$ 的范围为 0.27~0.92，而理论推导的 β' 近似为 2.0，刚性糙度单元实测计算 β 比理论 β' 要小，两者存在较大差异。

关键词：坡面流；刚性糙度单元；达西水流阻力；雷诺数

1 引言

坡面流初期研究常以野外观测和经验分析为主，近年来逐渐偏重于水动力学机理的研究[1]。坡面流阻力特性影响因素众多，既受流速、水深等因素影响，又取决于坡面坡度、下垫面糙率等[2]。研究者基于不同的影响因素，探讨了不同条件下的坡面流阻力参数变化，如张光辉等[3]通过坡面水槽实验研究了定床条件下坡面流水动力特性，指出坡面水流阻力系数主要受流量的控制。Wang Guang-yue等[4]研究了土工格式下垫面坡面流参数变化，得出达西阻力系数与水深、雷诺数呈正相关，与弗劳德数呈负相关。Roles[5]认为雷诺数与达西阻力系数呈负相关。Munoz-Carpena等[6]认为植被能够减缓坡面流流速、增大水流阻力，从而降低坡面流对土壤的侵蚀作用。Dunkerley[7]通过室内试验研究表明，杂乱植被对坡面流阻力的增长较表面突出石块更加显著。Mügler[8] Prosser[9]探讨了不同因素对坡面水流阻力

基金项目：四川大学水力学与山区河流开发保护国家重点实验室开放基金(SKHL1418).

的影响,王协康等[10]通过研究柔性植被的阻水效应,得出在植被之间不同区域水流阻力产生的机理存在显著差异。潘成忠等[11]认为草地坡面阻力系数随草地盖度的增加而增大,水流阻力达西系数与坡度呈反相关。闫旭峰等[12]通过研究植被条件下的坡面流,认为达西阻力系数与雷诺数并不存在单调递增或递减的关系,而与坡面粗糙单元组成存在较强的依赖关系。叶龙等[13]引入植被分布特征角及坡面水流参数,建立了植被坡面水流阻力达西系数计算方法。长期以来,相关的坡面水流试验研究,多为砂质坡面或草类覆盖坡面,较少考虑反映砾石及木本分布特征的几何参数。而当前研究木本植被对于水流水力阻力特性的影响多是河道植被,较少涉及坡面流,如Wilson[14]列举了若干植物的刚度数据,研究河道水流与阻力系数的关系。本试验以5°和10°为典型坡度,研究以砾石和用圆管模拟乔灌木等木本植被在不同分布条件下的坡面流特性,突出探讨不同分布对坡面流阻力特性的影响。

2 试验装置及坡面流参数的测定

本试验在四川大学水力学与山区河流开发保护国家重点实验室进行。主要试验装置包括蓄水池、恒定水头给水箱、矩形水槽和量水堰(图1)。蓄水池为供水设施,有机玻璃矩形水槽厚1.0cm,长6.0m,宽0.5m,高0.3m,调节水槽自由端高度改变水槽坡度,调节进水管道阀门控制流量,水流通过薄壁型溢流堰进入试验段,以形成坡面水流。通过改变水槽底部粗糙单元分析其坡面流阻力特性,即包括不同密度及不同分布的砾石坡面(粘贴砾石粒径为10~20mm)和模拟乔木的圆管坡面(采用管径25mm的PVC管,高度10cm,垂直水槽平面)。试验测量数据中流量通过在水槽尾部设置的集水装置,采用体积法多次测量取平均值获得,水深用钢尺测得,平均流速($v = q / l$)基于单宽流量q和水深h获得。

坡面水槽坡度为5°和10°;植被沿横断面均匀布置,根据植被分布将试验分5个方案,方案1为水槽底面光面;方案2为粘贴砾石坡面,粘贴卵石行距为10cm,颗间距为5cm(粒径为10~20mm,每排为9颗);方案3在方案2基础上加密(行距为10cm,颗间距为2.5cm,每排为9颗);方案4为圆管坡面,其中圆管以管径25mm,高10cm,行距为60cm,管间距为10cm每排4根,共16根圆管为单排行带式排列;方案5为圆管行距缩短为30cm,管间距为10cm每排4根,数量加倍为32根圆管。不断调整以上方案水流流量进行多组试验,表1为试验参数汇总。

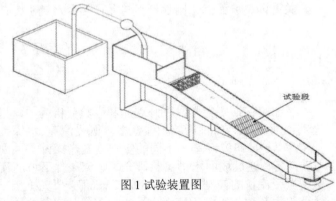

图1 试验装置图

表1　坡面流试验参数汇总

坡度	方案	粗糙单元	单元分布/cm	$q(l/s.m)$	Re	Fr	f
5°	1	光面	——	0.60-7.10	572-6639	1.46-3.23	0.01-0.03
	2	粘贴砾石	10×5*	0.39-5.40	363-4983	1.20-2.41	0.12-0.48
	3	砾石加密	10×2.5	0.40-4083	365-4456	1.13-1.67	0.25-0.55
	4	16圆管	60×10	0.50-6.41	369-4750	0.98-3.28	0.06-0.72
	5	32圆管	30×10	0.47-6.52	346-4800	2.78-4.97	0.03-0.09
10°	1	光面	——	0.61-7.10	602-6984	1.78-3.76	0.10-0.44
	2	粘贴砾石	10×5*	0.39-5.00	325-4158	1.59-2.28	0.27-0.55
	3	砾石加密	10×2.5	0.40-4.61	363-4140	1.44-2.10	0.32-0.67
	4	16圆管	60×10	0.45-6.13	383-4544	1.29-4.24	0.08-0.84
	5	32圆管	30×10	0.39-6.86	289-5046	1.96-5.95	0.04-0.36

注：10×5*表示行距为10cm，颗间距为5cm；16圆管双排行带式*表示16根管分为两排，排间距为1m，每排有两行，行距为8cm。

3　试验结果分析

本试验采用 Darcy-Weisbath 阻力系数 f 来表征坡面水流阻力，其计算公式为：

$$f = 8gRJ/v^2 \tag{1}$$

式中，g 为重力加速度，m/s²；R 为水力半径，m；J 为能坡；v 为平均流速，m/s。

3.1 不同坡面 $f\sim q$、$f\sim Re$ 关系分析

坡面水流受砾石分布影响时，砾石加密，相邻砾石之间的水流汇合时出现折冲现象，当流速增大到一定程度时会产生水气混掺现象。砾石与圆管坡面阻力系数 f 与单宽流量、雷诺数 Re 的关系如图2、3所示。从图2可知，不同砾石坡面与圆管坡面类似，在相同坡度下，随着 q 的增加，坡面流阻力系数 f 呈负幂指数衰减，在 $q<2.5$ L/(m/s)左右时，随着 q 的增加，阻力系数 f 快速减小，$q>2.5$ l/m.s 左右，阻力系数 f 趋于稳定。

在砾石坡面中，在相同坡度和流量下，$f_{光面}<f_{砾石}<f_{砾石加密}$。当坡度由 5°增加到 10°，在相同 q 下，$f_{砾石加密}$最大，但 $f_{砾石}$ 与 $f_{砾石加密}$相差较小，从表1可得 $f_{砾石}$的范围为 0.27~0.55，$f_{砾石加密}$为 0.32~0.67，表明坡度的增加，砾石密度对于坡面流阻力系数的影响不大。

在圆管坡面，在相同流量及坡度下，$f_{32}<f_{16}$，说明随着间距的减小，不同于砾石坡面的阻力增加，圆管坡面的阻力反而减小，说明砾石与圆管这两种不同的形状及淹没状态的坡面的消能机理有着很大不同。

对比砾石坡面及圆管坡面，我们发现，不同分布的圆管坡面与不同密度砾石坡面的 $f\sim q$ 均具有较好的函数关系，但在相同条件下，砾石坡面的阻力系数较大，虽然砾石坡面的砾石密度要大于圆管密度，但由于研究对象是坡面来流，圆管近似模拟树木的阻流效果，在相同面积下，其布置密度不宜过大，从这方面比较，砾石阻流效果较圆管坡面好。

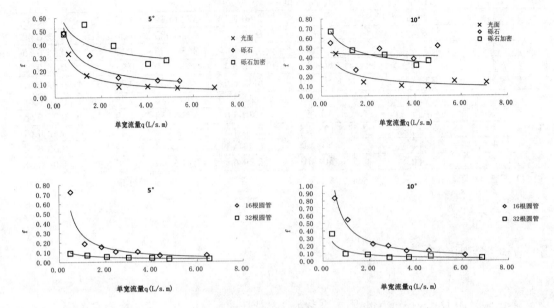

图2 砾石与圆管坡面阻力系数f与单宽流量的关系

由表1可知,试验中Fr的范围为1.13~2.41,试验坡面流由缓流到急流。雷诺数Re的范围为325~4983。从图3可知,对于砾石坡面,在相同试验条件下,阻力系数f随着Re的增加而减小,阻力系数与雷诺数总体上呈幂函数负相关,当$Re<2000$时,阻力系数f递减显著;$Re>2000$左右,阻力系数f趋于稳定,且f光面$<f$砾石$<f$砾石加密。

在圆管坡面中,$f\sim Re$和$f\sim q$类似,砾石坡面f光面$<f$砾石$<f$砾石加密,圆管坡面依旧存在$f_{32}<f_{16}$,32根圆管不仅相邻圆管之间的水流汇合时出现折冲现象,而且产生涡旋及尾流,使得水流的流态向湍流演变,从而增加了水流阻力。同时,由于32排相对于16排来说,排间距较小,产生圆管复合效应降低了水流阻力。在水深很浅及有坡度变化的坡面来流的圆管复合效应与水深较大的河道港口的圆柱绕流的试验研究具有一致性,如王智辉[15]等人就通过水槽模拟港口及河道的试验得出,由于桩的遮流作用,水位壅高,流速减小,两桩之间的平均阻力系数降低。

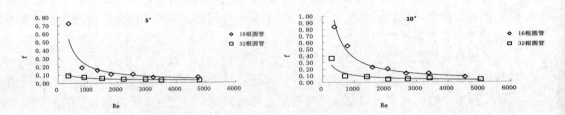

图3 砾石、圆管坡面阻力系数f与雷诺数Re的关系

3.2 砾石坡面与圆管坡面阻力特性比较

由图2和图3可知，砾石坡面与圆管坡面的水流阻力系数 f~q 关系均呈负幂指数相关，$q>2.5$ L/(m/s)时，$Re>2000$ 时，阻力系数 f 趋于稳定,并表现出随着坡度的增加，不同分布对于坡面流阻力系数的影响较小。

若取 $Re=vh/v$，则 Darcy-Weisbath 阻力公式可变为：

$$f=8gJh^3v^2Re^{\blacklozenge-2} \tag{2}$$

式中 g 为重力加速度，m/s^2；R 为水力半径，m；J 为能坡；v 为平均流速，m/s。由上式可得，达西阻力系数 f 与 Re 近似为负幂函数关系，指数近似为 2.0。

图4 为本试验不同工况建立的 f~Re 关系，即 $f=A\times Re^{-\beta}$，β 的范围为 0.27~0.92，与理论近似 $\beta'=2$ 存在显著差异。其中圆管坡面得出 f~Re 关系中 β 的范围为 0.61~0.92，而砾石坡面 β 的范围为 0.27~0.34。此外，图4表明相同水流条件时，砾石坡面的阻力系数明显大于圆管坡面，且在一定流量下，砾石加密的阻力系数最大，此外，圆管的数量及分布的差异显著影响着水流阻力的变化。

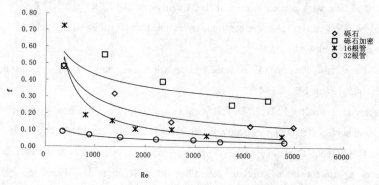

图4 砾石、圆管坡面阻力系数 f 与雷诺数 Re 的关系

表2 坡面流试验参数汇总

工况	f~Re 的关系	R^2
砾石	$f=4.005Re^{-0.34}$	0.315
砾石加密	$f=3.054Re^{-0.27}$	0.711
16 根圆管	$f=171.8Re^{-0.92}$	0.850
32 根管	$f=5.662Re^{-0.61}$	0.755

4 小结

通过系列坡面流试验讨论了不同糙度单元分布对坡面流水流阻力的影响。

(1)在砾石及圆管糙度单元坡面流试验中，随着单宽流量及雷诺数的增大，达西阻力系数 f 呈递减趋势，坡面流阻力系数 f~q 及 f~Re 变化均呈负幂指数关系。当单宽流量 $q>2.5$ L/(m/s),水流雷诺数 $Re>2000$ 时,阻力系数 f 趋于稳定。

(2)随着砾石分布加密，由于增加了床面摩擦，阻力系数逐渐变大，但在相同条件下，砾石阻流效果较圆管坡面好；而圆管分布变化对水流阻力存在一定影响，不同数量及行距分布制约着水流撞击范围，并且与砾石大多处于淹没状态不同，圆管处于非淹没状态，圆柱绕流更为显著，易产生圆管复合效应，使平均阻力降低，从而影响着水流阻力的变化。

(3)试验表明实测值 $f\sim Re$ 函数关系为 $f = A \times Re^{-\beta}$，β 的范围为 $0.27\sim0.92$，而理论推导的 $f = 8gJh^3v^2Re^{\bullet-2}$ 关系，理论近似值 $\beta' = 2$，两者存在较大差异，其影响机理需进一步研究。

参考文献

1　敬向锋,吕宏兴,张宽地,等. 不同糙率坡面水力学特征的试验研究. 水土保持通报, 2007,27(2):33-38

2　Grosh J L, Jarrett A R. Interrill erosion and runoff on very steep slopes. Trans. ASAE, 1994, 37 (4):1127-1331

3　张光辉. 坡面薄层水动力特性的实验研究. 水科学进展,2002,13(2):159-165

4　Wang Guangyue, Liu Yonghui, Wang Xinhua. Experimental investigation of hydrodynamic characteristics of overland flow with geocell.Journal of Hydrodynamics, 2012,24(5): 737-743

5　Roels J M. Flow resistance in concentrated overland flow on rough slope surfaces. Earth Surface Processes and Landforms.1984, 9(6): 541- 551

6　Munoz-Carpena R, Parsons J E. A design procedure for vegetative filter strips using VFSMOD-W. Trans. ASAE,2005,47 (6): 1933 - 1941.

7　Dunkerley D, Domelow P, Tooth D. Frictional retardation of laminar flow by plant litter and surface stones on dryland surfaces: a laboratory study. Water Resources Research, 2001, 37(5): 1417-1423

8　Mügler C, Planchon O, Patin J, et al. Comparison of roughness models to simulate overland flow and tracer transport experiments under simulated rainfall at plot scale. Journal of Hydrology, 2011, 402(1/2): 25 - 40.

9　Prosser I P,Dietrich W E,Stevenson J. Flow resistance and sediment transport by concentrated overland flow in a grassland valley. Geomorphology,1995,13 (1/2/3/4): 71 -86.

10　王协康,刘同宦,叶龙,等. 坡面柔性植被阻水效应及其局部水头损失特性试验研究. 四川大学学报:工程科学版, 2013,45(2):22-27

11　潘成忠,上官周平. 降雨和坡度对坡面流水动力学参数的影响. 运用基础与工程科学学报, 2009, 13(2):843-851

12　闫旭峰，周苏芬，黄尔，等.植被条件下坡面薄层水流动力学特性试验研究.四川大学学报(工程科学版), 2012,44(2):26-30

13　叶龙，王玉林,刘兴年,等. 不同人工植被分布条件下坡面水流动力学特性试验研究. 四川大学学报(工程科学版), 2014,46(2):42-48

14　Wilson C, Stoesser T, Bates PD, et al. Open channel flow through different forms of submerged flexible vegetation. Journal of Hydraulic Engineering, 2003, 129(11): 847-853

15　王智辉., 水流数值模拟中群桩阻力系数研究.河海大学,2005(3).

Experimental study on effects of rigid roughness elements on overland flow resistance

DONG Xiao,YE Chen, LIU Yan, WANGXie-kang

(State Key Laboratory of Hydraulics and Mountain River Engineering, Sichuan University, Chengdu,

610065,Email: wangxiekang@scu.edu.cn)

Abstract: The series of overland flow experiments were conducted on rigid rough beds with different slope gradients, and the Darcy-Weisbath resistance coefficient and Reynolds number of overland flow were developed from two series of flume experiments in which the beds are covered with various distributions of roughness elements. The experimental slope gradients consisted of 5°and 10°. The unit width discharge varied from 0.04 to 7.10 l/m.s. The results show that the resistance coefficient was significantly affected by the different rigid roughness elements distribution. The effects of various densities on the resistance coefficient decreases with the increasing of slope gradients. There is a negative power function relationship between the Reynolds number and the resistance coefficient. With gravel density increasing, the bed friction drag increases and the resistance coefficient becomes larger. But different from the mostly submerged gravels, tubes are all in a non-submerged state, the flow around cylinders is more significant. There was a compound effect generated with row spacing of tubes decreasing, which brought about resistance coefficient reducing. The resistance coefficient was significantly affected by the row spacing of tubes. In addition, the relationship between Reynolds number and the resistance coefficient could be obtained by means of a simple empirical equation ($f = A \times Re^{-\beta}$ $\beta \in (0.27, 0.92)$),at the same time, a simple approximation value ($\beta' = 2$) also be generated according to the theoretical analysis. By the comparison of two resistance coefficient equations, which indicated that the measured β was smaller than the theoretical approximation β'.

Key words: Overland flow; Rigid roughness element; Darcy-Weisbath flow resistance ; Reynolds number.

水平管内气液两相流诱导振动的实验研究

马晓旭，田茂诚*，张冠敏，冷学礼

（山东大学能源与动力工程学院, 济南, 250061, E-mail: maxiaoxu11@163.com）

摘要：以气液两相流在水平U形管内的诱导振动特性为研究对象，实验研究了气相表观流速j_g、液相表观流速j_f、流型及体积含气率β等流动参数对振动的影响。结果表明：固定j_f且小于0.1m/s时，j_g对振动强度的影响不大；j_f大于0.1m/s且固定不变时，振动强度随j_g的增加是先平坦增长而后急剧增大，其急剧变化的分界线为j_g=1m/s。固定j_g，振动强度随j_f的增加呈线性增大，且j_g越大其线性增加的速率越大。不同流型下的振动强度从大到小依次为弹状流、塞状流、波状流及层状流。体积含气率β较小时，管结构振动强度增加的不大；而当β增加到某节点时，振动开始大幅度增加，且易受影响β的范围随j_f的增加而增大。

关键词：气液两相流；振动；流型；体积含气率

1 引言

各式冷凝器、蒸发器等典型工业换热器及化工输流管道在运行过程中，普遍伴随着气液两相流诱导振动问题。长期的振动势必会导致剧烈的噪声及传热元件的损坏，严重影响设备的寿命和安全运行；另一方面部分学者[1-2]也开展了利用流体诱导振动实现强化传热的目的；所以开展气液两相流诱导振动机理及其影响因素的研究是非常有必要和应用价值的。

目前，气液两相流诱导振动的研究较多针对流体横掠管束工况。对于管内气液两相流，各处流动形态复杂多变，在遇到弯头、异径管、三通等元件时，流体诱导的脉动激振力同样会诱发极大振动，但是对其研究的并不多。Yih和Griffith等[3]较早对垂直三通管内气液两相流脉动激振力进行研究，发现频谱图的主频要比管系统固有频率低很多，因此认为两相流不稳定流动引起的激发作用在实际工程中造成的危害不大，没有引起足够的重视。而Riverin等[4]对垂直放置内径为20.6mm弯头和三通管进行了实验研究，认为管内气液两相诱导振动不能忽略，并用韦伯数对作用力均方根值进行了关联，关联式在较宽的几何结构和水力条件下取得较好的一致性。Tay 和Thorpe[5]实验得出液体物理特性中的表面张力和粘度二项对管内气液弹状流诱导激振力的影响很小。

以往研究大都针对垂直放置的弯头或三通，针对水平放置的U形管的研究还非常少。而水平U形管段广泛存在于再沸器、冷凝器、蒸汽发生器等U形换热器中，所以本文选取水平U形管作为研究对象。振动的产生受多个影响因素的综合制约，在管结构质量、刚度和阻尼固定的情况下，主要受流体流动参数的影响。所以本文首先着重研究两相流流动参数对管结构振动的影响规律，旨在为管内气液两相流诱导振动机理的进一步研究提供有益参考，并且以期对气液两相流运行下换热器及输流管道的防振设计及安全操作起到指导作用。

*基金项目：山东科技发展计划(2012GGX10421)资助.

2 实验方法

2.1 实验系统

实验系统是空气与水的两相绝热流动，实验循环流程如图1所示。实验测试段6为内径16mm、壁厚2mm的PVC管，具体结构尺寸见图2，管两端E、F被固定。流型可视化段为内径16mm、壁厚2mm的有机玻璃，用以观察流体的流型。水量由离心泵提供，其流量大小经旁通阀调节，由准确度等级为0.5级的涡轮流量计测试。空气由压缩机提供，其流量大小也经旁通阀调节，配置了两种量程的玻璃转子气体流量计，并在空气进入气液混合器前加装止回阀以防止水流入空气流路。采用型号为DH131的压电式加速度计对A点进行振动加速度的测量，其轴向灵敏度为$1.07Pc/m.s^{-2}$。利用NI Compact DAQ-9188采集卡和NI-9234的采集模块对压电加速度计信号进行采集。

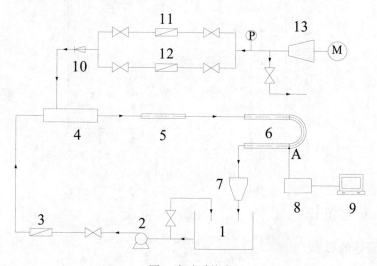

图 1 实验系统流程

1-水槽；2-离心水泵；3-涡轮流量计；4-气液混合器；5-流型可视化段；6-实验测试段；
7-气液分离器；8 -NI 数据采集仪；9-计算机；10-止回阀；11-大量程玻璃转子流量计；
12-小量程玻璃转子流量计；13-空气压缩机

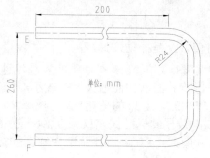

图 2 U 形管段结构尺寸

2.2 参数定义及工况设置

$$\beta = \frac{Q_g}{Q_g + Q_f} ; \quad j = \frac{Q_g + Q_f}{A} ; \quad j_g = \frac{Q_g}{A} ; \quad j_f = \frac{Q_f}{A} ; \quad We = \frac{\rho_L j^2 D}{\sigma}$$

式中，β 为体积含气率；j 为表观平均流速；j_g 为气相表观流速；j_f 为液相表观流速；We 为韦伯数；Q_g、Q_f 分别指空气和水的体积流量；A 为总流通面积；ρ_L 为液体密度；D 为管内径；σ 表示液体表面张力系数。

将实验工况绘制于 Mandhane[6]的水平管气液两相流流型判别图中(图 3)。固定 j_f=0.049m/s、0.349m/s、0.599m/s 中某一液相表观流速时，气相表观流速选取从 0.2m/s 到 6 m/s 中的 6 个工况。实验工况覆盖塞状流、弹状流、分层流和波状流等 4 种流型。

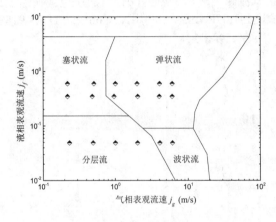

图 3 实验工况设置

3 实验结果与讨论

3.1 气相表观流速的影响

固定管结构的物理几何参数时，流体脉动激振力成为诱导管结构振动的主要原因，因此流动参数对管结构振动的影响规律可以用振动加速度的均方根值 A^{RMS} 来表征。下文用测点水平方向的振动加速度均方根值来反应流动参数的影响作用。

A^{RMS} 为振动加速度的均方根值，通过式（1）计算：

$$A^{RMS} = \sqrt{\frac{1}{N}\sum_{i=1}^{N} A_i^2} \tag{1}$$

其中，A_i 是振动加速度瞬时值，N 是振动加速度瞬时值的数量。

固定液相表观流速，加速度均方根值 A^{RMS} 随气相表观流速 j_g 的变化规律如图 4 所示。由图 4 可见，A^{RMS} 的总趋势是随 j_g 的增加而增大。在较小液相表观流速下，A^{RMS} 增加的非常平缓。而当液相表观流速较大时，A^{RMS} 的变化比较剧烈；当 j_g <1m/s 时，A^{RMS} 的增加速率很小，0.022<j_g<1m/s 范围内数据的标准偏差仅为 0.096～0.202m.s^{-2}；当 j_g>1m/s 时，A^{RMS} 随气相表观流速的增加而急剧增大，1<j_g<6m/s 范围内数据的标准偏差为 0.598-1.161m.s^{-2}。

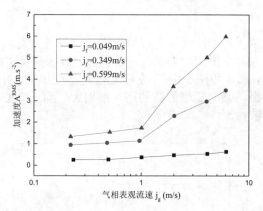

图 4 加速度均方根 A^{RMS} 随气相表观流速 j_g 的变化

3.2 液相表观流速的影响

图 5 是固定气相表观流速，加速度均方根值 A^{RMS} 随液相表观流速 j_f 的变化图。从图 5 中可以看出，A^{RMS} 随 j_f 的增加而呈线性增大，且气相表观流速越大时线性增加的速率越大。同时可以得出当 $j_g<1m/s$ 时，A^{RMS} 随 j_f 的增加的趋势几乎一致，这也验证了图 4 以 $j_g=1m/s$ 为分界 A^{RMS} 随 j_g 的变化规律。

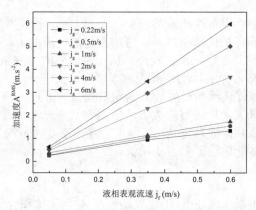

图 5 加速度均方根 A^{RMS} 随液相表观流速 j_f 的变化

分析上述表观流速的影响，① 当气液流速增大时，气液质量流量及惯性力均增大，对管壁结构的脉动冲击变大，雷诺数的增大也会加大管内流体的湍流扰动强度和能量，增强了作用在管壁结构上的激振力，相应的加剧了管结构的振动强度。② 结合文献 Mandhane[6] 流型划分及本实验可视化的观察，$j_f<0.1m/s$ 且固定不变时，随气相表观流速的增加流动形态从分层流过渡到波状流，此时气液两相相对稳定；$j_f>0.1m/s$ 且不变时，以 $j_g=1m/s$ 为分界线流动形态从塞状流过渡到弹状流。所以究其根本原因，是由不同流型下气液两相流的流动形态与物体特性所决定的，因此下面着重分析流型对气液两相流诱导振动的影响。

3.3 流型的影响

图 6 比较了不同流型下的加速度均方根值 A^{RMS}，从图 6 中可明显看出，实验范围内不同流型下的振动强度从大到小依次为弹状流、塞状流，波状流及层状流，且弹状流 A^{RMS} 比层状流的大一个数量级。图 4 和图 5 中气/液相表观流速的影响分析也佐证了流型的影响规律。同时相同流型下的振动强度随韦伯数的增加而增大，同一韦伯数下弹状流与塞状流的振动明显大于层状流与波状流。

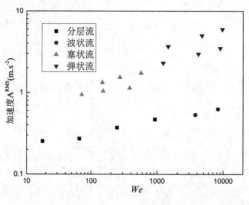

图 6 流型对 A^{RMS} 的影响

分析上述变化的主要原因有两相流动量变化率的大小、紊流度的强弱及周期性的气/液弹的冲击作用。由流型的可视化结果可知，分层流与波状流的流动比较稳定，紊流强度很弱，在 U 形管转弯部分的动量变化率也较小，从而对壁面的冲击作用也不大。而对塞状流与弹状流来说，气泡与气/液弹的扰动使其紊流强度远远大于分层流与波状流；弯头部分弹状流离心力引起的二次流促使流体产生较大的动量变化，加上气/液弹周期性的剧烈冲击作用都使得弹状流的振动最大。相近韦伯数下，虽然弹状流与波状流的表观平均流速相近，但是弹状流的紊流度更强且持液率更高，又因本文液体密度约是气体密度的 1000 倍，所以在相近流速下液体比气体能传输更多的动量值。

3.4 体积含气率的影响

图 7 描述了不同液相表观流速下，加速度均方根 A^{RMS} 随体积含气率 β 的变化规律。A^{RMS} 随 β 的变化趋势一致，都是刚开始随 β 的增大而非常缓慢的增加，当 β 到达某一节点时，进一步增加 β 会引起 A^{RMS} 大幅度增加。低体积含气率时，A^{RMS} 随 β 的增加变化的很小；在高体积含气率范围内，A^{RMS} 受 β 变化的影响是特别明显的，且随着液相表观流速的增加，A^{RMS} 随 β 大幅度增加的起点提前。本实验 j_f=0.049m/s 时，A^{RMS} 易受 β 影响的区域为 β>0.95; j_f=0.349m/s 时，易受 β 影响的区域为 β>0.75; j_f=0.599m/s 时，易受 β 影响的区域为 β>0.63。

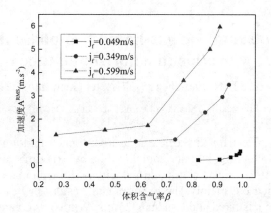

图 7 加速度均方根 A^{RMS} 随体积含气率 β 的变化

4 结论

（1）固定液相表观流速 j_f 且处于较小值时，j_g 对振动的影响不大；而当 j_f 较大时，振动强度随 j_g 的增加呈现先近似平坦增长而后急剧增大的趋势，其急剧增大的分界线为 $j_g=1m/s$。

（2）固定 j_g，振动响应随 j_f 的增加呈线性增大，且 j_g 越大时其线性增加的速率越大。

（3）不同流型下的振动强度从大到小依次为弹状流、塞状流，波状流及层状流。

（4）较小 β 时，管结构振动强度随 β 的增加呈现非常缓慢增长的趋势；但是当 β 增加到某节点时便进入易受 β 影响范围，处于此范围内管结构振动强度随 β 的增加而大幅度增强；同时此易受影响 β 的范围随 j_f 的增加而增大。

参 考 文 献

1　田茂诚，林颐清，程林,等. 汽-水换热器内流体诱导振动强化传热试验[J]. 化工学报，2001, 52(3): 257-260.
　　TIAN Maocheng, LIN Yiqing, CHENG Lin. Experimental Investigation of Heat Transfer Enhancement by Flow-Induced Vibration in Steam-Water Heat Exchangers [J]. Journal of Chemical Industry and Engineering, 2001 ,52(3): 257-260.

2　程林，田茂诚，张冠敏,等. 流体诱导振动复合强化传热的实验研究[J]. 工程热物理学报，2003, 22(4): 485-487.
　　CHENG Lin, TIAN Maocheng, ZHANG Guanmin.Experiment On Complex Heat Transfer Enhancement by Flow-Induced Vibration[J]. Journal of Engineering Thermophysics, 2003, 22(4): 485-487.

3　T.S.Yih,P. Griffith. Unsteady Momentum Flux in Two-Phase Flow and the Vibration of Nuclear System Components. Proceedings of the International Conference on Flow-Induced Vibrations in Reactor System Components, Argonne Ⅲ, 1970, Report ANL-7685: 91-111.

4　J.L.Riverin, E.de Langre, M.J.Pettigrew. Fluctuating forces caused by internal two-phase flow on bends and tees[J]. Journal of Sound and Vibration,2006,298:1088–1098.

5　Tay B L, Thorpe R B. Effects of liquid physical properties on the forces acting on a pipe bend in gas-liquid slug flow[J]. Chemical Engineering Research Design,2004, 82:344-356.

6　Mandhane, J M, Gregory, G A, and Aziz, K, 1974,"A Flow Pattern Map for Gas-Liquid Flow in Horizontal Pipes" Int. J. Multiphase Flow,1, pp.537-553.

Experimental study on gas-liquid two-phase flow induced vibration in a horizontal tube

MA Xiao-xu, TIAN Mao-cheng*, ZHANG Guan-min, LENG Xue-li

(School of Energy and Power Engineering, Shandong University, Jinan, 250061, E-mail: maxiaoxu11@163.com)

Abstract: The research object for this article is to investigate vibration characters of gas-liquid two-phase flow induced vibration in a horizontal U tube by experimental method. And the effect of superficial gas velocity j_g, superficial liquid velocity j_f, flow regime and volume void fraction on the vibration is carried out mainly.The experimental results show that j_g has little effect on vibration intension when j_f is fixed and less than 0.1m/s. While j_f is greater than 0.1m/s , vibration intension firstly varies little and then increases sharply taking j_g=1m/s as the dividing point. For a given j_g, vibration intension increases linearly with the rising of j_f. And the larger j_g is, the faster vibration increases. Under the conditions of this study, vibration intension continuously decreases with the order of slug , plug ,wavy and straified flows. At the low volume void fraction region, the vibration acceleration versus volume void fraction curve is relatively flat. However, a further increase in the volume void fraction would arrive at a critical point beyond which the vibration acceleration increases enormously. And the sensitive volume void fraction region enlarges with the increasing of superficial liquid velocity.

Key words: Gas-liquid two-phase flow; Vibration; Flow regime; Volume void fraction.

分层流体中内孤立波 Mach 相互作用
的实验研究

王欣隆[1, 2]，魏岗[1]，杜辉[1]，谷梦梦[1]，王彩霞[2]

(1 解放军理工大学气象海洋学院，南京，211101，Email: weigangweigang12@163.com)

(2 中国海洋大学海洋环境学院，青岛，266100）

摘要：以海洋中两列内孤立波斜相互作用产生的一类特殊效应—Mach 相互作用为研究背景，在分层流水槽中采用一种"双桶"重力塌陷方法模拟了两列内孤立波斜相互作用的演化过程，不仅获得内孤立波 Mach 相互作用的实验证据，而且建立了一套简洁有效模拟内孤立波斜相互作用的实验方法。实验结果表明：两列内孤立波的 Mach 相互作用将导致波幅显著增强，传播波速增大，其传播方向受两者振幅差控制；深水小振幅条件下的 Benjamin-Ono 理论模型（简称 BO 模型）与内孤立波 Mach 相互作用的实验测量结果更接近。

关键词：分层流；内孤立波；斜相互作用；Mach 相互作用

1 引言[1]

分层流体中 Mach 相互作用（Mach interaction）是指当两列内孤立波发生斜相互作用且传播方向夹角在一定范围时衍生出新的一列内孤立波的现象[1]。通常在内孤立波频发海域，两列或多列内孤立波经常相遇并发生相互作用，其在作用区域的振幅、波速和相位等波动要素会发生改变，若满足 Mach 相互作用，所产生新的内孤立波振幅将显著增大、传播速度也更快。

Mach 相互作用是 Miles[2]20 世纪 70 年代在浅水表面孤立波斜相互作用的理论中提出。Grimshaw 等[3]指出无论是深水内孤立波之间还是浅水表面孤立波之间的相互作用，其影响主要是改变波动传播的相位，研究表明两种相互作用尽管存在差异但总体特性与 KdV 型波-波作用相类似[3-5]。Maxworthy 等[6]曾通过小型静止水槽中的实验方法观察了异重流激发内孤立波及其相互作用的过程，证实当两列内孤立波斜相互作用产生共振时会激发更大振幅

基金项目：国家自然科学基金(11472307)和国防基础科学研究项目(QX2015043104A12002)；

通讯作者：魏 岗（1962--），E-mail: weigangweigang12@163.com

的内孤立波现象。最近，Wang 等[7]通过系统研究将内孤立波相互作用进行了分类，并结合 Georgia 海峡内孤立波 Mach 相互作用的观测数据检验了相关非线性理论模型[8]。

由于海洋内孤立波 Mach 相互作用常规观测和理论研究难以揭示其内部结构及其变化，也难以选择有效的模型进行数值求解，使得这类波-波作用成为海洋科学的前沿性课题和长期关注的难点问题。实验室物理模型试验具有条件可控和方便测量的优点，尤其是近年来分层流水槽中相关水动力学试验与测量技术得到长足发展[8]，为此，本文尝试借助分层流水槽开展内孤立波 Mach 相互作用问题的研究，以期获得这类特殊现象的实验室证据，以及建立 Mach 相互作用及其演化特征的实验模拟与研究方法，为真实海洋中这类非线性大振幅内波的认识提供重要科学依据。

2 实验与测量方法

试验在分层流水槽系统中进行，该系统主要包括：主尺度为 350cm×100cm×50cm 分层流水槽、内孤立波发生装置、高清相机、以及为配有专业图像采集与处理软件和计算工作站的信息处理系统。

试验中制取两层流体结构的方法如下：首先在分层流水槽中配置厚度和密度分别为 h_2 和 ρ_2 的盐水，再将事先经过染色、密度为 ρ_1 的淡水通过细橡胶管从盐水表面缓慢注入，直到上层淡水达到设定的厚度 h_1 后停止注水。

内孤立波发生装置采用重力塌陷式原理，其方法如下：将两只直径为 15cm、高为 20cm 的无底柱状圆筒竖向置于两层流体中，圆筒底部不与水槽接触以保持与筒外水体的交换；在筒内液面上方缓慢注入淡水，使淡/盐水界面下移以形成低于筒外区域的流体界面差 Δh_i（$i=1, 2$ 分别代表两只圆筒）；待水体稳定后，将两只圆筒竖直平稳快速地移出水槽，由于筒内外流体界面差而产生的塌陷运动，使得在淡/盐水密度混合层形成扰动，该扰动经演化逐渐形成两组下凹型内孤立波，并在传播交汇区域发生相互作用，相互作用性质取决于分层环境、两圆筒之间距离以及两内孤立波的波幅和相位。

内孤立波相互作用测量由高清相机与图像处理技术结合几何射线方法完成，具体过程如下：利用高清相机从水槽顶部或侧壁连续记录两列内孤立波演化及其作用过程，借助水槽内侧设置的长直尺标定像素点对应的坐标，利用图像处理功能获得清晰的 Mach 相互作用，经几何射线法作图，可测量两列内孤立波传播射线及其相互作用夹角 ψ（图 1 左）。

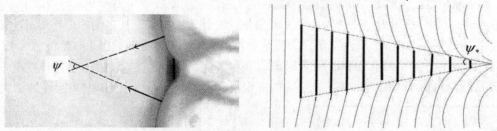

图 1　Mach 相互作用及其作用夹角（左）和步角（右）的测量

若形成 Mach 相互作用，即在相互作用过程中除原始两列内孤立波外还将衍生出现第三列内孤立波，其波峰长度称为 Mach 峰（Mach stem），并随时间演化不断增长，其增长率由步角（step angle）ψ_* 描述，如图 1 右，而一般相互作用（非 Mach 作用）的步角为零。

内孤立波传播速度和波幅值由试验测量结合模型反演计算获得，具体方法如下：按时间序列选取若干时间间隔的图像以获得内孤立波的位置变化，将其换算为距离，再根据图像帧率求出各位置对应的时间间隔，然后利用拟合方法计算内孤立波传播速度；进一步，根据内孤立波理论模型的波速表达式，反演计算波幅值，本文对三种内孤立波理论模型的波幅计算结果进行了比较，它们的波速表达式分别为

KdV 模型[9]：
$$c = c_0 - \frac{1}{3}\alpha\eta_0, \qquad L = \sqrt{-12\frac{\gamma}{\eta_0\alpha}} \qquad (1)$$

BO 模型[10-11]：
$$c = c_0 - \frac{1}{4}\alpha\eta_0, \qquad L = \frac{4\gamma}{\eta_0\alpha} \qquad (2)$$

MCC 模型[12]：
$$c = c_0\sqrt{\frac{(h_1+\eta_0)(h_2-\eta_0)}{h_1 h_2 + (c_0^2/g)\eta_0}}, \quad L = \sqrt{-12\frac{\gamma}{\eta_0\alpha}} \qquad (3)$$

式中，c_0 为线性波传播速度；α 为非线性参数；γ 为频散参数；L 为半波宽度。另一方面，实际测量时，也可由水槽侧壁面染色内孤立波图像定量获得内孤立波波幅大小，通过水槽中内孤立波波幅的实测值，再由上述公式计算传播速度。

3 实验系统及测量结果

根据 Miles 模型理论[2]，浅水孤立波发生 Mach 相互作用的临界角满足
$$\psi_- < \sin^2\frac{\psi}{2} < \psi_+ \qquad (4)$$
式中，$\psi_\pm = \frac{3}{4}\left(\sqrt{\eta_1'}\pm\sqrt{\eta_2'}\right)^2$，$\eta_i' = \frac{\eta_i}{h_1+h_2}$（$i=1,2,3$），其中 η_1 和 η_2 代表作用前两内孤立波波幅、η_3 代表作用后 Mach 峰波幅，撇号"'"为无量纲值。式（4）表明：当一列内孤立波波幅很大时，产生 Mach 相互作用的夹角范围也会增大，但存在一个最大作用夹角 ψ_{max}，此时出现非定态特征。对于两列波幅相差很小的内孤立波相互作用，其发生 Mach 相互作用的夹角满足[1, 2]
$$\psi < 2\sqrt{3\eta_i'} \qquad (5)$$
若取 $\varepsilon = \psi/2\sqrt{3\eta_i'}$，则 $\varepsilon < 1$ 定义为 Mach 相互作用，而 $\varepsilon > 1$ 为一般相互作用。有关"对

称"与"不对称"型相互作用的判别依据是无量纲化振幅差与相互作用夹角的相对值[3]，对于符合 $|\eta_2' - \eta_1'| < \psi^2$ 条件的定义为"对称"型，反之为"不对称"型。

取分层环境为 $(h_1, h_2) = (1,10)\,\text{cm}$ 和 $(\rho_1, \rho_2) = (1.00, 1.05)\,\text{g/cm}^3$，两圆筒相距 50cm，两圆筒内外初始界面差相同，即 $\Delta h_1 = \Delta h_2$，分别为 3cm、5cm、7cm。

图 2 为初始界面差 5cm 的两列相同振幅内孤立波的演化及其斜相互作用，由几何射线法测量得到两内孤立波相互作用的夹角为 $\psi \approx 1.082$（单位：弧度，下同），由实际测量得到的波速 7.43cm/s 和波幅 $\eta_1' = \eta_2' = 0.100$，经公式（5）简单计算可知 $\varepsilon = 0.988 < 1$，由几何法确定的非零步角 $\psi_* \approx 0.152 \neq 0$，表明上述两列内孤立波相互作用为 Mach 相互作用。进一步，根据对 Mach 峰（即第三组衍生波）的测量，其相速度为 9.45cm/s 和波幅为 $\eta_3' = 0.136$，分别比作用前增加 27% 和 36%，表明两内孤立波 Mach 相互作用具有波幅增强和波速增大的典型特征。

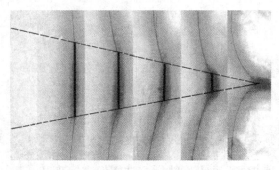

图 2　两列相同内孤立波的演化及其 Mach 相互作用

表 1 为相同波幅内孤立波斜相互作用的测量结果，实验表明，当两列波的相互作用夹角尚未达到临界角之前，其相互作用为常规相互作用，此时的波幅及传播速度均无明显变化。随着两列内孤立波波幅增加，Mach 相互作用的临界夹角 ψ 逐渐增大，非零步角 ψ_* 基本保持不变，Mach 峰的波幅 η_3 以及传播速度 c 也随之增大，但波幅 η_3 并非线性增长，而是当两初始波幅达到一定程度，相互作用后的波幅 η_3 存在着突然增大的趋势，如表中第 3 组实验的波幅是第 2 组实验的 2.0 倍，而第 2 组仅仅是第 1 组的 1.2 倍。

表 1　相同波幅内孤立波斜相互作用测量

序列	η_1, η_2 /cm	ψ	ψ_*	η_3 /cm	c /cms^{-1}	作用类型
1	1.0	62.7°	10°	1.1	8.92	Mach 作用
2	1.2	68.2°	9°	1.3	9.45	Mach 作用
3	1.5	70.8°	10°	2.6	10.6	Mach 作用

利用上述实验中 Mach 峰振幅和传播速度的测量结果，可以检验前述 KdV 模型、BO 模型和 MCC 模型的适用情况，图 3 为由 Mach 峰振幅测量值反演计算波速的理论值与实际测量的比较，图 3 中三种理论模型与实验结果具有一致的变化趋势，KdV 模型和 MCC 模

型反演的波速值分别大于和小于实测值,并随振幅增大由 KdV 模型逐渐向 MCC 模型靠近,这与 MCC 模型的强非线性假设相一致;而深水小振幅的 BO 模型更接近实测曲线,这与实验设定的条件也是一致的。除考虑建立模型所限定的条件,误差主要源于本文实验方法所生成的三维内孤立波结构以及实验过程中的测量误差。

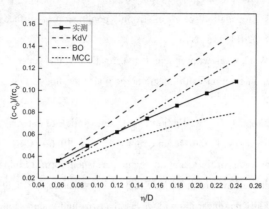

图 3   Mach 峰无量纲振幅与波速相关性的理论与实验比较

4   结论

本文开展了分层流水槽中两列内孤立波斜相互作用的实验研究,主要结论如下:

(1)采用一种"双桶"重力塌陷方法在分层流水槽中成功模拟两列内孤立波的 Mach 相互作用,该实验方法原理简单、操作方便,易于推广至各种内孤立波相互作用的实验室模拟;

(2)在分层流水槽中获得两列内孤立波发生 Mach 相互作用的实验证据,Mach 相互作用特征取决于作用前两列内孤立波结构特征,Mach 峰振幅显著增大、波速加快的重要特征得到实验证实,其传播方向受两者振幅差控制;

(3)实验比较了 KdV、BO 和 MCC 三种理论模型描述内孤立波 Mach 相互作用的适用性,结果显示深水小振幅条件下的 BO 模型更接近实测曲线。

参 考 文 献

1   Wang C, Pawlowicz R. Oblique wave-wave interactions of nonlinear near-surface internal waves in the Strait of Georgia. J Geophys Res, 2012,117(C06031):1-17

2   Miles J W. Obliquely interacting solitary waves, J Fluid Mech, 1977a, 79: 157-169

3   Grimshaw R, Zhu Y. Oblique interactions between internal solitary waves, Stud. Appl. Math.,1994, 92, 247-270

4   MatsunoY. Oblique interaction of interfacial solitary waves in a two-layer deep fluid, Proc. R. Soc. London

A, 1998, 454: 835-865

5   Oikawa M. On the weak interactions of the Benjamin-One solitons, Bull Res Inst Appl Mech Kyushu Univ, 1984, 60: 467-472

6   Maxworthy T. On the formation of nonlinear internal waves from the gravitational collapse of mixed regions in two and three dimensions, J Fluid Mech, 1980, 96 :47-64

7   Wang C, Pawlowicz R. Propagation speeds of strongly nonlinear near-surface internal waves in the Strait of Georgia, J Geophys Res, 2011, 116: 1-15

8   Wei G, Du H, Zeng W H, et al. Experimental investigation of the generation of large-amplitude internal solitary wave and its interaction with a submerged slender body, Sci China: Phys Mech & Astro, 2014,57(2):301-310.

9   Djordjevic V D, Redekopp L G. The Fission and Disintegration of Internal Solitary Waves Moving over Two-Dimensional Topography, J Phys Oceanography, 1978, 8: 1016–1024

10 Benjamin T B. Internal waves of finite amplitude and permanent form. J Fluid Mech, 1966, 25: 241-270

11 Ono H. Algebraic Solitary Waves in Stratified Fluids, J Physi Soc Jap,1975, 39: 1082-1091

12 Choi W, Camassa R. Fully nonlinear internal waves in a two-fluid system. Journal of Fluid Mechanics, 1999, 396: 1-36

Experimental study of mach interaction of internal solitary waves in a stratified fluid tank

WANG Xin-long[1, 2] ,WEI Gang[1],DU Hui[1],GU Meng-meng[1],WANG Cai-xia[2]

(1 College of Meteorology and Oceanography, PLA University of Science and Technology, Nanjing 211101, China, Email: weigangweigang12@163.com)

(2 College of Physical and Environmental Oceanography, Ocean University of China，Qingdao 266100, China)

Abstract： The experimental simulation of the oblique interaction of two internal solitary waves in a stratified fluid tank has conducted by using a special method of the "double barrel" gravity fluid trapping-motion. The experimental evidence of Mach interaction of two internal solitary waves in Laboratory were obtained. It is shown that the Mach interaction will lead to remarkably increasing amplitude in correspondence with its propagation velocity, which direction is controlled by the amplitude difference of that two internal solitary waves. The theoretical model of Benjamin-Ono agreed well with the actual measurement results in the stratified fluid tank.

Key words： stratified flows; internal solitary waves;oblique interaction; Mach interaction.

热洗过程中油井井筒内热洗液温度分布的数值计算

张瑶[1]，李婷婷[1]，韩冬[2]，崔海清[1]

(1.东北石油大学 提高采收率教育部重点实验室，大庆，163318，Email: 757146503@qq.com；
2.大庆油田有限责任公司 第一采油厂，大庆，163000，Email: handong_a@petrochina.com.cn)

摘要：本文基于油井热洗过程中热洗液与地层的热传递，以及油套环空内热洗液与油管内热洗液径向热传递的耦合效应，由能量守恒定律及傅里叶定律，建立了热洗过程中油井井筒内热洗液温度分布的数学模型；并给出了相应的数值计算方法；以大庆油田采油一厂北 1-41-15 油井的热洗过程为例，对其井筒内热洗液温度分布进行了数值计算，得到了热洗过程中油套环空内及油管内热洗液的温度分布，并进行了分析。上述成果对油田油井热洗过程参数优化具有一定的指导意义。

关键词：热洗过程；热洗液温度分布；数学模型；数值计算

1 引言

油井结蜡严重影响着油田的正常生产，热洗是目前采取的主要清蜡措施，研究热洗过程中油井井筒内热洗液的温度分布，对控制热洗时间、热洗流量及热洗效率的提高具有重要意义。本文将建立热洗过程中油井井筒内热洗液温度分布的数学模型；给出相应的数值计算方法；并以大庆油田采油一厂北 1-41-15 油井为例，由上述数学模型及相应的数值计算方法对其热洗过程井筒内热洗液温度分布进行数值计算及分析。

2 数学模型

2.1 假设条件

热洗液在井筒内为非稳态一维流动；热洗液向地层中仅径向传热；忽略热洗液流动过

程中摩擦生热的影响；地层温度随着深度线性升高，距井筒无限远处的地层温度不受井筒内传热的影响；物性参数为常数；热洗液注入速度为常数[1-2]。

2.2 油套环空内热传递模型

由能量守恒定律及傅里叶定律可得，热洗过程中热洗液在油套环空中的能量平衡方程[3-4]：

$$\Phi_{c(j-1)}^{i} - \Phi_{c(j)}^{i} - \Phi_{r1(j-1)}^{i} - \Phi_{r2(j-1)}^{i} = \Delta E_{c} \tag{1}$$

即：

$$Q_{in}\rho c T_{c(j-1)}^{i} - Q_{in}\rho c T_{cj}^{i} - \frac{2\pi\Delta z\left(T_{c(j-1)}^{i} - T_{t(j-1)}^{i}\right)}{\frac{1}{\lambda_{t}}\ln\left(\frac{r_{to}}{r_{ti}}\right)} - \frac{2\pi\Delta z\left(T_{c(j-1)}^{i} - T_{s(j-1)}^{i}\right)}{\frac{1}{\lambda_{c}}\ln\left(\frac{r_{co}}{r_{ci}}\right) + \frac{1}{\lambda_{ce}}\ln\left(\frac{r_{ce}}{r_{co}}\right)}$$

$$= \pi\left(r_{ci}^{2} - r_{to}^{2}\right)\Delta z\rho c\frac{T_{cj}^{i+1} - T_{cj}^{i}}{\Delta t} \tag{1a}$$

$$T_{s(j-1)}^{i} = T_{0} + g_{T}\left(j-1\right)\Delta z \tag{1b}$$

式中：$\Phi_{c(j-1)}^{i}$ 为沿轴向传入油套环空热洗液单元体的热流量，W；$\Phi_{c(j)}^{i}$ 为沿轴向传出油套环空热洗液单元体的热流量，W；$\Phi_{r1(j-1)}^{i}$ 为油套环空热洗液单元体向内径向散失的热流量，W；$\Phi_{r2(j-1)}^{i}$ 为油套环空热洗液单元体向外径向散失的热流量；W；ΔE_{c} 为油套环空热洗液单元体热力学能的增量，W；Q_{in} 为热洗液注入流量，m³/s；ρ 为热洗液密度，kg/m³；c 为热洗液比热容，J/(kg·℃)；$T_{c(j-1)}^{i}$ 为油套环空内热洗时间 t 的 i 节点井深 z 的 $(j-1)$ 节点处的温度，℃；T_{cj}^{i} 为油套环空内热洗时间 t 的 i 节点井深 z 的 j 节点处的温度，℃；Δz 为井深 z 的步长，m；$T_{t(j-1)}^{i}$ 为油管内热洗时间 t 的 i 节点井深 z 的 $(j-1)$ 节点处温度，℃；λ_{t} 为油管壁导热系数，W/(m·℃)；r_{to} 为油管外半径，m；r_{ti} 为油管内半径，m；$T_{s(j-1)}^{i}$ 为热洗时间 t 的 i 节点井深 z 的 $(j-1)$ 节点处地层温度，℃；λ_{c} 为套管壁导热系数，W/(m·℃)；r_{co} 为套管外半径，m；r_{ci} 为套管内半径，m；λ_{ce} 为水泥环的导热系数，W/(m·℃)；r_{ce} 为水泥环外半径，m；T_{cj}^{i+1} 为油套环空内热洗时间 t 的 $(i+1)$ 节点井深 z 的 j 节点处的温度，℃；T_{0} 为地表初始温度，℃；g_{T} 为地温梯度，℃/m。

整理可得油套环空内热洗液的温降公式：

$$T_{cj}^{i+1} = T_{cj}^{i} + \frac{Q_{in}\left(T_{c(j-1)}^{i} - T_{cj}^{i}\right)\Delta t}{\pi\left(r_{ci}^2 - r_{to}^2\right)\Delta z} - \frac{2\lambda_t\left(T_{c(j-1)}^{i} - T_{t(j-1)}^{i}\right)}{\left(r_{ci}^2 - r_{to}^2\right)\rho c \ln\left(\frac{r_{to}}{r_{ti}}\right)}\Delta t$$

$$- \frac{2\left(T_{c(j-1)}^{i} - T_{s(j-1)}^{i}\right)}{\left(r_{ci}^2 - r_{to}^2\right)\rho c\left[\frac{1}{\lambda_c}\ln\left(\frac{r_{co}}{r_{ci}}\right) + \frac{1}{\lambda_{ce}}\ln\left(\frac{r_{ce}}{r_{co}}\right)\right]}\Delta t$$

$$(i = 0,1,2,...,m; j = 1,2,...,n) \quad (2)$$

2.3 油管内热传递模型

由能量守恒定律及傅里叶定律可得，热洗过程中热洗液在油管中的能量平衡方程[5]：

$$\Phi_{t(j)}^{i} + \Phi_{rl(j)}^{i} - \Phi_{t(j-1)}^{i} = \Delta E_t \quad (3)$$

即：

$$Q_{in}\rho c T_{tj}^{i} - Q_{in}\rho c T_{t(j-1)}^{i} + \frac{2\pi\lambda_t\Delta z\left(T_{cj}^{i} - T_{tj}^{i}\right)}{\ln\left(\frac{r_{to}}{r_{ti}}\right)} = \pi r_{ti}^2\Delta z\rho c \frac{T_{tj}^{i+1} - T_{tj}^{i}}{\Delta t} \quad (3a)$$

式中：$\Phi_{t(j)}^{i}$ 沿轴向传入油管热洗液单元体的热量，W；$\Phi_{rl(j)}^{i}$ 为沿径向传入油管热洗液单元体的热量，W；$\Phi_{t(j-1)}^{i}$ 沿轴向传出油管热洗液单元体的热量，W；ΔE_t 为油管内热洗液单元体热力学能的增量，W；T_{tj}^{i} 为油管内热洗时间 t 的 i 节点井深 z 的 j 节点处温度，℃，T_{tj}^{i+1} 为油管内热洗时间 t 的 $(i+1)$ 节点井深 z 的 j 节点处温度，℃。

整理可得油管内热洗液的温降公式：

$$T_{tj}^{i+1} = T_{tj}^{i} + \frac{Q_{in}\left(T_{tj}^{i} - T_{t(j-1)}^{i}\right)\Delta t}{\pi r_{ti}^2\Delta z} + \frac{2\lambda_t\left(T_{cj}^{i} - T_{tj}^{i}\right)}{r_{ti}^2\rho c \ln\left(\frac{r_{to}}{r_{ti}}\right)}\Delta t$$

$$(i = 0,1,2,...,m; j = j = n, n-1,\cdots,1) \quad (4)$$

3 数值计算

由式（2）和式（4）数值计算热洗过程中油井井筒内热洗液在油套环空及油管内温度分布的步骤如下[6-7]：

（1）输入基本参数：z，r_{ti}，r_{to}，r_{ci}，r_{co}，r_{ce}，c，ρ，λ_t，λ_c，λ_{ce}，g_T；Δz，Q_{in}，T_0，t；

（2）给温度 T 赋初值：$T_c(i,j)=T_{in}$，$(i=0,j=0)$；$T_s(i,j-1)=T_0+\lambda(j-1)\Delta z$，$T_t(i,j-1)=T_s(i,j-1)$，$(i=0;\ j=1,2,...,n)$；

（3）利用式（2）计算$T_c(i,j)$，$(i=i+1;\ j=1,2,...,n)$；

（4）令$T_t(i,j)=T_c(i,j)$，$(i=i+1;\ j=n)$；

（5）利用式（4）计算$T_t(i,j-1)$，$(i=i+1;\ j=n,n-1,...,1)$；

（6）若$i\geq2$：转步（3）；否则转步（2）；

（7）若$i=m$：输出$T_c(i,j)$，$(j=1,2,...,n)$，$T_t(i,j)$，$(j=1,2,...,n)$；否则转步（2）。

4 计算实例

现应用式（2）和式（4）及相应计算方法，对大庆采油一厂北 1-41-15 油井热洗过程中热洗液在油套环空及油管内温度分布进行数值计算和分析。

4.1 基本参数

北 1-14-15 油井的热洗基本参数如表 1 所示。

表 1 基本参数

参数	数值	参数	数值
井深 z/m	1061.61	油管内半径 r_{ti}/mm	31.00
油管外半径 r_{to}/mm	37.50	套管内半径 r_{ci}/mm	62.00
套管外半径 r_{co}/mm	70.00	水泥环外半径 r_{ce}/mm	115.00
热洗液比热容 $c\times10^3$/J/(kg·°C)	4.40	热洗液密度 $\rho\times10^2$/kg/m³	10.00
油管壁导热系数 λ_t/W/(m·°C)	35.50	套管壁导热系数 λ_c/W/(m·°C)	35.50
水泥环导热系数 λ_{ce}/W/(m·°C)	0.30	地温梯度 g_T/°C/100m	3.15

4.2 计算结果

（1）设定热洗液注入温度 T_{in}=75℃，热洗液注入流量 Q_{in}=20 m³ / h，可得到不同热洗时间 t 的油套环空及油管内热洗液温度 T 的分布曲线(图 1)。

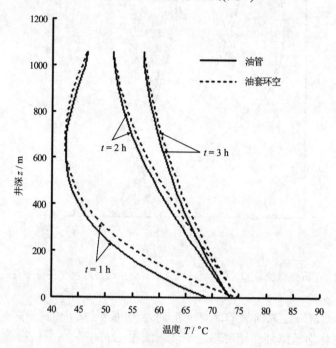

图 1 不同热洗时间 t 的油套环空及油管内热洗液温度 T 的分布曲线

由图 1 可见，热洗时间 t=1h 时，沿井深 z 方向油套环空及油管内热洗液温度 T 分布曲线变化均较剧烈；随着热洗时间 t 的增加，热洗液温度 T 分布曲线变化趋于稳定，且油套环空内和油管内热洗液的温度 T 分布曲线变化趋势相近。

（2）设定热洗时间 t=2h，热洗液注入温度 T_{in}=75℃，得到不同热洗液注入流量 Q_{in} 的油套环空及油管内热洗液温度 T 的分布曲线(图 2)。

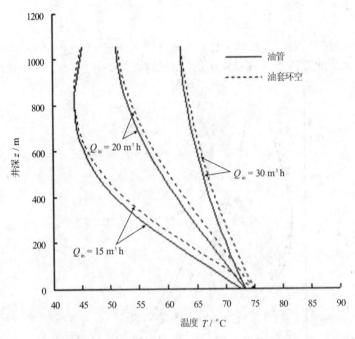

图 2　不同热洗流量 Q_{in} 的油套环空及油管内热洗液温度 T 的分布曲线

由图 2 可见，热洗液注入流量 Q_{in}=15m³/h 时，沿井深 z 方向油套环空及油管内热洗液温度 T 分布曲线变化均较剧烈；随着热洗液注入流量 Q_{in} 的增大，热洗液温度 T 分布曲线变化趋于稳定，且油套环空内和油管内热洗液的温度 T 分布曲线变化趋势相近。

5　结论

（1）由能量守恒定律及傅里叶定律，建立了热洗过程中油井井筒内热洗液温度分布的数学模型，并给出了相应的数值计算方法；

（2）以大庆油田采油一厂北 1-41-15 油井的热洗过程为例，对其井筒中热洗液温度分布进行了数值计算，得到了热洗过程中油套环空内及油管内热洗液的温度分布；

（3）在油井热洗过程中，随着热洗时间的增加或热洗液注入流量的增大，油套环空内和油管内热洗液的温度分布曲线变化均趋于稳定，且油套环空内和油管内热洗液的温度分布曲线变化趋势相近。

参 考 文 献

1 Hasan A R, Kabir C S, Wang X. Wellbore Two-Phase Flow and Heat Transfer During Transient Testing[J]. Spe Journal, 1998, 3(2):174-180.

2 杨世铭, 陶文铨. 传热学[M]. 北京: 高等教育出版社, 2006: 52-54.

3 Alves I N, Alhanati F J S, Shoham O. A Unified Model for Predicting Flowing Temperature Distribution. in Wellbores and Pipelines[J]. Spe Production Engineering, 1992, 7(4):363-367.

4 Hagoort J. Ramey's Wellbore Heat Transmission Revisited[J]. Spe Journal, 2004 (4):465-474.

5 程国娟. 油井热洗热流耦合场及温度监测系统研究[D]. 哈尔滨工业大学硕士研究生学位论文, 2011,9-16.

6 Shi Ying, Song Yanjie. Numerical simulation of downhole temperature distribution in producing oil wells[J]. Applied Geophysics, 2008, 5(4):340-349.

7 卢祥国, 赵学孟. 循环注液过程中井筒温度场的数值计算法[J]. 石油钻采工艺, 1991 (5):43-46.

Numerical calculations of wellbore temperature distribution in well hot washing process

ZHANG Yao[1], LI Ting-ting[1], HAN Dong[2], CUI Hai-qing[1]

(1.Enhanced Oil and Gas Recovery Key Laboratory of Ministry of Education, Northeast Petroleum University, Daqing, 163318; Email:757146503@qq.com;

2.Oil Recovery Plant No.1, Daqing Oilfield Crop.Itd., Daqing 163000; Email: handong_a@petrochina.com.cn)

Abstract：Based on the heat transfer between hot lotion and formation, as well as the coupling effect between the radial heat transfer of the casing annular hot lotion and tubing hot lotion in well hot washing process，and with the energy conservation law and Fourier law, the mathematical models of the temperature distribution of the wellbore hot lotion in well hot washing process were established, and the relevant numerical calculation method was given in this paper. Taking the hot washing process of Bei 1-41-15 well of Oil Recovery Plant NO.1 of Daqing Oilfield as an example，the temperature distribution of the hot lotion of the oil well mentioned above in well hot washing process was calculated and analyzed. This study has a certain guiding significance to the parameters optimization of well hot washing process in oilfield.

Key words：Hot washing process; Temperature distribution of hot lotion; Mathematical models; Numerical calculation

在内管做轴向往复运动的偏心环空中流动的幂律流体对内管的作用力

马珺喆[1]，刘洪剑[2]，高涛[3]，孟宪军[1]，崔海清[1]

(1. 东北石油大学 提高油气采收率教育部重点实验室，大庆，163318, Email: 147974485@qq.com

2 大庆油田有限责任公司 测试技术服务分公司，黑龙江，大庆 163001, Email: freezerodu@126.com

3 大庆油田有限责任公司 勘探开发研究院，大庆，163453, Email:46228743@qq.com)

摘要： 基于双极坐标系下幂律流体在内管做轴向往复运动的偏心环空中非定常流的控制方程，推导了在内管做轴向往复运动的偏心环空中流动的幂律流体对内管的作用力的计算公式，并给出了相应的数值计算方法。以 HPAM 水溶液为例，应用上述计算公式和数值计算方法，计算了在内管做轴向往复运动的偏心环空中流动的幂律流体对内管的作用力，绘制了在内管做轴向往复运动的偏心环空中流动的 HPAM 水溶液对内管的作用力随时间的变化曲线，并分析了 HPAM 水溶液的流性指数，内管的偏心度、冲程和冲次对该作用力的影响。

关键词： 轴向往复运动；偏心环空；幂律流体；对内管的作用力

1 引言

关于幂律流体在内管做轴向往复运动的偏心环空中的流动，人们已经做了大量的工作[1-7]。本文将在上述工作的基础上，推导在内管做轴向往复运动的偏心环空中流动的幂律流体对内管的作用力的计算公式，给出相应的数值计算方法。并对在内管轴向往复运动的偏心环空中流动的 HPAM 水溶液对内管的作用力进行数值计算和分析。

2 计算公式

2.1 运动方程

双极坐标系下幂律流体在抽油杆做轴向往复运动的抽油杆与油管构成的偏心环空中非定常流的控制方程[1,7]

$$\frac{\partial}{\partial \xi}\left[\eta(I_2)\frac{\partial w}{\partial \xi}\right]+\frac{\partial}{\partial \zeta}\left[\eta(I_2)\frac{\partial w}{\partial \zeta}\right]=\frac{C^2}{c^2+s^2}\left(\rho\frac{\partial w}{\partial t}-P\right) \qquad (1)$$

初始条件

$$w(\xi,\zeta,0)=w_p(\xi,\zeta) \qquad (2)$$

边界条件

$$w(\xi_i,\zeta,t)=W\sin(2\pi ft) \qquad (3)$$

$$w(\xi_o,\zeta,t)=0 \qquad (4)$$

式中：ξ、ζ 是双极坐标，$\xi<0$，$\zeta\geqslant 0$；$\eta(I_2)$ 是幂律流体视粘度函数，Pa·s；I_2 是一阶 Rivlin-Ericksen 张量分量的第二不变量；w 是幂律流体的轴向速度分布函数，m/s；ρ 是幂律流体的密度 kg/m^3；t 是时间，s；P 是压力梯度，Pa/m；$w_p(\xi,\zeta)$ 是在内管静止时流体在偏心环空中做 Poiseuille 流动的速度分布函数，m/s；W 是内管轴向往复运动速度的幅值，m；f 是内管冲程频率，Hz。

2.2 法向力计算公式

内管外壁压力为

$$P_i(\xi_i,\zeta,t)=\frac{\eta(I_2)}{C}(c\frac{\partial w}{\partial \xi}+s\frac{\partial w}{\partial \zeta})|_{\xi_i,\zeta,t}+p_0 \qquad (5)$$

式中：p_0 是一个常数。

由式（5），得内管外壁法向力为[1,7]

$$F_n=2R_i\int_0^\pi f(\zeta)\mathrm{d}\zeta \qquad (6)$$

式中：R_i 是内管的半径，且

$$f(\zeta)=\left(\frac{\eta(I_2)}{C}(c\frac{\partial w}{\partial \xi}+s\frac{\partial w}{\partial \zeta})|_{\xi_i,\zeta,t}\right)\cos\zeta \qquad (7)$$

2.3 切向力计算公式

内管外壁切应力为

$$\tau_{\xi z}=\frac{\mathrm{ch}\xi-\cos\zeta}{C}\eta(I_2)\left(\frac{\partial w}{\partial \xi}\right) \qquad (8)$$

$$\tau_{\zeta z}=\frac{\mathrm{ch}\xi-\cos\zeta}{C}\eta(I_2)\left(\frac{\partial w}{\partial \zeta}\right) \qquad (9)$$

$$\tau=\sqrt{\tau_{\xi z}{}^2+\tau_{\zeta z}{}^2} \qquad (10)$$

由式（10），得内管外壁切向力为

$$F_z = 2R_i \int_0^\pi f_z(\zeta) \mathrm{d}\zeta \tag{11}$$

式中：

$$f_z(\zeta) = \frac{\mathrm{sh}\,\xi_i}{(\cos\zeta - \mathrm{ch}\,\xi_i)} \sqrt{\left(\frac{\mathrm{ch}\,\xi_i - \cos\zeta}{C}\eta(I_2)\left(\frac{\partial w}{\partial \xi}\right)\right)^2 + \left(\frac{\mathrm{ch}\,\xi_i - \cos\zeta}{C}\eta(I_2)\left(\frac{\partial w}{\partial \zeta}\right)\right)^2} \tag{12}$$

2.4 内管作用力的计算公式

由式（6）、（11），得内管作用力为：

$$F = \sqrt{F_n^{\,2} + F_z^{\,2}} \tag{13}$$

3 计算方法

在已知幂律流体密度 ρ、流性指数 n、稠度系数 k、偏心环空外管半径 R_o、内管半径 R_i、偏心距 e、压降 P、内管冲程 S、冲次 f 的条件下，采用有限差分法对控制方程式（1）、（2）、（3）、（4）进行数值求解，得到幂律流体在偏心环空中做轴向往复运动的轴向速度分布 $w(\xi_i, \zeta_j, t_k)$ [1]；然后由轴向速度分布 $w(\xi_i, \zeta_j, t_k)$，采用数值积分方法对式（6）、式（11）和式（13）进行数值计算，从而得到在内管做轴向往复运动的偏心环空中流动的幂律流体对内管的作用力 F。

4 计算实例

现由上述计算方法，对在内管轴向往复运动的偏心环空中流动的可视为幂律流体的 HPAM 水溶液对内管的作用力进行数值计算和分析。

4.1 基础数据

基础数据如表 4-1 所示：

表 1　基础数据

参数	数值
聚丙烯酰胺水溶液的密度 $\rho/(kg/m^3)$	998.000
幂律流体的稠度系数 $k/(Pa \cdot s^n)$	0.10886
环空外管半径 $R_o/(10^{-2}m)$	2.960
环空内管半径 $R_i/(10^{-2}m)$	0.885
作用在流体上的压力梯度 $\overline{P}/(Pa/m)$	61.061

4.2 内管作用力的计算与分析

图1给出了在内管做轴向往复运动的偏心环空中流动的不同流性指数 n 的 HPAM 水溶液对内管的作用力 F 随内管往复运动周期 N 的变化曲线。

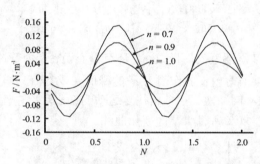

图.1 不同流性指数 n 下内管受力 F 的变化曲线
（ e =0.965×10^{-2} m，　S =1.0m，　f =0.167Hz）

由图1可见，当环空偏心距 e，内管冲程 S 和冲次 f 不变时，随着 HPAM 水溶液的流性指数 n 的增加，HPAM 水溶液对内管的作用力 F 的峰值（或谷值）增加。

图2给出了在内管做轴向往复运动的不同的环空偏心距 e 中流动的 HPAM 水溶液对内管的作用力 F 随内管往复运动周期 N 的变化曲线。

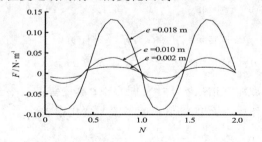

图 2 不同偏心距 e 下内管作用力 F 变化曲线
（ n =0.556，　S =1.0m，　f =0.167Hz）

由图 2 可见，当 HPAM 水溶液流性指数 n，内管冲程 S 和冲次 f 不变，随着环空偏心距 e 的增加，HPAM 水溶液对内管的作用力 F 的峰值（或谷值）增大。

图 3 给出了在内管做不同冲程 S 的轴向往复运动的偏心环空中流动的的 HPAM 水溶液对内管的作用力 F 随内管往复运动周期 N 的变化曲线。

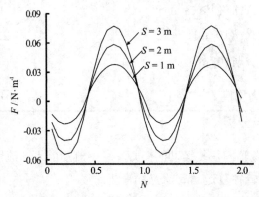

图 3 不同冲程 S 下内管作用力 F 变化曲线
（n=0.556，e=0.965×10⁻² m，f=0.167Hz）

由图 3 可见，当 HPAM 水溶液流性指数 n，环空偏心距 e 和内管冲次 f 保持不变，随着冲程 S 的增加，HPAM 水溶液对内管的作用力 F 的峰值（或谷值）增大。

图 4 给出了在内管做不同冲次 f 的轴向往复运动的偏心环空中流动的的 HPAM 水溶液对内管的作用力 F 随内管往复运动周期 N 的变化曲线。

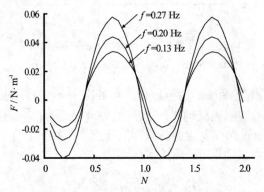

图 4 不同冲次 f 下合力 F 变化曲线
（n=0.556，e=0.965×10⁻² m，S=1.0m）

由图 4 可见，HPAM 水溶液流性指数 n，环空偏心距 e 和内管冲程不变 S，随着冲次 f 的增加，HPAM 水溶液对内管作用力 F 的峰值（或谷值）变化很大。

5 结论

（1）基于双极坐标系下幂律流体在内管做轴向往复运动的偏心环空中非定常流的控制方程，推导了在内管做轴向往复运动的偏心环空中流动的幂律流体对内管的作用力的计算公式，并给出了相应的数值计算方法。

（2）以上述计算公式和数值计算方法，对在内管做轴向往复运动的偏心环空中流动的 HPAM 水溶对内管的作用力，并分析了 HPAM 水溶液的流性指数，环空偏心距，内管冲程，冲次对其影响。

参 考 文 献

[1] 崔海清, 孙智, 高涛. 非 Newton 流体在内管做轴向往复运动的偏心环空中非定常流的速度分布[J]. 水动力学研究与进展, 2003, 18(6): 711-715.

[2] 杨元建, 高涛, 崔海清, 等. 幂律流体在内管做轴向往复运动的偏心环空中非定常流的流量分布. 大庆石油学院学报, 2004, 28(6)

[3] 孙智, 高涛, 崔海清. 流体在内管做轴向运动的偏心环空中的速度分布[J]. 大庆石油学院学报, 2004, 28(1): 10-13.

[4] 崔海清, 杨元建, 高涛. 幂律流体在内管做轴向往复运动的偏心环空中非定常流的流量计算. 石油学报, 2005, 21(3)

[5] 杨树人, 王春生, 杨英. 粘弹性流体在内管做轴向运动的偏心环空中的速度分布[J]. 大庆石油学院学报, 2005, 29(2): 110-111

[6] 崔海清, 李楠, 杨立国, 等. 变系数二阶流体在偏心环空中非定常流压力梯度的数值计算[J] 中国石油大学学报（自然科学版）, 2011, 35(1): 61-64

[7] Xianjun MENG, Hongjian LIU, Hongzhi ZHANG, et al. The normal force distribution on the wall of the Inner cylinder of the power law fluid flowing in the eccentric annuli with the Inner cylinder reciprocating axially. 2013: 527-531

The force acted on inner cylinder of power law fluid flowing in eccentric annuli with the inner cylinder reciprocating axially

MA Jun-zhe [1], LIU Hong-jian [2], GAO Tao [3], MENG Xian-jun [1], CUI Hai-qing[1]

[1]Enhanced Oil and Gas Recovery Key Laboratory of Ministry of Education,

Northeast Petroleum University, Daqing, 147974485@qq.com

[2]Testing Services Company of Daqing Oilfield Company Ltd., Daqing, freezerodu@126.com

[3]Exploratory Development Institute of Daqing Oilfield, Daqing, 46228743@qq.com

Abstract: Based on the governing equations of the inner cyinder of the unsteady flow of the power law fluid in eccentric annuli with the inner cylinder reciprocating axially in bipolar coordinate system, the calculation formulae of the force acted on the inner cylinder of power law fluid flowing in eccentric annuli with the inner cylinder reciprocating axially was established, and the relevant numerical calculation method was given. Taking the aqueous solution of HPAM for examples, the force was calculated by using the calculation formulae and numerical calculation method mentioned above, the curves of the force changing with time were plotted and the influences of the flow behavior index of the power law fluid, the stroke and the stroke frequency of the inner cylinder on the force were analyzed.

Key words：reciprocate axially; eccentric annuli; power law fluid; the force of the inner cylinder

OLGA 在海底油气输送管线内蜡沉积预测中的应用

王凌霄[1]，高永海[1]，郭艳利[1]，徐爽[2]，向长生[1]，孙宝江[1*]

（ 1.中国石油大学（华东）石油工程学院，青岛，266580，Email:wlingxiao0723@126.com

2.中国石油集团工程技术研究院，天津，300000）

摘要：文章运用 OLGA 软件根据西非两个油田数据建立了海底油气运输管道模型，模拟重力压降、入口温度、海底管道长度对油气管线内蜡沉积的影响，通过对模拟结果的分析可得出以上因素对蜡沉积的影响规律：①立管段因有显著的重力压降使得其压降大于其他管段压降，蜡容易发生沉积；②在一定条件下，提高入口温度，能够使得管段温度整体提高，蜡不易发生沉积；③在一定条件下，海底管道越长，蜡沉积的可能性越大。

关键词：蜡沉积机理；OLGA；油气输送；管线；蜡沉积预测

1 引言

在石油工业中，油气体系中蜡沉积问题是一个严峻的问题，发生在油气生产的各个环节，有时会带来重大的经济损失。原油在管道中流动，随传输距离的增加，温压降低，蜡沉积在管道底部，管道的输油效率降低，影响了油井效益。为防止堵塞管道，需要加入清除剂清除蜡积，或者采取清管操作，不仅提高了生产维修费用，而且严重影响了管道的正常运营。本文运用 OLGA 软件模拟油气输送管道中温压场，将所得的温压场与蜡生成温压曲线对比，预测蜡沉积情况。结果可应用于海洋输送管线流动安全保障。

2 蜡沉积机理

2.1 蜡沉积影响因素

文章主要思路是模拟海底管道中原油的温度压力，将其与油藏流体形成析出蜡时的温度压力比较，进而对海底管线内蜡沉积进行预测。影响蜡沉积的因素有很多，本文主要分析温度压力对蜡沉积的影响。

2.1.1 原油的温度

影响油气体系中重质组分的重要因素之一为原油的温度[1]。当温度较高时，石蜡在原油中完全溶解，石蜡的溶解度会随着温度的下降而降低。当温度降至析蜡点时，原油中开始有石蜡晶体析出，随着原油温度继续降低，原油中有大量石蜡析出，这些石蜡晶体形成三维的网状结构，原油体系中遍布这种网状结构时，会包围可流动的轻质组分，导致原油体系流动困难。

2.1.2 压力

图 1 为压力和温度对蜡的初始结晶温度的影响。由图 1 可知，在 $P > P_b$ 条件下，压力降低，原油不会脱气，蜡的初始结晶温度随压力的降低而降低；在 $P < P_b$ 条件下，压力降低时原油中气体的逸出与气体的膨胀都使油温降低，降低了对蜡的溶解能力，因而使初始结晶温度升高。压力愈低，结晶温度增加的愈高。

在油气输送过程中，由于压力不断降低，气体的逸出降低了原油对蜡的溶解能力和原油温度，蜡结晶更易析出。

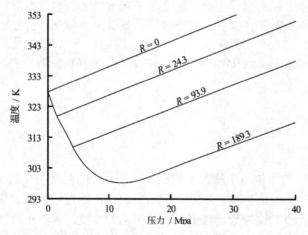

图 1 压力和温度对蜡的初始结晶温度的影响[1]

2.2 蜡沉积机理

目前国内外学者对蜡沉积机理已进行了很多研究[2-5]，认为分子扩散、剪切弥散和布朗运动是蜡沉积形成的主要作用机制。

（1）分子扩散。在周围低温环境的作用下，管内油流被冷却。当原油温度降低至析蜡点时，其中的蜡晶便会不断增加。当原油中蜡分子达到饱和时，其中的蜡分子会在分子扩散作用下向管壁处运动并且沉积下来。蜡的沉积会导致紊流核心区溶解的蜡和管壁处溶解的蜡之间出现浓度梯度。因此，溶解的蜡会在浓度梯度的作用下向管壁处移动随后沉积在管壁上。

（2）剪切弥散。在油流的剪切作用下，速度场中的蜡晶粒子除了沿流动方向运动外，还会以一定的角速度由速度高处向速度低处迁移，并最终在壁面上停止不动（壁面油流的剪切作用基本为零）。蜡晶粒子借助于分子间范德华力向管壁运动并沉积在管壁上的过程即为剪切弥散。

（3）布朗运动。当微小的固体蜡晶悬浮于原油中时，它们会受到热搅动的油分子的持续冲击。这样的碰撞会使悬浮的颗粒发生轻微的随机布朗运动。这些颗粒存在浓度梯度时，布朗运动会导致一种类似于扩散的网状输送。

原油在海底管线运输过程中，受外界环境、重力压降、摩擦阻力等因素影响，管线内温度压力不断变化，到达原油浊点后，在上述 3 种机理作用下，蜡结晶从原油中析出，从而在管线内形成蜡沉积。

3 海底油气输送管线内蜡沉积预测

3.1 海底管线模型建立

OLGA 软件是瞬态模拟软件[6]，具有自己独特的数学计算模型，采用基于双流体模型的压降计算公式和持液率公式，目前不包含流体物性计算模块，其组分数据的输入是通过 PVTSIM 软件模拟，然后生成 OLGA 适用的 TAB 文件。

采用 OLGA 软件建立海底管线模型时，重点是设置模型的节点和管道参数，即实例的基本参数以及初始条件与边界条件，包括油藏参数、管道参数等。模拟时所采用的案例为西非区域的某两个油田基础数据（表 1 至表 3），两油田分别命名为 G1、G2，建立的海底管线模型如图 2 所示。

表 1 G1 海管路由

Position	Easting	Northing	Distance from FPSO	Distance from Manifold	Water Depth	Cumulated
	/m	/m	/m	/m	/(m/MSL)	Length/m
Flowline-Manifold 4	422836	9189652	15109	0	-1698	0
Riser Base	428403	9198938	163	14946	-1562	14947
RiserTop/Flexible	428403	9198938	163	14946	-152	16358
Flexible/FPSO	428557	9198912	0	15109	30	16880
FPSO Piping				15189	30	16960

表 2 G2 海管路由

Position	Easting	Northing	Distance from FPSO	Distance from Manifold	Water Depth	Cumulated
	/m	/m	/m	/m	/(m/MSL)	Length/m
Flowline-Manifold 3	429727	9206083	10023	0	-1445	0
Riser Base	428412	9198978	163	9860	-1564	9861
RiserTop/Flexible	428434	9198968	140	9883	-241	11365
Flexible/FPSO	428557	9198912	0	10023	30	11796
FPSO Piping				10103	30	11876

表 3 管线基本参数

	ID/mm	U/(W/m^2/K)	Roughness/μm
Jumpers	139.7	3.5	45
Production Flowlines	254	0.8	45
Vertical Risers	254	3.0	45
Flexibles	254	4.0	838

图 2 所示模型中，Jumper1、Production Flowline1、Riser1、Flexible1 分别是 G1 油田的跨接管、长输管线、立管、柔性立管；Jumper2、Production Flowline2、Riser2、Flexible2 分别是 G2 油田的跨接管、长输管线、立管、柔性立管。INLET_1 与 INLET_2 分别为两油田的管线入口，两油田最终经出口 OUTLET 汇入 FPSO。

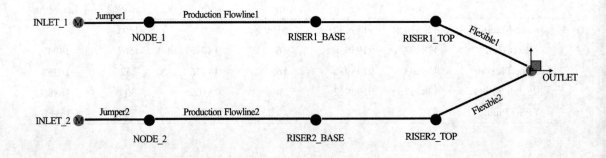

图 2 海底管线模型

3.2 输出 PROFILE 结果

为研究海底管线对蜡沉积的影响，以 G1 油田的油藏流体组成为例，作为 G1 油田和 G2 油田管道模型的输入流体，做出 Production Flowline1、Riser1、Production Flowline2、Riser2 的温度压力沿海底管线的变化图，（图 3 至图 6），图中黑色线代表压力，红色线代表温度。

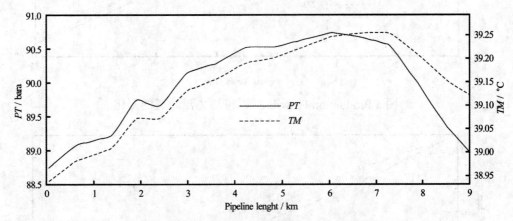

图 3 Production Flowline1 温度压力沿管道的变化

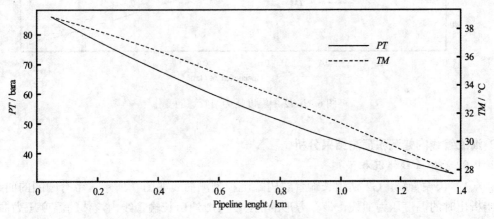

图 4 Riser1 温度压力沿管道的变化

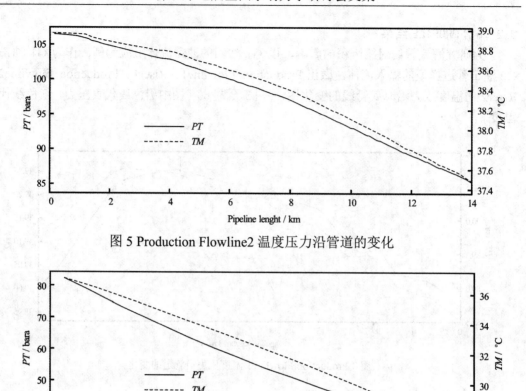

图 5 Production Flowline2 温度压力沿管道的变化

图 6 Riser2 中温度压力沿管道的变化

3.3 海底管线内蜡沉积预测结果分析

3.3.1 G2 油田管线蜡沉积预测

（1）长输管线。G2 油田长输管线内蜡沉积预测曲线如图 7 所示，带有圆圈的曲线表示蜡析出时的温度压力曲线，带有方形的曲线为 G2 油田长输管线内流体的温度压力曲线。由曲线可以看出，压力相同时，长输管线内流体温度高于蜡析出时的温度，因此从温度压力的角度来看产生蜡沉积的可能性很小。

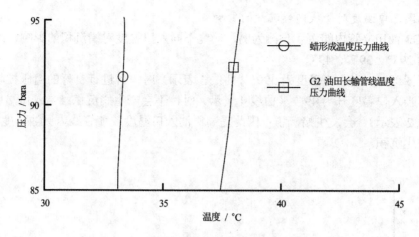

图 7 G2 油田长输管线蜡质沉积预测曲线

（2） 立管。G2 油田立管内蜡沉积预测曲线如图 8 所示。分析可知，区域 A 中，温度相同时，立管的压力低于蜡析出的压力，当压力低于饱和压力时，原油浊点因压力降低带来的影响有升高趋势，因而容易产生蜡沉积；在区域 B 中，压力相同时，立管的温度低于蜡析出的温度，容易产生蜡沉积，出现蜡分子沉积在管壁的现象。

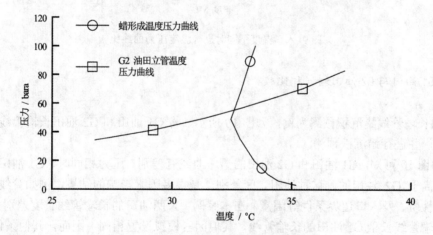

图 8 G2 油田立管蜡质沉积预测曲线

混输管路的压降主要有磨阻压降、重力压降和加速压降三部分组成，由以上得到的模拟数据可以看出，竖直立管段的压降明显大于长输管线段的压降，正是由于此管段内重力压降的显著增大造成的，此处容易产生蜡沉积，需要做好预防措施。

3.3.2 不同入口温度对管线内蜡沉积的影响

以 G2 油田立管内蜡沉积预测为例,研究不同入口温度对蜡沉积的影响,入口温度分别设置为 29℃、39℃、49℃。

分析图可知,当入口温度为 39°(曲线 3 表示)时,若进行良好的温压控制,可防止蜡沉积;当入口温度升为 49°(曲线 4 表示)时,不会产生蜡沉积;当入口温度降为 29°(曲线 2 表示),会发生蜡沉积;因此提高原油入口温度,使管线内原油温度整体升高,蜡不易发生沉积。

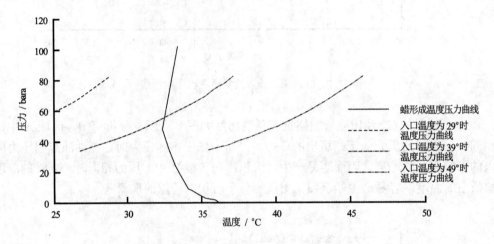

图 9 入口温度不同时立管温度压力曲线比较

3.3.3 G1 油田与 G2 油田蜡沉积比较

以长输管线蜡沉积预测为例,如图 10 所示,将 G1 油田和 G2 油田长输管线的温压曲线比较,并进行蜡沉积预测。

由图 10 可知,G1 油田和 G2 油田的温压曲线有差别,压力相同时,G1 油田的长输管线温度高于 G2 油田的,这种油田之间差别,是很多因素影响的结果,例如管线长度、油藏流体性质、及入口边界条件等因素。在本案例中,两油田的长输管线长度差别大,G2 油田的长输管线长于 G1 油田的长输管线,其他因素模拟设置相同,因而,其他条件相同时,长输管线越长,在输送过程中原油温度越低。

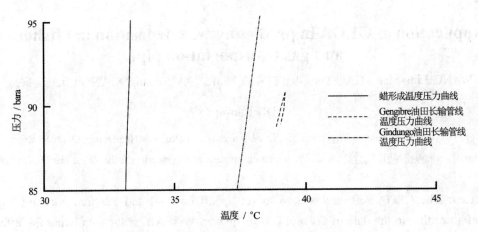

图 10   G1 油田和 G2 油田温度压力曲线比较

4 结论

文章运用 OLGA 软件建立了海底管道模型，进行 G2 油田第一年蜡预测；同一油田不同年份的温压曲线比较；G2 油田第一年改变入口温度对蜡沉积的影响；G1 油田和 G2 油田，海底长输管线长度不同，进行第一年温压曲线比较。通过对模拟结果的分析可得出以上因素对蜡沉积的影响规律：①立管段因有显著的重力压降使得其压降大于其他管段压降的，蜡容易发生沉积；②在一定条件下，提高入口温度，能够使得管段温度整体提高，蜡沉积的可能性小；③随着输送距离增加，温压降低，在一定条件下，海底管道越长，温压越低，气体析出，蜡沉积的可能性越大。

参 考 文 献

1   李效波. 深水完井油气测试中原油析蜡预测方法研究[D]. 中国石油大学，2009.

2   盖芸. 含蜡原油管道蜡沉积模型研究[D]. 西南石油大学，2014.

3   Zhang G Z, Liu G. Study on the wax deposition of waxy crude in pipelines and its application[J]. Journal of Petroleum Science and Engineering, 2010, 70(1): 1-9.

4   黄启玉. 含蜡原油管道蜡沉积模型的研究[D]. 中国石油大学（北京），2000.

5   姜宝良，张国武，赵晨阳，等. 原油蜡沉积研究进展[J]. 油气储运，2005, 24(10): 1-4.

6   OLGA 软件计算应用导则[OL]. http://www.docin.com/p-485712081.html.

Application of OLGA in predicting wax deposition in offshore oil and gas transportation pipe

WANG Ling-xiao[1], GAO Yong-hai[1], GUO Yan-li[1], XU Shuang[2]XIANG Chang-sheng[1],

SUN Bao-jiang[1]*

(1. College of Petroleum Engineering, China University of Petroleum(Hua Dong), Qingdao, 266580,
Email: wlingxiao0723@126.com   2. CNPC Research Institute of Engineering Technology, Tianjin, 300000)

Abstract: The OLGA software is used to set up offshore oil and gas transportation pipeline model according to the data of G1 and G2 oil field in West Africa for simulating the effects of gravity pressure drop, entrance temperature and pipeline length on wax deposition in oil and gas pipeline. The impact pattern of the above factors on deposition of wax is obtained by analyzing the simulation results: (1) wax easily deposits in riser because pressure drop of riser is more significant than other pipe drop due to gravity pressure drop; (2) under certain conditions, improving the entrance temperature can make the pipe temperature increase, conducive to the prevention of wax deposition; (3) under certain conditions, the longer submarine pipeline is the greater possibility wax deposit.

Key words: Wax deposition mechanism; OLGA; Oil and gas transportation; Pipelines; Wax deposition prediction.

基于试验设计的车身非光滑表面气动减阻研究

刘宇堃，胡兴军，刘飞，王靖宇，杨博，朱云云

(吉林大学汽车工程学院，长春，130022，Email: hxj@jlu.edu.cn)

摘要： 汽车消费快速增长导致的能源消耗问题，以及由燃油消耗引起的有毒气体，微粒及温室效应气体排放等不可忽略的环境问题都亟待解决。本文对非光滑表面在车身上的应用进行了探究，通过正交试验获得了非光滑单元体各因素对减阻率的影响趋势，详细阐述了不同形态单元体引起阻力变化的机理，实现了提高汽车燃油经济性，改善环境的目标，同时为突破目前的减阻瓶颈状态提供技术指导。

关键词： 非光滑单元体；正交试验设计；减阻机理；湍流参数

1 引言

在提高燃油经济性措施中，减小汽车行驶时的空气阻力是一种有效的重要手段。实验表明，风阻系数每降低 10%，燃油节省 7%左右，同时百千米加速能力也将提升 23%以上[1]。

如何在现有降低气动阻力方法的基础上寻找有效的减阻措施，成为当前汽车空气动力学领域的一个关键问题。相关研究人员通过对自然界中生物特征的观察与提取，将仿生学概念引入汽车工程领域中，进行了一系列的仿生造型与非光滑表面减阻的研究。在国外，已经出现了模仿高尔夫球表面的凹坑汽车等仿生非光滑表面在汽车上应用的相关探索[2-3]。在国内，湖南大学的金益锋、谷正气等，对某微型客车顶盖位置加装凹坑结构的减阻效果做探讨[4]；范光辉等讨论了在 SAE 模型上非光滑结构对流场的影响[5]；总而言之，仿生非光滑表面打破了人们的传统观念，为汽车减阻的可能性开拓了一个新的领域[6-7]。

本文将仿生学与非光滑单元体的想法应用于汽车所在的流体介质中，通过选取对尾流结构影响重要的位置，将具有不同形状的仿生非光滑单元体布置在车身表面，获得不同的非光滑单元体结构的特征因素对汽车减阻效果影响的规律，具有一定的工程和指导意义。

2 物理模型及数值计算方法

2.1 非光滑表面的物理模型

适用于本文研究对象且便于工程实现的非光滑表面形态，包括凹坑形，凸包形，沟槽形以及棱纹形，并采用矩形排列的排列原则。由于汽车尾部流场对气动阻力中所占比重最大的压差阻力有重大影响，在后续的研究中，将其布置位置选在能够影响尾流的地方。

在尺寸设计上，非光滑表面单元体尺寸设计至今仍无明确的理论指导。边界层内的流动状况及厚度，不仅会影响摩擦阻力，也会影响压差阻力，如果通过非光滑单元体干扰边界层的流动状态，改变边界层厚度，减阻就变得可能。因此在进行单元体尺寸估计时，应将非光滑单元体的高度或深度控制在边界层的厚度之内。边界层厚度的估算公式为：

$$\delta(l) = 0.035l/\mathrm{Re}(l)^{1/7} \tag{1}$$

$$\mathrm{Re}(l) = \frac{\rho V l}{\mu} \tag{2}$$

其中：l 为将模型表面近似为平板的特征长度，ρ =1.225kg/cm2，μ =1.7894×10-5N·s/m2，在本文中 V 取高速路上允许的最大速度 120km/h，即 33.33m/s。

计算可知保守估算高度为 14.3mm，后续的方案中将单元体深度或高度限制在 mm 量级。

2.2 数值仿真的物理模型选择

Shear-Stress Transport（SST）k-ω 模型利用混合函数，能够有效预测逆压梯度下湍流产生和分离特性，且其具有自动的壁面处理方法，这些优点能让该模型有效的预测反压力梯度引起的气流分离点位置及气流分离量。对非光滑表面的研究，近壁面流动状态需重点关注，选用的湍流模型要求对近壁面有较好适应性，因此本文在计算中采用 SST k-ω 模型[9-11]。

3 MIRA 模型仿生非光滑表面的气动特性研究

3.1 车身非光滑表面减阻方案设计

本文研究对象采用的是标准阶背式 MIRA 模型，其模型的具体尺寸见图 1，该模型的尾流具有较好的代表性，同时模型表面没有额外的附件，这样能在一定程度上加大研究载体非光滑单元体的效果，利于对后续的减阻机理进行分析。

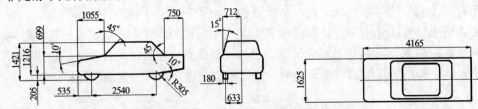

图 1 标准阶背式 MIRA 几何模型示意图

对于多因素多水平的方案设计，采用正交试验设计。仿生非光滑表面在车身上的应用考虑的因素非常多，包括了单元体在车身表面的布置位置，单元体自身的形态（包括了形状，深度，宽度），单元体的分布情况（包括了排列方式以及间距大小）。

试验因素定义分别为 A－非光滑单元体的布置位置（对尾流影响较大的部位）；B－非光滑单元体的形状，分两类，一类是旋成体类，包括凸包或凹坑；另一类是拉伸体类，棱纹或沟槽，沟槽有两种方向，将顺气流方向的称为沟槽 A，垂直气流方向的称为沟槽 B；C－自身尺寸：突出高度（凸包/棱纹）或内陷深度（凹坑/沟槽）；D－单元体的宽度，即旋转体形状的弦长或拉伸体形态的最大宽度，E－非光滑单元体的间距。因素与水平如表 1。

表 1　正交试验因素—水平表

	位置 A	形状 B	深度 C	宽度 D	间距 E
1	顶盖	凹坑	11	18	40
2	行李舱	凸包	3	21	50
3	尾部	棱纹	5	24	60
4	底部	沟槽 A	7	27	70
5	侧部	沟槽 B	9	30	80

根据正交试验的设计准则，选取 L25 正交表，把上述的各试验因素任意安排到正交表的各个位置，共得到 25 组正交方案，其中部分实验方案见表 2。

表 2　正交方案表

方案	位置 A	形状 B	深度 C	宽度 D	间距 E
1	1	1	1	1	1
2	1	2	2	2	2
3	1	3	3	3	3
4	1	4	4	4	4
5	1	5	5	5	5
6	2	1	2	3	4

3.2 试验结果统计与分析

对个方案进行数值仿真计算，得出各不同方案减阻率见图 2。其中 Rt 为总阻力减阻率、Rp 为压差阻力减阻率，Rv 为摩擦阻力减阻率。

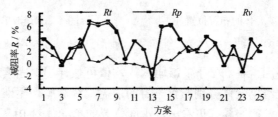

图 2　不同方案对应的总阻力，压差阻力，摩擦阻力的减阻率

分析可知，对本文研究对象阶背式 MIRA 而言，非光滑表面单元体的各研究因素对模型的阻力成分的影响并不完全一致，可能在减小压差阻力的同时，减小模型的摩擦阻力，也可能增大压差阻力的同时减小摩擦阻力，以及同时增大的情况。下面将具体进行分析。

表 3 给出了总体阻力减阻率的方差分析结果。从表中可以看出，因素 A、B、E 对 MIRA 模型的总体减阻率影响比较显著，而 C 及 D 对总减阻率的影响不明显，整体分析，对总减阻率影响的主次因素为：A>B>E>D>C。

表 3 总减阻率的方差分析（因变量:Rt）

源	III 型平方和	df	均方	F	Sig.
校正模型	116.661a	20	5.833	1.452	0.392
截距	223.383	1	223.383	55.601	0.002
A	32.466	4	8.116	2.020	0.256
B	28.323	4	7.081	1.762	0.298
C	13.798	4	3.450	0.859	0.557
D	15.434	4	3.859	0.960	0.515
E	26.639	4	6.660	1.658	0.318
误差	16.070	4	4.018		

对部分单试验因素效应进行分析，首先分析布置位置对减阻特性的影响。如图 3 所示，当非光滑单元体布置在行李舱和底部位置时，基本上所有的模型都能起到减阻作用，且都能获得较高的平均减阻率，而当非光滑单元体布置在尾部、底部或者侧部时，会有不同程度的增阻现象，尤其是在侧部位置时，5 组模型中有 2 组出现了增阻，这很有可能是因为侧面布置的非光滑单元体在一定程度上增加了汽车的正投影面积导致的。

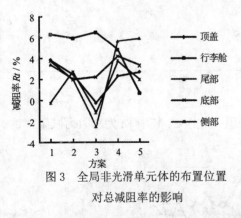

图 3 全局非光滑单元体的布置位置
对总减阻率的影响

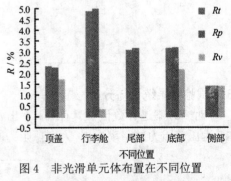

图 4 非光滑单元体布置在不同位置
对 Rt，Rp 及 Rv 的影响

另一方面，由各因素各水平下的减阻率平均值可估计出单因素对最终目标值的影响规律，如图 4，当非光滑单元体分别布置车身的顶盖，行李舱，尾部，底部以及侧部时，对各减阻率的影响有一定的差异。可看出，不同位置的单元体对 Rt 及 Rp 的影响规律基本一致，两减阻率均在位置行李舱处达到最好，在车身侧部位置处最差。而对 Rv 来说，减阻效果最优位置为车身底部，而在减阻率 Rt 及 Rp 最优的位置侧部时，Rv 却相对减阻效果接近最差，准确说最差位置为车身尾部，此时非光滑模型的摩擦阻力比光滑模型的有所增加。

下面对非光滑单元体形态因素进行分析。由图 5 可得，不论非光滑单元体以什么尺寸大小与间距呈现，也无论布置在什么位置，顺气流方向还是垂直气流方向布置的沟槽，以及各种方案下的凸包都能起到平稳不错的减阻效果；虽然最大减阻率的方案出现在棱纹模型上，但相对于其他几种形状的单元体，其对减阻率的影响表现的不稳定，频频有增阻现象发生。从工程应用的角度出发，对于非光滑单元体的形态选择，为保证较为稳定的减阻效果，应该最先考虑两个方向的沟槽以及凸包这三种形态结构。

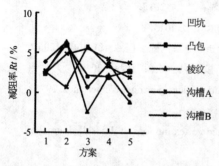

图 5　全局方案非光滑单元体的形态
对总减阻率的影响

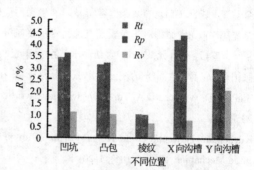

图 6　非光滑单元体不同形态
对 Rt，Rp 以及 Rv 的影响

由图 6 可看出，非光滑单元结构的不同形态对总减阻率 Rt 以及压差阻力减阻率 Rp 的影响规律一致，二者的减阻效果都是沟槽 A 最好，依次是凹坑形、凸包形、沟槽 B，效果最差的是棱纹形态。对比发现，这几种形态对摩擦阻力减阻率的影响与对另两种减阻率的影响具有一定的一致性，棱纹形态仍旧对摩擦阻力的减小贡献最小，不同的是沟槽 B 引起的摩擦阻力减阻率明显优于其余几种。

4　结论

主要通过正交试验设计分析非光滑单元体各因素对阶背式MIRA模型的阻力减阻效果的影响，通过方差分析极差分析可以得出以下结论。

（1）单元体的布置位置对总阻力的影响最大，对压差阻力与摩擦阻力也有着重要影响。在所给试验范围内，非光滑表面单元体布置在车身行李舱处时，有利于减小压差阻力、摩擦阻力，进而有效减少总阻力。

（2）单元体的形状是影响总阻力减阻效果的另一个重要因素。在试验方案范围内，沿气流X方向布置的沟槽对压差阻力的减阻效果非常明显，弥补了该位置处粘性阻力减阻微弱的不足，进而获得较高的总阻力减阻效果。同时，旋转体式的形状特征也都能获得较好的减阻效果，这保证了能应用于工程实际的多样性。

参 考 文 献

1 胡兴军. 汽车空气动力学[M]. 北京: 人民交通出版社, 2014.

2 Grosch CE, Orszag S A. Numerical solution of problems in unbounded regions: coordinate transforms . J. Comput. Phys., 1977, 25: 273–296.

3 武际可. 从麻脸的高尔夫球谈起-流体中运动物体的阻力和升力[J]. 力学与实践, 2005, 27(5): 0-0.

4 金益锋. 基于 CFD 的某微型客车减阻与尘土污染研究[D]. 湖南大学, 2012.

5 范光辉. 非光滑结构对车身表面气流特性的影响分析[D]. 湖南大学, 2013.

6 谌可, 王耘, 曹开元, 宋小文. 仿生非光滑汽车表面的减阻分析. 中国机械工程, 23(8): 1001-1006.

7 张国耕. 车身仿生非光滑表面气动减阻特性研究 [D]. 杭州: 浙江大学能源工程系, 2010.

8 Smith C R, Walker J D A. Turbulent wall-layer vortices[M]//Fluid vortices. Springer Netherlands, 1995: 235-289.

9 Küchemann D. Report on the IUTAM symposium on concentrated vortex motions in fluids[J]. Journal of Fluid Mechanics, 1965, 21(01): 1-20.

10 Kramer M O. Boundary layer stabilization by distributed damping[J]. Journal of the American Society for Naval Engineers, 1960, 72(1): 25-34.

11 Benjamin T B. Effects of a flexible boundary on hydrodynamic stability[J]. Journal of Fluid Mechanics, 1960, 9(04): 513-532.

Aerodynamic Drag reduction research of non-smooth auto-body surface based on the design of experiments

LIU Yu-kun, HU Xing-jun, LIU Fei, WANG Jing-Yu, YANG Bo, ZHU Yun-Yun

(College of Automobile Engineering, Jilin University, Changchun, 130022.

Email: hxj@jlu.edu.cn)

Abstract: The problem of energy consumption caused by the rapid growth of automobiles, and other environmental problems of toxic gas, particles, and greenhouse gas emissions that can't be ignored should be solved. This paper discusses the method of reducing the aerodynamic drag by non-smooth surfaces which can be applied on automobile body. This paper obtains the influence trends of all factors of non-smooth elements acting on drag reduction rate by orthogonal tests, and states the mechanism of elements with different forms that lead to the changes of drag in detail. In this paper the purpose of improving fuel economy and the environment is achieved, and technical guidance for breaking through the current state of drag reduction bottleneck is provided.

Key words: Non-smooth Element; Orthogonal Experiment Design; Drag Reduction Mechanism; Turbulence Parameters.

"点头鸭"波浪能装置的水动力学特性研究

程友良，赵洪嵩，雷朝，白留祥

（华北电力大学能源与动力工程学院，保定，071003）

摘要："点头鸭"是一种高效的波浪能转换装置，对其进行研究对于开发海洋波浪能具有重要的意义。本研究以 FLUENT 软件为平台首先建立了二维数值波浪水槽，在考虑附加质量和附加阻尼的基础上，对可绕定轴转动的"点头鸭"在不同波浪条件作用下的受力情况与运动情况进行了模拟与分析。所得结论可为进一步研究"点头鸭"波浪能装置提供一定的理论依据。

关键词：鸭式波浪能装置；二维数值波浪水槽；流固耦合；数值模拟；

1 引言

预计到 2040 年，人类对能源的消耗将会是当前的两倍[1]。这一方面将为发展提供充足的条件；另一方面也引发了诸多不可持续性的环境问题。为此，世界各国都在积极进行着洁净可再生能源的开发与利用工作[2-3]。海洋能作为清洁可再生能源的一种，越来越成为社会关注的焦点。"点头鸭"波浪能装置是一种高效的波能转换装置，对其进行研究对开发海洋能、发展清洁可再生能源具有重要的意义。本研究使用数值仿真技术对可绕轴转动鸭式波浪俘能装置的水动力特性进行了研究。

2 数值波浪水槽的建立

数值仿真实验与传统的使用物理模型进行的实验相比，具有成本低、不受尺寸限制、易于改造、测量精确等诸多优点[4]。本研究使用商业CFD软件Fluent在数值波浪水池中对"点头鸭"模型进行数值模拟研究，故需先建立数值波浪水池。造波方法选择更贴近物理实验模型的动边界造波方法[5]。在波浪水池首端，通过设置相应的动边界的运动来模拟推板式造波机进行造波。推板造波方式如图1所示。

为了减少波浪的反射作用，需要在数值波浪水池的尾部进行消波。消波方法采用源项消波法[6]，在数值水槽尾部的消波区内，使用自定义函数在动力运输方程中添加动量衰减源项，从而达到消波的目的。二维数值水池的结构示意图如图2所示。该数值波浪水槽长36m，高为0.9m，水深0.45m，造波区与工作区的长度为26m，水池的尾部沿水平方向26m至36m处设置为消波区。

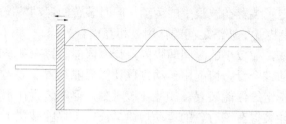

图1　推板造波机示意图

图2　数值波浪水槽结构示意图

对已建立好的数值波浪水槽，选取周期为1s，波高为0.18m的波浪条件，在不同的位置设置波高监测点，将监测得到的数值波形与理论波形进行对比，从而进行造波与消波效果的验证。经验证，在此数值水槽中，数值波形与理论波形周期的误差为0.15%，波浪波高在波浪每传播前进1m的衰减量约为0.67%，且波浪在到达水槽尾部边界之前已经被消减完毕，该数值水槽可以用来进行数值研究。

3　"点头鸭"的运动分析与模拟

本研究的"点头鸭"模型是基于S.H.Salter关于鸭式装置研究的第二年阶段性报告[7]。将点头鸭该模型置于上述水槽中部，对其进行分析与模拟。

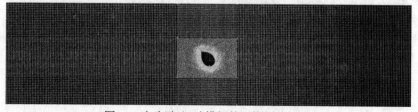

图3　"点头鸭"运动模拟的网格划分

鸭式俘能装置在波浪中的运动,受水的浮力、水对该装置的附加质量和附加阻尼、自身重力、固定轴对其作用力以及动力输出装置对其反作用力。在确定每一时刻装置受到的作用力之后,俘能装置作为一个刚体在该时刻外力作用下的运动便也能够确定。装置在波浪中受到的作用力决定了装置在波浪中的运动,同时装置的运动情况又会对装置的受力产生影响[8]。可见,俘能装置与波浪之间的作用是相互耦合的。

采用离散化的方法,在较小的时间间隔内,计算俘能装置在某一时刻受到水动力及水动力矩,再根据装置的综合受力情况由运动方程计算俘能装置在该时刻的运动规律,将求解所得到的运动规律指定给俘能装置。如此在该时刻,俘能装置在水动力和水动力矩的作用下产生运动,而俘能装置在该时刻的运动规律又决定了俘能装置下一时刻自身的受力情况。同样在下一时刻继续获取俘能装置受到的水动力和水动力矩,计算俘能装置的运动规律并将其指定给俘能装置。如此循环往复,动态的计算俘能装置受到的水动力和装置自身的运动规律,实现俘能装置与波浪的双向流固耦合计算。

4 模拟结果与分析

4.1 不同周期波浪条件下对比分析

为了分析鸭式俘能装置在不同周期波浪参数下的表现情况,首先选取波高为 0.05m,周期分别为 T=0.7s、T=0.8s、T=0.9s、T=1.0s 的波浪条件进行数值模拟,分析鸭式俘能装置在不同周期波浪参数下的表现情况。不同周期波浪对应的波浪参数如表 1 所示。

表 1 不同周期的波浪参数

周期 T /s	0.7	0.8	0.9	1.0
角频率 ω /(rad/s)	8.976	7.854	6.981	6.283
波长 L/m	0.763	0.992	1.238	1.491
L/D*	7.63	9.92	12.38	14.91

*L/D 为波浪波长与鸭式俘能装置直径之比,本研究的鸭式俘能装置直径为 0.1m

在相同波高不同的波浪周期条件下,波浪与鸭式俘能装置发生作用,在同一时刻的波浪相图如图 5 示。可以看出,波浪在经过俘能装置之后,波高发生明显的衰减,说明波浪在经过俘能装置的时候,有一部分波浪能会被俘能装置所俘获。且不同周期即不同波长的波浪在经过俘能装置后衰减的幅度不同,说明鸭式俘能装置在不同相对波长的情况下,俘能效率有所不同。

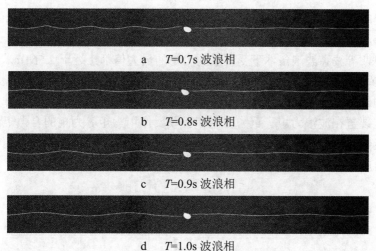

a　　T=0.7s 波浪相

b　　T=0.8s 波浪相

c　　T=0.9s 波浪相

d　　T=1.0s 波浪相

图 5　不同周期波浪与俘能装置作用相

鸭式俘能装置在运动一段时间后，装置的运动趋于稳定，选取不同周期条件下各 5 个周期对鸭式俘能装置的水动力力矩进行分析，不同周期下鸭式俘能装置受到的水动力力矩如图 6 所示。

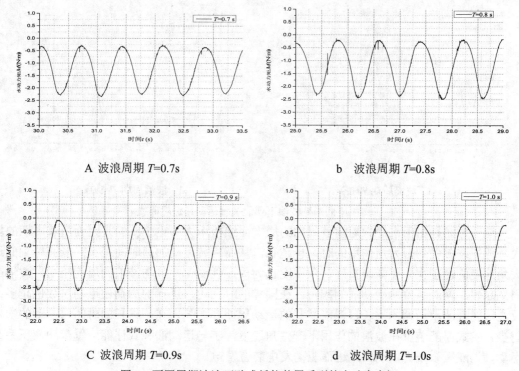

A　波浪周期 T=0.7s

b　波浪周期 T=0.8s

C　波浪周期 T=0.9s

d　波浪周期 T=1.0s

图 6　不同周期波浪下鸭式俘能装置受到的水动力力矩

　　俘能装置所受水动力力矩曲线的变化呈现周期性变化,且变化周期与波浪的周期相同。俘能装置在等波高条件下运动,受到的水动力力矩大小主要受波长的影响。总体上看,俘能装置不同周期等波高波浪条件下受到水动力力矩的最大值都接近于 2.5N·m。同时,由于周期不同的影响,俘能装置运动过程中受到的水动力力矩有一定的差别。随着波浪周期的增大,俘能装置受到的最大水动力力矩细微增大。

　　鸭式俘能装置在波浪力矩、重力力矩和负载反作用力矩等力矩的合力矩作用下旋转往复运动,俘能装置运动角速度曲线如图 7 所示。可以看出,角度曲线呈周期性变化,并且装置运动角速度的最大值随着周期的增大而增大。

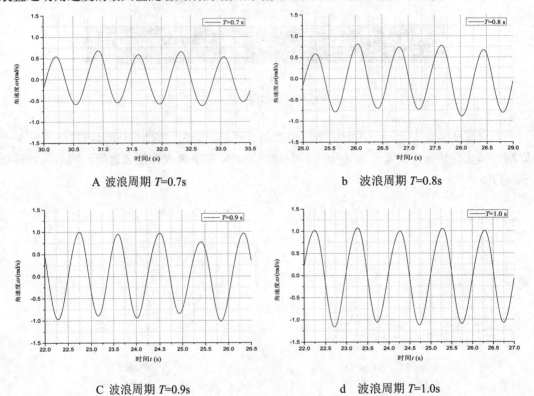

A　波浪周期 T=0.7s　　　　　　　　　b　波浪周期 T=0.8s

C　波浪周期 T=0.9s　　　　　　　　　d　波浪周期 T=1.0s

图 7　不同周期波浪下俘能装置运动角速度曲线

　　这一方面是由于水动力矩随着周期的增大而细微增大,更主要的是因为随着周期的增大,俘能装置受到合力矩作用的时间也越长,从而旋转运动加速时间越长,能够达到的最大角速度值也越大。俘能装置旋转角速度也为周期性变化,且与波浪的周期相同。波浪的周期越短,俘能装置的运动周期越短,在同样的时间内,进行的周期性运动次数也越多;反之,随着波浪周期的增长,俘能装置的运动周期亦增长,在同样长的时间内运动的次数越少。鸭式俘能装置在波浪的作用下产生角速度,旋转运动的鸭式俘能装置带动液压系统运动,为液压系统提供动力,进而驱动发电装置发电。

4.2 不同波高波浪条件下对比分析

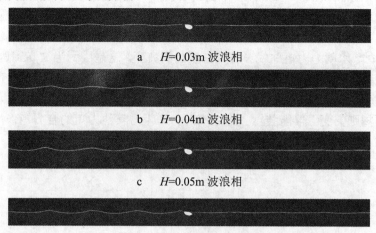

a　H=0.03m 波浪相

b　H=0.04m 波浪相

c　H=0.05m 波浪相

d　H=0.06m 波浪相

图8　不同波高波浪与俘能装置作用相

选取周期为 0.7s 波高分别为 0.03m、0.04m、0.05m 和 0.06m 的波浪进行数值模拟。相同周期不同波高条件下，波浪与鸭式俘能装置相互作用，波浪相图如图8所示。可以看出，波浪在与鸭式俘能装置发生耦合作用后，波高明显衰减，鸭式俘能装置的尾部以后几乎为无浪区。波浪在遇到俘能装置后一部分波浪会发生反射，与入射波浪叠加，影响到入射波浪的波形。波浪与俘能装置耦合作用，俘能装置受到的水动力矩如图9所示。

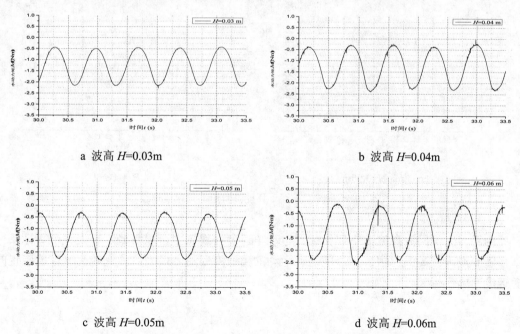

a　波高 H=0.03m

b　波高 H=0.04m

c　波高 H=0.05m

d　波高 H=0.06m

图9　不同波高波浪下鸭式俘能装置受到的水动力力矩

从图 9 不同波高波浪下鸭式俘能装置受到的水动力力矩图中可以看出，随着波高的逐渐增加，俘能装置受到的水动力力矩的幅值也随之增加。波高越高，俘能装置受到的水动力力矩越大，在较大水动力力矩的基础上，俘能装置才能有更大的功率输出。在图 9(d)中，在时间为 31s 时，水动力力矩曲线波谷处有明显的突变，这是因为当波高到达一定程度时，由于鸭式俘能装置很大一部分浸没在水中，波浪波峰到达俘能装置后会有一部分波浪从鸭式俘能装置的顶部越过。此时，鸭式俘能装置水动力力矩会有突然的减小，从而造成水动力力矩发生不规则突变。俘能装置在上述水动力力矩与其他力矩的合力矩作用下，其运动角速度如图 10 所示。

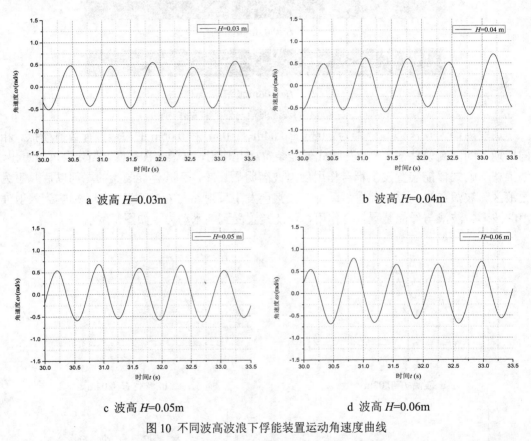

a 波高 H=0.03m

b 波高 H=0.04m

c 波高 H=0.05m

d 波高 H=0.06m

图 10 不同波高波浪下俘能装置运动角速度曲线

由图 10 不同波高波浪下俘能装置运动角速度曲线图中可以看到，在同波浪周期条件下，随着波浪波高的的增大，俘能装置运动的角速度亦随之增大。波高越高，俘能装置的角速度的幅值越大。

5 结论

本研究使用数值仿真技术对鸭式波浪俘能装置的水动力特性进行了研究。

（1）建立二维数值波浪水槽，并验证该水槽可以用于进行波浪装置的数值模拟。

（2）研究了鸭式俘能装置在同波高不同周期条件下的表现：随着波浪周期的增大，俘能装置受到的最大水动力力矩略微增大，装置运动角速度的最大值也随着周期的增大而增大，波浪在经过俘能装置后波高的衰减幅度减小。

（3）研究了鸭式俘能装置在同周期不同波高条件下的表现：随着波高的增大，俘能装置受到的水动力力矩也随之增加，俘能装置运动的角速度亦随之增大。波浪在经过鸭式俘能装置后波高都会发生明显衰减。

（4）波高过大的情况有部分波浪从装置的上方越过，水动力力矩有不规则突变，从而造成能量的俘获效率下降。

参 考 文 献

[1] 戚永颖. 2040 年能源展望——埃克森美孚预测报告介绍[J]. 国际石油经济,2012,Z1：83-88.

[2] 钱伯章. 新能源——后石油时代的必然选择[M].北京：化学工业出版社,2007.

[3] 诸同金. 海洋能资源开发利用[M]. 北京：化学工业出版社,2005.

[4] 董志,詹杰民. 基于 VOF 方法的数值波浪水槽以及造波、消波方法研究[J]. 水动力学研究与进展 A辑,2009,01:15-21.

[5] 辛颖.Fluent UDF 方法在数值波浪水槽中的应用研究[D]. 大连：大连理工大学，2005.

[6] 李凌,林兆伟,尤云祥等. 基于动量源方法的黏性流数值波浪水槽[J]. 水动力学研究与进展,A辑,2007,22(1):76-82.

[7] Salter, S.H., et al., Second year interim report - Study of mechanisms for extracting power from sea waves. Edinburgh Wave Power Project, University of Edinburgh, Department of Mechanical Engineering, 1976.

[8] 霍杰. 基于 CFD 的海蟒式俘能装置的水动力学特性研究[D].哈尔滨工业大学,2013.

Study on hydrodynamic characteristic and effiency of the nodding duck wave power device

CHENG You-liang，ZHAO Hong-song，LEI Chao，BAI Liu-xiang

(College of Energy and Power Engineering, North China Electric Power University, Baoding, 071003)

Abstract: "Nodding Duck" is an efficient wave energy conversion device. It is of great significance to research it for the development of ocean wave energy. At first, a two-dimensional numerical wave tank was established based on the platform of FLUENT software. Considering added mass and added damping, the force and movement of the "Nodding Duck" was simulated and analyzed in different wave conditions, and then according to the wave height, the wave energy conversion efficiency of the device was calculated and analyzed. The conclusion could provide a theoretical basis for the further study of the "Nodding Duck" wave energy device.

Key words: Duck-like wave energy converter; Two-dimensional numerical tank; fluid-structure coupling; numerical simulation

路堤结构参数对货车侧风气动载荷的影响研究

胡兴军，苗月兴，杜玮，王艳

(吉林大学汽车仿真与控制国家重点实验室，长春，130022，Email:hxj@jlu.edu.cn)

摘要： 货车行驶经常受到侧风的干扰，尤其是遇到路堤等特殊路况时，对气动载荷的影响十分明显。本文以高速路堤为行驶工况，运用 CFD 仿真方法，分析侧风下不同路堤结构参数对货车气动载荷的影响规律。本文的货车处于路堤上风侧和下风侧两种位置，分别对不同路堤高度和边坡度进行仿真。路堤高度选取了 1m、2m、3m、4m、5m 五个参数，边坡度选取了 1:0.5、1:0.75、1:1、1:1.5 和 1:2 五个参数。仿真结果说明货车的位置对于气动力的影响相对较小。随着路堤高度的增加，气流得到不同程度的导向加速度，货车的侧倾力系数和侧倾力矩系数等随之增加。路堤边坡度对于货车气动系数的影响相对较小。

关键词： 货车；侧风；路堤；结构参数；气动载荷

1 引言

　　货车作为主要的运输工具之一，对于经济的发展以及现代物流行业的发展起到积极有效的作用[1]。由于货车长宽比较大的外形[2]，以及行驶环境较为恶劣，侧风是影响货车行驶安全的危险因素之一[3]。高速路堤公路是货车最为常见的行驶环境之一，会使货车气动六分力迅速改变，尤其侧向力对货车的直线行驶稳定性以及侧倾稳定性会造成巨大影响[4]。因此研究侧风下不同路堤结构参数对于高速行驶车辆行驶稳定性的影响是非常有必要的。在研究侧风空气动力学特性时，数值仿真是其主要研究方法之一[5]。本文采用稳态仿真方法，主要研究路堤高度、路堤边坡度和货车位置三个影响因素。并从空气动力学的角度，探索车辆在高速路堤上行驶时的气动载荷，通过对比不同的仿真工况获得路堤结构参数及行驶位置对于货车气动载荷的影响规律[6]。本文所研究内容可以为道路断面设计提供参考。

2 侧风数值模拟模型

2.1 几何模型的建立

2.1.1 重型商用车几何模型

本文选用平头的重型商用货车。由于汽车原模型几何结构较为复杂，在前处理中对货车底部、后视镜等地方进行了简化和特殊处理。简化后的几何模型如图1所示。

图1 仿真所采用的货车几何模型

根据 SAE 相关标准，本文选取牵引车后轮轴中心在地面的投影点作为力矩中心[7]，轴距作为特征长度。X、Y、Z 轴依照 SAE 标准进行规定。

2.1.2 路堤几何模型

本文将路堤结构作为研究对象。如图2为路堤横断面的几何示意图。

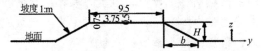

图2 路堤横断面几何示意图

根据公路路基设计规范[8]，路堤的几何特征主要由路堤高度和边坡坡度来表示，边坡度为路堤高度 H 与边坡宽度 b 之比值，并取 H=1。总路面为 9.5m[9]。并查阅相关资料，路堤高度取 1m、2m、3m、4m、5m，路堤边坡度取 1:0.5、1:0.75、1:1、1:1.5、1:2。

2.2 计算域及网格

2.2.1 计算域

本文采用较大尺寸的计算域，以包括车尾后面形成的涡流和避免计算边界的影响。计算域的大小以路堤和货车两个的特征尺寸进行计算。计算域尺寸示意图如图3所示。

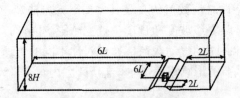

图3 计算域尺寸示意图

计算域的高度为 7H，宽度为 7W，其中侧风入口到路堤底部的距离为路堤底部宽度的

2 倍，侧风出口到路堤底部的宽度为路堤底部宽度的 6 倍。计算域总长为 10L，其中入口到车头的距离为 2L，出口到车尾的距离为 7L。阻塞比为 0.11%，远小于 5%，满足计算要求。

2.2.2 网格方案

为提高计算精度，本文采用三棱柱边界层来模拟近壁区边界层的流动。运用 Tgrid 划分四面体网格，并在车身和路堤周围建立两个加密区。划分完后用 fluent 转化为多面体。

2.3 边界条件

本文数值仿真均采用相同的边界条件和仿真设置，参考面积为货车的正投影面积。

3 侧风模拟方案

图 4 为货车行驶的两种位置示意图，分为上风侧和下风侧两种工况。

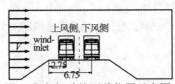

图 4 货车行驶的两种位置示意图

本文的其他两个变量为路堤高度和路堤边坡度。当研究不同路堤高度的影响时，保持路面宽度和边坡度不变，当研究不同边坡度的影响时，保持路面宽度和路堤高度不变。综合所有变量，路堤工况的所有方案如表 1 所示。

表 1 路堤工况所有方案

探究因素	货车位置	高度/边坡度的取值				
路堤高度	上风侧	1m	2m	3m	4m	5m
	下风侧	1m	2m	3m	4m	5m
边坡坡度	上风侧	1:0.5	1:0.75	1:1	1:1.5	1:2
	下风侧	1:0.5	1:0.75	1:1	1:1.5	1:2

4 侧风数值模拟结果分析

本文监测车头、货箱和整车的侧倾力系数和侧倾力矩系数，下面分析各种不同路堤结构参数对货车侧风气动特性的影响。

4.1 货车分别处于上风侧和下风侧时，路堤高度的影响规律

图 5 和图 6 分别为货车处于上风侧和下风侧时，路堤高度变化所引起的侧倾力系数和

侧倾力矩系数的变化曲线图。由图可知，随着路堤高度的增加，两种系数都随之增加，货车的行驶稳定性越差。当处于上风侧时，货车的车头和货箱的分力系数对于路堤高度的变化呈现出不同的侧风敏感性。不同路堤高度对行驶下风侧货车的气动载荷的影响与行驶于上风侧时趋势一致，仅在影响程度上有差别。货车行驶于下风侧时气动系数比行驶于上风侧时大。考虑到货车的气动载荷和稳定性，路堤高度越低越好。

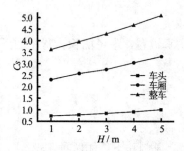 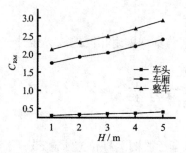

（a）Cs 随路堤高度变化曲线　　　　（b）C_{RM} 随路堤高度变化曲线

图 5 货车处于上风侧时，气动系数随路堤高度变化曲线图

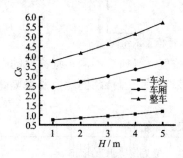 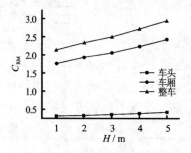

（a）Cs 随路堤高度变化曲线　　　　（b）C_{RM} 随路堤高度变化曲线

图 6 货车处于下风侧时，气动系数随路堤高度变化曲线图

4.2 货车分别处于上风侧和下风侧时，路堤边坡度的影响规律

图 7 和图 8 分别为货车处于上风侧和下风侧时，路堤边坡度变化所引起的侧倾力系数和侧倾力矩系数的变化曲线图。由图 7 可知，当处于上风侧时，随着路堤边坡度的减小，侧倾力系数缓慢增加，侧倾力矩系数对整车和车头而言变化不大，对车厢而言刚开始变化幅度较大，随后平缓。由图 8 可知，当处于下风侧时，随着路堤边坡度的减小，两种系数整体上呈现先上升后下降的趋势，整体的变化趋势较为缓和。在变化趋势的转折点处略有区别，对整车、车头和车厢的细微地方也略有差别。由两幅图也可以看出，货车所处的位置对气动系数的影响相对较小。总体而言，边坡度对货车气动特性的影响相对较小。

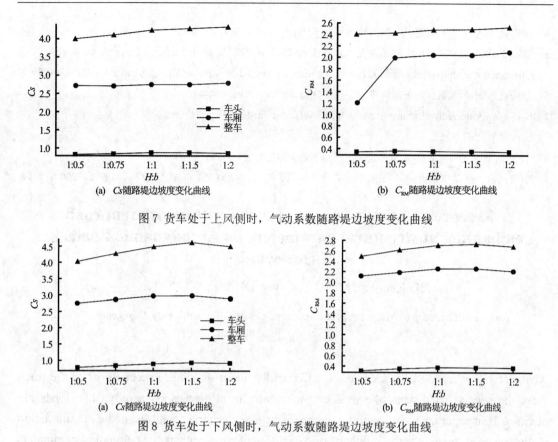

(a) C_S 随路堤边坡度变化曲线　　(b) C_{RM} 随路堤边坡度变化曲线

图 7 货车处于上风侧时，气动系数随路堤边坡度变化曲线

(a) C_S 随路堤边坡度变化曲线　　(b) C_{RM} 随路堤边坡度变化曲线

图 8 货车处于下风侧时，气动系数随路堤边坡度变化曲线

5　结论

运用稳态侧风仿真方法探究了上风侧和下风侧两种行驶位置时，路堤高度和路堤边坡度因素对于货车侧倾力系数和侧倾力矩系数的影响，得到以下结论。

（1）货车行驶位置对两个气动系数的影响相对较小，下风侧的值稍微比上风侧的值大。

（2）随着路堤高度的增加，侧倾力系数和侧倾力矩系数都随之增加，对货车的稳定性行驶造成干扰。因此考虑到货车的气动特性和稳定性，路堤高度越低越好。

（3）边坡度对货车的气动特性的影响相对较小。

本文所研究内容可以为道路断面设计提供参考。

参 考 文 献

1　2014 年国内重型车市场分析及 2015 年需求预测.www.baidu.com.2015.

2　863 计划现代交通技术领域办公室. 国家 863 计划现代交通技术领域 "汽车开发先进技术" 重点项目课题申请指[R]. 2006.

3　傅立敏.汽车空气动力学[M].北京：机械工业出版社，2000.

4 罗煜峰.虚拟环境下高速汽车侧风稳定性研究[D].长沙：湖南大学.2002.

5 GAJENDRA SINGH M, NAGPURWALA Q H, ABDUL NASSAR, et al. Numerical Investigations on Crosswind Aerodynamics and its Effect on the Stability of a Passenger Car[C]. SAE Paper No.2009-26-059.

6 赵荣远，李梦静.高速汽车侧风稳定性研究[J].上海汽车.2010.4:34-44.

7 Society of Automotive Engineers.Sae wind tunnel test procedure for trucks and buses[C]. SAE J1252.

8 郝华玺.平原区高速公路路基高度研究[D].西安：长安大学，2008.

9 中交第二公路勘察设计研究院.公路路基设计规范 JTG D30-2004[S].北京:人民交通出版社，2004：5-19.

Research on the influence of truck within different road embankment structural parameters on Aerodynamic Loads in Cross-wind

HU Xing-jun, MIAO Yue-xing, DU Wei, WANG Yan

(State Key Laboratory of Automotive Simulation and Control, Jilin University, Changchun, 130022. Email:hxj@jlu.edu.cn)

Abstract：The driving of truck is easily affected by the cross-wind. Especially when the truck faces the special conditions like road embankment, the influences on aerodynamic loads are obvious. This paper takes the highway embankment as the driving condition, and CFD simulation method is used to analyze the influence rule of different road embankment structural parameters on aerodynamic loads in cross-wind. The truck was located in the upper side of embankment and in the leeward of embankment, and respectively was simulated with different road embankment heights and different side slopes. And the embankment heights are selected for 1m,2m,3m,4m,5m,and the side slopes are selected for 1:0.5,1:0.75,1:1,1:1.5,1:2.The simulation results indicated that the positions of truck didn't affect the aerodynamic forces much. As the increase of embankment heights, the flow got guiding acceleration to some extent, and the coefficient of rolling force and coefficient of rolling moment were increased. The influences of embankment side slopes on truck aerodynamic coefficients were relatively small.

Key words truck; cross-wind; road embankment; structural parameter; aerodynamic loads

承插式与圆弧式直角弯管的水力特性研究

弋鹏飞[1,2]，张健[1]，苗帝[1]

（1 河海大学水利水电学院，江苏南京，210098；2 新疆伊犁师范学院，新疆伊犁，835000）

摘要：本文以灌溉工程中的承插式与圆弧式 90°圆形弯管构造为研究对象，基于 RNG $k-\varepsilon$ 模型可以较好地模拟弯管流场的情况下，采用此模型对两种弯管类型管径 DN40、DN50、DN80、DN110 的流场进行数值模拟，并进行局部阻力系数与雷诺数关系的分析。结果表明：水流从上游直管段到下游直管段出口，管道平均压力逐渐降低。弯管外边壁由于水体质点的速度方向改变和水流剪切力的作用，外边壁的压力要大于内边壁，在质点分离区出现压强最低值。承插式弯管在下游直管段外边壁出现高速流速区，而圆弧式弯管在弯曲段内边壁出现流速最大值。能量损失主要发生在下游段，流动方向的改变和漩涡现象是引起两种弯管局部水头损失的主要原因。在流态进入阻力平方区后，两种弯管局部阻力系数随着雷诺数和流速的增大基本保持稳定。在 DN50、DN80、DN110 管径下，承插式弯管的局部阻力系数是圆弧式弯管的 5.24、6.03、6.5 倍，说明流态进入阻力平方区后，在相同管径条件下，承插式弯管的局部阻力系数要远大于圆弧式弯管，在实际工程中建议采用圆弧式弯管来减少能量损失。

关键词：承插式和圆弧式弯管；RNG $k-\varepsilon$ 模型；漩涡；局部水头损失系数

1 引言

在农业灌溉工程中，输水管道是工程的重要组成部分。PVC 材料的弯管在输水管道中使用广泛，这种形式可以因地制宜布置，具有安装简单快捷、省时省工、造价低廉等特点。同时弯管具有一定的局部水头损失，对水流影响显著，研究弯管的流场特征及局部阻力系数的变化对于优化管网设计和管道水力计算具有重要的意义。使用最广泛的 90°弯管形式有两种：一种是承插式弯管；还有一种是圆弧式弯管。它们的直观差异在于弯管边壁连接构造，一种是直角形式（承插式）一种是圆弧式，构造的差异直接影响了流场的分布不同，从而对局部水头损失系数的取值也影响较大。

国内学者一般只是单独针对其中的一种形式进行研究[1-3]。对于两种管道的水力特性对比研究还很少。文献[4-6]采用 RNG $k-\varepsilon$ 湍流模型对 90°圆形弯管流场进行了数值模拟研究，模拟结果和实验吻合较好，证明了该数学模型可用于处理高应变率和流线弯曲程度较大的流动[7]。本文继续利用 RNG $k-\varepsilon$ 湍流模型对 PVC 管材的承插式 90°和圆弧式 90°弯管进行研究，构建三维流场，对管道水流形成的压力场和速度场进行数值模拟，定性分析两种管道流场特征的差异，定量计算局部阻力损失系数与雷诺数之间的关系及两种弯管局部损失系数的比较，为灌溉管道设计提供理论依据。

2 计算方法

2.1 几何建模与网格划分

两种弯管分为三部分：上游直线段、弯曲段、下游直线段。管径分别取 DN40、DN50、DN80、DN110。为了对比，两种弯管总长度相近，圆弧式弯管曲率直径比为 1。上下游的直管段长度均大于管径的 10 倍[9]，这样设计可以减少上下游边界对流态的影响，使其湍流充分发展。利用 Gambit 前处理软件建立模型和划分几何网格，网格单元采用混合网格，在弯曲部位采用贴合性较好的四面体网格，为了计算精确，在弯曲段加密网格,直管段采用六面体网格(图 1)。将生成的网格文件读入 fluent6.3 软件，在选取求解器模型时候，采用基于压力的分离式求解器，算法为隐式算法，空间属性为三维，时间属性设为定常流动，采用绝对速度求解。固体壁面选择采用无滑移条件，采用 RNG $k-\varepsilon$ 模型和标准壁面函数相结合的处理方法，可以有效的提高计算精确度，而且对弯管处的湍流现象模拟的更加明显。本文研究的弯管流体为水，其液态密度 998.2kg/m³，从 x 轴入口，入口流速设为 0.1-5m/s，那么最小雷诺数为 3960~544554，方向垂直于弯管的入口截面 y-z 平面，以 z 轴为出口，出口边界设为自由出流。

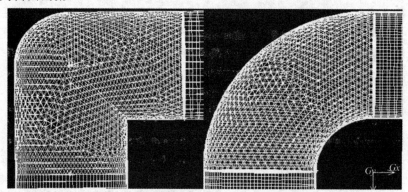

图 1 承插式弯管与圆弧式弯管局部区域网格划分示意图

2.2 数学模型

通过弯管内部的介质为水，由于水的压缩性很小，计算时可以忽略水的压缩性，所用湍流模型由平均连续方程和平均动量守恒方程组成。

连续方程：
$$\frac{\partial \overline{u_i}}{\partial x_i} = 0$$

动量守恒方程：
$$\frac{\partial(\rho \overline{u_i})}{\partial t} + \frac{\partial}{\partial x_j}(\rho \overline{u_i u_j}) = -\frac{\partial p}{\partial x_i} + [\mu \frac{\partial \overline{u_i}}{\partial x_j} - \rho \overline{u_i' u_j'}] + s_i$$

$\overline{u_i}$、$\overline{u_j}$ 分别为流体沿 x、y 方向的平均流速，m/s；p 为压强，Pa；$\rho \overline{u_i' u_j'}$ 为雷诺应力，

Pa；s_i 为源项。

在 90°的弯管里水流运动存在漩涡现象，选用 RNG $k-\varepsilon$ 湍流模型可以更好地模拟水流的旋转及旋流流动情况[8]。它的湍动能运输方程为：

$$\frac{\partial(\rho k)}{\partial t}+\frac{\partial(\rho k u_i)}{\partial x_i}=\frac{\partial}{\partial x_j}[\alpha_k \mu_{eff}\frac{\partial k}{\partial x_j}]+G_k+\rho\varepsilon$$

$$\frac{\partial(\rho\varepsilon)}{\partial t}+\frac{\partial(\rho\varepsilon u_i)}{\partial x_i}=\frac{\partial}{\partial x_j}[\alpha_\varepsilon \mu_{eff}\frac{\partial\varepsilon}{\partial x_j}]+\frac{C_{1\varepsilon}^*\varepsilon}{k}G_k-C_{2\varepsilon}\rho\frac{\varepsilon^2}{k}$$

α_k、α_ε 分别为 k、ε 方程的湍流 Prandtl 数；G_k 表示有层流和速度梯度产生的湍流动能，Nm；k 为湍流动能，J；ε 为耗散项；μ_{eff} 为漩涡黏度；$C_{1\varepsilon}=1.42$；$C_{2\varepsilon}=1.68$；$\alpha_k=\alpha_\varepsilon=1.39$；$C_{1\varepsilon}^*=C_{1\varepsilon}-\frac{\eta(1-\eta/\eta_0)}{1+\beta\eta^3}$；$\eta=(2E_{ij}\cdot E_{ij})^{1/2}\frac{k}{\varepsilon}$；$E_{ij}=\frac{1}{2}(\frac{\partial u_i}{\partial x_j}+\frac{\partial u_j}{\partial x_i})$；$\eta_0=4.377$；$\beta=0.012$。

3 结果与分析

3.1 两种弯管流场分析

图 2 和图 3 分别是两种 90°圆形弯管 DN50 与 DN80 管径的 $y=0$ 的纵剖面压力云图和流速云图。从压力云图上可以看出无论是承插式还是圆弧式弯管，水流从进入管道到流出弯管，沿轴向有明显的压力梯度，平均压力沿着下游管道逐渐减小。水流开始在上游直管段运动比较平顺（图 4），进入弯管段处后由于受到离心力的作用，大部分水流质点被甩向管壁的外壁面，由于水流横向剪切作用而造成弯曲处的外壁面压力大，流速小，内边壁压力小，流速大。在进入下游直管段，由于水流质点受到离心力的差异，而造成外侧与内侧流速差异明显，外侧依然表现流速较大，内侧出现分离区，流速慢的质点会填补这个空出的区域，形成涡旋和回流。（图 4 和图 5，密集部分表示网格划分较密）。由于分离区压强最低，又称为逆压区，摩擦阻力和压强阻力都使流动越来越慢，导致主流脱离边界。涡旋现象使液体质点之间相对运动的加强，也即内摩擦增加，产生较大的能量损失。这种能量损失是发生在局部范围之内的，称作局部水头损失，从图中可以看出主要发生在下游管段。局部水头损失是由于液体流动方向和流速发生变化，而发生漩涡、气穴和撞击现象而产生的压力损失。

两种弯管的压力场和流速场的差异在于：承插式弯管的压力最低值出现在下游内侧边壁，圆弧式弯管的压力最低值出现在弯曲段的内边壁处。承插式弯管的流速最大值出现在下游直管段外侧边壁处，圆弧式弯管的流速最大值出现在弯曲段内侧边壁处。承插式弯管流线弯曲程度较为严重，而圆弧式弯管流线相对比较平顺。可以看出水体沿纵向边界流动时，只要局部边界的形状改变，水流内部就要急剧调整，流速分布进行改组，流线会发生弯曲，并产生漩涡，加剧了液体质点之间的相对运动，从而产生局部水头损失。两种局部水头损失差异主要由于上下游直管段连接处的构造不同而造成的压力场和流速场分布不同引起的结果。

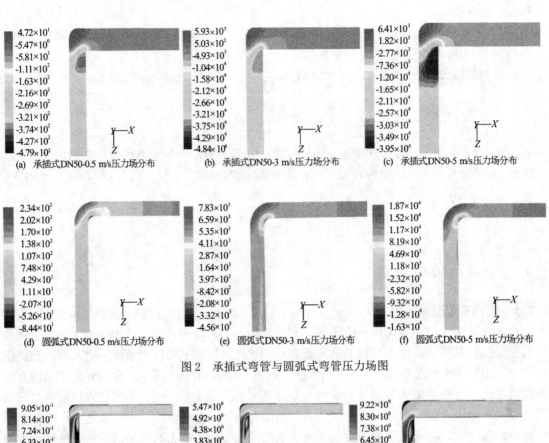

图 2　承插式弯管与圆弧式弯管压力场图

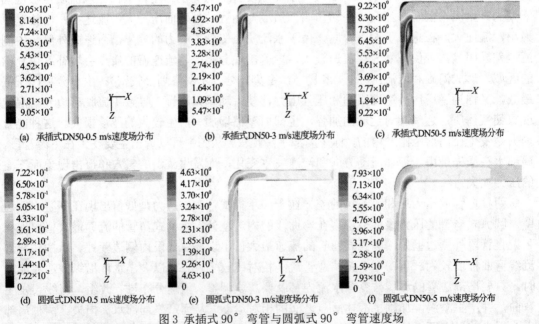

图 3　承插式 90°弯管与圆弧式 90°弯管速度场

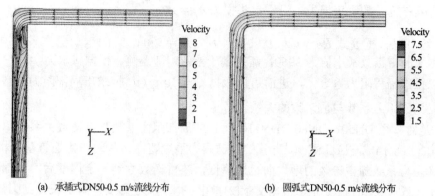

(a) 承插式DN50-0.5 m/s流线分布　　　　(b) 圆弧式DN50-0.5 m/s流线分布

图4　承插式90°弯管与圆弧式90°弯管流线图

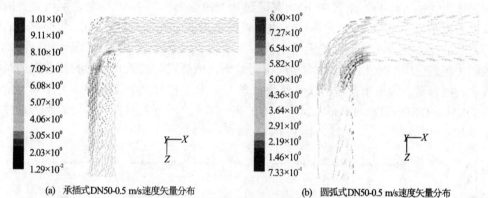

(a) 承插式DN50-0.5 m/s速度矢量分布　　　(b) 圆弧式DN50-0.5 m/s速度矢量分布

图5　承插式90°弯管与圆弧式90°弯管局部处速度矢量图

3.2　两种弯管局部阻力系数与雷诺数的关系变化及局部阻力系数对比

由于局部阻力损失，弯管的压力分布总体上是沿程减少。以上分析承插式与圆弧式弯管的压力场、速度场等因素分布不同，说明两种方式产生的局部损失是具有差异的，这种差异在理论上主要是由于局部阻力系数的不同引起的。对于特定的管道，局部阻力系数只和水流的流态有关系，即雷诺数有关。下面以 DN50、DN80 和 DN110 两种管道作为研究对象，以进口断面为 1-1，出口断面为 2-2，根据伯努利方程[10]，可以写出能量守恒关系式：

$$z_1 + \frac{p_1}{\rho g} + \frac{u_1^2}{2g} = z_2 + \frac{p_2}{\rho g} + \frac{u_2^2}{2g} + h_w$$

式中：z_1 为 1-1 断面位置水头；p_1 为 1-1 断面压强；z_2 为 2-2 断面位置水头；p_2 为 2-2 断面压强；u_1、u_2 为流速；h_w 为 1-1 断面到 2-2 断面之间的总水头损失。

总水头损失是沿程水头损失和局部水头损失的总和，可以写成 $h_w = h_j + h_f$
在数值模拟计算时，假设认为弯管的进出口位置水头与速度水头是相等的。取进口压力与出口压力差作为总的水头损失，沿程水头损失 $h_f = \lambda \dfrac{l}{d} \dfrac{u^2}{2g}$

雷诺数可以根据公式 $Re = ud/\upsilon$ 求得，υ 为水温 20^0C 时的运动黏滞系数 1.01×10^{-6} m^2/s。本文的雷诺数最小值为 3960，流态属于紊流，即湍流。根据《水力学》[10]中的经验公式可以推出沿程阻力系数 λ，进而可以根据 $\zeta = 2gh_j/u^2$ 推求出局部阻力系数。然后建立局部阻力系数与雷诺数的关系。

图 6 是对管径 DN50、DN80、DN110 管径的局部阻力系数与雷诺数关系的模拟。从图 6 中可以看出承插式与圆弧式 90^0 弯管的局部阻力系数随雷诺数的变化趋势基本相同。结果表明局部阻力系数随雷诺数的增大而迅速降低，在雷诺数达到一定程度后，局部阻力系数变化很小，基本上趋于一定值。根据文献[2]指出，由于流经形变件时水流受到强烈的扰动，其紊流程度加剧，使局部阻力系数在雷诺数远小于阻力平方区的雷诺数就趋于稳定，即可认为进入阻力平方区。文献[11]指出当雷诺数 $Re \geq 10^5 - 2 \times 10^5$ 时，几乎总是可以认为所有的局部阻力系数都与 Re 无关。从图 6 上也可以看出当雷诺数大于 150000，两种弯管的局部阻力系数变化幅度很小，基本趋于稳定值，可以认为水流已进入类似于圆管的沿程阻力系数的阻力平方区[12]。在相同管径与相同雷诺数下，承插式与圆弧式弯管的局部阻力系数相差较大，根据进入阻力平方区的统计结果（表 1），承插式 DN50、DN80、DN110 分别是圆弧式 DN50、DN80、DN110 的 5.24 倍、6.03 倍、6.5 倍，可见圆弧式弯管的阻力特性明显优于承插式弯管。

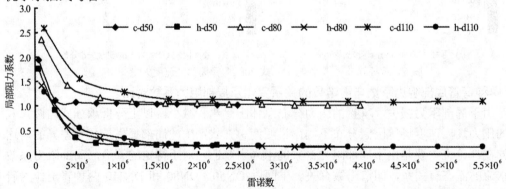

图 6　不同管径承插式与圆弧式 90^0 弯管局部阻力系数与雷诺数关系的模拟

注：c 表示承插式 $90°$ 弯管；h 表示圆弧式 $90°$ 弯管　（下同）

表1 不同管径承插式与圆弧式弯管局部阻力系数模拟结果

雷诺数	163366.34~247524.75		158415.84~396039.60		173267.33~544554.46	
管道类型	c-d50	h-d50	c-d80	h-d80	c-d110	h-d110
	–	–	–	–	1.130	0.213
	–	-	1.059	0.193	1.123	0.185
	–	–	1.047	0.182	1.116	0.174
局部	–	–	1.036	0.174	1.096	0.166
阻力系数	1.025	0.196	1.026	0.169	1.091	0.161
	1.018	0.191	1.020	0.160	1.079	0.156
	1.014	0.195	1.017	0.161	1.082	0.152
	1.011	0.194	1.013	0.157	1.091	0.149
平均数	1.017	0.194	1.031	0.171	1.101	0.170
倍数	5.24		6.03		6.50	

从以上可知，在实际灌溉工程应用中，从节能的角度考虑，弯管形式选择圆弧式 90°比较合适。下面分析下圆弧式 DN40、DN50、DN80、DN110 的局部阻力系数随流速的变化。从图 7 中可以看出，在进入湍流阻力平方区后，随着流速的增大不同管径的局部阻力系数基本保持不变，在流速 2m/s 之前，管径之间的局部阻力系数差别较大且降低幅度较大，之后差别逐渐减小且数值基本趋于稳定。根据尼古拉兹试验[10]，4 种不同管径的圆弧式弯管在流速 2m/s 时刻，都进入了紊流光滑区，可以推出如果流态进入阻力平方区后，局部阻力系数随流速变化趋于稳定的这个性质更加明显，而且阻力特性受管径的影响也减小。

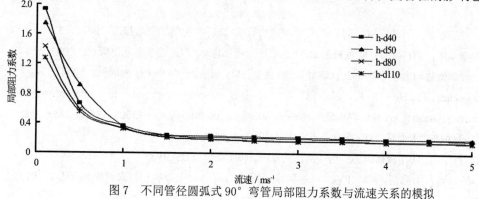

图 7 不同管径圆弧式 90°弯管局部阻力系数与流速关系的模拟

4 结论

通过 Fluent 软件对两种不同类型的 90° 圆形弯管流场特征进行数值模拟，可以得出以下结论：

（1）在两种弯管类型流场中，水流从上游直管段进入到下游直管段出口，在弯曲段，压力梯度和流速梯度较大，下游直管段平均压力逐渐降低，能量损失均发生在下游段。弯管外边壁由于水体质点的速度方向改变和水流横向剪切的作用，外边壁的压力要大于内边壁。承插式弯管在下游直管段外边壁出现高速流速区，而圆弧式弯管在弯曲段内边壁出现流速最大值。

（2）通过局部阻力损失系数计算，建立了两种弯管的局部阻力系数随雷诺数变化的关系曲线，同时对比了流态在局部阻力平方区时，两种类型的弯管局部阻力系数的大小对比，在 DN50、DN80、DN110 管径下，承插式弯管的局部阻力系数分别是圆弧式弯管 5.24、6.03、6.5 倍，说明在相同管径下，承插式弯管的局部阻力系数要远大于圆弧式弯管，其阻力特性要劣于圆弧式。还分析了不同管径的圆弧式弯管在不同流速下局部阻力系数的变化规律，发现流速在达到一定程度后，局部阻力系数也基本保持不变。在实际灌溉工程应用时候，进行相同管径下的弯管比选时，建议选择圆弧式弯管来减少能量损失。

参考文献：

[1] 曹彪，吕宏兴，石喜，等. 承插式 90°弯头水力特性的试验与数值模拟[J]. 节水灌溉，2013（5）：1-4.

[2] 贺益英，赵懿，孙淑卿，等. 弯管局部阻力系数的实验研究[J]. 水利学报，2003（11）：54-58.

[3] 邱立杰，张国福，郝明. 基于 FLUENT 的弯管内部流场的数值模拟研究. 辽宁石油化工大学学报[J].
2013，33（1）：48-52.

[4] 孙业志，胡寿根，赵军，等. 不同雷诺数下 90°弯管内流动特性的数值研究[J]. 上海理工大学学报，
2010，32（6）：525-529.

[5] 江山，张京伟，吴崇健. 基于 FLUENT 的 90°圆形弯管内部流场分析[J]. 中国舰船研究，2008，3(1)：
38-41.

[6] 潘忠兴，侯成仁，闫芳. 90°弯管内湍流流动的数值模拟[J].化学工业与技术，2011，32：4-7.

[7] 李进亮，李承曦，胡仁喜等. 精通 FLUENT6.3 流场分析[M]. 北京：化学工业出版社，2009.

[8] 王福军. 计算流体动力学分析—CFD 软件原理与应用[M]. 北京：清华大学出版社，2004.

[9] Romero-Gomez P, Ho C K, Choi C Y. Mixing at cross junctions in water distribution systems.I:Numerical study[J].Journal of Water Resources Planning And Management,2008, 134(3): 285－293.

[10] 李家星，赵振兴. 水力学[M]. 南京：河海大学出版社，2001.

[11] 华绍曾，杨学宁. 实用流体阻力手册[M].北京：国防工业出版社，1985.

[12] 石喜，吕宏兴，朱德兰，等. PVC 三通管水流阻力与流动特征分析[J]. 农业机械学报，2013，44（1）：73-79.

Study on hydrodynamic characteristics of 90° socket pipe and 90° circular pipe

YI Peng-fei[12], ZHANG Jian[1], MIAO Di[1]

(1. College of Water Conservancy and Hydropower Engineering, Hohai University, Nanjing, 210098, China; 2. Yili Normal University, Yining, Xinjiang 835000, China ;)

Abstract: In this paper, the socket and circular arc with 90 degrees types in irrigation project are taken as research object. The model based on RNG $k - \varepsilon$ model is used for flow field of two different pipe diameters of DN40、DN50、DN80 and DN110, which is proved to be a high precision model for the simulation of flow field in elbow pipe. The relationship between local resistance coefficient and reynolds number is analyzed. The results show that, average pressure of pipeline from upstream to outlet downstream in straight pipe decreases gradually. The pressure of outer side wall is bigger than that of inner side wall, because of the particle velocity direction change and flow shear stress in outer side wall of bend pipe. The minimum appeared in particle separation area. The high speed area of socket type bend pipe appears in the outer side wall of straight pipeline downstream. And in the case of circular arc bend pipe, the maximum flow velocity appears in the inner side wall. The energy loss mainly appears in the lower reach. The main causes of local head loss are the change in flow direction and vortex phenomenon. The local resistance coefficient of two kinds of bend pipes keeps steady as the increasing of reynolds number and flow velocity in condition of the flow pattern entering the drag square area. The local resistance coefficient of socket type bend pipe is respectively 5.24, 6.03 and 6.5 times that of circular arc bend pipe with different diameters of DN50、DN80 and DN110. It shows that the local resistance coefficient of socket type bend pipe is much higher than that of circular arc bend pipe in the case of same pipe diameter in condition of the flow pattern entering the drag square area. The circular arc bend pipe is recommended to reduce energy loss in actual engineering.

Key words: elbow and bend pipe; RNG $k - \varepsilon$ model; vortex; local resistance coefficient

几类典型的前置预旋导轮节能效果评估

郭峰山，黄振宇

(中国船舶科学研究中心上海分部，上海 200011，江苏省绿色船舶技术重点实验室，无锡 214082
TEL：021-63168287 Email：guofengshan@702sh.com)

摘要：能源危机和环境问题使得船舶水动力节能装置研究成为船舶研究领域的热点课题。前置预旋导轮能产生预旋进流以降低螺旋桨尾流旋转能量损失，具有良好的节能效果。本文针对三种典型的前置预旋导轮节能装置，采用基于 RANS 湍流模型的 CFD 方法模拟船后加装及未装前置预旋导轮时的阻力和自航试验，研究分析了导管与定子的若干参数对船体水动力性能的影响，为船舶前置预旋导轮节能装置的设计提供参考。

关键词：船舶；前置预旋导轮；CFD；节能装置

1 引言

随着世界能源危机的逐渐凸显，国际油价近年来一直处于高位运行状态，航运成本居高不下，降低运营成本成为船舶行业共同的课题。与此同时，由于温室气体排放所导致的各种环境问题日益严峻，并受到了国际社会的广泛关注。因此，船舶节能已成为设计院、船厂和船东的一致迫切需求，绿色船舶技术成为业界研究的重中之重。船舶水动力节能装置具有结构简单、拆装方便、效果明显等优点，受到广大船东的青睐[1-3]。早期一般是以模型试验来验证评估船舶水动力节能装置的节能效果，耗费时间长，且成本较高。而近年来，CFD 方法已逐渐成为船舶水动力性能分析的重要工具[4]。

前置预旋导轮装于螺旋桨前方，一般由一个导管加若干定子构成，导管可改善螺旋桨的进流场的均匀性以提高螺旋桨效率，定子叶片能产生预旋进流以降低螺旋桨尾流旋转能量损失，其良好的节能效果在模型试验和实船试航中均已得到了证实。本文以一条常规油船为研究对象，依据船尾特点，设计了三种典型的前置预旋导轮类型——光芒型全导轮、常规全导轮、常规半导轮（图 2），通过 CFD 方法模拟阻力及自航试验，对比分析各自的水动力学特性和节能效果。

2 数值模拟方法

2.1 控制方程

本文的数值计算采用商用流体力学软件 Fluent 进行，其采用惯性坐标系下的不可压缩 Navier-Stokes 方程：

$$\frac{\partial u_i}{\partial x_i} = 0 \tag{1}$$

$$\frac{\partial u_i}{\partial t} + \frac{\partial u_i u_j}{\partial x_j} = \frac{\partial p}{\partial x_j} + \frac{1}{Re}\frac{\partial}{\partial x_j}\left(\frac{\partial u_i}{\partial x_j} + \frac{\partial u_j}{\partial x_i}\right) + \frac{\partial}{\partial x_j}\left(-\overline{u_i' u_j'}\right) \tag{2}$$

其中，u_i 是速度分量的雷诺平均值；i（j）=1,2,3 表示不同方向；x_i 为坐标分量；$Re = (UL)/\nu$ 是雷诺数，ν 是运动黏性系数；$-\overline{u_i' u_j'}$ 是雷诺应力项。

本文选用的 SST $k - \omega$ 湍流模型方程可表述为：

$$\frac{\partial}{\partial t}(\rho k) + \frac{\partial}{\partial x_i}(\rho k u_i) = \frac{\partial}{\partial x_j}\left(\Gamma_k \frac{\partial k}{\partial x_j}\right) + G_k - Y_k \tag{3}$$

$$\frac{\partial}{\partial t}(\rho \omega) + \frac{\partial}{\partial x_i}(\rho \omega u_i) = \frac{\partial}{\partial x_j}\left(\Gamma_\omega \frac{\partial \omega}{\partial x_j}\right) + G_w - Y_\omega + D_\omega \tag{4}$$

其中，Γ_k 和 Γ_ω 为扩散系数；G_k 和 G_w 为湍流产生项；Y_k 和 Y_w 为湍流耗散项；D_w 为扩散项。

2.2 计算域网格及求解方法

考虑到带与不带导轮对船体的兴波阻力影响甚微，本计算不考虑自由面的影响，采用重叠模方法进行计算。计算域为半个圆柱，船艏向前延伸 1 个船长为入口，船艉向后延伸 1.5 个船长为出口。为了实现高效地优化设计和计算，所有算例均采用结构网格和非结构网格相结合的网格划分形式（图 1），第一层网格 y+值约为 23。与不带导轮的工况相比，加装各导轮后，除船艉区域的网格改变外，其它部分的网格形式都保持不变[5]。

图 1　船体、桨、舵及导轮表面的网格划分

三维不可压缩 RANS 方程采用有限体积法进行离散，其中对流项以二阶迎风格式离散，扩散项采用中心差分格式离散；由于不可压缩流体在数值计算过程中速度和压力无法同时求解，计算中采用基于交错网格的半隐式 SIMPLEC 方法进行耦合求解，适当调整松弛因子，以实现较好的数值稳定性。相关文献[6-7]和大量实践表明，该方法可有效地预报导轮的节能效果，计算精度能够满足工程实际要求。

3 研究对象

本文以一艘常规型油船为研究对象，船体主要参数见表 1，船模航速为 1.218m/s。采用 4 叶右旋桨，桨模直径 D 为 205.8mm。针对该船的线型特点，优化设计了三种不同类型的导轮（图 2）。表 2 列出了这三种方案的主要参数，所有方案的导管弦长、扩张角、定子周向位置角、安装角均相同。

表 1 船体主要参数

编号	主尺度	符号	船模/m
1	垂线间长	Lpp	6.4051
2	型宽	B	0.9207
3	设计吃水	T	0.3489

方案 1　　　　　　　　　方案 2　　　　　　　　　方案 3

图 2 三种导轮的几何模型

表 2 导轮主要参数

编号	类型	左舷定子展长/D	导管直径/D	导管下端距桨轴中心/D
方案 1	光芒型	0.51	0.5	——
方案 2	常规型	0.375（导管内）	0.75	——
方案 3	常规型	0.375（导管内）	0.75	0.19

4 计算结果分析

本文分别对带与不带导轮的船模进行了阻力及自航 CFD 评估，并与试验结果进行了对比验证。

4.1 不同的导轮方案对船模阻力的影响

表 3 列出了带与不带导轮时各部分的受力情况。在加装导轮之后，船体本身的阻力均较原型有所下降。三个导轮方案的总阻力增加相当，均只有 0.5% 左右，这是经过了大量的优化设计工作后达到的。

表 3 带与不带导轮船模阻力计算及试验结果

	船体阻力计算值/N	导轮阻力计算值/N	总阻力计算值/N	总阻力试验值/N
No-esd	24.0104	0.0000	24.0104	24.997
方案 1	23.9526	0.1858	24.1383	——
方案 2	23.8036	0.3112	24.1148	——
方案 3	23.8894	0.2318	24.1212	24.938

无论是模型试验结果还是数值计算结果，加装导轮后总阻力变化较小。横向比较，模型试验与 CFD 计算的误差约 3%。数值模拟与试验结果存在一定的偏差，原因在于：①湍流模型 SST k-w 不能完全表达真实的湍流形式；②未考虑自由面兴波阻力；③试验采用激流丝，模型计算未采用；④壁面函数一定程度上存在着简化。

4.2 不同的导轮方案对船模自航的影响

保持航速不变，通过计算螺旋桨不同转速下的船体、桨、舵及导轮受力，并将其插值到理论强制力的平衡点，可分析各部分的水动力性能。表 4 列出了带与不带导轮时模型自航平衡点的各部分受力情况。此处以收到功率 P_{Dm} 作为评估准则来衡量各导轮的节能效果，比较三个方案，不难发现方案 1 的收到功率最小，其节能效果最好，达到 4.07%。

从表 4 可知：

(1) 在抽吸作用下，加装导轮后，船体阻力方面，方案 1 至方案 3 增加量分别为 1.10%、2.44%、0.86%，可见加装导轮后船体阻力会有不同程度的增加，导管被切割后船体的阻力增加较小。比较方案 1 和方案 2 可知，常规导轮对船体阻力影响更为显著。这说明，缩小导管直径并切割导管能有效减少导轮对船体阻力的影响。

(2) 对于全导管而言，导管会产生一定的推力，导管下部被切割后变为阻力，易知导管的推力主要来自于导管的下部。对比常规导轮和光芒型导轮，常规导轮产生的推力要大于光芒型的，这主要源于常规导轮的导管直径更大。

(3) 所有的方案加装导轮后螺旋桨的均转速下降，推力增加。船后桨的效率增加量分别为 7.39%、3.92%、4.40%。可见光芒型导轮的预旋效果要明显优于常规导轮。图 3 显示的是在螺旋桨紧后方处两个半径的切向速度的周向分布，可看到在半径为 0.5D 一周（约在定子 0.5 倍弦长的位置），三个方案切向速度均较不带导轮时明显下降，而在半径为 0.9D 一周，光芒型导轮作用下的流场切向速度有较大的下降，而常规导轮几乎无作用。这是也说明了光芒型导轮的预旋作用范围更广，从而部分揭示了其预旋作用比其余两个方案强的原因。

综上，从 CFD 评估结果来看，加装光芒型导轮产生的总阻力增加要比常规导轮的少，而产生的预旋要比常规导轮的高，节能效果要高于常规导轮。

表 4 带与不带导轮船模自航计算结果

	N/(r/min)	船舶阻力（考虑螺旋桨抽吸）/N			强制力	螺旋桨水动力性能		P_{Dm}/W	节能效果
		导轮	船体	总阻力	Z/N	T/N	Q/(N·m)		
无导轮	8.871	——	30.781	30.781	9.416	21.366	0.583	32.505	—
方案 1	8.520	0.267	31.119	31.386	9.416	21.970	0.581	31.181	4.07%
方案 2	8.706	-0.149	31.534	31.385	9.416	21.969	0.588	32.204	0.92%
方案 3	8.680	0.230	31.045	31.275	9.416	21.859	0.584	31.901	1.86%

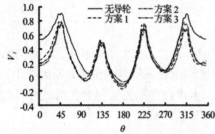 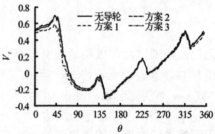

图 3 螺旋桨紧后方 0.5 倍桨半径（左）和 0.9 倍桨半径处（右）切向速度的周向分布

5 结论

本文针对一条油船优化设计了三个不同类型的导轮，计算了螺旋桨的收到功率和导轮的节能效果，分析比较了带与不带导轮时各部分的受力及流场变化情况。

（1）经优化之后，加装光芒型导轮与常规导轮后的阻力特性相当。

（2）在桨的抽吸作用下，带导轮时船体的阻力有所下降。

（3）在桨的抽吸作用下，全导轮的导管产生的是推力，船体阻力增加较多；而半导轮产生的是阻力，船体的阻力增加较少，采用全导轮还是半导轮主要取决于这两者的平衡。

（4）光芒型导轮的预旋效果要明显高于常规性导轮。

（5）计算结果表明光芒型导轮的节能效果要优于常规导轮约 2%。

参 考 文 献

1 Mewis F, Guiard T. Mewis Duct - New Developments, Solutions and Conclusions[C]. Second International Symposium on Marine Propulsors smp'11, Hamburg, Germany, 2011.

2 Guiard T, Leonard S, Mewis F. The Becker Mewis Duct - Challenges in Full-Scale Design and new Developments for Fast Ships [C].Third International Symposium on Marine Propulsors smp'13, Tasmania, Australia, 2013.

3 KEUNJAE K, MICHAEL L-A, SOFIA W, MICHAL O, YOUNGBOK C. Hydrodynamic Optimization of Pre-swirl Stator by CFD and Model Testing [C]. 29th Symposium on Naval Hydrodynamics, Gothenburg, Sweden, August, 2012.

4 PATRICK M.H, JAN H, JAAP W, et al. Refitting to Save Fuel and New Approaches in the Design of Newbuildings [C]. 11th International Symposium on Practical Design of Ships and Other Floating Structures, Rio de Janeiro, Brazil, 2010.

5 程宣恺. 带节能装置的船模自航试验数值模拟[J]. 船舶与海洋工程，2015, 31(1): 25-30.

6 黄树权，尹琴，苗飞. 前置预旋定子设计参数对其水动力性能的影响研究[C]. 2013 年船舶水动力学学术会议，2013：524-530.

7 苗飞，黄国富，黄树权. 基于 CFD 方法的前置预旋定子的节能机理研究[C]. 2014 年船舶水动力学学术会议，2014：1509-1516.

CFD evaluation for the power saving of three types of pre-shrouded vanes

GUO Feng-shan, HUANG Zheng-yu

(1.China Ship Scientific Research Center, Shanghai 200011. Email: guofengshan@702sh.com;

2.Jiangsu Key Laboratory of Green Ship Technology, Wuxi 214082)

Abstract:　　The research of energy saving device have been the focus of attention of shipment industry for energy crisis and gas pollution. Pre-Shrouded Vanes is a kind of device which can reduce the rotational energy loss of the propeller slipstream by generating pre-swirl flow for saving energy. Three different Pre-Shrouded Vanes are shown in this paper. RANS model is used to simulate the resistance and self-propulsion tank test to investigate the influence of some parameters. Then model tests are carried out to validate the CFD results. A couple of significant conclusions are presented as a guide for practical engineering design.

Key words:　　Oil Tanker; Pre-Shrouded Vanes; CFD Evaluation; Energy Saving Device

深水气井关井期间井筒流动参数变化规律分析

郭艳利 孙宝江 高永海 赵欣欣 李庆超 张洪坤

(中国石油大学石油工程学院，青岛，266580，Email: guoynli@126.com)

摘要： 在深水气井测试或气井生产中，实施地面关井时，受深水特殊环境与井筒储集效应的影响，井筒流动参数变化复杂，为产能试井解释与井筒流动安全保障带来困难。针对深水气井关井工况，通过多相流模拟软件，以南海某深水气井设计资料为基础，分析了井筒流体的运移与流型转化规律，得到了系统恢复过程中的井筒续流特征。结果表明，气井关井后的井筒续流特征经历初期跃变阶段、续流—反续流阶段、时间趋于无穷大阶段，井筒储集效应伴随整个系统恢复过程；井筒温度变化会持续较长时间；井筒压力短时间内急剧上升，进而开始下降，并趋于平缓。在此基础上，分析了井筒内天然气水合物生成规律，得到了水合物生成判断图版，现场工作人员可以通过该图版判断井筒内是否有水合物生成，从而指导现场作业。

关键词： 深水气井；关井；井筒储集效应；续流特征；天然气水合物

1 引言

在深水油气井测试或生产中，井筒内流体具有可压缩性，关井后地层流体会继续向井筒内聚集，由于气体具有较大的压缩系数，气井关井期间井筒储集效应更加明显[1]。另一方面，由于海洋环境温度梯度与地层温度梯度相反，同时伴随着海水与井筒的对流热交换，深水井筒温度场分布规律与陆地不同[2]。因此，对于深水气井，受井筒储集效应与环境温度场影响，井筒流动参数变化复杂，为产能试井解释与井筒流动安全保障带来困难。早些年，国内外学者[3-5]在试井分析中针对井筒储集效应问题做了深入研究，以解决现有试井图版不适用于变井筒储集效应的情况。尹邦堂等[6]与李旭光等[7]考虑井筒储集效应影响，分别研究了高温高压气井关井期间井底压力计算方法与气侵期间井筒流体运移规律。以往

国家 973 计划项目（2015CB251200），国家自然基金项目（51274227，51374232）资助

的研究认识到井筒储集效应对井筒流动具有重要影响，但未针对深水气井关井期间井筒流动参数变化规律进行深入研究。为此，本文针对深水气井关井工况，通过多相流模拟软件，以南海某深水气井设计资料为基础，分析了井筒流体的运移与流型转化规律，得到了系统恢复过程中的井筒续流特征与安全关井周期图版，现场工作人员可以通过该图版判断井筒内是否有水合物生成，从而指导现场开井作业。

2 井筒储集效应与模型建立

井筒储集效应主要受井筒体积及气体压缩系数的影响，可以用井筒储集系数表征，其定义为井筒条件下单位压力变化时井筒内流体体积变化量[8]。变井筒储集系数可采用指数表达式描述[5]：

$$C_D\left(t_D\right)=C_{D0}\left[1-\exp\left(at_D/C_D\right)\right]\qquad(1)$$

式中，C_D 为井筒储集系数，m³/MPa；C_{D0} 为初始井筒储集系数，m³/MPa；a 为变化率，m³/(MPa·s)，$a>0$ 表示井筒储集系数指数递减。气井关井期间，产层流体继续流入井筒并在井筒内压缩，是一个变井筒储集效应的过程。井筒储集系数变化越大，其对井筒流动参数变化规律影响越大。

考虑井筒储集效应与深水特殊环境，采用南海某口井的数据资料[9]研究深水气井关井期间井筒流动参数变化规律，其井深结构如图1所示，其他数据资料如下：水深768m，井深2710m，海水表层温度25℃，泥线温度5℃，地温梯度0.0177℃/m，井底压力28MPa；气体组成：N2-0.239、CO2-3.105、C1-74.562、C2-7.643、C3-3.208、iC4-0.634、nC4-1.276、iC5-0.536、nC5-0.646、C6-0.891、C7-1.093、C8-1.235、C9-0.856、C10-4.076。海水温度场采用南海春季温度场[10]，流体PVT参数采用组分模型描述。

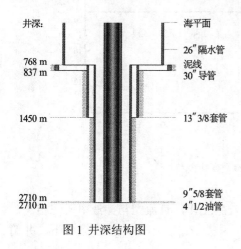

图 1 井深结构图

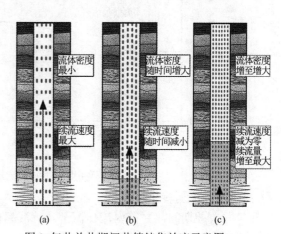

图 2 气井关井期间井筒储集效应示意图

3 气井关井期间井筒流动参数变化规律

3.1 井筒续流特征

针对气井关井工况，做出了关井期间井筒储集效应示意图（图2）。关井工况的模拟时间为正常生成 1 h→关井 12 h，产气量为 40×10^4 Sm³/d，在此工况下分析了井口处产量、温度与压力的变化规律，如图3所示。

结合图2与图3，可以将井筒续流过程可分为三个阶段。

（1）初期跃变阶段。关井初期，流体密度最小，井筒储集系数最大，续流速度最大，如图2（a）所示；由图3可以得出：该阶段井口压力受水击影响出现波动（急剧上升到一个极大值，然后开始下降），井口温度受环境温度（25℃）影响大幅度上升，续流速度呈指数递减，整个过程持续时间较短（约为几分钟）。

（2）续流-反续流阶段。该阶段流体密度随时间增大，井筒储集系数随时间减小，如图2（b）所示。由图3可以看出，井口温度受环境温度影响继续增加，井口压力受续流作用继续上升，流动参数不断变化并重新建立平衡。受水击作用的影响，该阶段井筒内会出现续流-反续流作用，因此井筒内温度和压力处于波动状态，容易引起井口压力恢复异常。另外，井筒温度场随着关井时间的延长逐渐接近环境温度场。

（3）时间趋于无穷大阶段。如图 2（c）所示，该阶段井筒内流体密度与续流量在续流速度减小为零时达到最大。井筒-地层以及井筒内部建立新的平衡，不再发生质量与能量交换，流动参数也不再发生变化（图3）。

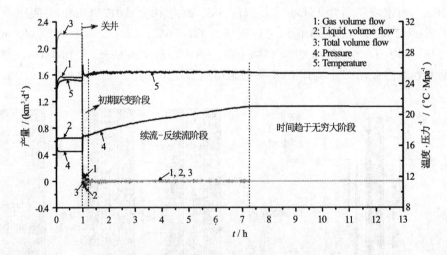

图3 关井期间井口处流动参数变化规律

3.2 持液率与流型转化规律

在气井关井期间，井筒内流体流型及持液率也发生变化，且流型与持液率密切相关，图4为井筒内持液率与流型随关井时间的转化规律。关井之前，在稳态生产条件下，井筒内流型主要以泡状流为主，如图4（a）所示。在关井的续流-反续流阶段，靠近井口处持液率迅速下降，流型由泡状流转化为环状流；而靠近井底处，受水击作用，持液率不稳定，因此流型转化复杂；持液率平均含量高的位置处，流型以泡状流与段塞流为主；持液率平均含量较低的位置处，流型向环状流过渡，如图4（b）、（c）与（d）所示。在关井时间趋于无穷大阶段，井筒内流体处于稳定平衡状态，井筒内不再存在持液率与流型转化，如图4（e）所示。

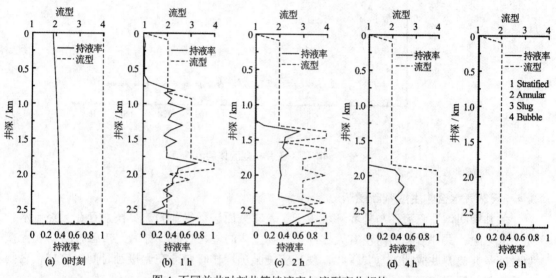

图4 不同关井时刻井筒持液率与流型变化规律

3.3 流体续流速度变化规律

由上述分析可知，在关井初期阶段，流体续流速度迅速变化，近似呈指数递减。为研究该阶段续流速度的变化规律，分别模拟了产量为 80×10^4 Sm³/d、40×10^4 Sm³/d 以及 10×10^4 Sm³/d 时的关井工况。图5为不同产量下关井初期流体续流流量随时间的变化规律，对数据点进行拟合的指数函数表达式如下：

$$Q(t) = Q_0 \left[C_1 \exp\left(-t/\beta\right) + C_2 \right] \tag{2}$$

式中，Q_0 为正常生产时标况下的产量，单位为 Sm³/d；β 为衰减系数；C_1 与 C_2 为修正系数。

在理想状态下，修正系数 $C_1 + C_2 = 1$，即 $t = 0$ 时，产量为稳态生产时的产量 Q_0；但在实际生产中，关井需要一个过程（模拟时设置为1min内关井），受到关井过程的影响产量出现波动，关井零时刻并不等于 Q_0，因此拟合公式中的两修正系数之和不为零。衰减系数 β 表征续流流量变化的快慢，由图4可以看出：产量越大，衰减系数越大，续流变化量越大，井筒储集效应越明显；当产量一定，即衰减系数为一定值时，随着时间的增加，产量逐渐趋近于零，井筒储集效应逐渐减弱。因此，采用式（2）可以较好地描述关井初期跃变阶段流体的续流规律和井筒储集效应。

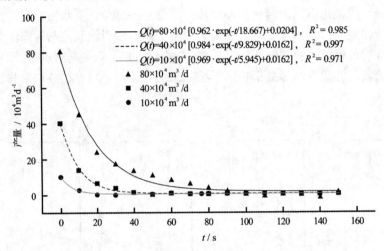

图5 不同产量下关井初期流体续流规律

3.4 天然气水合物生成判断图版

关井期间，井筒流体与外界环境由于温差较大而进行复杂的热交换，存在天然气水合物生成风险。关井后井筒内没有天然气水合物生成的最长时间，称为无接触时间[10]。无接触时间是井筒开井成功的重要保障，现场实施某项操作时必须在无接触时间内完成，否则容易引起井筒阻塞而无法正常开井。

井筒温度压力曲线与水合物相平衡曲线相交，则井筒内有水合物生成；反之，则没有。

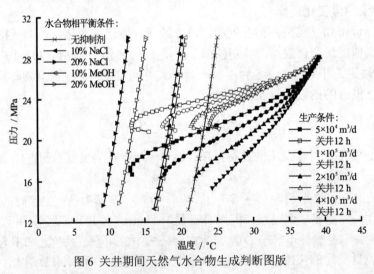

图6 关井期间天然气水合物生成判断图版

据此，做出不同生产条件下关井之前与关井12h时的井筒温度压力曲线，并与不同条件下的水合物相平衡曲线比较，绘制了关井期间天然气水合物生成判断图版，如图 6 所示。可以看出，随着产量的增加，井筒温度压力曲线右移，井筒内水合物生成范围减少；同一产量下，随着关井时间的延长，井筒内水合物生成范围增加；加入抑制剂，水合物相平衡曲线左移，井筒内水合物生成范围减少，且盐类抑制剂氯化钠（NaCl）抑制效果优于醇类抑制剂甲醇（MeOH）。因此，可根据此图版制定合理关井时间和优选抑制剂。

4 结论

针对深水气井关井工况，通过多相流模拟软件，以南海某深水气井设计资料为基础，揭示了系统恢复过程中的井筒续流特征、井筒流体的运移与流型转化规律，分析了天然气水合物生成规律。

（1）井筒储集效应伴随整个系统恢复过程，井筒温度变化会持续较长时间，井筒压力短时间内急剧上升，进而开始下降，并趋于平缓。

（2）关井期间井筒续流过程中，流型受持液率影响由泡状流向段塞流、环状流转化，并得到了关井初期续流速度函数式，解释了井筒储集效应与续流跃变规律。

（3）对关井期间不同生产条件、不同水合物相平衡条件下井筒内天然气水合物生产情况预测，得到了水合物生成判断图版，可指导现场制定合理关井时间与优选抑制剂。

参 考 文 献

1 Ramey, et al. Annulus unloading rates as influenced by wellbore storage and skin effects. Trans AIME 253, SPEJ 1972, 453-462.

2 高永海, 孙宝江, 王志远, 等. 深水钻探井筒温度场的计算与分析. 中国石油大学学报(自然科学版), 2008, 32(2): 58-62.

3 李治平, 赵必荣. 变井筒储集效应下的试井图版研制. 石油钻采工艺, 1994, 16(4): 53-59.

4 Earlougher, et al. Wellbore effect in injection well testing. JPT 1973, Nov., 1244-1250.

5 程时清, 夏位荣, 郭康良, 等. 变井筒储集效应的典型曲线特征及实例分析. 油气井测试, 1992, 1(4): 11-19.

6 尹邦堂, 李相方, 李骞, 等. 高温高压气井关井期间井底压力计算方法. 石油钻探技术, 2012, 40(3): 87-91.

7 李旭光, 杨波, 孙晓峰. 关井侵入气体运移规律探讨. 长江大学学报(自科版), 2013, 10(14): 65-72.

8 刘文周, 段剑承, 王秋霞. 试井工艺中的井筒效应. 油气井测试, 2002, 11(1): 28-31.

9 WANG Zhi-yuan, SUN Bao-jiang, WANG Xue-rui, et al. Prediction of natural gas hydrate formation region in wellbore during deepwater gas well testing. Journal of Hydrodynamics, 2014, 26(4): 568-576.

10 Dejean J P, Averbuch D, Gainville M, et al. Integrating flow assurance into risk management of deep offshore field[C]. OTC, Houston, TX, U.S.A, 2005

Analysis of wellbore flow parameters during shut-in period in deepwater gas well

GUO Yan-li, SUN Bao-jiang, GAO Yong-hai, ZHAO Xin-xin, LI Qing-chao, ZHANG Hong-kun

(School of Petroleum Engineering, China University of Petroleum, Qingdao 266580. Email: guoynli@126.com)

Abstract：During the shut-in period in well test or well production for deepwater gas well, the effects of special seawater environment and wellbore storage on wellbore flow parameters increase the difficulties of productivity test interpretation and wellbore flow assurance. Aimed at the shut-in condition in deepwater gas well, the fluid migration and flow pattern transition in wellbore were analyzed and the characteristics of afterflow in the restoration of wellbore system was obtained based on the design data of a deepwater gas well in the South China Sea by a multiphase flow simulation software. The results show that the wellbore afterflow can be divided into three stages: early jump stage, afterflow & reversal afterflow stage and the time approaching infinity stage. The wellbore storage occurs during the whole recovery process. The wellbore temperature changing lasts a long time, while the wellbore pressure increases sharply and then decreases slowly. Furthermore, the formation of natural gas hydrate in wellbore was analyzed and a hydrate diagram was provided. The diagram can help field staff to judge if the hydrate generates in wellbore and then guide the field work.

Key words：Deep-water gas well; Shut-in; Wellbore storage; Afterflow; Natural gas hydrate

沿流道参数化布置导叶及水动力特性分析

周斌，周剑

（中国船舶科学研究中心船舶振动噪声重点实验室，无锡，214082，Email:htrmax@163.com）

摘要：常规导管桨导叶剖面的几何定义都仿照螺旋桨的定义方式，将导叶的剖面定义在圆柱面上展开。但实际应用中，由于流道、伴流等的影响，导管内导叶区域的流动往往与流道形状平行，且带有较大的径向流动，导叶区域呈现局部沿圆锥面流道流动状态，如果仍采用沿圆柱面布置叶剖面，则无法使得其剖面翼型工作于理想设计状态，从而带来空泡性能和水动力性能的下降。本文借用现有螺旋桨几何定义的特点，沿圆锥面参数化定义并布置导叶，使得导叶剖面更好的适应径向流动，数值计算表明沿锥面布置导叶能够使得其表面的压力更加均匀，空泡性能明显改善。

关键词：螺旋桨；导叶；沿流道；参数化定义，水动力特性

1 引言

传统的轴流泵、导管桨等带导叶的推进器，其导叶的剖面都是沿旋转轴的圆柱面进行布置。选择这种几何展开形式的理论基础是假定流体在流进导叶时径向速度较小，流体的流动沿着圆柱面流经各导叶剖面。但是当导叶由于流道的特殊性，如导叶处于喷水或者泵喷流道内时，导叶工作区域存在强烈的径向流动，导叶区域的流体流动呈现局部沿圆锥面流动状态，如果仍采用沿圆柱面布置导叶的叶剖面，则无法使得其剖面翼型工作于理想设计状态，相应的带来空泡性能和水动力性能的下降。此外按照圆柱定义展开叶剖面还受到流道的限制，在导叶根部和梢部需要"切削"了多个剖面才能构成贴合的物面，相应的原有的沿圆柱面设计的翼型也遭到这种"切削"的破坏，切削后的翼型也难以准确定义和调整，为精确设计导叶带来了困难。

近年来随着 CAD 技术的发展，很多学者对导叶三维造型的以及参数化表达进行了研究。关醒凡[1]对轴流泵叶片的构型做了较详细的说明，将叶片构型分为先确定安放角、布置弦长，然后确定弦长剖面中心线位置，最后根据叶片在轴向的投影位置确定三维几何的导叶构型方式；王海松等[2]在对三维造型软件进行二次开发，发展了基于特征造型机制，对轴

流泵导叶的三维自动建模系统进行了研究；倪建华等[3]也对水泵导叶叶片三维造型进行了研究。上述研究大多集中在对现有沿圆柱面展开导叶的设计以及三维造型软件的二次开发上，对于导叶参数化定义方式本身的研究仍然鲜有涉及。

在螺旋桨设计研究领域，由于螺旋桨叶型需要更多的关注船艉复杂的伴流影响，因此其几何构型较导叶更为复杂，参数化表达时需要控制的参数也更多。如果能够借用现有螺旋桨几何定义的特点发展沿锥面流道布置的导叶的参数化定义方法，不仅能够借鉴螺旋桨复杂几何重构的参数化构型经验，还有利于借鉴现一些螺旋桨的参数影响关系，对导叶的性能进行研究。本文以此为出发点推导了沿圆锥面布置导叶的参数化定义方法，使得导叶剖面更好的适应径向流动，数值计算表明沿锥面布置导叶能够使得导叶表面的压力更加均匀，空泡性能明显改善。

2 导叶几何的沿圆锥面流道参数化表达

2.1 沿圆柱面参数化定义导叶（螺旋桨）几何的方法

沿圆柱面参数化定义导叶（螺旋桨）的几何方法发展较为成熟，IITC[4]也推荐过相应的表达方式其核心可概括为"七参数法"，这七个参数分别为半径、螺距、弦长、剖面最大厚度、侧斜、局部纵倾、最大拱度比这种七参数法定义适用于各半径剖面厚度分布、拱度分布都相同的桨叶，对于剖面各半径拱度和厚度分布都不相同的导叶，也可以用其中的半径、螺距、弦长、剖面最大厚度、侧斜、局部纵倾五个参数，其剖面作为几何坐标布置在上述五个参数约束的圆柱面上。关于沿圆柱面参数化定义导叶几何的示意可见图 1。在圆柱展开面上（可视为二维平面）定义坐标轴 X 轴和 $r\varphi$ 轴，X 轴的正方向沿船艉方向，$r\varphi$ 轴的正方向与柱坐标右旋法则一致。沿圆柱面参数化定义导叶几何实质上就是找到沿圆柱面定义导叶剖面后，导叶剖面上各个几何控制点的柱坐标 (r, φ, x) 值，然后将柱坐标转换成直角坐标系值，而后建立导叶的几何模型。由于各剖面都是沿相应圆柱面展开，因此同一剖面的 r 值是相同的，所以只要求出剖面相应的 $\varphi(s)$ 就可以了。根据参数定义我们知道螺旋桨（导叶）几何剖面中点的 φ 值（侧斜），也知道剖面上某点 B 的垂足点 H 至剖面中心的距离，以及 BH 的值，便可以通过三角函数运算关系获得 B 点的 $\varphi(s)$ 值确定[5]。也就可以对沿圆柱面布置的螺旋桨（导叶）进行参数化表达。

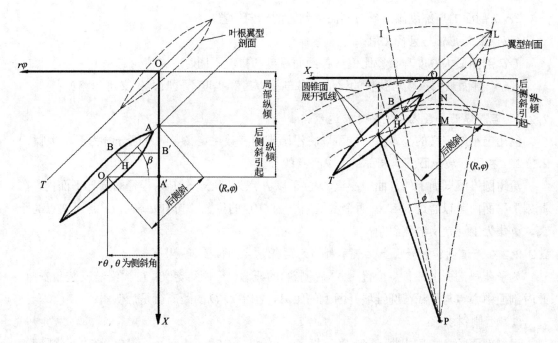

图1　沿圆柱面参数化定义导叶几何　　　　　图2　沿圆锥面参数化定义导叶几何

2.2　沿圆锥面参数化定义导叶几何的方法

当导叶工作于沿圆锥面流道中时，为了让导叶剖面更好的工作于设计状态，我们希望将导叶剖面沿圆锥面布置，此时导叶剖面也是沿圆锥面并与来流成一定的角度布置。当导叶沿圆锥面布置时，为了方便导叶的设计，我们仍希望沿用类似沿圆柱面布置导叶的"七参数"法来灵活的定义导叶几何。通过分析沿圆锥布置导叶几何和沿圆柱布置导叶几何两种方式的区别，我们可以发现两者具有相同点，即其坐标都可以采用柱坐标系（r，ϕ，x）加以表达。区别在于沿圆锥面布置时，同一剖面上各点的 r 值都是"收缩"的；还有就是沿圆柱面布置的导叶剖面展开成二维平面后是个矩形，而沿圆锥剖面布置的导叶剖面展开成二维平面后是个扇形，这个区别在三角函数、几何关系运算时需要与圆柱展开区别开来。

2.2.1　沿圆锥面布置导叶几何的基本参数

基于上述分析，我们可以将沿锥面布置导叶几何方法的主要参数定义如下：

D:　直径　——导叶端部剖面中心点到轴线的距离的两倍；

Φ：侧斜角——导叶剖面中点在与轴线垂直平面的投影角度，反映剖面在周向的布置；

β：安装角——导叶剖面在圆锥面展开面上与圆锥母线的夹角的补角，反映剖面与来流的攻角（与沿圆柱面展开的螺距角相对应，由于圆锥面无法展开成矩形，因此定义 P/D 几何意义不直观）；

Zr/D:剖面的局部纵倾，反映剖面的预置的轴向位置；

C/D: 剖面弦长与直径比值；

T/D:剖面最大厚度与直径比值（各剖面厚度和拱度不同时，定义可忽略）；

F_{max}/C:剖面最大拱度与弦长的比值（各剖面厚度和拱度不同时，定义可忽略）；

2.2.2　沿圆锥面参数化定义导叶表达步骤

沿用上小结定义的基本参数，可以将沿圆锥面参数化定义导叶几何分解为三个步骤。

2.2.2.1 在圆锥展开面上，表示剖面中心点的位置

流道圆锥展开面上的剖面中心点 O' 位于以 P 点为圆心，$O'P$ 为半径的扇形平面内，在此扇形平面内可以通过 R 和 Φ 两个参量来表示 O' 点的位置，其中 R 表示 O' 点到 P 点的距离，Φ 集为上述定义的侧斜角；

2.2.2.2 在流道圆锥展开面上，表示剖面表面任意点的位置(图 2)

为了获得剖面上任意点位置引入"后侧斜"的概念，后侧斜定义：剖面沿着安装角安放，此时剖面中心点与母线在圆锥展开面上的距离，图中 $O'O$ 的距离就是后侧斜；

（1）后侧斜求解：

已知剖面的 r, θ,则根据：$r\theta=OA$（弧长）$=PO\cdot\angle OPA$（弧度），得出 $\angle OPA$（弧度）的值；注：$PO=r/\sin(angle)$,angle 为锥角

β 为剖面安装角，$\angle AOP=0.5(180-\angle OPA)$，$\angle AOO'=\angle AOP-(90-\beta)$，$\angle AO'O=90-\beta$;(两条线平行,同位角),$OA=2PO\times\sin(\angle OPA/2)$。至此在三角形 $\triangle AOO'$ 里已知两个角（$\angle AOO'$, $\angle AO'O$）和一条边 OA，据此可以求出后侧斜 $OO'=OA/\sin(\angle AO'O)\sin(180-(\angle AOO'+\angle AO'O))$;

（2）后侧斜引起的纵倾（MO）求解

在三角形 $\triangle AO'P$ 中，$\angle O'AP=180-(\angle AOO'+\angle AO'O)-\angle PAO$，$AO'$, PA 已知，根据余弦定理可以求出 PO';$MN=PO-PO'$。

（3）剖面上一点的位置求解

如剖面上一点 B，其在剖面上的位置 $O'H$ 相当于沿剖面给出的 S,在（R,Φ）坐标系中，需要知道 B 点的 R 值和 Φ 值，即求解 PB 长和 Φ。$O'B^2=BH^2+O'H^2$ 在 $\triangle OO'P$ 中可以求出 $\angle O'OP$ 和 $\angle BO'P$;

至此在 $\triangle BO'P$ 中已知 $O'B$、$\angle BO'P$、PO' 可以求出 PB 长和 Φ，然后根据（R, Φ）值转换至圆柱坐标系，其中 R 相当于圆锥的母线可以推出 x 值，Φ 决定了柱坐标的 θ 角。

将剖面在圆锥展开面上的坐标转换到三维坐标系。

2.3 沿圆锥面参数化定义导叶几何示例

根据 2.2 节中，关于圆锥面流道参数化定义导叶几何的方法，我们编制了相应的造型程序。并与沿圆柱面定义的导叶进行了对比，见图 3。图例中视图观测角为导叶的叶面位置，由于导管和桨毂具有较大的锥角，如按照沿圆柱面布置叶剖面，见图 3（a），可以看到导管和桨毂与导叶的交线"切削"了多个半径，破坏了各剖面翼型的完整性；而采用沿圆锥面流道布置的导叶，其与导管和桨毂的交线几乎平行于叶剖面布置方向，呈现完整的剖面翼型，见图 3（b）。从这个对比可以看出，沿圆锥面流道布置导叶的方法较好的实现了保证导叶翼型剖面完整的设计初衷。

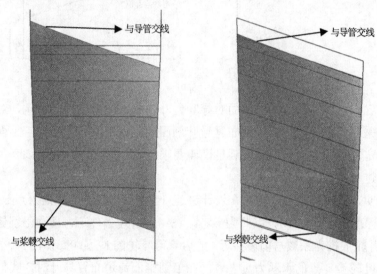

图 3 沿圆柱展开和沿圆锥展开的导叶几何造型

3 沿锥面布置导叶剖面的水动力特性分析

沿锥面布置导叶的目的是为了让导叶剖面能够沿锥面流道布置，从而更好的适应锥面流动，达到更好的水动力学性能。为了考察沿锥面布置导叶的水动力特性，我们选择了由主体和导管组成的，流道与轴线夹角达 18°的导管推进器作为研究对象，推进器轴面布置示意见图 4。对流道的流体加载体积力并采用 CFD 的方法对流场进行了计算。计算表明导叶盘面处流道内的流线与轴线的夹角的平均夹角为 18.5°，与流道布置角接近。

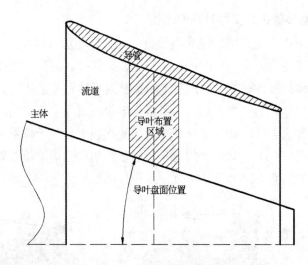

图 4　导叶流道布置

为了研究沿圆锥面布置导叶剖面对导叶、叶轮的水动力特性的影响，对根据上述设计约束，分布采用采用沿圆柱面展开布置导叶剖面的几何定义方式和沿圆锥面展开布置导叶剖面的几何定义方式，设计得到了满足设计要求的导叶方案，并采用 CFD 的方法对各自的水动力特性进行了计算。

计算表明，沿圆柱面展开导叶在设计进速 J_S=1.062 时，导叶推力系数 K_{TS} 为-0.063，叶轮的推力系数 K_{TR} 为 0.616。以此为参考，在相同进速条件下，调整沿圆锥面布置导叶的几何，使得叶轮的推力系数与前者接近，最后获得叶轮的 K_{TR} 为 0.615，导叶的 K_{TS} 为-0.065。两个导叶、叶轮设计点的水动力见表 1。在沿圆锥面流道布置导叶时，我们沿用之前的沿圆柱面布置设计得到的螺距角（安装角），通过调整拱度来实现沿圆锥面布置导叶的水动力和叶轮的水动力。最后设计得到的两个导叶的环量对比见图 5。两个导叶在不同进速的水动力和最小压力系数对比见图6，两个导叶的安装角和最大拱度比较见图7和图8，从图中可以看出在安装角（螺距角）相同的情况下，沿锥面布置导叶的最大拱度约为沿圆柱面布置最大拱度的 1.6 倍左右。

表1 两个导叶在设计点的水动力

布置类型	J_s	K_{TS}	$10K_{QS}$	η_R	$-Cp_{min}$
圆柱展开	1.062	-0.063	-0.969	0.973	0.70
圆锥展开	1.062	-0.065	-0.926	0.977	0.57

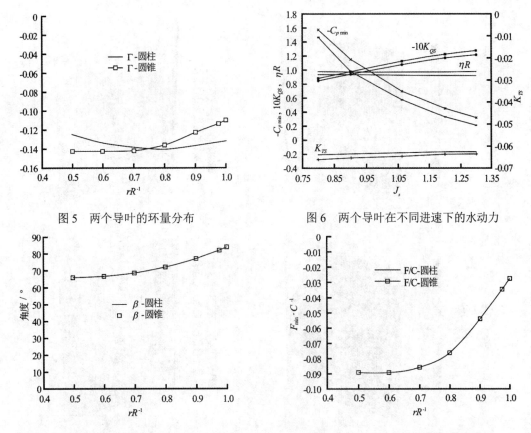

图 5 两个导叶的环量分布　　　　　图 6 两个导叶在不同进速下的水动力

图 7 两个导叶的安装角（螺距角）对比　　图 8 两个导叶的剖面最小拱度对比

从两个导叶的水动力计算可以看出，两种不同定义形式的导叶对其后方的叶轮产生的推力和消耗的扭矩方面影响较小，但是导叶本身水动力有一定影响，从表 1 的水动力计算结果可以看出，在产生更大的阻力情况下，沿圆锥面布置的导叶具有更小的扭矩；从最小压力系数来看，不同进速下沿锥面布置导叶表面的最小压力均大于沿圆柱面布置的导叶。我们对设计点两个导叶表面的水动力和压力分布进行比较，见图 9。从图中可以看出沿圆柱面布置时导叶表面等值面区域比较小，在导叶梢部有明显的低压区，数值较大（压力系数-0.70），压力分布上也内半径（根部）承压面积小，外半径（梢部）承压面积大，容易造成导叶梢部流体的分离，而不利于导叶和后方叶轮的空泡性能；而沿圆锥面布置的导叶其表面压力分布可以看出从根部一直到 0.6 半径处压力等值分布区域较大，无明显低压集中区，且数值较小（压力系数-0.57），其在翼型弦长方向的压力分布也比较均匀，覆盖了 0.2 弦长至 0.7 弦长区域，其中梢部区域的压力提升约 17%左右。因此从压力分布判断，沿圆锥面布置的导叶其叶背空泡性能优于沿圆柱布置的导叶。

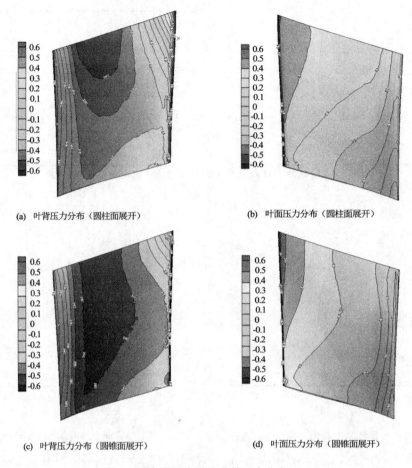

(a) 叶背压力分布（圆柱面展开）   (b) 叶面压力分布（圆柱面展开）

(c) 叶背压力分布（圆锥面展开）   (d) 叶面压力分布（圆锥面展开）

图 9　两个导叶在设计点的压力分布

4　结论展望

本文分析了传统沿圆柱面布置导叶几何的特点，推导和建立了沿圆锥面布置导叶的参数化定义方法。通过对设计的沿圆柱面和圆锥面布置两个导叶的计算得到了如下设计和计算结论。

（1）在保证导叶后方叶轮推力系数相当的情况下。采用沿圆锥面布置导叶的定义方式的剖面拱度较大,沿圆锥面布置的导叶剖面最大拱度约为沿圆柱面定义导叶最大拱度的1.6倍；

（2）在保证导叶后方叶轮推力系数相当的情况下，沿圆锥面布置的导叶和沿圆柱面布置的导叶对叶轮的水动力效率影响较小，沿圆锥面布置的导叶后方的叶轮效率略高。沿圆锥面布置导叶的叶背和叶梢附近的最小压力系数均大于沿圆柱面定义的导叶，因此沿圆锥面布置的导叶空泡性能将优于沿圆柱面布置的导叶；

由于目前缺少沿圆锥布置导叶的理论设计方法，因此本文中沿圆锥布置的导叶几何参数很多都借鉴了其原有参数，并在此基础上对于沿圆锥布置导叶的水动力特性进行的验证。下一步工作可在现有参数化几何定义的基础上，发展相应的沿圆锥面布置导叶几何的升力面设计方法，通过完善理论设计的方法，进一步考察沿圆锥面理论设计和布置的导叶的水动力特性以及对叶轮的影响。

参考文献

[1] 关醒凡. 现代泵理论与设计[M].中国宇航出版社.

[2] 王海松，王幅军，张志民等. 基于特征的轴流泵导叶自动建模[J].水利学报，2004,2:45-49.

[3] 倪建华，李春，苏进. 基于参数化的水泵导叶叶片三维造型系统的研究 [J]. 上海理工大学学报，2003,3:293-296.

[4] Cummings R A .Dictionary of ship Hydrodynamics. Proc. Of the 14th ITTC,1974.

[5] 董世汤，王国强等. 船舶推进器水动力学[M]. 北京：国防工业出版社.

Parameterized define method along the flow channel surface and hydrodynamic analysis for the guide vane

ZHOU Bin , ZHOU Jian

（China Ship Scientific Research Center national key laboratory on ship vibration & noise，Wuxi

214082, Email:htrmax@163.com）

Abstract：The conventional ducted propeller definition their Guide vane section parameters along the cylinder surface, because their radial flow velocity component is small compare with axis flow. However for the pump jet or water jet propulsion, its flow channel was special and always accompanied by large slope angle, the local flow actually rotate alone flow channel surface. Hence for the pump jet or water jet propulsion the original section parameters method is no longer apply well. In this paper we derive the conical surface layout section parameters method which made the section more adapted to the radial flow. Numerical calculation shows this method can make the surface pressure more uniformity and improve blade cavitation performace obviously.

Key words：Propeller；The Guide vane；flow channel surface layout section；Parameterized Define；Hydrodynamic analysis.

深水含水气井气液两相流传热特征
及水合物生成区域预测

赵阳，王志远*，孙宝江，王雪瑞，潘少伟

(中国石油大学（华东）石油工程学院，青岛，266580, Email: wangzy1209@126.com)

摘要：采用 Hewitt 流型判别法表明深水含水气井测试时井筒内多为环雾流，考虑气核与液膜间速度及热力学性质差异，建立环雾流传热模型，与南海某深水气井实测数据对比，模型预测误差在 5%以内。计算表明，若忽略含水影响，含水量大于 0.1%时，泥线以上井筒压力和温度预测误差均超过 10%。含水会使泥线以上一定范围内井段井筒温度显著降低，压力损失增大。产气量较低时，含水量对水合物生成区域基本无影响；产气量较高时，含水量会使得水合物生成区域下界下移，水合物生成区域增大，并使过冷度增大，更容易诱导水合物生成，需要增大水合物抑制剂用量，并加深注入位置。产水会使无水合物生成所对应的临界产气量增大，需要调整水合物抑制剂用量和注入位置。

关键词：深水气井测试；含水；环雾流；温度压力场

1 前言

由于存在海底低温，深水气井在测试等过程中容易形成水合物，给测试工作带来隐患。准确预测井筒温压场是预防水合物形成、保证测试工作顺利进行的重要基础性工作。

深水含水气井具有多温度梯度、气液两相流等特征，井筒温度场预测比陆上油气井更复杂。目前含水气井井筒温度场预测模型主要有：忽略液相存在的气体单相模型[1-2]，该类模型在液相含量较高时，误差较大；采用地面产气量等表观流动参数，对比热等进行加权平均的传热模型[3-4]（均相模型）；采用截面含气率等真实流动参数，对比热等进行加权平均的传热模型[5]（分相模型），该类模型应用广泛，但通常假设气液相处于热平衡状态，不能准确体现真实传热机理；环雾流传热模型[6]，该类模型能够体现含水气井真实传热机理。

依据深水含水气井井筒气液两相流动传热特征，建立环雾流传热模型，应用南海某深

基金项目：国家高技术研究发展计划（"863"计划）项目"深水油气田智能完井关键技术"(2013AA09A215).

水气井实测数据对模型进行验证，研究了含水量等因素对井筒温压场及水合物生成区域的影响，对测试中水合物抑制剂用量和注入位置给出了建议。

2 井筒气液两相流动及传热特征

气井含水后，井筒内为气液两相流，会出现不同的流型，采用 Hewitt 流型判别法判别流型[7]，根据气井的实际条件，可得到含水气井井筒两相流流型分布区域，如图 1 中左上方区域所示，WGR（Water Gas Ratio）表示地面常温常压条件下水气产量体积之比。如图 1 所示，在通常条件下，井筒内为环雾流。气相在管中心处形成高速流动的气体核心，液相沿管壁形成流动的液膜，气核与液膜间存在速度差，气液界面处于剧烈而随机的波动状态，气液相间通过液滴的夹带和沉降发生动态传质作用[8]，这些都会影响传热过程。在井筒流动中，由于压力变化较大，气体压缩性较强，液膜厚度将随井深发生变化。

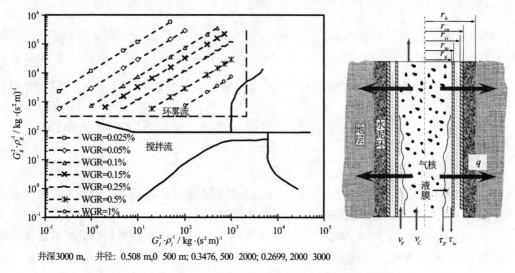

井深3000 m，井径：0.508m,0 500 m；3476, 500 2000；2699, 2000 3000

井深 3000m，井径：0.508m,0~500m; 3476, 500~2000; 2699, 2000~3000

图 1 含水气井井筒内流型分布及流动传热示意图

3 井筒传热模型

考虑到气核与液膜间流速及热力学性质存在差异，且气核与液膜并非处于热平衡状态，对气核和液膜分别建立能量方程。在井筒中分别取气核和液膜单元体，并假设：气相只存在于气核中，液膜中无气相存在；气核中气相和液滴流速相同，且时刻处于热平衡状态；忽略轴向传热；产层流体流入时温度和压力恒定。可得气核和液膜能量方程[9]：

$$\begin{cases} A_C \rho_C v_C \left(\dfrac{\mathrm{d}H_C}{\mathrm{d}z} + \dfrac{v_C \mathrm{d}v_C}{\mathrm{d}z} - g\sin\theta \right) = -q_i \\ A_F \rho_l v_F \left(\dfrac{\mathrm{d}H_L}{\mathrm{d}z} + \dfrac{v_F \mathrm{d}v_F}{\mathrm{d}z} - g\sin\theta \right) = -q_{ti} + q_i \end{cases} \tag{1}$$

式中，ρ_C 为气核平均密度，$\mathrm{kg/m^3}$；z 为距井底高度，向上为正，m；v_C、v_F 为气核、液膜平均流速，$\mathrm{m/s}$；d_i、d_{ti} 为气核平均直径、油管内径，m；A_c、A_F 为气核、液膜截面积，$\mathrm{m^2}$；H_C、H_L 为气核平均比焓和液相比焓，$\mathrm{J/kg}$；q_i、q_{ti} 为气液界面及油管内壁单位长度热流量，$\mathrm{W/m}$。

气核到液膜的传热过程是通过二者之间的气液界面对流换热进行的，可得：

$$q_i = -2\pi r_i h_i (T_C - T_F) \tag{2}$$

式中，$r_i = r_{ti} - \delta$，δ-液膜厚度，m；T_C、T_F 为气核、液膜温度，K。气核与液膜间的换热过程较为复杂，本文借鉴文献[9]计算气核与液膜间的换热系数，将气核与液膜间的换热看做强制对流换热过程，得到换热系数 h_i 的表达式。

$$h_i = \frac{q_i}{T_C - T_F} = \left(\frac{k_C}{\mu_C} \right) \left(\frac{\tau_i}{v_C - v_L} \right) \tag{3}$$

式中，k_C 为气核平均导热系数，$\mathrm{W/(m\cdot K)}$；μ_C 为气核平均黏度，$\mathrm{Pa\cdot s}$；τ_i 为气液界面剪应力[10]。

液膜到周围环境的传热过程可以应用 Hasan 等推荐的方法[4]求解热平衡方程。

$$q_{ti} = -\frac{2\pi r_{to} U_{toF} k_e}{r_{to} U_{toF} T_D + k_e} (T_F - T_{ei}) \tag{4}$$

式中，k_e 为地层导热系数，$\mathrm{W/(m\cdot K)}$；U_{toF} 为液膜到周围环境的换热系数，地层段可参考文献[4,11]，海水段可参考文献[2]；T_{ei} 为原始环境温度。

上述能量平衡方程(1)左端第一项为比焓梯度，温度、压力的变化都会导致流体焓值发生变化，其变化规律可用式(3)表示[3]。

$$\begin{cases} \dfrac{\mathrm{d}H_C}{\mathrm{d}z} = c_{pC} \dfrac{\mathrm{d}T_C}{\mathrm{d}z} - c_{pC} C_{JC} \dfrac{\mathrm{d}p}{\mathrm{d}z} \\ \dfrac{\mathrm{d}H_L}{\mathrm{d}z} = c_{pL} \dfrac{\mathrm{d}T_F}{\mathrm{d}z} - c_{pL} C_{JL} \dfrac{\mathrm{d}p}{\mathrm{d}z} \end{cases} \tag{5}$$

式中，c_{pC}、c_{pL} 为气核和液膜定压比热，$\mathrm{J/(kg\cdot K)}$；C_{JC}、C_{JL} 为气核和液膜焦-汤系数，$\mathrm{K/Pa}$。上述方程右端第一项为内能项，反映流体温度变化对焓的影响，第二项表示焦耳汤姆逊效应，反映压力变化对焓的影响。在变径、节流阀等处，流体流速较高，在发生节流前后的短距离内，流体流动可看做绝热过程，即焓不变，可得到气核与液膜的焦耳汤姆逊效应系数[12]。

$$\begin{cases} C_{JC} = -\dfrac{1}{c_{pC}w_C}\left\{\dfrac{w_{CG}}{\rho_g}\left[-\dfrac{T_C}{Z_g}\left(\dfrac{\partial Z_g}{\partial T_C}\right)_p\right]+\dfrac{w_{CL}}{\rho_l}\right\} \\[4mm] C_{JL} = -\dfrac{1}{c_{pL}\rho_l} \end{cases} \tag{6}$$

式中，w_C、w_{CG} 和 w_{CL} 为气核质量流量、气核中气相和液相质量流量，kg/m；Z_g 为气体压缩因子。

将上述式(2)至式(6)带入能量平衡方程式(1)，可得到气核温度梯度方程：

$$\dfrac{\mathrm{d}T_C}{\mathrm{d}z}=\dfrac{T_F-T_C}{A_C}-\dfrac{g\sin\theta}{c_{pC}}-\dfrac{1}{c_{pC}w_C}\left\{\dfrac{w_{CG}}{\rho_G}\left[-\dfrac{T_C}{Z}\left(\dfrac{\partial Z}{\partial T_C}\right)_p\right]+\dfrac{w_{CL}}{\rho_L}\right\}\dfrac{\mathrm{d}p}{\mathrm{d}z}-\dfrac{v_C}{c_{pC}}\dfrac{\mathrm{d}v_C}{\mathrm{d}z} \tag{7}$$

液膜温度梯度方程：

$$\begin{cases} \text{地层段：}\left(\dfrac{\mathrm{d}T_F}{\mathrm{d}z}\right)_e=\dfrac{T_{ei}-T_F}{A_F}+\dfrac{T_C-T_F}{B_F}-\dfrac{g\sin\theta}{c_{pL}}-\dfrac{1}{c_{pL}\rho_L}\dfrac{\mathrm{d}p}{\mathrm{d}z}-\dfrac{v_F}{c_{pL}}\dfrac{\mathrm{d}v_F}{\mathrm{d}z} \\[4mm] \text{海水段：}\left(\dfrac{\mathrm{d}T_F}{\mathrm{d}z}\right)_{sea}=\dfrac{T_{sea}-T_F}{A_{Fsea}}+\dfrac{T_C-T_F}{B_F}-\dfrac{g\sin\theta}{c_{pL}}-\dfrac{1}{c_{pL}\rho_L}\dfrac{\mathrm{d}p}{\mathrm{d}z}-\dfrac{v_F}{c_{pL}}\dfrac{\mathrm{d}v_F}{\mathrm{d}z} \end{cases} \tag{8}$$

式中，$A_F=\dfrac{w_Fc_{pL}}{2\pi}\left(\dfrac{r_{to}U_{toF}T_D+k_e}{r_{to}U_{toF}k_e}\right)$，$A_{Fsea}=\dfrac{w_Fc_{pL}}{2\pi r_{to}U_{toFs}}$，$B_F=\dfrac{c_{pL}w_F}{2\pi r_i h_i}$，$A_C=\dfrac{c_{pC}w_C}{2\pi r_i h_i}$，参考文献[11]。

4 模型求解与验证

4.1 模型求解

温度场和压力场相互影响，需要进行耦合求解，借鉴文献[5]求解压力梯度。由于气核温度与液膜温度相互关联，因此需要同时进行求解。流体性质参数、总传热系数等随井深是变化的，在计算井筒温度压力时，将井筒分成若干段，认为在每一段中，计算中所涉及物性参数是不变的，然后逐段进行迭代求解。在模型求解时，本文引入如下边界条件：

$$T_e\big|_{r\to\infty}=T_{ei},\quad T_F\big|_{z=0}=T_C\big|_{z=0}=T_{ei}\big|_{z=0},\quad p_f\big|_{z=0}=p_{bh} \tag{9}$$

4.2 模型验证

利用本文模型对文献[2]南海某一口深水气井测试过程中温度场进行计算，并与实测数据对比。该井为直井，测试层位深度 3,170m，水深 1,350m，地温梯度 3.45K/100m。由表 1 知，本文模型温度场预测误差均在 5%以内，比文献[2]计算准确性更高，满足工程需要。

表 1　模型检验

产量/ （$10^4 m^3$/d）	实测井口温度 /℃	计算/℃ （文献[2]）	计算/℃ （本文）	相对误差 （文献[2]）	相对误差 （本文）
44.457	32.78	34.40	34.36	4.94%	4.82%
70	42.78	43.52	43.39	1.73%	1.43%
148.66	55	56.74	55.21	3.16%	0.38%

4.3　忽略含水影响时井筒温度压力预测误差

在气井温度压力场计算中通常认为含水较少，其影响可以忽略。为了验证其是否合理，引入如下算例，其基本参数如表 2 所示。分析了忽略含水影响时井筒温度压力场的预测误差（图 3 和图 4）。

表 2　算例基本参数

项目	单位	取值	项目	单位	取值
地层导热系数	W/(m·K)	2.2	天然气相对密度	小数	0.554
地层岩石比热	J/(kg·K)	830	井深	m	4,500
地层岩石密度	kg/m³	2,640	海面温度	℃	25
海水导热系数	W/(m·K)	1.73	地温梯度	K/m	0.03
水泥环导热系数	W/(m·K)	0.35	水深	m	1,500

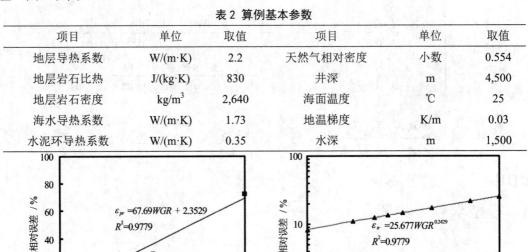

(a)　压力预测误差　　　　　　　　(b)　温度场预测误差

图 3　忽略含水影响时泥线处井筒压力温度相对预测误差

由图 3(a)可知，WGR 较低时，忽略含水影响，压力场的预测误差较小，随着 WGR 增大，压力预测误差近似呈线性增大，这是因为气液混合物密度随 WGR 增大而近似线性增大，即位能损失近似线性增大。在算例条件下，当 WGR 为 0.1%时，忽略含水影响，泥线处井筒压力预测误差达到 10.7%，且随着 WGR 的增大，预测误差迅速增大，在 WGR 为 0.75%时预测误差已经超过了 50%。可见当含水量较高时，其对井筒压力场的影响不能忽略。

由图 3(b)知，泥线处井筒温度预测相对误差与 WGR 大体呈双对数线性关系。WGR 增大时，在油管内壁形成液膜，且液膜厚度增大，液相传热效率远大于气相，热量能从油管内更快地散失出去，致使热损失增大。在算例条件下，WGR 达到 0.03%以后，预测误差将会超过 10%，因此含水对井筒温度场的影响也是不能忽略的。

5 敏感性分析

5.1 含水量的影响

产气量定为 100,000 m³/d，改变产水量，利用本文模型可以得到井筒内流体温度压力场随含水量的变化规律，如图 4 和图 5 所示。图 4 为井筒内压力分布情况，含水量增大时，井筒流体混合物密度增大，位能损失增大，导致同一深度处井筒压力减小。

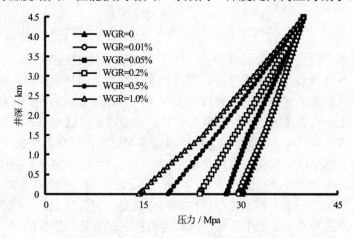

图 4 不同含水量条件下井筒压力分布

图 5 为井筒内气核温度分布情况，气核占据管柱内绝大部分体积，与水合物生成密切相关。含水量主要影响海水段管柱内流体温度分布，而对地层段影响不大。含水量增大时，海水段井筒流体温度显著降低。如含水量为 1.0%时，将比不含水时低 8.6℃，比含水量为 0.01%时低 4℃。由于含水量较低时，井筒中以气相为主，流速较高，与井筒周围环境换热时间较短。井筒流体温度高于环境温度时，热损失较小，温度降较小；井筒流体温度低于环境温度时，吸收热量较少，温度升高幅度较小，因此随着含水量增大，井筒流体温度降低。当含水量较大时，井筒流体流速相对较低，与井筒周围环境换热时间较长，且液膜相对较厚，增强了传热效果，温度变化幅度会增大。

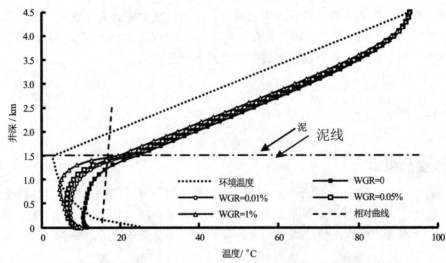

图5 不同含水量条件下井筒温度分布及水合物生成区域

　　水合物生成条件通过相平衡计算得到，本文采用文献[13]推荐的水合物相平衡方程计算给定井深压力条件下水合物生成温度，可得到水合物生成的相态曲线，如图5所示。相态曲线与井筒流体温度曲线交点之上管柱，即大体上从泥线处到海面的管柱，满足水合物生成条件，即为水合物生成区域，含水量变化时，水合物生成区域基本不变。

　　在水合物生成区域，某一深度处水合物生成温度与管柱内流体温度的差值称为过冷度，该参数是诱导水合物生成的重要因素。含水量对管柱内最大过冷度的影响如图6所示，可见含水量增大时，最大过冷度增大，更易诱导水合物生成。此外气井出水对水合物抑制剂产生稀释作用，要保证一定的抑制效果，抑制剂需满足一定浓度要求，故应增加抑制剂用量。测试过程中，应密切关注出水情况，合理调整抑制剂用量，确保测试工作顺利进行。

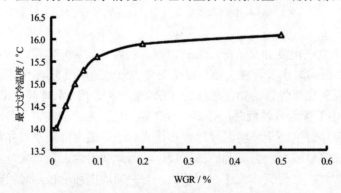

图6 含水量对管柱内最大过冷度的影响

5.2 产气量的影响

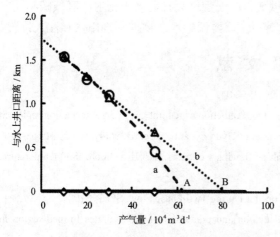
图 7 不同产气量条件下水合物生成区域

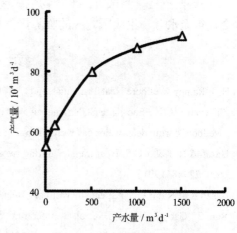
图 8 不同产水量条件下的临界产气量

图 7 表示产气量对管柱内水合物生成区域的影响。上界限位于井口，且不随产气量和产水量发生变化；曲线 a、b 分别表示产水量为 100 m³/d 和 500 m³/d 时，管柱内水合物生成区域的下界限。由图知，低产气量条件下，井筒内水合物生成区域大，过冷度大，水合物生成风险高，因此低产气量测试时，应该格外注意做好水合物防治工作；产气量较高时，下界限随着产气量的增大而上升，水合物生成区域减小，因此在选择水合物注入位置时，应参考产气量，注入位置选择过低会造成抑制剂浪费，同时抑制效果也会减弱。

从图 7 可以看出，产气量较低时，产水量对水合物生成区域无影响，但当产气量较高时，若产水量较高，则水合物生成区域下界限会下移，水合物生成区域增大，因此在选择水合物抑制剂注入位置时应格外注意。从图 7 还可以看出，存在临界产气量 q_{gc}（图中 A,B 点），产气量高于 q_{gc} 时，井筒中不再存在水合物生成区域，不会有水合物生成风险，不必注入水合物抑制剂，而当产气量低于该值时，则需要注入水合物抑制剂，同时该参数还可为后续开采作业提供参考。该参数会受到产水量的影响。由图 8 可知，产水量较低时，随着产水量增大，临界产气量升高，而产水量较高时，临界产气量基本不随产水量发生变化，可以为水合物抑制剂用量和注入位置提供参考。

6 结束语

（1）深水含水气井测试管柱内多为环雾流，忽略含水影响会造成较大的温度压力预测误差，本文环雾流传热模型能够体现深水测试管柱内环雾流传热机理，预测结果更加准确。

（2）产气量较低时，含水量对水合物生成区域基本无影响；产气量较高时，含水量会使得水合物生成区域下界下移，水合物生成区域增大；含水会使过冷度增大，更容易诱导水合物生成。气井产水时，需要增大水合物抑制剂用量，并加深注入位置。

（3）低产气量测试时，水合物生成区域大，产气量增大时，水合物生成区域减小。产水会使得无水合物生成所对应的临界产气量增大，需要调整水合物抑制剂用量和注入位置。

参 考 文 献

[1] H. J. Ramey. Wellbore Heat Transmission [J]. SPE 96, 1962.04.

[2] Zhi-yuan WANG, Bao-jiang SUN, Xue-rui WANG, et al, Prediction of natural gas hydrate formation region in wellbore during deep-water gas well testing[J]. Journal of Hydrodynamics, Ser. B, 26(4), Sep,2014:568-576.

[3] Hasan A R, Kabir C S. Heat transfer during two-phase flowing wellbores: part II-wellbore fluid temperature. SPE 22948, 1991.

[4] Hasan A R, Kabir C S. Aspects of Wellbore Heat Transfer During Two-Phase Flow. SPEPF, 1994.

[5] Sun B., Gao Y., Wang Z., et al. Temperature calculation and prediction of gas hydrates formed region in wellbore in deepwater drilling[C]. ISOPE,2008.01.

[6] 马永乾. 深水井筒气液两相流传热规律研究[D].中国石油大学,2010.

[7] G.F. Hewitt, D.N. Roberts. Studies of two-phase flow patterns by simultaneous flash and X-ray photography[J]. AERE-M2159,1969.

[8] C. Berna, A. Escrivá,J.L. Muñoz-Cobo,et al. Review of droplet entrainment in annular flow: Interfacial waves and onset of entrainment[J]. Progress in Nuclear Energy,2014,74.

[9] Manabe R, Wang Q, Zhang H,et al. A mechanistic heat transfer model for vertical two-phase flow[C].SPE 84226,2003.

[10] L.B. Fore, S.G. Beus, R.C. Bauer. Interfacial friction in gas-liquid annular flow: analogies to full and transition roughness[J]. International Journal of Multiphase Flow, 2000,26: 1755-1769.

[11] G.P. Willhite. Overall heat transfer coefficients in steam and hot water injection wells[J].JPT,1967.05:607-615.

[12] I.N. Alves, F.J.S. Alhanatl,O. Shoham. A unified model for predicting flowing temperature distribution in wellbores and pipelines[C]. SPEPF,1992.11.

[13] Jafar Javanmardi, Mahmood Moshfeghian. A new approach for prediction of gas hydrate formation conditions inaqueous electrolyte solutions[J]. Fluid Phase Equilibria. 2000,168:135–148.

Two-phase flow heat transfer modeling for prediction of gas hydrate formation region in deepwater gas-well with water content

ZHAO Yang, WANG Zhi-yuan[*], SUN Bao-jiang, WANG Xue-rui, PAN Shao-wei

(School of Petroleum Engineering, China University of Petroleum (East China), Qingdao, 266580.
Email: wangzy1209@126.com)

Abstract：It is proved to be annular-mist flow in the tubing during deepwater water-content gas-well testing with the Hewitt's flow pattern prediction method. Considering the difference of velocity and thermodynamic properties between gas core and liquid film, an annular-mist heat transfer model was established in order to predict the wellbore temperature distribution. The model was verified with measured data of X deepwater gas-well in the South China Sea. The prediction error of the proposed model is less than 5%. The water content has a significant influence on wellbore pressure and temperature distribution, which cannot be ignored. The wellbore pressure and temperature above mud line becomes lower when water is produced. The influence of water content on hydrate formation region is negligible while gas production is low. But when the well is produced at a high rate, the hydrate formation region and the undercooling become larger, making hydrate easier to form. To ensure the testing operation, the required amount of hydrate inhibitor must be increased and the injection point should be lowered. The critical gas production with no hydrate forms in the wellbore increases when water is produced. Thus the amount of hydrate inhibitor used and the injection point should be adjusted accordingly.

Key words：Deepwater gas-well testing; Water content; Annular-mist flow; Wellbore temperature and pressure distribution

水驱砂岩油藏特高含水期开发动态预测方法

崔传智，徐建鹏

(中国石油大学（华东）石油工程学院，青岛，266580，Email: xjpinupc@gmail.com)

摘要： 水驱油田进入特高含水期后含油饱和度进一步降低，引起油水渗流特性发生突变使得在大多数水驱油田广泛使用的适用于中高含水阶段的开发指标预测方法误差增大。本文在前人研究的基础上利用贝克莱水驱油理论和韦尔奇公式将渗流特征关系、典型水驱特征曲线与产量递减规律进行联合求解，推导出多种包含时间参数的特高含水期开发指标预测新方法，此方法包含了水驱特征曲线法和递减规律的优点。以数值模拟方法为标准对比发现二次型模型准确程度较高，预测误差在允许范围内并且简便易实现，对实际油田开发具有一定的实际指导意义。

关键词： 特高含水期；水驱特征曲线；产量递减规律；开发指标预测；二次型模型

1 引言

水驱特征曲线方法[1-6]和产量递减规律[7-9]被广泛用于水驱油田的动态分析和生产预测。产量递减方法能够依据油田的实际产油量较好的预测产油量随时间的变化关系，但不能预测油田产水量、产液量和含水率等指标；水驱特征曲线能够预测油、水的累积产量或比值的关系，但不包含时间参量，并且进入特高含水阶段后数据点异常使得常规水驱特征曲线预测误差增大。本文将 Arps 方法[7]与新型水驱特征曲线结合起来，推导得出了包含时间变量的油田开发指标的预测新模型。

2 理论基础

2.1 产量递减规律

水驱油田的产量预测模型有多种多样，包括递减曲线法和增长曲线法[9]。增长曲线法在特高含水期预测的原油产量通常保守，而 Arps 递减曲线不仅对于定压差生产有广泛的适用性；在定液量生产条件下的特高含水期 Arps 递减曲线也是适用的。

递减时期的产油量为：

$$q_d = \frac{q_i}{\left(1 + bD_i t\right)^{1/b}}$$

(1)

总的累积产油量为：

$$N_p = N_{p0} + N_{pd}$$

(2)

2.2 水驱特征规律

本文就二次型水驱特征曲线进行了进一步的推导，得出了特高含水期的开发指标预测方法，并与线性水驱特征曲线的进行了对比。

2.2.1 一次型水驱特征曲线

水驱油藏常用甲型水驱特征曲线进行储量标定，本文中的一次型水驱曲线即为甲型水驱特征曲线，其推导的理论基础为式（5）。

$$\lg Wp = A + BN_p$$

(3)

对式（3）进行适当变形能够得到：

$$\lg WOR = A_1 + B_1 N_p$$

(4)

$$\ln \frac{k_{ro}}{k_{rw}} = a_1 + b_1 S_{we}$$

(5)

$$WOR = \frac{f_w}{f_o} = \frac{f_w}{1 - f_w}$$

(6)

联立式（4）和式（6）得含水率表达式为：

$$f_w = 1 - \frac{1}{1 + 10^{A_1 + B_1 N_p}}$$

(7)

分流量方程为：

$$f_w = \frac{Q_w}{Q_o + Q_w} = \frac{1}{1 + \dfrac{k_{ro}}{k_{rw}} \dfrac{\mu_w}{\mu_o}}$$

(8)

将式（5）带入式（8）得：

$$f_w = \frac{Q_w}{Q_o + Q_w} = \frac{1}{1 + \frac{\mu_w}{\mu_o} e^{a_1 + b_1 S_{we}}}$$

$$(9)$$

对 S_{we} 求导得：

$$\frac{\mathrm{d} f_w}{\mathrm{d} S_{we}} = -b_1 f_w (1 - f_w) \tag{10}$$

平均含水饱和度公式[11]：

$$\overline{S_w} = S_{we} + \frac{1 - f_w}{\dfrac{\mathrm{d} f_w}{\mathrm{d} S_{we}}} \tag{11}$$

联立式（10）和式（11）得：

$$\overline{S_w} = S_{we} + \frac{1 - f_w}{-b_1 f_w (1 - f_w)} \tag{12}$$

联立式（9）和式（12）得：

$$\overline{S_w} = \frac{\ln\left[\left(\dfrac{1}{f_w} - 1\right)\dfrac{\mu_o}{\mu_w}\right] - a_1}{b_1} - \frac{1 - f_w}{b_1 f_w (1 - f_w)} \tag{13}$$

采出程度为：

$$R = \frac{\overline{S_w} - S_{wi}}{1 - S_{wi}} \tag{14}$$

将式（13）带入式（14）得含水率与采出程度关系：

$$R = \frac{\dfrac{\ln\left[\left(\dfrac{1}{f_w} - 1\right)\dfrac{\mu_o}{\mu_w}\right] - a_1}{b_1} - \dfrac{1 - f_w}{b_1 f_w (1 - f_w)} - S_{wi}}{1 - S_{wi}} \tag{15}$$

2.2.2 二次型水驱特征曲线

宋兆杰[1]提出了适用于特高含水期的新型水驱特征曲线和 k_{ro}/k_{rw} 与 S_w 的新型表达关

系：

$$\lg WOR = A_2 N_p{}^2 + B_2 N_p + C_2 \tag{16}$$

$$\frac{k_{ro}}{k_{rw}} = d \cdot \exp\left(a_2 S_{we} + b_2 S_{we}{}^2\right) \tag{17}$$

将式（16）和式（17）分别带入分流量方程得：

$$f_w = 1 - \frac{1}{1 + 10^{A N_p{}^2 + B N_p + C}} \tag{18}$$

$$f_w = \frac{1}{1 + \dfrac{\mu_w}{\mu_o} \cdot d \cdot \exp\left(a_2 S_{we} + b_2 S_{we}{}^2\right)} \tag{19}$$

式（19）整理可得：

$$a_2 S_{we} + b_2 S_{we}{}^2 + \ln d - \ln \frac{\mu_o}{\mu_w}\left(\frac{1}{f_w} - 1\right) = 0 \tag{20}$$

解得：

$$S_{we} = \frac{-a_2 + \sqrt{a_2{}^2 - 4 b_2 M}}{2 b_2} \tag{21}$$

式中，$M = \ln d - \ln \dfrac{\mu_o}{\mu_w}\left(\dfrac{1}{f_w} - 1\right)$

式（20）对 S_{we} 求导得：

$$\frac{\mathrm{d} f_w}{\mathrm{d} S_{we}} = \frac{\dfrac{1}{f_w{}^2}\dfrac{\mu_o}{\mu_w}}{\sqrt{a_2{}^2 - 4 b_2 \left(\ln d - \ln \dfrac{\mu_o}{\mu_w}\left(\dfrac{1}{f_w} - 1\right)\right)}} \tag{22}$$

带入韦尔奇公式得：

$$\overline{S_w} = S_{we} + \frac{1}{f_w^2}\frac{\mu_o}{\mu_w}\frac{1-f_w}{\sqrt{a_2^2 - 4b_2\left(\ln d - \ln\frac{\mu_o}{\mu_w}(\frac{1}{f_w}-1)\right)}} \tag{23}$$

采出程度为:

$$R = \frac{S_{we} - S_{wi}}{1 - S_{wi}} + \frac{\mu_o}{\mu_w f_w^2(1-S_{wi})}\frac{1-f_w}{\sqrt{a_2^2 - 4b_2\left(\ln d - \ln\frac{\mu_o}{\mu_w}(\frac{1}{f_w}-1)\right)}} \tag{24}$$

将式（21）带入式（24），可以得到含水率与采出程度的关系式。

$$R = \frac{-a_2 + \sqrt{a_2^2 - 4b_2\left[\ln d - \ln\frac{\mu_o}{\mu_w}(\frac{1}{f_w}-1)\right]} - 2b_2 S_{wi}}{2b_2(1-S_{wi})} + \frac{\mu_o}{\mu_w f_w^2(1-S_{wi})} \times$$

$$\frac{1-f_w}{\sqrt{a_2^2 - 4b_2\left(\ln d - \ln\frac{\mu_o}{\mu_w}(\frac{1}{f_w}-1)\right)}} \tag{25}$$

3 方法研究

2.1 中的 Arps 递减规律给出了时间与累计产油量的关系，在 2.2 中笔者推导了不同类型水驱特征曲线的累计产量与含水率、含水率与采出程度的函数关系。利用 2.1 和 2.2 中的相关表达式能够得到包含时间参数的含水率、采出程度的关系表达式，同时利用累积产油量和采出程度能够反求相应区块的可采储量进行储量标定。

4 验证分析

本文利用胜利油田某水驱开发区块的实际地质数据构造模型。基本参数包括：地层水的地面密度为 $1\,\text{g}/\text{cm}^3$，地层水的黏度为 $0.4\,\text{mPa}\cdot\text{s}$，地层水的体积系数为 1.02，地面原油密度为 $0.867\,\text{g}/\text{cm}^3$，地层原油黏度为 $8\,\text{mPa}\cdot\text{s}$，原油的体积系数为 1.14，束缚水饱和度为 0.3，残余油饱和度为 0.18。对地质模型进行数值模拟计算。

利用上述区块的实际地质数据建立地质模型并进行数值模拟计算，计算结果见图 1，包含产油量和累积产油量等多项指标结果。

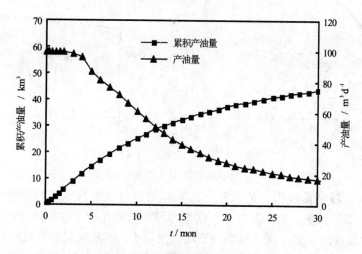

图 1 产油量、累积产油量与时间的关系图

利用含水率达到 85%之前的数据进行计算，图 1 中的产油量从油藏投产后的第 4 个月开始递减，因此将第 4 个月作为产量递减开始时间 t_0，$Q_0 = 2884.3 \text{m}^3 / 月$，前 3 个月累积产油量 $N_{p0} = 11773.397 \text{m}^3$。运用线性试差法[12]求得递减指数 $n = 0.54$，初始递减率 $D_0 = 0.1087 月^{-1}$，带入式（1）和式（2）得到累积产油量与时间的关系：

$$N_p = \frac{Q_0}{0.1087(0.54-1)}\left[\left(1+0.0587t_d\right)^{\frac{0.54-1}{0.54}} - 1\right] + 11773.397 \qquad (26)$$

表 1 水驱开发特征参数表

水驱特征曲线	$f_w - N_p$ 关系式	$k_{ro}/k_{rw} - S_{we}$ 关系式
线型	$f_w = 1 - \dfrac{1}{1+10^{0.5605N_p - 1.758}}$	$\ln \dfrac{k_{ro}}{k_{rw}} = 14.15 - 25.05 S_{we}$
二次型	$f_w = 1 - \dfrac{1}{1+10^{0.07049N_p^2 - 0.07049N_p - 0.0717}}$	$\ln \dfrac{k_{ro}}{k_{rw}} = 33.84 S_{we} - 47.81 S_{we}^2 - 3.495$

不同水驱特征曲线的计算结果列于表 1 中。利用式（26）和表 1 中的关系式分别作出不同类型预测模型在特高含水阶段的预测曲线。

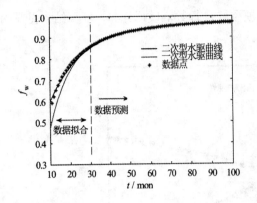 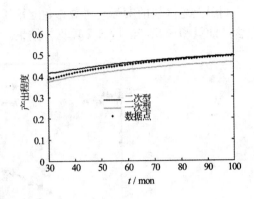

图 2 含水率和采出程度预测图

由两种水驱特征曲线推导的水驱开发指标预测方法在含水率预测时准确程度不尽相同，其中一次型的预测结果偏保守，二次型的预测结果在含水率超过 90%后逐步接近实际值。对于采出程度的预测一次型模型的预测结果偏小，预测误差随着时间的推移逐渐变大。二次型的预测结果在进入特高含水阶段之后预测误差逐步减小，在第 60 月后预测误差在 2%之内。

针对特高含水期水驱油藏开发指标的预测，二次型预测模型较一次型模型有更好的适应性，随着含水率的上升预测误差逐步减小。反映了二次型渗流特征方程可以更好的描述特高含水期的渗流特征。

5 结论

本文在前人对水驱油藏特高含水期渗流规律研究的基础上，筛选出典型水驱特征曲线和产量递减规律并将两者有机的结合推导出了包含时间参量的预测特高含水期含水率、平均含水饱和度和采出程度的新模型。

预测结果对比表明二次型模型比一次模型更符合特高含水期的渗流变化特征，预测误差随含水率的上升逐渐减小，对特高含水期开发的预测具有较好的适应性。

符号注释

N_p—累积产油量，$10^4 \mathrm{m}^3/\mathrm{d}$；　　　　　　W_p—累积产水量，$10^4 \mathrm{m}^3/\mathrm{d}$；

N_{pd}—递减阶段累积产油量，$10^4 \mathrm{m}^3/\mathrm{d}$；　　q_d—递减阶段产油量，m^3/d；

D_i—递减率，月$^{-1}$；　　　　　　　　　　k_{ro}, k_{rw}—油、水相对渗透率，f；

WOR—水油比，f； f_w—出口段含水率，f；

Q_w—产油量，m^3/d； Q_o—产水量，m^3/d；

μ_o, μ_w—油水黏度，$mPa \cdot s$； S_{we}—出口段含水饱和度，f；

$a_i, b_i, A_i, B_i, C_i \ (i=1\,2\,), d$—系数； $\overline{S_w}$—平均含水饱和度，f；

R—采出程度，f； S_{wi}—初始含水饱和度，f；

参 考 文 献

[1] 宋兆杰，李志平，赖枫鹏，等. 高含水期油田水驱特征曲线关系式的理论推导[J]. 石油勘探与开发，2013, 40 (2):201-208.

[2] 俞启泰. 几种重要水驱特征曲线的油水渗流特征[J]. 石油学报,1999, 20(1): 56-60.

[3] 高文君，徐君. 常用水驱特征曲线理论研究[J]. 石油学报, 2007, 28(3):89-92.

[4] 陈元千. 水驱曲线关系式的推导[J]. 石油学报, 1985, 6（2）：69-78.

[5] 陈元千. 一种新型水驱曲线关系式的推导及应用［J］. 石油学报, 1993，14（2）:65-73.

[6] 高文君，徐冰涛，王谦，等. 利用水驱特征曲线确定活塞式驱程度指数的方法[J]. 新疆石油地质，2000, 21(4): 311-314.

[7] Arps J.J. 1945. Analysis of Decline Curves. Trans. AIME: 160, 228-247.

[8] 计秉玉. 产量递减方程的渗流理论基础[J]. 石油学报, 1995,16(3):86-91.

[9] 张金庆. 水驱油田产量预测模型[M]. 北京：石油工业出版社，2013:56-57.

[10] Buckley S E, Leverett M C. Mechanism of fluid displacement in sands[J]. Trans AIME, 1942, 146(1): 107-116

[11] Welge H J. A simplified method for computing oil recovery by gas or water drive［J］. Trans., AIME, 1952, 195: 91-98.

[12] 姜汉桥，姚军，姜瑞忠. 油藏工程原理与方法[M]. 东营: 中国石油大学出版社, 2006: 192-193.

Water flooding performance prediction for sand reservoirs at ultra-high water cut stage

CUI Chuan-zhi, XU Jian-peng

(College of Petroleum Engineering, China University of Petroleum, Qingdao , 266580
Email: xjpinupc@gmail.com)

Abstract: The oil saturation will decline during the ultra-high water cut stage which results in the relative permeability for water and oil changing dramatically. The changes bring errors when using general forecasting algorithm. In this paper a new development index forecasting algorithm is presented based on the new relationship between the water and oil relative permeability the typical displacement characteristic curve and production decline law. This algorithm contains a parameter involving time which integrates the advantages of water displacement curve and decline law. Through the comparison with the result from mathematical simulation it is found that quadratic model has the highest accuracy and the error is within the permitting range. The method is instructive for oil field development.

Key words: ultra-high water cut; water displacement characteristic curve; production decline curve; development index forecasting; quadratic model

汽车除霜风道的优化设计

胡兴军，葛吉伟，苗月兴

(吉林大学汽车仿真与控制国家重点实验室，长春，130022，Email: 332467696@qq.com)

摘要： 为了改善汽车的除霜性能,运用 CFD 方法对某款汽车空调除霜风道内部流动进行了详细分析。研究显示,该空调除霜风道各出风口分风比不合理,且内部存在较多大尺度或小尺度的涡流，这些涡流主要是由除霜风道内部扰流板结构不合理造成的;为消除涡流、改善除霜风道的流场特性，对该除霜风道的内部结构进行了优化设计,改进效果显著。

关键词： 除霜性能；CFD；风道；流场特性

1 引言

汽车挡风玻璃上的霜冻会严重影响驾驶员的视野，对行车安全产生危害，须尽可能快的除去车窗玻璃上的霜层，GB11555-2009 对汽车除霜系统性能作出了严格规定[1]。除霜系统性能是否能达到国家标准要求，关键是空调风道设计是否合理。

在某车型的开发过程中，利用 CFD 数值模拟技术对空调除霜风道进行分析和优化，改善汽车空调除霜系统性能。

2 除霜数值计算模型的建立

图 1 所示是某汽车除霜风道的几何模型。该款车的除霜风道由 1 个入口和 3 类出口组成。为了计算精确，能够正确反映除霜性能改变的趋势，建立整个乘员舱的模型。对仪表板、座椅及相应部件进行了保留[2]。

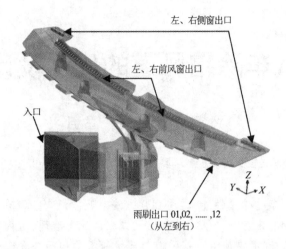

图 1 汽车除霜风道的几何模型

2.1 网格的生成

汽车空调除霜模拟的计算模型包括车室、玻璃和霜层；车室包括风道和封闭的车室[3]。玻璃厚度为 6mm，霜层设置为 0.4mm。由于模型不同区域的尺寸相差太大，因此应该对不同区域采用不同的网格策略，且各区域之间网格过渡平顺。在对汽车除霜 CFD 数值模拟方法进行分析和研究时，为了确保除霜风道流场及除霜模拟分析的质量，对除霜风道划分的网格加密。体网格总数是 5888501。图 2 所示是计算模型的网格。

图 2 计算模型的网格

2.2 边界条件和介质属性设置

入口边界类型为 Mass Flow Inlet，质量流量是 0.1185 kg/s，温度是 315K。出口边界类型是压力出口，压力为 0。其他壁面边界类型为 wall，玻璃壁面采用热对流边界条件，外界温度取 263K，其与壁面采用绝热边界条件[4]。表 1 是计算模型的介质属性。

表 1 计算模型的介质属性

入口温度 /K	环境温度 /K	空气质量流量 /(kg/s)	霜层厚度 /mm	玻璃厚度 /mm	玻璃传热系数 (W/m²-K)
315	263	0.1185	0.4	6	10

2.3 计算模型设置

采用 Realizable K-Epsilon 湍流模型，稳态计算收敛后，瞬态分析计算 20min，时间步长取 1s，内迭代步数是 10 步[5]。

3   结果分析

图 3 所示的是除霜风道原方案前窗玻璃附近速度云图。从图 3 可以看出，除霜风道原方案前窗玻璃附近存在 3 个吹风"死角"区域，即驾驶员侧的前挡风玻璃中部附近、前挡风玻璃中部附近和副驾驶员侧的前挡风玻璃右下处附近，该区域有较少气流且气流速度较低，气流在前挡风玻璃附近的分布极其不均匀。A 区大部分气流流速也较低，这将严重影响除霜效果。而导致这一问题的主要原因是除霜风道设计的不恰当，致使气流分配不合理。表 2 是通过各个出口的流量的百分比。图 4 所示是除霜风道的流线图。

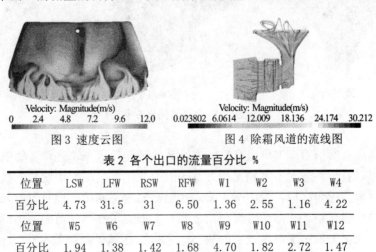

Velocity: Magnitude(m/s)
0   2.4   4.8   7.2   9.6   12.0

Velocity: Magnitude(m/s)
0.023802   6.0614   12.009   18.136   24.174   30.212

图 3 速度云图   图 4 除霜风道的流线图

表 2 各个出口的流量百分比 %

位置	LSW	LFW	RSW	RFW	W1	W2	W3	W4
百分比	4.73	31.5	31	6.50	1.36	2.55	1.16	4.22
位置	W5	W6	W7	W8	W9	W10	W11	W12
百分比	1.94	1.38	1.42	1.68	4.70	1.82	2.72	1.47

由于原除霜风道采用的是整体式的风道，使得气流流过雨刷出口、前风窗出口以及侧

窗出口的流量不可控，不能达到一个良好的气流分配。另外由于除霜风道表面凹槽的存在，使得气流在风道流动的过程中受到阻碍，以及使气流分离，产生涡流，使得风道各出口的流量分配不合理。因此，基于上面两个问题，对除霜风道内部结构进行优化。图 5 所示是原模型的除霜风道。

图 5　原模型的除霜风道

4　优化方案计算结果分析

结合上述分析，逐步优化出三套风道方案，即方案一、方案二和方案三(图 6) 。方案一是在原模型的基础上减小了除霜风道在驾驶员侧的凹槽（图中所标圆圈的地方）。方案二是去掉原除霜风道的所有凹槽，形成一个外表面光顺的除霜风道。方案三是将整体式的原模型除霜风道改成 V 字形的除霜风道。

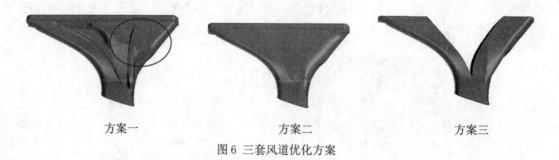

方案一　　　　　　　　　　方案二　　　　　　　　　方案三

图 6　三套风道优化方案

除霜风道原方案前窗玻璃附近存在 3 个吹风"死角"区域，这将会影响除霜效果。由图 7 和表 3 可以看出：与原方案相比，方案一的"死角"区域有了明显的减小，部分气流已经吹到了原来的死角区域，说明减小除霜风道在驾驶员侧的凹槽对改善除霜性能方面能够起到一定的积极作用。相对于方案一，方案二又增大了在驾驶员侧的出口流量，使得在驾驶员侧的前风窗的低风区域进一步的减小，从而 A 区域的除霜效率有了一定的提高。由于方案三的左前风窗出口的流量比原方案、方案一以及方案二的流量都要小很多，所以使得在驾驶员侧的"死区"面积变大，且使得气流分配更加不均匀。因此，方案三的除霜效果较其他方案更差。但是这种 V 型的风道结构简单且可以使得流量可控，因此还有继续研究的需要。

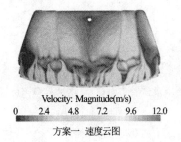 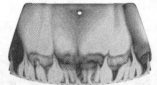 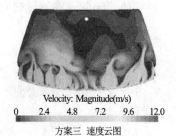

图 7 三套优化方案的速度云图

表 3 各方案各个出口的流量百分比%

方案一

位置	LSW	LFW	RSW	RFW	W1	W2	W3	W4
百分比	4.34	32.79	32.99	5.85	1.27	2.41	1.10	3.99
位置	W5	W6	W7	W8	W9	W10	W11	W12
百分比	1.78	1.15	1.20	1.41	4.13	1.63	2.44	1.26

方案二

位置	LSW	LFW	RSW	RFW	W1	W2	W3	W4
百分比	4.64	35.02	31.26	5.65	1.36	2.56	1.14	3.91
位置	W5	W6	W7	W8	W9	W10	W11	W12
百分比	1.81	1.07	1.01	1.25	4.12	1.63	2.37	1.21

方案三

位置	LSW	LFW	RSW	RFW	W1	W2	W3	W4
百分比	5.66	30.99	28.61	6.49	1.54	3.16	1.47	5.16
位置	W5	W6	W7	W8	W9	W10	W11	W12
百分比	1.83	0.92	0.94	1.76	5.00	1.99	2.86	1.48

5 总结

　　针对原方案存在的"死区"的问题，通过改变风道的几何形状来调整气流流动方向以及气流流量的分配改善了除霜效果。方案二增大了在驾驶员侧的出口流量，增大了视野区域的速度，使得速度分配更均匀，内部气流流动更通畅，流动损失更小，"死区"面积更小，除霜效果更好。

　　由于凹形结构的不合理造成各出风口分风比不均匀及大量涡流的存在。这些涡流是造成除霜风道流动损失的主要原因。为消除或减弱这些涡流的影响，为使该风道各出风口分风比均匀，使其满足除霜要求，对该除霜风道进行了方案一的改型，效果有了很大的改善。

　　虽然方案三的除霜效果较其他方案较差。但是这种 V 型的风道结构简单且可以使得流量可控，因此还有继续研究的需要。

参考文献：

1　中国国家标准化管理委员会．GB11555—2009汽车风挡除霜性能要求及试验方法[S]．北京：中国标准出版社，2009：1-6.

2　陈江平，牛永明. 轿车空调风道的计算流体动力学分析［J］汽车工程，2002，24（2）.

3　孟庆超, 谷正气, 何忆斌. 轿车室内流场的数值模拟研究[J].系统仿真学报, 2008(7).

4　谷正气.汽车空气动力学[M]. 北京: 人民交通出版社, 2005.

5　朱娟娟, 苏秀平, 陈江平. 汽车空调除霜风道结构优化研究[J]. 汽车工程, 2004, 26(6): 747-749.

The structure optimization for vehicle defrosting duct

HU Xing-jun, GE Ji-wei, MIAO Yue-xing

(State Key Laboratory of Automotive Simulation and Control, Jilin University, Changchun 130022. Email: 332467696@qq.com)

Abstract: In order to improve automobile defrost performance, the airflow in the auto HAVC defrosting duct is analyzed in detail by using CFD method. Research shows that the flux in the defrosting duct outlets is unreasonable, and there are large scale eddies and small scale eddies. Eddies are mainly caused by the defrosting duct and its structure is unreasonable; In order to eliminate eddies and improve of flow field characteristics, the optimization for defrosting ducts is necessary and the result is remarkable.

Key words: defrost performance; CFD; defrosting duct; flow field characteristics

高寒地区低温管道密封泄露原因分析

刘硕[1]，刘小川[2]，邵伟光[3]，刘天民[3]，张健[1]，许晶禹[1*]

(1 中国科学院力学研究所，100190，北京；2 中国航空油料有限责任公司，北京

3 总后勤部油料研究所，北京）*通讯作者，E-mail: xujingyu@imech.ac.cn

摘要： 机坪输油管道埋设在停机坪下方，是飞机航油的主要供给渠道，安全要求极高。高寒地区，部分机坪管道会出现泄漏状况，严重影响机场人员的生命和财产安全，受到了广泛关注。本文针对低温管道泄漏的原因进行了探索研究。借助有限元软件 ANSYS，对含内流体的管段进行了流固耦合分析；建立了管道连接构件法兰的有限元模型，通过热——结构耦合分析，探讨了法兰的力学性能；在某高寒地区机场管路进行了管网系统变形测试现场实验，得到了不同温度和管内燃油流态下法兰的相对变形情况。最终，综合分析数值模拟结果和现场测试结果，确定了高寒地区低温管道燃油泄漏的原因。

关键词： 机坪输油管道，泄漏，法兰，预紧力

1 引言

机坪输油管道埋设于停机坪以下，是飞机航油供给主要渠道，对安全性和可靠性要求较高。实际现场中，机坪管道受力情况较为复杂，与填土、上方结构受力、管内流体等多种因素有关；机坪输油管道结构本身也较为复杂，由管道、法兰连接副等多种构件组成，轴向尺度大，制造和施工误差容易积累。实际工程中发现高寒地区的机坪输油管道会出现燃油泄漏状况，威胁到了机场的人员生命财产安全，引起了各方的广泛关注。与其他地区机场环境条件不同，高寒地区低温环境致使管路内部流体和周围土体出现较大温差，内部航空燃油温度远低于周围土体。因此需要探究高寒地区低温管道燃油泄漏的原因。本文将针对某具体高寒地区出现燃油泄漏的管道结合数值模拟和现场实验分析其泄漏原因。

针对航空燃油输油管道泄漏原因，国内外的研究不多。在输油管路泄漏整体研究方面，研究工作大多集中在出现泄漏后的检测[1-3]，魏秋林等[4]指出了三种天然气管道泄漏现象的具体形式，包括连接部位泄漏、冲刷泄漏和填料部位泄漏。在输油管路泄漏局部研究方面，刘迎来[5]通过宏观观察、端口微观分析、金相检验等，对三通泄漏失效分析进行了详细研

究；张良[6]等通过类似的工作对三通失效进行了研究。总结上述研究进展，发现尚未有针对高寒地区管路泄漏原因进行详细分析的先例。

2 内流体作用下管道受力分析

以某段弯头半径 525mm，外径 181mm，内径 175mm，弯头一端长 0.5m，另一端长 10m 的管段为例，入口流量 234m³/h。通过流固耦合数值模拟，分析得到在管内流体作用下，管段最大应力 0.134MPa（图 1），远低于管材屈服极限，最大位移 84.5μm，内流体作用不会造成管道泄漏。但需要注意的是，流体冲刷作用下造成管段轴向出现位移，机场管道较长，位移容易在长度方向积累，造成管道错位，对法兰产生较大影响。

同样以该段弯头为例，考虑内部流体温度，进行热—固耦合分析，当土体温度和管内流体温差为 10℃时，应力分布结果如图 2 所示，可以看出，最大应力为 12.4MPa，虽然较考虑流体冲刷作用产生的应力量级大很多，但还是远小于管材的屈服强度。

综合流固耦合和热固耦合的分析结果，发现考虑管道内部流体的冲刷作用和温度效应，管材主体不会造成泄露破坏，但是变形会在管材的连接位置——法兰处形成不连续，有可能倒置法兰处出现泄露，因此需要对法兰处进行详细分析。

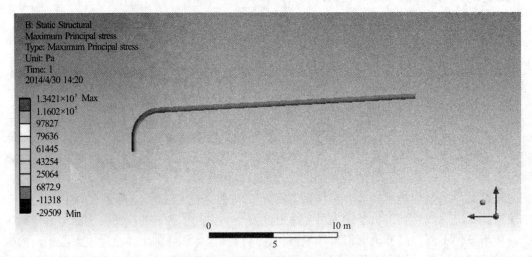

图 1 内流体作用下管段的应力分布

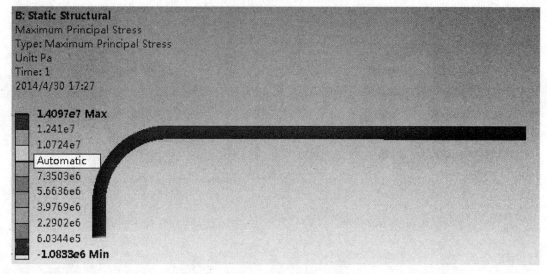

图 2 考虑温度作用下管段的应力分布

3 法兰局部数值模拟

3.1 拉弯组合下法兰受力分析

以某高寒地区机场管路为例，三通规格是 PN=1.6Mpa 的 DN350 平焊法兰，通过有限元软件 ANSYS 建立模型，模型如图 3 和图 4 所示。根据整体管路分析，出现泄漏的法兰附近管断面受拉应力和弯曲应力组合作用，三种工况如下：1、50MPa 拉应力+20MPa 弯曲应力；2、35MPa 拉应力+35MPa 弯曲应力；3、20MPa 拉应力+50MPa 弯曲应力。现分别分析三种工况分别在螺栓紧固力矩 200N.m、314N.m、471N.m、686N.m 的受力和变形状况。法兰外部温度和环境土体温度相同，是 0℃，法兰内表面温度和内部流体相同，是-10℃。

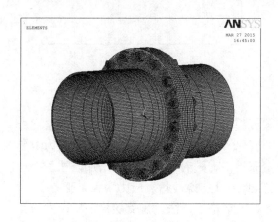

图 3 法兰有限元模型

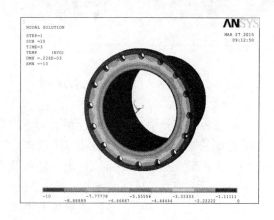

图 5 法兰温度分布云图

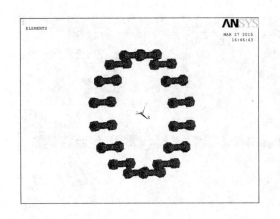

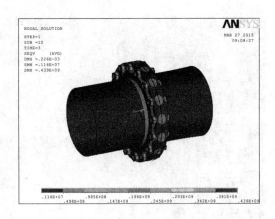

图 4 螺栓有限元模型　　　　　　　　图 6 法兰折算应力分布云图

　　图 5 给出了法兰热-固耦合分析的温度场分布结果，图 6 给出了螺栓预紧力 471N.m 下工况 1（50Mpa 拉应力+20Mpa 弯曲应力）下螺栓、法兰和垫片构成的法兰密封副的整体折算应力分布状况。进一步分析计算结果可以看出，最大应力出现在螺栓中螺母和螺杆连接的位置上。

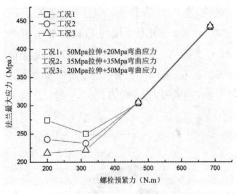

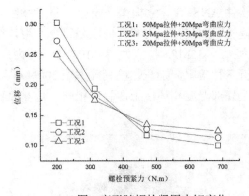

图 7 法兰最大应力随螺栓紧固力矩化　　　　　图 8 变形随螺栓紧固力矩变化

　　将三种工况分别在 4 种螺栓预紧力下的有限元模拟结果进行处理得到了图 7 和图 8。图 7 是法兰整体最大折算应力随螺栓紧固力矩的变化，图 8 是垫片变形随螺栓紧固力矩变化的变化状况。从图 7 中可以看出，外载荷不变条件下，随着螺栓预紧力增加，法兰密封副整体的折算应力大体逐渐增加，最大应力出现在螺栓上。螺栓折算应力增大，变形增加，螺栓的变形是压缩变形，根据变形协调原理，螺栓变形增加，法兰盘受螺栓挤压产生的变形增加，垫片、法兰应力水平提高，法兰密封副变的更紧密，有助于提高法兰副的密封性能。结合图 8 可以发现，随螺栓预紧力增加，垫片的最大位移逐渐降低，表明螺栓预紧力增加，法兰结构连续性能提高，密封性能增强。实际工程中，各种因素造成的预紧力缺失会对法兰密封性能产生不利影响。预紧力缺失降低了法兰的约束效果，在外界载荷和管内流体共同作用下，容易造成泄漏状况。

图 7 给出了法兰外侧相对变形量（压缩量）随螺栓紧固力矩的变化，从图中可以看出，相对变形在 11-16um 之间，拉伸应力比重越大，相对变形越大。

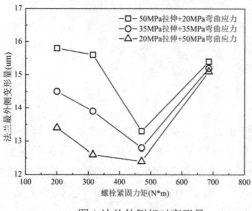

图 9 法兰外侧相对变形量

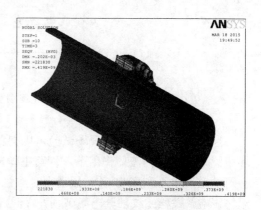

图 10 受剪切法兰应力分布

3.2 剪力作用下法兰受力分析

剪力作用下的法兰的模型参数和规格和加载状况与 4.1 中相同，区别是两端管道长度各位 0.5m，一端管道受 45MPa 水平剪力，同样考虑外部环境和内部流体温差。计算结果的折算应力云图如图 9 所示。模型最大折算应力 1720MPa，远高于 8.8 级螺栓屈服强度（640MPa），螺纹部分已经破坏，垫片与法兰张开量是 0.994mm，法兰产生泄漏。

4 应用与结论

图 11 为针对法兰两侧相对位移随时间变化的测试结果记录。从试验结果中可以看出，现场测试结果中法兰相对变形量大约在 0-18μm 之间，与数值模拟结果较数值相符。

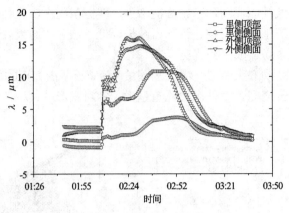

图11 现场试验法兰两侧相对位移

通过数值模拟分析和现场试验可以得到以下结论：① 高寒地区机坪输油管道在与外界环境温差较大的内流体作用下，管路主体应力水平较小，不会造成泄露破坏，但变形累加会对法兰产生不利影响；② 预紧力对法兰的密封性能有着重要影响。受高应力、疲劳和低温等影响，螺栓螺纹部分出现破损，降低螺栓预紧力，预紧力缺失降低了法兰的约束效果，在外界载荷和管内流体共同作用下，容易造成泄漏状况。

参 考 文 献

1 张宇. 输油管道泄漏检测新方法与关键技术研究. 天津大学. 2009.

2 桑运水. 输油管道泄漏在线检测的研究. 合肥工业大学. 2003.

3 吴海霞，蒋耘晨，赵显利.运用虚拟仪器实现输油管道泄漏检测和定位.2004,24（2）:174-177.

4 魏秋林，李祥；藏玉霞.天然气管道泄漏问题分析及处理技术. 化学管理.2013（16）：134.

5 刘迎来.管道工程用三通泄漏失效分析及处理对策.金属热处理.2007，32:106-110.

6 张良，罗金恒，李金凤，等. 法兰泄漏失效原因分析.金属热处理.2015:40（4）：201-204.

Causes for leak of pipeline with low temperature inner flow in chilly climates

LIU Shuo，LIU Xiao-chuan，SHAO Wei-guang，LIU Tian-min，ZHANG Jian, XU Jing-yu

(Institute of Mechanics, Chinese Academy of Science, 100190, Beijing

China Aviation Oil Holding Company, Beijing

Oil Research Institute of the General Logistics Department, Beijing)

Email:xujingyu@imech.ac.cn

Abstract:Pipes used in airports are located beneath aprons. As main fueling method for airplanes, it has significant safety requirements. In area with chilly atmosphere, part of the pipeline systems leak sometimes, which brings tremendous safety threats. High concentration came out as results. In this passage, with the assistance of ANSYS, sectional pipeline is analysised through fliud-solid coupling analysis, through thermal-solid coupled fem method, flange is analysised. Together with field deformation experiment conducted in certain airports in cold climate, causes of pipeline system leak come out.

Key words：pipeline in aprons; leak; flange; pretightening force

新型高效旋流气浮污水处理技术研究

魏丛达[1]，张健[2],吴奇霖[1],许晶禹[2*]，吴应湘[2]

(1.中海石油（中国）有限公司深圳分公司，广东深圳 518067；

2.中国科学院力学研究所，北京 100190)

通讯作者 E-mail: xujingyu@imech.ac.cn

摘要：伴随原油开采中污水量的不断增加及其排放指标的提高，对含油污水的处理技术提出更高的要求，气浮处理技术以低能耗、效率高等优势成为研究和应用的重点方向。针对气浮污水处理技术的基本理论，分别从微气泡的生成方式、高效旋流气浮的处理工艺和流场特征等方面，结合前期在高效管道式分离技术研究中取得的成果，自主研制新型的高效旋流气浮污水处理技术和装置，并设计加工形成符合工业应用标准的样机。现场测试研究中，对设计加工的样机按照实际工况进行连续运行和测试，得出经处理后水中含油率可以降至 10mg/L 以内，并分别给出了处理量和絮凝剂添加量等因素对污水处理性能的影响规律。

关键词：旋流气浮；污水处理；含油污水；现场测试

1 引言

海洋石油平台排海的生产废水中含油率要尽可能低，以满足日益严格的环保要求，另一方面，为响应国家号召，实现绿色节能生产，研究新型且集能耗低、处理效率高等优点于一体的技术和方法降低采油生产废水中的油含量具有重要的意义。目前，污水处理技术和方法主要有重力分离、离心分离、气浮、过滤和生物处理等，各项处理技术中，气浮污水处理技术以其自身的多项优点成为目前研究的热点，石油化工含油污水处理中，常采用的气浮方法有：引气气浮和溶气气浮等。但随着对含油污水处理要求的提高和处理量的增大，传统气浮装置越来越难以满足生产污水处理的要求。

本研究中，针对气浮污水处理技术的基本理论，分别从微气泡的生成方式、高效旋流气浮的处理工艺和流场特征等方面，结合前期在管道式分离技术研究中取得的成果，以及油水乳状液方面的研究，自主研制新型的高效旋流气浮污水处理技术和装置，并设计加工形成符合工业应用标准的样机进行现场测试和分析，对新型高效气浮装置的整体工艺和处理性能进行系统的分析和优化。

2 新型高效旋流气浮污水处理工艺流程设计

基于气浮技术的除油机理，将旋流场和气浮技术的结合能够有效增加微气泡和油滴的黏附机率，提高含油污水的处理效率。研究中，结合管道式分离技术的研究成果，以提高处理效率和指标为出发点，分别对旋流场的形成和气浮微气泡的生成等技术进行系统的研究和筛选。

图1给出了自主研制的新型高效旋流气浮污水处理系统的原理流程，其主要由导流片型管道式分离器、溶气泵式气浮装置和微米孔板气浮装置构成。从图中可以看出，需处理含油污水首先进入导流片型管道式分离器，高含油的混合液经分离器的出油口流出，初步处理后的污水进入溶气泵式气浮装置罐体内，并通过对分离器的出水口采用切向的方式，在罐体内形成稳定旋流场。然后，溶气泵气浮装置通过生成的微气泡，及形成的旋流场对污水进行处理，分离出的油相和少量的气体经罐体顶部的收油装置和出油口流出，处理后的水相由罐体下部的出水口流出，进入下一级微米孔板气浮装置。最终，微米孔板气浮装置通过切向入口形成的旋流场和微米孔板生成的气泡对污水进行进一步的处理，经处理后的油相和气体经罐体顶部的收油装置和出油口管路流出，达标的水相进行直接外排或油井回注，完成含油污水的处理。

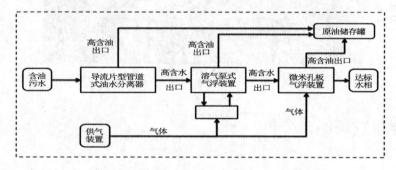

图1 新型高效旋流气浮污水处理原理流程

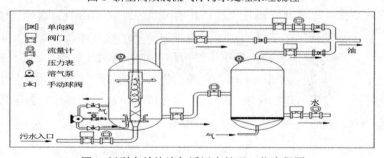

图2 新型高效旋流气浮污水处理工艺流程图

根据上述自主研制的新型高效旋流气浮污水处理系统的原理流程图，进一步提高气浮处理技术的效率和指标，同时，充分考虑气浮装置的体积和能耗等因素，对新型高效旋流气浮污水处理的工艺流程进行优化设计。图 2 为新型设计的高效旋流气浮污水处理系统的工艺流程图，从图中可以看出，导流片型管道式分离器置于第一级气浮装置的内部，实现紧凑型设计，且切向除水口的开设方式可以直接用于在气浮罐体内产生旋流场，实现旋流气浮的工作形式。另一方面，溶气泵气浮装置的注气方式采用轴向多分支管设计，有效实现生成微气泡在罐体内的均匀分布，提高气浮污水处理的效率和指标。

基于上述的工艺流程设计，结合工业生产现场的污水参数，自主设计加工一套适用于工业生产线的新型旋流气浮污水处理装置，设计处理量为 20m³/h，溶气泵气浮装置和微米孔板气浮装置罐体的内径均为 1m、高度为 1.8m。然后，采用现场测试的方法对新型旋流气浮污水处理装置的工作性能进行系统的分析。

图 3 高效旋流气浮装置现场安装

3 工业样机现场测试分析

基于上述的研究成果和海上采油平台的应用环境，自主设计加工一套高效旋流气浮污水处理装置，并配备流量调节和控制设备，相应的工艺流程和电气设备均取得中国船级社的质量认证。图 3 为设计加工的新型高效旋流气浮装置的撬装结构，以及在南海陆丰采油平台的安装情况。气浮装置的入口连接至生产现场三相分离器的出水口，压力约为 1.0MPa，温度约为 95℃，流量为 0~25m³/h，可通过阀门进行连续调节；气浮装置的出水口连接至生产现场的开排灌，沉降后进行排海处理；气浮装置的出油口连接至废油回收罐，罐体压力约为 20kPa。数据分析中，除油效率（η）定义为：

$$\eta = \frac{\varepsilon_{o,in} - \varepsilon_{o,out}}{\varepsilon_{o,in}} \times 100$$

（1）

式中，$\varepsilon_{o,in}$ 为气浮装置总入口含油率，单位为 mg/L；$\varepsilon_{o,out}$ 为气浮装置出水口含油率，单位为 mg/L。

3.1 不同处理量下气浮装置的工作性能

现场测试中，首先研究新型高效旋流气浮污水处理装置在来液流量不同工况下的处理效率和指标，具体调试中，入口流量（Q_{in}）为 10～25m³/h，污水含油率（ε_o）约为 66mg/L，絮凝剂的添加量（ε_f）约为 45mg/L，调节气浮装置各个分支管路的分流比，使其处于最佳工作状态，出水口的分流比约为 0.8，即来液流量的 80%经出水口流出。最终，待气浮装置各个分支管路的流量和压力稳定后，进行长时间连续运行和监测，并分别在总入口、溶气泵气浮装置的出水口、出油口和微米孔板气浮装置的出水口取样化验，分析气浮装置对污水的处理效果。

图 4 给出了处理量为 10～25m³/h 的运行工况下，高效旋流气浮装置的总入口、出油口和出水口三个分支管路的含油率测试结果。当气浮装置的入口流量为 10m³/h、15m³/h、20m³/h 和 25m³/h，含油率分别为 67mg/L、66mg/L、57mg/L、66mg/L 时，经处理后的水中含油率可降至 7mg/L、12mg/L、5mg/L 和 7mg/L，而此时出油口管路中的含油率分别为 260mg/L、320mg/L、311mg/L 和 334mg/L。因此，在测试的流量范围内，设计加工的高效旋流气浮装置对污水进行处理可以达到较理想的效果，除油效率均约为 90%，经处理后水中含油率远低于排海或油井回注的标准。图 5 分别给出了入口流量为 25m³/h，高效旋流气浮装置的总入口、一级出水口、出油口和二级出水口的取样，从中可以较直观的看出设计加工的气浮装置对污水的处理效果。

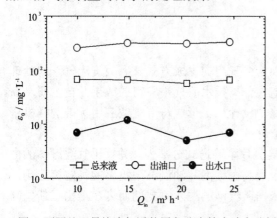

图 4 不同处理量旋流气浮装置各分支管含油率分析图　　图 5 旋流气浮装置运行取样结果

3.2 絮凝剂的添加对污水处理效果的影响

气浮处理技术应用中，絮凝剂的添加可以有效增加微气泡与油滴聚集和黏附的机率和效果，进而提高气浮对污水处理的效率。现场测试研究中，为得到絮凝剂添加对污水处理效果的影响规律，固定旋流气浮装置入口的流量为 10m³/h，分别添加不同含量的絮凝剂，分析高效旋流气浮装置对污水的处理效果。循环测试中，采用的絮凝剂由中海油深圳分公司陆丰作业区提供，型号为 HYQ403。

图 6 给出了处理量（Q_{in}）为 10m³/h，絮凝剂的添加量分别为 0、5mg/L、15mg/L 和 43mg/L

四种运行工况下，高效旋流气浮装置对污水的处理效果。从图 6 中可以看出，絮凝剂添加量为 5mg/L 时，对气浮污水处理的效果基本没有影响，处理后污水中含油率为 56mg/L，除油效率为 43%；当添加量增至 15mg/L 时，污水中含油率由 47mg/L 降至 10mg/L，除油效率为 79%；絮凝剂添加量为 43mg/L 时，污水中含油率降至 9mg/L，仍呈现出下降的趋势。图 7 给出了来液流量为 10m³/h，絮凝剂添加量为 15mg/L，旋流气浮装置的总入口、一级装置出水口、出油口和二级装置出水口的取样。

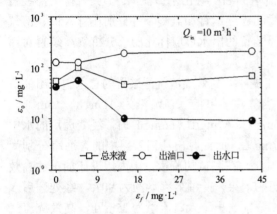

图 6 絮凝剂的添加量对旋流气浮污水处理效果的影响　　图 7 旋流气浮装置运行取样结果

4 结论

针对气浮污水处理技术的基本理论，分别从微气泡的生成方式、高效旋流气浮的处理工艺和流场特征等方面，结合前期在高效管道式分离技术研究中取得的成果，自主研制新型的高效旋流气浮污水处理技术和装置。最终，设计加工形成符合工业应用标准的样机进行现场测试和分析。经系统分析可得出以下结论：

（1）依据旋流气浮污水处理技术，引入导流片型管道式分离器，并置于气浮罐体的内部，在实现紧凑型设计的同时，能够形成利于提高微气泡和油滴黏附机率的稳定旋流场，充分实现旋流场和气浮技术的高效融合，并依据微气泡的注入方式的研究，给出了新型高效旋流气浮污水处理技术的工艺流程设计；

（2）基于上述的研究成果，设计加工一套适用于海上平台的新型高效旋流气浮污水处理装置，并在南海陆丰采油平台进行测试分析，分别对加药量和处理量等因素对气浮污水处理效果的影响进行测试，得到了相应的作用规律，且在处理量为 10-25m³/h 的工况下处理后水中含油均低于 12ppm，低于环境保护规定的排海或油井回注指标。

参 考 文 献

[1] Silva S S, Chiavone-Filho O, Neto E L B, et al. Oil removal from produced water by conjugation of flotation and photo-Fenton processes[J]. Journal of Environment Management, 2015, 147: 257-263.

[2] Santo C E, Vilar V J P, Botelho C M S, et al. Optimization of coagulation-flocculation and flotation parameters for the treatment of a petroleum refinery effluent from a Portuguese plant[J]. Chemical Engineering Journal, 2012, 183: 117-123.

[3] 陈家庆, 韩旭, 梁存珍, 等. 海上油田含油污水旋流气浮一体化处理设备及其应用[J]. 环境工程学报, 2012, 6(1): 87-93.

[4] 雷乐成. EDUR 泵气浮技术在油田稠油污水处理中的应用[J]. 水处理技术, 2003, 29(2): 115-116.

[5] Shi Shi-ying, Xu Jing-yu. Flow field of continuous phase in a vane-type pipe oil-water separator. Experimental Thermal and Fluid Science, 2015, 60: 208-212.

[6] 吴奇霖, 张健, 许晶禹. 粗油水乳状液的流变特性[J]. 油气储运, 2014, 33(5):531-537.

Investigation on the new-type flotation technology for wastewater treatment in oil production

WEI Cong-da[1], WU Qi-lin[1], ZHANG Jian[2], XU Jing-yu[2*]

（1 Shenzhen Branch Company, China National Offshore Oil Corporation, Shenzhen, 518067
2 LMFS, Institute of Mechanics, Chinese Academy of Sciences, Beijing, 100190）
*Corresponding author, E-mail: xujingyu@imech.ac.cn

Abstract: The requirement of wastewater treatment technology is becoming higher as the increasing of water content in oil extraction and its emission targets in oil industry, and the flotation technology is one of the great technologies with the advantages of low energy consumption and high efficiency which can meet the requirement greatly. According to the basic theory of flotation and research consequence of pipe-type oil-water separator, the micro-bubble generated technology, flotation process and its flow field characteristics are investigated to design a new-type flotation technology with independent intellectual property rights. In the study, the methods of field test in oil production were used to obtain the flow field characteristics and processing capacity of the new-type flotation equipment. In the results, the flotation was operated for a long time and the oil volume fraction in wastewater can be decreased to less than 10mg/L which is greater than the requirement of environment. Also, the effect of flocculating agent and the capacity of flotation equipment were studied respectively.

Key words: Rotational flow flotation, wastewater treatment, oily water, field test

车轮扰流板外形参数的 DOE 设计与低风阻优化

李冠群，胡兴军，廖磊，杨博

(吉林大学 汽车仿真与控制国家重点实验室，长春130022 Email: hxj@jlu.edu.cn)

摘要：车轮周围的流场非常复杂，车轮附近流动的控制与流场的改变对整车气动特性有重要影响。本文应用数值模拟的方法探究车轮扰流板相对于车轮前后的安装位置对气动阻力系数的影响，建立三组模型进行对比车轮处流动特性及整车气动阻力的变化，得出最小减阻效果的方案。研究发现，车轮扰流板位于车轮前侧的方案效果更佳，能够有效地减少车轮两侧气流的分离，缩小尾部涡流区域，降低了整车气动阻力。利用正交试验对车轮扰流板的尺寸进行参数化设计，建立 Kriging 近似模拟模型，通过自适应模拟退火法全局寻优设计得到最优尺寸。

关键词：车轮扰流板，数值模拟，气动阻力，正交试验，尺寸优化

1 引言

针对轿车而言，改善其空气动力特性最有效的方法就是在其底部增设附件。这些附件能够改善汽车底部的流场，尤其是车轮处的流动特性，从而达到降低整车气动阻力的作用。本研究的汽车底部附件—车轮扰流板，不仅具有很好的减阻功效，同时能够降低高速噪音，提高高速行驶车辆的稳定性。应用数值仿真模拟的方法，探究车轮扰流板相对车轮的前后位置对减阻效果的影响规律，优化扰流板的尺寸，通过寻优设计得到车轮扰流板的最佳尺寸，并分析设计变量扰流板的宽度和高度尺寸与响应量气动阻力系数间的关系。

2 数值模拟方案

2.1 计算域尺寸

本文采用整车模型分析，建立长方体计算域，根据经验，计算域尺寸定为：入口距模型前端3倍车长，出口距模型后端6倍车长，总高为4倍车高，总宽为7倍车宽。

2.2 网格生成

本文中采用四面体和三棱柱结合的混合网格,如图 1 所示。流体区域采用四面体网格,在车身表面拉伸出平行的三棱柱网格用以模拟实际流动车身表面存在的边界层现象。为避免网格差异对计算结果的影响,各方案网格划分时参数设置一致,各方案的总网格数目约为 420 万左右。

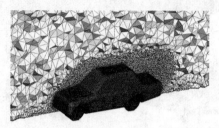

图 1 网格示意图

2.3 湍流模型和边界条件的设定

本文采用的湍流模型是在工程广泛应用的 SST k-ω 模型。选用流体计算软件 Fluent 进行数值模拟仿真,离散格式均采用二阶迎风离散格式。边界条件的设置如表 1 所示:

表 1 边界条件的设置

边界位置	边界名	边界条件
计算域前端	inlet	速度入口,垂直于进气口,v=22.2m/s
计算域后端	outlet	压力出口,静压设为 0
车身	body	固定壁面
车轮	wheel	固定壁面
计算域顶盖,侧面	wall	对称面
计算域底面	floor	滑移壁面,地面以来流 v=22.2m/s 的速度移动

3 车轮扰流板位置

3.1 模拟方案的设计

本文的研究对象三厢式轿车,是在 MIRA 模型的基础上,对其车轮处进行改造得到的;车轮扰流板的尺寸和位置是在调研的基础上,依据其与车轮和轮腔的相对关系确定的。为探究车轮扰流板相对车轮的前后位置对整车气动阻力的影响,设置三组方案进行对比试验,具体设置如下所示。

表2 车轮扰流板的尺寸形状示意图

扰流板形状	名称	尺寸/mm
	厚度	40
	宽度	269.5
	倒角	20rad
底端离地间隙		167

(a) 原车型模型　　　　　(b) 车轮后加设车轮扰流板　　(c) 车轮前加设车轮扰流板

图2 模型方案

3.2 模拟结果分析

通过数值模拟方法得到结论，安装车轮扰流板起到降低气动阻力的作用，且车轮扰流板安装在车轮前端的位置对整车的减阻效果要更明显一点，正投影面积变化不大，整车 C_d 值的减少量比方案二多 4.69%；车轮处的阻力也大大减少。计算结果如表3所示。

表3 三组方案结果对比

方案对比	C_d	C_d wheel	正投影面积/m²
模型一	0.385	0.0196	1.845
模型二	0.358	0.0186	1.861
模型三	0.340	0.0137	1.852

图3 车轮处压力云图（左图为方案三，右图为方案二）

分析减阻原因，对比两组方案车轮处的压力云图：方案三车轮处的正压区明显减少，汽车在向前行驶的时候，进入车身底部的气流会冲击车轮，强烈的撞击后会使车轮表面产生气流分离，因此我们在压力云图中看到车轮正压区的后侧有很明显的负压区。方案三车轮处的正压区相比方案二明显减小，说明安装车轮前扰流板后，会阻挡了一部分冲击前轮的气流,使这部分气流减缓分散开来,进入轮腔的气流会减少,削弱了其与从侧面进入的气流汇合成涡流,因此方案三的减阻效果更好一些。

4 车轮扰流板的尺寸优化

4.1 正交试验设计

选用正交试验进行试验设计,试验指标为气动阻力系数 C_d 值,试验因素为车轮扰流板的宽度 W 和高度 H。试验水平选为 3。试验因素车轮扰流板的宽度 W 的取值应介于轮胎与轮腔尺寸之间,由此得到宽度 W 的最大取值范围 180~310mm,然而在模型绘制中,取到最大值时会出现干涉现象,通过多次尝试最终确定宽度的最大取值为 300mm。车轮前扰流板的高度取值范围通过车轮中心及车身底板位置确定为 40~70mm。

试验因素的取值根据均衡分布思想,设计正交表 $L_9(3^2)$ 如表 4 所示。

表 4 正交表

试验因素	W/mm	H/mm	W × H		C_d
1	180	70	1	1	0.347
2	180	55	2	2	0.344
3	180	40	3	3	0.359
4	240	70	1	3	0.343
5	240	55	3	1	0.348
6	240	40	1	2	0.340
7	300	70	3	2	0.363
8	300	55	1	1	0.340
9	300	40	2	1	0.339

4.2 近似模型的建立

本文选用的 Kriging 模型是一种估计方差最小的无偏估计模型,能够较好地覆盖所有的样本点,生成的近似面质量高,它由全局模型与局部偏差叠加而成,数学表达式为:

$$y(x) = f(x) + z(x) \tag{1}$$

式中,$y(x)$ 为 Kriging 模型函数;$f(x)$ 为类似于响应面模型的多项式表达式的近似模型,多数情况下,$f(x)$ 是个常数;$z(x)$ 是在 $f(x)$ 基础上建立的均值为 0、方差为 σ^2 的局部偏差部分,是 Kriging 模型局部偏差。$z(x)$ 在全局模型的基础上创建了局部偏差,$f(x)$ 起设计空间中的全局近似作用。

将九组输入变量与响应量间的对应关系导入到 Kriging 近似模型中,并选用自适应模拟退火—遗传算法(ASA)进行寻优。

4.3 优化结果及验证

通过 ASA 算法对建立的 Kriging 近似模型进行全局寻优，得到满足目标函数的在宽度 W 为 298，高度 H 为 41 取到的最优解 Cd 值约为 0.334。对得到的最优解进行 CFD 计算验证，误差在许可范围内，验证了该优化方案的可实施性。对比结果如表 5 所示。

表 5　近似模型最优结果及仿真验证结果

因素	W	H	近似模型 C_d 值	仿真 C_d 值	误差/%
参数	298	41	0.334	0.337	0.90

4.4 因素影响分析

通过 isight 优化软件可以探究各参数间的关系。在仅考虑车轮扰流板高度 H 对 Cd 值的影响，在合理的取值范围 40～70mm 内，随着 H 值逐渐增加，气动阻力值先逐渐减小，后有缓慢增加，在 55～58mm 内取得最小值；在仅考虑车轮前扰流板宽度 W 对 C_d 影响的情况下，可发现随着 W 值得增加，气动阻力值一直在减小，因此可得出结论，在合理的取值范围内，车轮前扰流板设计的越宽，减阻效果就越明显。

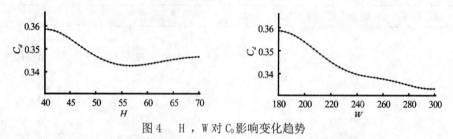

图 4　H，W 对 C_b 影响变化趋势

通过帕累托图能够初步确认 C_d 值与 H、W 之间存在的函数关系，可表示成：$C_d = aH \cdot W + bH^2 + cW^2 + dH + fW$，通过上图表示影响作用的长方形可看出 $H \cdot W$、H^2、W^2 对 C_d 值的影响更大一些，且 $H \cdot W$ 对 C_d 的影响是最大的，蓝色表示正相关，红色代表负相关，因此 C_d 值与 $H \cdot W$、H^2、W^2、H 成正相关，C_d 值与 W 成负相关。故可初步推知，a、b、c、d 为正数，f 为负数，且 |a| > |b| > |c|.

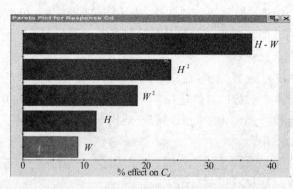

图 5　帕累托图

5 结论

（1）车轮扰流板能起到降低气动阻力的作用，且车轮扰流板位于车轮前侧的减阻效果要更好一些；置于车轮前侧的扰流板会阻挡了一部分冲击前轮的气流，使这部分气流减缓分散开来，进入轮腔的气流会减少，削弱了其与从侧面进入的气流汇合成涡流，车轮处的气流分离现象减少甚至消失。

（2）通过建立 Kriging 近似模型应用模拟退火全局寻优算法，得到车轮前扰流板的最佳尺寸，并验证了优化结果的准确性。说明通过将近似模型和优化算法结合、确定目标函数的方法，对汽车气动附件进行优化，来实现优化汽车气动性能是可行的。

（3）应用优化软件可初步建立设计变量和响应量间的数学关系，本文建立的 Cd 值与车轮前扰流板宽度、高度的数学关系为 $C_{d=}aH \cdot W + bH^2 + cW^2 + dH + fW$，其中 a、b、c、d 为正数，f 为负数，且 $|a| > |b| > |c|$ 。

参 考 文 献

1 胡兴军，汽车空气动力学，北京：人民交通出版社，2014.

2 胡兴军，李腾飞，王靖宇等.尾板对重型载货汽车尾部流场的影响.吉林大学工学报：工学版，2013（3）：595-601.

3 郭建成，谷正气，容江磊等. 基于 Kriging 模型的某轿车前轮阻风板优化. 工学版，2011，32（3）：124-128.

4 Cooper Kevin R,bertenyi T,Dutil G,et al.The aerodynamics performance of automobile underbody diffuser.SAE980030.

5 Antonello   Cogotti,A Parametric Study on the Ground Effect of a Simolified Car Model,SAE980031.

Design of experiment and low-wind resistance optimization of the

wheel spoiler shape parameters

LI Guan-qun   HU Xing-jun   LIAO Lei   YANG Bo

(State Key Laboratory of Automotive Simulation and Control, Jilin University ,Changchun 130022, China)

Abstract The flow field around the wheel is very complex, the variations of the flow around the wheel has important influence on the aerodynamic characteristics of the vehicle.With numerical simulation method , the effects of aerodynamic drag coefficient of the relative to the wheels installation location of the Wheel spoiler were explored. Three projects were designed to compare the flow characteristics around the wheels and the variation of the aerodynamic drag,and the best effect project was concluded.The conclusions was drawn that, the project of the wheel spoilers locating in front of the wheel was effective to weaken the flow separation around the wheel and then make the vortex region in the wake smaller, which was help to reduce the aerodynamic drag. Parametric design of the wheel spoiler was performed with orthogonal test, and mathematical model was built based on the Kriging approximation model. At last, the global optimization design was performed and the optimal shape was achieved.

Key words the wheel spoiler; numerical simulation，drag reduction， orthogonal test ，size optimization

燃气喷射推进航行体出管内弹道 CFD 数值模拟研究

吴小翠¹，谷海涛²，王一伟¹，黄晨光¹，胡志强²

¹（中国科学院力学研究所 流固耦合系统力学重点实验室 北京 100190 Email:wuxiaocui@imech.ac.cn）

²（中国科学院沈阳自动化研究所 海洋信息技术装备中心 沈阳 110016）

摘要： 燃气推进航行体出管是一个高温高速燃气与水掺混的复杂二相流动与刚体运动的耦合问题。本研究基于 CFD 方法计算流场得到航行体表面受力，并与发动机推力叠加共同求解得到航行体运动形式，形成针对燃气推进出管内弹道的 CFD/刚体动力学耦合数值模拟方法，获得了燃气喷射过程流场演化特征，对比了典型设计参数的影响规律。

关键词： 多相流数值模拟、刚体动力学、内弹道。

1 引言

燃气推进航行体出管是一个高温高速燃气与水掺混的复杂二相流动与刚体运动的耦合问题。燃气的喷射、膨胀、脉动等过程能够显著影响航行体受力，同时航行体的运动改变了燃气流动的边界，也会影响燃气的演化特征。考虑耦合效应的内弹道精确求解对于航行体设计具有重要的意义。

由于高速气液两相流动求解的复杂性，相关问题一般广泛采用简化建模的方式求解。肖虎斌[1]针对燃气—蒸汽式发射装置发射过程各阶段的受力特征，建立了潜射导弹发射内弹道模型。兰晓龙[2]建立了水下枪械内弹道方程组，对膛内流动等现象进行了分析。陈庆贵等[3]对燃气-蒸汽为发射动力的发射内弹道计算模型进行了改进，并以某型潜射导弹为例对计算模型进行了仿真计算。袁绪龙等[4]构建一种快速的同心筒水下发射内弹道算法，建立了同心筒水下发射内弹道计算模型，用 CFD 结果辨识并校验模型经验参数。李杰等[5]利用 Rayleigh-Plesset 方程，建立了等压球状尾泡模型，通过尾泡方程与导弹运动方程的联合求解，讨论了燃气泡对垂直发射潜射导弹弹道轨迹的影响。

近年来，随着计算流体力学方法的发展，越来越多的工作利用该手段求解水下发射筒内气体流动问题。胡晓磊等[6]基于计算流体动力学方法和均质多相流理论，对燃气-蒸汽弹射气-液两相流场进行三维非定常数值研究，研究了弹射过程中流场结构、二次流现象和变深度弹射载荷和内弹道变化规律。曹嘉怡等[7]采用基于多相流 Mixture 模型的有限体积法求解 RANS 方程，对导弹水下发射出筒过程的轴对称流场进行了数值模拟，获得了多相流场的演化特性。王亚东等[8]以 CFD 为技术手段，建立了导弹水下发射动态仿真模型，通过数值模拟获得了发射过程中多相流场、导弹弹道参数及受力的时间历程曲线。到目前为止，针对类似问题的 CFD 和刚体动力学的耦合求解仍具有较大的挑战，相关应用需要得到进一步拓展。

本研究基于 CFD 数值模拟方法结合刚体运动计算程序，对航行体发射过程的流场和内弹道进行模拟，获得航行体壁面压力载荷分布以及运动学参数变化规律。

2 数值模拟方法

本研究基于计算流体动力学理论，求解关于多相混合流动的 Navier-Stokes 方程，引入关于水、气两相的输运方程，结合湍流模型使方程封闭。同时为了模拟管内狭小空间内的航行体-发射管的相对运动，采用滑移网格界面插值方法保证交界面处通量连续。流场计算的同时积分航行体表面受力，与发动机推力叠加共同作为刚体运动方程的外加载荷求解得到航行体运动形式，返回到流体求解部分作为边界条件。

2.1 主控方程

为了模拟流场中的液态水和空气等多种组分及其相变，考虑单一流体多种组分混合物介质，建立基本方程。

首先，混合物流动应满足连续性方程

$$\frac{\partial}{\partial t}(\rho_m) + \nabla \cdot (\rho_m \vec{v}_m) = 0 \tag{1}$$

其中，$\rho_m = \sum_{k=1}^{n} \alpha_k \rho_k$ 为混合物密度，$\vec{v}_m = \dfrac{\sum_{k=1}^{n} \alpha_k \rho_k \vec{v}_k}{\rho_m}$ 为平均速度，α_k 为第 k 种组分体积分数。

而且，混合物流动还应满足动量方程与能量方程

$$\frac{\partial}{\partial t}(\rho_m \vec{v}_m) + \nabla \cdot (\rho_m \vec{v}_m \vec{v}_m) = -\nabla p + \nabla \cdot \left[\mu_m (\nabla \vec{v}_m + \nabla \vec{v}_m^{\mathrm{T}}) \right] + \rho_m \vec{g} + \vec{F} \tag{2}$$

其中，$\mu_m = \sum_{k=1}^{n} \alpha_k \mu_k$ 为混合物黏性系数，$\vec{F}$ 为体力项，本研究算例中此项取为零。

$$\frac{\partial}{\partial t}\sum_{k=1}^{n}\left(\alpha_k\rho_k E_k\right)+\nabla\bullet\sum_{k=1}^{n}\left(\alpha_k\vec{v}_k\left(\rho_k E_k+p\right)\right)=\nabla\bullet\left(k_{\text{eff}}\nabla T\right)+S_E \tag{3}$$

其中 k_{eff} 为有效热传导系数，可表示为 $\sum\alpha_k(k_k+k_t)$，k_k 为 k 相的热传导系数，k_t 为

湍流热传导系数，可表示为 $\dfrac{C_p\mu_t}{\text{Pr}_t}$，$\text{Pr}_t$ 为湍流普朗特数，设为 0.85。

方程右边第一项代表传导引起的能量输运，而 S_E 为能量源项；对于可压缩相（如空气

等）$E_k=h_k-\dfrac{p}{\rho_k}+\dfrac{v_k^2}{2}$，对于不可压缩相（如液态水），$E_k=h_k$，$h_k$ 为显焓，可表示为

$h_k=\displaystyle\int_{T_{\text{ref}}}^{T}c_{p,k}\mathrm{d}T$，计算中 T_{ref} 为 298.15K。

燃气喷射出管问题中，将燃气发生器喷射气体近似为不可凝结的空气，空气的质量分

数 f_a 由以下方程描述。

$$\frac{\partial}{\partial t}(\rho_m f_a)+\nabla(\rho_m\overrightarrow{v_m}f_a)=0 \tag{4}$$

空气密度 $\rho_a=\dfrac{p_{\text{op}}+p}{\dfrac{R}{M_w}T}$，其中 p_{op} 为参考压力，R 为气体常数 M_w 为摩尔质量，温度 T

由能量方程求解中获得。

此外，本项工作中均采用 RNG k-ε 模型来建立并求解关于湍动能及耗散率的输运方程。

2.2 流场求解方法

基于以上基本方程，使用基于压力方法求解。压力速度耦合方式采用 PISO(pressure implicit with splitting of operators)，即压力的隐式算子分割算法。方程离散时，时间采用一阶隐式格式，压力插值采用体力加权形式（body-force-weighted scheme），动量和能量均采用二阶迎风格式离散。

主体计算网格采用多块混合网格形式，外形包含整个航行体几何及管内外流域。整体网格如图 1 所示。管内航行体附近采用了非结构四面体网格配合棱柱型网格刻画边界层；管外构型为圆柱区域，在运动方向上采用了层状网格，剖面情况如图 2 所示。航行体与燃气发生器表面网格均采用三角形网格并在边界层中生成棱柱型网格。

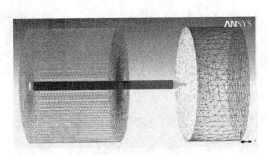
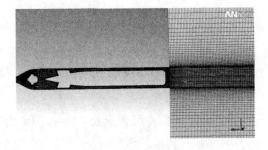

图 1 全流场网格   图 2 流场中剖面网格

2.3 刚体运动计算方法

刚体运动基于求解以下单自由度运动方程，其中为了保证解的收敛性，流体动力采用了 3 点平滑算法。

$$ma^n = \frac{F_{\text{fluid}}^n + F_{\text{fluid}}^{n-1} + F_{\text{fluid}}^{n-2}}{3} + F_{\text{engine}}$$

（5）

其中 m 为航行体质量，a 为加速度，F_{fluid} 为流体动力积分受力，F_{engine} 为燃气发生器动量形成推力，上标表示时间步。

利用加速度可进一步显式时间积分推进得到速度变化，应用于流体计算边界更新。

$$v^n = v^{n-1} + a^{n-1}\Delta t$$

（6）

其中 v 为航行体轴向速度，Δt 为计算时间步长。

3 结果与讨论

数值模拟得到了启动过程燃气喷流的演化特征如图 3。初期燃气喷射到水中受到水的阻挡，形成一个小燃气泡并逐渐膨胀（如图 3-左上）；随着燃气的进一步喷射，燃气的速度效应开始体现出来，引起附近水流也产生同向速度，使得燃气泡形成一个梨形（如图 3 右上）；燃气受到底部管壁的阻挡，逐渐积聚并推动发射管中水向后排出，燃气泡逐渐变为箭头形状（如图 3 左下）；燃气继续推动水向后排出，同时航行体速度进一步增大，水流完全排出后稳定的燃气排出流动逐渐形成（如图 3 右下）。

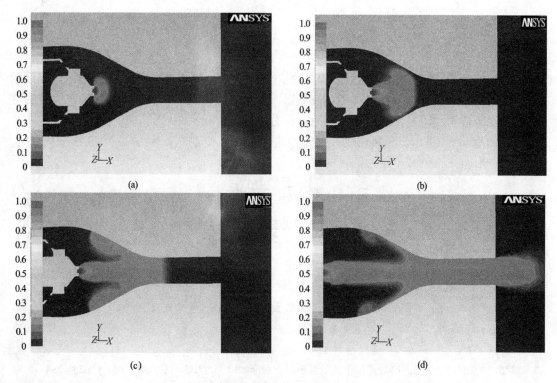

图 3 启动阶段截面燃气流动演化

于此同时，刚体运动求解得到的航行体速度与位移曲线如图 4 和图 5，前期由于燃气发生器底部压力较大，前期加速较大，后期加速效应减弱。整个阶段中，速度与位移变化平稳，未因为航行体末端补水不足产生较大的速度下降，相比通常自航发射情况，说明该发射方式发射推力较好。

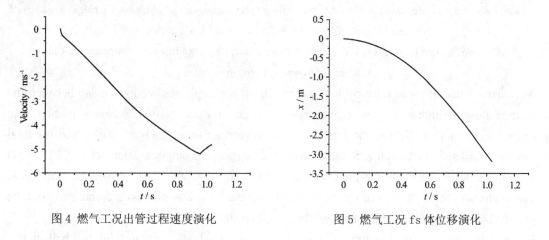

图 4 燃气工况出管过程速度演化　　　　　图 5 燃气工况 f s 体位移演化

4 结论

本研究基于 CFD 与刚体动力学程序的耦合，研究了燃气喷射条件下航行体出管问题的流场和刚体运动内弹道规律。在考虑燃气影响的条件下，燃气泡能够产生短暂的大推力并在前中期降低水动阻力，但后期水动阻力反有所增大。

在此基础上，进一步也可考虑在尾部加装优化措施或是优化燃气发生器支撑结构形状，达到进一步增大推力减小阻力的目的。

参 考 文 献

1 肖虎斌. 潜射导弹燃气蒸汽式发射装置的内弹道建模. 舰船科学技术, 2010, 32(2):36-39.

2 兰晓龙. 水下枪械发射内弹道研究. 中北大学, 2014.

3 陈庆贵, 齐强, 王海洋,等. 潜射导弹发射内弹道仿真研究. 导弹与航天运载技术, 2011, (6):40-42.

4 袁绪龙, 王亚东, 刘维. 同心筒水下发射内弹道建模与仿真研究. 弹道学报, 2013, 25(2):48-53.

5 李杰, 鲁传敬. 潜射导弹尾部燃气后效建模及数值模拟. 弹道学报, 2009, 21(4):6-8.

6 胡晓磊, 乐贵高, 马大为,等. 水下燃气-蒸汽弹射气-液两相流场数值研究. 航空动力学报, 2015, (1):164-172.

7 曹嘉怡, 鲁传敬, 陈鑫,等. 导弹水下热发射出筒过程流动特性. 固体火箭技术, 2011, (3):281-284.

8 王亚东, 袁绪龙, 张宇文,等. 气泡弹性对同心筒水下发射影响研究. 计算力学学报, 2013, 30(2):313-318.

Internal ballistic simulation on gas jet propulsion of vehicles in tube based on computational dynamics method

WU Xiao-cui[1], GU Hai-tao[2], WANG Yi-wei[1], HUANG Chen-guang[1], HU Zhi-qiang[2]

1 （Key Laboratory for Mechanics in Fluid Solid Coupling Systems, Institute of Mechanics, Chinese Academy of Sciences, Beijing, China 100190 Email:wuxiaocui@imech.ac.cn）

2 （Center of Marine Information Technology & Engineering, Shenyang Institute of Automation, Chinese Academy of Sciences, Shenyang 110016）

Abstract：Vehicles propulsion by fuel gas in tube is a complicated coupled issue between the mixture flow of high-speed and high-temperature gas and water and rigid body motion. The surface force of flow field is integrated in computational fluid dynamics results, and the total force is calculated in addition with the thrust of the engine. The coupling approach of CFD / rigid body dynamics is established, which can calculate the trajectory in tube by fuel gas propulsion. The evolution characteristics of the flow field in the gas injection process are obtained, and the variation of velocity and displacement of the vehicle is discussed.

Key words：Numerical simulation of multiphase flow, rigid body dynamics, internal ballistics

超声波热量表内多场耦合的数值模拟

李冬，苑修乐，杜广生，石硕

(山东大学能源与动力工程学院，济南，250061，Email: du@sdu.edu.cn)

摘要：本文利用多物理场耦合有限元仿真软件comsol，建立声场、结构场和电场的耦合模型。模拟超声波在热量表内的传播过程，分析其在纯水中的声场分布。针对超声波热量表的实际运行工况，分析杂质对超声波传播的影响。通过对比入射换能器和接收换能器的端面声压级，得出超声波在液固两相流中的衰减规律，并从声学方面探讨杂质对超声波热量表测量误差的影响。

关键词：超声波热量表，声压级，测量误差

1 引言

随着国家节能减排政策的进一步实施，供暖收费逐渐由按建筑面积大小的收费方式向按热量分户计量的收费方式转变。伴随着热计量方式的改革，热量表市场迅速扩大，研制工作可靠、计量准确的热量表是推行按热量计费的关键。而超声波热量表[1]因其内部无运动部件，压损小，测量范围宽，计量精度高，便于维护等优势在我国供热测量中占主导地位。同时我国供暖水质较为复杂，水中杂质较多，根据北京市地方标准DBJ01-619-2004《供热采暖系统水质及防腐技术规程》对供暖水质除污器、过滤器的设置中要求：建筑物热力入口的供水干管上宜设两级过滤器：初级为滤径3 mm的过滤器；二级为滤径0.65—0.75 mm的过滤器。对于分户热计量的住宅，热计量表前的供水管上再设一道滤径为0.65—0.75 mm的过滤器。超声波热量表换能器发出的超声波波长大约为1.5mm，这和过滤器未能过滤掉的杂质颗粒粒径大小较为接近，即杂质对超声波的传播影响较大，从而影响超声波热量表的计量精度。

2 有限元模拟计算

2.1 数学模型

本文有限元计算主要涉及电—结构—声三个物理场之间的耦合，其中声场的波动方程：

$$\nabla \cdot \left(-\frac{1}{\rho_0} \nabla p \right) - \frac{\omega^2 p}{\rho_0 c^2} = 0 \tag{1}$$

式中：p 代表声压；ρ_0 代表水的密度，$\rho_0 = 1000\text{kg}/\text{m}^3$；$c$ 表示声波在流体中的传播速度，$c = 1500m/s$。

结构力学方程可表示为：

$$-\rho\omega^2 u - \nabla \cdot \sigma = F_v e^{i\phi} \tag{2}$$

式中：ρ 代表压电材料的密度；u 代表压电材料的位移；σ 为应力；F_v 为体积力；$e^{i\phi}$ 为位相因子。

电场的 Maxwell 方程可表示为：

$$\nabla \cdot D = \rho_v \tag{3}$$

式中：D 为电位移，ρ_v 为体积电荷密度。

2.2 边界条件

从图 1 可以看出计算区域左右对称，为了减小计算量，加快收敛速度，在后续的模拟过程中取计算区域的一半，利用多物理场耦合软件 comsol 建立二维轴对称模型。其中管道直径为 20mm。发射换能器内侧边界 2 设定为：电压幅值为 3.3V，频率为 1MHz，声边界条件为结构—声耦合；外侧边界 1 设定电边界条件为接地，结构边界条件为辊轴支撑[3]；管壁的其他边界 3、4、5 设定结构边界为自由，其中 3 和 4 的声学边界条件为匹配边界。

2.3 网格划分

为了确保模拟计算的准确性，严格控制计算域内最大网格尺寸。在声波的模拟计算中，要求在每个波长长度范围内至少有 6 个网格，所以最大网格尺寸为 $1500[\text{m}/\text{s}]/1000[\text{kHz}]/6 = 0.25\text{mm}$，即选取最大网格尺寸为 0.2mm。

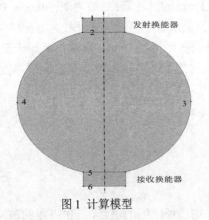

图 1 计算模型

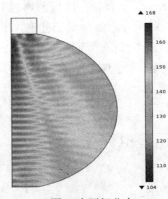

图 2 声压级分布

3 计算结果分析

3.1 纯水中的声场分布

超声波换能器在两端电压的作用下，产生机械振动将电能转化为机械能，发出超声波。管内的声压级分布如图 2 所示。从图中可以看出，超声波的能量主要集中在中轴线上，即主瓣区域。对于这种压电晶片为圆柱体的超声波换能器来说，除了主瓣区域还存在多个旁瓣，相对于主瓣来说旁瓣的能量较小。

3.2 含杂质水中的声场分布

声波在纯水中传播时，由于各处的声阻抗处处相等，不会发生声散射现象。而声波在含杂质水中传播时，由于流体介质与颗粒的声学特性不同，导致声波在传播过程中发生了声散射现象，使得声传播问题变得非常复杂。本节选取直径为 0.1mm、0.2mm、0.3mm 和 0.4mm 四种大小的气泡，计算单个气泡的声散射场，并和文献中的解析解进行对比，验证模拟的正确性。

图 3 为 4 种不同直径下单个气泡在坐标点（0.3mm，0，0）处，声压随频率的变化关系。从图中可以看出：① 4 种不同直径大小的球形气泡均发生共振，其中 D=0.1mm 气泡的共振频率为 65.632kHz，D=0.2mm 气泡的共振频率为 32.836kHz，D=0.3mm 气泡的共振频率为 21.853kHz，D=0.4mm 气泡的共振频率为 16.411kHz。② 气泡发生共振时的声压值远大于未发生共振时的声压值。③ 不同直径大小的气泡对应不同的共振频率，且共振频率随气泡直径的增大而减小。

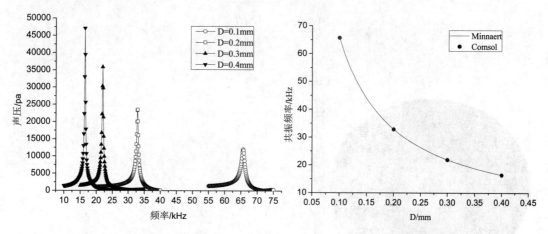

图 3 声压和频率的关系　　　　　　图 4 模拟结果验证

Minnaert[4]指出在声波的作用下，处于流体介质中的气泡伴随着体积的振动，产生周期性的膨胀和压缩。此时的气泡相当于一个简谐振荡器，当入射声波的频率与气泡固有震荡频率相同时，气泡共振现象最明显，且共振频率由下式计算得出：

$$f_{Minnaert} = \frac{1}{\pi D} \sqrt{\frac{3\gamma p_0}{\rho_L}} \tag{4}$$

其中 D 为气泡直径，p_0 表示静压，取 $p_0 = 101325 p_a$；γ 为气体比热容比，气泡在绝热状态下取 $\gamma = 1.4$；ρ_L 为气泡周围流体介质的密度，取水的密度 $\rho_L = 1000 kg/m^3$。以气泡直径 D=0.1mm 为例，模拟求得的共振频率为 65.632kHz，而通过上式计算求得的解析解为 65.698kHz。同时从图 4 中可以看出，4 种不同直径大小气泡的共振频率的模拟解和解析解对应一致，从而验证模拟的准确性。

当气泡发生共振时，其共振声压要远大于声波的入射声压。从图 5 中可以看出，共振发生时，最大声压可以达到 19kPa，而计算过程中采用的入射声压仅为 1kPa，即入射声场对总声场影响较小。此时，共振状态下的气泡不断向外辐射能量，影响气泡周围的声场分布[5-7]。

超声波热量表在实际使用过程中，水中含杂质较多，且加装在主干管网上的过滤器无法有效清除颗粒粒径和超声波波长较为接近的杂质。根据石硕、孙建亭等[8]利用 Fluent 中的 DPM（离散相模型）模拟超声波热量表中杂质分布规律，即杂质多集中在管道下侧。本节通过在管道下侧均匀摆放半径为 0.1mm 的圆形颗粒，建立超声波热量表内的液固两相流模型。其中颗粒属性为铁屑，其他空间介质为水。分析不同浓度下杂质对超声波传播的影响。

图 6 为杂质浓度分别为 0.21%、0.38%、0.82%、3.05%时管内的声压级分布。对比图 6 和图 2 发现，相比于超声波旁瓣，主瓣的能量较大，颗粒物对超声波主瓣的影响较小。为了更清楚的说明超声波在液固两相流中的衰减规律，定义声压级衰减率 α 为：

$$\alpha = \frac{SPL_T - SPL_R}{SPL_T} \tag{5}$$

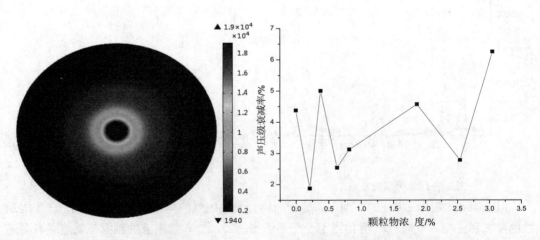

图 5 气泡发生共振时的声场分布　　　　　图 7 不同杂质浓度下的声压级衰减率

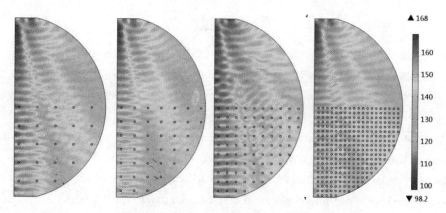

图6 不同杂质浓度下管内声压级分布

其中：SPL_T 指发射换能器端面的声压级，SPL_R 指接收换能器端面的声压级。提取图6中模拟结果，得到不同杂质浓度下声压级衰减率，如图7所示。从图中可以看出，当颗粒物浓度在 0～3.5% 之间变化时，超声波在液固两相流中的声压级衰减率在 0～7% 之间变化。在超声波换能器发射频率 1MHz 下，接收端的声压级衰减率在 4% 附近上下波动，变化较为紊乱，无明显的规律可循。由声阻抗的定义 $Z = \rho \cdot c$（其中 ρ 为介质密度，c 为介质中的声速）可知：水和铁在 20℃ 时的声阻抗分别为 1.5×10^6，4.466×10^7 $p_a \cdot s / m$，从而求得两种介

$$R = \left(\frac{Z_2 - Z_2}{Z_2 + Z_1} \right)^2 \tag{6}$$

质界面处的声反射率 $R = 0.8742$，即在界面处绝大部分声波被反射，一部分透过介质铁继续传播。导致接收换能器的端面声压发生变化，从而影响热量表的计量精度。

4 结论

通过耦合电-结构-声3个物理场，模拟了超声波在管内的传播，得到超声波在纯水中的分布规律，即超声波传播过程中存在主瓣和多个旁瓣，且主瓣的能量要高于旁瓣的能量；对单个气泡的声散射场进行研究，发现在声场的作用下气泡发生共振，不同直径的气泡对应不同的共振频率且共振声压远大于声场的入射声压。针对超声波热量表的实际运行工况，分析不同浓度下杂质对超声波传播的影响，超声波在液固两相流中的声压级衰减率变化较为紊乱。在两种介质界面处绝大部分声波被反射，一部分透过介质继续传播，影响接收换能器端面的声压分布，从而对超声波热量表的测量精度产生影响。

参考文献

[1] 林文卓, 王树铎. 国内户用超声波热量表技术现状 [J]. 暖通空调, 2012, 42(12): 128-32.

[2] 莫喜平. ANSYS 软件在模拟分析声学换能器中的应用 [J]. 声学技术, 2007, 26(6): 1279-90.

[3] 李德明, 翟路生, 金宁德. 内嵌贴片式两相流相含率超声传感器敏感场特性;第三十一届中国控制会议, F, 2012 [C].

[4] MINNAERT M. XVI. On musical air-bubbles and the sounds of running water [J]. The London, Edinburgh, and Dublin Philosophical Magazine and Journal of Science, 1933, 16(104): 235-48.

[5] PAUZIN M-C, MENSAH S, LEFEBVRE J-P. Finite element simulation of ultrasound contrast agent behaviour; proceedings of the Proceedings of the COMSOL users conference, F, 2007 [C].

[6] FALOU O, KUMARADAS J C, KOLIOS M C. Modeling acoustic wave scattering from cells and microbubbles; proceedings of the Proceedings of Comsol Users Conference, Boston, USA, F, 2006 [C].

[7] FALOU O, KUMARADAS J C, KOLIOS M C. A study of femlab for modeling high frequency ultrasound scattering by spherical objects; proceedings of the FEMLAB User Conference, F, 2005 [C].

[8] SHUO S, LIU Z-G, SUN J-T, et al. Study of errors in ultrasonic heat meter measurements caused by impurities of water based on ultrasonic attenuation [J]. Journal of Hydrodynamics, Ser B, 2015, 27(1): 141-9.

[9] FARAN JR J J. Sound scattering by solid cylinders and spheres [J]. The Journal of the Acoustical Society of America, 1951, 23(4): 405-18.

[10] ANDERSON V C. Sound scattering from a fluid sphere [J]. The Journal of the Acoustical Society of America, 1950, 22(4): 426-31.

The numerical simulation of multiphysics coupling in ultrasonic heatmeter

LI Dong, YUAN Xiu-le, DU Guang-sheng，SHI Shuo

(School of Energy and Power Engineering, Shandong University, Jinan 250061,Email: du@sdu.edu.cn)

Abstract: Based on finite element simulation software comsol, the coupling model of sound field, structure field and electric field is established. The communication process of sound in ultrasonic heatmeter and distribution of acoustic field in the pure water is obtained. Aimed at the actual operating conditions of ultrasonic heat meter, the influence of impurities on ultrasonic transmission is studied. By comparing the sound pressure level of transmitting transducer and receiving transducer, it is concluded that the ultrasonic attenuation in liquid solid two phase flow is disorder, and influences of impurities on ultrasonic heatmeter measurement error is discussed from the acoustic aspects.

Key words： ultrasonic heatmeter; Sound pressure level; measurement error.

裂缝内超临界二氧化碳携带支撑剂两相流动数值模拟研究

王金堂[1]，孙宝江，刘云，王志远

（中国石油大学（华东）石油工程学院，青岛，266580，Email: wangjintang163@126.com）

摘要：应用计算流体力学软件，研究了裂缝内温度、压力、超临界二氧化碳流速、支撑剂浓度等参数条件下裂缝内超临界二氧化碳携带支撑剂两相流动规律。模拟结果表明：压裂液流速为 1m/s、支撑剂进入裂缝 20s 时，开始形成砂堤区，随着流动时间的增加逐渐出现滚流区、悬浮区和无砂区，并于 100s 左右达到稳定状态；支撑剂沉降稳定时间随着流速的增加而增大，随着支撑剂浓度增大而逐渐缩短；裂缝内温度、压力影响超临界二氧化碳压裂液的物性，温度越高、压力越小，二氧化碳粘度越低，支撑剂的沉降稳定时间越小。

关键词：超临界二氧化碳；支撑剂；沉降时间；数值模拟

1 引言

超临界二氧化碳喷射压裂是通过喷射压裂装置，产生超临界二氧化碳射流，射穿套管和储层岩石，形成射孔孔眼，然后进行压裂。然而非常规油气资源开发难度大，基本都有低孔、低渗、低压、岩层致密的特点。因此，对于非常规油气藏开发，主要采用压裂方式改造油气层，提高采油(气)指数，从而提高单井产量和稳产有效期。超临界二氧化碳是一种清洁高效的新型压裂液，具有保护储层、改善储层渗透率以及易返排等诸多优势，其在开发低渗和页岩气等非常规油气上具有巨大优势[1-3]。

本研究依托计算流体力学软件，结合超临界二氧化碳物性参数，计算得到了压裂液流速、支撑剂浓度、温度和压力对支撑剂颗粒的流动稳定性影响规律，为超临界二氧化碳压裂设计提供理论依据。

---

[1]基金项目：国家自然科学基金（NO. U1262202）；中央高校基本科研业务费专项资金（15CX06020A）

2 模型建立

2.1 基本假设

① 裂缝为缝高和缝长恒定的矩形垂直裂缝；② 裂缝入口和出口的初始环境温度压力一致；③ 支撑剂的粒径大小一致；④ 不考虑滤失的发生。

2.2 基本模型

以大庆油田某一口井的裂缝参数为依据，确定缝高为17.6m，缝长为84m的矩形裂缝模型[4]。采用MAP方法生成网格，然后导入Fluent软件中采用欧拉多相流模型进行模拟计算。

超临界二氧化碳携带支撑剂流动属于两相流，这里采用双流体模型（Two Fluid Model，TFM）进行模拟。双流体模型也被成为连续介质模型，可将颗粒相处理为拟流体，即充满整个流场并与流体相互渗透的连续介质。这一模型采用质量、动量以及能量等守恒方程来描述欧拉坐标系下的离散相和连续相，最终模拟结果是两种流体各自流动以及相互作用的综合表现[5]。

2.3 控制方程

采用隐式压力基的非稳态迭代控制器，配以动量方程、能量方程、湍动能和耗散率方程等进行求解计算。欧拉多相流模型规定，体积分数代表了每相所占据的空间，并且每相都独自地满足质量和动量守恒定律[6-7]。

质量守恒方程：

$$\frac{\mathrm{d}\left[\rho_c\left(1-\alpha\right)\right]}{\mathrm{d}t}+\rho_c\left(1-\alpha\right)\left(\frac{\partial v_{cx}}{\partial x}+\frac{\partial v_{cy}}{\partial y}\right)=0 \tag{1}$$

$$\frac{\mathrm{d}\left(\rho_k\alpha\right)}{\mathrm{d}t}+\rho_k\alpha\left(\frac{\partial v_{kx}}{\partial x}+\frac{\partial v_{ky}}{\partial y}\right)=0 \tag{2}$$

动量守恒方程：

$$\rho_c\left(1-\alpha\right)\frac{\mathrm{d}\mathbf{v_c}}{\mathrm{d}t}=\left(\frac{\partial\left(-P_x\right)}{\partial x}+\frac{\partial\left(-P_y\right)}{\partial y}\right)+\rho_c\left(1-\alpha\right)\mathbf{D}+\rho_c\left(1-\alpha\right)\mathbf{F_{kc}} \tag{3}$$

$$\rho_k\alpha\frac{\mathrm{d}\mathbf{v_k}}{\mathrm{d}t}=\left(\frac{\partial\left(-P_x\right)}{\partial x}+\frac{\partial\left(-P_y\right)}{\partial y}\right)+\rho_k\alpha\mathbf{D}+\rho_k\left(1-\alpha\right)\mathbf{F_{kc}} \tag{4}$$

式中：ρ_c 为超临界二氧化碳流体的密度，kg/m^3；α 为支撑剂颗粒所占的体积分数；v_c 为超临界二氧化碳流体的速度矢量，m/s；t 为流体运动时间，s；ρ_k 为支撑剂密度，kg/m^3；

v_k 为支撑剂速度矢量，m/s；P 为压力张量，Pa；$\mathbf{D}$ 为通过体积力作用对单位质量控制体流体的动量，kg·m/s；$\mathbf{F_{kr}}$ 为支撑剂对单位质量流体的作用力，m/s^2。

据文献报道[8]，Span-Wagner方法对于密度、比热容等物性参数的计算误差最小，误差在2%以内。超临界二氧化碳物性参数计算方法采用Span-Wagner方法。

2.4 边界条件

左侧边界定义为质量流量入口边界，根据裂缝内温度压力条件计算二氧化碳物理性质及对应的超临界二氧化碳入口流速；右侧边界定义为压力入口。

3 模拟结果与分析

3.1 不同流体流速下超临界二氧化碳携带支撑剂的流动模拟

取裂缝入口温度300k，压力10MPa，支撑剂密度为2650kg/m^3，粒径为1.44mm，浓度为0.4。得到流体流速为1m/s时的支撑剂浓度分布云图，如图1所示。

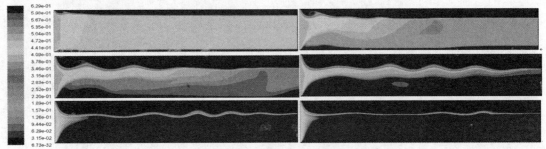

图1　流速为1m/s时的支撑剂浓度分布

左侧彩色条带为支撑剂的浓度分数（红色数值支撑剂的浓度为1，蓝色数值支撑剂的浓度为0），右侧6张图片依次为模拟时间20s-120s（每隔20s一张图片）的结果，可以清晰地看出超临界二氧化碳携带支撑剂流动的全过程。大约20s时支撑剂沉降开始形成砂堤区，然后随着流动时间的增加逐渐出现滚流区、悬浮区和无砂区，并于100s左右达到稳定状态，此时的时间记为沉降稳定时间。不同流速得到相应的沉降稳定时间，如图2所示。

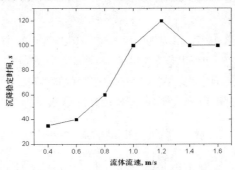

图2　沉降稳定时间随流体流速的变化关系

从图 2 可以看出，沉降稳定时间随流速的增大先增加，然后再下降到一定程度后保持稳定。这是由于流速在 0.4m/s-1.2m/s 的范围内时，随着流速的增大流场湍流程度增强，阻碍了支撑剂的沉降，使其较长时间内保持滚流或悬浮状态；在流速继续增大到 1.4m/s 过程中，沉降稳定时间有所下降，这是由于稳定状态下支撑剂整体占据的空间变小，如图 3 所示；流速再继续增大，沉降稳定时间几乎不变，说明此时流速已经不是限制因素。

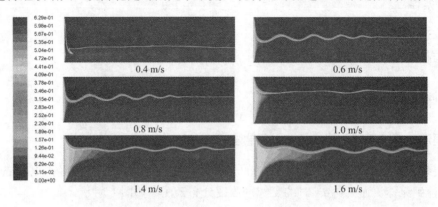

图 3　不同压裂液流速时的沉降稳定状态

3.2 不同支撑剂浓度下超临界二氧化碳携带支撑剂的流动模拟

取流体流速为 1m/s，支撑剂密度为 $2650kg/m^3$，支撑剂浓度变化，其他条件同上，模拟结果如图 4 所示。

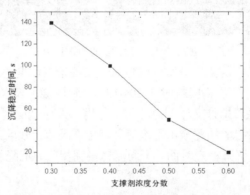

图 4　沉降稳定时间随支撑剂浓度的变化关系

从图 4 可以看出沉降稳定时间随着支撑剂浓度增大而缩短。这是由于支撑剂浓度增大会使得裂缝内流体的整体密度增大，在其他条件相同的情况下，会有更多的颗粒发生沉降，从而缩短了沉降时间，同时可以增大平衡高度和砂堤前缘坡度。

3.3 不同温度压力下超临界二氧化碳携带支撑剂的流动模拟

改变裂缝内的温度压力实际上就是改变了超临界二氧化碳的物理性质，模拟流体流速为 1m/s，支撑剂密度为 2650kg/m³，粒径为 1.44mm，浓度为 0.4，得到结果如图 5 和图 6 所示。

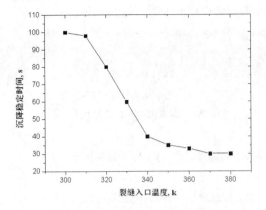

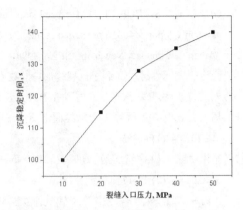

图 5 沉降稳定时间随裂缝内温度的变化关系　　　图 6 沉降稳定时间随裂缝内压力的变化关系

从图 5 可以看出沉降稳定时间随裂缝内温度的增加先缩短后保持稳定。这主要是源自超临界二氧化碳的粘度的变化，它是影响支撑剂沉降的重要因素之一。随着温度的增加，粘度先减小后不变，那么支撑剂受到的粘性力也就先减小后不变，从而促进了支撑剂的沉降，使得沉降时间先缩短后稳定。

从图 6 可以看出沉降稳定时间随压力的增大而增加；压力越大，超临界二氧化碳粘度越大，支撑剂受到的粘性力也就越大，从而阻碍了支撑剂的沉降。

4 结论

通过对超临界二氧化碳压裂液携带支撑剂流动数值模拟，得到了不同压裂液流速、不同支撑剂浓度和裂缝内的温度、压力对支撑剂沉降稳定时间的影响规律：

（1）压裂液流速为 1m/s 支撑剂进入裂缝 20s 时，开始形成砂堤区，随着流动时间的增加逐渐出现滚流区、悬浮区和无砂区，并于 100s 左右达到稳定状态。

（2）沉降稳定时间随流速的增大先增加，最后趋于稳定；沉降稳定时间随着支撑剂浓度增大而逐渐缩短。

（3）沉降稳定时间随压力的增大而增加，随裂缝内温度的增加先减小后保持稳定。

参 考 文 献

1 Campbell S M, Fairchild N R, Arnold D L. Liquid CO_2 and Sand Stimulations in the Lewis Shale, San Juan Basin, New Mexico: A Case Study[C]// SPE Rocky Mountain Regional/Low-Permeability Reservoirs Symposium and Exhibition. Society of Petroleum Engineers, 2000.

2 SINALM L，LANCASTERG．Liquid CO_2 fracturing：advantages and limitations[J]．Journal of Canadian Petroleum Technology，1987，26(5)：26-30.

3 GUPTA D V S，BOBIER D M．The history and success of liquid CO_2 and CO_2 / N_2 fracturing system[C]//paper 40016 presented at the SPE Gas Tethnology Symposium．15-18 March l998，Calgary，Alberta，Canada．New York: SPE，1998.

4 吴迪祥,刘忠春.水力压裂垂直裂缝形态的数值模拟[J]. 石油钻采工艺，1991,04:57-61.

5 刘诚,沈永明,唐军.水平方管内固液两相流运动特性数值模拟[J]. 水利学报,2007,15(3):232-245.

6 周大庆,米紫昊,茅媛婷.基于欧拉固液两相流模型的泵站进水侧流场三维模拟[J]. 农业机械学报,2013,44(1):48-52.

7 霍洪俊,王瑞和,倪红坚,等. 超临界二氧化碳在水平井钻井中的携岩规律研究[J]. 石油钻探技术,2014,42(2):12-17.

8 王海柱，沈忠厚，李根生，等. CO_2气体物性参数精确计算方法研究[J] .石油钻采工艺, 2011, 33(5)：65-67.

Simulation study of two phase flow between supercritical carbon dioxide and proppants in the fracture

WANG Jin-tang, SUN Bao-jiang, LIU Yun, WANG Zhi-yuan

(School of Petroleum Engineering, China University of Petroleum, Qingdao, 266580.
Email: wangjintang163@126.com)

Abstract： Using computational fluid mechanics software, studied the two phase flow laws about supercritical carbon dioxide carried proppants within the cracks that under the condition of parameters such as temperature, pressure, flow rate of supercritical carbon, concentration of proppant and so on. The simulation results show that: sand embankment region began to form when the flow rate of fracturing fluid is 1m/s and the time of proppant into the fracture is 20s. With the increase of the flow time, rolling flow region, floating region and no sand region appeared gradually and reaches steady state at 100s. Proppant setting stability time increased with the increase of flow velocity and decreased with the increase of proppant's concentration. Temperature and pressure will influence the supercritical carbon dioxide fracturing fluid's physical properties. The viscosity of CO_2 will decrease with temperature increases and pressure decreases and the smaller viscosity leads to shorter proppant settling time.

Key words: Supercritical carbon dioxide; Proppant; Settling time; Numerical Simulation

深水浅层钻井导管喷射送入工具排沙孔流场模拟分析

张宁[1]，孙宝江[1]，黄名召[2]，李昊[1]，闫国民[1]

(1 中国石油大学（华东）石油工程学院，青岛，266580，Email: zhningmail@126.com　2 中国石油海洋工程有限公司钻井事业部，天津，300280)

摘要： 目前我国的海洋油气开发正逐步走向深水。在深水浅层钻井过程中，为了达到安全高效钻井目的，通常采用喷射下导管的方法，其作业需借助可靠的送入工具，但目前工具的设计制造主要为国外公司技术封锁。针对送入工具在设计过程中排沙孔处冲蚀易磨损的特点，建立了三维送入工具排沙孔处流场的液固多相流计算模型，利用 Ansys Fluent 软件对流场分布进行了模拟仿真计算，得到孔内流场在某一时刻钻井液流速和压力的大小及相态分布规律。通过对计算结果中的分析表明，在排沙孔角度发生转变处外壁和出口端上壁易发生冲刷磨损，在角度发生转变处的内壁面和冲击平面易发生冲击磨损，通过增大孔截面积和出口倾角可以改善工具的磨损状态，而排沙孔的大小与倾角则影响岩屑的返排率和井口附近泥沙的堆积情况。该分析结果对工具排沙孔的优化设计及延长工具使用寿命有重要的指导意义，为我国自主研发安全可靠的深水浅层钻井导管喷射送入工具提供参考。

关键词： 深水浅层钻井；导管喷射；排沙孔；流场模拟

1 引言

随着世界经济对油气资源的需求日益增加，海洋深水逐渐成为我国石油勘探开发的重点[1]。在深水浅层钻井过程中，为了克服一系列钻井难题、实现安全高效钻井的目的，通常采用喷射下导管的方法，其作业需借助可靠的送入工具[2]。目前，工具主要被Vetco Gray、Dril-Quip等石油装备公司垄断，他们只提供现场服务不对外销售工具[3]。我国的深水钻井作业费用高昂，急需自主研发安全高效的送入工具，而设计过程中工具的磨损问题尤为关键，严重影响了工具的寿命和使用情况。

根据现有资料分析表明，工具的磨损部位主要位于排沙孔处，主要为高压的钻井液流体并携带磨砺性岩屑颗粒，以一定的速度与角度对排沙孔壁面造成的冲蚀磨损。冲蚀磨损主要有两种基本类型，分别为冲刷磨损与冲击磨损，这两种磨损的冲蚀表面的流失过程的微观形貌是不同的。冲刷磨损是流体相对于工具壁面冲击角较小或接近平行时，流体中的岩屑颗粒由于垂直于壁面的分速度而锲入其中，同时岩屑颗粒与壁面相切的分速度使得它沿壁面滑动，两个分速合成的效果即为一种刨削作用，经过大量、反复的冲刷，壁面将发生磨损。冲击磨损是流体相对于工具壁面冲击角较大或接近垂直时，流体中的岩屑颗粒以一定速度撞击壁面使其产生微小的塑性变形或显微破裂纹，经过大量、反复的冲击，壁面将发生磨损。由于这两种磨损类型与流场的特性存在密切的关系，因此必须充分分析排沙孔内流场的流速、压力分布以及流动规律，研究工具与钻井液流体之间的相互作用机制。[4-5]

　　本文在现有理论基础上，建立了三维送入工具排沙孔处流场的液固多相流计算模型，利用Ansys Fluent软件对流场分布进行了模拟仿真计算，分析研究孔内流场的流速、压力及其相态分布规律，对工具排沙孔的优化设计及延长工具使用寿命有重要的指导意义，为我国自主研发深水浅层钻井导管喷射送入工具提供参考。

2　物理模型的建立

　　深水浅层钻井导管喷射送入工具如图1所示。目前Vetco Gray、Dril-Quip等公司生产的工具尺寸主要有30英寸和36英寸两种，工具的作业水深为500~1500m海洋深水环境[6]。工具的上部与钻杆相连，下部与底部钻具组合连接，外壁与导管接触并通过机构控制锁定，管柱向下钻进的同时将导管送入到位。钻井液由平台上的泥浆泵泵入，沿钻杆和工具的中心孔向下流动，在井底的钻头喷嘴处喷射辅助破岩后，携带岩屑沿导管内环空向上流动，最终由送入工具排沙孔向外返出[7]。工具的排沙孔数量通常为6~8个，贯穿工具的本体，并沿圆周对称分布。在工具设计过程中，排沙孔的返出方向与水平的夹角θ是一个重要参数，直接影响岩屑的返排率以及泥沙在井口附近的堆积情况。当θ=90°时，岩屑容易返排但下落后易在井口附近堆积，且影响工具上方指示器的观察。当θ<90°时，岩屑不易返排且排沙孔内壁面易发生磨损。

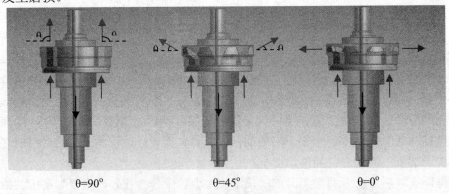

图1　深水浅层钻井导管喷射 送入工具示意图

在深水浅层钻井作业中使用的钻井液主要为海水，排沙孔内的流体主要由海水、岩屑固体以及各种添加剂组成。为了提高钻井液的携岩能力，通常还会根据作业情况适时泵入清扫液（膨润土稠浆），保证井眼清洁[8]。在实际作业过程中，泵排量随井深的增加变化较大：在钻入泥线后10m深度内，排量控制在泥浆泵最低额定排量范围内；之后随着深度的增加排量逐渐增大，直到达到泥浆泵的额定最大排量，一般为不低于4500L/min；当钻至预定深度前3~5m时，排量减小至泥浆泵最低额定排量。导管在喷射钻进时环空的返速和压力相对稳定，排沙孔内流体雷诺数一般在10^4以上，为紊流状态。

本文计算模拟选用的工具尺寸为我国南海深水钻井时常用的36寸尺寸，建立了三维空间模型。排沙孔数量为8个，截面形状为圆弧曲边梯形，沿圆周对称分布。排沙孔的入口一端为同一环形的空间，与导管内的环空对应。排沙孔的返出方向与水平的夹角θ分别选用90°、45°、0°三种情况，沿工具上壁面和侧壁面返出。利用Ansys Design Modeler建立的三维排沙孔计算域物理模型如图2所示。

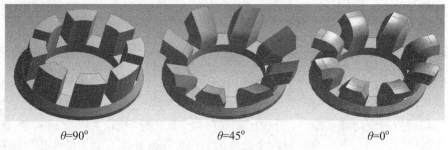

$\theta=90°$ $\theta=45°$ $\theta=0°$

图 2 排沙孔计算域物理模型

对排沙孔内进行网格划分时，网格合理的疏密程度非常重要。若网格划分过疏数量太少，模拟的计算结果不精确甚至计算不收敛；若网格划分过密数量太多，模拟的计算量大大增加，对计算机硬件要求很高。为了使计算结果更加准确，网格应足够加密直至计算结果不会有显著变化，对于流场的主体部分采用了结构化的四面体网格，流场与工具的接触壁面采用边界层网格区域加密。利用Ansys Meshing模块，根据计算精度、流场特点对三维排沙孔流场计算域进行了分块网格划分（图3）。

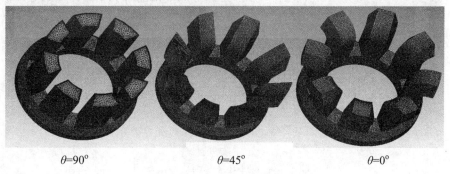

$\theta=90°$ $\theta=45°$ $\theta=0°$

图 3 排沙孔计算域网格模型

流场模拟时，计算域内的流体设为钻井液与岩屑颗粒的液固两相流动，钻井液为海水，等效为连续不可压缩牛顿流体，岩屑颗粒假设为圆球形。流场内的流动假设为稳态定常紊流流动。计算基于有限体积法，在 k-ε 两方程模型基础上计算纳维-斯托克斯方程，对送入工具排沙孔内流场进行数值计算模拟。关于边界条件的设置：入口边界为计算域模型的下部环形面，入口流速为 1.2m/s，沿 z 方向（轴向方向）。岩屑颗粒直径假设为 1mm，颗粒注入浓度为 4%。出口边界为 8 个对称分布的排沙孔出口端，假设每个出口端流速是均匀、相等的，选取出口压力条件为 15MPa，主要考虑深水极限 1500m 海底压力环境。流场壁面边界采用无滑移条件，近壁面处采用标准壁面函数法。利用 Ansys Fluent 软件进行流场模拟计算，最终迭代收敛计算的各物理量的残差均小于 10^{-3}。计算结果利用 CFD-Post 进行后处理得到流场内速度、压力等物理量的相关矢量图。

3　模拟结果及分析

3.1 流场内流速分布规律分析

根据流场模拟得到的某一排沙孔流场内流线如图 4 所示。由图 4 可知，流体在进入排沙孔前的环形空间内，流速较小，约为 1.2m/s。流体完全进入排沙孔后，几乎是沿平行于排沙孔母线的方向流动直至排出，且由于截面积减小，流速增加，约为 3 m/s。当 θ=90° 时，流速沿母线恒定不变。当 θ<90° 时，流速最大的位置有两处，一处为排沙孔角度发生转变处的外侧壁面上，另一处为排沙孔出口端上壁，这两处受到流体很强的切向冲刷作用，由于流体中含有磨砺性的岩屑颗粒，容易发生冲刷磨损。且随着 θ 角度的减小，磨损程度逐渐增强。当 θ=0° 时，最大流速为 4.23m/s，此时冲刷作用最强。针对以上冲刷磨损的特点应采取相应措施进行防护。

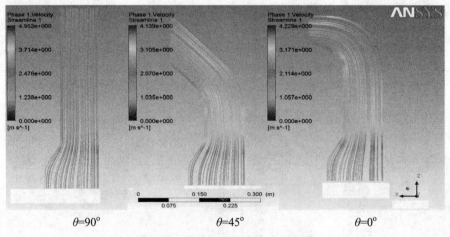

θ=90°　　　　　　θ=45°　　　　　　θ=0°

图 4 某一排沙孔流场内流线示意图

3.2 流场内压力分布规律分析

根据流场模拟得到的排沙孔流场内压力见图 5。由图 5 可知，从排沙孔流场内压力总体分布来看，入口端附近流速较小压力较大，排沙孔内和出口端流速较大压力较小。其中某一排沙孔流场内压力竖向截面图如图 6 所示。由图 6 可知，当 $\theta=90^\circ$ 时，排沙孔内压力小于入口处压力且恒定不变。当 $\theta<90^\circ$ 时，排沙孔内压力较大的地方位于角度发生变化处的内侧壁面上，此处壁面受到流体的局部冲击压力也较大，由于流体中含有磨砺性的岩屑颗粒而易发生冲击磨损。且随着 θ 角度的减小，冲击范围和强度逐渐增大。排沙孔入口附近流场压力横向截面图如图 7 所示。由图可知，流场内压力最大的位置位于 8 个对称分布的冲击平面，且与 θ 角度的大小关系不大，此处受到流体很强的冲击作用。针对以上冲击磨损的特点应采取相应措施进行防护。

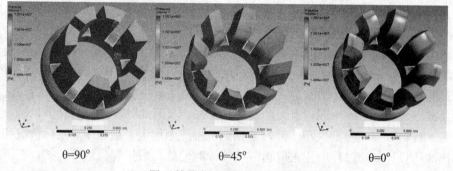

$\theta=90^\circ$ $\theta=45^\circ$ $\theta=0^\circ$

图 5 排沙孔流场内压力示意图

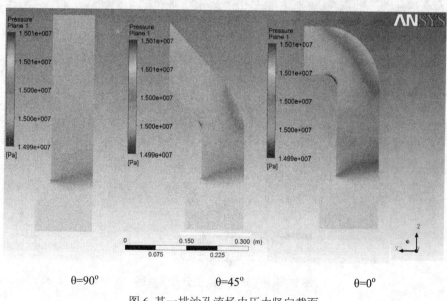

$\theta=90^\circ$ $\theta=45^\circ$ $\theta=0^\circ$

图 6 某一排沙孔流场内压力竖向截面

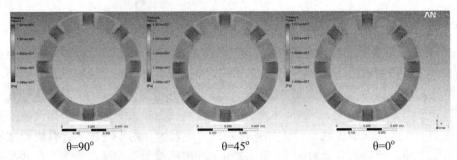

图 7 排沙孔入口附近流场压力横向截面

3.3 流场内相态分布规律分析

根据流场模拟得到的排沙孔流场内液相分布见图 8。由图 8 可知，流体在进入排沙孔前的环形空间内时，流场内液相的海水和固相的岩屑颗粒分布比较均匀。流体完全进入排沙孔后，排沙孔壁面附近的液固两相分布情况不均匀。在沿排沙孔的外侧壁面附近液相体积分数增大，此处流体主要为液相的海水，虽然流体速度较快，但含有固体岩屑颗粒较少，冲刷磨损的强度较弱。当 $\theta<90^\circ$ 时，在排沙孔角度发生转变处的内侧壁面附近，海水液相体积分数减小，此处流体内固相岩屑颗粒含量增加，又因此处流体压力较大，冲击磨损的强度较强。且随着 θ 角度的减小，冲击磨损的范围逐渐增大。这与现场实际情况相符合，在工具排沙孔设计制造过程中应采取相应措施针对此处易磨损部位进行防护，在工具作业完成后应定期进行工具的保养，从而延长工具设备的使用寿命。

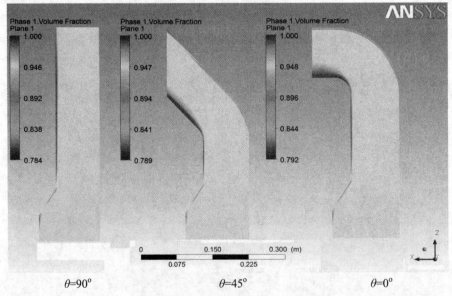

图 8 排沙孔流场内液相分布示意图

4　结论

（1）深水浅层钻井导管喷射送入工具在作业过程中，易磨损部位主要位于排沙孔处，主要原因为携带磨砺性岩屑颗粒的高压钻井液流体对壁面的冲蚀磨损，基本类型主要分别为冲刷磨损与冲击磨损，与流场的速度、压力、相态分布等特性存在密切的关系。

（2）深水浅层钻井导管喷射送入工具的冲刷磨损位置主要位于排沙孔角度发生转变处的外侧壁面以及排沙孔出口端的上壁，且随着 θ 角度的减小，磨损程度逐渐增强。

（3）深水浅层钻井导管喷射送入工具的冲击磨损位置主要位于角度发生变化处的内侧壁面和 8 个对称分布的冲击平面。前者随着 θ 角度的减小，冲击范围和强度逐渐增大。后者冲击压力最大且与 θ 角度的大小基本无关。

（4）深水浅层钻井导管喷射送入工具的排沙孔内外侧壁面附近，液相海水体积分数增大，固体岩屑颗粒含量较少，冲刷磨损的强度较弱。在排沙孔角度发生转变处的内侧壁面附近，海水液相体积分数减小，固相岩屑颗粒含量增加，冲击磨损的强度较强。

（5）利用 Ansys Fluent 软件对深水浅层钻井导管喷射送入工具的排沙孔内流场进行计算模拟，从而分析工具的磨损情况，对工具的防护和排沙孔优化设计具有一定指导意义。

参 考 文 献

1　王文立. 深水和超深水区油气勘探难点技术及发展趋势[J]. 中国石油勘探，2010, 4: 72-75.

2　Akers TJ. Jetting of structural casing in deepwater environments: job design and operational practices[J].SPE102378, 2006.

3　杨进，周建良，刘书杰,等. 深水表层导管钻井技术[M].石油工业出版社，2012.

4　赵田臣,樊云昌,付华,等. 砂浆冲蚀磨损特性研究[J]. 润滑与密封. 2003, 2: 58-59.

5　陈庭根，管志川. 钻井工程理论与技术[M].北京：石油大学出版社，2000.

6　徐荣强，陈建兵,刘正礼. 喷射导管技术在深水钻井作业中的应用[J].石油钻探技术, 2007, 35（3）: 19-22.

7　Philippe Jean. Innovative design method for deepwater surface casings[J]. SPE77357, 2002.

8　林雍森，褚道余. 深水导管设计及喷射安置工艺技术研究[J].海洋石油，2013, 33（4）: 75-82.

Simulation and analysis of flow field in flow-by port of pipe jet running tool for deepwater drilling in shallow strata

ZHANG Ning[1], SUN Bao-jiang[1], HUANG Ming-zhao[2], LI Hao[1], YAN Guo-min[1]

(1 China university of petroleum (East China), Qingdao, 266580, Email:zhningmail@126.com

2 CNPC offshore engineering company drilling division, Tianjin, 300280)

Abstract：Offshore oil and gas exploitation is gradually developing in deepwater currently in China. To achieve the purposes of safe and efficient drilling in deepwater, it usually uses the method of pipe jet while drilling in shallow strata. Its operations need to use reliable running tool. But the design and manufacture of running tool is mainly blockaded by foreign companies at present. According to the characteristics of the flow-by port is easy to wear in the design process; this paper established the 3D model of multiphase flow field in flow-by port. It used Ansys Fluent to simulate the distribution of flow field. Then getting the size and distribution law of flow velocity and pressure in flow-by port at a certain moment. By analysis of the result, the results show that it is easy to erosion wear in the position of the outer wall at angle change and wall above at the exit. And it is easy to impact wear in the position of the inner wall at angle change and the impact horizontal wall. It can reduce the wear of tool by increasing the hole section area and angle. The size and angle of flow-by port influent the return rate of debris and the accumulation of debris near the wellhead. The results of analysis have important guiding significance for optimized design of flow-by port and extending the service life of rhe toll. It provided reference for our country to design safe and reliable pipe jet running tool for deepwater drilling in shallow strata independently.

Key words：Deepwater drilling in shallow strata; Pipe jet; Flow-by port; Simulation of flow field.

页岩不稳定渗流特征分析

沙桐，刘会友，宋付权*

（浙江海洋大学石化与能源工程学院，舟山，316022，Email: fqsong2000@smmail.cn）

摘要： 页岩由于孔隙尺度小，常规的稳态测量渗透率的方法已经失效，为了测量页岩的渗透率，本文设计了一种非稳态方法测量页岩岩心的渗透率。首先建立气体在多孔介质中渗流方程，辅以对应的初始条件和边界条件，通过分离变量法，推导出了页岩岩心的不稳定压力分布公式。通过压力公式，计算了不稳定压力并分析了渗透率对不稳定压力的影响。最后设计了一个测量页岩渗透率的非稳态实验：初始页岩岩心稳定在某个高压下，将岩心的一端放空于大气压，测量并记录另一封闭端的压力变化。将实验数据与理论的压力曲线进行拟合，可以得出实验所要测量的岩心渗透率值。分析表明该方法可以有效地测量页岩的渗透率。

关键词： 页岩气藏；渗透率；不稳定渗流

1 引言

随着钻、完井等生产技术的发展，非常规油气资源越来越多地得到重视利用，在全球能源提供应中的地位日益提升，非常规天然气资源包括煤层气、致密砂岩气、页岩气、水溶气等。页岩气是指主体位于暗色泥页岩或高碳泥页岩中，以吸附或游离状态为主要方式的天然气聚集[1]。中国主要盆地和地区页岩气资源量约为 15 万亿～30 万亿 m³，与美国 28．3 万亿 m³ 大致相当，将成为中国能源主要的替代资源之一。

页岩具有孔隙度低，渗透率极低的特点，传统的稳态发测量岩心渗透率的方法已不适用，迫切需要测量页岩渗透率的新方法，其中非稳态方法是一种常用的测量低渗透岩心渗透率的方法。早在 20 世纪，Brace 等[2]首次提出了压力衰减的试验方法，并通过数学模型测量了致密岩心的渗透率。2003 年杨锐华[3]就压力对低渗透岩心渗透率测试的影响进行了研究。2004 年郭大立等[4]根据改进的全岩心分析装置的测试数据，建立了描述流体在各异性介质中不稳定渗流的数学模型和计算各向异性储油气层岩石渗透率张量的自动拟合模型，并采用逐步二次规划法进行了求解，从而为室内测量和解释各向异性岩心渗透率张量提供了可行的方法。之后刘建军、程林松、黄思静等[5-8]在实验的基础上，对页岩渗透率的压力敏感性特征进行了研究。

随着科学技术的发展，核磁共振[9]技术也有应用到我们对岩心渗透率的测量中来，根据核磁共振理论研究了低渗透岩心核磁共振谱特点，分析了岩心在离心前后横向弛豫时间谱差异原因。2014年，孙海，姚军等[10]基于空隙结构的页岩渗透率计算方法表明页岩中空隙主要为纳米级空隙和微米级空隙。

基于气体在多孔介质中渗流的基本微分方程，通过引用拟压力方程，求得页岩岩心封闭端压力随时间变化的关系，然后通过实验所得数据与理论压力曲线拟合，便可以得出页岩岩心的渗透率。

2 非稳态页岩气渗流模型

假设页岩的孔隙度不变，在压力变化较小的情况下，氮气的粘度与理想气体状态因子（μZ）为常数。气体在多孔介质中渗流的基本微分方程为：

$$\frac{\partial^2 p^2}{\partial x^2} = \frac{\phi \mu C_g}{K} \frac{\partial p^2}{\partial t} \tag{1}$$

式中，p 为岩心压力，MPa；x 为岩心轴向坐标，m；ϕ 为岩心孔隙度；μ 为气体黏度，Pa·s；C_g 为压缩系数，Pa^{-1}；K 为岩心渗透率，m^2；t 是时间，s；p_i 是岩心初始压力。

在初始条件下，整个页岩岩心保持一高压状态，开始试验后，岩心一端保持封闭，另一端直通大气，即初始条件和边界条件为：

初始条件：

$$p^2\big|_{t=0} = p_i^2 \tag{2}$$

封闭边界条件为：

$$\frac{\partial p^2}{\partial x}\big|_{x=0} = 0 \tag{3}$$

定压边界条件为：

$$p^2\big|_{x=L} = 0 \tag{4}$$

式中 L 为岩心径向长度，m。

引入拟函数：

$$m(p) = 2\int_0^p \frac{p}{\mu Z} \mathrm{d}p \tag{5}$$

可将式（1）-式（4）转换成如下控制方程：

$$\frac{\partial^2 m}{\partial x^2} = \frac{\phi \mu C_g}{K} \frac{\partial m}{\partial t} \tag{6}$$

初始条件：

$$m(p)\big|_{t=0} = m_0 = \frac{p_i^2}{\mu z} \tag{7}$$

内边界条件：

$$\frac{\partial m}{\partial x}\big|_{x=0} = 0 \tag{8}$$

外边界条件：

$$m(p)\big|_{x=L} = 0 \tag{9}$$

方程（6）–方程（9）构成了页岩岩心的拟函数定解问题。

3 不稳定渗流方程的求解与分析

令 $A = \dfrac{K}{\phi \mu C_g}$ ，控制方程可转化为：

$$\begin{cases} \dfrac{\partial^2 m}{\partial x^2} = \dfrac{1}{A} \dfrac{\partial m}{\partial t} \\ m(p)\big|_{t=0} = m_0 \\ \dfrac{\partial m}{\partial x}\big|_{x=0} = 0 \\ m(p)\big|_{x=L} = 0 \end{cases} \tag{10}$$

利用分离变量方法可以得出下列解：

$$m(0,t) = 4m_0 \sum_{n=1}^{\infty} e^{-A\frac{(2n-1)^2 \pi^2}{4L^2} t} \frac{\sin\frac{(2n-1)\pi}{2}}{(2n-1)\pi} \tag{11}$$

假设 μz 为定值，则由(5)式和(11)式可得：

$$p(t) = \sqrt{\sum_{n=1}^{\infty} e^{-A \frac{(2n-1)^2 \pi^2}{4L^2} t} \frac{4 \sin \frac{\pi(2n-1)}{2}}{(2n-1)\pi} \cdot p_i}$$

(12)

由公式（12），可以求出岩心封闭端的不稳定压力。如图 1 所示为不同渗透率条件下，岩心封闭端的压力动态。计算时的主要参数假设为：$C_g = 0.2\text{MPa}^{-1}$，$L = 0.04\text{m}$，

$\mu_g = 0.02\text{mPa} \cdot \text{s}$，$\phi = 0.05$，$z \approx 1$，$p_i = 8.0\text{MPa}$。

由图 1 可知：渗透率越大，封闭端压力下降的越快，因此可以用压力下降的快慢初步判断岩心渗透率的大小。另外由图可知：岩心一端通大气压后，当岩心的渗透率较小时，封闭端的压力经过一段时间才有反应，接下来进入压力快速下降段，最后到达压力缓慢下降段。

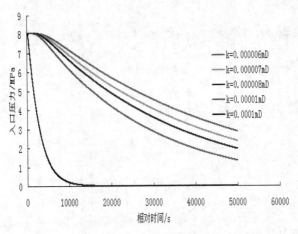

图 1 不同 K 值对应的岩心封闭端的压力变化

4 实验过程与方法

实验中我们选取 5 块渗透率不同的页岩，进行页岩的渗透率测试。实验步骤如下：

（1）选取页岩干岩心，在岩心夹持器[11]中，以氮气为介质，入口压力保持一定压力（约 10MPa），岩心出口压力直通大气，驱动 10 min 以上，确保岩心出口有气体通过，关闭出口阀门，等待岩心出口端压力上升到入口压力，判断岩心压力已达到稳定；

（2）关闭入口气源，保持稳定 5min，观察压力不降落，可以确定岩心在系统中密封；

（3）开启出口端阀门，同时记录岩心入口端的压力随时间的变化（测试系统自动采集数据），直到压力小于1.0MPa为止，停止记录；重复步骤1和2，实验3次；

（4）将记录的岩心压力三次降落过程进行平均后，绘制压力降落图。

得到典型实验过程的压力曲线如图2所示。试验中取第二次和第三次的压力下降曲线分析页岩岩心的渗透率。

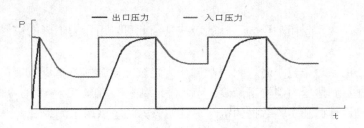

图2 总体的压力曲线

图3为某页岩气藏5块岩心的不稳定压力测量结果。

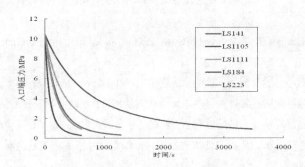

图3 不同渗透率干岩样入口端压力随时间的变化曲线

通过实验数据和理论曲线的拟合，可以得到实验页岩的渗透率值，典型的拟合曲线如图4所示。由图4可知：该岩心与渗透率为K=0.00001mD时的理论数据拟合最近，故我们可以得出该岩心的渗透率可近似的取值为0.00001mD.

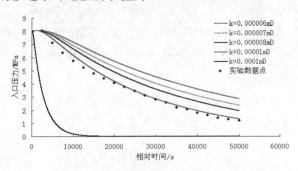

图4 不同K值对应的入口压力变化

5 结论

本文提出了一种测量页岩岩心渗透率的不稳定测量方法，通过非稳态页岩气渗流模型的推导计算以及页岩的渗透率测试实验，对理论数据和实验数据进行拟合得到页岩的渗透率，得出以下结论：

（1）渗透率越大，封闭端压力下降的越快，因此可以用压力下降的快慢初步判断岩心渗透率的大小。

（2）当岩心的渗透率较小时，封闭端的压力经过一段时间才有反应，接下来进入压力快速下降段，最后到达压力缓慢下降段。

（3）通过理论数据和实验数据的拟合，证明该方法可以用于测量页岩岩心的渗透率。

参考文献

1 田黔宁，王淑玲，张炜，等. 基于文献库资源看中国页岩气产业的发展历程和趋势[J]. 地质通报，33（9）：1454-1462.

2 Brace W F., WalshJ B.Frangos E T Permeability of granite under high pressure.J.Journal of Geophysical Reasearch，1968，73（6）；2225-2236.

3 杨锐华.压力对低渗透岩心渗透率测试的影响. 钻采工艺，2003，6（26）：77-80.

4 郭大立，曾晓慧，江茂泽.计算各向异性岩心渗透率的方法研究. 水动力学研究与进展,2004,19(1):61-64.

5 刘建军，程林松.低渗储层物性压力敏感性分析. 新疆石油科技，2005，2（15）：16-18.

6 罗瑞兰，程林松，彭建春，朱华银.确定低渗岩心渗透率随有效覆压变化关系的新方法.中国石油大学学报，2007，31（2）：87-90.

7 黄思静，郎咸国，兰叶芳，等. 储层孔隙度-渗透率关系曲线中的截止孔隙度与储层质量. 成都理工大学学报，2011，38（6）：593-602.

8 吴都，张超谟，王英伟，等. 评价低渗透率砂泥岩岩心渗透性方法研究. 石油天然气学报，2012，34（2）：80-84.

9 糜利栋，姜汉桥，李俊健，等. 页岩储层渗透率数学表征..石油学报，2014，35（5）：928-934.

10 孙海，姚军，张磊，等..基于空隙结构的页岩渗透率计算方法.中国石油大学学报，2014，38（2）：93-98.

11 杨泽皓，董明哲，宫厚健，等. 测量页岩径向渗透率和孔隙度的新方法[J].石油学报，2015，36（4）：482-489.

The shale instability analysis of seepage characteristics

SHA Tong, LIU Hui-you, SONG Fu-quan*

(School of Petro-Chem. and Energy Eng., Zhejiang Ocean University, Zhoushan, 316022. Email: fqsong2000@smmail.cn)

Abstract：Because of the small shale pore size, the conventional steady-state method to measure permeability has failed. In order to measure the permeability of shale, an unsteady method was designed to measure shale permeability of cores. At first, the gas seepage equation was established in porous medium, supplemented by the corresponding initial conditions and boundary conditions. Then through the method of separation of variables, the shale instability pressure distribution formula of the shale core was deduced. Unstable pressure curves were calculated and analyzed. Finally, unsteady state experiments were designed to measure the shale permeability: Let the initial shale stability under a high pressure, leave one end of the cores in atmospheric pressure, the pressure changes on the other side were measured and recorded. Permeability value of cores can be drawn by matching the experimental data with the theoretical pressure curve. The results show that the method can effectively measure the permeability of shale.

Key words: Shale gas reservoir;   Permeability ;   Unstable seepage

基于 VOF 的接触角迟滞模型研究

黄海盟，陈效鹏

(西北工业大学力学与土木建筑学院，西安，710129，Email: xchen76@nwpu.edu.cn)

摘要：气-液-固移动接触线的力学机理研究对解释自然现象和解决工程问题有重要意义。研究表明当前常用的基于 VOF 思想的接触角模型尚存在缺陷。本文分别将接触角迟滞模型和 Hoffman-Voinov-Tanner 模型与有限体积-VOF 计算流体方法相结合，对液滴在固壁上的铺展、溅射和滑移现象开展了模拟研究，分析了接触角数值模型对模拟结果的影响。模拟结果显示，（在唯像层面上）迟滞模型具有良好的收敛性，且能很好的捕捉表面上的接触线滑移现象。通过此模型，进一步对液滴铺展过程中的溅射模态、铺展直径演化等参数，及其与接触角之间的依赖关系开展了研究。

关键词：移动接触线，接触角迟滞模型，Hoffman-Voinov-Tanner 准则，有限体积-VOF方法，接触线滑移

1 引言

接触线是指两种不相容流体与固体三相界面相交所形成的曲线，是流体动力学的一个重要研究对象。下面简要介绍本文数值模拟中所采用的两种接触角模型：接触角迟滞模型（RA）和 Hoffman- Voinov-Tanner 模型（HVT）。

1.1 接触角迟滞模型（RA）

在扩散界面方法（diffused interface）中，基于自由能方法的 Cahn-Hilliard 方程处理移动接触线问题是一种较为常用的方法。Ding 等[1]提出假设相参数/体积分数（C）的等值线在扩散界面中是近似相互平行的，那么界面的单位正矢量可以被写成如下形式：

$$n_s = \nabla C / |\nabla C| \tag{1}$$

$$\tan\left(\frac{\pi}{2} - \theta\right) = \frac{-\vec{n}\cdot\nabla C}{\left|\nabla C - \left(\vec{n}\cdot\nabla C\right)\vec{n}\right|} \tag{2}$$

在接触线处，n_s 与固体基以 $\pi/2 - \theta$ 相交，其中 θ 为接触角，根据几何关系得出公式（2）。

只要有足够的网格点求解界面（通常 4～8 个），扩散界面在固体基上处于半平衡或准平衡状态，即只要（数值）自由面在接触线附近不是非常的薄或厚，几何公式能得出良好的计算接触角。Ding 同时采用了接触角迟滞模型[2-3]，其计算过程如下：在一个迭代步中，首先，根据接触线处体积分数的分布，由几何公式计算初始接触角θ_0。接着，计算迟滞接触角值：若$\theta_0 > \theta_A$，则通过更新体积分数使$\theta = \theta_A$；若$\theta_0 < \theta_R$，则通过更新体积分数使$\theta = \theta_R$；若$\theta_R < \theta_0 < \theta_A$，不更新体积分数使$\theta = \theta_0$。最后，返回迟滞接触角值$\theta$作为下一步计算的接触角边界条件。

1.2 Hoffman-Voinov-Tanner 准则[4]（HVT）

假设毛细数（Ca）基于接触线速度，定义为：

$$Ca = \frac{(Vel)\mu}{\gamma} \tag{3}$$

基于 Hoffman 函数构造了动态接触角θ_D与毛细数 Ca、静态接触角θ_e的关系式：

$$\theta_D = f_{Hoff}\left(Ca + f_{Hoff}^{-1}(\theta_e)\right) \tag{4}$$

$$f_{Hoff}(x) = \arccos\left\{1 - 2\tanh\left[5.16\left(\frac{x}{1+1.31x^{0.99}}\right)^{0.706}\right]\right\} \tag{5}$$

其中，Vel-接触线移动速度，μ-黏性，γ-表面张力。当接触线静止时（$Vel = 0$），$\theta_D = \theta_e$，计算接触角为静态接触角。

本文分别将以上两种模型与有限体积-VOF 方法（FLUENT）相结合，进行移动接触线模拟，探讨其对于液滴-平板溅射过程的影响。

2 数值模拟

本部分首先验证 FLUENT-UDF（自定义函数）程序的准确性，对比 RA 和 HVT 模型的差异；接着针对液滴在平面上的铺展、溅射展开了数值模拟，将两种模型对应的铺展结果进行对比，并探讨浸润角、接触角迟滞区间对溅射模态的影响。

2.1 静态液滴计算与模型对比

作为数值模拟工作的基石，本部分工作首先针对 FLUENT 核心计算程序的数据提取效果进行分析：分别选取 60°、90°、120° 三个典型接触角作为设定值（亲水、临界、疏水状态），观察静态液滴接触角计算所获统计值与设定值（静态接触角设定值）的偏差。

"实验"结果表明：接触角计算值通常与设定值有较大差异。原因：由于界面弥散、界面运动等效应，数值计算获得的 C 等值线在接触线附近并不严格满足平行条件。

解决：将接触线所在单元与相邻的单元的接触角计算值进行平均（以下简称平均法）。

如图 1 所示，与不处理相比，平均法有效的减少了计算统计值与设定值的偏差：计算值在设定值处往复振荡，并呈收敛趋势（图中的振荡主要由接触角迟滞模型所导致）。

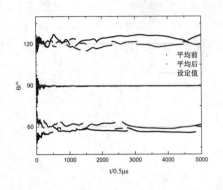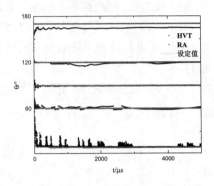

图 1　典型算例接触角计算值演化过程　　　　　　　　图 2　模型对比分析

　　进一步由图 2 可知，在静止液滴的模拟中，HVT 模型计算值与设定值基本吻合，但在超亲水算例组中（$\theta=10°$），计算值偏差较大且不稳定。RA 模型计算值总体在设定值附近做小幅振荡，但在超疏水算例组中（$\theta_A / \theta_R = 170° / 170°$），计算值偏差较大。进一步测试表明：网格分辨率的提高对 HVT 模型计算准确度影响不明显，对 RA 模型计算准确度有显著提升。

2.2　液滴铺展

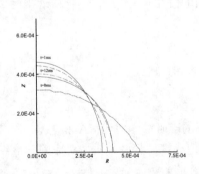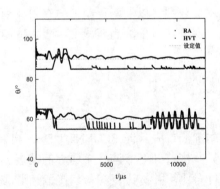

图 3　60°→90° 液滴铺展过程（实线　　　　　　图 4　60°→90°、90°→60°
为 HVT 模型，虚线为 RA 模型计算结果）　　　　　算例组接触角模型计算值演化过程

　　图 3 展示了液滴从 60° "松弛" 到 90° （60°→90°）过程中，HVT 模型和 RA 模型下的部分液滴界面发展。计算结果显示，两种模型均了接触线后退、前进的过程。图 4 中，显示了 RA 和 HVT 模型所获得的接触角演化过程。

　　在接触线后退过程中，RA 模型在计算中为后退接触角（$\theta_R = 85°$），小于 HVT 模型

——由此导致的毛细驱动力小于 HVT 模型。因此该阶段 RA 模型计算结果比 HVT 模型滑移的更慢。同理，在接触角前进阶段，HVT 模型接触角小于 RA 模型，因此 RA 接触线滑移更快。两者接触线最终收敛于相近位置，但接触角存在差异，体现了两种模型的差异性。

图 4 同时展示了 60°→90°、90°→60° 算例下两种模型的接触角计算值演化过程。如图中显示的第一组算例（60°→90°）RA 模型，开始时，液滴处于后退状态，接触角计算值 $\theta=\theta_R$；接着，液滴后退至最大值，过渡到前进状态，接触角计算值 $\theta=\theta_A$；经过不断的后退、前进过程，液滴趋于静止状态。RA 模型有效地体现了接触角的迟滞现象，HVT 模型计算值逐渐收敛到静态接触角（$\theta_e=90°$），体现了动态接触角。

2.3 液滴溅射

由于壁面特性（如可润湿性、粗糙度）的影响，液滴撞击干燥平面展现了多种复杂的溅射模态。Rioboo 等的实验[5-6]揭示了液滴撞击干燥平面的六种可能流动模式，下面展示部分溅射模态的"实验"，并探讨浸润角、迟滞区间和撞击速度与溅射模态的关系。

选取具有代表性的六组迟滞接触角，多组撞击速度（0≤V≤30）进行模拟，探讨浸润角、撞击速度与溅射模态的关系。图 5 展示了在六组不同的浸润角下，随着撞击速度的增加，液滴溅射模态的变化过程。

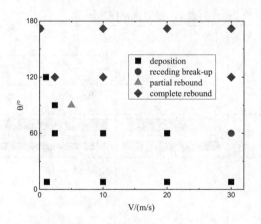

图 5 不同浸润角下，随着撞击速度的增加，溅射模态变化过程

六组迟滞接触角分别为 10°/6°、70°/50°、105°/85°、130°/110°、174°/170°

由图 2 至图 5 可得浸润角和撞击速度与溅射模态的关系：浸润角决定了液滴具有所有类型中的哪些部分溅射模态，随着撞击速度的增加（0≤V≤30），溅射模态在已决定的类型中变化。如在 10°/6° 算例中，随着撞击速度的增加，溅射模态始终保持为"deposition"不变化；在 130°/110° 算例中，随着撞击速度的增加，溅射模态由"deposition"、"rebound"依次变化。

进一步测试得，在接触角一定，迟滞区间不同的情况下，随着撞击速度的改变，溅射模态也可能不同。

表 1 展示了部分讨论算例的液滴形态。进一步分析模拟数据：

（1）在 10°/6° 算例组中，随着液滴铺展，接触线不断向前移动，直至固定，没有向后移动；在 70°/50° 算例组中，随着液滴铺展，接触线不断向前移动，直至最大半径，随着液滴的收缩，接触线向后移动。对比这两组算例，可进一步将"deposition"细分为 "接触线仅向前移动和存在向前、向后移动" 两种类型。

（2）在 130°/110° 算例组中，当 V=2.4m/s 时，液滴在收缩至完全脱离壁面过程中，液滴未分离；随着撞击速度增加，当 V=10、20、30 m/s 时，液滴在收缩至完全脱离壁面过程中，液滴顶部发生分离，生成另一些小液滴。对比两组算例，可进一步将"rebound"细分为 "液滴未分离和分离" 两种类型。

（3）在 70°/50° 算例组中，当 V=30m/s 时，液滴在撞击平板中产生了粘附于壁面的气泡，铺展至最大半径后，收缩一段时间后，由于气泡的存在导致液滴分离，这一结果说明了粗糙度可能是 "receding break-up"的影响因素之一。

（4）在 174°/170° 算例组中，液滴以一微小速度撞击平板后，微变形后反弹至完全脱离壁面，又在重力作用下撞击平板，然后又反弹至脱离壁面，如此循环直至静止。这一过程类似于皮球轻微落地后的反复撞击、弹跳。

表 1　部分算例结果展示

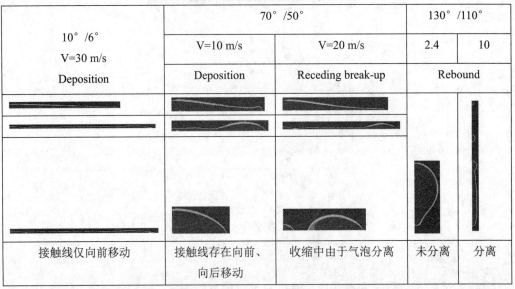

10°/6° V=30 m/s Deposition	70°/50°		130°/110°	
	V=10 m/s	V=20 m/s	2.4	10
	Deposition	Receding break-up	Rebound	
接触线仅向前移动	接触线存在向前、向后移动	收缩中由于气泡分离	未分离	分离

结论：浸润角决定了液滴具有所有类型中的哪些部分溅射模态，随着撞击速度的增加（0≤V≤30），溅射模态在已决定的类型中变化；"deposition"、"rebound"均可进一步细分两种类型；粗糙度可能是 "receding breakup"的影响因素之一。

参 考 文 献

[1] H. Ding, P.D.M. Spelt. Wetting condition in diffuse interface simulations of contact line motion, Physical Review[J]. 2007, E75, 046708: 2-3.

[2] H. Ding and T. G. Theofanous. The inertial regime of drop impact on an anisotropic porous substrate [J], Fluid Mech., 2012, 691:54-567

[3] H. Ding, P.D.M. Spelt. Onset of motion of a three-dimensional droplet on a wall in shear flow at moderate [J], Fluid Mech, 2008, 599: 341–362.

[4] S. Sikalo, H. D. Wilhelm, I.V. Roisman, S. Jakirlic, and C. Tropea, Dynamic contact angle of spreading droplets: Experiments and simulations[J], Physics of Fluids, 2005, 17-062103: 1-13.

[5] A.L. Yarin.Drop Impact Dynamics: Splashing,Spreading, Receding, Bouncing[J], Annu. Rev. Fluid Mech.,2006. 38:159－92

[6] Rioboo R, Tropea C, Marengo M. Outcomes from a drop impact on solid surfaces[J]. At. Sprays 2001,11:155－65

Study about model of contact angle hysteresis based on VOF method

HUANG Hai-meng, CHEN Xiao-peng

(School Of Mechanics And Civil&Architecture, Northwestern Polytechnical University, Xian, 710129.
Email: haimenghuang@nwpu.edu.cn)

Abstract: The dynamic mechanical research of moving contact line at gas/liquid/solid three phases have significant meaning in the aspect of explaining natural phenomenon and improving engineering. Study indicates that there still have bugs in the model of combining contact angle with VOF method. This paper combine model of contact angle hysteresis and model of Hoffman-Voinov-Tanner model in turn with VOF method used in computational fluid mechanics, studying the behavior of droplet spreading, splashing and moving on solid wall. Analysis what influence have in simulation by different model of contact angle. The results indicate that model of contact angle hysteresis has well simulation in convergence, slip of contact line,and contact angle hysteresis. Further, studying parameters such as model of vibration, free energy,and the relation between contact angle and those parameters.

Key words: moving contact line; contact angle hysteresis; Hoffman-Voinov-Tanner criterion; VOF method.

两相流液相粒径对并联管路系统流体均布影响数值研究

徐梦娜，李利民，张存发，宋钦，张冠敏，田茂诚

(山东大学能源与动力工程学院，济南，250061 Email: xmn1212@sina.cn)

摘要： 构建了并联管路的二维物理模型，采用 MIXTURE 方法对不同液滴粒径下的气液两相流流体在并联支管中的均布情况进行了数值模拟研究，获得了并联管路内压力场、速度场、气液相的体积分数分布等参数的变化规律，分析了流量分配不均匀度与液滴粒径大小的对应关系，研究发现气液两相流在并联管路分配中，随着液滴粒径的增大，气相、液相分布均得到改善；不同气相流速下，液滴粒径对气液两相分配不均匀度的影响程度不同。

关键词： 气液两相流；流体均布；液滴粒径

1 引言

并联管路流体分布不均是换热设备并联应用中经常遇到的问题，而对于多相流来说，流动机理更加复杂，控制其在管路内均匀分配也更加困难。最近几十年多相流在机理及仿真计算方面取得了长足的发展，Alexandre Caboussat[1]研究了气液两相间的相互作用和表面张力对流动的影响，提出了一种三维模型，用来对气液两相流之间的分界面进行数值模拟计算。Tonomura 等[2]则主要研究了对配管内流体分布产生影响的主管形状、支管长度和位置以及进口流量等因素进行分析，并对主管形状做了进一步的优化，从而实现了配管内流体的均匀分配并且节省了配管主管的空间。Tong 等[3]进一步深入研究了主管截面积、支管宽度以及主管进口形状等结构因素对配管内流体分布的影响。

本文主要研究气相为主的两相流，通过改变液滴粒径大小，考察两相流在并联管路内的均匀分配状况，得到液滴粒径与两相流流量分配不均匀度的关系，为实际工程应用提供指导。

2 数学模型

管路结构和网格模型如图 1 所示。

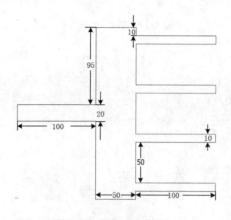
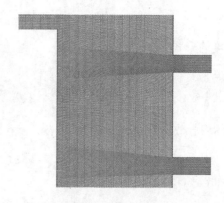

图 1 管路模型（单位 cm）　　　　　图 2　管路网格结构

本文主要针对的是气液两相流在管路中的流动，控制方程中除了混合模型的连续性方程、动量守恒方程、湍流运输方程之外，还需引入两相流特有的相对滑移速度方程和体积分数方程。

相对滑移速度被定义为次要相（p）相对于主相（q）的速度：

$$\overline{v}_{qp} = \overline{v}_p - \overline{v}_q \tag{1}$$

相对滑移速度（$\overline{v}_{qp}$）与漂移速度之间存在如下的关系：

$$\overline{v}_{dr,p} = \overline{v}_{qp} - \sum_{k=1}^{n} \frac{\alpha_k \rho_k}{\rho_m} \overline{v}_{qk} \tag{2}$$

相对速度的形式由以下给出：

$$v_{qp} = \tau_{qp} \overline{a} \tag{3}$$

这里 $\overline{a}$ 是第二相粒子的加速度，τ_{qp} 是粒子的弛豫时间

$$\tau_{qp} = \frac{(\rho_m - \rho_p)d_p^2}{18\mu_q f_{drag}} \tag{4}$$

这里 d_p 是次要相的粒径，曳力函数 f_{drag} 可由下式求出：

$$\text{Re} \leq 1000 \text{ 时,} \qquad f_{drag} = 1 + 0.15\text{Re}^{0.687}$$

$$\tag{5}$$

$$\text{Re>1000 时,} \qquad f_{drag} = 0.0183\,\text{Re} \qquad (6)$$

加速度的形式为:

$$\bar{a} = \bar{g} - (\bar{v}_m \cdot \nabla)\bar{v}_m - \frac{\partial \bar{v}_m}{\partial t} \qquad (7)$$

（2)体积分数方程:

$$\nabla(\alpha_p \rho_p \bar{v}_m) = -\nabla(\alpha_p \rho_p \bar{v}_{dr,p}) \qquad (8)$$

采用非耦合隐式算法，流体流动定义为稳态，速度按绝对速度处理，壁面函数为标准壁面函数；两相流的计算模型选取MIXTURE模型，并考虑气液两相之间的相互作用力；湍流模型选择k-ε模型；控制方程采用有限容积法离散控制方程，速度与压力耦合采用PISO算法，湍流动能、湍流耗散项、动量方程均采用二阶迎风格式离散。在使用MIXTURE模型时,在边界上还需要定义次要相的体积百分比。

配管内流动的两相介质为水蒸气与水，设计工况为出口压力为大气压，设置液相的体积分数为10%,液相的流速为1m/s,气相流速从2m/s逐渐升高到15m/s,液滴粒径分别为1μm、5μm、0μm、15μm、20μm；下面主要分析了两相流中含液率较低时，液滴粒径大小对流体分布的影响。

引入方差s来衡量配管出口处物流分配的不均匀性

$$s = \frac{1}{4} \sum [(x_1 - \bar{x})^2 + (x_2 - \bar{x})^2 + \cdots + (x_4 - \bar{x})^2] \qquad (9)$$

式中：s--代表不均匀度；x_i--不同支管的质量流量；$\bar{x}$--出口支管的平均质量流量。

3 数值模拟结果分析与讨论

二维管路结构及模型尺寸参数及网格如图 2 所示。

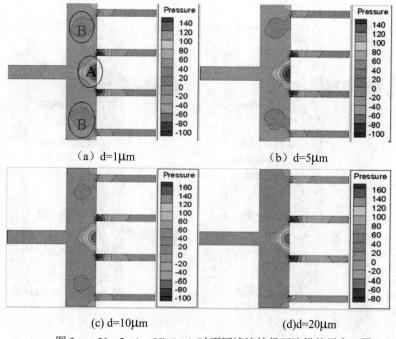

（a）d=1μm　　　　　　　　　　　（b）d=5μm

（c）d=10μm　　　　　　　　　　　（d）d=20μm

图 3　　Vg=2m/s，Vl=1m/s 时不同液滴粒径下流场的压力云图

图 3 给出了 V_g=2m/s，V_l=1m/s 时不同液滴粒径下管路内流场的压力云图。由图 2-1-1(a) 可知[4]，流体进入联箱后，由于截面突然扩大，流体速度降低，由伯努利定理可知，对应区域压力升高。如图，A 处对来流产生直接阻力，为最大压力区域，同时产生横向压力梯度，使来流向两侧支管分布。中间两个支管靠近入口管，流速大，压差较大，而远离入口管的支管流速较小，对应压差也较小。偏离入口管区域由于流体边界形状突然扩大，流动状态随之发生巨变，主流脱离边壁而形成漩涡[5]。

分析上图可知，随着液滴粒径的增加，联箱内整体压降略微增大，距离入口管较远的支管压差增大明显。类比单相流体，由于液滴粒径影响气液两相的流体粘度，从而影响各支管阻力大小，当液滴粒径增大时，两相流粘度增大，流动阻力增加，压降增加。压差增大导致外侧两个支管流体流速增大，B 区域范围逐渐减小，最终整个联箱内压力分布趋于均匀。

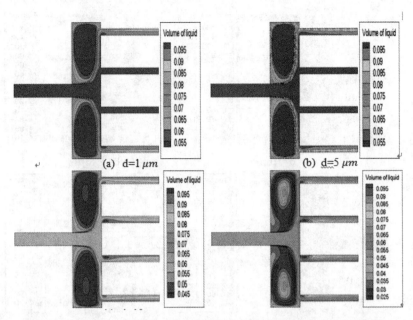

图4　Vg=2m/s，V₁=1m/s 时不同液滴粒径下的液相体积分数图

图 4 给出了不同液滴粒径下并联配管内液相的体积分数分布。可以看到，中间靠近主管的两个支管内液相体积分数大，两侧支管液相体积分数小。随着液滴粒径的增大，液相的体积分数在四个支管的出口处逐渐趋于均匀，漩涡范围内液相含量明显增加，配管内流体均布情况改善。

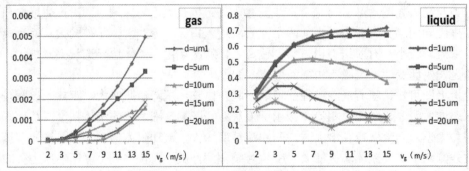

图 5 不同液滴粒径下气相、液相的不均匀度随气相流速变化情况

图 5 给出了不同液滴粒径下气相、液相的不均匀度随气相流速变化情况。由图可知，不同液滴粒径下，气相分布状况普遍好于液相。

液相速度固定时，随着气相速度增加，流体扰动增强，流动不稳定性增加，气相分布不均匀度随之增加。气相速度增加对液相不均匀度的影响随着液滴粒径的不同略有差异，由图可知，当液滴粒径在 10μm 以内时，随着气相流速增加，其不均匀度逐渐增加，但增加的趋势逐渐减缓，气相流速对液相分布均匀性的影响程度逐渐降低；而在液滴粒径大于10μm 时，其液相不均匀度随气相流速的变化曲线出现波动，一定范围内，气相流速的增加，可使液相分布得到改善。结合多相流的相关理论，本文认为，液滴粒径较小的情况时，两相流中起主导作用的为气相，小液滴受气相影响较大，流动不稳定，流体分配随着工况变动有较大的不均匀现象；而液滴粒径较大时，受到气相的影响较小，此时两相存在较强的相互作用力，互相影响，所以在不同工况下，流体的分配情况出现起伏。

结合两图分析可知，随着液滴粒径增加，并联配管内气相、液相的分布均匀性都得到改善，且随着气相流速的增加，其改善效果更加明显。进一步分析可知，由于气相分布不均匀度相比于液相数值较小，可以忽略，液相的流动分配情况更能反映两相流整体分布，由此推出，液滴粒径较大时，根据液相不均匀度图像可以确定两相流流动分布最佳工况。例如，当液滴粒径为 $15\mu m$ 时，最佳工况对应气相流速可定为 $15m/s$，此时 $S_g=0.0018$，$S_l=0.15$；当液滴粒径为 $20\mu m$，液相流速为 $1m/s$ 时，最佳工况对应的气相流速可定为 $9m/s$，此时 $S_g=0.00006$，$S_l=0.088$。

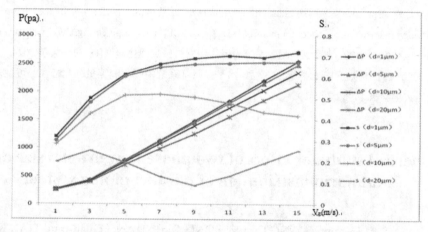

图 6　　不同液滴粒径下压差与不均匀度的对比图

图 6 给出了不同液滴粒径下管路的压降与流量匀度之间的关系。由图可知，液滴粒径固定时，随着气相流速的增加，管路压降显著增加，但液相不均匀度在不同液滴粒径下的变化趋势不同，分析可知气相流速的增加与压降变化有直接关系，但压降增加不一定会改善流体均配。当气液两相流速固定时，随着液滴粒径的增大，液相分配趋于均匀，管路压降略微减少，可知液滴粒径的改变对管路整体压降影响并不大，但可明显改善流体分布。

3 结论

在并联管路气液两相流分配系统中，气相分布均匀性整体优于液相分布；液滴粒径大小是影响两相流在并联管路内的分布的重要原因，随着液滴粒径的增大，气相、液相流体分布均得到改善，管路整体压降略微减小；随着气相流速的增加，液滴粒径对气相流体分布的影响加深，粒径达到 20um 时，气相分布接近完全均匀的最佳工况。气相流速对液相分布的影响随液滴粒径的改变出现波动，实验范围内，粒径大于10um时，随着气相流速的增大，液相分布整体趋于改善。液滴粒径的改变对并联管路系统整体压降影响较小；气相流速增加，可明显增大压降。

<h1 style="text-align:center">参 考 文 献</h1>

1 Alexandre Caboussat. Numerical Simulation of Tow-Phase Free Surface Flows[J].Archives of Computational Methods in Engineering, 2005,12(2): 165-224.

2 Tonomura 0., Tanaka S.' Kano M., et al. CFD-based optimal design of manifold in plate-fin microdevice [J]. Chemical Engineering Journal, 2004, 101: 397-402.

3 Tong J.C.K., Sparrow E.M?,Abraham J.P.. Attainment of flowrate uniformity in the channels that link a distribution manifold to a collection manifold [J]. Journal of Fluids Engineering, 2007,129(9): 1186-1192.

4 王伟平. 大型冷箱内换热器及其配管系统的流体均配与传热优化研究[D].浙江大学,2014.

5 王妍,徐宝全,王树众,王栋,章燕谋,林宗虎. 水平并联管系统中两相流流量分配特性的可视性研究[J]. 西安交通大学学报,1998,07:65-69.

Numerical study for effect of two phase flow droplet size on fluid uniform distribution of parallel piping system

XU Meng-na, LI Li-min, ZHANG Cun-fa, SONG Qin, ZHANG Guan-min, TIAN Mao-cheng

(School of energy and power engeering, Shandong University, Jinan, 250061.)

（Email: xmn1212@sina.cn）

Abstract: In this article , two-dimensional physical model was constructed, numerical simulation study of flow distribution in parallel branches under different droplet size was made by using the MIXTURE method , getting the pressure field, velocity field, gas liquid phase volume fraction and other related data. The corresponding relationship between the flow distribution and droplet size was studied. Research found that when the liquid phase droplet size increase, the two phase flow in parallel piping system become more uniform; But the extent of the distribution impact of droplet size is different under different gas velocity.

Key words: Two phase flow; Fluid uniform distribution; Liquid droplet;

分支管内阻力构件对并联配管系统两相流均布特性影响研究

李翔宇 [1]，陈慧 [2]，师艳平 [2]，宋钦钦 [1]，张冠敏 [1]，田茂诚 [1]

(1. 山东大学能源与动力工程学院，济南，250061，Email: 1522667596@qq.com;
2. 山西汾西重工有限责任公司技术中心，太原，030027)

摘要：并联配管系统内气液两相流质量分配不均一直是影响并联换热器组换热效率和安全性的重要因素。为改善配管内流场分布，在配管系统的支管入口处加装多孔阻力构件，为了对照优化情况，在支管入口加装孔板作为对照。对三种并联配管系统中的流场进行数值模拟。经过对比发现，多孔阻力构件配管的压力损失大于原始配管，但是其出口处流体的物理性质均一，气液两相流质量分配更均匀，更具优势。

关键词：气液两相流；并联配管系统；阻力构件；数值模拟

1 引言

冷箱是天然气液化装置的核心设备，配管系统的流体质量分配不均问题将导致冷箱内板翅式换热器的换热性能降低，从而降低冷箱的整体工作性能。因此，配管系统的流体均配非常重要。Maharudrayya[1]和 Robert[2]等在 Bassiouny 和 Martin[3]研究的基础上，运用质量与动量守恒方程，通过计算描述分流与汇集主管内流体流动的一维数值模型，得出了整个配管压力分布以及配管支管流体分布对应的封闭解。胡明辅等[4]通过实验证明了通过在配管系统内主管与支管连接处设置阻力原件可以使支管流量分布更加均匀。Wang[5]、蔡忠轩[6]针对常规与修正主管结构进行了实验研究，分析了不同结构、工况因素(如进口速度、主管形状以及重力等)对 U 型与 Z 型配管内流体分布及流阻的影响。认为减小支管截面积或增加主管进口长度可使配管内的流体分布更均匀。

本文拟针对典型的冷箱内四台板翅式换热器并联运行的配管系统，通过数值模拟的方法研究气液两相流在配管系统内的流动特性和分布情况，并研究在分支管入口处添加孔板与多孔阻力构件对配管内流体分布的影响。

2 数学物理模型

流体流动的基本控制方程包括：连续性方程、动量守恒方程、能量守恒方程。由于本文主要针对的是气液两相流在配管中的流动，不涉及换热问题，故不考虑能量守恒方程；对于气液两相流来说，需加入湍流输运方程(k-ε 方程)；考虑到气液之间组分的变化和相互作用的影响，需引入体积分数方程；考虑气液之间存在速度差，还需加入相对滑移速度方程。

多孔介质模型通过对标准流体流动的动量方程增加动量源项来表征，动量源项有两部分组成：黏性损失项和惯性损失项。

$$Si = -(\sum\nolimits_{j=1}^{2} D_{ij}\mu\upsilon_j + \sum\nolimits_{j=1}^{2} C_{ij}\frac{1}{2}\rho|\upsilon|\upsilon_j) \tag{1}$$

表征各向同性多孔介质的动量源简化为

$$Si = -(\frac{\mu}{\alpha}\upsilon_i + C_2\frac{1}{2}\rho|\upsilon|\upsilon_i) \tag{2}$$

通过计算黏性阻力系数与惯性阻力系数，即可设置源项。

3 模型与网格的划分

为分析冷箱配管的流动阻力特性和流体分配特性，构建了二维的冷箱配管物理模型，配管结构及模型尺寸参数如图 1 所示。

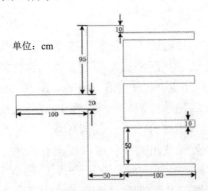

图 1 冷箱配管的模型结构及尺寸

在冷箱配管系统内的支管入口处添加孔板的物理模型如图 2 所示。

结合多孔介质理论，在配管内支管入口处加入多孔阻力构件，所占据的空间可视为多孔介质，孔隙率为0.6，厚度为0.1m。

配管二维网格划分如图3所示。

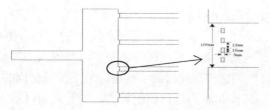 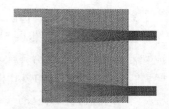

图2　配管内加入孔板后的结构示意图及孔板的尺寸　　图3　并联配管的局部网格示意图

4　数值结果与分析

4.1　不均匀度定义

流体通过配管后会重新分配，分配情况可以通过归一化方法进行表述，引入方差s来衡量配管出口处物流分配的不均匀性。

$$s = \frac{1}{4} \sum [(x_1 - \bar{x})^2 + (x_2 - \bar{x})^2 + (x_3 - \bar{x})^2 + (x_4 - \bar{x})^2] \tag{3}$$

式中：s 为不均匀度；x_i 为不同支管的质量流量；$\bar{x}$ 为出口支管的平均质量流量。

4.2　压力分布

根据所建模型，进行数值求解，整个计算工况设定如下：气相进口速度为 5m/s，液相进口速度为 1m/s，含液率为 0.1。图4 是在相同工况下 3 种配管的压力分布云图。从图3中可以看出，加入孔板与多孔阻力构件后，并联配管系统内的压差要大于原始配管，其中加入多孔阻力构件配管内的最大压力大于加入孔板配管内的最大压力，但是二者的压差数值基本持平。压力变化最剧烈的区域位于靠近主管的支管入口处，加入阻力构件后压力分布得到了很大改善。

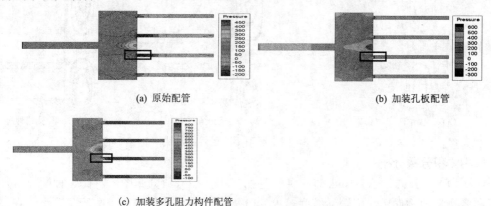

(a) 原始配管　　　　　　　　　　　　　(b) 加装孔板配管

(c) 加装多孔阻力构件配管

图4　同工况下不同配管的压力云图

为了更清晰地对比配管内的压力变化情况,对图 4 中的标识区域局部放大。得到 3 种支管相同位置处的压力云图(图 5)。在原始配管内,支管入口区域内竖直方向的压力梯度与流体流动方向相反,阻碍流体流动,而横向形成的负压区将吸引更多流体流入,易形成漩涡,增大能量的耗散;在加装孔板的配管内,这种现象得到了改善,但是由于孔板的存在,在孔板后方出现了类似真空的现象;在加装多孔阻力构件的配管内,支管入口区域内竖直方向的压力梯度与流动方向相同,有利于流体向下一个支管流动,横向的压力梯度也与流动方向相同,因此不易形成漩涡,减少了能量损耗。

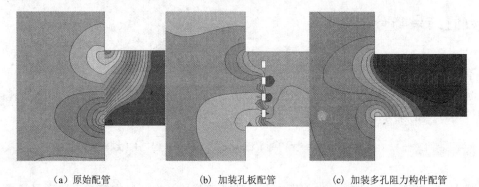

(a) 原始配管　　　　　　(b) 加装孔板配管　　　　　　(c) 加装多孔阻力构件配管

图 5　同工况下不同配管的局部压力云图

图 6 是在上述工况下,3 种配管的流线图。原始配管与加装孔板的配管在支管入口处存在负压区域,对应流线图中存在漩涡的区域。对照 3 种配管的流线图发现,支管加装孔板后,其入口压力分布得到了一定的改善,其漩涡范围小于原始配管;支管加入多孔阻力构件后,其入口压力分布趋势与原始配管相反,入口处的漩涡现象消失,从侧面证明了多孔阻力构件在优化流场方面比孔板更具优势。

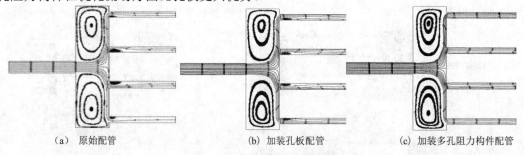

(a)　原始配管　　　　　　(b) 加装孔板配管　　　　　　(c) 加装多孔阻力构件配管

图 6　同工况下不同配管的流线图

4.3 气相体积分数分布

图 7 为 V_g=9m/s、 V_f=1m/s 时三种配管的气相体积分数分布图。对比 3 种配管,加入孔板和多孔阻力构件后,配管系统联箱内的气相体积分数变化波动较原始配管小;在原始配管与孔板配管的支管入口处,由于存在漩涡,气相体积分数变化较大,而在加入多孔阻

力构件的配管内，四个支管出口处的气相体积分数均保持稳定，说明出口处流体的物理性质均一，有利于后续板翅式换热器工作运行。

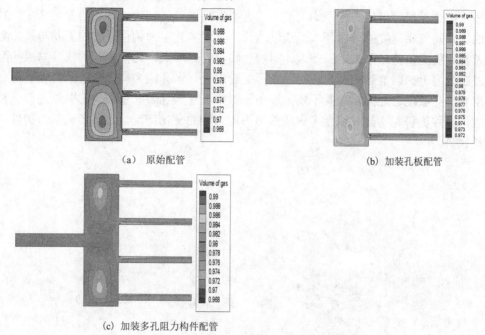

（a）原始配管   （b）加装孔板配管

（c）加装多孔阻力构件配管

图7　三种配管的气相体积分数分布

4.4 不均匀性

图8(a)与图8(b)为 V_l =1m/s，含液率为0.1，进口气相速度逐渐增大时，3种配管出口流体气相与液相不均匀度的变化情况。从图中可以看出，不论是气相还是液相，配管加装孔板与多孔阻力构件后，出口处的流体不均匀度均有大幅度的降低，即流体质量分配情况得到改善。对于加装孔板配管与加装多孔阻力构件配管，在气相流速较小的情况下，其不均匀度的数值基本持平，即分布情况较为类似，但随着气相流速的增大，加装孔板配管与加装多孔阻力构件配管的区别越来越明显，二者出口流体不均匀度的差值越来越大，即加装多孔阻力构件配管的分配特性要好于加装孔板配管，并且气相速度越大，其优势越明显。

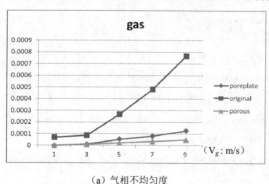

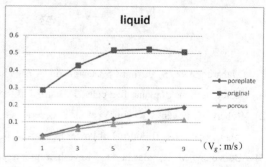

（a）气相不均匀度   (b) 液相不均匀度

图 8　气相速度增大的情况下 3 种配管的出口流体不均匀度

　　图 9 是 3 种配管出口液相不均匀度与压力损失随进口气相速度增加的变化情况。3 种配管的压差随气相速度的增加基本呈线性增长，其中多孔阻力构件配管的压差与原始配管的压差在数值上保持一个恒定的差值。随着气相流速的增大，孔板配管的压差与原始配管的压差在数值上的差值越来越大。对比 3 种配管发现，多孔阻力构件配管的压差数值介于原始配管与孔板配管之间，但其不均匀度小于原始配管与加装孔板配管，并且进口气相速度越大，这种优势越明显。综合考虑压差与不均匀度的变化情况，加装多孔阻力构件的配管更具优势。

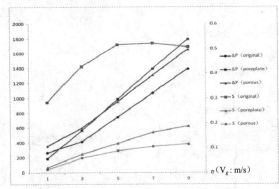

图 9　三种配管随气相速度增大时压力与不均匀度的对比情况

5　结论

　　构建了加装孔板与加装多孔阻力构件的配管模型，多孔阻力构件依据孔板的截面积比例将孔隙率设为 0.6。数值模拟分析了 3 种配管的压力分布、气相体积分数分布与不均均性，结果表明加装多孔阻力构件配管的流体分布远远优于原始配管，具有明显的优势。

参 考 文 献

[1]　Maharudrayya S, Jayanti S,Deshpande A P. Flow distribution and pressure drop inparallel-channel configurations of planar fuel cells [J]. Journal of Power Sources,2005,144:94-106.

[2]　Robert JK, Pavan K,Kevin W, et al. A generalized model of the flow distribution in channel networks of planar fuel cells [J]. Journal of Power Sources, 2002, 109(1): 148-159.

[3]　Bassiouny M K, Martin H. Flow distribution and pressure drop in plate heat exchangers-I U-type arrangement [J]. Chemical Engineering Science, 1984, 39(4):693-704.

[4]　胡明辅,别玉,卜江华.太阳能集热器阵列流量均布模型[J].太阳能学报,2011,32(1): 60-65.

[5]　Wang C C, Yang K S,Tsai J S, et al. Characteristics of flow distribution in compact parallel flow heat exchangers, part I Typical inlet header [J]. Applied Thermal Engineering, 2011,31: 3226-3242.

[6]　蔡忠轩.单相流在密集型平行流热交换器的流量分布特性[J].台湾云林科技大学, 2010.

The study on effect that resistance components in the branch pipes take on characteristics of uniform distribution of two-phase flow in parallel tubing system

LI Xiang-yu[1], CHEN Hui[2], SHI Yan-ping[2], SONG Qin-qin[1],

ZHANG Guan-min[1], TIAN Mao-cheng[1]

(1.School of Energy and Power Engineering, Shandong University, Jinan, 250061. Email: 1522667596@qq.com;

2.Technology Center of Shanxi Fenxi Heavy Industry Co.,Ltd. , Taiyuan, 030027)

Abstract：Disparate distribution of gas-liquid two-phase flow of parallel tubing system has always been an important factor that affects heat transfer efficiency and safety of parallel heat exchanger unit. In order to improve the flow field distribution of parallel tubing system, I construct porous resistance components at the entrance of branch pipes of tubing system. And I construct orifice plate at the entrance of branch pipes as comparison. The flow field of three kinds of tubing system is numerically simulated. It is discovered that the pressure loss of piping constructed by porous resistance components is greater than original piping's. But the physical properties of fluid at the outlet are uniform, and the mass distribution of gas-liquid two-phase flow is more uniform. So it has obvious advantages.

Key words：Gas-liquid two-phase flow; Parallel tubing system; Resistance components; Numerical simulation.

基于贝叶斯理论的雨水管网混接解析模型

尹海龙，张伦元，徐祖信

(同济大学环境科学与工程学院，上海，200092，Email: xzx@stcsm.gov.cn)

摘要： 我国分流制排水系统普遍存在雨污混接问题，严重污染了受纳水体，制约着城市水环境的改善。混接污染来源解析中，由于同一种混接类型中多个混接源浓度的空间差异性、水质特征因子浓度的监测误差、混接源浓度测定和末端排放口浓度监测的非同步性等导致不确定性的存在，造成解析结果的偏差。本文采用贝叶斯分析理论解决混接污染来源解析的不确定性问题，采用吉布斯（Gibbs）抽样来生成混接源和排放口旱天水质浓度的贝叶斯后验分布。以上海市陆家嘴街道的 3 个排水系统为研究对象，采用总氮和硬度分别做生活污水和地下水的特征因子，基于雨水管网旱天入流和出流的化学质量平衡方程，解析出雨水管网混接生活污水和地下水的比例。结果表明，解析水量总和为 95%，精度较高。该方法对于水环境中污染来源解析具有借鉴意义。

关键词： 雨污混接；贝叶斯理论；化学质量平衡；不确定性分析

1 引言

当前，我国分流制排水系统普遍存在雨污混接问题，旱天出流的水量接入雨水管网，并经由雨水管网直排河道，严重影响了排水系统的效能，污染了受纳水体[1]。此现象在国内各类城市都有出现。因此，诊断混接雨水管网潜在的旱流来源、为后续的混接改造工程提供科学指导至关重要。

目前关于雨污混接的溯源的方法有两大类。一种是确定性算法，将水质特征因子数据库中的浓度均值作为单一值输入模型，建立化学质量平衡模型。然而其所得的结果往往与实际结果偏差很大[2]。另一种是不确定性算法。因为水环境系统的不确定性,如：同一种混接来源中多个混接点浓度的空间差异性，水质特征因子指标浓度测量误差，混接源浓度测量和末端排放口浓度观测存在的非同步性等。可以把水质观测数据作为随机变量来处理。采用贝叶斯方法计算出模型参数的后验概率密度函数，通过蒙特卡罗方法对其进行采样来获得参数的估计值。这是利用对参数后验概率密度函数的采样来获得模型参数估计的一种方法。这种方法的突出优点在于它能给出参数分布的规律,进而可以给出它的统计量。

相比于确定性算法，贝叶斯理论可以很好的对混接源浓度的空间差异性和监测误差导致的偏差进行弥补。

基金项目： 国家水体污染控制与治理科技重大专项课题（2013ZX07304-002）

2 模型的理论基础

2.1 化学质量平衡模型

化学质量平衡模型是根据管网中入流和出流的质量守恒原理，对每种混接来源建立一个方程式，建立联立方程组以求解各种混接来源的比例。化学质量平衡模型矩阵如下式：

$$C = XY \tag{1}$$

式中，$C = [c_i]_{m\times1}$，为 m 行1列的向量，代表雨水管网末端出流中特征因子的浓度，$Y = [y_{ij}]_{m\times n}$，为 m 行 n 列的矩阵，代表混接源中特征因子的浓度，$X = [x_i]_{n\times1}$，为 n 行1列的向量，为混接源的入流水量比例，n 为混接源数量，m 为所选特征因子数量。这也是特征因子法进行混接源诊断的核心思想。

2.2 贝叶斯方法在化学质量平衡模型中的应用

因为各种误差的原因，使得我们无法得知雨水管网末端特征因子、混接源中特征因子的准确值。所以我们也不能知道混接比例的精确值。而我们的目的就是用贝叶斯理论，通过 Y，与 C 的实测值，$\tilde{Y}, \tilde{C}$ 为样本求出 X 的后验分布。所以贝叶斯公式可以表述成如下形式[3]：

$$p(Y,X \mid \tilde{C},\tilde{Y}) = \frac{P(\tilde{C} \mid Y,X) \cdot P(\tilde{Y} \mid Y)P(Y)P(X)}{P(\tilde{C},\tilde{Y})} \tag{2}$$

在公式（2）中，$P(\tilde{C} \mid Y,X) \cdot P(\tilde{Y} \mid Y)$ 是似然函数；$P(Y)$，$P(X)$ 是 Y 和 X 的先验分布。$P(\tilde{C},\tilde{Y})$ 是归一化因子。

在贝叶斯理论中，我们首先要规定参数的先验分布[4]，根据之前的经验和结论我们将 C，Y 的先验分布看成正态分布：

$$C \sim dnorm(\mu, \tau) \tag{3}$$

$$Y \sim dnorm(\mu', \tau') \tag{4}$$

其中 μ, τ 是指正态分布的均值与方差。

在贝叶斯理论中要将参数作为随机变量并赋予它们自己的分布，所以 μ, τ 的分布可以定义为均匀分布：

$$\mu \sim dunif() \tag{5}$$

$$\tau \sim dunif() \tag{6}$$

2.3 蒙特卡罗采样

由于由贝叶斯定理计算得到的参数后验概率密度函数往往比较复杂，难以用解析解的方法对其进行积分，而蒙特卡罗法是对后验概率密度函数采样的有效方法。蒙特卡罗采样法主要分为 Metropolis-Hastings 算法和 Gibbs 算法。本文用的算法正式是 Gibbs 算法。

Gibbs 采样属于蒙特卡罗算法，其特点是可以对样本中的每一个因子不断进行更新获得新的样本，而后一次采样更新的结果需要用到前一次采样结果的状态[5]。

基本的 Gibbs 采样算法流程如下：

从 $(x_1^t, x_2^t, x_3^t, ..., x_n^t)$ 开始：

(1) 根据 $P(X_1|x_2^t, x_3^t, ..., x_n^t)$ 选取 x_1^{t+1} 的值；

(2) 根据 $P(X_2|x_1^{t+1}, x_2^t, …, x_n^t)$ 选取 x_2^{t+1} 的值；

(3) 根据 $P(X_n|x_1^{t+1}, x_2^{t+2}, …, x_{n-1}^{t!})$ 选取 x_n^{t+1} 的值；

本研究是基于 WinBUGS 软件编写代码而形成的模型[6]。BUGS 就是 Bayesian Inference Using Gibbs Sampling 的缩写。用用该软件既可以对模型更好的调试也可以避免大量的计算，使得研究更有准确度和效率性。

3 方法的实际应用

3.1 研究区域

本研究区域位于上海市中心城区，浦东新区陆家嘴金融区。为分流制排水系统（图 1），该区域两面为河道包围，分为 3 个子排水区域，分别为 Q 系统（服务面积 $1.71km^2$）、X 系统（服务面积 $1.65km^2$）和 L 系统（服务面积 $1.92km^2$），三个子系统均为泵排系统，并建有截流设施。

图 1 研究区域范围

3.2 水质特征因子的选择与采样方法

该区域的混接源调查结果表明，雨水管网旱天入流的水量来源为生活污水、地下水。传统的用来表征生活污水的水质特征因子指标包括氨氮（NH_3-N）、总氮（TN）等。由于排水管网尤其是雨水管网旱天充满度较低，管道易处于好氧状态，导致管道中 NH_3-N 会发生硝化反应。Shelton 等[6] 在基于化学质量平衡分析污水管网系统中降雨入渗/入流时，对比分析了 TN、总悬浮物（TSS）、咖啡因、大肠埃希氏菌（E.coli）、肠球菌（enterococci）的指示性能，认为 TN 作为生活污水指示指标的性能相对最优。因此，本研究采用 TN 作为表征生活污水的水质特征因子。

地下水水质特征因子。在高地下水位地区，浅层地下水由于溶解了石灰岩导致其硬度值相对较高。因此，硬度可作为表征地下水的水质特征因子指标。

在雨水管网末端的市政泵站前池安装自动采样器（ISCO 6712C），对雨水管网旱天出流进行连续 24h 样品采集，时间间隔为 2h，连续一周为一批次，采样日期为 2014 年 11 月 16 日—22 日。

3.2.1 生活污水

选择某居住小区的检查井，人工每 3h 采集样品一次，连续一周为一批次，采样日期为 2014 年 11 月 1 日—7 日。

3.2.2 地下水

地下水质相对较稳定，每天采集 1 个水样，连续一周为一批次，采样日期为 2014 年 11 月 1—14 日。

TN 采用碱性过硫酸钾消解紫外分光光度法（HJ 636-2012）监测，硬度采用 ICP-AES 法[7]监测。

3.3 基于检测结果的贝叶斯先验分布的选择

贝叶斯理论也非常重视先验信息。因此水质特征因子的先验分布的范围的选取对模型的精度来说也至关重要。我们认为，再无更多的研究资料水平下，将参数 μ, τ 设定成均匀分布是比较合理的。由于之前的研究和水质检测使得我们得到了一个相对范围较小，精度较高的特征因子范围。见表 1。

表 1 水质特征因子先验参数

旱天入流/出流	TN	硬度
生活污水	42.7-61.1	145-296
地下水	1.4-2.7	421-533
雨水泵站前池	8.3-22.3	172.9-321.1

3.4 解析结果

经过模型的 10000 次迭代（舍去前 1000 次）。生活污水，地下水的渗入量的后验分布如图 2 和图 3。X_1 代表生活污水比例，X_2 代表地下水渗入量比例。

从结果中可以分析得出混接水中生活污水和地下水的各自的比例：生活污水占 42%，地下水占 53%。其后验分布的均值总和约为 95% 左右。可以很好的分析出污水与地下水对雨水管道的混接程度。表 2 给出了模型的运行结果，包括了后验分布的标准差，方差，置信区间，循环次数等。

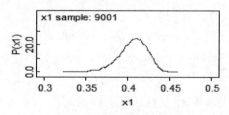

图 2 雨水管网旱天生活污水比例概率分布　　图 3 雨水管网旱天地下水比例概率分布

表 2 模型模拟结果

	均值；/%	标准差	2.5%置信区间	中位数/%	97.5%置信区间	循环次数
X1	0.424	0.016	0.389	0.427	0.454	9001
X2	0.533	0.017	0.495	0.533	0.565	9001

4 结论与建议

本文建立了基于水质特征因子的污水管网混接系统的化学质量平衡方程。并且运用了贝叶斯理论结合化学质量平衡使得单纯的确定性算法可以得到完善结合，该方法可描述雨水管网混接定量诊断中存在的不确定性，如混接源浓度的空间差异性和监测误差等。将该方法应用于上海市浦东新区分流制排水系统混接水量比例计算，计算误差较小，结果较为可信。计算过程因考虑了不确定性而更加科学。

然而 X_1 和 X_2 的加和还存在着 5%左右的误差值。我们认为该模型的进一步优化的目标就是将这误差消除。可以将模型中加上一条约束条件使得$\sum X = 1$。并且可以对模型的参数分布的类型、范围，进行进一步优化，使得模拟结果与实际情况更为吻合。让该方法对于水环境中污染来源解析具有借鉴意义。

参 考 文 献

1 张厚强,尹海龙,金伟等.分流制雨水系统混接问题调研的技术体系[J].中国给水排水,2008,24(14):95-98.

2 孟莹莹，冯沧，李田,等. 不同混接程度分流制雨水系统旱流水量及污染负荷来源研究[J]. 环境科学，2009,30(12)：3527-3533..

3 Bayesian Chemical Mass Balance Method for Surface Water Contaminant Source Apportionment. Journal of Environmental Engineering, 2013. 139(2): p. 250 - 260.

4 Fox, J.F,A.N. Papanicolaou, An un-mixing model to study watershed erosion processes. 2008: 96-108.

5 刘佳.基于 Gibbs 算法的改进算法及其在识别 MOTIF 中的应用, 2010.

6 Lunn DJ, Thomos A, Best N, Spiegelhalter D. WinBUGS – a Bayesian modeling framework: concepts, structure, and extensibility.Stat Comput 2000;10:325–37.

7 Shelton J M, Kim J, Fang J, et al. Assessing the severity of rainfall-derived infiltration and inflow and sewer deterioration based on the flux stability of sewage markers [J]. Environmental science & technology, 2011, 45: 8683－8690.

8 国家环境保护总局.水和废水监测分析方法[M]. 北京:中国环境科学出版社,2002.

Quantification of non-storm water entries into storm drains using Bayesian chemical mass balance modeling

YIN Hai-long, ZHANG Lun-yuan, XU Zu-xin

(College of Environment Science and Engineering of Tongji University, Shanghai, 200092.
Email: xzx@stcsm.gov.cn)

Abstract: The non-storm water flows with inappropriate entries into storm drains is a severe problem in China's separate storm sewer systems, resulting in the release of untreated sewage in the surface water system. Compared with deterministic approaches, the Bayesian method developed here is capable of accounting for the measurement errors and the impact of variability of the source elemental compositions resulting from the heterogeneities. In three separate storm sewer systems of Lujiazui, Shanghai, the total nitrogen and hardness are used as makers to indicate sanitary sewage and groundwater connecting to the storm pipes, and then the Gibbs sampling is employed to generate the Bayesian based posterior distribution of the markers of sources and outfalls. Using the chemical mass balance equation within the storm drains, the source flow components were quantified, which could add up to 95%. Generally, this method can be further developed for source apportionment of water pollutants in water environment from a wider perspective.

Key words: Illicit discharge, Bayesian theory, Chemical mass balance, Uncertainty analysis